智能科学技术著作丛书

随机系统总体最小二乘参数估计理论与应用

孔祥玉　冯大政　著

科学出版社
北京

内 容 简 介

本书主要讨论随机系统总体最小二乘参数估计涉及的各种算法及其应用。全书可分为三个部分：第一部分介绍随机系统参数估计理论、最小二乘估计、偏最小二乘估计等方法；第二部分研究随机系统总体最小二乘问题和方法，重点介绍总体最小二乘递归估计、总体最小二乘迭代与随机估计、约束总体最小二乘和结构总体最小二乘估计、特征提取类总体最小二乘方法等内容；第三部分研究广义特征信息提取方法、参数估计算法的性能分析和总体最小二乘参数估计方法的应用。

本书适合电子、通信、自动控制、计算机、系统工程、模式识别、信号处理等学科教师、研究生和相关研究人员使用。

图书在版编目(CIP)数据

随机系统总体最小二乘参数估计理论与应用/孔祥玉，冯大政著．—北京：科学出版社，2019．9

（智能科学技术著作丛书）

ISBN 978-7-03-062161-0

Ⅰ.①随…　Ⅱ.①孔…②冯…　Ⅲ.①随机系统-最小二乘法-参数估计-估计理论-研究　Ⅳ.①O241．5②O211．67

中国版本图书馆 CIP 数据核字(2019)第 181915 号

责任编辑：魏英杰 / 责任校对：彭珍珍

责任印制：吴兆东 / 封面设计：铭轩堂

科学出版社 出版

北京东黄城根北街16号

邮政编码：100717

http://www.sciencep.com

北京中石油彩色印刷有限责任公司印刷

科学出版社发行　各地新华书店经销

*

2019 年 9 月第　一　版　开本：B5(720×1000)

2019 年 9 月第一次印刷　印张：18 3/4

字数：376 000

定价：128.00 元

（如有印装质量问题，我社负责调换）

《智能科学技术著作丛书》序

“智能”是“信息”的精彩结晶，“智能科学技术”是“信息科学技术”的辉煌篇章，“智能化”是“信息化”发展的新动向、新阶段。

“智能科学技术”(intelligence science&technology，IST)是关于“广义智能”的理论方法和应用技术的综合性科学技术领域，其研究对象包括：

- “自然智能”(natural intelligence，NI)，包括“人的智能”(human intelligence，HI)及其他“生物智能”(biological intelligence，BI)。
- “人工智能”(artificial intelligence，AI)，包括“机器智能”(machine intelligence，MI)与“智能机器”(intelligent machine，IM)。
- “集成智能”(integrated intelligence，II)，即“人的智能”与“机器智能”人机互补的集成智能。
- “协同智能”(cooperative intelligence，CI)，指“个体智能”相互协调共生的群体协同智能。
- “分布智能”(distributed intelligence，DI)，如广域信息网、分散大系统的分布式智能。

“人工智能”学科自1956年诞生的，五十余年来，在起伏、曲折的科学征途上不断前进、发展，从狭义人工智能走向广义人工智能，从个体人工智能到群体人工智能，从集中式人工智能到分布式人工智能，在理论方法研究和应用技术开发方面都取得了重大进展。如果说当年“人工智能”学科的诞生是生物科学技术与信息科学技术、系统科学技术的一次成功的结合，那么可以认为，现在“智能科学技术”领域的兴起是在信息化、网络化时代又一次新的多学科交融。

1981年，“中国人工智能学会”(Chinese Association for Artificial Intelligence，CAAI)正式成立，25年来，从艰苦创业到成长壮大，从学习跟踪到自主研发，团结我国广大学者，在“人工智能”的研究开发及应用方面取得了显著的进展，促进了“智能科学技术”的发展。在华夏文化与东方哲学影响下，我国智能科学技术的研究、开发及应用，在学术思想与科学方法上，具有综合性、整体性、协调性的特色，在理论方法研究与应用技术开发方面，取得了具有创新性、开拓性的成果。“智能化”已成为当前新技术、新产品的发展方向和显著标志。

为了适时总结、交流、宣传我国学者在“智能科学技术”领域的研究开发及应用成果，中国人工智能学会与科学出版社合作编辑出版《智能科学技术著作丛书》。需要强调的是，这套丛书将优先出版那些有助于将科学技术转化为生产力以及对社会和国民经济建设有重大作用和应用前景的著作。

我们相信，有广大智能科学技术工作者的积极参与和大力支持，以及编委们的共同努力，《智能科学技术著作丛书》将为繁荣我国智能科学技术事业、增强自主创新能力、建设创新型国家做出应有的贡献。

祝《智能科学技术著作丛书》出版，特赋贺诗一首：

智能科技领域广
人机集成智能强
群体智能协同好
智能创新更辉煌

涂序彦

中国人工智能学会荣誉理事长

2005 年 12 月 18 日

前　言

众所周知，现实世界中一切随时间变化的过程往往都受到某些不确定因素的作用。这些不确定因素往往又服从某种统计规律，人们把这种具有统计规律的不确定因素称为随机因素。随机系统就是指用于描述这类受随机因素作用的时间过程的一类数学模型。随机系统理论范围极其广泛，包括随机系统分析、随机系统状态估计、随机系统辨识与参数估计、随机系统自适应及最优控制、随机系统预测、随机系统信号特征信息提取等，这些理论得到人们的广泛研究和应用。本书重点研究随机系统参数估计理论，最小二乘估计是最常用的随机系统参数估计方法。最小二乘估计有一些基础性假设，即零均值的高斯白噪声只存在于输出向量而不存在于输入数据向量；否则，最小二乘估计解从统计观点看就不再是最优的。当输入与输出数据均存在噪声时，如何得到最优估计解就成为我们要重点解决的问题。

全书共十一章。第 1 章绪论，概述随机系统的特点和随机系统理论的主要研究内容，简要讨论随机系统辨识与参数估计的含义、总体最小二乘方法的发展历程；第 2 章是最小二乘方法的基础，阐述随机系统参数估计理论，主要讨论参数估计问题、最小二乘估计、递推参数估计等经典参数估计方法；第 3 章研究随机系统偏最小二乘估计算法；第 4 章研究经典总体最小二乘问题的由来、解析解，以及问题与方法的分类情况；第 5 章讨论总体最小二乘各种递归估计算法；第 6 章讨论总体最小二乘迭代与随机估计算法；第 7 章研究约束总体最小二乘和结构总体最小二乘估计；第 8 章研究特征提取类总体最小二乘方法；第 9 章研究随机系统广义特征信息提取方法；第 10 章研究参数估计算法的性能分析；第 11 章介绍总体最小二乘参数估计方法的应用。

全书主要内容是孔祥玉和冯大政两人的学术研究成果，同时还参考了大量的国内外有关矩阵理论、特征提取、参数估计等方向的著作。特别参考了在上述研究领域成绩卓著的清华大学张贤达教授、四川大学章毅教授、香港中文大学徐雷教授等发表在国际权威期刊上的相关研究论文，也参考了国际上 Golub、Van Loan、Van Huffel、Dunne、Cirrincione 等几位学者的学术论文。为了知识的系统性和完整性，在部分章节中也将上述多位学者的研究成果列入书中，在此向几位学者表示衷心的感谢！

在本书出版过程中，得到了西安交通大学韩崇昭教授、曹建福教授、段战胜教授，空军工程大学魏瑞轩教授，火箭军工程大学理学院邵军勇院长、丁兴俊主任、马红光教授，山西师范大学安秋生教授等的热情推荐和帮助，在此深表感谢！特别要感谢火箭军工程大学国家教学名师、长江学者特聘教授、国家杰出青年科学基金获得者胡昌华教授，本书的部分研究工作是第一作者在胡昌华教授指导下从事博士后研究期间完成的。此外，还要感谢第一作者的博士研究生高迎彬、冯晓伟等同学，他们的部分研究成果也融入书中。

衷心感谢国家自然科学基金面上项目（61673387、61374120、61903375、61833016），陕西省自然科学基金面上项目（2016JM6015）等课题的资助。

限于作者水平，不足之处在所难免，敬请广大读者批评指正。

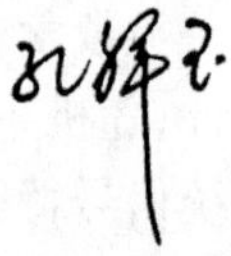

目录

第1章 绪　论

人们关于系统随机性质的理论及应用研究源自200多年前，高斯(Gauss)、勒让德(Legendre)等曾经做出了开拓性贡献，但是直到20世纪中叶，费希尔(Fisher)、科尔莫戈罗夫(Kolmogorov)和维纳(Wiener)等才建立了较完善的随机系统经典理论。20世纪60年代以来，以卡尔曼(Kalman)为代表的科学家丰富和发展了随机系统理论，Anderson、Bryson、Gelb、Lewis及Åström等做出了特别的贡献。这标志着现代意义上随机系统理论的建立，形成了随机系统滤波、随机控制、自校正控制等基本理论或技术[1]。近20年来，随着人们对非线性系统和复杂系统的深入研究，涌现出一批关于随机系统理论的新成果。

随机系统理论范围广泛，包括随机系统分析、随机系统状态估计、随机系统辨识与参数估计、随机系统自适应及最优控制、随机系统预测、随机系统信号特征信息提取等，这些理论得到人们的广泛研究和应用。随机系统辨识与参数估计是随机系统理论的重要内容，其中最小二乘估计方法、最大似然估计方法、贝叶斯估计方法等是重要的随机系统参数估计方法。最小二乘估计方法因其计算简单而受到人们的普遍重视，然而这种方法也有不足，总体最小二乘正是为了弥补其不足而发展起来的一种参数估计方法。本书旨在全面系统地介绍随机系统总体最小二乘方法及其应用。

1.1 随机系统

了解随机系统，需要从随机因素讲起。现实世界中一切随时间变化的过程，往往都要受到某些不确定因素的影响。例如，在工业生产过程中，用于表征该过程运行状态的变量(如温度、压力等)除了受到一些人为调节的控制量(如燃料流量、排气阀开度等)的影响，同时还受到某些不确定因素(如环境温度、外界气流等)的影响。在经济决策问题中，除了已知一些常规的量外，还存在大量不确定因素的作用，使经济系统的运行往往具有很大的未知性[1]。如果这些不确定因素又服从某种统计规律，则把这种具有统计规律的不确定因素称为随机因素。

所谓随机系统，就是指用于描述这类受随机因素作用的时间过程的一类数学模型，这类数学模型一般是某些含随机过程的差分方程或微分方程[1]。一般来说，任何一个随机系统都应包含用于描述系统与外部联系的输入输出对，以及用于描述随机因素作用于系统的随机干扰。设t时刻系统有一组输入和输出，用($\boldsymbol{u}(t)$,

$\boldsymbol{y}(t)$)表示输入输出对,随机干扰 $\xi(t)$ 表示环境的不确定因素对系统的作用。

随机系统理论首先要研究对各类随机系统的正确描述。所谓正确描述,一是指建立的模型与实际过程在统计意义下有等价的输入输出关系;二是指建立的模型满足因果性假设等逻辑关系[1]。随机系统的描述可以分为时域描述和频域描述,输入输出描述和状态空间描述等。在随机系统各种描述的基础上,随机系统理论需要包括对系统在输入和随机干扰共同作用下对输出响应的研究。由于随机系统固有的不确定性,系统的状态和输出都表现为具有某种统计特性的随机过程。因此,一般情况下,企图准确测量系统在某个时刻的状态,或精确预报系统状态和输出在未来时刻的变化都是不可能的。这样,随机系统理论需要借助数理统计中的估计理论来研究对系统状态或输出的估计。

研究随机系统的目的在于对系统施加控制,使之按人们预期的目标发展。随机系统应研究如何选择控制策略或控制律,使某个目标函数在统计意义下达到最优,这是随机最优控制理论要研究的内容[1]。

实际上,对实际过程的估计或控制,都有赖于获得对该过程正确的数学描述。对于一些简单的实际过程,这些数学模型可以根据物理定律或经济学规律来建立。但是,绝大多数实际过程的作用机理却不能为人们精确了解,这就需要通过实验数据来构造模型。系统辨识和参数估计就是随机系统理论中研究如何建立模型的一个分支[1]。

除此之外,自适应控制、随机系统仿真、随机系统检测理论及技术、动态系统状态估计的多源信息融合[2]、随机系统信号的特征信息提取等均是随机系统理论需要研究的内容。

1.2 随机系统辨识与参数估计

确定性系统理论总假定系统的数学模型是已知的。对于随机系统而言,所谓模型已知包含两方面的意思:一是模型的结构和参数已知,包括变量维数、输入输出方程或状态空间方程的具体形式及其包含的参数等;二是所有随机量的统计特性已知,包括初态和噪声的先验分布或均值函数、协方差函数阵等。事实上,对于每一个实际系统,如工程系统、生态系统、交通运输系统、社会经济系统等,当人们着手研究时,其数学模型往往并不是已知的,甚至是一无所知。系统辨识就是研究如何获得必要的输入输出数据,包括实验设计和数据采集等,以及如何由获得的数据构造一个相对真实地反映客观对象的数学模型[1]。

1962 年,Zadeh 曾给系统辨识下了一个定义:辨识就是在输入和输出的基础上由规定的一类系统(模型)确定一个系统(模型),使之与被测系统等价[3]。这个定义中所说的一类系统(模型)是指规定的连续时间模型或离散时间模型、输入输出模型或状态空间模型、确定性模型或随机模型、线性模型或非线性模型等。模型类的规定是根据人们对实际系统的了解,以及建立模型的目的而定。规定模型类之后,再由输入输出数据按结构辨识方法确定系统的结构参数,如线性模型的阶、结构不变量等,并且用参数估计方法估计系统参数。根据定义,我们建立的模型还必须与被测系统在某种意义上等阶。

如上所述,参数估计是系统辨识的重要步骤。实际上,随机系统参数估计问题广泛存在于众多科学与工程学科,如信号处理、自动控制、系统理论等。在许多实际工程问题中,常会遇到有用的信号被噪声污染的情况,假设 $\boldsymbol{x}(t)$是一个有用的信号,$\boldsymbol{v}(t)$是随机噪声,$\boldsymbol{y}(t)=\boldsymbol{x}(t)+\boldsymbol{v}(t)$则是有用信号与噪声叠加的量测信号。现实的问题有时是要求根据一组量测数据 $\boldsymbol{y}^N(t)=\{\boldsymbol{y}(t_1),\boldsymbol{y}(t_2),\cdots,\boldsymbol{y}(t_N)\}$对 $\boldsymbol{x}(t)$做出估计。通常,有用信号 $\boldsymbol{x}(t)$可能是不随时间变化的常量,也可能是一个时间常数,或者是一个随机过程;量测信号 $\boldsymbol{y}(t)$也不一定表现为有用信号与噪声叠加的简单关系;噪声本身既可能是平稳随机过程,也可能是非平稳随机过程;既可能是独立的随机过程,也可能是非独立的随机过程。因此,出现了各种各样的参数估计算法,其中最小二乘估计方法、最大似然估计方法、贝叶斯估计方法等是重要的随机系统参数估计方法,每个方法又根据具体的使用环境出现了许多改进算法。一般情况下,最小二乘参数估计因其计算简单而受到人们的普遍重视,各种改进的最小二乘算法各有其优缺点,必须根据实际情况选择应用。最大似然参数估计方法通常具有较高的估计精度,但算法比较复杂。线性无偏最小方差估计在系统状态估计中有重要应用[1]。

1.3 随机系统偏最小二乘估计

通常情况下,最小二乘估计可以得到随机系统数据的最小方差无偏估计,然而当数据中存在较强的相关性或者观测数据较少时,采用最小二乘估计往往得不到满意的效果。偏最小二乘(partial least square,PLS)是一种新型的多元统计数据分析方法[4]。长期以来,模型式方法和认识性方法之间的界限十分清楚,而 PLS 则把它们有机地结合起来,在一个算法下可以同时实现回归建模、数据结构简化,以及两组变量之间的相关性分析,因此 PLS 又被称为第二代回归分析方法[5]。PLS 采用降维技术可提取出能最大限度反映自变量 $\boldsymbol{X}$ 和因变量 $\boldsymbol{Y}$ 之间关系的隐变量,并根据这些隐变量建立回归模型。PLS 估计特别适用于数据向量具有很强的相关性,测量数据中含有噪声、变量维数很高或观测数据少于预测数据等场合[6]。

然而,PLS 只适用于描述线性数据,对于非线性数据不能取得很好的预测效果。为了有效地应对非线性数据,很多学者提出一些解决方案。这些方案主要分为两类，一类是根据一定的先验知识或假设对数据进行非线性变换，然后进行PLS建模。此类方法主要包括 v-PLS 方法[7]、基于 Chebychev 多项式的 PLS 方法[8]、基于机理的样本矩阵变换的 PLS 方法[9]和基于核函数的 PLS(kernel PLS, KPLS)方法[10]等。另一类是采用非线性映射对隐变量进行非线性建模，常用的方法有基于二次多项式的 PLS 方法[11]、基于样条函数的 PLS 方法[12]、基于神经网络的 PLS 方法[13]和基于模糊逻辑的 PLS 方法[14]等。

在这些非线性化建模方法中，尤其以 KPLS 研究和应用的最为广泛。与线性PLS方法不同，KPLS 首先采用一个非线性映射将原始的输入数据映射到一个高维特征空间，然后在这一高维特征空间建立普通的线性 PLS 模型。通过使用不同类型的核函数，KPLS 可以应对各种各样的非线性数据。KPLS 最明显的优点在于可以采用核函数避免寻找非线性映射函数和特征空间内的内积运算[15,16]。自KPLS 方法诞生以来，人们就开始针对其自身存在的问题，提出各种改进方法。

1.4 随机系统总体最小二乘估计

最小二乘方法是最常用的随机系统线性参数估计方法。该方法有一些基础性假设，即零均值的高斯白噪声只存在于数据向量；否则，最小二乘解从统计观点看就不再是最优的。当数据矩阵也存在噪声时，应该使用其他的推广最小二乘方法。

为了克服最小二乘方法的缺点，在求解矩阵方程 $\boldsymbol{Ax}=\boldsymbol{b}$ 的时候，就需要同时考虑矩阵 $\boldsymbol{A}$ 和向量 $\boldsymbol{b}$ 中的扰动，总体最小二乘(total least square, TLS)体现的正是这一基本思想[17,18]。尽管最初的称呼不同，TLS 实际上已经有相当长的历史了。在统计文献中，TLS 匹配被称为正交回归、变量误差和测量误差等。单变量($n=1,d=1$)问题早在 1877 年就由 Adcock[19]讨论过。后来，Adcock[20]、Pearson[21]、Koopmans[22]、Madansky[23]和 York[24]等均作出了贡献。正交回归方法已经被重新发现多次，通常是独立发现，30 多年前这一技术被 Sprent[25]和 Gleser[26]等推广到多值($n>1,d>1$)问题。

近来，TLS 引起了统计领域外的兴趣。在数值分析领域，这个问题首先被Golub 和 Van Loan[17,18]研究，分析及算法是基于矩阵的奇异值分解(singular value decomposition, SVD)。SVD 的几何见解使 Staar[27]独立地得出相同的概念。Van Huffel 等[28]将 Golub 和 Van Loan 的算法推广到算法不能产生解的所有情况，描述了这些非正常的 TLS 问题的特性，证明如果附加的约束被强加到解空间，提出的推广方法仍然满足 TLS 准则。Gleser[26]研究认为，这一表面上不同的线性代数方法实际上等价于多值变量误差(errors in variables, EIV)回归分析方法。Gleser 方法基于一个特征值和特征向量分析，而 TLS 方法是应用 SVD，它在算法实施的意义上数值更加鲁棒，而且当 TLS 解不唯一时，TLS 方法计算最小范式解,Gleser 并没有考虑这些推广。

在工程领域,实验模态分析和 TLS(更一般地称为 H_v 技术)大约在 20 年前由 Leuridan 等[29]引入。在系统辨识领域,Levin[30]最早研究了这一问题,他的方法被称为特征向量法或者 Koopmans-Levin 方法[31]。补偿最小二乘是在这一领域出现的另一个名字,这一方法补偿估计中由于测量噪声引起的偏差,已由 Stoica 和 Soderstrom 证明该方法渐近等价于 TLS[32]。在信号处理领域,最小范式方法由 Kumaresan 等[33]引进,显示出等价于最小范式 TLS[34]。之后,TLS 与 Wentzell 和 Schuermans 等在化学统计学中引进的最大似然主成分分析方法紧密相关[35,36]。TLS 的概念始于 1990 年夏天,它在参数估计中应用的全面描述由 Van Huffe 等[37-39]提出。

TLS 的统计模型是变量误差模型,该模型具有限制性条件,即要求所有测量误差是零均值的独立同分布。为了放松这些限制,人们研究探索了多种扩展的 TLS 问题。混合 LS-TLS(least square-TLS)问题公式允许扩大变量误差模型中 TLS 估计器的这种一致性,其中一些变量的测量没有误差。数据最小二乘(data least square,DLS)问题[40]指的是特殊情况,如数据矩阵 $\boldsymbol{A}$ 是有噪声的,而矩阵 $\boldsymbol{B}$ 是精确的。当误差$[\widetilde{\boldsymbol{A}} \quad \widetilde{\boldsymbol{B}}]$是行独立具有相等的行协方差矩阵,广义总体最小二乘(generalized TLS,GTLS)问题[41]允许扩大 TLS 估计器的一致性。更一般的问题公式,如允许合并相等约束的受限 TLS[42],以及在损失函数中使用 ℓ_p 范式的 TLS 问题公式等也被提出。后一问题,称为总体 ℓ_p 近似,已证明在出现野值时是有用的。增加规则化处理,也可以改进 TLS 解的鲁棒性,即所谓的正则化总体最小二乘方法[43-45]。此外,各种类型的有界不确定性也被提出来改进各种噪声条件下估计器的鲁棒性[46,47]。与经典 TLS 估计器类似,GTLS 估计器也可以使用 SVD 可靠地计算。对于更一般的加权总体最小二乘(weighted TLS,WTLS)问题,其中测量大小不同而且(或者)行与行之间相关,情况就完全不同了。WTLS 估计器的一致性得到证明,而且一个计算迭代程序也提出来[48]。

约束总体最小二乘(constrained TLS,CTLS)问题已经公式化,Arun[49]解决了归一 CTLS 问题,即 $\boldsymbol{AX} \approx \boldsymbol{B}$,服从解矩阵 $\boldsymbol{X}$ 归一的约束,并证明该解与正交 Procrustes 问题的解相同。Abatzoglou 等[50]考虑另一个 CTLS 问题,该问题将经典 CTLS 问题扩展到误差$[\widetilde{\boldsymbol{A}} \quad \widetilde{\boldsymbol{B}}]$是代数相关的情况。在结构 CTLS 问题[51]中,$[\boldsymbol{A} \quad \boldsymbol{B}]$是结构化的。为了保持解的最大似然特性,该 CTLS 问题公式被施以附加约束[52],即$[\boldsymbol{A} \quad \boldsymbol{B}]$的结构保持在修正矩阵$[\Delta\boldsymbol{A} \quad \Delta\boldsymbol{B}]$中。类似于 WTLS 问题,STLS(structured TLS)解通常没有基于 SVD 的闭合形式的表达式。一个重要的例外是循环 STLS,该问题可用快速傅里叶变换来实现[53]。在通常情况下,STLS 解可通过数值优化方法来搜索。然而,相关文献已经提出有效的算法,这些算法利用矩阵结构来提高计算效率。正则化 STLS 解方法也已经被提出来了[54,55],正则化在 STLS 方法对于图像恢复的应用中非常重要[56-58]。此外，文献[59]，[60]提出一些非线性 STLS 的求解方法。

在估计随着时间、空间或者频率缓慢变化的非稳定系统的参数时，缓慢变化的方程组在每一时刻必须被求解，上一步的解通常是下一步解的很好的推测。如果这些系统的变化是小范数的，且全秩的，即数据矩阵的所有元素均一步一步缓慢地变化，则通过应用迭代方法求解时间可以大为减小，而且使用该类方法还有多项其他的优势。TLS 问题还可以采用神经网络方法求解。应用于该问题的神经网络方法可以分为两大类：一类是次成分分析的神经元网络，另一类是只在 TLS 超平面上迭代更新的神经网络。前者我们称为特征提取类 TLS 问题，本书重点介绍总体最小求解的迭代算法及其性能分析方法，以及特征提取类 TLS 方法。

1.5 本章小结

本章综述了随机系统、随机系统辨识与参数估计、PLS、TLS 估计等技术。首先，给出随机系统的基本概念，介绍随机系统理论包含的研究内容；其次，讨论随机系统辨识的一般定义和工程实际中参数估计问题的含义；再次，介绍随机系统 PLS 估计方法；最后，简要介绍随机系统 TLS 估计问题及算法的发展和应用。由于 TLS 是在最小二乘基础上发展起来的，为了知识的完整性，我们在第 2 章讨论以最小二乘为主要内容的随机系统参数估计理论与方法。

参考文献

[1] 韩崇昭. 随机系统概论——分析、估计与控制. 北京：清华大学出版社，2014.

[2] 韩崇昭，朱洪艳，段战胜. 多源信息融合. 北京：清华大学出版社，2010.

[3] Zadeh L A. From circuit theory to system theory//Proceedings of IRE，1962.

[4] Wold S，Martens H，Wold H. The Multivariate Calibration Problem in Chemistry Solved by the PLS Method. Berlin：Springer，1983：286～293.

[5] Fornell C，Lb F. Two structural equation models：LISREL and PLS applied to consumer exit-voice theory. Journal of Marketing Research，1982：440～452.

[6] Abdi H. Partial least squares regression and projection on latent structure regression（PLS Regression）. Wiley Interdisciplinary Reviews：Computational Statistics，2010，2（1）：97～106.

[7] Matthew B，Rayens W. Partial least squares for discrimination. Journal of Chemometrics，2003，17：166～173.

[8] Berglund A，Wold S. INLR，implicit non-linear latent variable regression. Journal of Chemometrics，1997，11：141～156.

[9] Robertsson G. Contributions to the problem of approximation of non-linear data with linear PLS in an absorption spectroscopic context. Chemometrics and Intelligent Laboratory Sys-

tems,1999,47:99～106.

[10] Rosipal R,Trejo L J. Kernel partial least squares regression in reproducing kernel Hilbert space. Journal of Machine Learning Research,2001,2:97～123.

[11] Baffi G,Martin A,Morris A. Non-linear projection to latent structures revisited:the quadrate PLS algorithm. Computers and Chemical Engineering,1999,23:395～411.

[12] Durand J F. Local polynomial additive regression through PLS and splines:PLSS. Chemometrics and Intelligent Laboratory Systems,2001,58:235～246.

[13] Qin S J,Mcavoy T J. Nonlinear PLS modeling using neural networks. Computers and Chemical Engineering,1992,16(4):379～391.

[14] Malthouse E C,Tamhane A C,Mah R S H. Nonlinear partial least squares. Computers and Chemical Engineering,1997,21(8):875～890.

[15] Rosipal R. Kernel partial least squares for nonlinear regression and discrimination. Neural Network World,2003,13:291～300.

[16] Cao D S,Liang Y Z,Xu Q S,et al. Exploring nonlinear relationships in chemical data using kernel-based methods. Chemometrics and Intelligent Laboratory Systems,2011,107:106～115.

[17] Golub G. Some modified matrix eigenvalue problems. SIAM Review,1973,15:318～344.

[18] Golub G,Van Loan C. An analysis of the total least squares problem. SIAM Journal Numerical Analysis,1980,17:883～893.

[19] Adcock R. Note on the method of least squares. Analyst,1877,4:183～184.

[20] Adcock R. A problem in least squares. Analyst,1878,5:53～54.

[21] Pearson K. On lines and planes of closest fit to points in space. Philosophy Magazine,1901,2:559～572.

[22] Koopmans T. Linear Regression Analysis of Economic Time Series. Haarlen:De Erven F. Bohn N. V. ,1937.

[23] Madansky A. The fitting of straight lines when both variables are subject to error. Journal of American Statistical Association,1959,54:173～205.

[24] York D. Least squares fitting of a straight line. Journal of Physics,1966,44:1079～1086.

[25] Sprent P. Models in Regression and Related Topics. London:Methuen & Co. Ltd. ,1969.

[26] Gleser L. Estimation in a multivariate errors in variables regression model:large sample results. Annual Statistics,1981,9(1):24～44.

[27] Staar J. Concepts for reliable modelling of linear systems with application to online identification of multivariable state space descriptions. Ph. D. Thesis,Department EE,K. U. Leuven,Belgium,1982.

[28] Van Huffel S,Vandewalle J. Analysis and solution of the nongeneric total least squares problem. SIAM Journal of Matrix Analysis and Application,1988,9:360～372.

[29] Leuridan J,DeVis D,Van Der Auweraer H,et al. A comparison of some frequency response function measurement techniques// Proceedings of the Fourth International Modern Analysis Conference,1986:908～918.

[30] Levin M. Estimation of a system pulse transfer function in the presence of noise. IEEE Transactions on Automatic Control, 1964, 9: 229～235.

[31] Fernando K V, Nicholson H. Identification of linear systems with input and output noise: the Koopmans-Levin method. IEE Proceedings, Part D: Control Theory and Applications, 1985, 132(1): 30～36.

[32] Stoica P, Soderstrom T. Bias correction in least-squares identification. International Journal of Control, 1982, 35(3): 449～457.

[33] Kumaresan R, Tufts D. Estimating the angles of arrival of multiple plane waves. IEEE Transactions on Aerospace and Electronic Systems, 1983, 19(1): 134～139.

[34] Dowling E, Degroat R. The equivalence of the total least squares and minimum norm methods. IEEE Transactions on Signal Processing, 1991, 39: 1891～1892.

[35] Wentzell P, Andrews D, Hamilton D, et al. Maximum likelihood principle component analysis. Journal of Chemometrics, 1997, 11: 339～366.

[36] Schuermans M, Markovsky I, Wentzell P, et al. On the equivalence between total least squares and maximum likelihood PCA. Analytica Chimica Acta, 2005, 544: 254～267.

[37] Van Huffel S, Van Dewalle J. The Total Least Squares Problem: Computational Aspects and Analysis. Philadephia: SIAM, 1991.

[38] Van Huffel S. Recent Advances in Total Least Squares Techniques and Errors-in-variables Modeling. Philadephia: SIAM, 1997.

[39] Van Huffel S, Lemmerling P. Total Least Squares and Errors-in-variables Modeling: Analysis, Algorithms and Applications. Dordrecht: Kluwer Academic Publishers, 2002.

[40] Degroat R, Dowling E. The data least squares problem and channel equalization. IEEE Transactions on Signal Processing, 1991, 41: 407～411.

[41] Van Huffel S, Vandewalle J. Analysis and properties of the generalized total least squares problem AX≈B when some or all columns in A are subject to error. SIAM Journal of Matrix Analysis and Application, 1989, 10(3): 294～315.

[42] Van Huffel S, Zha H. The restricted total least squares problem: formulation, algorithm and properties. SIAM Journal of Matrix Analysis and Application, 1991, 12(2): 292～309.

[43] Fierro R, Golub G, Hansen P, et al. Regularization by truncated total least squares. SIAM Journal of Science Computing, 1997, 18(1): 1223～1241.

[44] Sima D, Van Huffel S, Golub G. Regularized total least squares based on quadratic eigenvalue problem solvers. BIT Numeral Mathematics, 2004, 44: 793～812.

[45] Beck A, Ben-Tal A. On the solution of the Tikhonov regularization of the total least squares. SIAM Journal of Optimization, 2006, 17(1): 98～118.

[46] Ghaoui L E, Lebret H. Robust solutions to least-squares problems with uncertain data. SIAM Journal of Matrix Analysis and Application, 1997, 18: 1035～1064.

[47] Chandrasekaran S, Golub G, Gu M, et al. Parameter estimation in the presence of bounded data uncertainties. SIAM Journal of Matrix Analysis and Application, 1998, 19: 235～252.

[48] Kukush A, Van Huffel S. Consistency of elementwise weighted total least squares estimator in a multivariate errors-in-variables model AX = B. Metrika, 2004, 59(1): 75～97.

[49] Arun K. A unitarily constrained total least-squares problem in signal-processing. SIAM Journal of Matrix Analysis and Application, 1992, 13: 729～745.

[50] Abatzoglou T, Mendel J, Harada G. The constrained total least squares technique and its application to harmonic superresolution. IEEE Transactions on Signal Processing, 1991, 39: 1070～1087.

[51] De Moor B. Structured total least squares and L2 approximation problems. Linear Algebra and Application, 1993, (188/189): 163～207.

[52] Kukush A, Markovsky I, Van Huffel S. Consistency of the structured total least squares estimator in a multivariate errors-in-variables model. Journal of Statistics Planning and Inference, 2005, 133(2): 315～358.

[53] Beck A, Ben-Tal A. A global solution for the structured total least squares problem with block circulant matrices. SIAM Journal of Matrix Analysis and Application, 2006, 27(1): 238～255.

[54] Younan N, Fan X. Signal restoration via the regularized constrained total least squares. Signal Processing, 1998, 71: 85～93.

[55] Mastronardi N, Lemmerling P, Van Huffel S. Fast regularized structured total least squares algorithm for solving the basic deconvolution problem. Numeral Linear Algebra and Application, 2005, 12(2/3): 201～209.

[56] Mesarovic V, Galatsanos N, Katsaggelos A. Regularized constrained total least squares image restoration. IEEE Transactions on Image Processing, 1995, 4(8): 1096～1108.

[57] Ng M, Plemmons R, Pimentel F. A new approach to constrained total least squares image restoration. Linear Algebra and Application, 2000, 316(1-3): 237～258.

[58] Ng M, Koo J, Bose N. Constrained total least squares computations for high resolution image reconstruction with multisensors. International Journal of Imaging Systems Technology, 2002, 12: 35～42.

[59] Rosen J, Park H, Glick J. Structured total least norm for nonlinear problems. SIAM Journal of Matrix Analysis and Application, 1998, 20(1): 14～30.

[60] Lemmerling P, Van Huffel S, De Moor B. The structured total least-squares approach for nonlinearly structured matrices. Numeral Linear Algebra and Application, 2002, 9(4): 321～332.

第 2 章 最小二乘估计

作为本书 TLS 参数估计理论的基础和预备知识，我们在这一章对最小二乘经典参数估计方法进行简要介绍。

2.1 参数估计问题及其一般描述

在许多实际工程问题中，常会遇到有用的信号被噪声污染的情况，假设 $\boldsymbol{x}(t)$ 是一个有用的信号，$\boldsymbol{v}(t)$ 是随机噪声，$\boldsymbol{y}(t)=\boldsymbol{x}(t)+\boldsymbol{v}(t)$ 则是有用信号与噪声叠加的量测信号。现实的问题有时是要求根据一组量测数据 $\boldsymbol{y}_N(t)=\{\boldsymbol{y}(t_1),\boldsymbol{y}(t_2),\cdots,\boldsymbol{y}(t_N)\}$ 对 $\boldsymbol{x}(t)$ 做出估计。在实际工程中，量测信号 $\boldsymbol{y}(t)$ 也不一定表现为有用信号与噪声叠加的简单关系；噪声本身既可能是平稳随机过程，也可能是非平稳随机过程；既可能是独立的随机过程，也可能是非独立的随机过程，这样估计问题就非常复杂。有用信号 $\boldsymbol{x}(t)$ 可能是不随时间变化的常量，也可能是一个时间常数，或者是一个随机过程；若被估计量 $\boldsymbol{x}$ 是一个常数，则称为参数估计问题；若 $\boldsymbol{x}(t)$ 是一个系统的状态，即随机过程，则称为状态估计问题。

本章仅讨论参数估计问题。常用的参数估计方法有最小二乘参数估计方法、最大似然估计方法和贝叶斯估计方法等。这里只讨论最小二乘参数估计方法，有关最大似然估计方法和贝叶斯估计方法可以参阅文献[1]，[2]。

设 $\boldsymbol{x}$ 是一个未知参数，可以视为参数空间 X 中的一个点；量测 $\boldsymbol{y}$ 是一个随机向量，其分布依赖 $\boldsymbol{x}$；根据 $\boldsymbol{y}$ 的一组样本，即观测值对 $\boldsymbol{x}$ 的估计就称为点估计问题或参数估计问题。

设 $\boldsymbol{y}$ 是一个 m 维随机向量，其分布依赖 n 维参数 $\boldsymbol{x}$，即

$$F(\boldsymbol{\eta}|\boldsymbol{x})=P\{\boldsymbol{y}\leqslant\boldsymbol{\eta}|\boldsymbol{x}\} \tag{2.1}$$

其中，$\boldsymbol{\eta}\in\Re^m$ 是一个确定的向量；$\boldsymbol{y}\leqslant\boldsymbol{\eta}$ 意味着 $y_i\leqslant\eta_i$，$i=1,2,\cdots,m$；$P\{\cdot|\cdot\}$ 表示条件概率；$F\{\cdot|\cdot\}$ 表示条件分布函数。

假定 $\boldsymbol{y}(1),\boldsymbol{y}(2),\cdots,\boldsymbol{y}(N)$ 是随机向量 $\boldsymbol{y}$ 的一组容量为 N 的样本，可以视其为一组独立同分布的随机向量。设 $\hat{\boldsymbol{x}}^{(N)}$ 表示基于这组样本对 $\boldsymbol{x}$ 的一个估计量，则有

$$\hat{\boldsymbol{x}}^{(N)}=\boldsymbol{\varphi}(\boldsymbol{y}(1),\boldsymbol{y}(2),\cdots,\boldsymbol{y}(N)) \tag{2.2}$$

这是对样本的一个统计量。

需要指出的是，利用样本对参数估计量本质上是随机的，因此样本值给定之后获得的参数估计值一般与真值不同，因此必须建立一些评价标准来反映估计的优

劣。通常采用无偏性、一致性、有效性和充分性四个指标来评价参数估计的优劣[1]。

2.2 最小二乘参数估计

2.2.1 经典最小二乘估计

考虑一个不协调的超定线性方程组，即

$$\boldsymbol{H}\boldsymbol{x} \cong \boldsymbol{y} \tag{2.3}$$

其中，$\boldsymbol{H} \in \Re^{m\times n}$是一个给定的矩阵，且 $m \geqslant n$（称之为超定）；$\boldsymbol{y} \in \Re^m$ 是一个给定的向量；$\boldsymbol{x} \in \Re^n$ 是未知参数向量。

不协调（用符号$\cong$标记）意味着 $\boldsymbol{y}$ 不是 $\boldsymbol{H}$ 的列的线性组合，也就是说 $\boldsymbol{y} \notin \Re(\boldsymbol{H})$，此处 $\Re(\boldsymbol{H})$表示 $\boldsymbol{H}$ 的列向量生成的空间。这就意味着

$$\boldsymbol{y} = \boldsymbol{H}\boldsymbol{x} + \boldsymbol{v} \tag{2.4}$$

其中，$\boldsymbol{v} \in \Re^m$ 非零，称为残量。

定义 2.1 所谓最小二乘解 $\hat{\boldsymbol{x}}^{\mathrm{LS}}$就是使残量最小化，即

$$\| \boldsymbol{y} - \boldsymbol{H}\hat{\boldsymbol{x}}^{\mathrm{LS}} \|^2 \leqslant \| \boldsymbol{y} - \boldsymbol{H}\boldsymbol{x} \|^2, \quad \forall\, \boldsymbol{x} \in \Re^n \tag{2.5}$$

其中，$\| \cdot \|$表示欧氏范数。

可以证明，如果式(2.3)是协调的（即 $\boldsymbol{y} \in \Re(\boldsymbol{H})$），则最小二乘解 $\hat{\boldsymbol{x}}^{\mathrm{LS}}$就是一个严格解，其中代价函数就是 $J(\boldsymbol{x}) = \| \boldsymbol{y} - \boldsymbol{H}\boldsymbol{x} \|^2$。

通过以下引理可以证明，能够通过所谓“标准化”方程得到最小二乘解。引理证明略，参见文献[1]。

引理 2.1（标准化方程） 设向量 $\hat{\boldsymbol{x}}$ 是$J(\boldsymbol{x}) = \| \boldsymbol{y} - \boldsymbol{H}\boldsymbol{x} \|^2$ 判据的最小化元，当且仅当其满足所谓标准化方程，即

$$\boldsymbol{H}^{\mathrm{T}}\boldsymbol{H}\hat{\boldsymbol{x}} = \boldsymbol{H}^{\mathrm{T}}\boldsymbol{y} \tag{2.6}$$

导致 $J(\boldsymbol{x})$最小化的值为

$$J(\hat{\boldsymbol{x}}) = \| \boldsymbol{y} - \boldsymbol{H}\hat{\boldsymbol{x}} \|^2 = \| \boldsymbol{y} \|^2 - \boldsymbol{y}^{\mathrm{T}}\boldsymbol{H}\hat{\boldsymbol{x}} = \| \boldsymbol{y} \|^2 - \| \boldsymbol{H}\hat{\boldsymbol{x}} \|^2 \tag{2.7}$$

引理 2.2（唯一解） 当矩阵 $\boldsymbol{H}$ 具有满秩 n，则存在唯一解 $\hat{\boldsymbol{x}}^{\mathrm{LS}}$满足式(2.5)，且能表示为

$$\hat{\boldsymbol{x}}^{\mathrm{LS}} = (\boldsymbol{H}^{\mathrm{T}}\boldsymbol{H})^{-1}\boldsymbol{H}^{\mathrm{T}}\boldsymbol{y} \tag{2.8}$$

导致 $J(\boldsymbol{x})$的最小值为

$$J(\hat{\boldsymbol{x}}^{\mathrm{LS}}) = \| \boldsymbol{y} - \boldsymbol{H}\hat{\boldsymbol{x}}^{\mathrm{LS}} \|^2 = \boldsymbol{y}^{\mathrm{T}}[\boldsymbol{I} - \boldsymbol{H}(\boldsymbol{H}\boldsymbol{H}^{\mathrm{T}})^{-1}\boldsymbol{H}^{\mathrm{T}}]\boldsymbol{y} \tag{2.9}$$

引理 2.3（一般情况） 考虑式(2.6)的标准化方程，则有

① 当 $\boldsymbol{H}$ 满秩时，唯一解为 $\hat{\boldsymbol{x}}^{\mathrm{LS}} = (\boldsymbol{H}^{\mathrm{T}}\boldsymbol{H})^{-1}\boldsymbol{H}^{\mathrm{T}}\boldsymbol{y}$。

② 当 $\boldsymbol{H}$ 不满秩时，标准化方程总有多于 1 个的解，任意不同的两个解 $\hat{\boldsymbol{x}}^{(1)}$ 和 $\hat{\boldsymbol{x}}^{(2)}$ 的差实际上是 $\boldsymbol{H}$ 中的一个向量，也就是说 $\boldsymbol{H}(\hat{\boldsymbol{x}}^{(1)} - \hat{\boldsymbol{x}}^{(2)}) = 0$。

③ $\boldsymbol{y}$ 在 $\Re(\boldsymbol{H})$ 上的投影是唯一的，而且定义为 $\hat{\boldsymbol{y}}=\boldsymbol{H}\hat{\boldsymbol{x}}$，此处 $\hat{\boldsymbol{x}}$ 是标准化方程的任意解。当 $\boldsymbol{H}$ 满秩时，就可能写成 $\hat{\boldsymbol{y}}=\boldsymbol{H}(\boldsymbol{H}\boldsymbol{H}^{\mathrm{T}})^{-1}\boldsymbol{H}^{\mathrm{T}}\boldsymbol{y}$。

例题 2.1（单输入单输出系统的 LS 参数估计） 假设被测系统可以用如下线性定常的单输入单输出差分模型来描述，即

$$A(z^{-1})y(t)=B(z^{-1})u(t-k)+\xi(t), \quad t\in T_d \tag{2.10}$$

其中，$y(t)\in\Re$ 和 $u(t)\in\Re$ 分别是系统输出和输入；$\xi(t)$ 是系统噪声；$A(z^{-1})=1+\sum_{i=1}^{n}a_i z^{-i}$，$B(z^{-1})=\sum_{j=0}^{m}b_j z^{-j}$；$k\geqslant 0$ 是系统的纯延时。

设系统参数向量为

$$\boldsymbol{\theta}=[a_1,\quad a_2,\quad \cdots,\quad a_n,\quad b_0,\quad b_1,\quad \cdots,\quad b_m]^{\mathrm{T}} \tag{2.11}$$

是未知的，同时设 t 时刻由输入输出数据构成一个向量，即

$$\boldsymbol{\varphi}(t)=[-y(t-1),\quad \cdots,\quad -y(t-n),\quad u(t-k),\quad \cdots,\quad u(t-k-m)]^{\mathrm{T}},\quad t\geqslant 1 \tag{2.12}$$

则系统方程可以表示为

$$y(t)=\boldsymbol{\varphi}^{\mathrm{T}}(t)\boldsymbol{\theta}+\xi(t),\quad t\geqslant 0 \tag{2.13}$$

假定系统的结构参数如阶数 n 和 m 及纯延时 k 是已知的，则系统辨识问题可以简化为对参数 $\boldsymbol{\theta}$ 的估计问题。

假定已经获得一组输入输出数据，即

$$\begin{cases}u(1-k-m),\quad \cdots,\quad u(0),\quad \cdots,\quad u(N-k)\\ y(1-n),\quad \cdots,\quad y(0),\quad \cdots,\quad y(N)\end{cases}$$

且令

$$\boldsymbol{y}_N=[y(1),y(2),\cdots,y(N)]^{\mathrm{T}}$$

$$\boldsymbol{\Phi}_N=\begin{bmatrix}\boldsymbol{\varphi}^{\mathrm{T}}(1)\\ \vdots\\ \boldsymbol{\varphi}^{\mathrm{T}}(N)\end{bmatrix}=\begin{bmatrix}-y(0), & \cdots, & -y(1-n), & u(1-k), & \cdots, & u(1-k-m)\\ \vdots & & \vdots & \vdots & & \vdots\\ -y(N-1), & \cdots, & -y(N-n), & u(N-k), & \cdots, & u(N-k-m)\end{bmatrix}$$

$$\boldsymbol{\xi}_N=[\xi(1),\cdots,\xi(N)]^{\mathrm{T}}$$

则可得如下超定方程或带残量的方程，即

$$\boldsymbol{\Phi}_N\boldsymbol{\theta}\cong\boldsymbol{y}_N \text{ 或 } \boldsymbol{y}_N=\boldsymbol{\Phi}_N\boldsymbol{\theta}+\boldsymbol{\xi}_N \tag{2.14}$$

根据式(2.8)，可得最小二乘参数估计，即

$$\hat{\boldsymbol{\theta}}^{\mathrm{LS}}=(\boldsymbol{\Phi}_N^{\mathrm{T}}\boldsymbol{\Phi}_N)^{-1}\boldsymbol{\Phi}_N^{\mathrm{T}}\boldsymbol{y}_N \tag{2.15}$$

这就是参数 $\boldsymbol{\theta}$ 的最小二乘估计，使 $\boldsymbol{J}_N(\boldsymbol{\theta})=\|\boldsymbol{y}_N-\boldsymbol{\Phi}_N\boldsymbol{\theta}\|^2$ 达到下界。

2.2.2 加权最小二乘估计

在自适应滤波等许多应用中，常采用加权最小二乘，可使如下性能指标最小化，即

$$J(\boldsymbol{x})=\|\boldsymbol{y}-\boldsymbol{H}\boldsymbol{x}\|_{W}^{2}=(\boldsymbol{y}-\boldsymbol{H}\boldsymbol{x})^{\mathrm{T}}\boldsymbol{W}(\boldsymbol{y}-\boldsymbol{H}\boldsymbol{x}) \tag{2.16}$$

其中，$\boldsymbol{W}>0$ 是任意正定阵，称为加权矩阵。

引理 2.4（加权最小二乘解）　不协调方程 $\boldsymbol{H}\boldsymbol{x}\cong\boldsymbol{y}$ 的加权最小二乘解 $\hat{\boldsymbol{x}}^{\mathrm{WLS}}$ 具有如下特性，即

$$\|\boldsymbol{y}-\boldsymbol{H}\hat{\boldsymbol{x}}^{\mathrm{WLS}}\|_{W}^{2}\leqslant\|\boldsymbol{y}-\boldsymbol{H}\boldsymbol{x}\|_{W}^{2},\quad \boldsymbol{x}\in\Re^{n} \tag{2.17}$$

其解通过用如下协调（标准）方程组的解给出，即

$$\boldsymbol{H}^{\mathrm{T}}\boldsymbol{W}\boldsymbol{H}\hat{\boldsymbol{x}}=\boldsymbol{H}^{\mathrm{T}}\boldsymbol{W}\boldsymbol{y} \tag{2.18}$$

相应的 $\|\boldsymbol{y}-\boldsymbol{H}\boldsymbol{x}\|_{W}^{2}$ 的最小值为

$$\|\boldsymbol{y}-\boldsymbol{H}\hat{\boldsymbol{x}}^{\mathrm{WLS}}\|_{W}^{2}=\boldsymbol{y}^{\mathrm{T}}\boldsymbol{W}\boldsymbol{y}-\boldsymbol{y}^{\mathrm{T}}\boldsymbol{W}\boldsymbol{H}\hat{\boldsymbol{x}} \tag{2.19}$$

当 $\boldsymbol{H}$ 满秩时，可以写为

$$\|\boldsymbol{y}-\boldsymbol{H}\hat{\boldsymbol{x}}^{\mathrm{WLS}}\|_{W}^{2}=\boldsymbol{y}^{\mathrm{T}}[\boldsymbol{W}-\boldsymbol{W}\boldsymbol{H}(\boldsymbol{H}^{\mathrm{T}}\boldsymbol{W}\boldsymbol{H})^{-1}\boldsymbol{H}^{\mathrm{T}}\boldsymbol{W}]\boldsymbol{y} \tag{2.20}$$

这样的加权最小二乘问题，不但适用自适应滤波，而且适用其他类似问题，只要模型具有 $\boldsymbol{y}=\boldsymbol{H}\boldsymbol{x}+\boldsymbol{v}$ 的形式，其中 $\boldsymbol{x}$ 是未知的向量，$\boldsymbol{v}$ 是随机噪声或扰动向量，其均值和方差已知，即 $E\{\boldsymbol{v}\}=0$，$\mathrm{Cov}\{\boldsymbol{v},\boldsymbol{v}\}=\boldsymbol{R}_{v}$。在此情况下，加权最小二乘估计为

$$\hat{\boldsymbol{x}}^{\mathrm{WLS}}=(\boldsymbol{H}^{\mathrm{T}}\boldsymbol{W}\boldsymbol{H})^{-1}\boldsymbol{H}^{\mathrm{T}}\boldsymbol{W}\boldsymbol{y} \tag{2.21}$$

这个估计也是随机向量，具有如下均值，即

$$E\{\hat{\boldsymbol{x}}^{\mathrm{WLS}}\}=E\{(\boldsymbol{H}^{\mathrm{T}}\boldsymbol{W}\boldsymbol{H})^{-1}\boldsymbol{H}^{\mathrm{T}}\boldsymbol{W}\boldsymbol{y}\}=\boldsymbol{x} \tag{2.22}$$

这是因为 $E\{\boldsymbol{y}\}=\boldsymbol{H}\boldsymbol{x}$，所以这样的估计是无偏的。估计误差的协方差阵为

$$E\{(\hat{\boldsymbol{x}}^{\mathrm{WLS}}-\boldsymbol{x})(\hat{\boldsymbol{x}}^{\mathrm{WLS}}-\boldsymbol{x})^{\mathrm{T}}\}=(\boldsymbol{H}^{\mathrm{T}}\boldsymbol{W}\boldsymbol{H})^{-1}\boldsymbol{H}^{\mathrm{T}}\boldsymbol{W}\boldsymbol{R}_{v}\boldsymbol{W}\boldsymbol{H}(\boldsymbol{H}^{\mathrm{T}}\boldsymbol{W}\boldsymbol{H})^{-1} \tag{2.23}$$

可以证明，当选择加权矩阵 $\boldsymbol{W}=\boldsymbol{R}_{v}^{-1}$ 时，这个协方差阵是最小的，使

$$E\{(\hat{\boldsymbol{x}}^{\mathrm{WLS}}-\boldsymbol{x})(\hat{\boldsymbol{x}}^{\mathrm{WLS}}-\boldsymbol{x})^{\mathrm{T}}\}=(\boldsymbol{H}^{\mathrm{T}}\boldsymbol{W}\boldsymbol{H})^{-1} \tag{2.24}$$

最小化代价函数为

$$\|\boldsymbol{y}-\boldsymbol{H}\hat{\boldsymbol{x}}\|^{2}=\|\boldsymbol{y}\|^{2}-\|\boldsymbol{H}\hat{\boldsymbol{x}}\|^{2} \tag{2.25}$$

可把列 $\boldsymbol{y}-\boldsymbol{H}\hat{\boldsymbol{x}}$ 和 $\boldsymbol{H}\hat{\boldsymbol{x}}$ 看成欧氏空间中的直交向量，把式(2.9)的标准化方程重新写为

$$\boldsymbol{H}^{\mathrm{T}}(\boldsymbol{y}-\boldsymbol{H}\hat{\boldsymbol{x}})=0 \tag{2.26}$$

这表明 $\boldsymbol{y}-\boldsymbol{H}\hat{\boldsymbol{x}}$ 与 $\boldsymbol{H}$ 的列直交。

设 $\boldsymbol{H}=[\boldsymbol{h}^{(1)},\ \boldsymbol{h}^{(2)},\ \cdots,\ \boldsymbol{h}^{(n)}]$，$\boldsymbol{x}=[\boldsymbol{x}_1,\ \boldsymbol{x}_2,\ \cdots,\ \boldsymbol{x}_n]^{\mathrm{T}}\in\Re^{n}$，而 $\boldsymbol{h}^{(i)}\in\Re^{n}$ 表示矩阵 $\boldsymbol{H}$ 的列向量，最小二乘问题就是求取 $\boldsymbol{H}$ 列向量的线性组合，如 $\boldsymbol{H}\hat{\boldsymbol{x}}$，使下式最小，即

$$\|\boldsymbol{y}-\boldsymbol{H}\hat{\boldsymbol{x}}\|^{2}=\|\boldsymbol{y}-\sum_{i=1}^{n}\boldsymbol{h}^{(i)}\hat{x}_{i}\|^{2} \tag{2.27}$$

或者 $\boldsymbol{H}^{\mathrm{T}}\boldsymbol{y}=\boldsymbol{H}^{\mathrm{T}}\boldsymbol{H}\hat{\boldsymbol{x}}$，对此问题这就是严格的标准方程。

2.2.3 正则化最小二乘估计

最小二乘估计更一般的代价函数为

$$J(\boldsymbol{x}) = (\boldsymbol{x} - \boldsymbol{x}_0)^{\mathrm{T}} \boldsymbol{\Pi}_0^{-1} (\boldsymbol{x} - \boldsymbol{x}_0) + \| \boldsymbol{y} - \boldsymbol{H}\boldsymbol{x} \|_W^2 \tag{2.28}$$

这仍然是未知变量 $\boldsymbol{x}$ 的二次代价函数，但包含附加项 $(\boldsymbol{x} - \boldsymbol{x}_0)^{\mathrm{T}} \boldsymbol{\Pi}_0^{-1} (\boldsymbol{x} - \boldsymbol{x}_0)$，其中 $\boldsymbol{\Pi}_0^{-1} > 0$ 是一个给定的正定矩阵，$\boldsymbol{x}_0$ 是一个给定的向量。选择 $\boldsymbol{\Pi}_0 = \infty \boldsymbol{I}$，就返回原始加权最小二乘问题，即

$$\min_x \| \boldsymbol{y} - \boldsymbol{H}\boldsymbol{x} \|_W^2$$

采用上面 $J(\boldsymbol{x})$ 代价函数的原因在于，即使矩阵 $\boldsymbol{H}$ 不满秩，仍然能够得到唯一的最小二乘解。如果 $\boldsymbol{H}$ 满秩，包含此项能够改善矩阵出现在正则化方程中的条件数量，因此会导致更好的数值行为。

另外，附加的参数 $\{\boldsymbol{\Pi}_0, \boldsymbol{x}_0\}$ 使我们把先验知识与问题的表述联系在一起，在给定向量 $\boldsymbol{x}_0$ 的条件下，$\boldsymbol{\Pi}_0$ 的不同选择将给出接近最优解 $\hat{\boldsymbol{x}}$ 的可信程度。例如，设 $\boldsymbol{\Pi}_0 = \varepsilon \boldsymbol{I}$，其中 ε 是一个小的正实数，那么在 $J(\boldsymbol{x})$ 代价函数中的第一项将变得占支配地位，迫使 $\hat{\boldsymbol{x}}$ 接近 $\boldsymbol{x}_0$。或者不严格地说，一个“小的”$\boldsymbol{\Pi}_0$ 反映 $\boldsymbol{x}_0$ 是最优解 $\hat{\boldsymbol{x}}$ 的最好猜想，且具有很高的置信度；相反，一个“大的”$\boldsymbol{\Pi}_0$ 反映初始猜想 $\boldsymbol{x}_0$ 具有很大的不确定性。

为了使问题求解更容易，我们引入变量代换，$\boldsymbol{x}' = \boldsymbol{x} - \boldsymbol{x}_0$，$\boldsymbol{y}' = \boldsymbol{y} - \boldsymbol{H}\boldsymbol{x}_0$，那么正则化最小二乘问题可以写为

$$\min_{x'} [\boldsymbol{x}'^{\mathrm{T}} \boldsymbol{\Pi}_0^{-1} \boldsymbol{x}' + \| \boldsymbol{y}' - \boldsymbol{H}\boldsymbol{x}' \|_W^2] \tag{2.29}$$

还能够写成

$$\min_{x'} \left\| \begin{bmatrix} \boldsymbol{0} \\ \boldsymbol{y}' \end{bmatrix} - \begin{bmatrix} \boldsymbol{\Pi}_0^{-1/2} \\ \boldsymbol{H} \end{bmatrix} \boldsymbol{x}' \right\|_{I \oplus W}^2, \quad \boldsymbol{I} \oplus \boldsymbol{W} = \begin{bmatrix} \boldsymbol{I} & \boldsymbol{0} \\ \boldsymbol{0} & \boldsymbol{W} \end{bmatrix}$$

而且 $\boldsymbol{\Pi}_0^{-1/2}$ 就是 $\boldsymbol{\Pi}_0$ 的平方根，即 $\boldsymbol{\Pi}_0 = \boldsymbol{\Pi}_0^{1/2} \boldsymbol{\Pi}_0^{1/2\mathrm{T}}$。于是，我们得到最小二乘解 $\hat{\boldsymbol{x}}'$，此时需要把 $\begin{bmatrix} \boldsymbol{0} \\ \boldsymbol{y}' \end{bmatrix}$ 投影到 $\begin{bmatrix} \boldsymbol{\Pi}_0^{-1/2} \\ \boldsymbol{H} \end{bmatrix}$ 的列空间，直交化条件变为

$$\begin{bmatrix} \boldsymbol{\Pi}_0^{-1/2} \\ \boldsymbol{H} \end{bmatrix}^{\mathrm{T}} \begin{bmatrix} \boldsymbol{I} & \boldsymbol{0} \\ \boldsymbol{0} & \boldsymbol{W} \end{bmatrix} \left(\begin{bmatrix} \boldsymbol{0} \\ \boldsymbol{y}' \end{bmatrix} - \begin{bmatrix} \boldsymbol{\Pi}_0^{-1/2} \\ \boldsymbol{H} \end{bmatrix} \boldsymbol{x}' \right) = 0 \tag{2.30}$$

简化到线性方程组

$$(\boldsymbol{\Pi}_0^{-1} + \boldsymbol{H}^{\mathrm{T}} \boldsymbol{W} \boldsymbol{H})(\hat{\boldsymbol{x}} - \boldsymbol{x}_0) = \boldsymbol{H}^{\mathrm{T}} \boldsymbol{W} (\boldsymbol{y} - \boldsymbol{H}\boldsymbol{x}_0) \tag{2.31}$$

当 $\boldsymbol{\Pi}_0 > 0$，$\boldsymbol{W} > 0$ 时，就能够保证 $\boldsymbol{H}^{\mathrm{T}} \boldsymbol{W} \boldsymbol{H}$ 和 $(\boldsymbol{\Pi}_0^{-1} + \boldsymbol{H}^{\mathrm{T}} \boldsymbol{W} \boldsymbol{H})$ 可逆，最小值就可以写成

$$J(\hat{\boldsymbol{x}}) = (\boldsymbol{y} - \boldsymbol{H}\boldsymbol{x}_0)^{\mathrm{T}} (\boldsymbol{W}^{-1} + \boldsymbol{H} \boldsymbol{\Pi}_0 \boldsymbol{H}^{\mathrm{T}})^{-1} (\boldsymbol{y} - \boldsymbol{H}\boldsymbol{x}_0) \tag{2.32}$$

其中

$$\hat{\boldsymbol{x}} = \boldsymbol{x}_0 + (\boldsymbol{\Pi}_0^{-1} + \boldsymbol{H}^{\mathrm{T}}\boldsymbol{W}\boldsymbol{H})^{-1}\boldsymbol{H}^{\mathrm{T}}\boldsymbol{W}(\boldsymbol{y} - \boldsymbol{H}\boldsymbol{x}_0) \tag{2.33}$$

线性最小二乘问题及其解如表 2.1 所示。

表 2.1　线性最小二乘问题及其解

优化问题	解
给定$\{\boldsymbol{H},\boldsymbol{y}\}$，$\boldsymbol{H}\in\Re^{m\times n}$满秩，$m\geqslant n$ 解$\min\limits_{x} J(\boldsymbol{x})$， 其中 $J(\boldsymbol{x})=\Vert \boldsymbol{y}-\boldsymbol{H}\boldsymbol{x}\Vert^2$	$\hat{\boldsymbol{x}}^{\mathrm{LS}}=(\boldsymbol{H}^{\mathrm{T}}\boldsymbol{H})^{-1}\boldsymbol{H}^{\mathrm{T}}\boldsymbol{y}$ 最小值是 $J(\hat{\boldsymbol{x}}^{\mathrm{LS}})=\boldsymbol{y}^{\mathrm{T}}[\boldsymbol{I}-\boldsymbol{H}(\boldsymbol{H}^{\mathrm{T}}\boldsymbol{H})^{-1}\boldsymbol{H}^{\mathrm{T}}]\boldsymbol{y}=\boldsymbol{y}^{\mathrm{T}}\boldsymbol{P}_H^{\perp}\boldsymbol{y}$
给定$\{\boldsymbol{x}_0,\boldsymbol{y},\boldsymbol{H},\boldsymbol{\Pi}_0,\boldsymbol{W}\}$，且$\boldsymbol{\Pi}_0>0$，$\boldsymbol{W}>0$ 解$\min\limits_{x} J(\boldsymbol{x})$， 其中 $J(\boldsymbol{x})=(\boldsymbol{x}-\boldsymbol{x}_0)^{\mathrm{T}}\boldsymbol{\Pi}_0^{-1}(\boldsymbol{x}-\boldsymbol{x}_0)+\Vert \boldsymbol{y}-\boldsymbol{H}\boldsymbol{x}\Vert_W^2$	$\hat{\boldsymbol{x}}=\boldsymbol{x}_0+(\boldsymbol{\Pi}_0^{-1}+\boldsymbol{H}^{\mathrm{T}}\boldsymbol{W}\boldsymbol{H})^{-1}\boldsymbol{H}^{\mathrm{T}}\boldsymbol{W}(\boldsymbol{y}-\boldsymbol{H}\boldsymbol{x}_0)$ 最小值是 $J(\hat{\boldsymbol{x}})=(\boldsymbol{y}-\boldsymbol{H}\boldsymbol{x}_0)^{\mathrm{T}}(\boldsymbol{W}^{-1}+\boldsymbol{H}\boldsymbol{\Pi}_0\boldsymbol{H}^{\mathrm{T}})^{-1}(\boldsymbol{y}-\boldsymbol{H}\boldsymbol{x}_0)$

2.2.4　递推最小二乘估计

最小二乘参数估计利用已获得的全部输入输出数据在计算机上一次完成参数估计的计算，所以称为一次性算法。为了达到一定的计算精度，人们总是希望数据的样本容量较大，但是当数据维数较大时，大的样本容量可能使需要存储的数据个数超出计算机的存储容量。为此，需要寻求一种算法，以减少必要的数据存储量。递推算法不仅可以减少数据存储量，而且适合在线计算，即一边采集数据，一边估计参数。除此之外，某些改进的递推算法对于参数缓变的系统还具有自适应能力，能反映参数缓变的趋势。

因为最小二乘问题中方程数 m 可能比未知变量的维数 n 大得多，可能给数据存储造成困难，这可以利用递推更新法来解决。

假定已经到了第 $k-1$ 步，对于如下方程已经求解了最小二乘问题，即

$$\boldsymbol{H}_k\boldsymbol{x}\cong\boldsymbol{y}^k$$

其中，$\boldsymbol{H}_k=[\boldsymbol{h}_1,\boldsymbol{h}_2,\cdots,\boldsymbol{h}_k]^{\mathrm{T}}\in\Re^{k\times n}$；$\boldsymbol{y}^k=[y(1),y(2),\cdots,y(k)]^{\mathrm{T}}\in\Re^k$ 是给定的。

考虑最小二乘的正则化形式，假定 $\boldsymbol{W}=\boldsymbol{I}$ 且 $\boldsymbol{x}_0=0$，则对如下问题，即

$$\min_x[\boldsymbol{x}^{\mathrm{T}}\boldsymbol{\Pi}_0^{-1}\boldsymbol{x}+\Vert\boldsymbol{y}^k-\boldsymbol{H}_k\boldsymbol{x}\Vert^2] \tag{2.34}$$

假设在第 $k+1$ 步得到 $\boldsymbol{h}_{k+1}$ 和 $y(k+1)$，于是有

$$\underbrace{\begin{bmatrix}\boldsymbol{H}_k\\ \boldsymbol{h}_{k+1}^{\mathrm{T}}\end{bmatrix}}_{\boldsymbol{H}_{k+1}}\boldsymbol{x}\cong\underbrace{\begin{bmatrix}\boldsymbol{y}^k\\ y(k+1)\end{bmatrix}}_{\boldsymbol{y}^{k+1}} \tag{2.35}$$

按照下式优化，即

$$\min_{x}\left[\boldsymbol{x}^{\mathrm{T}}\boldsymbol{\Pi}_0^{-1}\boldsymbol{x}+\|\boldsymbol{y}^{k+1}-\boldsymbol{H}_{k+1}\boldsymbol{x}\|^2\right] \tag{2.36}$$

首先，因为 $(\boldsymbol{\Pi}_0^{-1}+\boldsymbol{H}_k^{\mathrm{T}}\boldsymbol{H}_k)$ 可逆，则

$$(\boldsymbol{\Pi}_0^{-1}+\boldsymbol{H}_{k+1}^{\mathrm{T}}\boldsymbol{H}_{k+1})=(\boldsymbol{\Pi}_0^{-1}+\boldsymbol{H}_k^{\mathrm{T}}\boldsymbol{H}_k)+\boldsymbol{h}_{k+1}\boldsymbol{h}_{k+1}^{\mathrm{T}} \tag{2.37}$$

然后就写成

$$\begin{aligned}\hat{\boldsymbol{x}}_{k+1}&=(\boldsymbol{\Pi}_0^{-1}+\boldsymbol{H}_{k+1}^{\mathrm{T}}\boldsymbol{H}_{k+1})^{-1}\boldsymbol{H}_{k+1}^{\mathrm{T}}\boldsymbol{y}^{k+1}\\&=(\boldsymbol{\Pi}_0^{-1}+\boldsymbol{H}_k^{\mathrm{T}}\boldsymbol{H}_k+\boldsymbol{h}_{k+1}\boldsymbol{h}_{k+1}^{\mathrm{T}})^{-1}\left[\boldsymbol{H}_k^{\mathrm{T}}\boldsymbol{y}^k+\boldsymbol{h}_{k+1}y(k+1)\right]\end{aligned} \tag{2.38}$$

根据矩阵求逆引理以及上式，定义

$$\boldsymbol{P}_{k+1}=(\boldsymbol{\Pi}_0^{-1}+\boldsymbol{H}_{k+1}^{\mathrm{T}}\boldsymbol{H}_{k+1})^{-1},\quad \boldsymbol{P}_0=\boldsymbol{\Pi}_0\Rightarrow\boldsymbol{P}_{k+1}^{-1}=\boldsymbol{P}_k^{-1}+\boldsymbol{h}_{k+1}\boldsymbol{h}_{k+1}^{\mathrm{T}},\quad \boldsymbol{P}_0^{-1}=\boldsymbol{\Pi}_0^{-1} \tag{2.39}$$

利用矩阵求逆引理可得

$$\boldsymbol{P}_{k+1}=\boldsymbol{P}_k-\frac{\boldsymbol{P}_k\boldsymbol{h}_{k+1}\boldsymbol{h}_{k+1}^{\mathrm{T}}\boldsymbol{P}_k}{1+\boldsymbol{h}_{k+1}^{\mathrm{T}}\boldsymbol{P}_k\boldsymbol{h}_{k+1}},\quad \boldsymbol{P}_0=\boldsymbol{\Pi}_0 \tag{2.40}$$

于是得到递推公式

$$\begin{aligned}\hat{\boldsymbol{x}}_{k+1}&=\left(\boldsymbol{P}_k-\frac{\boldsymbol{P}_k\boldsymbol{h}_{k+1}\boldsymbol{h}_{k+1}^{\mathrm{T}}\boldsymbol{P}_k}{1+\boldsymbol{h}_{k+1}^{\mathrm{T}}\boldsymbol{P}_k\boldsymbol{h}_{k+1}}\right)\left[\boldsymbol{H}_k^{\mathrm{T}}\boldsymbol{y}^k+\boldsymbol{h}_{k+1}y(k+1)\right]\\&=\hat{\boldsymbol{x}}_k+\frac{\boldsymbol{P}_k\boldsymbol{h}_{k+1}}{1+\boldsymbol{h}_{k+1}^{\mathrm{T}}\boldsymbol{P}_k\boldsymbol{h}_{k+1}}\left[y(k+1)-\boldsymbol{h}_{k+1}^{\mathrm{T}}\hat{\boldsymbol{x}}_k\right]\end{aligned} \tag{2.41}$$

归纳起来可得如下引理，即递推最小二乘(recursive least square，RLS)算法。

引理 2.5(RLS 算法) 式(2.34)的优化问题可以计算如下，即

$$\hat{\boldsymbol{x}}_{k+1}=\hat{\boldsymbol{x}}_k+\boldsymbol{K}_{k+1}\left[y(k+1)-\boldsymbol{h}_{k+1}^{\mathrm{T}}\hat{\boldsymbol{x}}_k\right],\quad \hat{\boldsymbol{x}}_0=0 \tag{2.42}$$

其中，$\boldsymbol{K}_{k+1}=\boldsymbol{P}_k\boldsymbol{h}_{k+1}/(1+\boldsymbol{h}_{k+1}^{\mathrm{T}}\boldsymbol{P}_k\boldsymbol{h}_{k+1})$是参数估计问题的卡尔曼增益阵；$\varepsilon(k+1)=y(k+1)-\boldsymbol{h}_{k+1}^{\mathrm{T}}\hat{\boldsymbol{x}}_k$ 是基本修正量；$\boldsymbol{P}_k$ 满足如下 Riccati 递推公式，即

$$\boldsymbol{P}_{k+1}=\boldsymbol{P}_k-\boldsymbol{P}_k\boldsymbol{h}_{k+1}(1+\boldsymbol{h}_{k+1}^{\mathrm{T}}\boldsymbol{P}_k\boldsymbol{h}_{k+1})^{-1}\boldsymbol{h}_{k+1}^{\mathrm{T}}\boldsymbol{P}_k,\quad \boldsymbol{P}_0=\boldsymbol{\Pi}_0 \tag{2.43}$$

式中，$\hat{\boldsymbol{x}}_k$ 是正则化最小二乘问题的解。

2.2.5 最小均方误差估计

仍然考虑如下参数估计问题，即

$$y(t)=\boldsymbol{\varphi}^{\mathrm{T}}(t)\boldsymbol{x}+\varepsilon(t) \tag{2.44}$$

其中，$t\in T_d$ 是时间指标；$\boldsymbol{\varphi}(t)$，$\boldsymbol{x}\in\Re^n$ 分别是回归向量和未知参数向量；$y(t)$是 t 时刻的量测；$\varepsilon(t)=y(t)-\boldsymbol{\varphi}^{\mathrm{T}}(t)\boldsymbol{x}$ 是量测误差。

此时，定义量测误差的均方误差(mean square error，MSE)为

$$\begin{aligned}\text{MSE} &= \xi(t) \\ &= E\{\varepsilon^2(t)\} \\ &= E\{[y(t)-\boldsymbol{\varphi}^{\mathrm{T}}(t)\boldsymbol{x}]^2\} \\ &= E\{y^2(t)\}-2\boldsymbol{P}^{\mathrm{T}}(t)\boldsymbol{x}+\boldsymbol{x}^{\mathrm{T}}\boldsymbol{R}(t)\boldsymbol{x}\end{aligned} \tag{2.45}$$

其中，$\boldsymbol{P}(t)=E\{\boldsymbol{\varphi}(t)y(t)\}$；$\boldsymbol{R}(t)=E\{\boldsymbol{\varphi}(t)\boldsymbol{\varphi}^{\mathrm{T}}(t)\}$。

定义均方误差函数的梯度向量为

$$\nabla(t)=\left[\frac{\partial E\{\varepsilon^2(t)\}}{\partial x}\right]^{\mathrm{T}}=-2\boldsymbol{P}(t)+2\boldsymbol{R}(t)\boldsymbol{x} \tag{2.46}$$

假定 $\boldsymbol{R}(t)$ 可逆，则参数的优化估计为

$$\hat{\boldsymbol{x}}^*(t)=\boldsymbol{R}^{-1}(t)\boldsymbol{P}(t) \tag{2.47}$$

则上式就是最小二乘意义下的最优估计。

因为一般情况下梯度向量 $\nabla(t)$ 并不能确切获得，所以自适应的最小均方误差(least mean square，LMS)算法就是最速下降法的一种实现，正比于梯度向量估计值 $\hat{\nabla}(t)$ 的负值，即

$$\hat{\boldsymbol{x}}(t+1)=\hat{\boldsymbol{x}}(t)+\mu(-\hat{\nabla}(t)) \tag{2.48}$$

此处，$\hat{\nabla}(t)=\nabla(t)-\widetilde{\nabla}(t)$ 是一种梯度估计，等于真实梯度减去梯度误差；μ 是自适应参数。根据自适应线性组合器的误差公式，可以求得一个较粗的梯度估计，即

$$\hat{\nabla}(t)=\left[\frac{\partial\hat{\varepsilon}^2(t)}{\partial\hat{\boldsymbol{x}}(t)}\right]^{\mathrm{T}}=2\hat{\varepsilon}(t)\left[\frac{\partial\hat{\varepsilon}(t)}{\partial\hat{\boldsymbol{x}}(t)}\right]^{\mathrm{T}}=-2\hat{\varepsilon}(t)\boldsymbol{\varphi}(t) \tag{2.49}$$

其中，$\hat{\varepsilon}(t)=y(t)-\boldsymbol{\varphi}^{\mathrm{T}}(t)\hat{\boldsymbol{x}}(t)$ 是 t 时刻的估计残差。从而得 LMS 估计算法，即

$$\hat{\boldsymbol{x}}(t+1)=\hat{\boldsymbol{x}}(t)+2\mu\varepsilon(t)\boldsymbol{\varphi}(t) \tag{2.50}$$

其中，μ 是自适应参数。

该算法的优点是梯度估计不必做平方、平均或微分运算，而仅仅是一个简单的线性运算，因此具有计算的简单性；梯度向量的所有分量都由一个单一的数据样本得到，而不用参数向量的摄动。每个梯度向量都是一个瞬时梯度。因为梯度估计没有经过平均而得到，所以包含大量的噪声分量。噪声可以被自适应过程平均和衰减。

该算法具有如下无偏特性：$E\{\hat{\boldsymbol{x}}(t)\}=\boldsymbol{x}$，其均值和方差都收敛的条件为

$$\frac{1}{\mathrm{tr}\{\boldsymbol{R}(t)\}}>\mu>0 \tag{2.51}$$

随着 $\hat{\boldsymbol{x}}(t)\underset{t\to\infty}{\longrightarrow}\boldsymbol{x}$，误差 $\varepsilon(t)$ 是非平稳的，这使 MSE 仅能在集合平均的意义上来定义。当自适应过程收敛时，显然有 $\lim\limits_{t\to\infty}\xi(t)=\boldsymbol{\xi}_{\min}$

RLS 可以得到精确的最小二乘解，要得到整体最优解必须依赖所有过去的数据，利用矩阵求逆引理得到更新的权向量。LMS 算法利用自相关矩阵的估计降低当前输入数据的相关性，而且对平稳输入的稳态解在整个时间段上保持改进，最后

导致一个没有过调节的精确解。RLS 相对于 LMS 的劣势还在于其在非平稳环境中的跟踪能力，以及运算复杂性。

2.3 线性差分模型最小二乘参数估计

前面介绍的最小二乘参数估计方法源于数理统计的回归分析，能提供一个最小方差意义与实验数据最好逆合的模型。这里讨论最小二乘方法在线性差分模型的具体应用。参数估计算法均假定数据样本是固定不变的。

2.3.1 单输入单输出系统的最小二乘参数估计

假定被测系统可以用如下线性定常的单输入单输出差分模型来描述，即

$$A(z^{-1})y(t)=B(z^{-1})u(t-k)+\xi(t),\quad t\in T_d \tag{2.52}$$

其中，$y(t)\in\Re$ 和 $u(t)\in\Re$ 分别是系统的输出和输入；$\xi(t)$是系统噪声。

假定已知条件为

$$A(z^{-1})=1+\sum_{i=1}^{n}a_iz^{-i},\quad B(z^{-1})=\sum_{j=0}^{m}b_jz^{-j},\quad k\geqslant 0 \text{ 是系统的纯时延}$$

但系统参数未知，系统的参数向量为

$$\boldsymbol{\theta}=[a_1,a_2,\cdots,a_n,b_0,b_1,\cdots,b_m]^{\mathrm{T}}\in\boldsymbol{\Theta} \tag{2.53}$$

同时，设 t 时刻由输入输出数据构成一个向量，即

$$\boldsymbol{\varphi}(t)=[-y(t-1),\cdots,-y(t-n),u(t-k),\cdots,u(t-k-m)]^{\mathrm{T}},\quad t\geqslant 1 \tag{2.54}$$

则式(2.52)可以重新表示为

$$y(t)=\boldsymbol{\varphi}^{\mathrm{T}}(t)\boldsymbol{\theta}+\xi(t),\quad t\geqslant 1 \tag{2.55}$$

这种结构称为具有最小二乘结构。

此时假定系统的结构参数，如阶数 n 和 m，以及纯时延 k 是已知的，则系统辨识问题可以简化为对参数 $\boldsymbol{\theta}$ 的估计问题。

根据有关系统辨识的一般定义，我们规定模型类是一个差分模型。设参数估计为

$$\hat{\boldsymbol{\theta}}=[\hat{a}_1,\hat{a}_2,\cdots,\hat{a}_n,\hat{b}_0,\hat{b}_1,\cdots,\hat{b}_m]^{\mathrm{T}}\in\boldsymbol{\Theta}=\Re^{n+m+1} \tag{2.56}$$

这是参数空间 $\boldsymbol{\Theta}$ 中的一个点，相对于 $\hat{\boldsymbol{\theta}}$ 有一个线性差分模型，即

$$y_M(t)=\sum_{i=1}^{n}\hat{a}_iy(t-i)+\sum_{j=0}^{m}\hat{b}_ju(t-k-j)=\boldsymbol{\varphi}^{\mathrm{T}}(t)\hat{\boldsymbol{\theta}} \tag{2.57}$$

定义参数估计的残量为

$$\varepsilon(t)=y(t)-y_M(t) \tag{2.58}$$

则上述差分模型可以表示为

$$y_M(t)=\sum_{i=1}^{n}\hat{a}_i y_M(t-i)+\sum_{j=0}^{m}\hat{b}_j u(t-k-j)-\sum_{i=1}^{n}\hat{a}_i\varepsilon(t-i) \tag{2.59}$$

或者写为

$$\hat{A}(z^{-1})y_M(t)=\hat{B}(z^{-1})u(t-k)+\hat{C}(z^{-1})\varepsilon(t) \tag{2.60}$$

其中，$\hat{A}(z^{-1})=1+\sum_{i=1}^{n}\hat{a}_i z^{-i}$；$\hat{B}(z^{-1})=\sum_{j=0}^{m}\hat{b}_j z^{-j}$；$\hat{C}(z^{-1})=-\sum_{j=1}^{n}\hat{a}_j z^{-j}$。

这是一个随机模型。假定已经获得一组输入输出数据，即

$$\begin{cases}u(1-k-m),\cdots,u(0),\cdots,u(N-k)\\ y(1-n),\cdots,y(0),\cdots,y(N)\end{cases}$$

且令

$$\boldsymbol{y}_N=[y(1),y(2),\cdots,y(N)]^{\mathrm{T}}$$

$$\boldsymbol{\Phi}_N=\begin{bmatrix}\boldsymbol{\varphi}^{\mathrm{T}}(1)\\ \vdots\\ \boldsymbol{\varphi}^{\mathrm{T}}(N)\end{bmatrix}=\begin{bmatrix}-y(0), & \cdots, -y(1-n),\ u(1-k),\cdots,u(1-k-m)\\ & \vdots\\ -y(N-1),\cdots,-y(N-n),u(N-k),\cdots,u(N-k-m)\end{bmatrix}$$

$$\boldsymbol{\xi}_N=[\xi(1),\cdots,\xi(N)]^{\mathrm{T}}$$

则可得如下超定方程或带残量的方程，即

$$\boldsymbol{\Phi}_N\boldsymbol{\theta}\cong\boldsymbol{y}_N \text{ 或 } \boldsymbol{y}_N=\boldsymbol{\Phi}_N\boldsymbol{\theta}+\boldsymbol{\xi}_N \tag{2.61}$$

由前述公式可得 $\boldsymbol{\varepsilon}_N=\boldsymbol{y}_N-\boldsymbol{\Phi}_N\hat{\boldsymbol{\theta}}$，定义损失函数为

$$\begin{aligned}J_N&=\frac{1}{N}\sum_{i=1}^{N}\boldsymbol{\varepsilon}^2(t)\\&=\frac{1}{N}\langle\boldsymbol{\varepsilon}_N,\boldsymbol{\varepsilon}_N\rangle\\&=\frac{1}{N}\langle\boldsymbol{Y}_N-\boldsymbol{\Phi}_N\hat{\boldsymbol{\theta}},\boldsymbol{Y}_N-\boldsymbol{\Phi}_N\hat{\boldsymbol{\theta}}\rangle\\&=\frac{1}{N}(\boldsymbol{Y}_N-\boldsymbol{\Phi}_N\hat{\boldsymbol{\theta}})^{\mathrm{T}}(\boldsymbol{Y}_N-\boldsymbol{\Phi}_N\hat{\boldsymbol{\theta}})\\&=J_N(\hat{\boldsymbol{\theta}})\end{aligned} \tag{2.62}$$

参数估计问题就是选择 $\hat{\boldsymbol{\theta}}^*\in\boldsymbol{\Theta}$，使得

$$J_N(\hat{\boldsymbol{\theta}}^*)\leqslant J_N(\hat{\boldsymbol{\theta}}),\quad \hat{\boldsymbol{\theta}}\in\boldsymbol{\Theta} \tag{2.63}$$

利用二次函数的优化公式

$$J_{N,\min}=\min_{\hat{\boldsymbol{\theta}}\in\boldsymbol{\Theta}}\frac{1}{N}(\boldsymbol{Y}_N^{\mathrm{T}}\boldsymbol{Y}_n-2\boldsymbol{Y}_N^{\mathrm{T}}\boldsymbol{\Phi}_N\hat{\boldsymbol{\theta}}+\hat{\boldsymbol{\theta}}^{\mathrm{T}}\boldsymbol{\Phi}_N^{\mathrm{T}}\boldsymbol{\Phi}_N\hat{\boldsymbol{\theta}}) \tag{2.64}$$

可知，若 $\boldsymbol{\Phi}_N^{\mathrm{T}}\boldsymbol{\Phi}_N\geqslant 0$，则有最小解存在；若 $\boldsymbol{\Phi}_N^{\mathrm{T}}\boldsymbol{\Phi}_N>0$，则唯一最小解存在，且解为

$$\hat{\boldsymbol{\theta}}^{\mathrm{LS}}=(\boldsymbol{\Phi}_N^{\mathrm{T}}\boldsymbol{\Phi}_N)^{-1}\boldsymbol{\Phi}_N^{\mathrm{T}}\boldsymbol{y}_N \tag{2.65}$$

这就是参数 $\boldsymbol{\theta}$ 的最小二乘估计，使 J_N 达到下界。

有关以上最小二乘估计能否收敛到参数真值，有如下结论。

定理 2.1 由式(2.52)给出的线性定常系统，如果噪声 $\xi(t)$ 是一个白噪声过程且与控制 $u(t)$ 相互独立，而控制 $u(t)$ 满足持续激励条件，则由式(2.65)给出的最小二乘参数估计是一致性估计。

下面讨论适用于有色噪声的改进最小二乘参数估计方法。

2.3.2 滤波型加权最小二乘估计与广义最小二乘算法

考虑关系式

$$\boldsymbol{y}_N=\boldsymbol{\Phi}_N\boldsymbol{\theta}+\boldsymbol{\xi}_N \tag{2.66}$$

并考虑把最小二乘判据 $J_N(\boldsymbol{\theta})=\|\boldsymbol{y}_N-\boldsymbol{\Phi}_N\boldsymbol{\theta}\|^2$ 改为如下加权的性能指标，即

$$J_N(\boldsymbol{\theta})=\frac{1}{N}(\boldsymbol{y}_N-\boldsymbol{\Phi}_N\boldsymbol{\theta})^{\mathrm{T}}\boldsymbol{W}_N(\boldsymbol{y}_N-\boldsymbol{\Phi}_N\boldsymbol{\theta}) \tag{2.67}$$

其中，N 表示样本数据长度。

假定 $\boldsymbol{\Phi}_N^{\mathrm{T}}\boldsymbol{W}_N\boldsymbol{\Phi}_N>0$，则加权最小二乘解为

$$\hat{\boldsymbol{\theta}}^{\mathrm{WLS}}=(\boldsymbol{\Phi}_N^{\mathrm{T}}\boldsymbol{W}_N\boldsymbol{\Phi}_N)^{-1}\boldsymbol{\Phi}_N^{\mathrm{T}}\boldsymbol{W}_N\boldsymbol{y}_N \tag{2.68}$$

这样得到的参数估计 $\hat{\boldsymbol{x}}^{\mathrm{WLS}}$ 就是系统参数的加权最小二乘估计。

假设系统噪声向量是 $\boldsymbol{\xi}_N=\boldsymbol{y}_N-\boldsymbol{\Phi}_N\boldsymbol{\theta}$，其协方差阵为 $\boldsymbol{R}_N=\mathrm{Cov}\{\boldsymbol{\xi}_N,\boldsymbol{\xi}_N\}$，权矩阵选择为 $\boldsymbol{W}_N=\boldsymbol{R}_N^{-1}$。假定 $\xi(t)$ 是一个自回归(autoregressive，AR)过程，即

$$\xi(t)+\sum_{i=1}^{n_d}d_i\xi(t-i)=\lambda e(t) \tag{2.69}$$

其中，$e(t)$ 是一个零均值、方差为 1 的独立过程，同时假定 λ 和 d_i，$i=1,2,\cdots,n_d$ 是已知的，经过一系列的推导，得到的滤波型加权最小二乘的计算式为

$$\hat{\boldsymbol{\theta}}^{\mathrm{WLS}}=(\widetilde{\boldsymbol{\Phi}}_N^{\mathrm{T}}\widetilde{\boldsymbol{\Phi}}_N)^{-1}\widetilde{\boldsymbol{\Phi}}_N^{\mathrm{T}}\hat{\boldsymbol{y}}_N \tag{2.70}$$

式中，$\widetilde{\boldsymbol{\Phi}}_N=\boldsymbol{D}_N\boldsymbol{\Phi}_N$，这里有

$$\boldsymbol{D}_N=\begin{bmatrix}1 & 0 & \cdots & & \cdots & \cdots & 0\\ d_1 & \ddots & & & & & \\ \vdots & & \ddots & & & & \\ d_{n_d} & & & \ddots & & & \\ 0 & & & & \ddots & & \\ \vdots & \ddots & & & & \ddots & 0\\ 0 & \cdots & 0 & d_{n_d} & \cdots & d_1 & 1\end{bmatrix}$$

对于单输入单输出系统的广义最小二乘(generalized least square，GLS)参数估计，被测系统仍用线性定常差分模型描述 $A(z^{-1})y(t)=B(z^{-1})u(t-k)+\xi(t)$，$t\in T_d$，此时待估计的参数是 $\boldsymbol{\theta}=[a_1,a_2,\cdots,a_n,b_0,b_1,\cdots,b_m]^{\mathrm{T}}$，而

$$\boldsymbol{\Phi}_N=[-\boldsymbol{y}_{N-1},\cdots,\boldsymbol{y}_{N-n},\boldsymbol{u}_{N-k},\cdots,\boldsymbol{u}_{N-k-m}] \tag{2.71}$$

其中

$$\begin{cases}\boldsymbol{y}_{N-i}=[y(1-i),y(2-i),\cdots,y(N-i)]^{\mathrm{T}}\\ \boldsymbol{u}_{N-k-i}=[u(1-k-i),u(2-k-i),\cdots,u(N-k-i)]^{\mathrm{T}}\end{cases}$$

由$\widetilde{\boldsymbol{\Phi}}_N=\boldsymbol{D}_N\boldsymbol{\Phi}_N$，有

$$\widetilde{\boldsymbol{\Phi}}_N=\boldsymbol{D}_N\boldsymbol{\Phi}_N=[-\boldsymbol{D}_N\boldsymbol{y}_{N-1},\cdots,\boldsymbol{D}_N\boldsymbol{y}_{N-n},\boldsymbol{D}_N\boldsymbol{u}_{N-k},\cdots,\boldsymbol{D}_N\boldsymbol{u}_{N-k-m}] \tag{2.72}$$

且令

$$\begin{cases}\hat{\boldsymbol{y}}_{N-i}=\boldsymbol{D}_N\boldsymbol{y}_{N-i}=[\tilde{y}(1-i),\tilde{y}(2-i),\cdots,\tilde{y}(N-i)]^{\mathrm{T}}, & i=1,2,\cdots,n\\ \tilde{\boldsymbol{u}}_{N-k-i}=\boldsymbol{D}_N\boldsymbol{u}_{N-k-i}=[\tilde{u}(1-k-i),\tilde{u}(2-k-i),\cdots,\tilde{u}(N-k-i)]^{\mathrm{T}}, & j=0,1,\cdots,m\end{cases}$$

其中

$$\begin{cases}\tilde{y}(t-i)=y(t-i)+\sum_{s=1}^{n_d}d_s y(t-i-s), & i=1,2,\cdots,n\\ \tilde{u}(t-k-j)=u(t-k-j)+\sum_{s=1}^{n_d}d_s u(t-k-j-s), & j=0,1,\cdots,m\end{cases} \tag{2.73}$$

$t=1,2,\cdots,N$。

注意，此处$\tilde{y}(t)$表示$y(t)$经过滤波后的输出，因此有

$$\hat{\boldsymbol{\theta}}^{\mathrm{WLS}}=(\boldsymbol{\Phi}_N^{\mathrm{T}}\boldsymbol{R}_N^{-1}\boldsymbol{\Phi}_N)^{-1}\boldsymbol{\Phi}_N^{\mathrm{T}}\boldsymbol{R}_N^{-1}\boldsymbol{y}_N=(\widetilde{\boldsymbol{\Phi}}_N^{\mathrm{T}}\widetilde{\boldsymbol{\Phi}}_N)^{-1}\widetilde{\boldsymbol{\Phi}}_N^{\mathrm{T}}\hat{\boldsymbol{y}}_N \tag{2.74}$$

由上述描述知，$\hat{y}(t)$和$\tilde{u}(t-k)$分别是用噪声参数$d_s,s=1,2,\cdots,n_d$对原始信号$y(t)$和$u(t-k)$进行滤波所得的信号，而$\widetilde{\boldsymbol{\Phi}}_N$和$\hat{\boldsymbol{y}}_N$均可视为滤波信号构成的矩阵和向量，同时上式是按滤波信号所得的参数估计，所以称为滤波型加权最小二乘。

考虑$\xi(t)+\sum_{i=1}^{n_d}d_i\xi(t-i)=\lambda e(t)$的 AR 过程，因为$e(t)$是一个独立过程，只要$u(t)$是持续激励的，那么滤波型加权最小二乘参数估计是个一致性估计。总结起来可以得如下结论。

定理 2.2 对于式(2.52)描述的离散时间线性定常系统，如果噪声$\xi(t)$是由式(2.69)所示的 AR 过程，而且噪声参数d_i是已知的，利用式(2.73)对输入输出数据进行滤波可得滤波加权型最小二乘参数估计，如式(2.74)所示，只要输入$u(t)$是持续激励的，而且与噪声相互独立，则滤波型加权最小二乘参数估计是一致性估计。

这个定理只提供了寻求一致性估计的一个途径，因为通常情况下噪声参数也是未知的，对于系统参数和噪声参数进行迭代估计有可能获得接近一致性估计的

结果。

下面讨论基于滤波型加权最小二乘的一种迭代算法，称 GLS 参数估计法。该算法的主要思想就是通过残量估计噪声参数，再用噪声参数对输入输出数据进行滤波，然后按最小二乘对系统参数进行估计，同时得到新的残量，反复迭代直至收敛。

GLS 参数估计的迭代步骤如下。

① 当迭代次数 $i=0$ 时，给定初始值。

$$\begin{cases}\hat{\boldsymbol{\theta}}^{(0)}=\mathbf{0}, \quad \widetilde{D}^{(0)}(z^{-1})=1\\ \hat{y}^{(0)}(t)=\hat{y}(t), \quad \tilde{u}^{(0)}(t-k)=u(t-k)\end{cases} \tag{2.75}$$

② 第 i 次迭代时，设已经获得下式，即

$$\begin{cases}\hat{\boldsymbol{y}}_{N-j}^{(i-1)}=[\tilde{y}^{(i-1)}(1-j),\cdots,\tilde{y}^{(i-1)}(N-j)]^{\mathrm{T}}, \quad j=1,2,\cdots,n\\ \tilde{\boldsymbol{u}}_{N-k-j}^{(i-1)}=[\tilde{u}^{(i-1)}(1-k-j),\cdots,\tilde{u}^{(i-1)}(N-k-j)], \quad j=1,2,\cdots,m\end{cases} \tag{2.76}$$

同时可用

$$\widetilde{\boldsymbol{\Phi}}_N^{(i-1)}=[-\tilde{\boldsymbol{y}}_{N-1}^{(i-1)},\cdots,\tilde{\boldsymbol{y}}_{N-n}^{(i-1)},\tilde{\boldsymbol{u}}_{N-k}^{(i-1)},\cdots,\tilde{\boldsymbol{u}}_{N-k-m}^{(i-1)}] \tag{2.77}$$

并计算参数估计

$$\hat{\boldsymbol{\theta}}^{(i)}=[\hat{a}_1^{(i)},\hat{a}_2^{(i)},\cdots,\hat{a}_n^{(i)},\hat{b}_0^{(i)},\hat{b}_1^{(i)},\cdots,\hat{b}_m^{(i)}]^{\mathrm{T}}=(\widetilde{\boldsymbol{\Phi}}_N^{(i-1)^{\mathrm{T}}}\widetilde{\boldsymbol{\Phi}}_N^{(i-1)})^{-1}\widetilde{\boldsymbol{\Phi}}_N^{(i-1)^{\mathrm{T}}}\hat{\boldsymbol{y}}_N^{(i-1)} \tag{2.78}$$

③ 计算残差并估计噪声参数。

根据估计的系统参数计算残量，即

$$\tilde{\varepsilon}^{(i)}(t)=\hat{A}^{(i)}(z^{-1})\hat{y}^{(i-1)}(t)-\hat{B}^{(i)}(z^{-1})\tilde{u}^{(i-1)}(t-k), \quad t=0,1,\cdots,N \tag{2.79}$$

再用最小二乘法拟合噪声参数 $d_s^{(i)}, s=1,2,\cdots,v_d$，设

$$\begin{cases}\tilde{\varepsilon}^{(i)}(1)=-d_1^{(i)}\tilde{\varepsilon}^{(i)}(0)+\tilde{\varepsilon}^{(i+1)}(1)\\ \tilde{\varepsilon}^{(i)}(2)=-d_1^{(i)}\tilde{\varepsilon}^{(i)}(1)-d_2^{(i)}\tilde{\varepsilon}^{(i)}(0)+\tilde{\varepsilon}^{(i+1)}(2)\\ \qquad\vdots\\ \tilde{\varepsilon}^{(i)}(N)=-d_1^{(i)}\tilde{\varepsilon}^{(i)}(N-1)-d_2^{(i)}\tilde{\varepsilon}^{(i)}(N-2)-\cdots-d_{n_d}^{(i)}\tilde{\varepsilon}^{(i)}(N-n_d)+\tilde{\varepsilon}^{(i+1)}(N)\end{cases} \tag{2.80}$$

且令

$$\begin{cases}\boldsymbol{\beta}^{(i)}=[d_1^{(i)},d_2^{(i)},\cdots,d_{n_d}^{(i)}]^{\mathrm{T}}\\ \tilde{\boldsymbol{\varepsilon}}_N^{(i)}=[\tilde{\varepsilon}^{(i)}(1),\tilde{\varepsilon}^{(i)}(2),\cdots,\tilde{\varepsilon}^{(i)}(N)]^{\mathrm{T}}\\ \tilde{\boldsymbol{\varepsilon}}_{N-j}^{(i)}=[\underbrace{0,\cdots,0}_{j-1},\tilde{\varepsilon}^{(i)}(0),\cdots,\tilde{\varepsilon}^{(i)}(N-j)]^{\mathrm{T}}, \quad j=1,2,\cdots,n_d\\ \tilde{\boldsymbol{\varepsilon}}_N^{(i+1)}=[\tilde{\varepsilon}^{(i+1)}(1),\tilde{\varepsilon}^{(i+1)}(2),\cdots,\tilde{\varepsilon}^{(i+1)}(N)]^{\mathrm{T}}\\ \widetilde{\boldsymbol{\Psi}}_N^{(i)}=[\tilde{\varepsilon}_{N-1}^{(i)},\tilde{\varepsilon}_{N-2}^{(i)},\cdots,\tilde{\varepsilon}_{N-n_d}^{(i)}]\end{cases} \tag{2.81}$$

则 $\tilde{\boldsymbol{\varepsilon}}_N^{(i)}$ 可表示为

$$\tilde{\boldsymbol{\varepsilon}}_N^{(i)} = -\widetilde{\boldsymbol{\Psi}}_N^{(i)}\boldsymbol{\beta}^{(i)} + \tilde{\boldsymbol{\varepsilon}}_N^{(i+1)} \tag{2.82}$$

按最小二乘法得噪声参数的估计值为

$$\hat{\boldsymbol{\beta}}^{(i)} = [\hat{d}_1^{(i)}, \hat{d}_2^{(i)}, \cdots, \hat{d}_{n_d}^{(i)}]^{\mathrm{T}} = -(\widetilde{\boldsymbol{\Psi}}_N^{(i)\mathrm{T}}\widetilde{\boldsymbol{\Psi}}_N^{(i)})^{-1}\widetilde{\boldsymbol{\Psi}}_N^{(i)\mathrm{T}}\tilde{\boldsymbol{\varepsilon}}_N^{(i)} \tag{2.83}$$

④ 计算新的滤波值。

设

$$\hat{D}^{(i)}(z^{-1}) = 1 + \sum_{j=1}^{n_d}\hat{d}_j^{(i)}z^{-j} \tag{2.84}$$

从而有

$$\begin{cases}\tilde{y}^{(i)}(t-s) = \hat{D}^{(i)}(z^{-1})\tilde{y}^{(i-1)}(t-s), & s=1,2,\cdots,n \\ \tilde{u}^{(i)}(t-k-l) = \hat{D}^{(i)}(z^{-1})\tilde{u}^{(i-1)}(t-k-l), & l=0,1,\cdots,m\end{cases} \tag{2.85}$$

⑤ 令 $i+1 \Rightarrow i$，转至②直至收敛。

以上迭代程序如果收敛，并假定在有限 j 步收敛到参数真值，则由上述公式可以得到 j 步残量的表示式，即

$$\begin{aligned}
&\tilde{\varepsilon}^{(j)}(t) \\
&= \hat{A}^{(j)}(z^{-1})\tilde{y}^{(j-1)}(t) - \hat{B}^{(j)}(z^{-1})\tilde{u}^{(j-1)}(t-k) \\
&= \hat{A}^{(j)}(z^{-1})\prod_{i=0}^{j-1}\hat{D}^{(j)}(z^{-1})y(t) - \hat{B}^{(j)}(z^{-1})\prod_{i=0}^{j-1}\hat{D}^{(j)}(z^{-1})y(t)u(t-k) \\
&= \prod_{i=0}^{j-1}\hat{D}^{(j)}(z^{-1})[\hat{A}^{(j)}(z^{-1})y(t) - \hat{B}^{(j)}(z^{-1})u(t-k)] \\
&= \prod_{i=0}^{j-1}\hat{D}^{(j)}(z^{-1})[A^{(j)}(z^{-1})y(t) - B^{(j)}(z^{-1})u(t-k)]
\end{aligned} \tag{2.86}$$

因为 $\tilde{\varepsilon}^{(j)}(t)$ 是白噪声过程，从而有

$$\hat{D}(z^{-1}) = \prod_{i=0}^{j-1}\hat{D}^{(i)}(z^{-1}) = 1 + \sum_{s=1}^{n_d}\hat{d}_s z^{-s} \tag{2.87}$$

这就是噪声参数的估计值构成的多项式。因为 $\hat{D}^{(0)}(z^{-1})=1$，而 $\hat{D}^{(i)}(z^{-1}), i=1, 2,\cdots,j-1$ 均为首 1 多项式，所以 $\hat{D}(z^{-1})$ 也是首 1 多项式。$\hat{D}(z^{-1})$ 的阶次 n_d 随着迭代次数的增大而急剧增大。这个算法已经得到成功的应用，但算法的收敛性还没有得到证明。该算法的缺点是，由式(2.87)给出的多项式阶次可能很高。为了克服这一缺点，在迭代步骤④中，迭代式修改为

$$\begin{cases}\hat{y}^{(i)}(t-s) = \hat{D}^{(i)}(z^{-1})y^{(i-1)}(t-s), & s=1,2,\cdots,n \\ \tilde{u}^{(i)}(t-k-l) = \hat{D}^{(i)}(z^{-1})u^{(i-1)}(t-k-l), & l=0,1,\cdots,m\end{cases} \tag{2.88}$$

即对原始数据进行滤波，且把步骤③中残量计算式修改为

$$\tilde{\varepsilon}^{(i)}(t) = \hat{A}^{(i)}(z^{-1})y^{(i-1)}(t) - \hat{B}^{(i)}(z^{-1})u^{(i-1)}(t-k), \quad t=0,1,\cdots,N \tag{2.89}$$

这样，如果在有限 j 步迭代收敛，则有

$$\hat{D}(z^{-1}) = \hat{D}^{(j-1)}(z^{-1}) \tag{2.90}$$

使得噪声参数构成的多项式始终阶次为 n_d。

2.3.3 相关型加权最小二乘估计与辅助变量法

考虑如下类型的加权矩阵，即

$$\boldsymbol{W}_N=\frac{1}{N}\boldsymbol{Z}_N\boldsymbol{Z}_N^{\mathrm{T}} \tag{2.91}$$

其中，$\boldsymbol{Z}_N$ 是 $N\times(n+m+1)$的矩阵。

根据加权最小二乘参数估计的公式，则有

$$\hat{\boldsymbol{\theta}}^{\mathrm{WLS}}=(\boldsymbol{H}_N^{\mathrm{T}}\boldsymbol{Z}_N\boldsymbol{Z}_N^{\mathrm{T}}\boldsymbol{H}_N)^{-1}\boldsymbol{H}_N^{\mathrm{T}}\boldsymbol{Z}_N\boldsymbol{Z}_N^{\mathrm{T}}\boldsymbol{y}_N \tag{2.92}$$

如果 $\boldsymbol{H}_N^{\mathrm{T}}\boldsymbol{Z}_N/N$ 对于适当大的 N 都是非奇异的，则上式可以改为

$$\hat{\boldsymbol{\theta}}^{\mathrm{WLS}}=(\boldsymbol{Z}_N^{\mathrm{T}}\boldsymbol{H}_N)^{-1}\boldsymbol{Z}_N^{\mathrm{T}}\boldsymbol{y}_N \tag{2.93}$$

由于

$$\hat{\boldsymbol{\theta}}^{\mathrm{WLS}}=\boldsymbol{\theta}+(\boldsymbol{Z}_N^{\mathrm{T}}\boldsymbol{H}_N)^{-1}\boldsymbol{Z}_N^{\mathrm{T}}\boldsymbol{\xi}_N \tag{2.94}$$

在此情况下，参数估计的一致性条件如下。

① $\frac{1}{N}\boldsymbol{Z}_N^{\mathrm{T}}\boldsymbol{H}_N\xrightarrow[N\to\infty]{P}\boldsymbol{\Gamma}$，$\boldsymbol{\Gamma}$ 是非奇异的。

② $\frac{1}{N}\boldsymbol{Z}_N^{\mathrm{T}}\boldsymbol{\xi}_N\xrightarrow[N\to\infty]{P}\mathbf{0}$。

假定 $\boldsymbol{Z}_N$ 由如下数据构成，即

$$\boldsymbol{Z}_N=[-\boldsymbol{v}_{N-1},\cdots,-\boldsymbol{v}_{N-n},\boldsymbol{u}_{N-k},\cdots,\boldsymbol{u}_{N-k-m}] \tag{2.95}$$

其中

$$\begin{cases}\boldsymbol{v}_{N-i}=[v(1-i),\cdots,v(N-i)]^{\mathrm{T}}, & i=1,2,\cdots,n\\ \boldsymbol{u}_{N-k-j}=[u(1-k-j),\cdots,u(N-k-j)]^{\mathrm{T}}, & j=0,1,\cdots,m\end{cases} \tag{2.96}$$

而且满足上述一致性条件，则称 $v(t)$，$t=1-n,\cdots,0,\cdots,N$ 为一辅助变量。

构造合适的辅助变量 $v(t)$，使之与输入 $u(t)$（因此也与输出 $y(t)$）相关，但与噪声 $\xi(t)$不相关，这便成为辅助变量法的关键。构造辅助变量的方法很多，如

$$v(t)=\frac{\hat{B}(z^{-1})}{\hat{A}(z^{-1})}u(t-k) \tag{2.97}$$

其中，$\hat{A}(z^{-1})$和 $\hat{B}(z^{-1})$是由最小二乘法估计参数获得的多项式，即

$$\hat{A}(z^{-1})=1+\sum_{i=1}^{n}\hat{a}_iz^{-i},\quad \hat{B}(z^{-1})=\sum_{j=0}^{m}\hat{b}_jz^{-j}$$

假定 $u(t)$和 $\xi(t)$相互独立且均值为零，可以证明这样构造的辅助变量满足一致性条件②；文献[14]证明，只有当 $u(t)$是零均值的白噪声信号时，才能保证一致性条件①成立。当 $u(t)$为其他持续激励信号时，条件①不一定成立。

另一种构造辅助变量的方法是对输入 $u(t)$进行延迟，即

$$v(t)=u(t-n) \tag{2.98}$$

此时，n 为模型的阶。假定系统方程为

$$A(z^{-1})y(t)=B(z^{-1})u(t)+C(z^{-1})e(t) \tag{2.99}$$

其中，$A(z^{-1})=1+\sum_{i=1}^{n}a_iz^{-i}$；$B(z^{-1})=\sum_{j=0}^{n}b_jz^{-j}$；$C(z^{-1})=1+\sum_{s=1}^{n}c_sz^{-s}$。

如果系统存在纯时延 k，只要令 $b_0,b_1,\cdots,b_{k-1}$ 为零即可；如果 $A(z^{-1})$ 和 $B(z^{-1})$ 两个多项式的最高次方不等，只要增加零系统即可得系统次方。可以证明，这样构造的辅助变量，如果控制 $u(t)$ 是持续激励的，且与噪声 $\xi(t)=C(z^{-1})e(t)$ 相互独立，则由 $\hat{\boldsymbol{\theta}}^{\mathrm{WLS}}=[\boldsymbol{Z}_N^{\mathrm{T}}\boldsymbol{H}_N]^{-1}\boldsymbol{Z}_N^{\mathrm{T}}\boldsymbol{y}_N$ 建立的相关型加权最小二乘估计是一致性估计。

2.3.4　多输入输出系统的最小二乘参数估计

假定一个线性系统可以表示为

$$\boldsymbol{A}(z^{-1})\boldsymbol{y}(t)=\boldsymbol{B}(z^{-1})\boldsymbol{u}(t)+\xi(t) \tag{2.100}$$

其中，$\boldsymbol{y}(t)\in\boldsymbol{Y}=\Re^m$ 是系统的输出；$\boldsymbol{u}(t)\in\boldsymbol{U}=\Re^r$ 是系统的输入；$\xi(t)$ 是一个 m 维离散时间随机过程，而且

$$\begin{cases}\boldsymbol{A}(z^{-1})=\boldsymbol{I}_m+\sum_{i=1}^{n_a}\boldsymbol{A}_iz^{-i}, & \boldsymbol{A}_i\in\Re^{m\times m}\\ \boldsymbol{B}(z^{-1})=\sum_{j=0}^{n_b}\boldsymbol{B}_jz^{-j}, & \boldsymbol{B}_j\in\Re^{m\times r}\end{cases} \tag{2.101}$$

首先，假定 $\boldsymbol{\xi}(t)$ 是 m 维白噪声过程，均值为零，且其协方差阵为

$$\boldsymbol{R}(\tau)=\mathrm{Cov}\{\boldsymbol{\xi}(t),\boldsymbol{\xi}(t+\tau)\}=\begin{cases}\boldsymbol{R}, & \tau=0\\ \boldsymbol{0}, & \tau\neq0\end{cases} \tag{2.102}$$

同时令

$$\begin{cases}\boldsymbol{A}_i=[\boldsymbol{a}_{1i},\cdots,\boldsymbol{a}_{mi}], & i=1,2,\cdots,n_a\\ \boldsymbol{B}_j=[\boldsymbol{b}_{1j},\cdots,\boldsymbol{b}_{rj}], & j=0,1,\cdots,n_b\end{cases} \tag{2.103}$$

其中，$\boldsymbol{a}_{li}\in\Re^m,l=1,2,\cdots,m;\boldsymbol{b}_{sj}\in\Re^m,s=1,2,\cdots,r$。

于是，上述线性系统可以写为

$$\boldsymbol{y}(t)=-\sum_{i=1}^{n_a}\sum_{l=1}^{m}\boldsymbol{a}_{li}y_l(t-i)+\sum_{j=0}^{n_b}\sum_{s=1}^{r}\boldsymbol{b}_{sj}u_s(t-j)+\boldsymbol{\xi}(t) \tag{2.104}$$

其中，$y_l(t-i)$ 和 $u_s(t-j)$ 分别是 $\boldsymbol{y}(t-i)$ 和 $\boldsymbol{u}(t-j)$ 的第 l 个和第 s 个分量。

设参数向量 $\boldsymbol{\theta}$ 为

$$\boldsymbol{\theta}=[\boldsymbol{a}_{11}^{\mathrm{T}},\cdots,\boldsymbol{a}_{m1}^{\mathrm{T}},\cdots,\boldsymbol{a}_{1,n_a}^{\mathrm{T}},\cdots,\boldsymbol{a}_{m,n_a}^{\mathrm{T}},\boldsymbol{b}_{10}^{\mathrm{T}},\cdots,\boldsymbol{b}_{r0}^{\mathrm{T}},\cdots,\boldsymbol{b}_{1,n_b}^{\mathrm{T}},\cdots,\boldsymbol{b}_{r,n_b}^{\mathrm{T}}]^{\mathrm{T}} \tag{2.105}$$

又设 t 时刻的数据矩阵 $\boldsymbol{\varphi}(t)$ 为

$$\boldsymbol{\varphi}(t)=[-y_1(t-1)\boldsymbol{I}_m,\cdots,-y_m(t-1)\boldsymbol{I}_m,\cdots,-y_1(t-n_a)\boldsymbol{I}_m,\cdots,-y_m(t-n_a)\boldsymbol{I}_m,\\ u_1(t)\boldsymbol{I}_m,\cdots,u_r(t)\boldsymbol{I}_m,\cdots,u_1(t-n_b)\boldsymbol{I}_m,\cdots,u_r(t-n_b)\boldsymbol{I}_m]^{\mathrm{T}} \tag{2.106}$$

则式(2.104)可以表示为

$$\boldsymbol{y}(t)=\boldsymbol{\varphi}^{\mathrm{T}}(t)\boldsymbol{\theta}+\boldsymbol{\xi}(t) \tag{2.107}$$

这个最小二乘结构与单输入单输出系统的表示形式是一样的，设

$$\boldsymbol{\Phi}_N=\begin{bmatrix}\boldsymbol{\varphi}^{\mathrm{T}}(1)\\ \vdots\\ \boldsymbol{\varphi}^{\mathrm{T}}(N)\end{bmatrix},\quad \boldsymbol{y}_N=\begin{bmatrix}y(1)\\ \vdots\\ y(N)\end{bmatrix},\quad \boldsymbol{\xi}_N=\begin{bmatrix}\xi(1)\\ \vdots\\ \xi(N)\end{bmatrix} \tag{2.108}$$

则上式可以表示为

$$\boldsymbol{y}_N=\boldsymbol{\Phi}_N\boldsymbol{\theta}+\boldsymbol{\xi}_N \tag{2.109}$$

设 $\hat{\boldsymbol{\theta}}\in\boldsymbol{\Theta}$ 是对 $\boldsymbol{\theta}$ 的一个估计，估计残量为

$$\boldsymbol{\varepsilon}_N=\boldsymbol{y}_N-\boldsymbol{\Phi}_N\hat{\boldsymbol{\theta}} \tag{2.110}$$

由残差构成二次目标函数，即

$$J(\boldsymbol{\theta})=\frac{1}{N}\boldsymbol{\varepsilon}_N^{\mathrm{T}}\boldsymbol{\varepsilon}_N=\frac{1}{N}(\boldsymbol{y}_N-\boldsymbol{\Phi}_N\hat{\boldsymbol{\theta}})^{\mathrm{T}}(\boldsymbol{y}_N-\boldsymbol{\Phi}_N\hat{\boldsymbol{\theta}}) \tag{2.111}$$

按二次目标函数优化可解得

$$\hat{\boldsymbol{\theta}}^{\mathrm{LS}}=(\boldsymbol{\Phi}_N^{\mathrm{T}}\boldsymbol{\Phi}_N)^{-1}\boldsymbol{\Phi}_N^{\mathrm{T}}\boldsymbol{y}_N \tag{2.112}$$

可以证明，只要输入是持续激励的，系统受白噪声作用时的最小二乘参数估计就是一致性估计。

当系统受有色噪声作用，即 $\xi(t)$ 可以表示为白噪声过程 $\boldsymbol{e}(t)$ 的滑动平均或自回归输出，此时仍采用 GLS 或辅助变量法。

2.4 离散差分模型的递推参数估计

前面已经简单介绍了递推最小二乘参数估计方法，这一节详细介绍用于系统辨识的各种算法。

2.4.1 用于参数估计的递推最小二乘算法

仍考虑单输入单输出系统 $A(z^{-1})y(t)=B(z^{-1})u(t-k)+\xi(t),t\in T_d$，以及参数向量 $\boldsymbol{\theta}=[a_1,a_2,\cdots,a_n,b_0,b_1,\cdots,b_m]^{\mathrm{T}}$。假定在时刻 t，控制 $u(t+1-k)$ 已经施加于系统，而量测 $y(t+1)$ 已经得到，获得新的数据列为

$$\begin{cases}\boldsymbol{\varphi}_{N+1}=[-y(N),\cdots,-y(N+1-n),u(N+1-k),\cdots,u(N+1-m-k)]^{\mathrm{T}}\\ \boldsymbol{y}_{N+1}=[\boldsymbol{y}_N^{\mathrm{T}},y(N+1)]^{\mathrm{T}}\end{cases} \tag{2.113}$$

从而有

$$\boldsymbol{\Phi}_{N+1}=\begin{bmatrix}\boldsymbol{\Phi}_N\\ \boldsymbol{\varphi}^{\mathrm{T}}(N+1)\end{bmatrix} \tag{2.114}$$

假定对适当大的 N，$[\boldsymbol{\Phi}_N^{\mathrm{T}}\boldsymbol{\Phi}_N]$均有逆，且令

$$\boldsymbol{P}_N=(\boldsymbol{\Phi}_N^{\mathrm{T}}\boldsymbol{\Phi}_N)^{-1} \tag{2.115}$$

则有

$$\boldsymbol{P}_{N+1}=(\boldsymbol{\Phi}_{N+1}^{\mathrm{T}}\boldsymbol{\Phi}_{N+1})^{-1}=[\boldsymbol{\Phi}_N^{\mathrm{T}}\boldsymbol{\Phi}_N+\boldsymbol{\varphi}(N+1)\boldsymbol{\varphi}^{\mathrm{T}}(N+1)]^{-1} \tag{2.116}$$

根据矩阵求逆引理可得

$$\boldsymbol{P}_{N+1}=\boldsymbol{P}_N-\boldsymbol{P}_N\frac{\boldsymbol{\varphi}(N+1)\boldsymbol{\varphi}^{\mathrm{T}}(N+1)}{1+\boldsymbol{\varphi}^{\mathrm{T}}(N+1)\boldsymbol{P}_N\boldsymbol{\varphi}(N+1)}\boldsymbol{P}_N \tag{2.117}$$

于是，新的参数估计为

$$\begin{aligned}\hat{\boldsymbol{\theta}}_{N+1}&=\boldsymbol{P}_{N+1}\boldsymbol{\Phi}_{N+1}^{\mathrm{T}}\boldsymbol{y}_{N+1}\\&=\left[\boldsymbol{P}_N-\boldsymbol{P}_N\frac{\boldsymbol{\varphi}(N+1)\boldsymbol{\varphi}^{\mathrm{T}}(N+1)}{1+\boldsymbol{\varphi}^{\mathrm{T}}(N+1)\boldsymbol{P}_N\boldsymbol{\varphi}(N+1)}\boldsymbol{P}_N\right][\boldsymbol{\Phi}_N^{\mathrm{T}}\boldsymbol{y}_N+\boldsymbol{\varphi}(N+1)y(N+1)]\\&=\boldsymbol{P}_N\boldsymbol{\Phi}_N^{\mathrm{T}}\boldsymbol{y}_N+\frac{\boldsymbol{P}_N\boldsymbol{\varphi}(N+1)}{1+\boldsymbol{\varphi}^{\mathrm{T}}(N+1)\boldsymbol{P}_N\boldsymbol{\varphi}(N+1)}[y(N+1)-\boldsymbol{\varphi}^{\mathrm{T}}(N+1)\boldsymbol{P}_N\boldsymbol{\Phi}_N^{\mathrm{T}}\boldsymbol{y}_N]\end{aligned} \tag{2.118}$$

令

$$\boldsymbol{K}_{N+1}=\frac{\boldsymbol{P}_N\boldsymbol{\varphi}(N+1)}{1+\boldsymbol{\varphi}^{\mathrm{T}}(N+1)\boldsymbol{P}_N\boldsymbol{\varphi}(N+1)} \tag{2.119}$$

并考虑 $\hat{\boldsymbol{\theta}}_N=\boldsymbol{P}_N\boldsymbol{\Phi}_N^{\mathrm{T}}\boldsymbol{y}_N$，则上式可以表示为

$$\hat{\boldsymbol{\theta}}_{N+1}=\hat{\boldsymbol{\theta}}_N+\boldsymbol{K}_{N+1}[y(N+1)-\boldsymbol{\varphi}^{\mathrm{T}}(N+1)\hat{\boldsymbol{\theta}}_N] \tag{2.120}$$

这就是递推最小二乘公式，其中 $\boldsymbol{K}_{N+1}$是卡尔曼增益阵。

令

$$\hat{y}(N+1|N)=E\{y(N+1)|\boldsymbol{y}_N,\boldsymbol{u}_{N+1-k}\}=\boldsymbol{\varphi}^{\mathrm{T}}(N+1)\hat{\boldsymbol{\theta}}_N \tag{2.121}$$

表示基于输入输出数据的一步提前预报，而预报误差为

$$\varepsilon(N+1)=y(N+1)-\hat{y}(N+1|N)=y(N+1)-\boldsymbol{\varphi}^{\mathrm{T}}(N+1)\hat{\boldsymbol{\theta}}_N \tag{2.122}$$

这是参数估计问题的信息，式(2.120)可以表示为

$$\hat{\boldsymbol{\theta}}_{N+1}=\hat{\boldsymbol{\theta}}_N+\boldsymbol{K}_{N+1}\varepsilon(N+1) \tag{2.123}$$

这就是说，递推最小二乘参数估计实际上是对估计值不断修正的过程，它把每一步的预报误差 $\varepsilon(N+1)$作为基本修正量，而卡尔曼增益阵 $\boldsymbol{K}_{N+1}$对基本修正量进行适当调整以产生实际修正量。

多输入多输出系统的递推最小二乘公式是完全类似的。考虑多输入多输出线性离散时间系统 $\boldsymbol{A}(z^{-1})\boldsymbol{y}(t)=\boldsymbol{B}(z^{-1})\boldsymbol{u}(t-k)+\boldsymbol{\xi}(t)$及相应的假设条件，同时考虑参数向量为 $\boldsymbol{\theta}=[\boldsymbol{a}_{11}^{\mathrm{T}},\cdots,\boldsymbol{a}_{m1}^{\mathrm{T}},\cdots,\boldsymbol{a}_{1,n_a}^{\mathrm{T}},\cdots,\boldsymbol{a}_{m,n_a}^{\mathrm{T}},\boldsymbol{b}_{10}^{\mathrm{T}},\cdots,\boldsymbol{b}_{r0}^{\mathrm{T}},\cdots,\boldsymbol{b}_{1,n_b}^{\mathrm{T}},\cdots,\boldsymbol{b}_{r,n_b}^{\mathrm{T}}]^{\mathrm{T}}$ 和数

据矩阵

$$\boldsymbol{\varphi}(t)=[-y_1(t-1)\boldsymbol{I}_m,\cdots,-y_m(t-1)\boldsymbol{I}_m,\cdots,-y_1(t-n_a)\boldsymbol{I}_m,\cdots,-y_m(t-n_a)\boldsymbol{I}_m,$$
$$u_1(t)\boldsymbol{I}_m,\cdots,u_r(t)\boldsymbol{I}_m,\cdots,u_1(t-n_b)\boldsymbol{I}_m,\cdots,u_r(t-n_b)\boldsymbol{I}_m]^{\mathrm{T}}$$

同样可以建立其递推公式,即

$$\hat{\boldsymbol{\theta}}_{N+1}=\hat{\boldsymbol{\theta}}_N+\boldsymbol{K}_{N+1}[y(N+1)-\boldsymbol{\varphi}^{\mathrm{T}}(N+1)\hat{\boldsymbol{\theta}}_N] \tag{2.124}$$

其中,$\hat{\boldsymbol{\theta}}_N=\boldsymbol{P}_N\boldsymbol{\Phi}_N^{\mathrm{T}}\boldsymbol{y}_N$,即 N 时刻的参数估计;$\boldsymbol{\varphi}(N+1)$就是前面公式表示的数据矩阵;卡尔曼增益阵为

$$\boldsymbol{K}_{N+1}=\boldsymbol{P}_N\boldsymbol{\varphi}^{\mathrm{T}}(N+1)[\boldsymbol{I}_m+\boldsymbol{\varphi}^{\mathrm{T}}(N+1)\boldsymbol{P}_N\boldsymbol{\varphi}(N+1)]^{-1} \tag{2.125}$$

同时 $\boldsymbol{P}_N$ 可以表示为

$$\boldsymbol{P}_N=(\boldsymbol{\Phi}_N^{\mathrm{T}}\boldsymbol{\Phi}_N)^{-1} \tag{2.126}$$

而 $\boldsymbol{\Phi}_N$ 为

$$\boldsymbol{\Phi}_N=\begin{bmatrix}\boldsymbol{\varphi}^{\mathrm{T}}(1)\\ \vdots\\ \boldsymbol{\varphi}^{\mathrm{T}}(N)\end{bmatrix}$$

$\boldsymbol{P}_{N+1}$又可以表示为

$$\begin{aligned}\boldsymbol{P}_{N+1}&=\{\boldsymbol{I}_m-\boldsymbol{P}_N\boldsymbol{\varphi}(N+1)[\boldsymbol{I}_m+\boldsymbol{\varphi}^{\mathrm{T}}(N+1)\boldsymbol{P}_N\boldsymbol{\varphi}(N+1)]^{-1}\boldsymbol{\varphi}^{\mathrm{T}}(N+1)\}\boldsymbol{P}_N\\&=\boldsymbol{P}_N-\boldsymbol{P}_N\boldsymbol{\varphi}(N+1)[\boldsymbol{I}_m+\boldsymbol{\varphi}^{\mathrm{T}}(N+1)\boldsymbol{P}_N\boldsymbol{\varphi}(N+1)]^{-1}\boldsymbol{\varphi}^{\mathrm{T}}(N+1)\boldsymbol{P}_N\end{aligned} \tag{2.127}$$

读者可以仿照单输入单输出系统的公式推导,利用矩阵求逆引理直接推出以上结果。

在递推估计中,初值一般取为

$$\hat{\boldsymbol{\theta}}_0=\boldsymbol{0},\quad \boldsymbol{P}_0=c^2\boldsymbol{I},\quad c\text{ 为充分大的正数} \tag{2.128}$$

令由此 $\boldsymbol{P}_0$ 产生的 $\boldsymbol{P}_N$ 为$\hat{\boldsymbol{P}}_N$,则有

$$\begin{cases}\widetilde{\boldsymbol{P}}_1^{-1}=\boldsymbol{P}_0^{-1}+\boldsymbol{\varphi}(1)\boldsymbol{\varphi}^{\mathrm{T}}(1)\\ \widetilde{\boldsymbol{P}}_N^{-1}=\boldsymbol{P}_0^{-1}+\sum\limits_{t=1}^{N}\boldsymbol{\varphi}(t)\boldsymbol{\varphi}^{\mathrm{T}}(t)=\boldsymbol{P}_0^{-1}+\boldsymbol{\Phi}_N^{\mathrm{T}}\boldsymbol{\Phi}_N\approx\boldsymbol{\Phi}_N^{\mathrm{T}}\boldsymbol{\Phi}_N=\boldsymbol{P}_N^{-1}\end{cases} \tag{2.129}$$

需要特别强调指出的是,在实际数学计算中,每一步递推都必须保证 $\boldsymbol{P}_N$ 的对称和正定性。在 $\boldsymbol{P}_N$ 的计算中,可以把式(2.127)改为

$$\boldsymbol{P}_{N+1}=\boldsymbol{P}_N-\boldsymbol{K}_{N+1}\boldsymbol{\varphi}^{\mathrm{T}}(N+1)\boldsymbol{P}_N \tag{2.130}$$

这与式(2.127)在数学关系上是完全相等的,但可能引起 $\boldsymbol{P}_N$ 的非对称性。

2.4.2 渐消记忆的递推最小二乘算法

在递推最小二乘算法中,$\boldsymbol{P}_N>0$,根据式(2.117)有

$$\boldsymbol{P}_N-\boldsymbol{P}_{N+1}=\boldsymbol{P}_N\boldsymbol{\varphi}(N+1)[1+\boldsymbol{\varphi}^{\mathrm{T}}(N+1)\boldsymbol{P}_N\boldsymbol{\varphi}(N+1)]^{-1}\boldsymbol{\varphi}^{\mathrm{T}}(N+1)\boldsymbol{P}_N\geqslant 0$$

因此,有 $\boldsymbol{P}_{N+1} \leqslant \boldsymbol{P}_N$,即随着递推时间 N 的增大,按正负关系 $\boldsymbol{P}_N$ 越来越小,从而导致 $\boldsymbol{K}_N$ 越来越小,使新的基本修正量 $\varepsilon(N+1)=y(N+1)-\boldsymbol{\varphi}^{\mathrm{T}}(N+1)\hat{\boldsymbol{\theta}}_N$ 对于参数估计不再起修正作用,这就是数据饱和现象。在计算过程中存在不可避免的舍入误差,达到数据饱和之后有可能使 $\boldsymbol{P}_N$ 失去正定性,导致参数估计的偏差越来越大,从而造成递推算法的发散。

为了克服上述数据饱和现象,可以引入"遗忘因子"产生渐消记忆的递推最小二乘算法。这种算法除了上述优点外,还具有缓变参数的系统产生适应能力,跟踪参数的变化。

下面仍以单输入、单输出系统为例叙述这一算法的基本思想。首先考虑加权最小二乘,权矩阵取如下形式,即

$$\boldsymbol{W}_N=\begin{bmatrix}\alpha^{N-1} & 0 & \cdots & 0\\ 0 & \alpha^{N-1} & \ddots & \vdots\\ \vdots & & \alpha & 0\\ 0 & \cdots & 0 & 1\end{bmatrix} \tag{2.131}$$

其中,α 为实数,$0<\alpha<1$,称为遗忘因子。

也就是说,历史的数据对当前的参数估计有不同的权重,而距离现在越远,权系数越小,即采用逐渐遗忘的办法减小历史较长数据的作用。根据加权最小二乘公式有

$$\hat{\boldsymbol{\theta}}_N^{\mathrm{WLS}}=(\boldsymbol{\Phi}_N^{\mathrm{T}}\boldsymbol{W}_N\boldsymbol{\Phi}_N)^{-1}\boldsymbol{\Phi}_N^{\mathrm{T}}\boldsymbol{W}_N\boldsymbol{y}_N \tag{2.132}$$

记

$$\boldsymbol{P}_0=\boldsymbol{0},\quad \boldsymbol{P}_N=(\boldsymbol{\Phi}_N^{\mathrm{T}}\boldsymbol{W}_N\boldsymbol{\Phi}_N)^{-1} \tag{2.133}$$

同时,由式(2.131)可得

$$\boldsymbol{W}_{N+1}=\begin{bmatrix}\alpha\boldsymbol{W}_N & 0\\ 0 & 1\end{bmatrix},\quad N\geqslant 1 \tag{2.134}$$

利用矩阵求逆引理可得

$$\begin{aligned}\boldsymbol{P}_{N+1}&=(\boldsymbol{\Phi}_{N+1}^{\mathrm{T}}W_{N+1}\boldsymbol{\Phi}_{N+1})^{-1}\\&=[\alpha\boldsymbol{\Phi}_N^{\mathrm{T}}W_N\boldsymbol{\Phi}_N+\boldsymbol{\varphi}(N+1)\boldsymbol{\varphi}^{\mathrm{T}}(N+1)]^{-1}\\&=\frac{1}{\alpha}\left[\boldsymbol{P}_N-\frac{\boldsymbol{P}_N\boldsymbol{\varphi}(N+1)\boldsymbol{\varphi}^{\mathrm{T}}(N+1)\boldsymbol{P}_N}{\alpha+\boldsymbol{\varphi}^{\mathrm{T}}(N+1)\boldsymbol{P}_N\boldsymbol{\varphi}(N+1)}\right]\end{aligned} \tag{2.135}$$

注意到

$$\boldsymbol{\Phi}_{N+1}^{\mathrm{T}}\boldsymbol{W}_{N+1}\boldsymbol{y}_{N+1}=\alpha\boldsymbol{\Phi}_N^{\mathrm{T}}\boldsymbol{W}_N\boldsymbol{y}_N+\boldsymbol{\varphi}(N+1)y(N+1) \tag{2.136}$$

所以有

$$\begin{gathered}\hat{\boldsymbol{\theta}}_N^{\mathrm{WLS}}=(\boldsymbol{\Phi}_N^{\mathrm{T}}W_N\boldsymbol{\Phi}_N)^{-1}\boldsymbol{\Phi}_N^{\mathrm{T}}W_N\boldsymbol{y}_N\\ \hat{\boldsymbol{\theta}}_{N+1}^{\mathrm{WLS}}=\boldsymbol{P}_{N+1}\boldsymbol{\Phi}_{N+1}^{\mathrm{T}}\boldsymbol{W}_{N+1}\boldsymbol{y}_{N=1}=\hat{\boldsymbol{\theta}}_N^{\mathrm{WLS}}+\boldsymbol{K}_{N+1}[y(N+1)-\boldsymbol{\varphi}^{\mathrm{T}}(N+1)\hat{\boldsymbol{\theta}}_N^{\mathrm{WLS}}]\end{gathered} \tag{2.137}$$

卡尔曼增益阵为

$$\boldsymbol{K}_{N+1}=\frac{\boldsymbol{P}_N\boldsymbol{\varphi}(N+1)}{\alpha+\boldsymbol{\varphi}^{\mathrm{T}}(N+1)\boldsymbol{P}_N\boldsymbol{\varphi}(N+1)} \tag{2.138}$$

上式就是渐消记忆的递推最小二乘公式，除了 $\boldsymbol{K}_{N+1}$ 的计算有差异外，其形式与一般递推最小二乘公式相同。遗忘因子满足 $0<\alpha<1$，在式(2.135)中不必一定有 $\boldsymbol{P}_{N+1}\leqslant\boldsymbol{P}_N$ 的结论，因此可以克服数据饱和现象。α 的选择不能太小，否则将会降低参数估计的精度。一般情况下，$\alpha=0.95\sim0.997$ 比较适宜。

2.4.3 适用于有色噪声的改进递推最小二乘算法

1. 递推广义最小二乘算法

仍考虑系统 $A(z^{-1})y(t)=B(z^{-1})u(t-k)+\xi(t), t\in T_d$，以及参数向量 $\boldsymbol{\theta}=[a_1,a_2,\cdots,a_n,b_0,b_1,\cdots,b_m]^{\mathrm{T}}$；参数估计采用 GLS 算法，其中噪声模型仍考虑 $\xi(t)+\sum_{i=1}^{n_d}d_i\xi(t-i)=\lambda e(t)$。递推 GLS 算法如下。

① 初值 $\hat{\boldsymbol{\theta}}_0=0,\hat{\boldsymbol{\beta}}_0=0,\boldsymbol{P}_0=c^2\boldsymbol{I},\boldsymbol{Q}_0=r^2\boldsymbol{I}$；$c$ 和 r 为适当大的正实数；α_1 和 α_2 为遗忘因子。

② 当 $N=0$ 时，采集并处理如下数据。

$$\begin{cases}\hat{y}(1-i)=y(1-i), & i=1,2,\cdots,n\\ \tilde{u}(-k-j)=u(-k-j), & j=0,1,2,\cdots,m\\ \tilde{\varepsilon}(0)=y(0)\end{cases} \tag{2.139}$$

③ 在 $N+1$ 步，采集新的数据 $y(N+1),u(N+1-k)$，并对数据进行滤波，即

$$\begin{cases}\hat{y}(N+1)=\hat{D}_N(z^{-1})y(n+1)\\ \tilde{u}(N+1-k)=\hat{D}_N(z^{-1})u(N+1-k)\end{cases} \tag{2.140}$$

其中

$$\begin{cases}\hat{D}(z^{-1})=1+\sum_{s=1}^{v}\hat{d}_s^{(N)}z^{-s}\\ \hat{\boldsymbol{\beta}}_N=[\hat{d}_1^{(N)},\cdots,\hat{d}_r^{(N)}]^{\mathrm{T}}\end{cases} \tag{2.141}$$

④ 构成新的数据向量。

$$\tilde{\boldsymbol{\varphi}}(N+1)=[-\hat{y}(N),\cdots,-\tilde{y}(N+1-n),\tilde{u}(N+1-k),\cdots,\tilde{u}(N+1-k-m)]^{\mathrm{T}} \tag{2.142}$$

并计算

$$\begin{cases}\boldsymbol{K}_{N+1}=\dfrac{\boldsymbol{P}_N\tilde{\boldsymbol{\varphi}}(N+1)}{\alpha_1+\tilde{\boldsymbol{\varphi}}^{\mathrm{T}}(N+1)\boldsymbol{P}_N\tilde{\boldsymbol{\varphi}}(N+1)}\\ \boldsymbol{P}_{N+1}=\dfrac{1}{\alpha_1}\left[\boldsymbol{P}_N-\boldsymbol{P}_N\dfrac{\tilde{\boldsymbol{\varphi}}(N+1)\tilde{\boldsymbol{\varphi}}^{\mathrm{T}}(N+1)}{\tilde{\boldsymbol{\varphi}}^{\mathrm{T}}(N+1)\boldsymbol{P}_N\tilde{\boldsymbol{\varphi}}(N+1)}\boldsymbol{P}_N\right]\end{cases} \tag{2.143}$$

⑤ 递推估计系统参数。

$$\hat{\boldsymbol{\theta}}_{N+1}=\hat{\boldsymbol{\theta}}_N+\boldsymbol{K}_{N+1}[\hat{y}(N+1)-\tilde{\boldsymbol{\varphi}}^{\mathrm{T}}(N+1)\hat{\boldsymbol{\theta}}_N] \tag{2.144}$$

⑥ 计算新的残量。

$$\tilde{\varepsilon}(N+1)=\hat{A}_{N+1}(z^{-1})y(N+1)-\hat{B}_{N+1}(z^{-1})u(N+1-k) \tag{2.145}$$

其中

$$\begin{cases}\hat{A}_{N+1}(z^{-1})=1+\sum\limits_{i=1}^{n}\hat{a}_i^{(N+1)}z^{-i}\\ \hat{B}_{N+1}(z^{-1})=\sum\limits_{j=0}^{m}\hat{b}_j^{(N+1)}z^{-j}\\ \hat{\boldsymbol{\theta}}_{N+1}=[\hat{a}_1^{(N+1)},\cdots,\hat{a}_n^{(N+1)},\hat{b}_0^{(N+1)},\cdots,\hat{b}_m^{(N+1)}]^{\mathrm{T}}\end{cases} \tag{2.146}$$

⑦ 用残量构成数据向量

$$\boldsymbol{\Psi}(N+1)=[-\tilde{\varepsilon}(N),-\tilde{\varepsilon}(N-1),\cdots,-\tilde{\varepsilon}(N+1-q)]^{\mathrm{T}} \tag{2.147}$$

$$\begin{cases}\boldsymbol{S}_{N+1}=\dfrac{\boldsymbol{Q}_N\boldsymbol{\Psi}(N+1)}{\alpha_2+\boldsymbol{\Psi}^{\mathrm{T}}(N+1)\boldsymbol{Q}_N\boldsymbol{\Psi}(N+1)}\\ \boldsymbol{Q}_{N+1}=\dfrac{1}{\alpha_2}\left[\boldsymbol{Q}_N-\boldsymbol{Q}_N\dfrac{\boldsymbol{\Psi}(N+1)\boldsymbol{\Psi}^{\mathrm{T}}(N+1)}{\alpha_2+\boldsymbol{\Psi}^{\mathrm{T}}(N+1)\boldsymbol{Q}_N\boldsymbol{\Psi}(N+1)}Q_N\right]\end{cases} \tag{2.148}$$

⑧ 递推估计噪声参数。

$$\hat{\boldsymbol{\beta}}_{N+1}=\hat{\boldsymbol{\beta}}_N+\boldsymbol{S}_{N+1}[\tilde{\varepsilon}(N+1)-\boldsymbol{\Psi}^{\mathrm{T}}(N+1)\hat{\boldsymbol{\beta}}_N] \tag{2.149}$$

⑨ 返回步骤③至收敛(或长期运行)。

2. 递推辅助变量法

仍然考虑相关型加权最小二乘公式 $\hat{\boldsymbol{\theta}}^{\mathrm{WLS}}=(\boldsymbol{H}_N^{\mathrm{T}}\boldsymbol{Z}_N\boldsymbol{Z}_N^{\mathrm{T}}\boldsymbol{H}_N)^{-1}\boldsymbol{H}_N^{\mathrm{T}}Z_N\boldsymbol{Z}_N^{\mathrm{T}}\boldsymbol{y}_N$，其中 $\boldsymbol{Z}_N=[-\boldsymbol{v}_{N-1},\cdots,-\boldsymbol{v}_{N-n},\boldsymbol{u}_{N-k},\cdots,\boldsymbol{u}_{N-k-m}]$，$\boldsymbol{v}(t)$ 仍为辅助变量，按如下方式产生，即

$$\begin{cases}\boldsymbol{v}(t)=\boldsymbol{\varphi}^{\mathrm{T}}(t)\bar{\boldsymbol{\theta}}_{t-1}\\ \bar{\boldsymbol{\theta}}_t=(1-\gamma)\bar{\boldsymbol{\theta}}_{t-1}+\gamma\bar{\boldsymbol{\theta}}_{t-\tau}\end{cases} \tag{2.150}$$

其中，γ 和 τ 要适当选择，通常情况下选取 $\gamma=0.01\sim0.1$，$\tau=0.10$。

令

$$\boldsymbol{P}_N=(\boldsymbol{Z}_N^{\mathrm{T}}\boldsymbol{\Phi}_N)^{-1} \tag{2.151}$$

此时，$\boldsymbol{P}_N$ 不是对称阵，则可得

$$\begin{aligned}\boldsymbol{P}_{N+1}&=(\boldsymbol{Z}_{N+1}^{\mathrm{T}}\boldsymbol{\Phi}_{N+1})^{-1}\\&=[\boldsymbol{Z}_N^{\mathrm{T}}\boldsymbol{\Phi}_N+\boldsymbol{z}(N+1)\boldsymbol{\varphi}^{\mathrm{T}}(N+1)]^{-1}\\&=\boldsymbol{P}_N-\boldsymbol{P}_N\frac{\boldsymbol{z}(N+1)\boldsymbol{\varphi}^{\mathrm{T}}(N+1)}{1+\boldsymbol{\varphi}^{\mathrm{T}}(N+1)\boldsymbol{P}_N\boldsymbol{z}(N+1)}\boldsymbol{P}_N\end{aligned} \tag{2.152}$$

其中

$$\boldsymbol{z}(N+1)=[-v(N),\cdots,-v(N+1-n),u(N+1-n),\cdots,u(N+1-k-m)]^{\mathrm{T}} \tag{2.153}$$

同时，还有

$$\boldsymbol{Z}_{N+1}^{\mathrm{T}}\boldsymbol{y}_{N+1}=\boldsymbol{Z}_{N}^{\mathrm{T}}\boldsymbol{y}_{N}+\boldsymbol{z}(N+1)y(N+1) \tag{2.154}$$

可得递推公式

$$\hat{\boldsymbol{\theta}}_{N+1}=\hat{\boldsymbol{\theta}}_{N}+\boldsymbol{K}_{N+1}[y(N+1)-\boldsymbol{\varphi}^{\mathrm{T}}(N+1)\hat{\boldsymbol{\theta}}_{N}] \tag{2.155}$$

卡尔曼增益阵满足

$$\boldsymbol{K}_{N+1}=\frac{\boldsymbol{P}_{N}\boldsymbol{z}(N+1)}{1+\boldsymbol{\varphi}^{\mathrm{T}}(N+1)\boldsymbol{P}_{N}\boldsymbol{z}(N+1)} \tag{2.156}$$

为了克服对初值 $\boldsymbol{P}_0$ 的敏感性，一个改进的方法就是以 50～100 个采样点进行递推最小二乘估计，作为启动程序，然后再转换到辅助变量法。这种改进的方法有较好的辨识效果。

3. 递推扩展最小二乘算法

考虑单输入单输出系统，即

$$A(z^{-1})y(t)=B(z^{-1})u(t)+C(z^{-1})e(t)$$

其中，$A(z^{-1})=1+\sum_{i=1}^{n}a_iz^{-i}$；$B(z^{-1})=\sum_{j=0}^{m}b_jz^{-j}$；$C(z^{-1})=1+\sum_{s=1}^{v}c_sz^{-s}$；$e(t)$ 为零均值的白噪声过程。

首先假定噪声是可以直接量测的，令

$$\boldsymbol{\varphi}(t)=[-y(t-1),\cdots,-y(t-n),u(t),\cdots,u(t-m),e(t-1),\cdots,e(t-v)]^{\mathrm{T}} \tag{2.157}$$

而参数向量为

$$\boldsymbol{\theta}=[a_1,a_2,\cdots,a_n,b_0,b_1,\cdots,b_m,c_1,c_2,\cdots,c_v]^{\mathrm{T}} \tag{2.158}$$

则单输入单输出系统可以表示为

$$y(t)=\boldsymbol{\varphi}^{\mathrm{T}}(t)\boldsymbol{\theta}+e(t)$$

这样便可以进行递推最小二乘运算。事实上噪声是不能直接量测的，且令

$$\hat{\boldsymbol{\varphi}}(t)=[-y(t-1),\cdots,-y(t-n),u(t),\cdots,u(t-m),\hat{\varepsilon}(t-1),\cdots,\hat{\varepsilon}(t-v)]^{\mathrm{T}} \tag{2.159}$$

其中，$\hat{\varepsilon}(t)$是残量，并按下式产生

$$\hat{\varepsilon}(t)=y(t)-\hat{\boldsymbol{\varphi}}^{\mathrm{T}}(t)\hat{\boldsymbol{\theta}}_{t-1} \tag{2.160}$$

这样便有如下递推公式，即

① 初值$\boldsymbol{\theta}_0=\boldsymbol{0}$；$\hat{\varepsilon}(-i)=0,i=1,2,\cdots,n$；$\boldsymbol{P}_0=c^2\boldsymbol{I}$。

② $$\begin{cases}\hat{\varepsilon}(N)=y(N)-\hat{\boldsymbol{\varphi}}^{\mathrm{T}}(N)\hat{\boldsymbol{\theta}}_{N-1}\\ \hat{\boldsymbol{\theta}}_{N+1}=\hat{\boldsymbol{\theta}}_{N}+K_{N+1}\hat{\varepsilon}(N+1)\end{cases}\tag{2.161}$$

其中

$$\begin{cases}K_{N+1}=\boldsymbol{P}_{N}\dfrac{\hat{\boldsymbol{\varphi}}(N+1)}{1+\hat{\boldsymbol{\varphi}}^{\mathrm{T}}(N+1)\boldsymbol{P}_{N}\hat{\boldsymbol{\varphi}}(N+1)}\\ \boldsymbol{P}_{N+1}=\boldsymbol{P}_{N}-\boldsymbol{P}_{N}\dfrac{\hat{\boldsymbol{\varphi}}(N+1)\hat{\boldsymbol{\varphi}}^{\mathrm{T}}(N+1)}{\hat{\boldsymbol{\varphi}}^{\mathrm{T}}(N+1)\boldsymbol{P}_{N}\hat{\boldsymbol{\varphi}}(N+1)}\boldsymbol{P}_{N}\end{cases}\tag{2.162}$$

这个算法在实际中已有广泛应用，并且几乎都有很好的收敛性。有关各种递推算法的收敛性证明非常复杂，有兴趣的读者可参见文献[1]，[3]。

2.5　本章小结

本章讨论了随机系统最小二乘参数估计方法。首先给出参数估计的基本概念，然后介绍常用的几种最小二乘参数估计方法，着重讨论方法的基本概念及相关的数学基础，同时对方法的不足也做了进一步讨论，最后讨论最小二乘方法在线型差分模型和离散差分模型中的应用。

参考文献

[1] 韩崇昭，王月娟，万百五. 随机系统理论. 西安：西安交通大学出版社，1987.
[2] 王梓坤. 随机过程论. 北京：科学出版社，1978.
[3] 韩崇昭. 随机系统概论——分析、估计与控制. 北京：清华大学出版社，2014.

第3章 偏最小二乘估计

建立实验或历史数据的回归模型,并进行产品性能预测是多元统计分析的一个重要研究内容。在通常情况下,最小二乘回归模型可以得到数据最小方差无偏估计。当数据中存在较强的相关性或者观测数据较少时,采用最小二乘回归模型往往得不到满意的效果。这就需要探索研究更有效的方法,本章介绍的强相关性的回归建模方法——偏最小二乘回归及其非线性化方法——为解决这类问题提供了一条新途径。

本章首先对偏最小二乘回归估计方法的起源、特点和发展进行简要介绍,然后对基于核函数法的偏最小二乘进行重点介绍,最后对一种新的 KPLS 算法进行较为详细的分析和仿真验证。

3.1 引　言

PLS 是一种新型的多元统计数据分析方法[1]。长期以来,模型式的方法和认识性的方法之间界限分得十分清楚,而 PLS 则将其有机地结合起来,在一个算法下可以同时实现回归建模、数据结构简化,以及两组变量之间的相关性分析,因此又被称为第二代回归分析方法[2]。PLS 采用降维技术提取出能最大程度反映自变量 $\boldsymbol{X}$ 和因变量 $\boldsymbol{Y}$ 之间关系的隐变量,并根据这些隐变量建立回归模型,特别适用于数据向量具有很强的相关性,测量数据中含有噪声、变量维数很高或观测数据少于预测数据等场合[3]。

经典 PLS 只适用于描述线性数据,对于非线性数据而言,PLS 并不能取得很好的预测效果。为了有效应对非线性数据,很多学者提出一些解决方案。这些方案主要分为两类,第一类是根据一定的先验知识或假设对数据进行非线性变换,然后进行 PLS 建模,如 v-PLS 方法[4]、基于 Chebychev 多项式的 PLS 方法[5]、基于机理的样本矩阵变换的 PLS 方法[6]和 KPLS 方法[7]等;第二类是采用非线性映射对隐变量进行非线性建模,如基于二次多项式的 PLS 方法[8]、基于样条函数的 PLS 方法[9]、基于神经网络的 PLS 方法[10]和基于模糊逻辑的 PLS 方法[11]等。在这些非线性化建模方法中,尤其以 KPLS 方法研究和应用的最为广泛。与线性 PLS 方法不同,KPLS 方法首先采用一个非线性映射将原始的输入数据映射到一个高维特征空间,然后在这一高维特征空间建立普通的线性 PLS 模型。通过使用不同类型的核函数,KPLS 方法可以应对各种各样的非线性数据。KPLS 方法最明显的优点是可以采用核函数从而避免寻找非线性映射函数和特征空间内的内积运算[12,13]。由于 KPLS 只需要使用简单的代数运算,因此和 PLS 一样简单实用。目前,KPLS 已经在各个领域得到广泛应用,如光谱分析[14]、语音识别[15]、污水处理[16]、故障诊断[17]、图像处理[18]等。

自 KPLS 方法诞生以来,人们就开始针对其存在的问题,提出各种改进的方法。例如,针对核函数参数的选取问题,Noorizadeh 等[19]提出采用遗传算法确定最优核函数参数的方法;针对系统中存在的时变和不平衡相问题,Shi 等[20]提出即时学习的 KPLS 方法;Postma 等[21]采用虚采样技术解释原始变量对于建模结果的贡献度;为了能够有效地应对非高斯数据,文献[22]提出总体 KPLS 方法;为了能够快速定位系统中的故障位置,文献[17]提出分块的 KPLS 方法;针对迭代 KPLS 算法收敛速度慢的问题,文献[23]提出基于矩阵特征值分解的 KPLS 方法;文献[24],[25]将小波变换与 KPLS 方法相结合,提出多尺度的 KPLS 方法。目前,针对不同的研究对象对 KPLS 方法进行改进仍然是该领域的一个研究热点。

3.2 偏最小二乘

设有 q 个因变量$\{\boldsymbol{y}_1,\boldsymbol{y}_2,\cdots,\boldsymbol{y}_q\}$和 p 个自变量$\{\boldsymbol{x}_1,\boldsymbol{x}_2,\cdots,\boldsymbol{x}_p\}$。为了研究因变量与自变量的统计关系,分别构造自变量与因变量的数据矩阵 $\boldsymbol{X}=[\boldsymbol{x}_1,\boldsymbol{x}_2,\cdots,\boldsymbol{x}_p]_{n\times p}$和$\boldsymbol{Y}=[\boldsymbol{y}_1,\boldsymbol{y}_2,\cdots,\boldsymbol{y}_q]_{n\times q}$。偏最小二乘回归分别在 $\boldsymbol{X}$ 与 $\boldsymbol{Y}$ 中提取出成分$\boldsymbol{t}_1$ 和$\boldsymbol{u}_1$($\boldsymbol{t}_1=\boldsymbol{X}\boldsymbol{w}_1$ 是 $\boldsymbol{x}_1,\boldsymbol{x}_2,\cdots,\boldsymbol{x}_p$ 的线性组合,$\boldsymbol{u}_1=\boldsymbol{Y}\boldsymbol{c}_1$ 是 $\boldsymbol{y}_1,\boldsymbol{y}_2,\cdots,\boldsymbol{y}_q$ 的线性组合,其中$\boldsymbol{w}_1$ 和$\boldsymbol{c}_1$ 分别是 $\boldsymbol{X}$ 和 $\boldsymbol{Y}$ 的第一个轴,又称为权值向量)。在提取这两个成分时,为了满足偏最小二乘回归的需要,需要满足下面两个要求。

① $\boldsymbol{t}_1$ 和$\boldsymbol{u}_1$ 应尽可能多地携带数据矩阵 $\boldsymbol{X}$ 和 $\boldsymbol{Y}$ 的变异信息。

② $\boldsymbol{t}_1$ 和$\boldsymbol{u}_1$ 的相关程度能够达到最大。

这两个要求表明,$\boldsymbol{t}_1$ 和$\boldsymbol{u}_1$ 应尽可能好地代表 $\boldsymbol{X}$ 和 $\boldsymbol{Y}$,同时自变量的成分$\boldsymbol{t}_1$ 对因变量的成分$\boldsymbol{u}_1$ 又有很强的解释能力。也就是说,在偏最小二乘回归中要求$\boldsymbol{t}_1$ 和 $\boldsymbol{u}_1$ 的协方差达到最大,即

$$\mathrm{Cov}(\boldsymbol{t}_1,\boldsymbol{u}_1)=\sqrt{\mathrm{Var}(\boldsymbol{t}_1)\mathrm{Var}(\boldsymbol{u}_1)}\,r(\boldsymbol{t}_1,\boldsymbol{u}_1)\to\max \tag{3.1}$$

正规的数学表达应该是求解下列优化问题,即

$$\begin{gathered}\max\langle \boldsymbol{X}\boldsymbol{w}_1,\boldsymbol{Y}\boldsymbol{c}_1\rangle\\ \text{s. t.}\begin{cases}\boldsymbol{w}_1^{\mathrm{T}}\boldsymbol{w}_1=1\\ \boldsymbol{c}_1^{\mathrm{T}}\boldsymbol{c}_1=1\end{cases}\end{gathered} \tag{3.2}$$

采用拉格朗日算法,记

$$s=\boldsymbol{w}_1^{\mathrm{T}}\boldsymbol{X}^{\mathrm{T}}\boldsymbol{Y}\boldsymbol{c}_1-\lambda_1(\boldsymbol{w}_1^{\mathrm{T}}\boldsymbol{w}_1-1)-\lambda_2(\boldsymbol{c}_1^{\mathrm{T}}\boldsymbol{c}_1-1) \tag{3.3}$$

为了求解上述优化方程，对 s 分别求关于 $\boldsymbol{w}_1,\boldsymbol{c}_1$ 的偏导，并令之为 0，有

$$\frac{\partial s}{\partial \boldsymbol{w}_1}=\boldsymbol{X}^{\mathrm{T}}\boldsymbol{Y}\boldsymbol{c}_1-2\lambda_1\boldsymbol{w}_1=0 \tag{3.4}$$

$$\frac{\partial s}{\partial \boldsymbol{c}_1}=\boldsymbol{Y}^{\mathrm{T}}\boldsymbol{X}\boldsymbol{w}_1-2\lambda_1\boldsymbol{c}_1=0 \tag{3.5}$$

由式(3.4)和式(3.5)，可以推出下式，即

$$2\lambda_1=2\lambda_2=\boldsymbol{w}_1^{\mathrm{T}}\boldsymbol{X}^{\mathrm{T}}\boldsymbol{Y}\boldsymbol{c}_1 \tag{3.6}$$

记 $\boldsymbol{\theta}=2\lambda_1=2\lambda_2=\boldsymbol{w}_1^{\mathrm{T}}\boldsymbol{X}^{\mathrm{T}}\boldsymbol{Y}\boldsymbol{c}_1$，则 $\boldsymbol{\theta}$ 是优化问题的目标函数值。将 $\boldsymbol{\theta}$ 代入式(3.4)和式(3.5)，则有

$$\boldsymbol{X}^{\mathrm{T}}\boldsymbol{Y}\boldsymbol{c}_1=\boldsymbol{\theta}\boldsymbol{w}_1 \tag{3.7}$$

$$\boldsymbol{Y}^{\mathrm{T}}\boldsymbol{X}\boldsymbol{w}_1=\boldsymbol{\theta}\boldsymbol{c}_1 \tag{3.8}$$

将式(3.8)代入式(3.7)，则有

$$\boldsymbol{X}^{\mathrm{T}}\boldsymbol{Y}\boldsymbol{Y}^{\mathrm{T}}\boldsymbol{X}\boldsymbol{w}_1=\boldsymbol{\theta}^2\boldsymbol{w}_1 \tag{3.9}$$

同理，可得

$$\boldsymbol{Y}^{\mathrm{T}}\boldsymbol{X}\boldsymbol{X}^{\mathrm{T}}\boldsymbol{Y}\boldsymbol{c}_1=\boldsymbol{\theta}^2\boldsymbol{c}_1 \tag{3.10}$$

从式(3.9)可以得出，$\boldsymbol{w}_1$ 是矩阵 $\boldsymbol{X}^{\mathrm{T}}\boldsymbol{Y}\boldsymbol{Y}^{\mathrm{T}}\boldsymbol{X}\boldsymbol{w}_1$ 的特征向量，对应的特征值为 $\boldsymbol{\theta}^2$。$\boldsymbol{\theta}$ 是目标函数值，要求取最大值，因此 $\boldsymbol{w}_1$ 是矩阵 $\boldsymbol{X}^{\mathrm{T}}\boldsymbol{Y}\boldsymbol{Y}^{\mathrm{T}}\boldsymbol{X}\boldsymbol{w}_1$ 最大特征值对应的特征向量。同理，可得 $\boldsymbol{c}_1$ 是矩阵 $\boldsymbol{Y}^{\mathrm{T}}\boldsymbol{X}\boldsymbol{X}^{\mathrm{T}}\boldsymbol{Y}\boldsymbol{c}_1$ 最大特征值对应的特征向量。

当求出第一对权值向量($\boldsymbol{w}_1$ 和 $\boldsymbol{c}_1$)后，即可求出第一对成分向量 $\boldsymbol{t}_1$ 和 $\boldsymbol{u}_1$，然后再对成分向量进行回归建模，如果模型精度达到要求，则算法终止；否则，利用 $\boldsymbol{X}$ 被 $\boldsymbol{t}_1$ 解释后的残余信息，以及 $\boldsymbol{Y}$ 被 $\boldsymbol{t}_1$ 解释后的残余信息进行第二轮成分提取。如此反复，直到达到一个满意的精度。

上述求解 PLS 建模的算法又称特征向量法。在实际应用中，求解偏最小二乘回归最为常用的是非线性迭代偏最小二乘（nonlinear iterative partial least square，NIPALS）[26]，其算法步骤如下。

Step 1，对 $\boldsymbol{X}$ 和 $\boldsymbol{Y}$ 分别进行标准化处理得到 $\boldsymbol{X}_0$ 和 $\boldsymbol{Y}_0$，并初始化 $h=0$。

Step 2，任取 $\boldsymbol{Y}_h$ 的一列作为 $\boldsymbol{u}_{h+1}$，$h=h+1$。

Step 3，外部变换

① 计算自变量矩阵的权值向量并归一化，$\boldsymbol{w}_h=\boldsymbol{X}_{h-1}\boldsymbol{u}_h/\boldsymbol{u}_h^{\mathrm{T}}\boldsymbol{u}_h$，$\boldsymbol{w}_h=\boldsymbol{w}_h/\|\boldsymbol{w}_h\|$。

② 计算自变量矩阵的得分向量，$\boldsymbol{t}_h=\boldsymbol{X}_{h-1}\boldsymbol{w}_h$。

③ 计算因变量矩阵的权值向量并归一化，$\boldsymbol{c}_h=\boldsymbol{Y}_{h-1}\boldsymbol{t}_h/(\boldsymbol{t}_h^{\mathrm{T}}\boldsymbol{t}_h)$，$\boldsymbol{c}_h=\boldsymbol{c}_h/\|\boldsymbol{c}_h\|$。

④ 计算因变量矩阵的得分向量，$\boldsymbol{u}_h=\boldsymbol{Y}_{h-1}\boldsymbol{c}_h$。

Step 4，重复 Step 3，直至 $\boldsymbol{u}_h$ 收敛，即相邻两次 $\boldsymbol{u}_h$ 的差值小于一定的阈值。

Step 5，计算自变量和因变量的载荷向量，$\boldsymbol{p}_h=\boldsymbol{X}_{h-1}\boldsymbol{t}_h/(\boldsymbol{t}_h^{\mathrm{T}}\boldsymbol{t}_h)$，$\boldsymbol{q}_h=\boldsymbol{Y}_{h-1}\boldsymbol{u}_h/(\boldsymbol{u}_h^{\mathrm{T}}\boldsymbol{u}_h)$。

Step 6，计算残差，$\boldsymbol{X}_h=\boldsymbol{X}_{h-1}-\boldsymbol{t}_h\boldsymbol{p}_h^{\mathrm{T}}$ 和 $\boldsymbol{Y}_h=\boldsymbol{Y}_{h-1}-\boldsymbol{t}_h\boldsymbol{q}_h^{\mathrm{T}}$。

Step 7，转到 **Step 2**，直至提取出所需要的全部得分向量为止。

纵观整个过程，算法能够完成成分提取，将高度相关的原始高维变量压缩为少数的几个变量，从而达到降低变量维数，有效提取数据特征的目的。

3.3　核偏最小二乘

虽然 PLS 已经在诸多领域得到广泛的应用，但是随着技术手段的发展和获得信息途径的不断增多，人们逐渐发现 PLS 在很多地方并不能取得令人满意的效果。这主要是因为自然界各种现象之间的联系往往并不是线性的，而是呈现出错综复杂的非线性关系。因此，将 PLS 向非线性领域进行扩展，就显得很有必要。近年来，人们相继提出很多非线性 PLS 建模的方法，以 KPLS 最为著名。下面我们重点对 KPLS 进行介绍。

KPLS 是 PLS 在非线性空间中的一个扩展。根据 Cover 定理[27]，原始空间中非线性的数据经过一个非线性映射后将在高维空间中呈现出线性关系。通常称这一高维特征空间为 F。考虑如下一个将输入数据 $\boldsymbol{x}_i, i=1,2,\cdots,n$ 转移到空间 F 的非线性映射，即

$$\boldsymbol{\Phi}: \boldsymbol{x}_i \in R^n \rightarrow \boldsymbol{\Phi}(\boldsymbol{x}_i) \in F \tag{3.11}$$

其中，$\boldsymbol{\Phi}(\boldsymbol{x}_i)$ 是将输入向量 $\boldsymbol{x}_i, i=1,2,\cdots,n$ 映射到空间 F 的非线性映射函数。

根据 Cover 定理，输入空间的非线性数据经过映射后可转换为线性数据[27]。通过上面的分析，只要我们找到非线性映射 $\boldsymbol{\Phi}$，就可以在特征空间中应用线性 PLS 建模方法。然而，在实际使用过程中，寻找上述非线性映射是一件非常困难的工作，有时甚至是不可能完成的[13]。通过引入核函数，我们不但可以避免去寻找这样一个非线性映射，而且可以减少特征空间中点积的运算[28]。核函数的计算方法为

$$\boldsymbol{K}(\boldsymbol{x}_i, \boldsymbol{x}_j)=\boldsymbol{\Phi}(\boldsymbol{x}_i)\boldsymbol{\Phi}^{\mathrm{T}}(\boldsymbol{x}_j)$$

常用的核函数如表 3.1 所示。

表 3.1　常用的核函数

名称	多项式核函数	径向基核函数	Sigmoidal 核函数
$\boldsymbol{K}(\boldsymbol{x}_1, \boldsymbol{x}_2)$	$\langle \boldsymbol{x}_i, \boldsymbol{x}_j \rangle^r$	$\exp(-\lVert \boldsymbol{x}_i-\boldsymbol{x}_j \rVert^2/c)$	$\tanh(\beta_0\langle \boldsymbol{x}_i, \boldsymbol{x}_j \rangle+\beta_1)$

表中，c, r, β_0, β_1 为核函数的参数。

在这三个核函数中，以径向基核函数应用最为广泛[29]。KPLS 算法的建模步骤如下。

Step 1，初始化，设 $i=1$，$\boldsymbol{K}_i=\boldsymbol{K}$，$\boldsymbol{Y}_i=\boldsymbol{Y}$，令 $\boldsymbol{u}_i$ 等于 $\boldsymbol{Y}_i$ 的任意一列。

Step 2,计算矩阵 $\boldsymbol{\Phi}(\boldsymbol{X})$ 的得分向量,$\boldsymbol{t}_i=\boldsymbol{K}\boldsymbol{u}_i/\sqrt{\boldsymbol{u}_i^{\mathrm{T}}\boldsymbol{K}_i\boldsymbol{u}_i}$。

Step 3,计算矩阵 $\boldsymbol{Y}_i$ 的负载向量,$\boldsymbol{q}_i=\boldsymbol{Y}_i\boldsymbol{t}_i/\parallel \boldsymbol{t}_i^{\mathrm{T}}\boldsymbol{t}_i\parallel$。

Step 4,计算 $\boldsymbol{Y}_i$ 的得分向量,$\boldsymbol{u}_i=\boldsymbol{Y}_i\boldsymbol{q}_i/\boldsymbol{q}_i^{\mathrm{T}}\boldsymbol{q}_i$。

Step 5,判定 $\boldsymbol{u}_i$ 是否收敛,如果收敛则转入 Step 6;否则,转入 Step 2。

Step 6,计算压缩矩阵$\begin{cases}\boldsymbol{K}_{i+1}=(\boldsymbol{I}-\boldsymbol{t}_i\boldsymbol{t}_i^{\mathrm{T}}/\boldsymbol{t}_i^{\mathrm{T}}\boldsymbol{t}_i)\boldsymbol{K}_i(\boldsymbol{I}-\boldsymbol{t}_i\boldsymbol{t}_i^{\mathrm{T}}/\boldsymbol{t}_i^{\mathrm{T}}\boldsymbol{t}_i)\\ \boldsymbol{Y}_{i+1}=(\boldsymbol{I}-\boldsymbol{t}_i\boldsymbol{t}_i^{\mathrm{T}}/\boldsymbol{t}_i^{\mathrm{T}}\boldsymbol{t}_i)\boldsymbol{Y}_i\end{cases}$,并令 $i=i+1$,转入 Step 2。

重复以上步骤,直到 $i=h$(h 是所需要提取的得分向量的个数)为止。KPLS 的回归系数可以表示为

$$\boldsymbol{b}=\boldsymbol{\Phi}^{\mathrm{T}}(\boldsymbol{X})\boldsymbol{U}\,(\boldsymbol{T}^{\mathrm{T}}\boldsymbol{K}\boldsymbol{U})^{-1}\boldsymbol{T}^{\mathrm{T}}\boldsymbol{Y} \tag{3.12}$$

其中,$\boldsymbol{T}=[\boldsymbol{t}_1,\boldsymbol{t}_2,\cdots,\boldsymbol{t}_h]$和$\boldsymbol{U}=[\boldsymbol{u}_1,\boldsymbol{u}_2,\cdots,\boldsymbol{u}_h]$分别是高维空间矩阵 $\boldsymbol{\Phi}(\boldsymbol{X})$和因变量矩阵 $\boldsymbol{Y}$ 的得分矩阵。

当新获得 n_t 个观测数据(测试数据)以后,训练数据和观测数据的 KPLS 预测结果可以通过下式来计算,即

$$\hat{\boldsymbol{Y}}_{\text{train}}=\boldsymbol{\Phi}(\boldsymbol{X})\boldsymbol{b}=\boldsymbol{K}\boldsymbol{U}\,(\boldsymbol{T}^{\mathrm{T}}\boldsymbol{K}\boldsymbol{U})^{-1}\boldsymbol{T}\boldsymbol{Y} \tag{3.13}$$

$$\hat{\boldsymbol{Y}}_{\text{test}}=\boldsymbol{\Phi}_{\text{test}}\boldsymbol{b}=\boldsymbol{K}_{\text{test}}\boldsymbol{U}\,(\boldsymbol{T}^{\mathrm{T}}\boldsymbol{K}\boldsymbol{U})^{-1}\boldsymbol{T}^{\mathrm{T}}\boldsymbol{Y} \tag{3.14}$$

其中,$\boldsymbol{\Phi}_{\text{test}}$是新观测数据的映射矩阵;$\boldsymbol{K}_{\text{test}}$是一个 $n_t\times n$ 维测试数据且其值为$\boldsymbol{K}_{ij}=\boldsymbol{K}(\boldsymbol{x}_i,\boldsymbol{x}_j)$,$\boldsymbol{x}_i$ 是第 i 个测试向量,$\boldsymbol{x}_j$ 是第 j 个训练向量。

在应用 KPLS 算法建模之前,首先要对高维空间进行中心化处理,这一操作可以通过下式来完成,即

$$\widetilde{\boldsymbol{K}}=\left(\boldsymbol{I}-\frac{1}{n}\boldsymbol{1}_n\boldsymbol{1}_n^{\mathrm{T}}\right)\boldsymbol{K}\left(\boldsymbol{I}-\frac{1}{n}\boldsymbol{1}_n\boldsymbol{1}_n^{\mathrm{T}}\right) \tag{3.15}$$

$$\widetilde{\boldsymbol{K}}_{\text{test}}=\left(\boldsymbol{K}_{\text{test}}-\frac{1}{n}\boldsymbol{1}_{n_t}\boldsymbol{1}_n^{\mathrm{T}}\boldsymbol{K}\right)\left(\boldsymbol{I}-\frac{1}{n}\boldsymbol{1}_n\boldsymbol{1}_n^{\mathrm{T}}\right) \tag{3.16}$$

其中,$\boldsymbol{I}$ 是一个 n 维单位阵;$\boldsymbol{1}_n$ 和 $\boldsymbol{1}_{n_t}$ 分别是维数为 n 和 n_t 的全 1 向量。

3.4 改进的核偏最小二乘

通过对 KPLS 建模过程的分析,得知分向量的数目(h)是一个非常关键的参数。如果 h 取值太小,则预测模型不能充分提取数据中有用的信息,从而影响模型的预测性能;如果 h 取值太大,则会导致过度拟合问题(过度拟合是指回归模型对于训练数据具有很好的效果,却对于测试数据具有较大的误差[30])。因此,研究如何有效地预防过度拟合问题就显得很有必要。在使用 KPLS 建模时还有一点需要引起注意,就是自变量 $\boldsymbol{X}$ 中通常含有一些与因变量 $\boldsymbol{Y}$ 不相关的无关信息,这些信息不但增加模型的复杂度,而且影响模型的预测精度[23],因此如何滤除这些无

关信息是一个值得深入研究的问题。在这一节,我们提出一种改进的 KPLS 方法,该方法采用随机梯度 Boosting(stochastic gradient boosting,SGB)算法[31],可以有效地解决建模过程中的过度拟合问题,采用核纯净预处理分析(kernel net analyte preprocessing,KNAP)消除数据中的无关信息,从而有效地提高模型的预测精度。

3.4.1 随机梯度 Boosting 算法

Boosting 算法是 Schapire 在 1990 年提出的一种机器学习算法[32]。1997 年,Freund 等对算法进行了修改,使之可以适用于回归建模[33]。1998 年,Peter 等采用边际理论证明 Boosting 算法可以有效地抑制回归模型的过度拟合问题[34]。2002 年,Friedman 提出一种更为简单高效的 Boosting 建模方法——随机梯度 Boosting 算法[31]。

Boosting 算法的基本思想是顺序建立一系列回归模型,使当前的回归模型能够补偿前一个模型的预测残差。也就是说,Boosting 算法就是要试图寻找一个函数 $F(\boldsymbol{X})$,使 $F(\boldsymbol{X})$可以最大限度降低因变量 $\boldsymbol{Y}$ 和 $F(\boldsymbol{X})$之间的损失函数。在通常情况下,$F(\boldsymbol{X})$可以表示为一系列简单模型的和,即

$$F(\boldsymbol{X}) = \sum_{i=1}^{m} f_i(\boldsymbol{X}) \tag{3.17}$$

其中,$f_i(\boldsymbol{X})=\underset{f_i(\boldsymbol{X})}{\operatorname{argmin}}(\|\boldsymbol{Y}-F_{i-1}(\boldsymbol{X})-f_i(\boldsymbol{X})\|^2)$,argmin(*)是一个寻求最小化(*)的函数;m 是建立基本模型 $f(\boldsymbol{X})$的个数。

Boosting 算法的基本步骤如下。

Step 1,初始化。用一个最基本的模型 $f(\boldsymbol{X})$拟合当前的数据,记为$\hat{\boldsymbol{y}}_1=f_1(\boldsymbol{X})$,并计算预测误差,即

$$\boldsymbol{y}_{\mathrm{res}}=y-v_1\boldsymbol{y}_1 \tag{3.18}$$

其中,$v_1(0<v_1<1)$是一个收缩因子。

Step 2,对于 $i=2,3,\cdots,m$,重复以下步骤

① 对当前的预测残差 $\boldsymbol{y}_{\mathrm{res},i-1}$进行回归建模,得到模型$\hat{\boldsymbol{y}}_i=f_i(\boldsymbol{x})$。

② 更新预测残差$\hat{\boldsymbol{y}}_{\mathrm{res},i}=\boldsymbol{y}_{\mathrm{res},i-1}-v_i\boldsymbol{y}_i$。

Step 3,最终的预测模型为

$$\boldsymbol{y}_{\mathrm{pre}} = v_1\hat{\boldsymbol{y}}_1 + v_2\hat{\boldsymbol{y}}_2 + \cdots + v_m\hat{\boldsymbol{y}}_m = \sum_{i=1}^{m} v_i\hat{\boldsymbol{y}}_i \tag{3.19}$$

上述称为梯度 Boosting 算法。在文献[31]中,Friedman 将 Bagging 算法中随机取样的思想引入 Boosting 算法中,提出 SGB 算法。在算法中,每次迭代前,从整个训练样本集中取出一部分 η($\eta=n_c/n$,其中 n_c 是取样样本容量)作为训练样本。在建模过程中使用这些随机取出的 n_c 个训练样本,而不是整个训练样本集,其他部分和 Boosting 算法相同[35]。根据 Friedman 的研究,η 值越小,则取样样本

的随机性越大，所以能够在建模过程中引入更多的随机性。但是，η 值太小又会降低样本参与训练的可能性，导致训练模型预测方差的增大。因此，η 值应该根据实际问题需要来选择[31]。

3.4.2 核纯净信号分析

针对数据中含有与建模数据无关信息的问题，人们相继提出一系列数据滤波方法，如多元散射校正(multiplicative scatter correction，MSC)[36]、标准正态变量(standard normal variate，SNV)交换法[37]、Savitzky-Golay 平滑和求导(Savitzky-Golay smoothing and differentiation)[38]等。然而，这些方法并不能保证去除或仅去除无关的信息。为了确保仅去除数据中的不相关的信息，Lorber 提出一种新型数据预处理方法——纯净预处理分析(net analyte preprocessing，NAP)[39]，而且 Lorber 还证明 NAP 方法可以完全去除自变量 $\boldsymbol{X}$ 中与建模无关的信息。然而，纯净预处理分析是一种线性的处理方法，当数据呈现出非线性关系时，NAP 并不能发挥很好的作用。因此，将 NAP 算法向非线性领域进行扩展就显得很有必要。结合核函数法，本节提出 KNAP。

在应用 KNAP 算法之前，首先通过一个高维非线性映射将自变量 $\boldsymbol{X}$ 映射到一个高维空间 $\boldsymbol{\Phi}(\boldsymbol{X})$。KNAP 认为 $\boldsymbol{\Phi}(\boldsymbol{X})$ 包含两部分信息，其中一部分是与建模相关的信息 $\boldsymbol{\Phi}_{\mathrm{sc}}(\boldsymbol{X})$，另一部分是与建模不相关的干扰信息 $\boldsymbol{\Phi}_{-\mathrm{sc}}(\boldsymbol{X})$(来自数据本身以及环境的干扰信息)，即

$$\boldsymbol{\Phi}(\boldsymbol{X})=\boldsymbol{\Phi}_{\mathrm{sc}}(\boldsymbol{X})+\boldsymbol{\Phi}_{-\mathrm{sc}}(\boldsymbol{X}) \tag{3.20}$$

KNAP 算法的核心思想是要寻找一个与 $\boldsymbol{\Phi}_{-\mathrm{sc}}(\boldsymbol{X})$ 正交的矩阵 $\boldsymbol{F}_{\mathrm{NAP}}$，使式(3.20)两边同乘以 $\boldsymbol{F}_{\mathrm{NAP}}$ 后有 $\boldsymbol{\Phi}(\boldsymbol{X})\boldsymbol{F}_{\mathrm{NAP}}=\boldsymbol{\Phi}_{\mathrm{sc}}(\boldsymbol{X})\boldsymbol{F}_{\mathrm{NAP}}$ 成立。矩阵 $\boldsymbol{F}_{\mathrm{NAP}}$ 的求解过程如下。

Step 1，将自变量矩阵 $\boldsymbol{X}$ 向因变量 $\boldsymbol{Y}$ 作正交投影得到

$$\boldsymbol{\Phi}^{*}(\boldsymbol{X})=[\boldsymbol{I}-\boldsymbol{Y}(\boldsymbol{Y}^{\mathrm{T}}\boldsymbol{Y})^{-1}\boldsymbol{Y}^{\mathrm{T}}]\boldsymbol{\Phi}(\boldsymbol{X}) \tag{3.21}$$

其中，$\boldsymbol{I}$ 为 $n\times n$ 阶单位矩阵。

Step 2，计算特征向量矩阵 $\boldsymbol{U}$。$\boldsymbol{U}$ 是由矩阵 $\boldsymbol{\Phi}^{*}(\boldsymbol{X})^{\mathrm{T}}\boldsymbol{\Phi}^{*}(\boldsymbol{X})$ 的最大的前 a 个特征向量组成的矩阵。通常最优的 a 值可以通过交叉验证法[40]或通过对一些验证数据的预测误差研究来确定[41]。

Step 3，构造矩阵 $\boldsymbol{F}_{\mathrm{NAP}}=\boldsymbol{I}-\boldsymbol{U}\boldsymbol{U}^{\mathrm{T}}$，$\boldsymbol{I}$ 为 $n\times n$ 的单位矩阵。

Step 4，求出经过 a 个净分析物预处理因子处理后的纯净数据矩阵 $\boldsymbol{\Phi}_{\mathrm{sc}}(\boldsymbol{X})$，即

$$\boldsymbol{\Phi}_{\mathrm{sc}}(\boldsymbol{X})=\boldsymbol{\Phi}(\boldsymbol{X})\boldsymbol{F}_{\mathrm{NAP}}=\boldsymbol{\Phi}(\boldsymbol{X})(\boldsymbol{I}-\boldsymbol{U}\boldsymbol{U}^{\mathrm{T}}) \tag{3.22}$$

通过对 KNAP 算法步骤的分析，我们可以发现 KNAP 算法中存在两个正交投影操作，经过第一个投影后可以得到 $\boldsymbol{\Phi}^{*}(\boldsymbol{X})$，经过第二个投影后可以得到 $\boldsymbol{\Phi}_{\mathrm{sc}}(\boldsymbol{X})$。在应用 KPLS 方法建模之前，首先应用 KNAP 对数据中的无关信息进行滤除，即

用 KNAP 算法获得的纯净数据矩阵 $\boldsymbol{\Phi}_{sc}(\boldsymbol{X})$代替原来的数据矩阵 $\boldsymbol{\Phi}(\boldsymbol{X})$，然后利用 KPLS 方法进行回归建模，此时得到的模型将完全消除数据中无关信息的影响。

3.4.3　改进的核偏最小二乘方法

将 SGB 算法和 KNAP 算法同时引入 KPLS 建模过程，就得到一种改进的核偏最小二乘（modified KPLS，MKPLS）建模方法。算法初始化时，首先采用 KNAP 将自变量矩阵 $\boldsymbol{X}$ 中的无关信息滤除，然后根据 SGB 算法建立一系列简单模型，并将这些模型融合起来得到最终的预测模型。MKPLS 算法的原理图如图 3.1 所示，建模步骤如下。

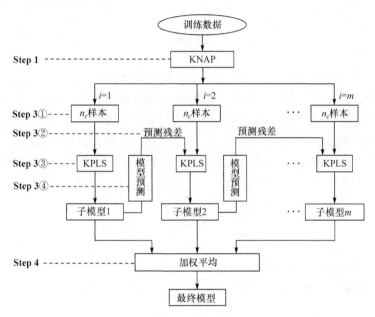

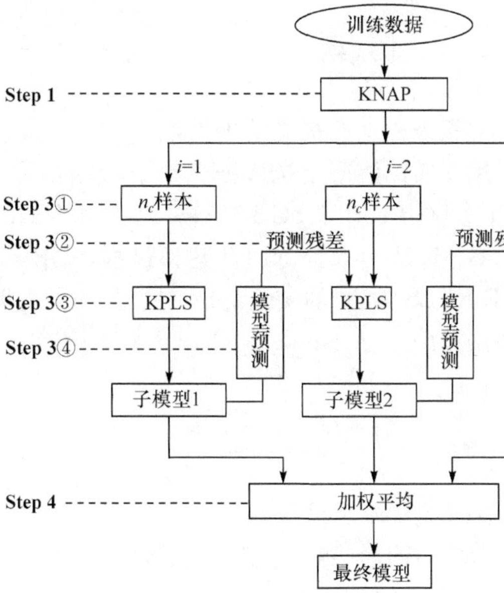

图 3.1　MKPLS 算法的原理图

Step 1，应用 KNAP 算法去除自变量矩阵 $\boldsymbol{X}$ 中的无关信息。

Step 2，初始化。利用从训练样本中随机取出的 n_c 个样本，建立一个基本 KPLS 模型（子模型 1）$\boldsymbol{y}_1=f_1(\boldsymbol{X})$。利用子模型 1 预测所有的训练数据并记预测结果为$\hat{\boldsymbol{y}}_1$，计算模型的预测残差 $\boldsymbol{y}_{\text{res},1}=\boldsymbol{y}-v_1\hat{\boldsymbol{y}}_1$。

Step 3，对于 $i=2,3,\cdots,m$ 重复以下步骤。

① 从训练样本中随机选取 n_c 个样本。

② 用这 n_c 个样本对当前的预测残差 $\boldsymbol{y}_{\text{res},i}$进行拟合建模（子模型 i）$\boldsymbol{y}_i=f_i(\boldsymbol{X})$。

③ 利用当前模型对所有训练数据进行预测。

④ 计算预测残差 $\boldsymbol{y}_{\text{res},i}=\boldsymbol{y}_{\text{res},i-1}-v_i\hat{\boldsymbol{y}}_i$。

Step 4，最终的预测模型为

$$\hat{\boldsymbol{y}} = v_1 \hat{\boldsymbol{y}}_1 + v_2 \hat{\boldsymbol{y}}_2 + \cdots + v_m \hat{\boldsymbol{y}}_m = \sum_{i=1}^{m} v_i \hat{\boldsymbol{y}}_i \tag{3.23}$$

在 Step 4 中有一个非常重要的步骤，就是在建模过程中子模型$\hat{\boldsymbol{y}}_i$ 只有 v_i 部分参与到最终的模型融合中，而剩余的 $1-v_i$ 部分则被放回。这一步对过度拟合有很强的抑制作用[42]。纵观整个 MKPLS 建模过程，可以发现 MKPLS 与 KPLS 的建模理念是不同的，KPLS 是用自变量矩阵 $\boldsymbol{\Phi}(\boldsymbol{X})$的残差来拟合因变量矩阵 $\boldsymbol{Y}$ 的残差，而 MKPLS 则是使用利用自变量矩阵 $\boldsymbol{\Phi}(\boldsymbol{X})$来拟合因变量矩阵 $\boldsymbol{Y}$ 的残差，虽然这一操作至今并没有合理的解释，但并不影响 MKPLS 算法的应用，特别是在消除过度拟合问题时[42]。

3.5 仿真实验

在这一节，我们提供两个实验来验证所提算法的性能。第一个实验是一个数值仿真实验；第二个实验是采用真实的混凝土抗压强度数据。为了更好地突出算法的优点，本节同时对比 KPLS、SGB-KPLS、SGB-NAP-KPLS 和 MKPLS 等四种方法（SGB-KPLS 是指仅将 SGB 算法引入到 KPLS 建模过程；SGB-NAP_KPLS 是采用线性 NAP 算法的 SGB-KPLS 方法）的实验结果。同时，为了衡量模型的预测性能，我们选取预测均方根误差（root mean square error，RMSE）

$$\mathrm{RMSE} = \sqrt{\frac{\sum_{i=1}^{n} (y_i - \hat{y}_i)^2}{n}} \tag{3.24}$$

其中，y_i 是真实值；$\hat{y}_i$ 是预测值；n 是样本总量。

衡量模型预测性能的另一个指标是复测定系数，定义为

$$R^2 = 1 - \frac{\mathrm{SSR}}{\mathrm{SSY}} \tag{3.25}$$

其中，$\mathrm{SSR} = \sum_{i=1}^{n} (y_i - \hat{y}_i)^2$ 是预测残差平方和；$\mathrm{SSY} = \sum_{i=1}^{n} (y_i - \bar{y}_i)^2$ 是总偏差平方和。

复测定系数是一个非常好的指标，可以从数据变异的角度来解释回归模型对于原始数据拟合的优良程度，且满足 $0 \leqslant R^2 \leqslant 1$。当 R^2 值越大时，原始数据 $\boldsymbol{Y}$ 与拟合变量 $\hat{\boldsymbol{Y}}$ 的相关度越高，拟合结果也就越好；当 $R^2 = 1$ 时，说明回归模型可以完全解释原始数据；当 $R^2 \geqslant 0.7$ 时，认为该模型是一个非常好的模型[43]。

3.5.1 数值仿真实验

考虑如下方程组[44]，即

$$\begin{cases} g_1(x_1)=\sin(\pi x_1/2) \\ g_2(x_2)=x_2^2 \\ g_3(x_3)=-x_3 \\ y=g_1(x_1)+g_2(x_2)+g_3(x_3)+e \end{cases} \tag{3.26}$$

其中，x_1，x_2，x_3 是随机产生的满足在区间$[-1,1]$上独立均匀分布的自变量；e 服从均值为 0、标准差为 0.1 的高斯分布。

根据上述方程随机取 100 个样本点，并从这 100 个样本中随机选取 70 个作为训练样本，剩余的 30 个样本作为测试样本。为了公平比较，所有样本在建模之前都进行标准化操作[44]。

1. 过度拟合问题测试

图 3.2 和图 3.3 是采用 KPLS 方法（选取不同的得分向量数目）建模得到的 RMSE 曲线。

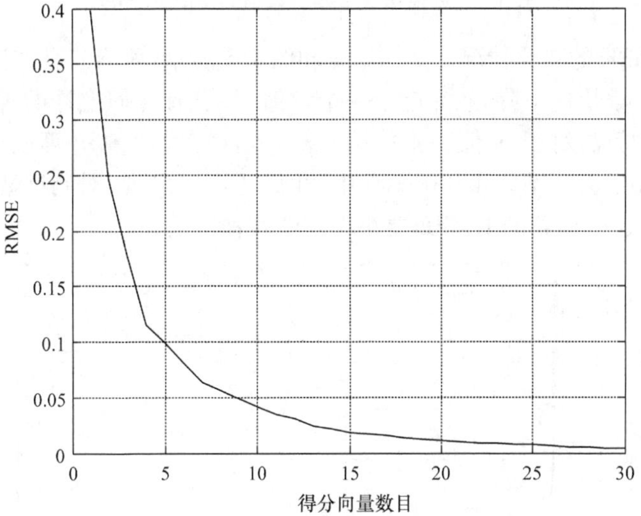

图 3.2　数值仿真中训练数据的 RMSE 曲线

从图 3.2 中可以发现，当得分向量数目（h）不断增加时，训练数据的 RMSE 在刚开始时快速下降，然后逐渐变缓并最终趋于一个常值。然而，我们并不能从图 3.3中得到相同的现象。在图 3.3 中，RMSE 在 $h<7$ 时是快速下降的，然而当$h>7$时，RMSE 又开始增大，也就是说模型发生了过度拟合问题。

接下来，我们将重点研究将 SGB 算法引入建模过程中后是否能够消除过度拟合问题。其他三种建模方法（SGB-KPLS、SGB-NAP-KPLS、MKPLS）将参与建模过程。将 SGB 算法中基本模型的数目（m）从 1 增加到 100，然后观察三种方法建

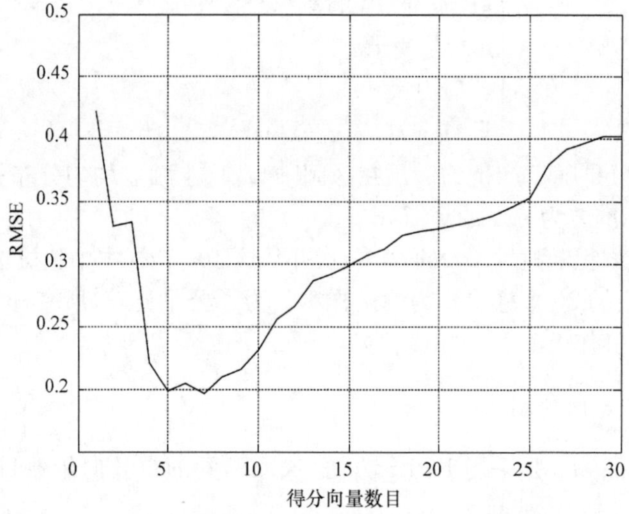

图 3.3　数值仿真中测试数据的 RMSE 曲线

模得到的 RMSE 的变化情况。如图 3.4 和图 3.5 所示，所有三种方法的 RMSE 在刚开始迭代时都快速下降，然后趋于一个常值，并没有任何上涨的现象发生，这就意味着这三种算法对于 m 值并不敏感。换句话说，就是 SGB 算法可以抑制过度拟合问题的发生。从图 3.4 和图 3.5 中，我们还可以发现，对测试数据而言，采用 MKPLS 方法建模得到的 RMSE 要小于其他两种方法。

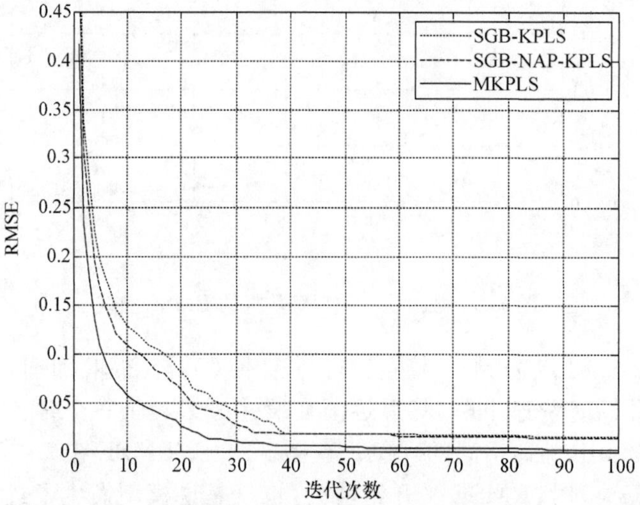

图 3.4　数值仿真训练数据 RMSE 曲线

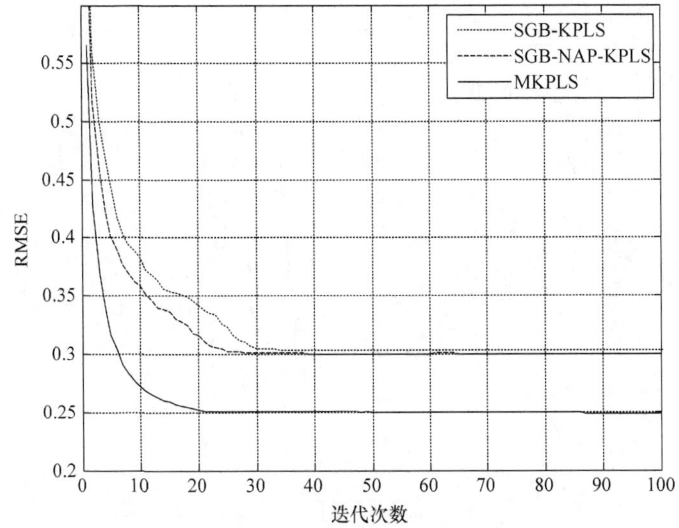

图 3.5　数值仿真测试数据 RMSE 曲线

2. 预测精度比较

表 3.2 列出四种建模方法数值仿真的预测结果。可以看出，采用 SGB-KPLS 方法得到的预测结果为 $R^2=0.6967$、RMSE＝0.3033；经过 NAP 算法滤波后，采用 SGB-NAP-KPLS 方法得到的结果稍微有所改善（$R^2=0.6999$、RMSE＝0.3001）；经过 KNAP 算法滤波以后，采用 MKPLS 方法建模得到了最好的预测结果 $R^2=0.7506$、RMSE＝0.2488。也就是说，KNAP 可以有效滤除非线性数据中的无关信息，提升模型的预测精度。

表 3.2　数值仿真的预测结果

数据	指标	KPLS	SGB-KPLS	SGB-NAP-KPLS	MKPLS
训练数据	RMSE	0.0166	0.0143	0.0139	0.0021
	R^2	0.9834	0.9857	0.9861	0.9963
测试数据	RMSE	0.3067	0.3033	0.3001	0.2488
	R^2	0.6933	0.6967	0.6999	0.7506

为了更好地说明 MKPLS 的预测能力，图 3.6～图 3.9 展示了四种方法的预测结果。在这四张图中，实线代表的是真实的数据，虚线代表的是模型预测结果。从这四张图中，我们可以发现相比其他三种方法，MKPLS 具有最好的拟合效果。

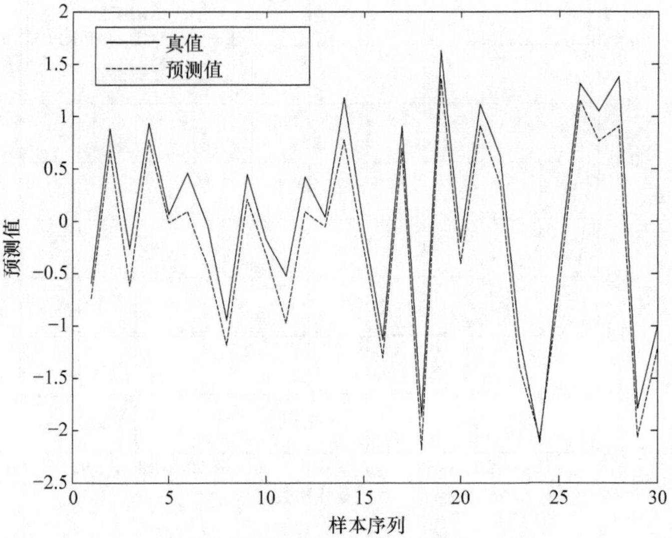

图 3.6　数值仿真 KPLS 的预测结果

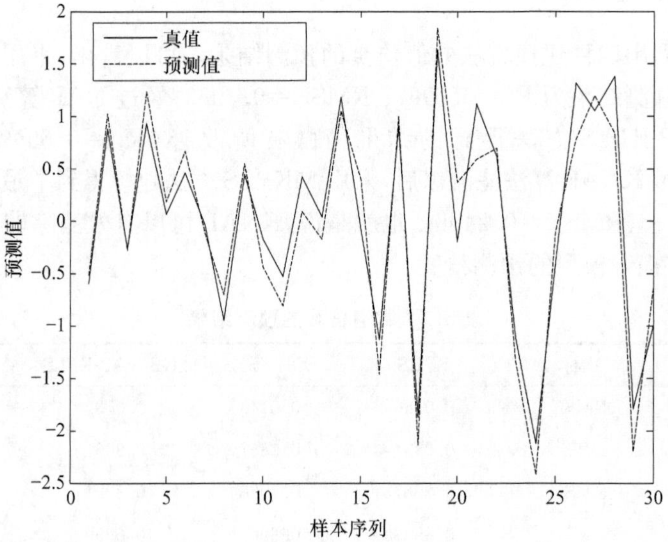

图 3.7　数值仿真 SGB-KPLS 的预测结果

通过数值仿真实验，我们可以初步得出结论，MKPLS 不但可以有效抑制过度拟合问题，而且可以提高模型的预测精度。为了更好地验证这一结论，我们以此研究混凝土抗压强度的预测问题。

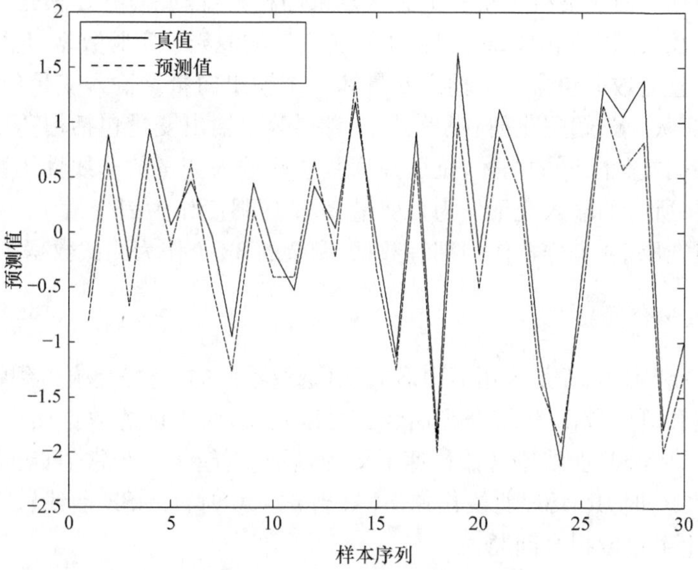

图 3.8　数值仿真 SGB-NAP-KPLS 的预测结果

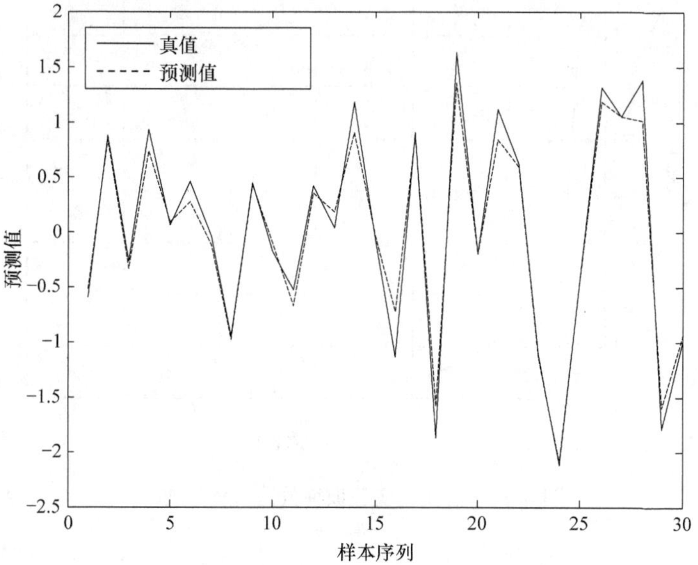

图 3.9　数值仿真 MKPLS 的预测结果

3.5.2　混凝土抗压强度

混凝土是日常生活中非常重要的材料。混凝土的抗压强度是混凝土的一个非常重要的指标。由于混凝土是一个非常复杂的材料,因此对其建模是一件非常困难的工作。在文献[45]中,Yeh提供了一套真实的混凝土实验数据,包含103个混凝土样本。整套数据包含7个输入变量和3个输出向量。输入变量包括水泥、高炉矿渣、粉煤灰、水、超塑化剂、粗骨料、细骨料等。输出变量包括坍落度、流量、抗压强度。根据文献[45]的描述,抗压强度是这些输入变量的非线性函数。在这一节中,我们将所有的输入变量作为自变量 $\boldsymbol{X}$,抗压强度作为因变量 $\boldsymbol{y}$。从这103个样本中随机选取70个样本作为训练数据,剩余的33个作为测试数据。

1. 过度拟合问题

图3.10和图3.11是采用KPLS方法(选取不同的 h 值)建模得到的混凝土实验训练数据和测试数据的RMSE曲线。可以发现,对于训练数据而言,随着 h 值的不断增大,RMSE曲线刚开始快速下降,而后变缓趋于一个常值;对于测试数据而言,当 $h<10$ 时,RMSE曲线快速下降;当 $h>10$ 时,RMSE曲线转而上升。也就是说,发生了过度拟合问题。

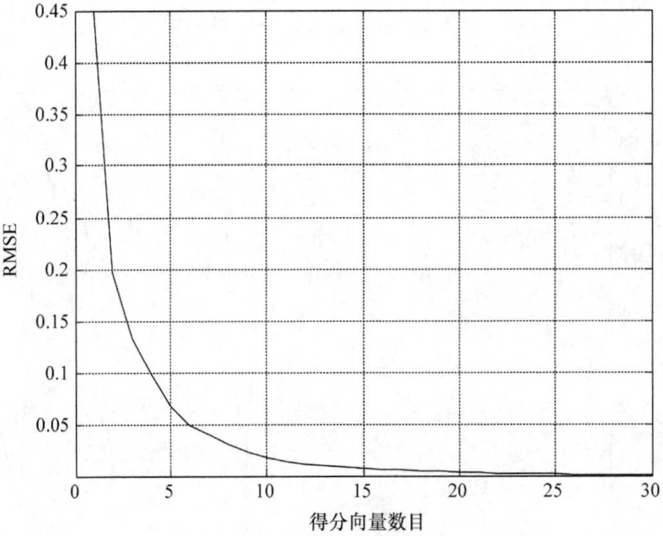

图3.10 混凝土实验训练数据RMSE曲线

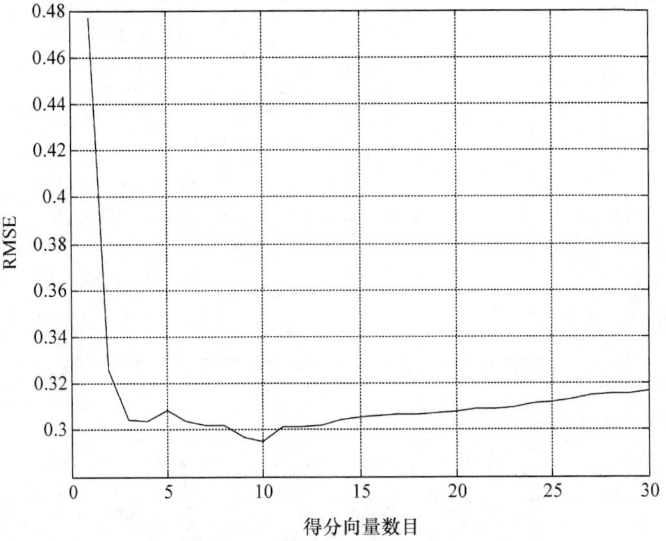

图 3.11　混凝土实验测试数据 RMSE 曲线

同样，可以采用 SGB 算法的三种建模方法研究混凝土抗压强度预测问题，主要考察 SGB 算法中 m 值对于建模结果的影响。如图 3.12 和图 3.13 所示，当 m 值不断增加时，RMSE 曲线开始快速下降，然后趋于常值。这也再次证明，SGB 算法可以抑制过度拟合问题。

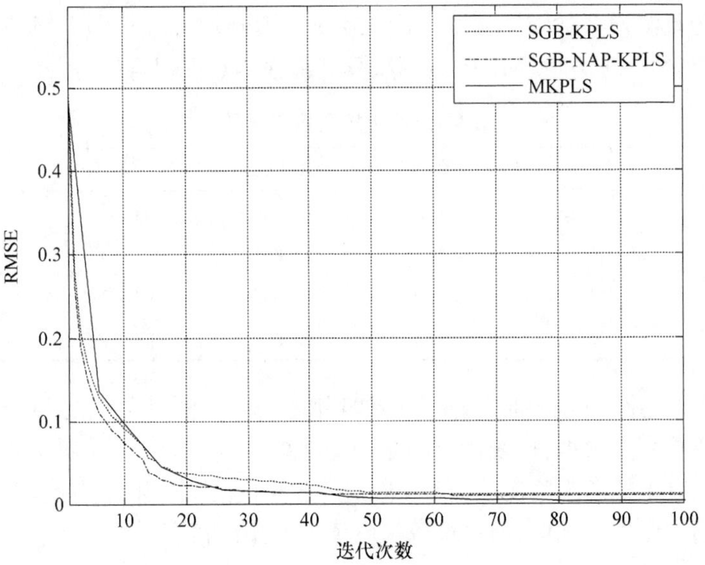

图 3.12　混凝土训练数据 RMSE 曲线

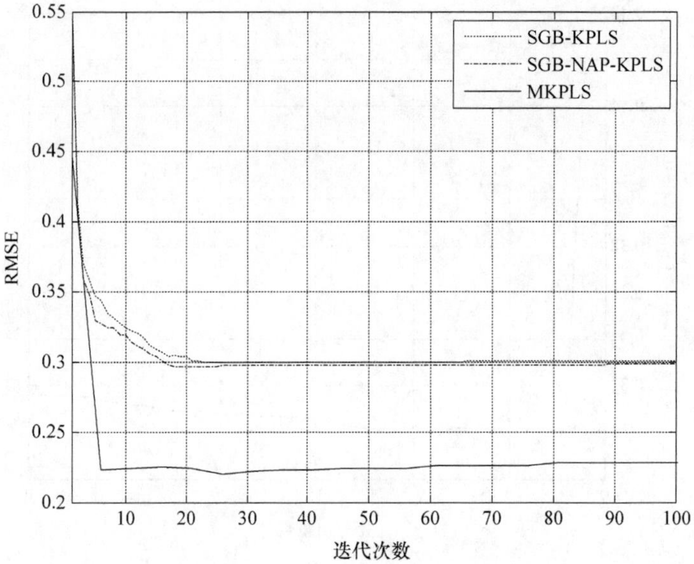

图 3.13　混凝土测试数据 RMSE 曲线

2. 预测精度比较

表 3.3 列出了四种建模方法对混凝土抗压强度的预测结果。不管是对训练数据还是测试数据，MKPLS 都具有最好的预测精度。对于测试数据而言，MKPLS 具有最高的复测定系数 $R^2=0.7701$ 和最低的预测均方根误差 RMSE=0.2299。因此，相比其他三种方法，MKPLS 模型具有最强的数据拟合能力。

表 3.3　混凝土抗压强度预测结果

数据	指标	KPLS	SGB-KPLS	SGB-NAP-KPLS	MKPLS
训练数据	RMSE	0.0116	0.0109	0.0096	0.0005
	R^2	0.9884	0.9891	0.9904	0.9995
测试数据	RMSE	0.3035	0.3002	0.2981	0.2299
	R^2	0.6965	0.6998	0.7019	0.7701

图 3.14～图 3.17 分别描述了采用四种方法对于测试数据的预测结果，图中实线代表的是真实数据，虚线代表的是预测结果。

通过混凝土抗压强度实验，我们进一步证实了上节得出的结论，即 MKPLS 不仅可以抑制过度拟合问题，而且可以提高模型的预测精度。

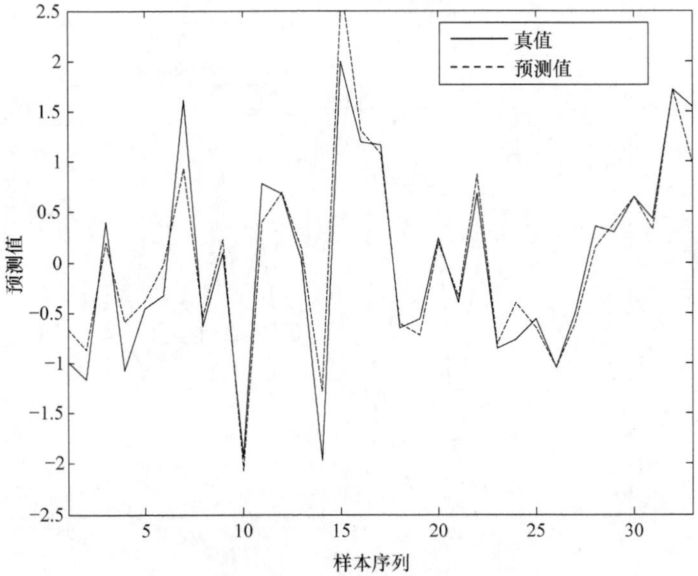

图 3.14　混凝土 KPLS 预测结果

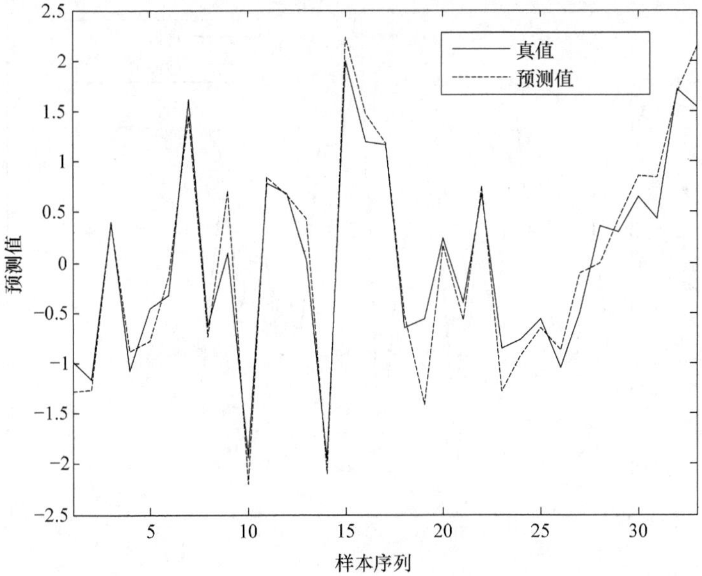

图 3.15　混凝土 SGB-KPLS 预测结果

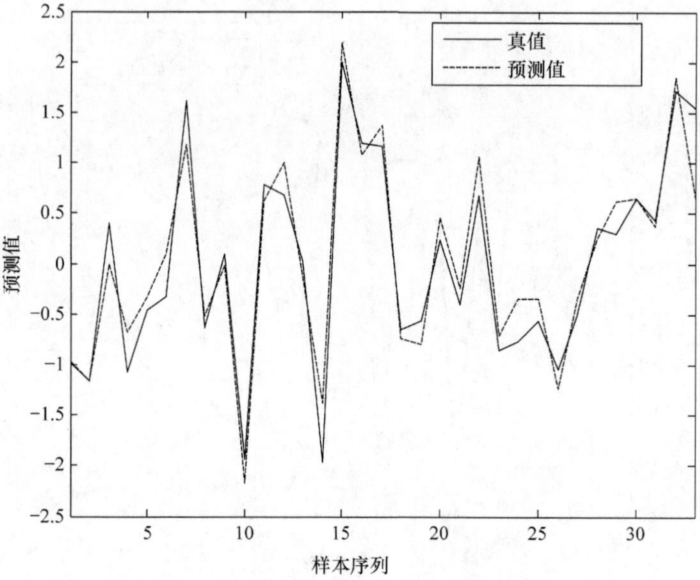

图 3.16　混凝土 SGB-NAP-KPLS 预测结果

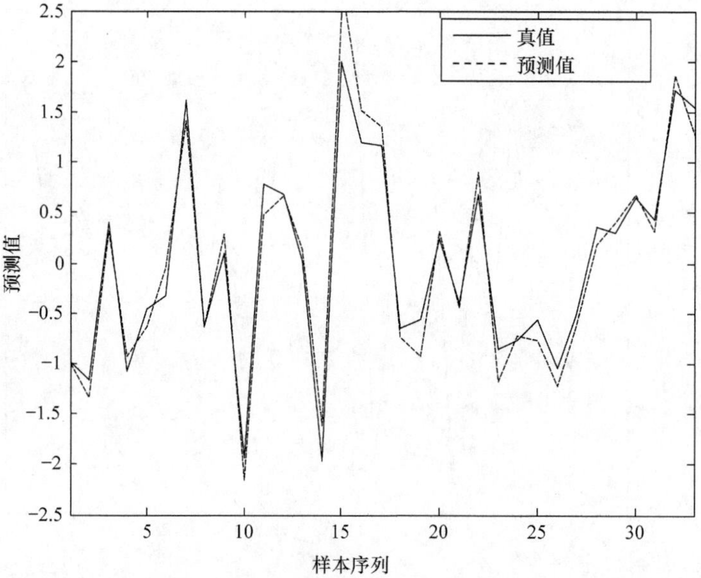

图 3.17　混凝土 MKPLS 预测结果

3.6 本章小结

本章首先对 PLS 的发展历程作了简要介绍,然后分别讨论了 PLS 和 KPLS 的求解算法,最后对作者提出的改进的 MKPLS 方法进行了重点阐述。仿真实验表明,所提算法不但可以抑制过度拟合问题,而且可以提高模型的预测精度。

参考文献

[1] Wold S, Martens H, Wold H. The multivariate calibration problem in chemistry solved by the PLS method. Matrix Pencils, 1983, 973: 286~293.

[2] Fornell C, Bokstein F L. Two structural equation models: LISREL and PLS applied to consumer exit-voice theory. Journal of Marketing Research, 1982, 19(4): 440~452.

[3] Abdi H. Partial leastsquares regression and projection on latent structure regression(PLS Regression). Wiley Interdisciplinary Reviews: Computational Statistics, 2010, 2(1): 97~106.

[4] Matthew B, Rayens W. Partial least squares for discrimination. Journal of Chemometrics, 2003, 17: 166~173.

[5] Berglund A, Wold S. Inlr, implicit non-linear latent variable regression. Journal of Chemometrics, 1997, 11: 141~156.

[6] Robertsson G. Contributions to the problem of approximation of non-linear data with linear PLS in an absorption spectroscopic context. Chemometrics and Intelligent Laboratory Systems, 1999, 47: 99~106.

[7] Rosipal R, Trejo L J. Kernel partial least squares regression in reproducing kernel Hilbert space. Journal of Machine Learning Research, 2001, 2: 97~123.

[8] Baffi G, Martin A, Morris A. Non-linear projection to latent structures revisited: the quadrate PLS algorithm. Computers and Chemical Engineering, 1999, 23: 395~411.

[9] Durand J F. Local polynomial additive regression through PLS and splines: PLSS. Chemometrics and Intelligent Laboratory Systems, 2001, 58: 235~246.

[10] Qin S J, McAvoy T J. Nonlinear PLS modeling using neural networks. Computers and Chemical Engineering, 1992, 16(4): 379~391.

[11] Malthouse E C, Tamhane A C, Mah R S H. Nonlinear partial least squares. Computers and Chemical Engineering, 1997, 21(8): 875~890.

[12] Rosipal R. Kernel partial least squares fornonlinear regression and discrimination. Neural Network World, 2003, 13: 291~300.

[13] Cao D S, Liang Y Z, Xu Q S, et al. Exploring nonlinear relationships in chemical data using kernel-based methods. Chemometrics and Intelligent Laboratory Systems, 2011, 107: 106~115.

[14] Han L, Embrechts M J, Chen Y, et al. Kernel partial least squares for the identification of mixture content from terahertz spectra//2006 International Joint Conference on Neural Networks, 2006.

[15] Balaji V S, Yuancheng L, Daniel G R, et al. A symmetric kernel partial least squares framework for speaker recognition. IEEE Transactions on Audio, Speech and Language Processing, 2013, 21(7): 1415～1423.

[16] Seung H W, Che O, Jeon Y Y, et al. On-line estimation of key process variables based on kernel partial least squares in an industrial cokes wastewater treatment plant. Journal of Hazardous Materials, 2009, 161: 538～544.

[17] Zhang Y, Hong Z, S. Qin J, et al. Decentralized fault diagnosis of large-scale processes using multiblock kernel partial least squares. IEEE Transactions on Industrial Informatics, 2010, 6(1): 3～10.

[18] Wei W, Zheng L, He X. Learning-based super resolution using kernel partial least squares. Image and Vision Computing, 2011, 29: 394～406.

[19] Noorizadeh H, Farmany A, Noorizadeh M. Application of GA-KPLS and L-M ANN calculations for the prediction of the capacity factor of hazardous psychoactive designer drugs. Medical Chemistry Research, 2012, 21: 2680～2688.

[20] Yi H, He H M, Shi H. Enhanced batch process monitoring using just-in-time-learning based kernel partial least squares. Chemometrics and Intelligent Laboratory Systems, 2013, 123: 15～27.

[21] Postma G J, Krooshof P W T, Buydens L M C. Opening the kernel of kernel partial least squares and support vector machines. Analytica Chimica Acta, 2011, 705: 123～134.

[22] Peng K, Zhang K, Li G, et al. Contribution rate plot for nonlinear quality-related fault diagnosis with application to the hot strip mill process. Control Engineering Practice, 2013, 21: 360～369.

[23] Zhang Y W, Teng Y D. Process data modeling using modified kernel partial least squares. Chemical Engineering Science, 2010, 65: 6353～6361.

[24] Zhang Y W, Ma C. Fault diagnosis of nonlinear processes using multiscale KPCA and multiscale KPLS. Chemical Engineering Science, 2010, 66: 64～72.

[25] Zhang Y W, Hu Z. Multivariate process monitoring and analysis based on multi-scale KPLS. Chemical Engineering Research and Design, 2011, 89: 2667～2678.

[26] Wold H. Nolinearestimatiol by Iterative Least Squares Procedures. New York: Wiley, 1996.

[27] Haykin S. Neural Networks. Englewood Cliffs: Prentice-Hall, 1999.

[28] Zhang Y W, Qin S J. Improved nonlinear fault detection technique and statistical analysis. Aiche Journal, 2010, 54(12): 3207～3220.

[29] Cristianini N, Kandola J, Elisseeff A. On kernel target alignment. Advances in Neural Information Processing Systems, 2006, 194: 205～256.

[30] Hawkins D M. The problem of overfitting. Journal of Chemical Information and Computer Sciences, 2004, 44(1): 1～12.

[31] Friedman J H. Stochastic gradient boosting. Computational Statistics and Data Analysis, 2002, 38: 367～378.

[32] Schapire R E. The strength of weak learnability. Machine Learning,1990,5:197～227.

[33] Freund Y,Schapire R E. A decision-theoretic generalization of on-line learning and an application to boosting. Journal of Computer and System Sciences,1997,55:119～139.

[34] Peter B,Yoav F,Wee S L,et al. Boosting the margin:a new explanation for the effectiveness of voting methods. Annual Statistics,1998,26:1651～1686.

[35] Can D S,Xu Q S,Liang Y Z,et al. The boosting:a new idea of building models. Chemometrics and Intelligent Laboratory Systems,2010,100:1～11.

[36] Thennadil S N,Martens H,Kohler A. Physics-based multiplicative scatter correction approaches for improving the performance of calibration models. Applied Spectroscopy, 2006, 60(3):315～321.

[37] Barnes J R,Dhanoa S M,Lister J S. Standard normal variate transformation and detrending of near infrared diffuse reflectance spectra. Applied Spectrospy,1989,43(5):772～777.

[38] Savitzky A,Golay M J E. Smoothing and differentiation of data by simplified least squares procedure. Analytical Chemistry,1964,36(8):1627～1639.

[39] Lorber A. Error propagation and figures of merit for quantification by solving matrix equations. Analytical Chemistry,1986,58(6):1167～1172.

[40] Collado M S,Mantovani V E,Goicoechea H C,et al. Simultaneous spectrophotometric multivariate calibration determination of several components of ophthalmic solutions:phenylephrine,chloramphenicol,antipyrine,methylparaben and thimerosal. Talanta ,2000,52(5):909～920.

[41] Berger A J,Koo T W,Itzkan I,et al. An enhanced algorithm for linear multivariate calibration. Analytical Chemistry,1998,70(3):623～627.

[42] Zhang M H,Xu Q S,Massart D L. Boosting partial least squares. Analytical Chemistry, 2005,77(5):1423～1431.

[43] Zhang Y,Teng Y,Zhang Y. Complex process quality prediction using modified kernel partial least squares. Chemical Engineering Science,2010,65(6):2153～2158.

[44] 王慧文,吴载斌,孟洁. 偏最小二乘回归的线性与非线性方法. 北京:国防工业出版社,2006.

[45] Yeh I C. Modeling slump flow of concrete using second-order regressions and artificial neural networks. Cement and Concrete Composites,2007,29(6):474～480.

第 4 章　总体最小二乘问题

本章研究随机系统输入和输出数据均含有噪声的参数估计问题——总体最小二乘问题。首先分析经典最小二乘方法的不足，接着引出 TLS 参数估计问题；然后讨论 TLS 方法的简要发展过程，详细地分析常规最小二乘问题、基本 TLS 问题、多维 TLS 问题、特殊的单维 TLS 问题、混合普通最小二乘-总体最小二乘(ordinary least square-totall east square，OLS-TLS)问题、统计特性与有效性、基本数据最小二乘问题；最后对总体最小二乘求解方法进行简要分类讨论。本章是关于 TLS 问题的基本理论。

4.1　最小二乘估计方法

在随机系统参数估计中，最小二乘方法是最常用的线性系统参数估计方法。若给定一数据向量 $\boldsymbol{b}$ 和数据矩阵 $\boldsymbol{A}$，通过求解线性方程 $\boldsymbol{Ax}=\boldsymbol{b}$ 的最小二乘方法，只是在 $\boldsymbol{b}$ 向量的噪声或误差是零均值的高斯白噪声的少数情况下，才能保证误差的平方和最小，这时最小二乘估计 $\boldsymbol{x}^{\mathrm{LS}}$才等价于极大似然估计得到的解。如果数据矩阵 $\boldsymbol{A}$ 也存在误差或者扰动，则其最小二乘估计 $\boldsymbol{x}^{\mathrm{LS}}=(\boldsymbol{A}^{\mathrm{H}}\boldsymbol{A})^{-1}\boldsymbol{A}^{\mathrm{H}}\boldsymbol{b}$ 从统计观点来看就不再是最优的，而是有偏的，且偏差的协方差将由 $\boldsymbol{A}^{\mathrm{H}}\boldsymbol{A}$ 的噪声误差的作用而增加。具体情况可以简单分析如下。

在参数估计理论中，称参数向量 $\boldsymbol{x}$ 的估计 $\hat{\boldsymbol{x}}$ 为无偏估计，若它的数学期望值等于真实的未知参数向量，即 $E\{\hat{\boldsymbol{x}}\}=\boldsymbol{x}$。进一步，如果一个无偏估计还具有最小方差，则称这一无偏估计为最优无偏估计，因此对于数据向量 $\boldsymbol{b}$ 含有加性噪声或者扰动的超定方程 $\boldsymbol{Ax}=\boldsymbol{b}+\boldsymbol{e}$，若最小二乘解 $\hat{\boldsymbol{x}}^{\mathrm{LS}}$的数学期望等于真实参数向量 $\boldsymbol{x}$，则称最小二乘解是无偏的。如果它还具有最小方差，则称最小二乘解是最优无偏的。对于线性方程组 $\boldsymbol{Ax}=\boldsymbol{b}+\boldsymbol{e}$ 的解的性质有如下定理。

定理 4.1(Gauss-Markov 定理)　考虑线性方程组

$$\boldsymbol{Ax}=\boldsymbol{b}+\boldsymbol{e}$$

其中，$m\times n$ 矩阵 $\boldsymbol{A}$ 和 $n\times 1$ 向量 $\boldsymbol{x}$ 分别为常数矩阵和常数向量；$\boldsymbol{b}$ 为 $m\times 1$ 向量，存在随机误差向量 $\boldsymbol{e}=[e_1,e_2,\cdots,e_m]^{\mathrm{T}}$。

误差向量的均值向量和协方差矩阵分别为

$$E\{\boldsymbol{e}\}=\boldsymbol{0},\quad \mathrm{Cov}(\boldsymbol{e})=E\{\boldsymbol{e}\boldsymbol{e}^{\mathrm{H}}\}=\sigma^2\boldsymbol{I}$$

$n\times 1$ 参数向量 $\boldsymbol{x}$ 的最优无偏解 $\hat{\boldsymbol{x}}$ 存在，当且仅当 $\mathrm{rank}(\boldsymbol{A})=n$。这时，最优无偏

解为

$$\hat{\boldsymbol{x}}=(\boldsymbol{A}^{\mathrm{H}}\boldsymbol{A})^{-1}\boldsymbol{A}^{\mathrm{H}}\boldsymbol{b}$$

其方差为

$$\mathrm{Var}(\hat{\boldsymbol{x}})\leqslant\mathrm{Var}(\tilde{\boldsymbol{x}})$$

式中，$\tilde{\boldsymbol{x}}$ 是矩阵方程 $\boldsymbol{Ax}=\boldsymbol{b}+\boldsymbol{e}$ 的任何一个其他解。

上述定理中的条件 $\mathrm{Cov}(\boldsymbol{e})=\sigma^2\boldsymbol{I}$ 意味着加性误差向量 $\boldsymbol{e}$ 的各个分量互不相关，并且具有相同方差 σ^2。只有在这种情况下，最小二乘解才是无偏和最优的。

假定数据矩阵 $\boldsymbol{A}\in C^{m\times n}$，数据向量 $\boldsymbol{b}\in C^m$ 可以表示为

$$\boldsymbol{A}=\boldsymbol{A}_0+\Delta\boldsymbol{A},\quad \boldsymbol{b}=\boldsymbol{b}_0+\Delta\boldsymbol{b}$$

其中，$\Delta\boldsymbol{A}$ 和 $\Delta\boldsymbol{b}$ 分别是满秩的一致线性方程组 $\boldsymbol{A}_0\boldsymbol{x}_0=\boldsymbol{b}_0$ 噪声扰动。

若数据矩阵 $\boldsymbol{A}$ 的扰动矩阵 $\Delta\boldsymbol{A}$ 不是零矩阵，则 $\boldsymbol{x}^{\mathrm{LS}}$一般是有偏的，不再与 MSE 估计或极大似然法等价。如果 $\Delta\boldsymbol{A}$ 的分量是零均值、方差为 σ_1^2 的独立同分布噪声，$\Delta\boldsymbol{b}$ 的分量是零均值、方差为 σ_2^2 的独立同分布噪声，而且 $\Delta\boldsymbol{A}$ 和 $\Delta\boldsymbol{b}$ 的分量相互独立，则最小二乘解 $\boldsymbol{x}^{\mathrm{LS}}$的方差与 $\Delta\boldsymbol{A}=\boldsymbol{0}$ 的情况相比有明显增加。已证明，方差的增加倍数为

$$1+(\sigma_1/\sigma_2)^2\,\|(\boldsymbol{A}_0^{\mathrm{H}}\boldsymbol{A}_0)^{-1}\boldsymbol{A}_0^{\mathrm{H}}\boldsymbol{b}_0\|^2$$

经典最小二乘的基本思想是用一个范数平方为最小的扰动向量 $\boldsymbol{e}$ 去干扰数据向量 $\boldsymbol{b}$，以校正 $\boldsymbol{b}$ 中存在的噪声。当 $\boldsymbol{A}$ 和 $\boldsymbol{b}$ 均存在扰动时，求解矩阵方程$\boldsymbol{Ax}=\boldsymbol{b}$的最小二乘方法将导致大的方差。

4.2　总体最小二乘问题

如前所述，在经典的最小二乘方法中存在一个基础性的假设，即所有的误差均只限于观测向量。这个假设通常是不现实的，由于采样误差、人为误差、建模误差，以及仪器误差等，数据矩阵常常不可避免地包含误差。为了克服最小二乘方法的缺点，在求解矩阵方程 $\boldsymbol{Ax}=\boldsymbol{b}$ 的时候，就需要同时考虑矩阵 $\boldsymbol{A}$ 和向量 $\boldsymbol{b}$ 中的扰动，TLS 体现的正是这一基本思想。在统计文献中，TLS 匹配被称为正交回归、变量误差和测量误差等。单变量($n=1,d=1$)问题早在 1877 年就由 Adcock[1]讨论过，Adcock[2]、Pearson[3]、Koopmans[4]、Madansky[5]和 York[6]等均作出了贡献。正交回归方法已经被重新发现多次，通常是独立发现。大约 40 年前，这一技术被 Sprent[7]和 Gleser[8]等推广到多值($n>1,d>1$)问题情况。近来，TLS 也引起了统计领域外的兴趣。在数值分析领域，这个问题首先被 Golub 和 Van Loan[9,10]研究，它们的分析及算法是基于矩阵的 SVD。SVD 的几何见解使 Staar[11]独立地得出相同的概念。Huffel 和 Vandewalle[12]将 Golub 和 Van Loan 的算法推广到它们的算法不能产生解的所有的情况，描述了这些所谓的非正常的 TLS 问题的特

性，证明如果附加的约束被强加到解空间的话，提出的推广方法仍然满足 TLS 准则。Gleser[8]研究认为，这一表面上不同的线性代数方法实际上等价于多值变量误差回归分析方法。Gleser's 方法是基于一个特征值和特征向量分析，而 TLS 方法是应用 SVD，它在算法实施的意义上数值更为鲁棒些，而且当 TLS 解不唯一时，TLS 方法计算最小范式解，Gleser 并没有考虑这些推广。下面以文献[13]～[16]为基础，对 TLS 问题进行较为详细的阐述。

4.2.1 预备知识

TLS 是求解如下以矩阵形式 $\boldsymbol{X}$ 表示的含有 $n\times d$ 个未知数的 m 个线性方程，即

$$\boldsymbol{AX}\approx\boldsymbol{B} \tag{4.1}$$

其中，$\boldsymbol{A}$ 是 $m\times n$ 数据矩阵；$\boldsymbol{B}$ 是 $m\times d$ 观测矩阵。

如果 $m>n$，则该系统是超定的；如果 $d>1$，则问题是多维的；如果 $n>1$，则问题是多变量的。设 $\boldsymbol{X}'$ 是方程(4.1)的 $n\times d$ 维最小范式 LS 解，而 $\hat{\boldsymbol{X}}$ 是方程(4.1)的最小范式 TLS 解。

式(4.1)中，矩阵 $\boldsymbol{A}(m>n)$ 的 SVD 可以表示为

$$\boldsymbol{A}=\boldsymbol{U}'\boldsymbol{\Sigma}'\boldsymbol{V}'^{\mathrm{T}} \tag{4.2}$$

其中，$\boldsymbol{U}'=[\boldsymbol{U}_1';\boldsymbol{U}_2']$，$\boldsymbol{U}_1'=[\boldsymbol{u}_1',\cdots,\boldsymbol{u}_n']$，$\boldsymbol{U}_2'=[\boldsymbol{u}_{n+1}',\cdots,\boldsymbol{u}_m']$；$\boldsymbol{u}_i'\in\Re^m$；$\boldsymbol{U}'^{\mathrm{T}}\boldsymbol{U}'=\boldsymbol{U}'\boldsymbol{U}'^{\mathrm{T}}=\boldsymbol{I}_m$；$\boldsymbol{V}'=[\boldsymbol{v}_1',\cdots,\boldsymbol{v}_n']$，$\boldsymbol{v}_i'\in\Re^n$，$\boldsymbol{V}'^{\mathrm{T}}\boldsymbol{V}'=\boldsymbol{V}'\boldsymbol{V}'^{\mathrm{T}}=\boldsymbol{I}_n$；$\boldsymbol{\Sigma}'=\mathrm{diag}(\sigma_1',\cdots,\sigma_n')\in\Re^{m\times n}$，$\sigma'\geqslant\cdots\geqslant\sigma_n'\geqslant0$。

在式(4.1)中，$m\times(n+d)$维矩阵$[\boldsymbol{A};\boldsymbol{B}](m>n)$的 SVD 可以表示为

$$[\boldsymbol{A};\boldsymbol{B}]=\boldsymbol{U\Sigma V}^{\mathrm{T}} \tag{4.3}$$

其中，$\boldsymbol{U}=[\boldsymbol{U}_1;\boldsymbol{U}_2]$，$\boldsymbol{U}_1=[\boldsymbol{u}_1,\cdots,\boldsymbol{u}_n]$，$\boldsymbol{U}_2=[\boldsymbol{u}_{n+1},\cdots,\boldsymbol{u}_m]$；$\boldsymbol{u}_i\in\Re^m$，$\boldsymbol{U}^{\mathrm{T}}\boldsymbol{U}=\boldsymbol{UU}^{\mathrm{T}}=\boldsymbol{I}_m$；$\boldsymbol{V}=\begin{bmatrix}\boldsymbol{V}_{11} & \boldsymbol{V}_{12}\\ \boldsymbol{V}_{21} & \boldsymbol{V}_{22}\end{bmatrix}=[\boldsymbol{v}_1,\cdots,\boldsymbol{v}_{n+d}]$，$\boldsymbol{v}_i\in\Re^{n+d}$，$\boldsymbol{V}^{\mathrm{T}}\boldsymbol{V}=\boldsymbol{VV}^{\mathrm{T}}=\boldsymbol{I}_{n+d}$；$\boldsymbol{\Sigma}=\begin{bmatrix}\boldsymbol{\Sigma}_1 & \boldsymbol{0}\\ \boldsymbol{0} & \boldsymbol{\Sigma}_2\end{bmatrix}=\mathrm{diag}(\sigma_1,\cdots,\sigma_{n+t})\in\Re^{m\times(n+d)}$，$t=\min\{m-n,d\}$，$\boldsymbol{\Sigma}_1=\mathrm{diag}(\sigma_1,\cdots,\sigma_n)\in\Re^{n\times n}$，$\boldsymbol{\Sigma}_2=\mathrm{diag}(\sigma_{n+1},\cdots,\sigma_{n+t})\in\Re^{(m-n)\times d}$，$\sigma\geqslant\cdots\geqslant\sigma_{n+t}\geqslant0$。

为了书写方便，取 $m<i\leqslant(n+d)$时，$\sigma_i=0$。(u_i',σ_i',v_i')和(u_i,σ_i,v_i)分别是矩阵 $\boldsymbol{A}$ 和增广矩阵$[\boldsymbol{A};\boldsymbol{B}]$的奇异分解三元素。这里绝大部分内容都用于研究单维 $d=1$的情况，即 $\boldsymbol{Ax}=\boldsymbol{b}$，其中 $\boldsymbol{A}\in\Re^{m\times n}$，$\boldsymbol{b}\in\Re^m$。在处理多维的情况时会特别指明，对于 $\boldsymbol{Ax}=\boldsymbol{b}$，如果 d 单维，方程可解，有唯一解，则该问题称为基本问题。

4.2.2 正交最小二乘问题

定义 4.1(OLS 问题)　给定超定方程 $\boldsymbol{Ax}=\boldsymbol{b}$，最小二乘问题是寻求满足如下指标的解 $\boldsymbol{x}$，即

$$\min_{\boldsymbol{b}' \in \Re^m} \| \boldsymbol{b} - \boldsymbol{b}' \|_2 \quad \text{s.t.} \quad \boldsymbol{b}' \in \boldsymbol{R}(\boldsymbol{A}) \tag{4.4}$$

其中，$\boldsymbol{R}(\boldsymbol{A})$是 $\boldsymbol{A}$ 的列空间。

当找到一个满足以上条件的最小化的 $\boldsymbol{b}'$时，则任意满足

$$\boldsymbol{A}\boldsymbol{x}' = \boldsymbol{b}' \tag{4.5}$$

的解 $\boldsymbol{x}'$，称为一个 LS 解，相应的 LS 修正量为 $\Delta\boldsymbol{b}' = \boldsymbol{b} - \boldsymbol{b}'$。

显然，如果 $\boldsymbol{b}'$是 $\boldsymbol{b}$ 到 $\boldsymbol{R}(\boldsymbol{A})$空间的正交投影时，式(4.4)和式(4.5)可以得到满足。

定理 4.2(闭合形式的 OLS 解)　如果矩阵 $\boldsymbol{A}$ 的秩为 n，则满足式(4.4)和式(4.5)的唯一的 LS 解可以表示为

$$\boldsymbol{x}' = (\boldsymbol{A}^{\mathrm{T}}\boldsymbol{A})^{-1}\boldsymbol{A}^{\mathrm{T}}\boldsymbol{b} = \boldsymbol{A}^{+}\boldsymbol{b} \tag{4.6}$$

显然，对于一个欠定方程系统，这也是最小 L_2 范式解。这里，矩阵 $\boldsymbol{A}^{+}$ 是伪逆。基础性的假设是误差仅仅存在于观测向量 $\boldsymbol{b}$，而数据矩阵 $\boldsymbol{A}$ 精确已知。

OLS 解可以通过下列误差函数，即

$$E_{\mathrm{OLS}} = \frac{1}{2}(\boldsymbol{A}\boldsymbol{x} - \boldsymbol{b})^{\mathrm{T}}(\boldsymbol{A}\boldsymbol{x} - \boldsymbol{b}) \tag{4.7}$$

的最小化来计算。

4.2.3　基本 TLS 问题

定义 4.2(基本 TLS 问题)　给定超定集系统 $\boldsymbol{A}\boldsymbol{x} = \boldsymbol{b}$，TLS 问题就是寻求

$$\min_{[\hat{\boldsymbol{A}};\hat{\boldsymbol{b}}] \in \Re^{m\times(n+1)}} \| [\boldsymbol{A};\boldsymbol{b}] - [\hat{\boldsymbol{A}};\hat{\boldsymbol{b}}] \|_F \quad \text{s.t.} \quad \hat{\boldsymbol{b}} \in \boldsymbol{R}(\hat{\boldsymbol{A}}) \tag{4.8}$$

其中，$\| \cdot \|_F$是范德蒙范式。

当找到一个满足以上条件的最小化的$[\hat{\boldsymbol{A}};\hat{\boldsymbol{b}}]$时，则任意满足

$$\hat{\boldsymbol{A}}\hat{\boldsymbol{x}} = \hat{\boldsymbol{b}} \tag{4.9}$$

的解 $\hat{\boldsymbol{x}}$，称为一个 TLS 解，相应的 TLS 修正量为$[\Delta\hat{\boldsymbol{A}};\Delta\hat{\boldsymbol{b}}] = [\boldsymbol{A};\boldsymbol{b}] - [\hat{\boldsymbol{A}};\hat{\boldsymbol{b}}]$。

定理 4.3(基本 TLS 问题的解)　给定 $\boldsymbol{A} = \boldsymbol{U}'\boldsymbol{\Sigma}'\boldsymbol{V}'^{\mathrm{T}}$ 是矩阵 $\boldsymbol{A}$ 的 SVD，而$[\boldsymbol{A};\boldsymbol{b}] = \boldsymbol{U}\boldsymbol{\Sigma}\boldsymbol{V}^{\mathrm{T}}$ 是增广矩阵$[\boldsymbol{A};\boldsymbol{b}]$的 SVD，如果 $\sigma_n' > \sigma_{n+1}$，则

$$[\hat{\boldsymbol{A}};\hat{\boldsymbol{b}}] = \boldsymbol{U}\hat{\boldsymbol{\Sigma}}\boldsymbol{V}^{\mathrm{T}}$$

其中，$\hat{\boldsymbol{\Sigma}} = \mathrm{diag}(\sigma_1, \cdots, \sigma_n, 0)$。　(4.10)

相应的 TLS 修正矩阵为

$$[\Delta\hat{\boldsymbol{A}};\Delta\hat{\boldsymbol{b}}] = \sigma_{n+1}\boldsymbol{u}_{n+1}\boldsymbol{v}_{n+1}^{\mathrm{T}} \tag{4.11}$$

求解 TLS 问题(4.8)，得到解

$$\hat{\boldsymbol{x}} = -\frac{1}{v_{n+1,n+1}}[v_{1,n+1}, \cdots, v_{n,n+1}]^{\mathrm{T}} \tag{4.12}$$

存在，而且是 $\hat{\boldsymbol{A}}\hat{\boldsymbol{x}} = \hat{\boldsymbol{b}}$ 的唯一解。

证明可见文献[16]，更详细的证明见文献[15]。

重写方程 $\boldsymbol{Ax}\approx\boldsymbol{b}$ 为

$$[\boldsymbol{A};\boldsymbol{b}][\boldsymbol{x}^{\mathrm{T}};-1]^{\mathrm{T}}\approx 0 \tag{4.13}$$

如果 $\sigma_{n+1}\neq 0$，$\mathrm{rank}[\boldsymbol{A};\boldsymbol{b}]=n+1$，则在 $\boldsymbol{R}_r([\boldsymbol{A};\boldsymbol{b}])$ 的正交补空间存在非零向量（$\boldsymbol{R}_r(\boldsymbol{T})$ 是矩阵 $\boldsymbol{T}$ 的行空间）。为了将增广矩阵的秩减小到 n，应用 Eckart-Young-Mirsky 近似定理[17,18]，矩阵 $[\boldsymbol{A};\boldsymbol{b}]$ 的最好的秩 n TLS 近似由式(4.10)给出。这时，最小化 TLS 修正为

$$\sigma_{n+1}=\min_{\mathrm{rank}[\hat{\boldsymbol{A}};\hat{\boldsymbol{b}}]=n}\|[\boldsymbol{A};\boldsymbol{b}]-[\hat{\boldsymbol{A}};\hat{\boldsymbol{b}}]\|_F \tag{4.14}$$

而且得到式(4.11)的秩 1TLS 修正量 $[\Delta\hat{\boldsymbol{A}};\Delta\hat{\boldsymbol{b}}]=\sigma_{n+1}\boldsymbol{u}_{n+1}\boldsymbol{v}_{n+1}^{\mathrm{T}}$。那么，近似方程式 $[\hat{\boldsymbol{A}};\hat{\boldsymbol{b}}][\boldsymbol{x}^{\mathrm{T}};-1]^{\mathrm{T}}\approx 0$ 是相容的，其解可由属于 $[\hat{\boldsymbol{A}};\hat{\boldsymbol{b}}]$ 内核的唯一的向量 $\boldsymbol{v}_{n+1}$ 给出。最后，TLS 解可通过比例化 $\boldsymbol{v}_{n+1}$ 向量直到其最后一个元素为 -1 而获得。证毕。

由奇异值交织定理有

$$\sigma_1\geqslant\sigma_1'\geqslant\cdots\geqslant\sigma_n\geqslant\sigma_n'\geqslant\sigma_{n+1} \tag{4.15}$$

同时证明[13]

$$\sigma_n'>\sigma_{n+1}\Leftrightarrow\sigma_n>\sigma_{n+1}\quad 和\quad \boldsymbol{v}_{n+1,n+1}\neq 0 \tag{4.16}$$

如果 $\sigma_{n+1}=0$，秩 $[\boldsymbol{A};\boldsymbol{b}]=n$，则方程(4.13)是相容的，要获得精确解(4.12)无需近似。

TLS 解可以通过找到与 $[\boldsymbol{A};\boldsymbol{b}]$ 各列的最近子空间 $\boldsymbol{R}([\hat{\boldsymbol{A}};\hat{\boldsymbol{b}}])$ 而获得，这样从 $[\boldsymbol{A};\boldsymbol{b}]$ 的每一列到 $\boldsymbol{R}([\hat{\boldsymbol{A}};\hat{\boldsymbol{b}}])$ 的平方垂直距离的总和为最小，而且 $[\boldsymbol{A};\boldsymbol{b}]$ 的每一列可由其到该子空间的正交投影来近似表示。

定理 4.4（闭合式基本 TLS 解） 给定 $\boldsymbol{A}=\boldsymbol{U}'\boldsymbol{\Sigma}'\boldsymbol{V}'^{\mathrm{T}}$ 是矩阵 $\boldsymbol{A}$ 的 SVD，而 $[\boldsymbol{A};\boldsymbol{b}]=\boldsymbol{U\Sigma V}^{\mathrm{T}}$ 是增广矩阵 $[\boldsymbol{A};\boldsymbol{b}]$ 的 SVD，如果 $\sigma_n'>\sigma_{n+1}$，则

$$\hat{\boldsymbol{x}}=(\boldsymbol{A}^{\mathrm{T}}\boldsymbol{A}-\sigma_{n+1}^2\boldsymbol{I})^{-1}\boldsymbol{A}^{\mathrm{T}}\boldsymbol{b} \tag{4.17}$$

证明：条件 $\sigma_n'>\sigma_{n+1}$ 确保了解的存在性和唯一性。由于奇异向量 $\boldsymbol{v}_i$ 是 $[\boldsymbol{A};\boldsymbol{b}]^{\mathrm{T}}[\boldsymbol{A};\boldsymbol{b}]$ 的特征向量，$\hat{\boldsymbol{x}}$ 满足下列集，即

$$[\boldsymbol{A};\boldsymbol{b}]^{\mathrm{T}}[\boldsymbol{A};\boldsymbol{b}]\begin{bmatrix}\hat{\boldsymbol{x}}\\-1\end{bmatrix}=\begin{bmatrix}\boldsymbol{A}^{\mathrm{T}}\boldsymbol{A} & \boldsymbol{A}^{\mathrm{T}}\boldsymbol{b}\\ \boldsymbol{b}^{\mathrm{T}}\boldsymbol{A} & \boldsymbol{b}^{\mathrm{T}}\boldsymbol{b}\end{bmatrix}\begin{bmatrix}\hat{\boldsymbol{x}}\\-1\end{bmatrix}=\sigma_{n+1}^2\begin{bmatrix}\hat{\boldsymbol{x}}\\-1\end{bmatrix} \tag{4.18}$$

式(4.17)可由式(4.18)的上部分推导而得。证毕。

评论 4.1 将式(4.18)变成

$$\begin{bmatrix}\boldsymbol{\Sigma}'^{\mathrm{T}}\boldsymbol{\Sigma}' & \boldsymbol{g}\\ \boldsymbol{g}^{\mathrm{T}} & \|\boldsymbol{b}\|_2^2\end{bmatrix}\begin{bmatrix}\boldsymbol{z}\\-1\end{bmatrix}=\sigma_{n+1}^2\begin{bmatrix}\boldsymbol{z}\\-1\end{bmatrix},\quad \boldsymbol{g}=\boldsymbol{\Sigma}'^{\mathrm{T}}\boldsymbol{U}'^{\mathrm{T}}\boldsymbol{b},\quad \boldsymbol{z}=\boldsymbol{V}'^{\mathrm{T}}\hat{\boldsymbol{x}} \tag{4.19}$$

则 $(\boldsymbol{\Sigma}'^{\mathrm{T}}\boldsymbol{\Sigma}'-\sigma_{n+1}^2\boldsymbol{I})\boldsymbol{z}=\boldsymbol{g}$ 及 $\sigma_{n+1}^2+\boldsymbol{g}^{\mathrm{T}}\boldsymbol{z}=\|\boldsymbol{b}\|_2^2$。结合这两个公式可得下式，即

$$\sigma_{n+1}^2+\boldsymbol{g}^{\mathrm{T}}(\boldsymbol{\Sigma}'^{\mathrm{T}}\boldsymbol{\Sigma}'-\sigma_{n+1}^2\boldsymbol{I})^{-1}\boldsymbol{g}=\|\boldsymbol{b}\|_2^2 \tag{4.20}$$

这是 TLS 长期方程的一个版本[2,13]。

评论 4.2　如果 $v_{n+1,n+1}\neq 0$，则 TLS 问题是可解的，因此称为普通的。

评论 4.3　如果 $\sigma_p>\sigma_{p+1}=\cdots=\sigma_{n+1}$，则与最小奇异值相关的多个奇异向量组成的空间中的任意向量都是 TLS 问题(4.8)的解；同样的结论也发生在情况 $m<n$(欠定方程)时，因为在这种情况下有条件 $\sigma_{m+1}=\cdots=\sigma_{n+1}=0$ 成立。

评论 4.4　TLS 修正量 $\|[\boldsymbol{A};\boldsymbol{b}]-[\hat{\boldsymbol{A}};\hat{\boldsymbol{b}}]\|_F$ 总是小于 LS 修正量 $\|\boldsymbol{b}-\hat{\boldsymbol{b}}\|_2$。

下面就 OLS 和 TLS 几何表示(行空间)进行讨论。

OLS 和 TLS 之间的区别可以在行空间 $\boldsymbol{R}_r([\boldsymbol{A};\boldsymbol{b}])$ 从几何的观点来分析，如图 4.1为 $n=2$ 的情形。

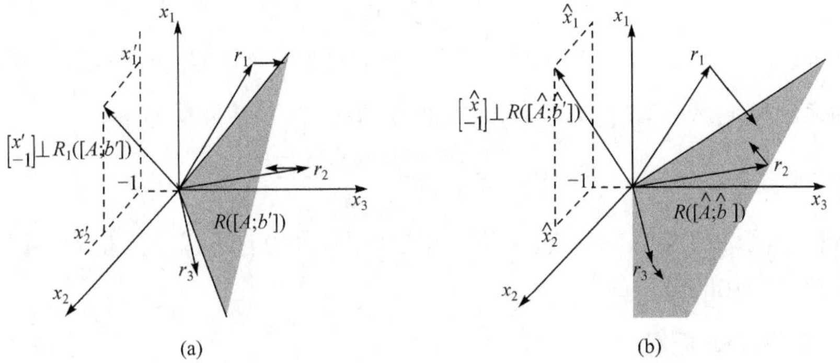

图 4.1　$n=2$ 时，LS 解 $\boldsymbol{x}'(a)$ 和 TLS 解 $\hat{\boldsymbol{x}}(b)$ 的几何解释

如果数据矩阵不含误差，则 $\boldsymbol{A}\boldsymbol{x}\approx\boldsymbol{b}$ 是相容的，增广矩阵秩$[\boldsymbol{A};\boldsymbol{b}]=n$，空间 $\boldsymbol{R}_r([\boldsymbol{A};\boldsymbol{b}])$ 是 n 维的(超平面)；如果数据矩阵也存在误差，则方程 $\boldsymbol{A}\boldsymbol{x}\approx\boldsymbol{b}$ 不再相容，$r_1,r_2,\cdots,r_m$ 分布在该超平面周围；该超平面的法线(对应于增广矩阵$[\boldsymbol{A};\boldsymbol{b}]$的次成分)与超平面 $\boldsymbol{x}_{n+1}=-1$ 的交集给出了相应的方程解。

定义 4.3　TLS 超平面就是 $\boldsymbol{x}_{n+1}=-1$ 的超平面。

最小二乘方法 LS(对 $n=2$ 的情形)是寻求在满足方程(4.4)的条件下，对 $\boldsymbol{b}$ 最好的近似 $\boldsymbol{b}'$，这样由 LS 近似产生的空间 $\boldsymbol{R}_r([\boldsymbol{A};\boldsymbol{b}'])$ 是一个超平面，只有 $r_1,r_2,\cdots,r_m$ 最后的成分可以变化。这种方法假定随机误差只是沿着一个坐标方向存在。TLS 寻求一个超平面 $\boldsymbol{R}_r([\hat{\boldsymbol{A}};\hat{\boldsymbol{b}}])$，以便方程(4.8)可以满足。数据变化没有被限制到仅仅沿着一个坐标轴 $\boldsymbol{x}_{n+1}$ 方向。由$[\Delta\hat{\boldsymbol{A}};\Delta\hat{\boldsymbol{b}}]$的行向量给出的所有修正向量 $\Delta\boldsymbol{r}_i$ 与解向量$[\hat{\boldsymbol{x}}^{\mathrm{T}};-1]^{\mathrm{T}}$ 平行。TLS 解平行于增广矩阵$[\boldsymbol{A};\boldsymbol{b}]$的最小奇异值对应的右奇异向量，可以表示为一个瑞利商的形式，即

$$\sigma_{n+1}^2 = \frac{\|[\boldsymbol{A};\boldsymbol{b}][\hat{\boldsymbol{x}}^{\mathrm{T}};-1]^{\mathrm{T}}\|_2^2}{\|[\hat{\boldsymbol{x}}^{\mathrm{T}};-1]^{\mathrm{T}}\|_2^2} = \frac{\sum_{i=1}^{m}|\boldsymbol{a}_i^{\mathrm{T}}\hat{x}-\boldsymbol{b}_i|^2}{1+\hat{x}^{\mathrm{T}}\hat{x}} = \sum_{i=1}^{m}\|\Delta\boldsymbol{r}_i\|_2^2 \tag{4.21}$$

其中，$\boldsymbol{a}_i^{\mathrm{T}}$ 是 $\boldsymbol{A}$ 的第 i 行；$\|\Delta\boldsymbol{r}_i\|_2^2$ 是从$[\boldsymbol{a}_i^{\mathrm{T}};\boldsymbol{b}_i]^{\mathrm{T}}\in\Re^{n+1}$到如下空间中的最近点的距离的平方，即

$$\boldsymbol{R}_r([\hat{\boldsymbol{A}};\hat{\boldsymbol{b}}])=\left\{\begin{bmatrix}\tilde{\boldsymbol{a}}\\ \tilde{b}\end{bmatrix}\middle|\,\tilde{\boldsymbol{a}}\in\Re^n,\tilde{b}\in\Re,\tilde{b}=\hat{\boldsymbol{x}}^{\mathrm{T}}\tilde{\boldsymbol{a}}\right\}$$

这样，TLS 解最小化正交距离的平方和(加权平方残差)，即

$$E_{\mathrm{TLS}}(\boldsymbol{x}) = \frac{\sum_{i=1}^{m}|\boldsymbol{a}_i^{\mathrm{T}}\boldsymbol{x}-\boldsymbol{b}_i|^2}{1+\boldsymbol{x}^{\mathrm{T}}\boldsymbol{x}} \tag{4.22}$$

这是约束到 $x_{n+1}=-1$ 的$[\boldsymbol{A};\boldsymbol{b}]^{\mathrm{T}}[\boldsymbol{A};\boldsymbol{b}]$的瑞利商，也可以重写为

$$E_{\mathrm{TLS}}(\boldsymbol{x})=\frac{(\boldsymbol{A}\boldsymbol{x}-\boldsymbol{b})^{\mathrm{T}}(\boldsymbol{A}\boldsymbol{x}-\boldsymbol{b})}{1+\boldsymbol{x}^{\mathrm{T}}\boldsymbol{x}} \tag{4.23}$$

从神经网络的观点来看，这个公式非常重要，因为它可以看成是为了训练神经网络要被最小化的能量函数。

4.2.4 多维 TLS 问题

1. 唯一解

定义 4.4(多维 TLS 问题)　给定超定集方程 $\boldsymbol{AX}\approx\boldsymbol{B}$，TLS 问题就是寻求

$$\min_{[\hat{\boldsymbol{A}};\hat{\boldsymbol{B}}]\in\Re^{m\times(n+d)}}\|[\boldsymbol{A};\boldsymbol{B}]-[\hat{\boldsymbol{A}};\hat{\boldsymbol{B}}]\|_F \quad \text{s.t.}\quad \boldsymbol{R}(\hat{\boldsymbol{B}})\in\boldsymbol{R}(\hat{\boldsymbol{A}}) \tag{4.24}$$

一旦找到一个最小化$[\hat{\boldsymbol{A}};\hat{\boldsymbol{B}}]$，则任意满足

$$\hat{\boldsymbol{A}}\hat{X}\approx\hat{\boldsymbol{B}} \tag{4.25}$$

的 $\hat{\boldsymbol{X}}$ 称为一个 TLS 解，相应的 TLS 修正向量为$[\Delta\hat{\boldsymbol{A}};\Delta\hat{\boldsymbol{B}}]=[\boldsymbol{A};\boldsymbol{B}]-[\hat{\boldsymbol{A}};\hat{\boldsymbol{B}}]$。

定理 4.5(多维 TLS 问题的解)　给定$[\boldsymbol{A};\boldsymbol{B}]=\boldsymbol{U}\Sigma\boldsymbol{V}^{\mathrm{T}}$ 作为增广矩阵$[\boldsymbol{A};\boldsymbol{B}]$的 SVD，如果 $\sigma_n>\sigma_{n+1}$，则有

$$[\hat{\boldsymbol{A}};\hat{\boldsymbol{B}}]=\boldsymbol{U}\mathrm{diag}(\sigma_1,\cdots,\sigma_n,0,\cdots,0)\boldsymbol{V}^{\mathrm{T}}=\boldsymbol{U}_1\,\Sigma_1[\boldsymbol{V}_{11}^{\mathrm{T}};\boldsymbol{V}_{12}^{\mathrm{T}}] \tag{4.26}$$

且相应的 TLS 修正矩阵为

$$[\Delta\hat{\boldsymbol{A}};\Delta\hat{\boldsymbol{B}}]=\boldsymbol{U}_2\,\Sigma_2[\boldsymbol{V}_{12}^{\mathrm{T}};\boldsymbol{V}_{22}^{\mathrm{T}}] \tag{4.27}$$

求解 TLS 问题，则解

$$\hat{\boldsymbol{X}}=-\boldsymbol{V}_{12}\boldsymbol{V}_{22}^{-1} \tag{4.28}$$

存在且是 $\hat{\boldsymbol{A}}\hat{\boldsymbol{X}}=\hat{\boldsymbol{B}}$ 的唯一解。

定理 4.6(闭合形式的多维 TLS 解)　给定 $\boldsymbol{A}=\boldsymbol{U}'\boldsymbol{\Sigma}'\boldsymbol{V}'^{\mathrm{T}}$ 是矩阵 $\boldsymbol{A}$ 的 SVD,而 $[\boldsymbol{A};\boldsymbol{b}]=\boldsymbol{U}\boldsymbol{\Sigma}\boldsymbol{V}^{\mathrm{T}}$ 是增广矩阵$[\boldsymbol{A};\boldsymbol{b}]$的 SVD,如果 $\sigma_n'>\sigma_{n+1}=\cdots=\sigma_{n+d}$,则

$$\hat{\boldsymbol{X}}=(\boldsymbol{A}^{\mathrm{T}}\boldsymbol{A}-\sigma_{n+1}^2\boldsymbol{I})^{-1}\boldsymbol{A}^{\mathrm{T}}\boldsymbol{B} \tag{4.29}$$

命题 4.1(存在与唯一性条件[13])

$$\sigma_n'>\sigma_{n+1}\Rightarrow\sigma_n>\sigma_{n+1}\quad 和 \quad \boldsymbol{V}_{22}非奇异$$

多维问题 $\boldsymbol{AX}\approx\boldsymbol{B}_{m\times d}$ 也可以通过分别计算每个子问题 $\boldsymbol{Ax}_i\approx\boldsymbol{b}_i, i=1,2,\cdots,d$ 的 TLS 解来求解。至少当所有数据均同等地被扰动,而且所有子问题 $\boldsymbol{Ax}_i\approx\boldsymbol{b}_i$ 有相同程度的不同相容度时,多维问题的 TLS 解要更好些。

2. 非唯一解

定理 4.7(闭合形式的最小范式 TLS 解)　给定 TLS 问题(4.24)和(4.25),假定 $\sigma_p>\sigma_{p+1}=\cdots=\sigma_{n+d}$,这里 $p\leqslant n$,让$[\boldsymbol{A};\boldsymbol{B}]=\boldsymbol{U}\boldsymbol{\Sigma}\boldsymbol{V}^{\mathrm{T}}$ 是增广矩阵$[\boldsymbol{A};\boldsymbol{B}]$的 SVD,分割 $\boldsymbol{V}$ 为

$$\boldsymbol{V}=\underbrace{\begin{bmatrix}\boldsymbol{V}_{11} & \boldsymbol{V}_{12}\\ \boldsymbol{V}_{21} & \boldsymbol{V}_{22}\end{bmatrix}}_{p\quad n-p+d}\begin{matrix} n\\ d\end{matrix}$$

如果 $\boldsymbol{V}_{22}$ 是全秩,多维最小范式(最小 2-范式和最小 F-范式)TLS 解 $\hat{\boldsymbol{X}}$ 由下式给出,即

$$\hat{\boldsymbol{X}}=-\boldsymbol{V}_{12}\boldsymbol{V}_{22}^{+}=(\boldsymbol{A}^{\mathrm{T}}\boldsymbol{A}-\sigma_{n+1}^2\boldsymbol{I})^{+}\boldsymbol{A}^{\mathrm{T}}\boldsymbol{B} \tag{4.30}$$

4.2.5　特殊单维 TLS 问题

如果 $\sigma_p>\sigma_{p+1}=\cdots=\sigma_{n+1}$,$p\leqslant n$,且所有 $v_{n+1,i}=0, i=p+1,\cdots,n+1$ 时(非常 TLS 问题),则 TLS 问题(4.8)没有解。在这种情况下,前面多个定理的存在条件不满足。每当 $\boldsymbol{A}$ 是秩亏损矩阵($\sigma_p'\approx 0$)或者方程组是高度冲突的($\sigma_p'\approx\sigma_{p+1}$ 大),这些问题就会出现。后一种可以通过检查最小奇异值 σ_i 的大小(对于该值对应 $\boldsymbol{v}_{n+1,i}\neq 0$)来发现。从一个线性模型的观点出发,如果这个奇异值大,我们只能拒绝该问题作为不相关问题处理。或者,通过增加更多的方程式,这一问题也可以一般化。如果模型是变量误差,观测误差统计独立且大小相等(方差相同)时,就是这种情况。对于 $\sigma_p'\approx 0$ 的情况,通过去掉 $\boldsymbol{A}$ 中适当的列以使剩余的子矩阵有全秩的方法,可以去除 $\boldsymbol{A}$ 中各列之间的这种依赖性,然后再对这个简化问题求 TLS 解[19-22]。尽管精确的非常 TLS 问题很少出现,然而接近非常的 TLS 问题并不少见。当 $\sigma_p'-\sigma_{p+1}$ 接近零时,一般的 TLS 解仍然可以计算,但它是不稳定的,甚至变得对数据误差很敏感[10]。

定理 4.8(特殊单维 TLS 的特性[23])　设 $\boldsymbol{A}=\boldsymbol{U}'\boldsymbol{\Sigma}'\boldsymbol{V}'^{\mathrm{T}}$ 是矩阵 $\boldsymbol{A}$ 的 SVD,而 $[\boldsymbol{A};\boldsymbol{b}]=\boldsymbol{U}\boldsymbol{\Sigma}\boldsymbol{V}^{\mathrm{T}}$ 是增广矩阵$[\boldsymbol{A};\boldsymbol{b}]$的 SVD,让 $\boldsymbol{b}'$ 是 $\boldsymbol{b}$ 到 $\boldsymbol{R}(\boldsymbol{A})$的正交投影,$[\hat{\boldsymbol{A}};\hat{\boldsymbol{b}}]$是

$[\boldsymbol{A};\boldsymbol{b}]$的秩为 n 的近似，这一点由式(4.10)给出。如果 $\boldsymbol{V}'(\sigma_j)$ 和 $\boldsymbol{U}'(\sigma_j)$ 各自分别是与奇异值 σ_j 相关的 $\boldsymbol{A}$ 的右奇异子空间和左奇异子空间，则下列关系可以证明成立，即

$$v_{n+1,j}=0 \Leftrightarrow \boldsymbol{v}_j=\begin{bmatrix}\boldsymbol{v}'\\0\end{bmatrix},\quad \boldsymbol{v}'\in\boldsymbol{V}'(\sigma_j) \tag{4.31}$$

$$v_{n+1,j}=0 \Rightarrow \sigma_j=\sigma_k',\quad k=j-1 \quad \text{或者} \quad k=j \text{ 且 } 1\leqslant k\leqslant n \tag{4.32}$$

$$v_{n+1,j}=0 \Rightarrow \boldsymbol{b}\perp\boldsymbol{u}',\quad \boldsymbol{u}'\in\boldsymbol{U}'(\sigma_j) \tag{4.33}$$

$$v_{n+1,j}=0 \Leftrightarrow \boldsymbol{u}_j=\boldsymbol{u}',\quad \boldsymbol{u}'\in\boldsymbol{U}'(\sigma_j) \tag{4.34}$$

$$v_{n+1,j}=0 \Rightarrow \boldsymbol{b}'\perp\boldsymbol{u}',\quad \boldsymbol{u}'\in\boldsymbol{U}'(\sigma_j) \tag{4.35}$$

$$v_{n+1,j}=0 \Rightarrow \hat{\boldsymbol{b}}\perp\boldsymbol{u}',\quad \boldsymbol{u}'\in\boldsymbol{U}'(\sigma_j) \tag{4.36}$$

如果 σ_j 是一个单独的奇异值，那么式(4.33)和式(4.35)的逆关系也成立。

推论 4.1[15]　如果 $\sigma_n>\sigma_{n+1}$，且 $v_{n+1,n+1}=0$，则有

$$\sigma_{n+1}=\sigma_n',\quad \boldsymbol{u}_{n+1}=\pm\boldsymbol{u}_n',\quad \boldsymbol{v}_{n+1}=\begin{bmatrix}\pm\boldsymbol{v}_n'\\0\end{bmatrix},\quad \boldsymbol{b},\boldsymbol{b}',\hat{\boldsymbol{b}}\perp\boldsymbol{u}_n' \tag{4.37}$$

一般 TLS 近似和相应 TLS 修正矩阵最小化 $\|\Delta\hat{\boldsymbol{A}};\Delta\hat{\boldsymbol{b}}\|_F$，但是并不满足约束 $\hat{\boldsymbol{b}}\in\boldsymbol{R}(\hat{\boldsymbol{A}})$，因此不能解式(4.8)。由式(4.37)可以导出

$$[\hat{\boldsymbol{A}};\hat{\boldsymbol{b}}]\boldsymbol{v}_{n+1}=0 \Rightarrow \hat{\boldsymbol{A}}\boldsymbol{v}_n'=0 \tag{4.38}$$

那么解 $\boldsymbol{v}_n'$ 描述 $\boldsymbol{A}$ 的各列之间的一个近似线性关系，而没有估计期望的 $\boldsymbol{A}$ 和 $\boldsymbol{b}$ 之间的线性关系。奇异向量 $\boldsymbol{v}_{n+1}$ 被称为线性回归中的一个非预测多重共线性，它揭示的是 $\boldsymbol{A}$ 中的多重共线性，没有预测响应 $\boldsymbol{b}$ 中的值。由于 $\boldsymbol{b}\perp\boldsymbol{u}'=\boldsymbol{u}_{n+1}$，因此在 $\boldsymbol{u}'=\boldsymbol{u}_{n+1}$ 的方向上在 $\boldsymbol{A}$ 和 $\boldsymbol{b}$ 之间没有相关性。特殊 TLS 的策略就是去除 $\boldsymbol{A}$ 中那些与观测向量 $\boldsymbol{b}$ 一点也不相关的方向，然后引入附加约束 $\begin{bmatrix}\hat{\boldsymbol{x}}\\-1\end{bmatrix}\perp\boldsymbol{u}_{n+1}$。隐藏根回归[24]使用同样的约束以便在出现多重共线性时稳定 LS 解。

定义 4.5(特殊单维 TLS 问题)　给定超定集系统 $\boldsymbol{Ax}=\boldsymbol{b}$，设$[\boldsymbol{A};\boldsymbol{B}]=\boldsymbol{U\Sigma V}^{\mathrm{T}}$ 是$[\boldsymbol{A};\boldsymbol{B}]$的 SVD，特殊 TLS 问题就是寻找下式，即

$$\begin{gathered}\min_{[\hat{\boldsymbol{A}};\hat{\boldsymbol{b}}]\in\Re^{m\times(n+1)}}\|[\boldsymbol{A};\boldsymbol{b}]-[\hat{\boldsymbol{A}};\hat{\boldsymbol{b}}]\|_F\\ \text{s. t.}\quad \hat{\boldsymbol{b}}\in\boldsymbol{R}(\hat{\boldsymbol{A}})\quad \text{且}\\ \begin{bmatrix}\hat{\boldsymbol{x}}\\-1\end{bmatrix}\perp\boldsymbol{v}_j,\quad j=p+1,\cdots,n+1\end{gathered} \tag{4.39}$$

假定 $v_{n+1,p}\neq0$，一旦一个最小化的$[\boldsymbol{A};\boldsymbol{B}]$被找到，则满足 $\hat{\boldsymbol{A}}\hat{\boldsymbol{x}}=\hat{\boldsymbol{b}}$ 的任意 $\hat{\boldsymbol{x}}$ 称为一个特殊 TLS 解，相应的特殊 TLS 修正矩阵为$[\Delta\hat{\boldsymbol{A}};\Delta\hat{\boldsymbol{B}}]=[\boldsymbol{A};\boldsymbol{b}]-[\hat{\boldsymbol{A}};\hat{\boldsymbol{b}}]$。

定理 4.9(特殊单维 TLS 解)　设$[\boldsymbol{A};\boldsymbol{B}]=\boldsymbol{U\Sigma V}^{\mathrm{T}}$ 是$[\boldsymbol{A};\boldsymbol{B}]$的 SVD，假设对 $j=p+1,\cdots,n+1$，$p\leqslant n$ 而言，$v_{n+1,j}=0$。如果 $\sigma_{p-1}>\sigma_p$ 且 $v_{n+1,p}\neq0$，则

$$[\hat{\boldsymbol{A}};\hat{\boldsymbol{b}}]=\boldsymbol{U}\hat{\boldsymbol{\Sigma}}\boldsymbol{V}^{\mathrm{T}} \tag{4.40}$$

其中，$\hat{\Sigma}=\mathrm{diag}(\sigma_1,\cdots,\sigma_{p-1},0,\sigma_{p+1},\cdots,\sigma_{n+1})$。

相应的特殊 TLS 修正矩阵为

$$[\Delta\hat{\boldsymbol{A}};\Delta\hat{\boldsymbol{B}}]=\sigma_p\boldsymbol{u}_p\boldsymbol{v}_p^{\mathrm{T}} \tag{4.41}$$

求解特殊 TLS 问题(4.39)，而解存在，即

$$\hat{\boldsymbol{x}}=-\frac{1}{v_{n+1,p}}[v_{1,p},\cdots,v_{n,p}]^{\mathrm{T}} \tag{4.42}$$

它是 $\hat{\boldsymbol{A}}\hat{\boldsymbol{x}}=\hat{\boldsymbol{b}}$ 的唯一解[13]。

推论 4.2　如果 $\boldsymbol{v}_{n+1,n+1}=0,\boldsymbol{v}_{n+1,n}\neq 0,\sigma_{n-1}>\sigma_n$，则式(4.42)变为

$$\begin{bmatrix}\hat{\boldsymbol{x}}\\-1\end{bmatrix}=-\frac{\boldsymbol{v}_n}{\boldsymbol{v}_{n+1,n}} \tag{4.43}$$

定理 4.10(闭合形式的特殊 TLS 解[13])　给定 $\boldsymbol{A}=\boldsymbol{U}'\boldsymbol{\Sigma}'\boldsymbol{V}'^{\mathrm{T}}$ 是矩阵 $\boldsymbol{A}$ 的 SVD，而 $[\boldsymbol{A};\boldsymbol{b}]=\boldsymbol{U\Sigma V}^{\mathrm{T}}$ 是增广矩阵 $[\boldsymbol{A};\boldsymbol{b}]$ 的 SVD，且假定对 $j=p+1,\cdots,n+1$，$p\leqslant n$ 而言，$\boldsymbol{v}_{n+1,j}=0$。如果 $\sigma_{p-1}>\sigma_p$ 且 $\boldsymbol{v}_{n+1,p}\neq 0$，则特殊 TLS 解为

$$\hat{\boldsymbol{x}}=(\boldsymbol{A}^{\mathrm{T}}\boldsymbol{A}-\sigma_p^2\boldsymbol{I}_n)^{-1}\boldsymbol{A}^{\mathrm{T}}\boldsymbol{b} \tag{4.44}$$

在使用相应的公式之前，特殊 TLS 算法必须辨别问题是否近似或者符合特殊情况。

4.2.6　混合 OLS-TLS 问题

如果 $m\times n$ 数据矩阵 $\boldsymbol{A}$ 的 n_1 列精确已知，则该问题称为混合 OLS-TLS[13]。很自然地会要求该 TLS 解不要扰动那些精确的列。对 $\boldsymbol{A}$ 的一些列进行置换，使 $\boldsymbol{A}=[\boldsymbol{A}_1;\boldsymbol{A}_2]$，其中 $\boldsymbol{A}_1\in\Re^{m\times n_1}$ 是由精确的 n_1 列组成，$\boldsymbol{A}_2\in\Re^{m\times n_2}$，对矩阵 $[\boldsymbol{A};\boldsymbol{B}]$ 执行 n_1 次 Householder 变换 Q，使

$$[\boldsymbol{A}_1;\boldsymbol{A}_2;\boldsymbol{B}]=Q\begin{bmatrix}\boldsymbol{R}_{11} & \boldsymbol{R}_{12} & \boldsymbol{R}_{1b}\\ \boldsymbol{0} & \boldsymbol{R}_{22} & \boldsymbol{R}_{2b}\end{bmatrix}\begin{matrix}\}n_1\\ \}m-n_1\end{matrix} \quad (\text{列宽依次为 } n_1,\ n-n_1,\ d) \tag{4.45}$$

其中，$\boldsymbol{R}_{11}$ 是 $n_1\times n_1$ 上三角矩阵。

然后，计算 $\boldsymbol{R}_{22}X=\boldsymbol{R}_{2b}$ 的 TLS 解 $\hat{\boldsymbol{X}}_2$，$\hat{\boldsymbol{X}}_2$ 产生每个解向量 $\hat{\boldsymbol{x}}_i$ 的最后 $n-n_1$ 个元素。为了找到解矩阵 $\hat{\boldsymbol{X}}=[\hat{\boldsymbol{X}}_1^{\mathrm{T}};\hat{\boldsymbol{X}}_2^{\mathrm{T}}]^{\mathrm{T}}$ 的前 n_1 行 $\hat{\boldsymbol{X}}_1$，求解 $\boldsymbol{R}_{11}\hat{\boldsymbol{X}}_1=\boldsymbol{R}_{1b}-\boldsymbol{R}_{12}\hat{\boldsymbol{X}}_2$。

定理 4.11(闭合形式的混合 OLS-TLS 解[25])　设秩 $\boldsymbol{A}_1=n_1$，矩阵 $\boldsymbol{R}_{22}$ 的最小奇异值用 σ' 表示，矩阵 $[\boldsymbol{R}_{22};\boldsymbol{R}_{2b}]$ 的最小奇异值用 σ 表示。假定最小奇异值符合 $\sigma=\sigma_{n_2+1}=\cdots=\sigma_{n_2+d}$。如果 $\sigma'>\sigma$，则混合 OLS-TLS 解为

$$\hat{\boldsymbol{X}}=\left(\boldsymbol{A}^{\mathrm{T}}\boldsymbol{A}-\sigma^2\begin{bmatrix}\boldsymbol{0} & \boldsymbol{0}\\ \boldsymbol{0} & \boldsymbol{I}_{n_2}\end{bmatrix}\right)^{-1}\boldsymbol{A}^{\mathrm{T}}\boldsymbol{B} \tag{4.46}$$

4.2.7　OLS 与 TLS 之间的代数比较

比较 $\hat{\boldsymbol{X}}=(\boldsymbol{A}^{\mathrm{T}}\boldsymbol{A}-\sigma_{n+1}^2\boldsymbol{I})^{-1}\boldsymbol{A}^{\mathrm{T}}\boldsymbol{B}$ 与 LS 解，即

$$X' = (A^{\mathrm{T}}A)^{-1}A^{\mathrm{T}}B \tag{4.47}$$

可以看出,σ_{n+1}完全决定了两个解之间的区别。假设 A 满秩,$\sigma_{n+1}=0$ 意味着两个解完全一致($AX\approx B$ 相容或者欠定)。随着 σ_{n+1} 偏离零,方程集 $AX\approx B$ 变得越来越不相容,而且 OLS 与 TLS 的解的差别变得越来越大。

如果 $\sigma_n'>\sigma_{n+1}=\cdots=\sigma_{n+d}$,则

$$\|\hat{X}\|_F \geqslant \|X'\|_F \tag{4.48}$$

σ_{n+1}也影响 OLS 与 TLS 问题之间在状态方面的差别,因此也影响在出现最坏情况扰动时它们各自解的数值精度上的差别。$\sigma_n'^2-\sigma_{n+1}^2$是衡量 $AX\approx B$ 与特殊 TLS 问题之间有多接近的一个度量。假定 $A_0X\approx B_0$ 是相应的非扰动集,秩 $A_0=n$,且 A 和 B 中的扰动有近似相同大小,假如比率$(\sigma_n-\sigma_{n+1}^0)/\sigma_n'>1$,其中 σ_{n+1}^0是$[A_0;B_0]$的第 $n+1$ 个奇异值,则 TLS 比 OLS 更精确。随着日益增加的比率,TLS 的优势更明显。例如,$\sigma_n'\approx 0$,$\|B_0\|_F$ 大,或者 X_0 变得接近最小奇异值相对应的 A_0 的奇异向量 v_n'。

命题 4.2 定义 LS 残差 R'为 $B-AX'$,定义 TLS 残差 $\hat{R}$ 为 $B-A\hat{X}$,则有

$$\hat{R}-R'=\sigma_{n+1}^2 A\,(A^{\mathrm{T}}A-\sigma_{n+1}^2 I)^{-1}X' \tag{4.49}$$

$$\|\hat{R}\|_F \geqslant \|R'\|_F \tag{4.50}$$

在以下条件,TLS 和 LS 的残差相互接近。

① σ_{n+1}小(不相容集)。

② $\|B\|_F$小(TLS 解接近 LS 解)。

③ $\sigma'\gg{}_n\sigma_{n+1}$($A$ 不可能秩亏)。

④ B 接近是 A 的最大的奇异向量。

命题 4.3 如果 $\sigma_{n+1}=0$,则 $\hat{R}=R'=0$。

4.2.8 统计特性和有效性

假定增广矩阵$[A;B]$中的所有误差是行独立且同分布的,具有零均值和共同的偏差矩阵形式 $\sigma_v^2\Xi_0$,Ξ_0 已知正定(如单位矩阵),则 TLS 方法提供了最好的估计,在估计一个模型的参数中其精度高于 LS 解。TLS 概念最适合的模型是变量误差模型。该模型假定在真正的变量之间存在一个未知但是精确的线性关系(零偏差问题),这些变量只能在有误差的情况下被测量。

定义 4.6 (多变量线性变量误差模型)

$$\begin{cases} B_0=I_m\alpha^{\mathrm{T}}+A_0X_0, \quad B_0\in\Re^{m\times d}, \quad A_0\in\Re^{m\times n}, \quad \alpha\in\Re^d \\ A=A_0+\Delta A \\ B=B_0+\Delta B \end{cases} \tag{4.51}$$

其中,$I_m=[1,1,\cdots,1]^{\mathrm{T}}$;$X_0$ 是需要真正估计的,但未知的 $n\times d$ 维数参数矩阵;截取向量 α 是零(无截取模型),或者是未知的(截取模型)但需要估计。

命题 4.4(强一致性)　在变量误差模型中，如果假定$[\Delta \boldsymbol{A};\Delta \boldsymbol{B}]$的行之间是独立同分布的，具有相同的零均值向量，相同的偏差矩阵形式$\boldsymbol{\Xi}_0=\sigma_v^2\boldsymbol{I}_{n+d}$，这里$\sigma_v^2>0$是未知的，则 TLS 方法能够计算出未知参数$\boldsymbol{X}_0,\boldsymbol{A}_0,\boldsymbol{\alpha},\sigma_v$的强一致估计。

在下列条件下变量误差模型是有用的。

① 主要目的是估计产生数据的模型真正参数而不是预测，而且事先不能肯定测量没有误差。

② 将 TLS 应用到特征值特征向量分析或者 SVD(TLS 给出了穿越横截点的超平面，平行于数据矩阵的前几个右奇异向量张成的平面[26])

③ 重要的是均匀地处理变量(不存在独立变量和依赖变量)。

式(4.51)的常规 LS 解$\boldsymbol{X}'$一般来讲是真实参数$\boldsymbol{X}_0$的非一致估计。大误差(大$\boldsymbol{\Xi},\sigma_v$)、病态$\boldsymbol{A}_0$，以及在单维情况，该解将接近$\boldsymbol{A}_0$的最低右奇异向量$\boldsymbol{v}'_n$，这都会增加偏差，使 LS 估计越来越不精确。如果$\boldsymbol{\Xi}$已知，该渐近偏差可被去掉，得到一个修正最小二乘一致估计器[27-29]。它和 TLS 渐近得到与真实参数相同的一致估计器[12,15]。在模型误差已给定的情况下，TLS 估计$\hat{\boldsymbol{X}},\hat{\boldsymbol{\alpha}},\hat{\boldsymbol{A}}$和$[d/(n+d)]\hat{\sigma}^2$ ($\hat{\sigma}^2=(1/mt)\sum_{i=1}^{t}\sigma_{n+1}^2, t=\min\{m-n,d\}$)依概率 1 是唯一的$\boldsymbol{X}_0,\boldsymbol{\alpha},\boldsymbol{A}_0$和$\sigma_v^2$的最大似然估计[12]。

有关误差的假设要求在$\boldsymbol{A}$和$\boldsymbol{B}$中的所有测量均受误差影响，而且这些误差必须是等值不相关。如果这些条件不能满足，经典 TLS 解不再是模型参数的一致估计。假如误差偏差矩阵$\boldsymbol{\Xi}$已知(到一个比例因子)，数据矩阵$[\boldsymbol{A};\boldsymbol{B}]$可被改变成新数据矩阵$[\boldsymbol{A}^*;\boldsymbol{B}^*]=[\boldsymbol{A};\boldsymbol{B}]\boldsymbol{C}^{-1}$，这里$\boldsymbol{C}$是$\boldsymbol{\Xi}(=\boldsymbol{C}^{\mathrm{T}}\boldsymbol{C})$的一个平方根，这样被变换数据的误差偏差矩阵是对角阵具有相等的误差偏差。然后，在新数据集中可应用 TLS 算法。最后，其解必须再转换成原先方程集的一个解[12,30]。

已知误差偏差矩阵的形式是一个常数缩放倍数，因为对一个实验者而言，这类信息通常不总是可以得到的。假定对每个测变量可以进行独立重复测量，这类重复提供了有关误差偏差矩阵的足够信息，以便可以导出$\boldsymbol{\Xi}$的一致无偏差估计[27,31]。应用这些一致估计并不改变参数估计器的一致性特性。

无论在截取还是在无截取模型中，TLS 估计器都是近似正态分布的。在单维情形，TLS 估计器$\hat{\boldsymbol{x}}$的偏差矩阵大于 LS 估计器$\boldsymbol{x}'$的偏差矩阵，即使$\boldsymbol{A}$有噪声误差[15]。

针对偏差、总方差，以及均方误差几项指标而言，通过 TLS 和 LS 解的精度之间的比较可以给出如下结论。

① TLS 偏差远小于 LS 偏差，且随着方程超定程度的增加而减小。

② TLS 总方差大于 LS 总方差。

③ 在最小噪声方差情形下，TLS 和 LS 解的 MSE 可相比；随着数据噪声增加，二者 MSE 的差别变大，显示出 TLS 具有更好的性能；尤其是方程集更超定时，TLS 解会更精确，但是更好的性能对适中的方程超定程度有利。

即使误差是非高斯的，如指数分布的，或者是三自由度 t 分布，以上所有结论仍然成立。

TLS 具有较大的方差，其稳定性不如 LS。这种不稳定性在数据中出现野值(测量中大的误差)时对估计精度有很严重的影响[32,33]。在这种情况下，TLS 估计会出现严重性能恶化，而且 LS 也会遇到严重的稳定性问题。在有野值的情况下，应该考虑使用有效能的鲁棒程序，这样的程序对野值更有效能、更不敏感，可以通过引入鲁棒的非线性神经元来克服这一问题。

4.2.9 基本数据最小二乘问题

TLS 问题可以看成一个非约束扰动问题，因为$[\boldsymbol{A};\boldsymbol{b}]$的所有列可能具有误差扰动。OLS 问题约束 $\boldsymbol{A}$ 的各列不含误差，与此相反的情况是 DLS 问题，因为误差假定只存在于数据矩阵 $\boldsymbol{A}$ 中。

定义 4.7(基本 DLS 问题)　给定超定集方程 $\boldsymbol{Ax}=\boldsymbol{b}$，DLS 问题就是寻求下式，即

$$\min_{\boldsymbol{A}''\in\Re^{m\times n}} \|\boldsymbol{A}-\boldsymbol{A}''\|_F \quad \text{s.t.} \quad \boldsymbol{b}\in\boldsymbol{R}(\boldsymbol{A}'') \tag{4.52}$$

最小化的 $\boldsymbol{A}''$，则满足 $\boldsymbol{A}''\boldsymbol{x}''=\boldsymbol{b}$ 的任意 $\boldsymbol{x}''$称为一个 DLS 解(相应的 DLS 修正是 $\Delta\boldsymbol{A}''=\boldsymbol{A}-\boldsymbol{A}''$)。

DLS 情形适合某些解卷积问题，例如可能出现在系统辨识或通道均衡中的一些问题[34]。

定理 4.12　DLS 问题(4.52)可求解为

$$\boldsymbol{x}''=\frac{\boldsymbol{b}^{\mathrm{T}}\boldsymbol{b}}{\boldsymbol{b}^{\mathrm{T}}\boldsymbol{A}\boldsymbol{v}_{\min}}\boldsymbol{v}_{\min}, \quad \boldsymbol{b}^{\mathrm{T}}\boldsymbol{A}\boldsymbol{v}_{\min}\neq 0 \tag{4.53}$$

其中，$\boldsymbol{v}_{\min}$是矩阵 $\boldsymbol{P}_b^{\perp}\boldsymbol{A}$ 最小奇异值对应的右奇异向量，$\boldsymbol{P}_b^{\perp}=(\boldsymbol{I}-\boldsymbol{b}(\boldsymbol{b}^{\mathrm{T}}\boldsymbol{b})^{-1}\boldsymbol{b}^{\mathrm{T}})$是投影矩阵，它将 $\boldsymbol{A}$ 的列空间投影到 $\boldsymbol{b}$ 的正交补空间。

如果最小奇异向量被重复，则解不是唯一的。最小范式解可由下式给出，即

$$\boldsymbol{x}''=\frac{\boldsymbol{b}^{\mathrm{T}}\boldsymbol{b}}{(\boldsymbol{b}^{\mathrm{T}}\boldsymbol{A}\boldsymbol{V}_{\min})(\boldsymbol{V}_{\min}^{\mathrm{T}}\boldsymbol{A}^{\mathrm{T}}\boldsymbol{b})}\boldsymbol{V}_{\min}(\boldsymbol{V}_{\min}^{\mathrm{T}}\boldsymbol{A}^{\mathrm{T}}\boldsymbol{b}), \quad (\boldsymbol{b}^{\mathrm{T}}\boldsymbol{A}\boldsymbol{V}_{\min})(\boldsymbol{V}_{\min}^{\mathrm{T}}\boldsymbol{A}^{\mathrm{T}}\boldsymbol{b})\neq 0 \tag{4.54}$$

其中，$\boldsymbol{V}_{\min}$是矩阵 $\boldsymbol{P}_b^{\perp}\boldsymbol{A}$ 被重复的最小奇异值对应的右奇异空间。

证明参见文献[34]，可以通过 CTLS[35,36]导出以上结果。

4.3　总体最小二乘求解方法

4.3.1　部分 TLS 算法

鉴于 $\boldsymbol{AX}\approx\boldsymbol{B}$ 的 TLS 解可从 $[\boldsymbol{A};\boldsymbol{B}]$ 的最小奇异值对应的右奇异子空间的一个基推出，通过计算期望的基向量可以节省大量计算时间。这可以通过修改 SVD 算法以一个直接的方法实现，也可以利用起始向量以一个迭代方法实现。文献[15]提出部分 SVD(partial SVD，PSVD)，该算法计算这个右奇异子空间。与经典 SVD[37]方法相比，PSVD 的高效能有三个原因。

① 双对角化的 Householder 变换只应用到期望奇异子空间的基向量上。

② 双对角只是部分被对角化。

③ 在 QR 和 QL 的迭代步骤之间需要做出一个合适的选择。

定义 4.8(驱动差值)　驱动差值是指分别与期望向量和非期望向量相关联的奇异值之间的差值。

依赖驱动差值(该值必须大)，期望的数值精度，期望子空间的维数(该值必须小)，PSVD 可能快于经典 SVD 的三倍，而且可以维持相同的精度，将 PSVD 算法混合到 TLS 计算中，提出一种改进的部分 TLS(partial TLS，PTLS)[38]。PTLS 可以减少二分之一的计算时间。

4.3.2　迭代计算方法

在估计随着时间、空间或者频率缓慢变化的非稳定系统的参数时，对 TLS 算法而言，通常可以得到一个先验信息。在这种情况下，缓慢变化的方程组在每一时刻必须被求解，上一步解通常是下一步解很好的推测。如果这些系统的变化是小范数的，且全秩的，即数据矩阵的所有元素均一步一步缓慢地变化，则通过应用迭代方法求解的时间可以大为减小，而且使用该类方法还有多项其他优势。

4.3.3　神经元计算方法

TLS 问题可以采用神经网络方法求解，神经网络求解的方法也可以认为是一种迭代方法。应用于 TLS 问题的神经网络方法可以分为两大类：一类是次成分分析(minor component analysis，MCA)的神经元网络，另一类是只在 TLS 超平面迭代更新的神经网络，这里直接给出 TLS 解。前者就是 MCA 神经元方法，其中最著名的就是 Xu 等提出的 MCA 方法[39]，及其多种改进算法[40]；后者有 Gao 等提出的 TLS 算法[41,42]、Bruce 等提出的混合 LS-TLS 算法[43,44]，以及我们提出的总体最小均方(total least mean square，TLMS)算法[45]等。

4.4 本章小结

本章简要讨论了 TLS 方法的简要发展过程，详细分析了相关算法。简要讨论了 TLS 问题的求解方法。本章是关于 TLS 问题的基本理论，内容较为系统完整，是后续各章方法研究的基础。

参考文献

[1] Adcock R. Note on the method of least squares. Analyst, 1877, 4: 183, 184.

[2] Adcock R. A problem in least squares. Analyst, 1878, 5: 53, 54.

[3] Pearson K. On lines and planes of closest fit to points in space. Philosophy Magazine, 1901, 2: 559～572.

[4] Koopmans T. Linear Regression Analysis of Economic Time Series. Bohn: De Erven, 1937.

[5] Madansky A. The fitting of straight lines when both variables are subject to error. Journal of American Statistics Association, 1959, 54: 173～205.

[6] York D. Least squares fitting of a straight line. Journal of Physics, 1966, 44: 1079～1086.

[7] Sprent P. Models in Regression and Related Topics. New York: Methuen, 1969.

[8] Gleser L. Estimation in a multivariate "errors in variables" regression model: large sample results. Annual Statistics, 1981, 9(1): 24～44.

[9] Golub G. Some modified matrix eigenvalue problems. SIAM Review, 1973, 15: 318～344.

[10] Golub G, Van Loan C. An analysis of the total least squares problem. SIAM Journal of Numerical, 1980, 17: 883～893.

[11] Staar J. Concepts for reliable modelling of linear systems with application to on-line identification of multivariable state space descriptions. Department of Electrical Engineering, Katholieke University of Leuven, 1982.

[12] Van Huffel S, Vandewalle J. Analysis and solution of the nongeneric total least squares problem. SIAM Journal of Matrix Analysis and Application, 1988, 9: 360～372.

[13] Van Huffel S, Vandewalle J. The Total Least Squares Problem: Computational Aspects and Analysis. Philadelphia: SIAM, 1991.

[14] Giansalvo G, Maurizio G. Neural-Based Orthogonal Data Fitting: The EXIN Neural Networks. New York: Wiley, 2010.

[15] Willems J C. From time series to linear system-part Ⅰ: finite dimensional linear time invariant systems, part Ⅱ: exact modelling, part Ⅲ: approximate modelling. Automatica, 1986, (22/23): 561～580, 675～694.

[16] Markovsky I, Willems J C, Van Huffel S, et al. Exact and approximate modeling of linear systems: a behavioral approach. Monographs on Mathematical Modeling and Computation, 2006.

[17] Eckart G, Young G. The approximation of one matrix by another of lower rank. Psychometrica, 1936, 1: 211～218.

[18] Mirsky L. Symmetric gauge functions and unitarily invariant norms Q. Journal of Mathematics, 1960, 11: 50～59.

[19] Thompson R C. Principal submatrices: IX. interlacing inequalities for singular values of submatrices. Linear Algebra and Application, 1972, 5: 1～12.

[20] Hocking R R. The analysis and selection of variables in linear regression. Biometrics, 1976, 32: 1～49.

[21] Hocking R R. Developments in linear regression methodology 1959-1982. Technometrics, 1983, 25: 219～230.

[22] Van Huffel S, Vandewalle J. Subset selection using the total least squaresapproach in collinearity problems with errors in the variables. Linear Algebra and Application, 1987, (88/89): 695～714.

[23] Van Huffel S. Analysis of the total least squares problem and its use in parameter estimation. Department of Electrical Engineering, Katholieke University of Leuven, 1987.

[24] Webster J T, Gunst R F, Mason R L. Latent root regression analysis. Technometrics, 1974, 16: 513～522.

[25] Van Huffel S, Vandewalle J. Analysis and properties of the generalized total least squares problem AX = B when some or all columns of A are subject to errors. SIAM Journal of Matrix Analysis and Application, 1989, 10: 294～315.

[26] Spath H. Orthogonal least squares fitting with linear manifolds. Numerical Mathematics, 1986, 48: 441～445.

[27] Fuller W A. Error Measurement Models. New York: Wiley, 1987.

[28] Ketellapper R H. On estimating parameters in a simple linear errors-in-variables model. Technometrics, 1983, 25: 43～47.

[29] Schneeweiss H. Consistent estimation of a regression with errors in the variables. Metrika, 1976, 23: 101～115.

[30] Gleser L J. Calculation and simulation in errors-in-variables regression problems. Mimeograph Series, 1978, 78: 5.

[31] Gallo P P. Consistency of regression estimates when some variables are subject to error. Communication Statics Theory and Methods, 1982, 11: 973～983.

[32] Cheng C L, Van Ness J W. Robust errors-in-variables regression. Programs in Mathematical Sciences University of Texas, 1987.

[33] Kelly G. The influence function in the errors in variables problem. Annual Statics, 1984, 12: 87～100.

[34] Degroat R D, Dowling E. The data least squares problem and channel equalization. IEEE Transactions on Signal Processing, 1993, 41(1): 407～411.

[35] Abatzoglou T J, Mendel J M. Constrained total least squares//ICASSP, 1987.

[36] Abatzoglou T J, Mendel J M, Harada G A. The constrained total least squares technique and its application to harmonic super resolution. IEEE Transactions on Signal Processing, 1991, 39(5): 1070～1087.

[37] Golub G H, Van Loan C F. Matrix Computations. 2nd ed. Baltimore: Johns Hopkins University Press, 1989.

[38] Van Huffel S, Vandewalle J. The partial total least squares algorithm. Journal of Computation and Applied Mathematics, 1988, 21: 333～341.

[39] Xu L, Oja E, Suen C. Modified Hebbian learning for curve and surface fitting. Neural Networks, 1992, 5: 441～457.

[40] Cirrincione G, Cirrincione M, Herault J, et al. The MCA EXIN neuron for the minor component analysis. IEEE Transactions on Neural Networks, 2002, 13(1): 160～187.

[41] Gao K, Ahmad M O, Swamy M N. Learning algorithm for total least-squares adaptive signal processing. Electron Letter, 1992, 28(4): 430～432.

[42] Gao K, Ahmad M O, Swamy M N. A constrained anti-Hebbian learning algorithm for total least-squares estimation with applications to adaptive FIR and IIR filtering. IEEE Transactions on Circuits and Systems-II, 1994, 41(11): 718～729.

[43] Dunne B E, Williamson G A. QR-based TLS and mixed LS-TLS algorithms with applications to adaptive IIR filtering. IEEE Transactions on Signal Processing, 2003, 51(2): 386～394.

[44] Dunne B E, Williamson G A. Analysis of gradient algorithms for TLS-based adaptive IIR filters. IEEE Transactions on Signal Processing, 2004, 52(12): 3345～3356.

[45] Feng D Z, Bao Z, Jiao L C. Total least mean squares algorithm. IEEE Transactions on Signal Processing, 1998, 46(8): 2122～2130.

第 5 章　总体最小二乘递归估计

经典最小二乘参数估计是利用已获得的全部输入输出数据在计算机上一次完成参数估计的计算,称为一次性算法。为了达到一定的计算精度,人们总是希望数据的样本容量较大。当数据维数较大时,大的样本容量可能使需要存储的数据个数超出计算机的存储容量。为此,需要寻求一种算法,以减少必要的数据存储量。或者说,需要寻求某个中间变量,这个变量具有总结历史数据信息的功能,新的量测数据提供的信息只对此中间变量进行修正。递推最小二乘算法正是具有这一特征,不但可以减少数据存储量,而且适合在线计算,即一边采集数据,一边进行参数估计,有些递推最小二乘算法对参数缓变的系统还具有自适应能力,能反映参数缓变的趋势。

与递推最小二乘算法类似,TLS 算法也有递推估计算法。本章研究输入和输出数据均含有噪声的随机系统总体最小二乘递归估计方法。

5.1　引　　言

RLS 已经广泛应用在自适应信号处理领域,包括自适应滤波、在线系统辨识、自适应均衡、自适应谱估计、自适应消噪等[1]。RLS 算法具有许多重要特性,如跟踪系统参数的变化,如果只有系统输出含有白的高斯噪声序列,可以得到系统参数的无偏估计。如果输入和输出均受到白的高斯噪声污染,则 RLS 只能得到系统参数的有偏估计。这样的有偏估计恶化自适应滤波的性能。因此,寻求在该情况下自适应滤波的 TLS 问题解有重要的应用价值。

自 TLS 基本性能得到人们研究[2]以来,其解也广泛应用在经济、信号处理、自适应控制等领域[3-7]。事实上,TLS 解的研究仍然是不充分的,它们在信号处理中的应用是有限的,也许是由于缺乏在线或离线求解 TLS 问题解的有效算法的缘故。通常,一个 TLS 问题的解可以通过矩阵 SVD 获得[8]。由于一个 $N\times N$ 矩阵 SVD 的乘法运算的计算复杂度为 $O(N^3)$,该类方法的应用在实际中受到限制,尤其是对实时信号处理而言更是如此。

为了自适应地计算一个自相关矩阵的最小特征值对应的广义特征向量,在谱估计应用领域已经有许多算法提出来[9]。这些算法可以分为两类:第一类涉及随机类自适应算法。Thompson 提出一个自适应算法用于提取一单个次特征成分,且可以用于找到自适应滤波和在线系统辨识的 TLS 解[10]。其后,多位学者也提出多种类似的算法[11-25]。一般而言，随机类算法具有简单的结构，在每次迭代中需要 $O(N)$ 次乘运算，与第二类算法相比，具有相对较慢的收敛速度。

第二类算法我们称为递归总体最小二乘(recursive total least square，RTLS)算法，通常在每步迭代中具有 $O(N^2)$ 计算复杂度。其他的算法，如逆幂算法、变梯度算法[26]、最小二乘类算法[27]等在每次特征向量更新中也需要 $O(N^2)$ 乘法运算。为了求解自适应 FIR 滤波器中的 TLS 问题的解，Davila 提出快速 RTLS 算法[28]，可以快速跟踪增广相关矩阵的最小特征值对应的特征向量。通过输入数据向量的移位结构[29]可以快速估计卡尔曼增益向量，Davila 算法的计算复杂度是每次迭代中 $O(N)$。在系统输入和输出均被白高斯噪声污染时，RTLS 算法得到无偏估计，而且其性能也远好于 RLS 算法[1]。进一步，Davila[30]提出一种应用于有限脉冲响应(finite impulse response，FIR)自适应滤波的有效的 RTLS 算法。在此基础上，我们提出几种用于 FIR 或者无限脉冲响应(infinite impulse response，IIR)自适应滤波器的快速递归、逆乘幂(inverse power)等算法[31-34]。

5.2 总体最小二乘递归类方法

5.2.1 Davila's FIR RTLS 算法

设 t 时刻的标量表示为 $a(t)$，$M\times1$ 向量由下标的小写字母表示为 $\boldsymbol{a}_t$，$(M+1)\times1$ 向量由 $\bar{\boldsymbol{a}}_t$ 表示，$M\times M$ 矩阵由下标大写字母表示为 $\boldsymbol{A}_t$，$(M+1)\times(M+1)$ 矩阵由 $\bar{\boldsymbol{A}}_t$ 表示。

基于沿着卡尔曼增益向量对瑞利商的梯度搜索，Davila[28]最早提出快速 RTLS 算法。由于卡尔曼增益向量可由输入数据向量的变换结构快速估计得到，该算法可以快速地跟踪相关矩阵的最小特征值对应的特征向量。在每次迭代中，Davila 的 RTLS 算法的计算复杂度为 $O(M)$，在输入和输出数据均含有噪声污染的情况下，该算法可以给出一个无偏估计。

未知的系统冲激响应假定为 $M\times1$ 向量，即

$$\boldsymbol{\theta}^*=[b_0^*,b_1^*,\cdots,b_{M-1}^*]^{\mathrm{T}}$$

这些数量可以是时变的，假设这些响应是时不变的。

期望信号由下式给出，即

$$d(t)=\boldsymbol{\varphi}_t^{\mathrm{T}}\boldsymbol{\theta}^*+n_o(t) \tag{5.1}$$

其中，观测噪声 $n_o(t)$ 为零均值、方差为 σ_o^2 的白噪声过程，与输入向量独立。

输入向量为

$$\boldsymbol{\varphi}_t=[x(t),x(t-1),\cdots,x(t-M+1)]^{\mathrm{T}}$$

自适应滤波器的输入通常也取 $\boldsymbol{\varphi}_t$。

由于未知系统的输入必须与期望信号一起采样和量化，因此会产生宽带的量

化噪声，它将污染自适应滤波器输入。这表明，在自适应滤波中，输入向量通常存在噪声(图 5.1)[28]。

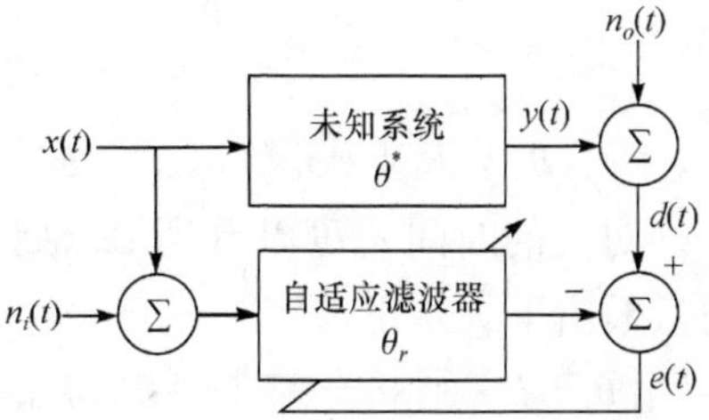

图 5.1　输入向量存在噪声 $n_i(t)$ 的冲激响应估计结构

1. RLS 滤波器偏差和均方误差

对于图 5.1，在递推时间 t 的正则方程为

$$\boldsymbol{R}_t\boldsymbol{\theta}_t=\boldsymbol{p}_t \tag{5.2}$$

其中，$\boldsymbol{R}_t=\dfrac{1}{t}\sum\limits_{j=1}^{T}\boldsymbol{\gamma}_j\boldsymbol{\gamma}_j^{\mathrm{T}}$；$\boldsymbol{p}_t=\dfrac{1}{t}\sum\limits_{j=1}^{T}d(j)\boldsymbol{\gamma}_j$，$\boldsymbol{\gamma}_j$ 表示自适应滤波器在 j 时刻的含噪声输入向量，即

$$\boldsymbol{\gamma}_j=[x(j)+n_i(j),x(j-1)+n_i(j-1),\cdots,x(j-M+1)+n_i(j-M+1)]^{\mathrm{T}}$$

$d(j)$是在时刻 j 的期望响应，即

$$d(j)=\boldsymbol{\varphi}_j^{\mathrm{T}}\boldsymbol{\theta}^*+n_o(j) \tag{5.3}$$

未知 FIR 系统冲激响应为 $\boldsymbol{\theta}^*=[b_0^*,b_1^*,\cdots,b_{M-1}^*]^{\mathrm{T}}$，时刻 j 的未知系统(无噪声)输入向量为

$$\boldsymbol{\varphi}_j=[x(j),x(j-1),\cdots,x(j-M+1)]^{\mathrm{T}}$$

假定 t 足够大，以便用如下期望值分别代替前面的 $\boldsymbol{R}_t$ 和 $\boldsymbol{P}_t$，即

$$E[\boldsymbol{\gamma}_t\boldsymbol{\gamma}_t^{\mathrm{T}}]=\boldsymbol{R}_\phi+\sigma_i^2\boldsymbol{I}_{M\times M},\quad E[d(t)\boldsymbol{\gamma}_t]=p$$

前面的正则方程可以写为

$$(\boldsymbol{R}_\phi+\sigma_i^2\boldsymbol{I}_{M\times M})\boldsymbol{\theta}_t=\boldsymbol{R}_\phi\boldsymbol{\theta}^* \tag{5.4}$$

其中，$\boldsymbol{R}_\phi=E[\boldsymbol{\varphi}\boldsymbol{\varphi}_t^{\mathrm{T}}]$，$n_i(t)$和 $n_o(t)$是独立的，且在所有时刻均独立于 $\boldsymbol{\varphi}_t$，$\boldsymbol{\varphi}(t)$的持续激励假设保证了 $\boldsymbol{R}_\phi$ 是正定的，将矩阵求逆引理应用于下式，即

$$\boldsymbol{R}_\phi+\sigma_i^2\boldsymbol{I}_{M\times M}$$

给出

$$[\boldsymbol{R}_\phi+\sigma_i^2\boldsymbol{I}_{M\times M}]^{-1}=\boldsymbol{R}_\phi^{-1}-\boldsymbol{R}_\phi^{-1}(\boldsymbol{R}_\phi^{-1}+\sigma_i^{-2}\boldsymbol{I}_{M\times M})^{-1}\boldsymbol{R}_\phi^{-1} \tag{5.5}$$

导致的偏差项为

$$\boldsymbol{\theta}_{\mathrm{bias}}=\boldsymbol{R}_\phi^{-1}(\boldsymbol{R}_\phi^{-1}+\sigma_i^{-2}\boldsymbol{I}_{M\times M})^{-1}\boldsymbol{\theta}^* \tag{5.6}$$

与正则方程(5.4)相关的渐近均方误差为

$$\bar{e}=\sigma_d^2-p^{\mathrm{T}}\ (\boldsymbol{R}_\phi+\sigma_i^2\boldsymbol{I}_{M\times M})^{-1}p \tag{5.7}$$

由于由非输入向量噪声引起的均方误差为

$$e=\sigma_d^2-\boldsymbol{p}^{\mathrm{T}}\boldsymbol{R}_\phi^{-1}\boldsymbol{p} \tag{5.8}$$

因此均方误差项变为

$$\bar{e}=e+\boldsymbol{\theta}^{*\mathrm{T}}(\boldsymbol{R}_\phi^{-1}+\sigma_i^{-2}\boldsymbol{I}_{M\times M})^{-1}\boldsymbol{\theta}^* \tag{5.9}$$

第二项是正的，因此 $\bar{e}>e$。对大的时间 t，可以看到 IR 估计由 $\boldsymbol{\theta}_t=\boldsymbol{\theta}^*+\boldsymbol{\theta}_{\mathrm{bias}}$。相应地，渐近估计均方误差向量模由下式给出，即

$$E\{[\boldsymbol{\theta}_t-\boldsymbol{\theta}^*]^{\mathrm{T}}[\boldsymbol{\theta}_t-\boldsymbol{\theta}^*]\}=\boldsymbol{\theta}_{\mathrm{bias}}^{\mathrm{T}}\boldsymbol{\theta}_{\mathrm{bias}} \tag{5.10}$$

值得注意的是，有关真正 $\boldsymbol{\theta}^*$ 的渐近偏差（非 $E[\boldsymbol{\theta}_t]$的偏差）已经找到。当无输入向量噪声出现时，RLS 估计的渐近估计均方误差向量模值是零。

2. 自适应 FIR 滤波器的 TLS 估计

在该部分推导 Davila 的 RTLS 算法。算法是基于在时刻 t 的下列更新，估计 $N=M+1$ 维广义特征向量 $\bar{\boldsymbol{q}}_t$，即

$$\bar{\boldsymbol{q}}_t=\bar{\boldsymbol{q}}_{t-1}+\alpha(t)\bar{\boldsymbol{\psi}}_t \tag{5.11}$$

其中，$\bar{\boldsymbol{\psi}}_t$ 是时刻 t 的一个给定的 $N\times1$ 向量；选择 $\alpha(t)$使 $\bar{\boldsymbol{q}}_t$ 最小化广义瑞利商，即

$$\frac{\bar{\boldsymbol{q}}_t^{\mathrm{T}}\bar{\boldsymbol{R}}_t\bar{\boldsymbol{q}}_t}{\bar{\boldsymbol{q}}_t^{\mathrm{T}}\bar{\boldsymbol{D}}\bar{\boldsymbol{q}}_t} \tag{5.12}$$

将式(5.11)代入式(5.12)，针对 $\alpha(t)$求导数，可以直接显示出时刻 t 最小化式(5.12)，$\alpha(t)$的值是如下二阶多项式的最小根，即

$$\boldsymbol{a}\alpha(t)^2+\boldsymbol{b}\alpha(t)+\boldsymbol{c}=0 \tag{5.13}$$

其中

$$\boldsymbol{a}=\bar{\boldsymbol{q}}_{t-1}^{\mathrm{T}}\bar{\boldsymbol{R}}_t\bar{\boldsymbol{\psi}}_t\bar{\boldsymbol{\psi}}_t^{\mathrm{T}}\bar{\boldsymbol{D}}\bar{\boldsymbol{\psi}}_t-\bar{\boldsymbol{\psi}}_t\bar{\boldsymbol{R}}_t\bar{\boldsymbol{\psi}}_t\bar{\boldsymbol{q}}_{t-1}^{\mathrm{T}}\bar{\boldsymbol{D}}\bar{\boldsymbol{\psi}}_t \tag{5.14}$$

$$\boldsymbol{b}=\bar{\boldsymbol{q}}_{t-1}^{\mathrm{T}}\bar{\boldsymbol{R}}_t\bar{\boldsymbol{q}}_{t-1}\bar{\boldsymbol{\psi}}_t^{\mathrm{T}}\bar{\boldsymbol{D}}\bar{\boldsymbol{\psi}}_t-\bar{\boldsymbol{\psi}}_t^{\mathrm{T}}\bar{\boldsymbol{R}}_t\bar{\boldsymbol{\psi}}_t\bar{\boldsymbol{q}}_{t-1}^{\mathrm{T}}\bar{\boldsymbol{D}}\bar{\boldsymbol{q}}_{t-1} \tag{5.15}$$

$$\boldsymbol{c}=\bar{\boldsymbol{q}}_{t-1}^{\mathrm{T}}\bar{\boldsymbol{R}}_t\bar{\boldsymbol{q}}_{t-1}\bar{\boldsymbol{q}}_{t-1}^{\mathrm{T}}\bar{\boldsymbol{D}}\bar{\boldsymbol{\psi}}_t-\bar{\boldsymbol{q}}_{t-1}^{\mathrm{T}}\bar{\boldsymbol{R}}_t\bar{\boldsymbol{\psi}}_t\bar{\boldsymbol{q}}_{t-1}^{\mathrm{T}}\bar{\boldsymbol{D}}\bar{\boldsymbol{q}}_{t-1} \tag{5.16}$$

选择较小的根使 $\bar{\boldsymbol{q}}_t$ 收敛到 $\bar{\boldsymbol{q}}_t^*$，选择较大的根使 $\bar{\boldsymbol{q}}_t$ 收敛到与 $\bar{\boldsymbol{R}}_t$ 的最大广义特征值对应的广义特征向量。该算法选择卡尔曼增益向量 $\bar{\boldsymbol{k}}_t=\bar{\boldsymbol{R}}_t^{-1}\bar{\boldsymbol{\gamma}}_t$ 作为更新方向 $\bar{\boldsymbol{\psi}}_t$。这个卡尔曼增益向量可以使用一个两通道“快速卡尔曼滤波器”有效地计算得出。算法在每次更新中需要 N 阶乘。选择 $\bar{\boldsymbol{k}}_t$ 作为更新方向可以将上述公式中的下列二阶形式简化为内积运算，即

$$\bar{\boldsymbol{q}}_{t-1}^{\mathrm{T}}\bar{\boldsymbol{R}}_t\bar{\boldsymbol{\psi}}_t=\bar{\boldsymbol{q}}_{t-1}^{\mathrm{T}}\bar{\boldsymbol{\gamma}}_t \tag{5.17}$$

$$\bar{\boldsymbol{\psi}}_t^{\mathrm{T}}\bar{\boldsymbol{R}}_t\bar{\boldsymbol{\psi}}_t=\bar{\boldsymbol{k}}_t^{\mathrm{T}}\bar{\boldsymbol{\gamma}}_t \tag{5.18}$$

由于 $\bar{\boldsymbol{R}}_t=(t-1)/t\xi\bar{\boldsymbol{R}}_{t-1}+(1/t)\bar{\boldsymbol{\varphi}}_t\bar{\boldsymbol{\varphi}}_t^{\mathrm{T}}$，则剩余的二阶形式 $\bar{\boldsymbol{q}}_{t-1}^{\mathrm{T}}\bar{\boldsymbol{R}}_t\bar{\boldsymbol{q}}_{t-1}$ 可有效地计算为

$$\bar{\boldsymbol{q}}_{t-1}^{\mathrm{T}}\bar{\boldsymbol{R}}_t\bar{\boldsymbol{q}}_{t-1}=\frac{t-1}{t}\xi\lambda_{\min}(t-1)\bar{\boldsymbol{q}}_{t-1}^{\mathrm{T}}\boldsymbol{D}\bar{\boldsymbol{q}}_{t-1}+\frac{1}{t}(\bar{\boldsymbol{q}}_{t-1}^{\mathrm{T}}\bar{\boldsymbol{\varphi}}_t)^2+\frac{\delta}{t} \tag{5.19}$$

其中，$\lambda_{\min}(t-1)$是在$(t-1)$时刻的最小瑞利商估计；δ 是一个小的正常数以确保在最初的几次迭代期间保持$\bar{\boldsymbol{R}}_t$ 正定。

常数 δ 与在基于矩阵求逆引理的 RLS 算法中使用的初始样本偏差矩阵起同样的角色。参数向量估计可以获得下式，即

$$\boldsymbol{\theta}_t=\frac{-[\bar{\boldsymbol{q}}_t]_{2,N}}{[\bar{\boldsymbol{q}}_t]_1} \tag{5.20}$$

值得注意的是，只有在 $N\times 1$ 之间的内积是需要的。表 5.1 描述了 FIR RTLS 算法步骤。

表 5.1　FIR RTLS 算法步骤[28]

初始化：$q_1=[N^{-0.5},N^{-0.5},\cdots,N^{-0.5}]^{\mathrm{T}}$，$\lambda_{\min}(1)=100$，$\delta=0.001$，$N=M+1$ 初始化 FTF²		
对于 $t=1,2,\cdots$		MAD's
1	更新扩展的数据向量 $\bar{\boldsymbol{\Phi}}_t$	
2	更新卡尔曼增益向量 $\bar{\boldsymbol{k}}_t$ 供用稳定的 FTF	$14N+48$
3	$\lambda_{\min}^{o}(t)=((t-1)/t)\xi\lambda_{\min}(t-1)+(1/t)(\bar{\boldsymbol{q}}_{t-1}^{\mathrm{T}}\bar{\boldsymbol{\varphi}}_t)^2+(\delta/t)$	$N+5$
4	$a=(\bar{\boldsymbol{k}}_t^{\mathrm{T}}\bar{\boldsymbol{\varphi}}_t)(\bar{\boldsymbol{q}}_{t-1}^{\mathrm{T}}\bar{\boldsymbol{D}}\bar{\boldsymbol{k}}_t)-(\bar{\boldsymbol{q}}_{t-1}^{\mathrm{T}}\bar{\boldsymbol{\varphi}}_t)(\bar{\boldsymbol{k}}_t^{\mathrm{T}}\bar{\boldsymbol{D}}\bar{\boldsymbol{k}}_t)$	$3N+2$
5	$b=(\bar{\boldsymbol{k}}_t^{\mathrm{T}}\bar{\boldsymbol{\varphi}}_t)-\lambda_{\min}^{0}(t)(\bar{\boldsymbol{k}}_t^{\mathrm{T}}\bar{\boldsymbol{D}}\bar{\boldsymbol{k}}_t)$	1
6	$c=(\bar{\boldsymbol{q}}_{t-1}^{\mathrm{T}}\bar{\boldsymbol{\varphi}}_t)-\lambda_{\min}^{0}(t)(\bar{\boldsymbol{q}}_{t-1}^{\mathrm{T}}\bar{\boldsymbol{D}}\bar{\boldsymbol{k}}_t)$	1
7	$\alpha(t)=(-b+\sqrt{b^2-4ac})/2a$	6
8	$\lambda_{\min}(t)=\dfrac{\bar{\boldsymbol{q}}_{t-1}^{\mathrm{T}}\bar{\boldsymbol{R}}_t\bar{\boldsymbol{q}}_{t-1}+2\alpha(t)\bar{\boldsymbol{q}}_{t-1}^{\mathrm{T}}\bar{\boldsymbol{R}}_t\bar{\boldsymbol{\Psi}}_t+\alpha(t)^2\bar{\boldsymbol{\Psi}}_t^{\mathrm{T}}\bar{\boldsymbol{R}}_t\bar{\boldsymbol{\Psi}}_t}{\bar{\boldsymbol{q}}_{t-1}^{\mathrm{T}}\bar{\boldsymbol{D}}\bar{\boldsymbol{q}}_{t-1}+2\alpha(t)\bar{\boldsymbol{q}}_{t-1}^{\mathrm{T}}\bar{\boldsymbol{D}}\bar{\boldsymbol{\Psi}}_t+\alpha(t)^2\bar{\boldsymbol{\Psi}}_t^{\mathrm{T}}\bar{\boldsymbol{D}}\bar{\boldsymbol{\Psi}}_t}$	10
9	$\bar{\boldsymbol{q}}_t=\bar{\boldsymbol{q}}_{t-1}+\alpha(t)\bar{\boldsymbol{k}}_t$	N
10	$\bar{\boldsymbol{q}}_t=\dfrac{\bar{\boldsymbol{q}}_t}{\sqrt{(\boldsymbol{q}_t^{\mathrm{T}}\boldsymbol{q}_t)}}$	$2N+2$
11	$\boldsymbol{\theta}_t=\dfrac{-[\bar{\boldsymbol{q}}_t]_{2,N}}{[\bar{\boldsymbol{q}}_t]_1}$	$N-1$
MAD's 代表乘、除和平方根的数		
快速横向滤波(fast transversal filter，FTF)算法的前向和后向预测误差能量矩阵分别初始化为 $0.01\times\mathrm{diag}(\xi,\xi^M)$ 和 $10^{-2}\boldsymbol{I}_{2\times 2}$，与 FTF 相关的所有其他的量均初始化为零。使用的 FTF 稳定常数是 $\beta_1=1.5$，$\beta_2=2.5$，$\beta_3=1.0$，$\beta_4=0.0$，$\beta_5=1.0$，$\beta_6=0.0$		

5.2.2　Davila's IIR RTLS 算法

1. 算法基础

Davila[30] 提出一个有效调整公式误差自适应 IIR 滤波器系数的算法。众所周

知，自适应 IIR 滤波器相对于自适应 FIR 滤波器有某些优势，包括需要较低的滤波器阶，可比 FIR 滤波器能够建模一大类系统等。因此，在过去几十年的信号处理文献中，自适应 IIR 滤波器得到关注的更多。公式误差自适应 IIR 滤波器可由下式给出，即

$$y(t)=\sum_{m=1}^{N-1}a_m(t)d(t-m)+\sum_{m=0}^{M-1}b_m(t)x(t-m) \tag{5.21}$$

其中，$d(t)$是期望信号。

以向量形式，式(5.21)可以写为

$$\begin{gathered}y(t)=\boldsymbol{\theta}_t^{\mathrm{T}}\boldsymbol{\varphi}_t\\ \boldsymbol{\theta}_t=[a_1(t),a_2(t),\cdots,a_{N-1}(t),b_0(t),b_1(t),\cdots,b_{M-1}(t)]^{\mathrm{T}}\end{gathered} \tag{5.22}$$

$$\boldsymbol{\varphi}_t=[d(t-1),d(t-2),\cdots,d(t-N+1),x(t),x(t-1),\cdots,x(t-M+1)]^{\mathrm{T}} \tag{5.23}$$

可以看出，公式误差自适应滤波器系数通常收敛到一个有偏值。考虑如下系统辨识问题(图 5.2)[30]。

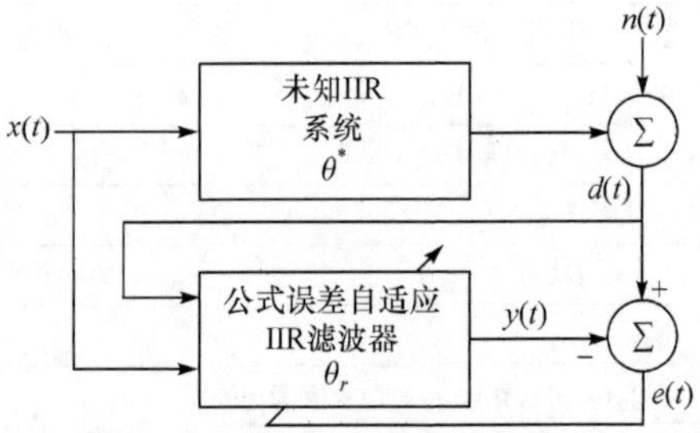

图 5.2　IIR 系统辨识问题

假定未知系统参数是常数，记为$\boldsymbol{\theta}^*=[a_1^*,a_2^*,\cdots,a_{N-1}^*,b_0^*,\cdots,b_{M-1}^*]^{\mathrm{T}}$。期望信号是$d(t)=\boldsymbol{\varphi}_t^{\mathrm{T}}\boldsymbol{\theta}_t+n(t)$，这里测量噪声$n(t)$是具有方差$\sigma_n^2$的独立白噪声。对公式误差滤波器而言，递归最小化的目标函数为

$$J_e(t)=\sum_{m=1}^{t}e^2(m) \tag{5.24}$$

其中，$e(t)=d(t)-y(t)$是公式误差。

这个性能准则是单峰的，通过直接应用 RLS 算法最小化式(5.24)将导致未知参数的有偏估计。该偏差是$-\sigma_n^2\boldsymbol{R}_{\boldsymbol{\varphi}}^{-1}\boldsymbol{D}\boldsymbol{\theta}$，$\boldsymbol{R}=E[\boldsymbol{\varphi}_t\boldsymbol{\varphi}_t^{\mathrm{T}}]$。

$$\boldsymbol{D}=\begin{bmatrix}\boldsymbol{I}_{(N-1)\times(N-1)} & \mathbf{0}_{(N-1)\times M}\\ \mathbf{0}_{M\times(N-1)} & \mathbf{0}_{M\times M}\end{bmatrix} \tag{5.25}$$

因此，公式误差 IIR 滤波器受到的重视远小于输出误差滤波器。输出误差滤波器的一个缺点是通过最小化输出误差平方总和得到的误差性能表面可能是多峰的，

而且 $\boldsymbol{\theta}_t$ 可能收敛到一个局部最小。许多算法已经提出寻求无偏差的公式误差零-极点系统辨识[35-43]。这些算法都有求解广义特征值问题 $\bar{\boldsymbol{R}}_t\boldsymbol{q}_t^*=\lambda_{\min}^*(t)\bar{\boldsymbol{D}}\boldsymbol{q}_t^*$ 的基本目标，即

$$\bar{\boldsymbol{R}}_t=\frac{1}{t}\sum_{m=1}^{t}\xi^{t-m}\bar{\boldsymbol{\varphi}}_m\bar{\boldsymbol{\varphi}}_m^{\mathrm{T}} \tag{5.26}$$

且 $0<\xi\leqslant 1$，$\bar{\boldsymbol{\varphi}}_t=[d(t),d(t-1),\cdots,d(t-N+1),x(t),x(t-1),\cdots,x(t-M+1)]^{\mathrm{T}}$。

$$\bar{\boldsymbol{D}}=\begin{bmatrix}\boldsymbol{I}_{N\times N} & \boldsymbol{0}_{N\times M}\\ \boldsymbol{0}_{M\times N} & \boldsymbol{0}_{M\times M}\end{bmatrix} \tag{5.27}$$

IIR 滤波器参数向量估计可以由下式给出，即

$$\boldsymbol{\theta}_t^*=\frac{-[\boldsymbol{q}_t^*]_{2,L}}{[\boldsymbol{q}_t^*]_1} \tag{5.28}$$

其中，$[\boldsymbol{q}_t^*]_{2,L}$ 和 $[\boldsymbol{q}_t^*]_1$ 分别是 $[\boldsymbol{q}_t^*]$ 从第 2 到第 L 个元素和第 1 个元素，$L=M+N$。

这些算法可以看成是 TLS 算法的特殊形式[2]。遗憾的是，这些算法在每次迭代中至少需要 $O(L^2)$ 乘法，对在线计算而言这个计算复杂度有些太高了。为此，文献[30]提出求解广义特征值问题，每次迭代只需要 $O(L)$ 乘法的一个递归算法，该算法导出一个无偏差的公式误差自适应 IIR 滤波器。

2. 算法推导

新算法根据 $\boldsymbol{q}_t=\boldsymbol{q}_{t-1}+\alpha\boldsymbol{\psi}_t$，更新估计广义特征向量 $\boldsymbol{q}_t$，这里 $\boldsymbol{\psi}_t$ 是 t 时刻一个给定的 $L\times 1$ 向量，选择标量 α 使 $\boldsymbol{q}_t$ 最小化广义瑞利商，即

$$\mu(\alpha)=\frac{\boldsymbol{q}_t^{\mathrm{T}}\bar{\boldsymbol{R}}_t\boldsymbol{q}_t}{\boldsymbol{q}_t^{\mathrm{T}}\bar{\boldsymbol{D}}\boldsymbol{q}_t} \tag{5.29}$$

将 $\boldsymbol{q}_t=\boldsymbol{q}_{t-1}+\alpha\boldsymbol{\psi}_t$ 代入式(5.29)，关于 α 微分，可以直接看出，在时刻 t，式(5.29)最小化，α 值是二次多项式 $a\alpha^2+b\alpha+c$ 的根，这里有[44]

$$a=\boldsymbol{\psi}_t^{\mathrm{T}}\bar{\boldsymbol{R}}_t\boldsymbol{\psi}_t\boldsymbol{q}_{t-1}^{\mathrm{T}}\bar{\boldsymbol{D}}\boldsymbol{\psi}_t-\boldsymbol{q}_{t-1}^{\mathrm{T}}\bar{\boldsymbol{R}}_t\boldsymbol{\psi}_t\boldsymbol{\psi}_t^{\mathrm{T}}\bar{\boldsymbol{D}}\boldsymbol{\psi}_t \tag{5.30}$$

$$b=\boldsymbol{\psi}_t^{\mathrm{T}}\bar{\boldsymbol{R}}_t\boldsymbol{\psi}_t\boldsymbol{q}_{t-1}^{\mathrm{T}}\bar{\boldsymbol{D}}\boldsymbol{q}_{t-1}-\boldsymbol{q}_{t-1}^{\mathrm{T}}\bar{\boldsymbol{R}}_t\boldsymbol{q}_{t-1}\boldsymbol{\psi}_t^{\mathrm{T}}\bar{\boldsymbol{D}}\boldsymbol{\psi}_t \tag{5.31}$$

$$c=\boldsymbol{q}_{t-1}^{\mathrm{T}}\bar{\boldsymbol{R}}_t\boldsymbol{\psi}_t\boldsymbol{q}_{t-1}^{\mathrm{T}}\bar{\boldsymbol{D}}\boldsymbol{q}_{t-1}-\boldsymbol{q}_{t-1}^{\mathrm{T}}\bar{\boldsymbol{R}}_t\boldsymbol{q}_{t-1}\boldsymbol{q}_{t-1}^{\mathrm{T}}\bar{\boldsymbol{D}}\boldsymbol{\psi}_t \tag{5.32}$$

积分 $\mu'(\alpha)$，容易看出 $\mu(\alpha)$ 有两个极值，而且在 $\alpha>0$ 时选择 $\mu'(\alpha)$ 的最大根，$\alpha<0$ 时选择 $\mu'(\alpha)$ 的最小根，将会使瑞利商在 $\boldsymbol{q}_{t-1}+\alpha\boldsymbol{\psi}_t$ 时最小化。实际上，在几次迭代后 b 仍然是正的。这样，足够可以选 $\alpha=(-b+\sqrt{b^2-4ac})/(2a)$。假如 $\boldsymbol{\psi}_t$ 满足

持续激励条件,可以保证收敛到 $\boldsymbol{q}_t^*$ 。所提算法选择卡尔曼增益向量 $\boldsymbol{K}_t=\overline{\boldsymbol{R}}_t^{-1}\overline{\boldsymbol{\Phi}}_t$ 作为更新方向 $\boldsymbol{\psi}_t$。这个卡尔曼增益向量可以使用一个两通道快速横向滤波器 FTF 算法[45]来有效的计算,其计算复杂度为每次迭代需要 $O(L)$ 乘法。选择 $\boldsymbol{K}_t$ 作为更新方向可使式(5.30)~式(5.32)中的下列二次式和双线性形式简化为内积,即

$$\boldsymbol{q}_{t-1}^{\mathrm{T}}\overline{\boldsymbol{R}}_t\boldsymbol{\psi}_t=\boldsymbol{q}_{t-1}^{\mathrm{T}}\overline{\boldsymbol{\Phi}}_t \tag{5.33}$$

$$\boldsymbol{\psi}_t^{\mathrm{T}}\overline{\boldsymbol{R}}_t\boldsymbol{\psi}_t=\boldsymbol{\psi}_t^{\mathrm{T}}\overline{\boldsymbol{\Phi}}_t \tag{5.34}$$

由于 $\overline{\boldsymbol{R}}_t=\dfrac{t-1}{t}\xi\overline{\boldsymbol{R}}_{t-1}+\dfrac{1}{t}\overline{\boldsymbol{\Phi}}_t\overline{\boldsymbol{\Phi}}_t^{\mathrm{T}}$,剩余二次式 $\boldsymbol{q}_{t-1}^{\mathrm{T}}\overline{\boldsymbol{R}}_t\boldsymbol{q}_{t-1}$ 可以通过如下方式计算,即

$$\boldsymbol{q}_{t-1}^{\mathrm{T}}\overline{\boldsymbol{R}}_t\boldsymbol{q}_{t-1}=\frac{(t-1)}{t}\xi\lambda_{\min}(t-1)\boldsymbol{q}_{t-1}^{\mathrm{T}}\overline{\boldsymbol{D}}\boldsymbol{q}_{t-1}+\frac{1}{t}(\boldsymbol{q}_{t-1}^{\mathrm{T}}\overline{\boldsymbol{\Phi}}_t)^2+\frac{\delta}{t} \tag{5.35}$$

其中,$\lambda_{\min}(t-1)$ 是 $t-1$ 时刻最小瑞利商估计;δ 是一个小的正常数,其作用是通过确保 $\overline{\boldsymbol{R}}_t$ 维持正定来维持数字稳定性。

这样参数向量估计可通过下式获得,即

$$\boldsymbol{\theta}_t=\frac{-[\boldsymbol{q}_t]_{2,L}}{[\boldsymbol{q}_t]_1} \tag{5.36}$$

应用式(5.29),更新的最小瑞利商可以通过下式计算,即

$$\lambda_{\min}(t)=\frac{\boldsymbol{q}_{t-1}^{\mathrm{T}}\overline{\boldsymbol{R}}_t\boldsymbol{q}_{t-1}+2\alpha\boldsymbol{q}_{t-1}^{\mathrm{T}}\overline{\boldsymbol{R}}_t\boldsymbol{\psi}_t+\alpha^2\boldsymbol{\psi}_t^{\mathrm{T}}\overline{\boldsymbol{R}}_t\boldsymbol{\psi}_t}{\boldsymbol{q}_{t-1}^{\mathrm{T}}\overline{\boldsymbol{D}}\boldsymbol{q}_{t-1}+2\alpha\boldsymbol{q}_{t-1}^{\mathrm{T}}\overline{\boldsymbol{D}}\boldsymbol{\psi}_t+\alpha^2\boldsymbol{\psi}_t^{\mathrm{T}}\overline{\boldsymbol{D}}\boldsymbol{\psi}_t} \tag{5.37}$$

该算法在每次迭代需要 $14L+3N$ 次乘法。表 5.2 给出 IIR RTLS 算法步骤。

表 5.2 IIR RTLS 算法步骤[30]

初始化:$q_L^{\mathrm{T}}=[N^{-0.5},N^{-0.5},\cdots,N^{-0.5}]^{\mathrm{T}},\lambda_{\min}(1)=100,\delta=0.001$,初始化 FTF**		
对于 $t=1,2,\cdots$		MAD's
1	更新扩展数据向量 $\overline{\boldsymbol{\Phi}}_t$	
2	使用稳定的 FTF,更新卡尔曼增益向量 $\boldsymbol{K}_t$	$9L+24$
3	$\lambda_{\min}^o(t)=((t-1)/t)\xi\lambda_{\min}(t-1)+(1/t)(\langle\boldsymbol{q}_{t-1}^{\mathrm{T}}\overline{\boldsymbol{\varphi}}_L\rangle_L)^2+(\delta/t)$	$L+5$
4	$a=\langle\boldsymbol{K}_t,\overline{\boldsymbol{\Phi}}_t\rangle_L\ \langle\boldsymbol{q}_{t-1},\boldsymbol{K}_t\rangle_N-\langle\boldsymbol{q}_{t-1},\overline{\boldsymbol{\Phi}}_t\rangle_L\ \langle\boldsymbol{K}_t,\boldsymbol{K}_t\rangle_N$	$L+2N+2$
5	$b=\langle\boldsymbol{K}_t,\overline{\boldsymbol{\Phi}}_t\rangle_L-\lambda_{\min}^0(t)\langle\boldsymbol{K}_t,\boldsymbol{K}_t\rangle_N$	1
6	$c=\langle\boldsymbol{q}_{t-1},\overline{\boldsymbol{\Phi}}_t\rangle_L-\lambda_{\min}^0(t)\langle\boldsymbol{q}_{t-1},\boldsymbol{K}_t\rangle_N$	1
7	$\alpha(t)=(-b+\sqrt{b^2-4ac})/2a$	6
8	$\lambda_{\min}(t)=\dfrac{\overline{\boldsymbol{q}}_{t-1}^{\mathrm{T}}\overline{\boldsymbol{R}}_t\overline{\boldsymbol{q}}_{t-1}+2\alpha\overline{\boldsymbol{q}}_{t-1}^{\mathrm{T}}\overline{\boldsymbol{R}}_t\overline{\boldsymbol{\Psi}}_t+\alpha^2\overline{\boldsymbol{\Psi}}_t^{\mathrm{T}}\overline{\boldsymbol{R}}_t\overline{\boldsymbol{\Psi}}_t}{\overline{\boldsymbol{q}}_{t-1}^{\mathrm{T}}\overline{\boldsymbol{D}}\overline{\boldsymbol{q}}_{t-1}+2\alpha\overline{\boldsymbol{q}}_{t-1}^{\mathrm{T}}\overline{\boldsymbol{D}}\overline{\boldsymbol{\Psi}}_t+\alpha^2\overline{\boldsymbol{\Psi}}_t^{\mathrm{T}}\overline{\boldsymbol{D}}\overline{\boldsymbol{\Psi}}_t}$	10

续表

9	$\bar{\boldsymbol{q}}_t=\bar{\boldsymbol{q}}_{t-1}+\alpha\boldsymbol{K}_t$	L
10	$\bar{\boldsymbol{q}}_t=\dfrac{\bar{\boldsymbol{q}}_t}{\sqrt{(\bar{\boldsymbol{q}}_t^{\mathrm{T}}\bar{\boldsymbol{q}}_t)_N}}$	$L+N+2$
11	$\boldsymbol{\theta}_t=\dfrac{-[\boldsymbol{q}_t]_{2,L}}{[\boldsymbol{q}_t]_1}$	$L-1$
MAD's 代表乘、除和平方根的数		总数为 $14L+3N+50$

FTF 算法的前向和后向预测误差能量矩阵分别初始化为 $\xi^{-M}10^{-2}\boldsymbol{I}_{2\times2}$ 和 $10^{-2}\boldsymbol{I}_{2\times2}$，与 FTF 相关的所有其他的量均初始化为零。使用的 FTF 稳定常数是 $K_1=1.5, K_2=2.5, K_3=1.0, K_4=0.0, K_5=1.0, K_6=0.0$

5.3　一种新型快速 RTLS 算法

5.3.1　Feng's RTLS 算法

通过利用输入数据向量的移位结构[29]可以快速估计卡尔曼增益向量，Davila 算法的计算复杂度是每次迭代 $O(N)$。在系统输入和输出数据均被高斯白噪声污染的情况下，Davila RTLS 算法可以得到无偏估计，其性能优于著名的 RLS 算法。

应该指出，卡尔曼增益向量的计算可能有潜在的不稳定[35]。一些有效的算法[36,37]已经提出来以克服卡尔曼增益向量的潜在的不稳定性，这导致更复杂的结构，增加了计算复杂度。通过使用快速增益向量(fast gain vector，FGV)，文献[36]，[37]建立了数值稳定的快速横向滤波器算法。

文献[28]提出的 RTLS 算法以快速计算稳定的卡尔曼增益向量为基础，与此不同，通过使用 FGV 和自适应最小化约束瑞利商，我们提出一个用于自适应 FIR 滤波器的新的 RTLS 算法[31]。类似地，通过一个约束瑞利商，一个递归计算自适应 IIR 滤波器的 TLS 算法也提出来[32]，这里仅对 Feng's N-RTLS 算法[31]进行讨论。

首先对信号处理中的 TLS 问题进行介绍。

1. 信号模型

考虑 FIR 未知系统，假定输入和输出数据均被加性白高斯噪声(additive white Gaussian noise，AWGN)污染。我们试图从有噪声的输入和输出数据，使用自适应 FIR 滤波器来估计该系统，如图 5.3 所示[31]。

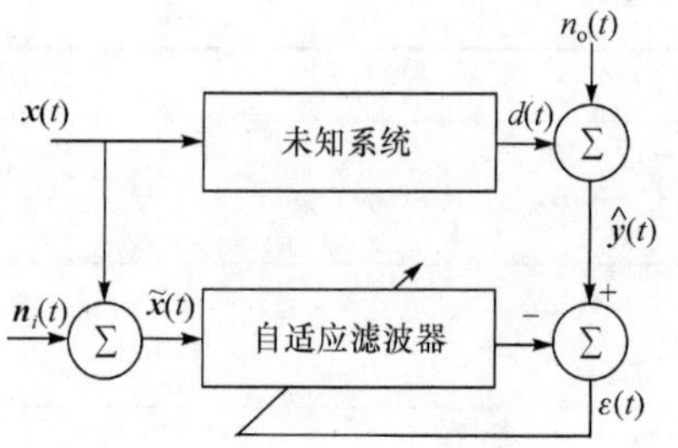

图 5.3 使用自适应 FIR 滤波器估计未知系统 $h(k)(k=0,1,\cdots,N-1)$

未知系统的 FIR 向量描述为 $\boldsymbol{h}=[h_0,h_1,\cdots,h_{M-1}]^{\mathrm{T}}$，这里 $\boldsymbol{h}$ 可能是时变的，期望输出为 $d(t)=\boldsymbol{x}^{\mathrm{T}}(t)\boldsymbol{h}+n_o(t)$，$n_o(t)$是具有方差 σ_o^2 和零均值的输出数据中的 AWGN，与输入信号独立。无噪声输入向量 $\boldsymbol{x}(t)\in\Re^{M\times1}$可定义为 $\boldsymbol{x}(t)=[x(t),x(t-1),\cdots,x(t-M+1)]^{\mathrm{T}}$。自适应 FIR 滤波器的噪声输入向量 $\tilde{\boldsymbol{x}}(t)\in\Re^{M\times1}$为

$$
\begin{aligned}
\tilde{\boldsymbol{x}}(t)&=[\tilde{x}(t),\tilde{x}(t-1),\cdots,\tilde{x}(t-M+1)]^{\mathrm{T}}\\
&=[\boldsymbol{x}(t)+n_i(t),x(t-1)+n_i(t-1),\\
&\quad\cdots,x(t-M+1)+n_i(t-M+1)]^{\mathrm{T}}\\
&=\boldsymbol{x}(t)+\boldsymbol{n}_i(t)
\end{aligned}
\tag{5.38}
$$

其中，$\boldsymbol{n}_i(t)=[n_i(t),n_i(t-1),\cdots,n_i(t-M+1)]^{\mathrm{T}}$，$n_i(t)$是均值为零，方差为 σ_i^2 的 AWGN。

输入噪声可能源于测量噪声、干扰噪声、量化噪声等，因此可以采用更一般的信号模型而不是自适应 LS 基础的滤波器[1]。增广数据向量定义为 $\bar{\boldsymbol{x}}(t)=[\tilde{\boldsymbol{x}}^{\mathrm{T}}(t),d(t)]^{\mathrm{T}}\in R^{(M+1)\times1}$。为分析方便，定义无噪声输入向量的自相关矩阵记为 $\boldsymbol{R}=E\{\boldsymbol{x}(t)\boldsymbol{x}^{\mathrm{T}}(t)\}$，有噪声输入向量的自相关矩阵为 $\tilde{\boldsymbol{R}}=E\{\tilde{\boldsymbol{x}}(t)\tilde{\boldsymbol{x}}^{\mathrm{T}}(t)\}=\boldsymbol{R}+\sigma_i^2\boldsymbol{I}$，增广数据向量的自相关矩阵可以表示为

$$
\bar{\boldsymbol{R}}=E\{\bar{\boldsymbol{x}}(t)\bar{\boldsymbol{x}}^{\mathrm{T}}(t)\}=\begin{bmatrix}\tilde{\boldsymbol{R}} & \boldsymbol{b}\\ \boldsymbol{b}^{\mathrm{T}} & c\end{bmatrix}
$$

其中，$\boldsymbol{b}=E\{\tilde{\boldsymbol{x}}(t)d(t)\}$；$c=E\{d(t)d(t)\}$。

容易看出，即

$$
\boldsymbol{b}=E\{[\boldsymbol{x}(t)+\boldsymbol{n}_i(t)][\boldsymbol{x}^{\mathrm{T}}(t)\boldsymbol{h}+n_o(t)]\}=\boldsymbol{R}\boldsymbol{h}
\tag{5.39}
$$

$$
c=E\{[\boldsymbol{h}^{\mathrm{T}}\boldsymbol{x}(t)+\boldsymbol{n}_o(t)][\boldsymbol{h}^{\mathrm{T}}\boldsymbol{x}(t)+\boldsymbol{n}_o(t)]\}=\boldsymbol{h}^{\mathrm{T}}\boldsymbol{R}\boldsymbol{h}+\sigma_o^2
\tag{5.40}
$$

可以看出，如果无噪声输入向量的自相关矩阵 $\boldsymbol{R}$ 可被直接估计，我们可以获得一个有限脉冲相应 $\boldsymbol{h}$ 的无偏估计。然而，当输入向量含有加性噪声时，我们不能估计无噪声输入向量的自相关矩阵 $\boldsymbol{R}$。

2. 跟踪 TLS 解的瑞利商

为了获得自适应 FIR 滤波器的 TLS 解[28]，可以建立以下瑞利商，即

$$J(\boldsymbol{q})=(\boldsymbol{q}^{\mathrm{T}}\bar{\boldsymbol{R}}\boldsymbol{q})/(\boldsymbol{q}^{\mathrm{T}}\bar{\boldsymbol{D}}\boldsymbol{q}) \tag{5.41}$$

其中，$\boldsymbol{q}\in\Re^{(M+1)\times 1}$是参数向量；$\bar{\boldsymbol{D}}=\mathrm{diag}(1,\cdots,1,\beta)\in\Re^{(M+1)(M+1)}$是对角加权矩阵，$\beta=\sigma_o^2/\sigma_i^2$ 指的是输出噪声方差与输入噪声方差之间的比值。

如果与 $J(\boldsymbol{q})$的最小化相关的参数向量是 $\boldsymbol{q}^*$，则自适应 FIR 滤波器的无偏解 $\boldsymbol{w}_{\mathrm{TLS}}$可以由下式给出，即

$$\boldsymbol{w}_{\mathrm{TLS}}=-[\boldsymbol{q}^*]_{1,M}/q_{M+1}^* \tag{5.42}$$

其中，令$[\boldsymbol{q}^*]_{1,M}$指的是由 $\boldsymbol{q}^*$ 的前 M 个元素构成的向量；q_{M+1}^*是 $\boldsymbol{q}^*$ 的最后一个元素。

$$\boldsymbol{q}=[\boldsymbol{w}^{\mathrm{T}},-1]^{\mathrm{T}} \tag{5.43}$$

将式(5.43)代入式(5.41)，可以得到如下损失函数，即

$$\hat{J}(\boldsymbol{w})=\{[\boldsymbol{w}^{\mathrm{T}},-1]\bar{\boldsymbol{R}}[\boldsymbol{w}^{\mathrm{T}},-1]^{\mathrm{T}}/[\boldsymbol{w}^{\mathrm{T}},-1]\bar{\boldsymbol{D}}[\boldsymbol{w}^{\mathrm{T}},-1]^{\mathrm{T}}\} \tag{5.44}$$

显然，通过最小化 $\hat{J}(\boldsymbol{w})$可以获得无偏的 TLS 解。由于 $\boldsymbol{q}$ 的最后一个元素约束到 -1，我们把上述损失函数称为约束瑞利商。

值得指出的是，如果上述损失函数被应用，则表 5.1 的第 10 项和第 11 项乘法就不必要了，可以省略，这节省 $2M+1$ 乘、除，以及平方根。事实上，由于跟踪的参数向量由 $M+1$ 维降低到 M 维，更多的运算可节省。

3. 准则前景分析

在这一部分，我们研究约束瑞利商的鞍点，令 $\boldsymbol{v}=\mathrm{diag}(1,\cdots,1,\sqrt{\beta})[\boldsymbol{w}^{\mathrm{T}},-1]=[\boldsymbol{w}^{\mathrm{T}},-\sqrt{\beta}]^{\mathrm{T}}$，则有

$$\hat{J}(\boldsymbol{w})=\{[\boldsymbol{w}^{\mathrm{T}},-\sqrt{\beta}]\breve{\boldsymbol{R}}[\boldsymbol{w}^{\mathrm{T}},-\sqrt{\beta}]^{\mathrm{T}}/(\boldsymbol{w}^{\mathrm{T}}\boldsymbol{w}+\beta)\} \tag{5.45}$$

其中，$\breve{\boldsymbol{R}}=\mathrm{diag}(1,\cdots,1,1/\sqrt{\beta})\bar{\boldsymbol{R}}\mathrm{diag}(1,\cdots,1,1/\sqrt{\beta})$。

令 $\breve{\boldsymbol{R}}$ 的特征值分解(eigenvalue decomposition，EVD)，由 $\breve{\boldsymbol{R}}=\boldsymbol{Q}\boldsymbol{\Gamma}\boldsymbol{Q}^{\mathrm{T}}$ 给出，$\boldsymbol{Q}=[\boldsymbol{q}_1,\cdots,\boldsymbol{q}_{M+1}]$和 $\boldsymbol{\Gamma}=\mathrm{diag}(\gamma_1,\cdots,\gamma_{M+1})$，特征向量 $\boldsymbol{q}_i$ 对应于特征值 γ_i，其大小排列为$\gamma_1\geqslant\gamma_2\geqslant\cdots\geqslant\gamma_M>\gamma_{M+1}$。

关于 $\boldsymbol{w}$ 微分 $\hat{J}(\boldsymbol{w})$，我们得到

$$\nabla\hat{J}(\boldsymbol{w})=\left(\left[\boldsymbol{R}+\sigma_i^2\boldsymbol{I},\frac{1}{\sqrt{\beta}}\boldsymbol{R}\boldsymbol{h}\right][\boldsymbol{w}^{\mathrm{T}},-\sqrt{\beta}]^{\mathrm{T}}-\hat{J}(\boldsymbol{w})\boldsymbol{w}\right)/(\beta+\boldsymbol{w}^{\mathrm{T}}\boldsymbol{w}) \tag{5.46}$$

很容易显示出，$\hat{J}(\boldsymbol{w})$的平衡点由下式给出，即

$$\boldsymbol{w}_j=-\sqrt{\beta}[\boldsymbol{q}_j]_{1,M}/q_{j,(M+1)},\quad q_{j,(M+1)}\neq 0,\quad j=1,2,\cdots,M+1 \tag{5.47}$$

其中，$q_{j,(M+1)}$ 是 $\boldsymbol{q}_j$ 的最后一个元素；$\boldsymbol{w}_{M+1}=\boldsymbol{h}$。

定理 5.1　如果 $\gamma_M>\gamma_{M+1}$ 且 $q_{(M+1),(M+1)}\neq 0$，则 $\boldsymbol{w}_{M+1}=\boldsymbol{h}$ 是 $\hat{J}(\boldsymbol{w})$ 的一个全局最小点，所有其他平衡点都是 $\hat{J}(\boldsymbol{w})$ 的鞍(不稳定)点。

证明：可以直接推出下式，即

$$\hat{J}(\boldsymbol{w}_j)=\gamma_j,\quad j=1,2,\cdots,M+1 \tag{5.48}$$

因此，点 $\boldsymbol{w}_{M+1}=-\sqrt{\beta}[\boldsymbol{q}]_{1,M}/q_{(M+1),(M+1)}$ 是 $\hat{J}(\boldsymbol{w})$ 的唯一全局极小点。

定义 $\boldsymbol{v}=\boldsymbol{q}_j+\varepsilon\boldsymbol{q}_{M+1}$ 和 $\boldsymbol{w}=-[\boldsymbol{v}]_{1,M}/v_{M+1}$，其中 ε 是一个正的极小量，$[\boldsymbol{v}]_{1,M}=[v_1,v_2,\cdots,v_M]^{\mathrm{T}}$，$v_{M+1}$ 是 $\boldsymbol{v}$ 的最后一个元素。从式(5.45)，有

$$\begin{aligned}\hat{J}(\boldsymbol{w})&=\frac{\boldsymbol{v}^{\mathrm{T}}\breve{\boldsymbol{R}}v}{\boldsymbol{v}^{\mathrm{T}}v}=\frac{(\boldsymbol{q}_j+\varepsilon\boldsymbol{q}_{M+1})^{\mathrm{T}}\breve{\boldsymbol{R}}(\boldsymbol{q}_j+\varepsilon\boldsymbol{q}_{M+1})}{(\boldsymbol{q}_j+\varepsilon\boldsymbol{q}_{M+1})^{\mathrm{T}}(\boldsymbol{q}_j+\varepsilon\boldsymbol{q}_{M+1})}\\&=\frac{(\boldsymbol{q}_j+\varepsilon\boldsymbol{q}_{M+1})^{\mathrm{T}}(\gamma_j\boldsymbol{q}_j+\varepsilon\gamma_{M+1}\boldsymbol{q}_{M+1})}{1+\varepsilon^2}\\&=\frac{\gamma_j+\varepsilon^2\gamma_{M+1}}{1+\varepsilon^2}\\&=\gamma_j-\frac{\varepsilon^2}{1+\varepsilon^2}(\gamma_j-\gamma_{M+1})\\&<\hat{J}(\boldsymbol{w}_j)\end{aligned} \tag{5.49}$$

这意味着，平衡点 $\boldsymbol{w}_j$ 是鞍点或不稳定点。证明结束。

上述定理显示，通过梯度下降法人们可以搜索 $\hat{J}(\boldsymbol{w})$ 的全局最小点。

4. 新的 RTLS 算法

该部分目标是提出得到自适应滤波问题的 TLS 解的一个新算法，该算法是一个特殊的梯度搜索方法，有 $O(M)$ 计算复杂度。参数向量通过如下公式更新，即

$$\boldsymbol{w}(t)=\boldsymbol{w}(t-1)+\alpha(t)\tilde{\boldsymbol{x}}(t) \tag{5.50}$$

其中，$\tilde{\boldsymbol{x}}(t)\in\Re^{M\times 1}$ 是带噪声输入向量；$\alpha(t)$ 可以通过如下关系以 $O(M)$ 次乘法有效地决定，即

$$\min_{\alpha(t)}\hat{J}(\boldsymbol{w}(t))=\min_{\alpha(t)}\frac{[\boldsymbol{w}^{\mathrm{T}}(t),-1]\bar{\boldsymbol{R}}(t)[\boldsymbol{w}^{\mathrm{T}}(t),-1]^{\mathrm{T}}}{\beta+\boldsymbol{w}^{\mathrm{T}}(t)\boldsymbol{w}(t)} \tag{5.51}$$

注意到 $\bar{\boldsymbol{R}}(t)$ 可以通过如下迭代公式计算，即

$$\bar{\boldsymbol{R}}(t)=\begin{bmatrix}\tilde{\boldsymbol{R}}(t) & \boldsymbol{b}(t)\\ \boldsymbol{b}^{\mathrm{T}}(t) & c(t)\end{bmatrix}=\mu\bar{\boldsymbol{R}}(t-1)+\bar{\boldsymbol{x}}(t)\bar{\boldsymbol{x}}^{\mathrm{T}}(t) \tag{5.52}$$

其中

$$\tilde{\boldsymbol{R}}(t)=\mu\tilde{\boldsymbol{R}}(t-1)+\tilde{\boldsymbol{x}}(t)\tilde{\boldsymbol{x}}^{\mathrm{T}}(t) \tag{5.53}$$

$$\boldsymbol{b}(t)=\mu\boldsymbol{b}(t-1)+\tilde{\boldsymbol{x}}(t)d(t) \tag{5.54}$$

$$c(t)=\mu c(t-1)+d(t)d(t) \tag{5.55}$$

参数 μ 是遗忘因子。

设 $\hat{J}(\boldsymbol{w})$ 对 $\alpha(t)$ 的梯度等于零，则有

$$\frac{\partial \hat{J}(\boldsymbol{w}(t))}{\partial \alpha(t)}=0 \tag{5.56a}$$

或者等价于

$$\begin{aligned}&[\tilde{\boldsymbol{x}}^{\mathrm{T}}(t),0]\bar{\boldsymbol{R}}(t)[\boldsymbol{w}^{\mathrm{T}}(t),-1]^{\mathrm{T}}[\beta+\boldsymbol{w}^{\mathrm{T}}(t)\boldsymbol{w}(t)]\\&-[\boldsymbol{w}^{\mathrm{T}}(t),-1]\bar{\boldsymbol{R}}(t)[\boldsymbol{w}^{\mathrm{T}}(t),-1]^{\mathrm{T}}[\tilde{\boldsymbol{x}}^{\mathrm{T}}(t)\boldsymbol{w}(t)]=0\end{aligned} \tag{5.56b}$$

为了有效地计算式(5.56)，令

$$\boldsymbol{k}(t)=\tilde{\boldsymbol{R}}(t)\tilde{\boldsymbol{x}}(t) \tag{5.57}$$

$$\lambda^0(t)=[\boldsymbol{w}^{\mathrm{T}}(t-1),-1]\bar{\boldsymbol{R}}(t)[\boldsymbol{w}^{\mathrm{T}}(t-1),-1]^{\mathrm{T}} \tag{5.58}$$

$$\lambda(t)=[\boldsymbol{w}^{\mathrm{T}}(t),-1]\bar{\boldsymbol{R}}(t)[\boldsymbol{w}^{\mathrm{T}}(t),-1]^{\mathrm{T}}/[\beta+\boldsymbol{w}^{\mathrm{T}}(t)\boldsymbol{w}(t)] \tag{5.59}$$

分句定义，$\lambda^0(t)$ 和 $\lambda(t)$ 可以通过如下两个式子有效地计算，即

$$\begin{aligned}\lambda^0(t)&=[\boldsymbol{w}^{\mathrm{T}}(t-1),-1][\mu\bar{\boldsymbol{R}}(t-1)+\bar{\boldsymbol{x}}(t)\bar{\boldsymbol{x}}^{\mathrm{T}}(t)][\boldsymbol{w}^{\mathrm{T}}(t-1),-1]^{\mathrm{T}}\\&=\mu\lambda(t-1)[\beta+\boldsymbol{w}^{\mathrm{T}}(t-1)\boldsymbol{w}(t-1)]+[\boldsymbol{w}^{\mathrm{T}}(t-1)\tilde{\boldsymbol{x}}(t)-d(t)]^2\end{aligned} \tag{5.60}$$

$$\begin{aligned}\lambda(t)=&\{[\boldsymbol{w}^{\mathrm{T}}(t-1),-1]+\alpha(t)[\tilde{\boldsymbol{x}}^{\mathrm{T}}(t),0]\}\bar{\boldsymbol{R}}(t)\\&\times\{[\boldsymbol{w}^{\mathrm{T}}(t-1),-1]+\alpha(t)[\tilde{\boldsymbol{x}}^{\mathrm{T}}(t),0]\}^{\mathrm{T}}/[\beta+\boldsymbol{w}^{\mathrm{T}}(t)\boldsymbol{w}(t)]\\=&\{\lambda^0(t)+2\alpha(t)[\boldsymbol{k}^{\mathrm{T}}(t)\boldsymbol{w}(t-1)-\tilde{\boldsymbol{x}}^{\mathrm{T}}(t)\boldsymbol{b}(t)]+\alpha^2(t)\tilde{\boldsymbol{x}}^{\mathrm{T}}(t)\boldsymbol{k}(t)\}/[\beta+\boldsymbol{w}^{\mathrm{T}}(t)\boldsymbol{w}(t)]\end{aligned} \tag{5.61}$$

表 5.3 显示了 FGV 算法步骤。

表 5.3　FGV 算法步骤

初始化：$\boldsymbol{g}_M(0)=0,\tilde{\boldsymbol{g}}_M(0)=0,\pi(0)=0$	MAD's
$\boldsymbol{g}_M(t)=\mu\boldsymbol{g}_M(t-1)+\tilde{\boldsymbol{x}}_M(t-1)\tilde{x}(t)$	$2M$
$\tilde{\boldsymbol{g}}_M(t)=\mu\tilde{\boldsymbol{g}}_M(t-1)+\tilde{\boldsymbol{x}}(t)\tilde{x}(t-M)$	$2M$
$\pi(t)=\mu\pi(t-1)+\tilde{x}(t)\tilde{x}(t)$	2
$\boldsymbol{k}(t)=\begin{bmatrix}\pi(t)\tilde{x}(t)+\boldsymbol{g}_M^{\mathrm{T}}(t)\tilde{x}(t-1)\\ \tilde{x}(t)[\boldsymbol{g}_M(t)]_{1,M-1}+[k(t-1)]_{1,M-1}\end{bmatrix}-\tilde{\boldsymbol{g}}_M(t)\tilde{x}(t-M)$	$3M$
总的实数 MAD 是 $7M+2$	

对式(5.56)进一步推导，直接可得

$$\begin{aligned}&[\tilde{\boldsymbol{x}}^{\mathrm{T}}(t),0]\bar{\boldsymbol{R}}(t)[\boldsymbol{w}^{\mathrm{T}}(t),-1]^{\mathrm{T}}\\&=[\boldsymbol{k}^{\mathrm{T}}(t),\tilde{\boldsymbol{x}}^{\mathrm{T}}(t)\boldsymbol{b}(t)]^{\mathrm{T}}[\boldsymbol{w}^{\mathrm{T}}(t),-1]^{\mathrm{T}}\\&=\boldsymbol{k}^{\mathrm{T}}(t)\boldsymbol{w}(t-1)+\alpha(t)\boldsymbol{k}^{\mathrm{T}}(t)\tilde{\boldsymbol{x}}(t)-\tilde{\boldsymbol{x}}^{\mathrm{T}}(t)\boldsymbol{b}(t)\end{aligned} \tag{5.62}$$

$$\beta+\boldsymbol{w}^{\mathrm{T}}(t)\boldsymbol{w}(t)=\beta+\|\boldsymbol{w}(t-1)\|^2+2\alpha(t)\tilde{\boldsymbol{x}}^{\mathrm{T}}(t)\boldsymbol{w}(t-1)+\alpha^2(t)\|\tilde{\boldsymbol{x}}(t)\|^2 \tag{5.63}$$

$$
\begin{aligned}
&[\boldsymbol{w}^{\mathrm{T}}(t),-1]\overline{\boldsymbol{R}}(t)[\boldsymbol{w}^{\mathrm{T}}(t),-1]^{\mathrm{T}}\\
=&\{[\boldsymbol{w}^{\mathrm{T}}(t-1),-1]+[\alpha(t)\tilde{\boldsymbol{x}}^{\mathrm{T}}(t),0]\}\overline{\boldsymbol{R}}(t)\{[\boldsymbol{w}^{\mathrm{T}}(t-1),-1]^{\mathrm{T}}+[\alpha(t)\tilde{\boldsymbol{x}}^{\mathrm{T}}(t),0]^{\mathrm{T}}\}\\
=&\lambda^{0}(t)+2\alpha(t)[\tilde{\boldsymbol{x}}^{\mathrm{T}}(t),0]\overline{\boldsymbol{R}}(t)[\boldsymbol{w}^{\mathrm{T}}(t-1),-1]^{\mathrm{T}}+\alpha^{2}(t)[\tilde{\boldsymbol{x}}^{\mathrm{T}}(t),0]\overline{\boldsymbol{R}}(t)[\tilde{\boldsymbol{x}}^{\mathrm{T}}(t),0]^{\mathrm{T}}\\
=&\lambda^{0}(t)+2\alpha(t)[\boldsymbol{k}^{\mathrm{T}}(t),\tilde{\boldsymbol{x}}^{\mathrm{T}}(t)\boldsymbol{b}(t)][\boldsymbol{w}^{\mathrm{T}}(t-1),-1]^{\mathrm{T}}\\
&+\alpha^{2}(t)[\boldsymbol{k}^{\mathrm{T}}(t),\tilde{\boldsymbol{x}}^{\mathrm{T}}(t)\boldsymbol{b}(t)][\tilde{\boldsymbol{x}}^{\mathrm{T}}(t),0]^{\mathrm{T}}\\
=&\lambda^{0}(t)+2\alpha(t)[\boldsymbol{k}^{\mathrm{T}}(t)\boldsymbol{w}(t-1)-\tilde{\boldsymbol{x}}^{\mathrm{T}}(t)\boldsymbol{b}(t)]+\alpha^{2}(t)[\boldsymbol{k}^{\mathrm{T}}(t)\tilde{\boldsymbol{x}}(t)]
\end{aligned}
\tag{5.64}
$$

$$
[\tilde{\boldsymbol{x}}^{\mathrm{T}}(t)\boldsymbol{w}(t)]=\tilde{\boldsymbol{x}}^{\mathrm{T}}(t)\boldsymbol{w}(t-1)+\alpha(t)\|\tilde{\boldsymbol{x}}(t)\|^{2}
\tag{5.65}
$$

这样,我们有

$$
\begin{aligned}
&[\tilde{\boldsymbol{x}}^{\mathrm{T}}(t),0]\overline{\boldsymbol{R}}(t)[\boldsymbol{w}^{\mathrm{T}}(t),-1]^{\mathrm{T}}[\beta+\boldsymbol{w}^{\mathrm{T}}(t)\boldsymbol{w}(t)]\\
=&\alpha^{3}(t)\|\tilde{\boldsymbol{x}}(t)\|^{2}[\boldsymbol{k}^{\mathrm{T}}(t)\tilde{\boldsymbol{x}}(t)]+\alpha^{2}(t)\{2[\boldsymbol{k}^{\mathrm{T}}(t)\tilde{\boldsymbol{x}}(t)]\times[\boldsymbol{w}^{\mathrm{T}}(t)]\boldsymbol{w}(t-1)\\
&+\|\tilde{\boldsymbol{x}}(t)\|^{2}[\boldsymbol{k}^{\mathrm{T}}(t)\boldsymbol{w}(t-1)-\tilde{\boldsymbol{x}}^{\mathrm{T}}(t)\boldsymbol{b}(t)]\}\\
&+\alpha(t)\{[\boldsymbol{k}^{\mathrm{T}}(t)\tilde{\boldsymbol{x}}(t)][\beta+\|\boldsymbol{w}(t-1)\|^{2}]\\
&+2[\tilde{\boldsymbol{x}}^{\mathrm{T}}(t)\boldsymbol{w}(t-1)][\boldsymbol{k}^{\mathrm{T}}(t)\boldsymbol{w}(t-1)-\tilde{\boldsymbol{x}}^{\mathrm{T}}(t)\boldsymbol{b}(t)]\\
&+[\beta+\|\boldsymbol{w}(t-1)\|^{2}][\boldsymbol{k}^{\mathrm{T}}(t)\boldsymbol{w}(t-1)-\tilde{\boldsymbol{x}}^{\mathrm{T}}(t)\boldsymbol{b}(t)]\}
\end{aligned}
\tag{5.66}
$$

$$
\begin{aligned}
&[\boldsymbol{w}^{\mathrm{T}}(t),-1]\overline{\boldsymbol{R}}(t)[\boldsymbol{w}^{\mathrm{T}}(t),-1]^{\mathrm{T}}[\tilde{\boldsymbol{x}}^{\mathrm{T}}(t)\boldsymbol{w}(t)]\\
=&\alpha^{3}(t)\|\tilde{\boldsymbol{x}}(t)\|^{2}[\boldsymbol{k}^{\mathrm{T}}(t)\tilde{\boldsymbol{x}}(t)]+\alpha^{2}(t)\{2\|\tilde{\boldsymbol{x}}(t)\|^{2}[\boldsymbol{k}^{\mathrm{T}}(t)\boldsymbol{w}(t-1)-\tilde{\boldsymbol{x}}^{\mathrm{T}}(t)\boldsymbol{b}(t)]\\
&+[\boldsymbol{k}^{\mathrm{T}}(t)\tilde{\boldsymbol{x}}(t)][\tilde{\boldsymbol{x}}^{\mathrm{T}}(t)\boldsymbol{w}(t-1)]\}+\alpha(t)\{\lambda^{0}(t)\|\tilde{\boldsymbol{x}}(t)\|^{2}\\
&+2[\tilde{\boldsymbol{x}}^{\mathrm{T}}(t)\boldsymbol{w}(t-1)][\boldsymbol{k}^{\mathrm{T}}(t)\boldsymbol{w}(t-1)-\tilde{\boldsymbol{x}}^{\mathrm{T}}(t)\boldsymbol{b}(t)]\}\times\lambda^{0}(t)[\tilde{\boldsymbol{x}}^{\mathrm{T}}(t)\boldsymbol{w}(t-1)]
\end{aligned}
\tag{5.67}
$$

$$
\begin{aligned}
&[\tilde{\boldsymbol{x}}^{\mathrm{T}}(t),0]\overline{\boldsymbol{R}}(t)[\boldsymbol{w}^{\mathrm{T}}(t),-1]^{\mathrm{T}}[\beta+\boldsymbol{w}^{\mathrm{T}}(t)\boldsymbol{w}(t)]\\
&-[\boldsymbol{w}^{\mathrm{T}}(t),-1]\overline{\boldsymbol{R}}(t)[\boldsymbol{w}^{\mathrm{T}}(t),-1]^{\mathrm{T}}[\tilde{\boldsymbol{x}}^{\mathrm{T}}(t)\boldsymbol{w}(t)]\\
=&\alpha^{2}(t)\{[\boldsymbol{k}^{\mathrm{T}}(t)\tilde{\boldsymbol{x}}(t)][\tilde{\boldsymbol{x}}^{\mathrm{T}}(t)\boldsymbol{w}(t-1)]-\|\tilde{\boldsymbol{x}}(t)\|^{2}[\boldsymbol{k}^{\mathrm{T}}(t)\boldsymbol{w}(t-1)-\tilde{\boldsymbol{x}}^{\mathrm{T}}(t)\boldsymbol{b}(t)]\}\\
&+\alpha(t)\{[\boldsymbol{k}^{\mathrm{T}}(t)\tilde{\boldsymbol{x}}(t)][\beta+\|\boldsymbol{w}(t-1)\|^{2}]-\lambda^{0}(t)\|\tilde{\boldsymbol{x}}(t)\|^{2}\}\\
&+[\beta+\|\boldsymbol{w}(t-1)\|^{2}][\boldsymbol{k}^{\mathrm{T}}(t)\boldsymbol{w}(t-1)-\tilde{\boldsymbol{x}}^{\mathrm{T}}(t)\boldsymbol{b}(t)]-\lambda^{0}(t)[\tilde{\boldsymbol{x}}^{\mathrm{T}}(t)\boldsymbol{w}(t-1)]=0
\end{aligned}
\tag{5.68}
$$

式(5.68)可以重写为

$$
\alpha^{2}(t)a+\alpha(t)b+c=0
\tag{5.69}
$$

其中

$$
a=[\boldsymbol{k}^{\mathrm{T}}(t)\tilde{\boldsymbol{x}}(t)][\tilde{\boldsymbol{x}}^{\mathrm{T}}(t)\boldsymbol{w}(t-1)]-\|\tilde{\boldsymbol{x}}(t)\|^{2}[\boldsymbol{k}^{\mathrm{T}}(t)\boldsymbol{w}(t-1)-\tilde{\boldsymbol{x}}^{\mathrm{T}}(t)\boldsymbol{b}(t)]
\tag{5.70}
$$

$$
b=[\boldsymbol{k}^{\mathrm{T}}(t)\tilde{\boldsymbol{x}}(t)][\beta+\|\boldsymbol{w}(t-1)\|^{2}]-\lambda^{0}(t)\|\tilde{\boldsymbol{x}}(t)\|^{2}
\tag{5.71}
$$

$$
c=[\boldsymbol{k}^{\mathrm{T}}(t)\boldsymbol{w}(t-1)-\tilde{\boldsymbol{x}}^{\mathrm{T}}(t)\boldsymbol{b}(t)][\beta+\|\boldsymbol{w}(t-1)\|^{2}]-\lambda^{0}(t)[\tilde{\boldsymbol{x}}^{\mathrm{T}}(t)\boldsymbol{w}(t-1)]
\tag{5.72}
$$

式(5.69)的一个解可由下式给出,即

$$\alpha(t)=(-b+\sqrt{b^2-4ac})/2a \tag{5.73}$$

提出的 N-RTLS 算法可总结归纳如下(表 5.4)[31]。

表 5.4　N-RTLS 算法步骤

初始化: $\boldsymbol{w}(0)=[0,0,\cdots,0]^{\mathrm{T}},\lambda(0)=0,\mu=0.99,1.0$		
对于 $t=1,2,\cdots$		MAD's
1	更新数据向量 $\tilde{\boldsymbol{x}}(t)$	
2	更新增益向量 $\boldsymbol{k}(t)$	$7M+2$
3	$\lambda^0(t)=\mu\lambda(t-1)[\beta+\\|\boldsymbol{w}(t-1)\\|^2]+[\boldsymbol{w}^{\mathrm{T}}(t-1)\tilde{\boldsymbol{x}}(t)-d(t)]^2$	$2M+3$
4	$\boldsymbol{b}(t)=\mu\boldsymbol{b}(t-1)+\tilde{\boldsymbol{x}}(t)d(t)$	$2M$
5	$a=[\boldsymbol{k}^{\mathrm{T}}(t)\tilde{\boldsymbol{x}}(t)][\boldsymbol{w}^{\mathrm{T}}(t-1)\tilde{\boldsymbol{x}}(t)]-\\|\tilde{\boldsymbol{x}}(t)\\|^2[\boldsymbol{k}^{\mathrm{T}}(t)\boldsymbol{w}(t-1)-\tilde{\boldsymbol{x}}^{\mathrm{T}}(t)\boldsymbol{b}(t)]$	$4M+2$
6	$b=[\boldsymbol{k}^{\mathrm{T}}(t)\tilde{\boldsymbol{x}}(t)][\beta+\\|\boldsymbol{w}(t-1)\\|^2]-\lambda^0(t)\\|\tilde{\boldsymbol{x}}(t)\\|^2$	2
7	$c=[\boldsymbol{k}^{\mathrm{T}}(t)\boldsymbol{w}(t-1)-\tilde{\boldsymbol{x}}^{\mathrm{T}}(t)\boldsymbol{b}(t)][\beta+\\|\boldsymbol{w}(t-1)\\|^2]-\lambda^0(t)[\boldsymbol{w}^{\mathrm{T}}(t-1)\tilde{\boldsymbol{x}}(t)]$	2
8	$\alpha(t)=(-b+\sqrt{b^2-4ac})/2a$	6
9	$\boldsymbol{w}(t)=\boldsymbol{w}(t-1)+\alpha(t)\tilde{\boldsymbol{x}}(t)$	M
10	$\lambda(t)=\{\lambda^0(t)+2\alpha(t)[\boldsymbol{k}^{\mathrm{T}}(t)\boldsymbol{w}(t-1)-\tilde{\boldsymbol{x}}^{\mathrm{T}}(t)\boldsymbol{b}(t)]$ $+\alpha^2(t)\tilde{\boldsymbol{x}}^{\mathrm{T}}(t)\boldsymbol{k}(t)\}/[\beta+\boldsymbol{w}^{\mathrm{T}}(t)\boldsymbol{w}(t)]$	5
总的实数 MAD 是 $16M+20$(小于 Davila's $22M+74$)		

5. 算法收敛性能分析

下面研究算法的收敛性能。由于序列 $\boldsymbol{w}(t)$ 是一个离散时间动态系统,其收敛性能可用 Lasalle 不变原理来分析[46]。

引理 5.1　对所有 $t\geqslant 0,\nabla\hat{J}(\boldsymbol{w}(t))^{\mathrm{T}}\boldsymbol{x}(t)=0$

证明:由于

$$\frac{\nabla\hat{J}(\boldsymbol{w}(t))}{\partial\alpha(t)}=\nabla\hat{J}\ (\boldsymbol{w}(t))^{\mathrm{T}}\ \frac{\partial\boldsymbol{w}(t)}{\partial\alpha(t)}=\nabla\hat{J}\ (\boldsymbol{w}(t))^{\mathrm{T}}\boldsymbol{x}(t) \tag{5.74}$$

将式(5.56)代入式(5.74),我们直接有 $\nabla\hat{J}(\boldsymbol{w}(t))^{\mathrm{T}}\boldsymbol{x}(t)=0$。证明结束。

定理 5.2　如果 t 足够大,以使 $\bar{\boldsymbol{R}}(t)\to\bar{\boldsymbol{R}}=E\{\bar{\boldsymbol{x}}(t)\bar{\boldsymbol{x}}^{\mathrm{T}}(t)\}$,则当 $t\to\infty$,有 $\boldsymbol{w}(t)\to\boldsymbol{h}$。

证明:序列 $\boldsymbol{w}(t)$ 是在 Frechet 空间上的一个离散时间动态系统,且由一个准紧集组成。由于对所有 $t>0$,存在 $\hat{J}(\boldsymbol{w}(t))\leqslant\hat{J}(\boldsymbol{w}(t-1))$,$\hat{J}(\boldsymbol{w})$ 是序列 $\boldsymbol{w}(t)$ 在 $\Re^M$ 上的一个李雅谱诺夫函数。由于对所有 $t>0$,由于序列 $\boldsymbol{w}(t)$ 显然有界,且维持在 $\Re^M$ 上,因此可以从 Lasalle 不变原理得出结论,即 $\boldsymbol{w}(t)$ 收敛到由下式定义的不变集中

的一点，即

$$F=\{\boldsymbol{w}(t)\mid \hat{J}(\boldsymbol{w}(t))-\hat{J}(\boldsymbol{w}(t-1))=0\} \tag{5.75}$$

下面显示

$$F=\{\boldsymbol{w}_j\mid \boldsymbol{w}_j=-\sqrt{\beta}[\boldsymbol{q}_j]_{1,M}/q_{j,(M+1)},q_{j,(M+1)}\neq 0,j=1,2,\cdots,M+1\} \tag{5.76}$$

从前面的引理，我们有

$$\boldsymbol{x}^{\mathrm{T}}(t)\{[\widetilde{\boldsymbol{R}},\boldsymbol{Rh}][\boldsymbol{w}^{\mathrm{T}}(t),-1]^{\mathrm{T}}-\hat{J}(\boldsymbol{w}(t))\boldsymbol{w}(t)\}=0 \tag{5.77}$$

将 $\boldsymbol{w}(t-1)=\boldsymbol{w}(t)-a(t)\tilde{\boldsymbol{x}}(t)$ 替代 $\hat{J}(\boldsymbol{w}(t))-\hat{J}(\boldsymbol{w}(t-1))=0$，有

$$\begin{aligned}
&\hat{J}(\boldsymbol{w}(t))[\beta+\boldsymbol{w}^{\mathrm{T}}(t)\boldsymbol{w}(t)+\alpha^2(t)\tilde{\boldsymbol{x}}^{\mathrm{T}}(t)\tilde{\boldsymbol{x}}(t)-2\alpha(t)\tilde{\boldsymbol{x}}^{\mathrm{T}}(t)\boldsymbol{w}(t)]\\
&\quad-[\boldsymbol{w}^{\mathrm{T}}(t)-\alpha(t)\tilde{\boldsymbol{x}}^{\mathrm{T}}(t),-1]\widetilde{\boldsymbol{R}}[\boldsymbol{w}^{\mathrm{T}}(t)-\alpha(t)\tilde{\boldsymbol{x}}^{\mathrm{T}}(t),-1]^{\mathrm{T}}\\
&=-2\alpha(t)\tilde{\boldsymbol{x}}^{\mathrm{T}}(t)\{\hat{J}(\boldsymbol{w}(t))\boldsymbol{w}(t)+2\alpha(t)\tilde{\boldsymbol{x}}^{\mathrm{T}}(t)[\widetilde{\boldsymbol{R}},\boldsymbol{Rh}]\}[\boldsymbol{w}^{\mathrm{T}}(t),-1]^{\mathrm{T}}\\
&\quad+\hat{J}(\boldsymbol{w}(t))\{\beta+\boldsymbol{w}^{\mathrm{T}}(t)\boldsymbol{w}(t)+\alpha^2(t)\tilde{\boldsymbol{x}}^{\mathrm{T}}(t)\tilde{\boldsymbol{x}}(t)-[\boldsymbol{w}^{\mathrm{T}}(t),-1]\widetilde{\boldsymbol{R}}[\boldsymbol{w}^{\mathrm{T}}(t),-1]^{\mathrm{T}}\\
&\quad-\alpha^2(t)\tilde{\boldsymbol{x}}^{\mathrm{T}}(t)\widetilde{\boldsymbol{R}}\tilde{\boldsymbol{x}}(t)\}\\
&=\alpha^2(t)[\tilde{\boldsymbol{x}}^{\mathrm{T}}(t)\tilde{\boldsymbol{x}}(t)\hat{J}(\boldsymbol{w}(t))-\tilde{\boldsymbol{x}}^{\mathrm{T}}(t)\widetilde{\boldsymbol{R}}\tilde{\boldsymbol{x}}(t)]\\
&=0
\end{aligned} \tag{5.78}$$

这里我们应用式(5.77)和条件 $\hat{J}(\boldsymbol{w}(t))[\beta+\boldsymbol{w}^{\mathrm{T}}(t)\boldsymbol{w}(t)]-[\boldsymbol{w}^{\mathrm{T}}(t),-1]\overline{\boldsymbol{R}}[\boldsymbol{w}^{\mathrm{T}}(t),-1]^{\mathrm{T}}=0$。由于通常存在$[\tilde{\boldsymbol{x}}^{\mathrm{T}}(t)\tilde{\boldsymbol{x}}(t)\hat{J}(\boldsymbol{w}(t))-\tilde{\boldsymbol{x}}^{\mathrm{T}}(t)\overline{\boldsymbol{R}}\tilde{\boldsymbol{x}}(t)]\neq 0$，我们有 $\alpha(t)=0$，这通常要求

$$\nabla\hat{J}(\boldsymbol{w}(t))=0 \tag{5.79}$$

这意味着，$F=\{\boldsymbol{w}(t)\mid\hat{J}(\boldsymbol{w}(t))-\hat{J}(\boldsymbol{w}(t-1))=0\}$是一个稳定点集，也就是说式(5.76)成立。

另一方面，从上述定理可以显示出，$\hat{J}(\boldsymbol{w}(t))$有唯一的稳定点集 $\boldsymbol{w}(t)=\boldsymbol{h}$。由于鞍点集是不稳定的，可以推断，当 $t\to\infty$时，$\boldsymbol{w}(t)\to\boldsymbol{h}$。定理证明完毕。

6. 算法性能仿真

这里比较 N-RTLS 算法与 Davila RTLS 算法[28] (O-RTLS)、RLS 算法[1]、逆幂(inverse power，IP)算法[11]的性能，仿真曲线为 30 次独立实验平均结果。

例 5.1 线性系统自适应辨识。未知系统脉冲响应为 $\boldsymbol{h}^*=[-0.3,-0.9,0.8,-0.7,0.6]^{\mathrm{T}}$。无噪声输入 $x(k)$是一个 AR 过程，由下式给出 $x(k)=-0.5*x(k-1)+\eta(k)$，这里 $\eta(k)$是一个白的高斯输入噪声，具有零均值和单位偏差。白高斯输入噪声和白高斯输出噪声都具有单位方差，即 $\sigma_i^2=\sigma_o^2=1$。图 5.4 显示了该线性时不变系统的平均估计误差，这里 $\varepsilon=\|\boldsymbol{\theta}_t-\boldsymbol{\theta}^*\|^2$。

为了检验四种算法在一个非稳定环境中的跟踪能力，我们仿真一个时变系统，其参数在时间 $t=500$ 经历一个跳变，使用遗忘因子 $\mu=0.995$。为了对相关算法在不同的输入信号中做一个更宽的对比，无噪声输入 $x(k)$也变成下列一阶 AR 过

程 $x(k)=0.5*x(k-1)+\eta(k)$，这里 $\eta(k)$ 是一个白的高斯噪声序列，具有零均值和单位偏差。输入高斯白噪声和输出高斯白噪声都具有单位方差，即 $\sigma_i^2=\sigma_o^2=1$，其平均估计误差如图 5.5 所示。

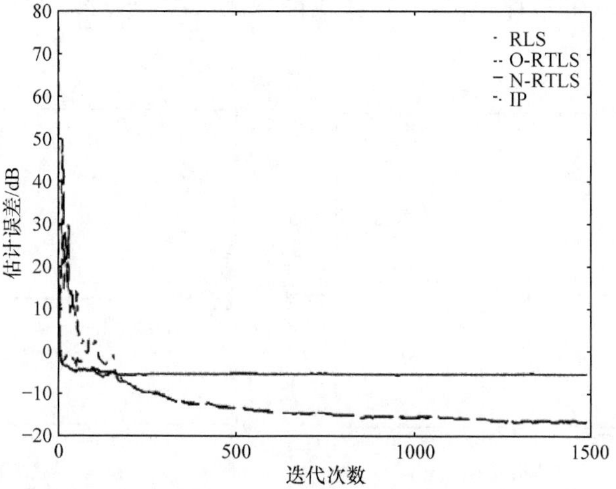

图 5.4 线性时不变系统的平均估计误差

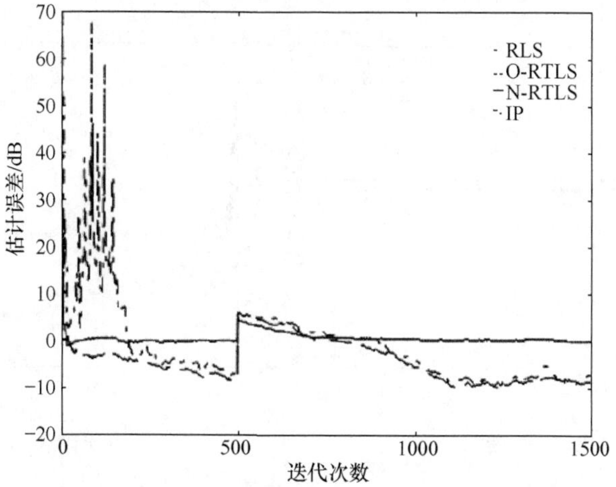

图 5.5 时变系统的平均估计误差($\sigma_i^2=\sigma_o^2=1$)

例 5.2 自适应谐波恢复，我们对 N-RTLS、O-RTLS 和 RLS 算法，基于线性预测方法[47,48]，进行两个自适应谐波恢复实验。估计误差定义为 $\varepsilon(k)=\sum_i^P(\hat{f}_i-f_i)^2$，这里 P 是谐波数量，f_i 和 $\hat{f}_i$ 是第 i 个谐波真值和估计频率。由于 β 很难提前决定，这里取 $\beta=1$。

情形 1 观测数据由一个单正弦波组成，具有 AWGN，方差为 0.25，也就是 $s(t)=\cos(0.2\pi t+\phi)+n(t)$，相位 ϕ 是一个在$[-\pi,\pi]$中具有均值分布的随机变量。N-RTLS、O-RTLS 和 RLS 算法用来估计线性预测参数。图 5.6和图 5.7 是谐波频率 $f=0.1$ 的估计结果，分别在线性预测长度（阶）为 $N=3$ 和 $N=4$ 时的情况。

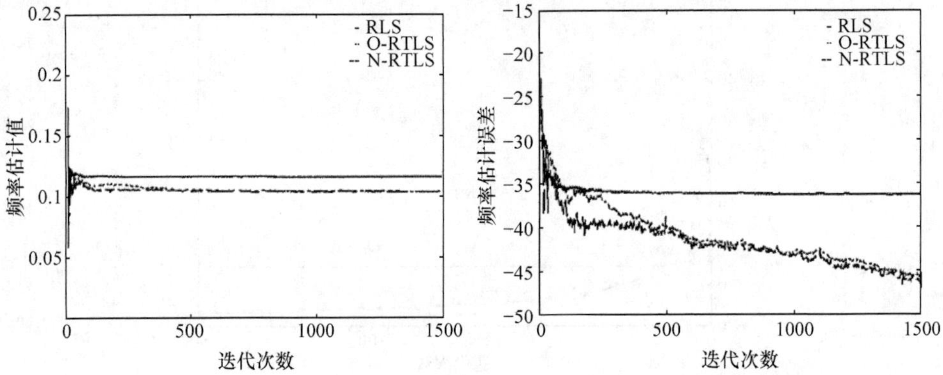

(a) 频率估计结果　　(b) 频率估计误差

图 5.6　谐波频率 $f=0.1$ 的估计结果($N=3$)

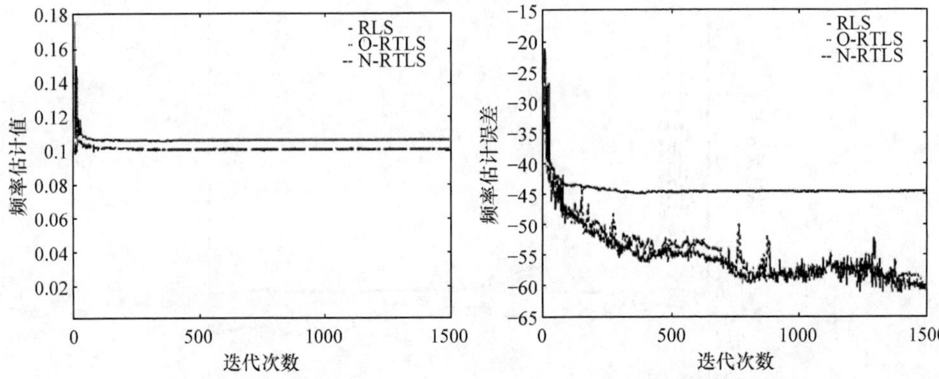

(a) 频率估计结果　　(b) 频率估计误差

图 5.7　谐波频率 $f=0.1$ 的估计结果($N=3$)

情形 2 观测数据由下式给出 $s(t)=\cos(0.4\pi t+\phi_1)+\cos(0.7\pi t+\phi_2)+n(t)$，这里 AWGN 的方差为 0.25，$\phi_1$ 和 ϕ_2 是在$[-\pi,\pi]$均值分布的两个随机变量，且相互独立。在 $N=5$ 和 $N=6$ 两种情况下的估计结果分别显示在图 5.8 和图 5.9。从这些实验结果来看，N-RTLS 和 O-RTLS 两种算法的性能几乎一致。

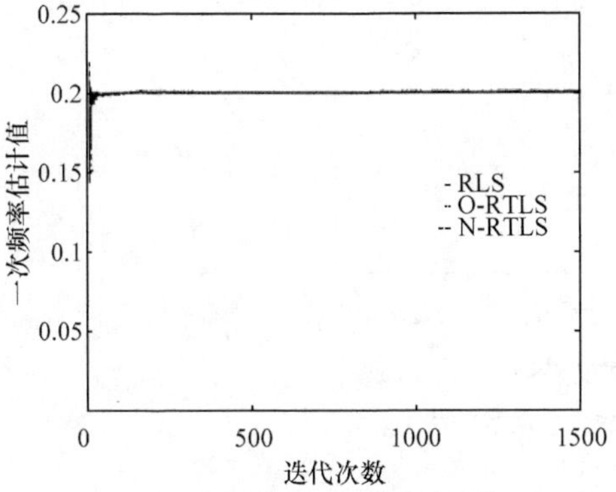

(a) 谐波频率f_1=0.2的估计结果

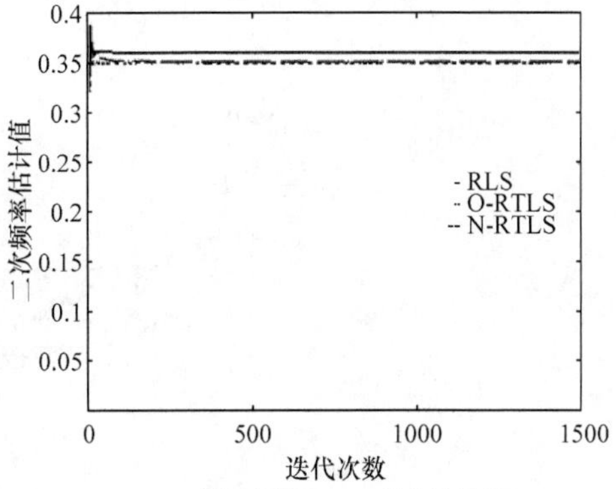

(b) 谐波频率f_1=0.35的估计结果

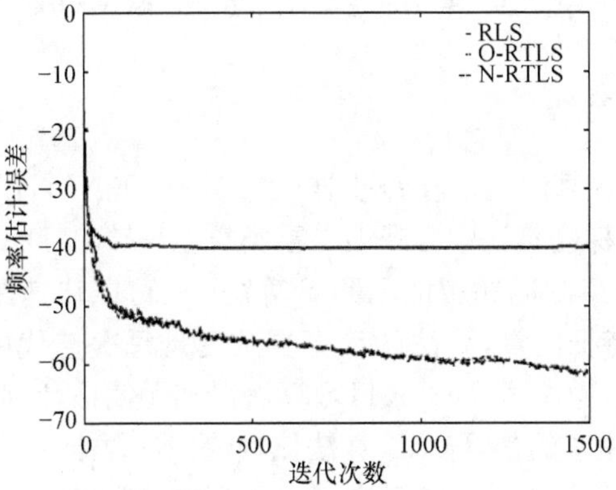

(c) 估计误差

图 5.8　两个正弦信号的估计结果(N=5)

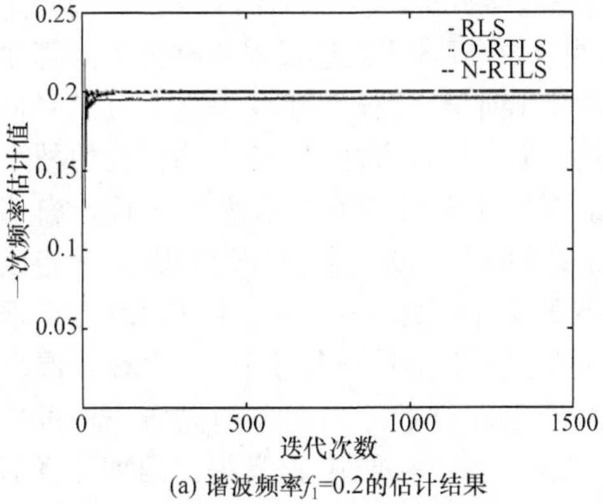

(a) 谐波频率f_1=0.2的估计结果

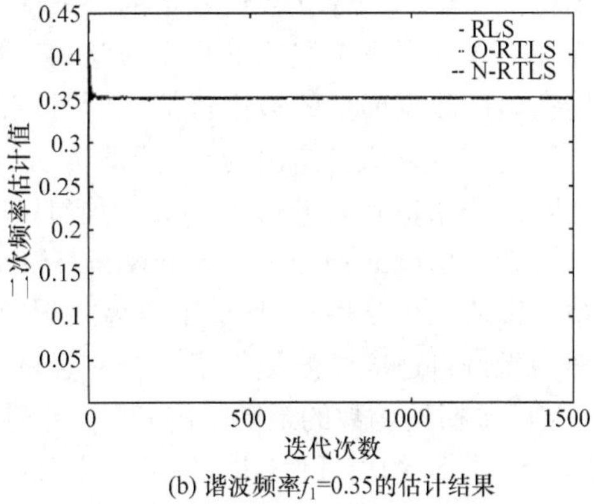

(b) 谐波频率f_1=0.35的估计结果

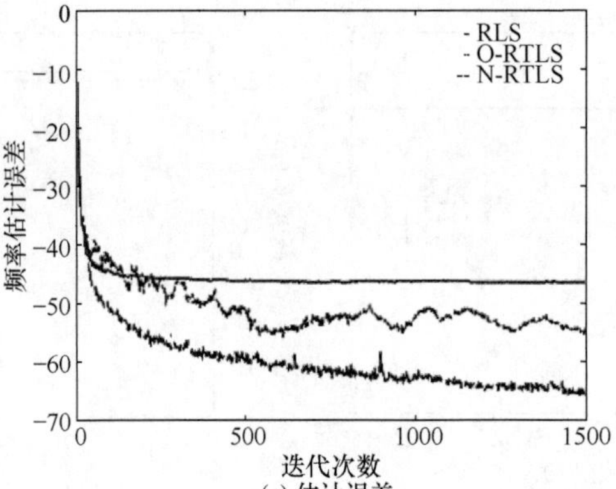

(c) 估计误差

图 5.9 两个正弦信号的估计结果($N=6$)

5.3.2 Feng's AIP 算法

如前所述,RTLS 算法通常在每步迭代中具有 $O(N^2)$ 计算复杂度,这样的算法包括逆幂算法、变梯度算法[26]、最小二乘类算法[27]等。Davila 提出的求解自适应 FIR 滤波器中的 TLS 问题解的 RTLS 算法[28],可以快速跟踪增广相关矩阵的最小特征值对应的特征向量,算法的计算复杂度是每次迭代中 $O(N)$。在系统输入和输出均被高斯白噪声污染时,RTLS 算法得到无偏估计,而且其性能也远好于 RLS 算法[1]。值得注意的是,Davila 算法依赖快速计算卡尔曼增益向量。

文献[35]指出,计算卡尔曼增益向量可能存在潜在的不稳定,因此提出几种有效的解方法来克服这种不稳定,但是这些方法随之有了复杂的结构,增加了计算复杂度。为了维持数值稳定性,RTLS 算法采用卡尔曼增益向量,也有一个更复杂的结构。文献[49]建立数值稳定的快速横向滤波器算法,首次给出 FGV。我们在文献[31]建立了一个快速 RTLS 算法,该算法求解 TLS 解是通过采用梯度下降算法搜索增广数据向量的最小特征值所对应的特征向量,这样在某种程度上可以降低计算复杂度。值得指出的是,TLS 方法、混合 LS-TLS 方法,以及一些存在的技术之间的关系也有人进行了详细的研究[50]。混合 LS-TLS 方法框架[50]等价于自回归滑动平均(autoregressive moving average,ARMA)模型中的分母参数向量施以单位模值约束条件时,均值平方公式误差的最小化。尤其是,混合 LS-TLS 方法框架为无偏自适应滤波提供了一个有趣的方法。文献[51]建立了基于 TLS 或混合 LS-TLS 损失函数的最陡下降算法,并进行了性能分析。文献[52]提出一种可处理 LS、TLS、约束 TLS,以及结构 TLS 的扩展最小二乘准则,而且提出两种计算估计的迭代最小化算法。文献[53]建立了误差白化准则,包括 M 辅助变量。当输入数据被白噪声污染时,该方法可以去除维纳解中的参数估计偏差。

在该部分,仍然在 TLS 框架中研究 FIR 自适应滤波问题。在文献[34]中,我们提出一个快速递归算法用以求取自适应 FIR 滤波器的 TLS 解。假定该 TLS 解可以通过逆幂迭代方法获得，这里引入一个新型的，但近似的逆幂迭代(approximate inverse-power，AIP)，结合 Galerkin 方法使该 TLS 解以较低的计算复杂度自适应地迭代求取。我们也利用 TLS 解的常规形式，约束滤波器参数向量的最后元素为－1。通过有效地计算 FGV，并且使用增广自相关矩阵的一阶更新，进一步减低计算复杂度。与文献[28]的 RTLS 算法相比，提出的算法节省了 $7M$ 个 MAD's(乘、除、平方根数)，而且不同于 Davila's RTLS 算法[28]和 Feng's 快速 RTLS 算法[31]，提出的算法不需要处理一个单变量二次方程的解，也避免平方根运算，算法结构更简单，更容易实施。算法的全局收敛性也进行了详细研究，算法性能进行数值仿真。

1. 信号模型

给定一个向量 $\boldsymbol{v}=[v_1,v_2,\cdots,v_M]^{\mathrm{T}}$，定义 $[\boldsymbol{v}]_{j,i}=[v_j,\cdots,v_i]^{\mathrm{T}}$ 对 $1\leqslant j\leqslant i\leqslant M$。类似地，给定一个矩阵 $\boldsymbol{U}=[\boldsymbol{u}_1^{\mathrm{T}},\boldsymbol{u}_2^{\mathrm{T}},\cdots,\boldsymbol{u}_M^{\mathrm{T}}]^{\mathrm{T}}\in\Re^{M\times M}$，定义 $[\boldsymbol{U}]_{m,n}=[\boldsymbol{u}_m^{\mathrm{T}},\boldsymbol{u}_{m+1}^{\mathrm{T}},\cdots,\boldsymbol{u}_n^{\mathrm{T}}]^{\mathrm{T}}\in\Re^{(n-m+1)\times M}$ 对 $1\leqslant m\leqslant n\leqslant M$。

如图 5.10 所示，未知系统的输入与输出信号均被高斯白噪声污染。设未知系统的 FIR 向量可描述为 $\boldsymbol{h}=[h_0,h_1,\cdots,h_{M-1}]^{\mathrm{T}}$，这里 $\boldsymbol{h}$ 可能是时变的，期望输出为 $d(t)=\boldsymbol{x}^{\mathrm{T}}(t)\boldsymbol{h}+n_o(t)$，这里 $n_o(t)$ 是具有方差 σ_o^2 和零均值的输出数据中的 AWGN，与输入信号独立。无噪声输入向量 $\boldsymbol{x}(t)\in\Re^{M\times 1}$ 可以表示为 $\boldsymbol{x}(t)=[x(t),x(t-1),\cdots,x(t-M+1)]^{\mathrm{T}}$。自适应 FIR 滤波器的噪声输入向量 $\tilde{\boldsymbol{x}}(t)\in\Re^{M\times 1}$ 为 $\tilde{\boldsymbol{x}}(t)=\boldsymbol{x}(t)+\boldsymbol{n}_i(t)$，这里 $\boldsymbol{n}_i(t)=[n_i(t),n_i(t-1),\cdots,n_i(t-M+1)]^{\mathrm{T}}$，而且 $n_i(t)$ 是均值为零，方差为 σ_i^2 的 AWGN。增广数据向量可定义为 $\bar{\boldsymbol{x}}(t)=[\tilde{\boldsymbol{x}}^{\mathrm{T}}(t),d(t)]^{\mathrm{T}}\in R^{(M+1)\times 1}$。假定输入信号 $\boldsymbol{x}(t)$，输入噪声 $n_i(t)$ 和输出噪声 $n_o(t)$ 彼此独立。定义无噪声输入向量的自相关矩阵为 $\boldsymbol{R}=E\{\boldsymbol{x}(t)\boldsymbol{x}^{\mathrm{T}}(t)\}$，则有噪声输入向量的自相关矩阵为 $\tilde{\boldsymbol{R}}=E\{\tilde{\boldsymbol{x}}(t)\tilde{\boldsymbol{x}}^{\mathrm{T}}(t)\}=\boldsymbol{R}+\sigma_i^2\boldsymbol{I}$，增广数据向量的自相关矩阵可以表示为 $\bar{\boldsymbol{R}}=E\{\bar{\boldsymbol{x}}(t)\bar{\boldsymbol{x}}^{\mathrm{T}}(t)\}=\begin{bmatrix}\tilde{\boldsymbol{R}} & \boldsymbol{b}\\ \boldsymbol{b}^{\mathrm{T}} & c\end{bmatrix}$，$\boldsymbol{b}=E\{\tilde{\boldsymbol{x}}(t)d(t)\}=\boldsymbol{R}\boldsymbol{h}$，$\boldsymbol{c}=E\{d(t)d(t)\}=\boldsymbol{h}^{\mathrm{T}}\boldsymbol{R}\boldsymbol{h}+\sigma_o^2$。引入如下矩阵，即

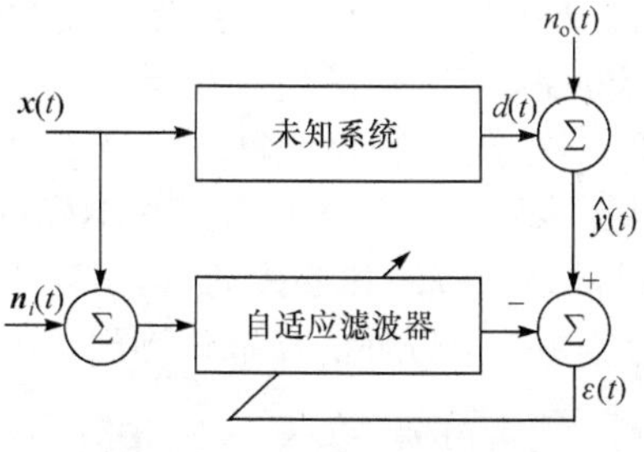

图 5.10　使用具有输入噪声的自适应 FIR 滤波器辨识未知系统 $\boldsymbol{h}=[h_0,h_1,\cdots,h_{M-1}]^{\mathrm{T}}$

$$\boldsymbol{R}^{*}=\begin{bmatrix}\boldsymbol{R} & \boldsymbol{Rh}\\ \boldsymbol{h}^{\mathrm{T}}\boldsymbol{R} & \boldsymbol{h}^{\mathrm{T}}\boldsymbol{Rh}\end{bmatrix} \tag{5.80}$$

显然有 $\boldsymbol{R}^{*}[\boldsymbol{h}^{\mathrm{T}},-1]^{\mathrm{T}}=0$。

为了有效搜索自适应 FIR 滤波器的 TLS 解，Davila 引入下列瑞利商，即

$$J(\boldsymbol{q})=(\boldsymbol{q}^{\mathrm{T}}\bar{\boldsymbol{R}}\boldsymbol{q})/(\boldsymbol{q}^{\mathrm{T}}\bar{\boldsymbol{D}}\boldsymbol{q}) \tag{5.81}$$

其中，$\boldsymbol{q}\in\Re^{(M+1)\times 1}$ 是参数向量；$\bar{\boldsymbol{D}}=\mathrm{diag}(\boldsymbol{I}_M,\xi)$ 是对角加权矩阵，$\xi=\sigma_o^2/\sigma_i^2$ 是输出噪声方差与输入噪声方差的比值。

文献[28]显示出，如果 $\boldsymbol{q}^{*}$ 是与 $J(\boldsymbol{q})$ 的最小化相关联的参数向量，q_{M+1}^{*} 是 $\boldsymbol{q}^{*}$ 的最后一个元素，则自适应 FIR 滤波器的无偏解可由下式获得，即

$$\begin{pmatrix}\boldsymbol{w}_{\mathrm{TLS}}\\ -1\end{pmatrix}=-\boldsymbol{q}^{*}/q_{M+1}^{*} \tag{5.82}$$

2. 逆幂迭代

如果 $\bar{\boldsymbol{R}}$ 是正定矩阵，$\bar{\boldsymbol{D}}$ 是半正定矩阵，则由矩阵理论可得矩阵对 $(\bar{\boldsymbol{R}},\bar{\boldsymbol{D}})$ 有广义特征值分解(generalized eigenvalue decomposition，GEVD)：$\bar{\boldsymbol{V}}^{\mathrm{T}}\bar{\boldsymbol{D}}\bar{\boldsymbol{V}}=\boldsymbol{\Gamma}$，$\bar{\boldsymbol{V}}^{\mathrm{T}}\bar{\boldsymbol{R}}\bar{\boldsymbol{V}}=\boldsymbol{\Phi}$，这里 $\boldsymbol{\Gamma}=\mathrm{diag}(\rho_1,\rho_2,\cdots,\rho_{M+1})$，$\boldsymbol{\Phi}=\mathrm{diag}(\varphi_1,\varphi_2,\cdots,\varphi_{M+1})$，$\bar{\boldsymbol{V}}=[\bar{\boldsymbol{v}}_1,\bar{\boldsymbol{v}}_2,\cdots,\bar{\boldsymbol{v}}_{M+1}]\in\Re^{(M+1)\times(M+1)}$ 是一个非奇异矩阵。让所有广义特征值 $\bar{\lambda}_i=\varphi_i/\rho_i(i=1,2,\cdots,M+1)$ 以非增长顺序排列，即 $\bar{\lambda}_1\geqslant\bar{\lambda}_2\geqslant\cdots\geqslant\bar{\lambda}_{M+1}$，则我们有 $\bar{\boldsymbol{R}}\bar{\boldsymbol{v}}_i=\bar{\lambda}_i\bar{\boldsymbol{D}}\bar{\boldsymbol{v}}_i(i=1,2,\cdots,M+1)$。显然有 $\bar{\boldsymbol{D}}=\bar{\boldsymbol{V}}^{-\mathrm{T}}\boldsymbol{\Gamma}\bar{\boldsymbol{V}}^{-1}$，$\bar{\boldsymbol{R}}=\bar{\boldsymbol{V}}^{-\mathrm{T}}\boldsymbol{\Phi}\bar{\boldsymbol{V}}^{-1}$。容易看出，$\bar{\lambda}_{M+1}=\sigma_i^2$ 和 $\bar{\boldsymbol{v}}_{M+1}=[\boldsymbol{h}^{\mathrm{T}},-1]/\|[\boldsymbol{h}^{\mathrm{T}},-1]\|$。由于 $\bar{\boldsymbol{v}}_{M+1}$ 与 FIR 滤波器的无偏解相关联，我们提出一个迭代算法寻找最小广义特征值 $\bar{\lambda}_{M+1}=\sigma_i^2$ 对应期望的广义特征向量 $\bar{\boldsymbol{v}}_{M+1}$。

自适应 FIR 滤波器的 TLS 解通常只与矩阵对 $(\bar{\boldsymbol{R}},\bar{\boldsymbol{D}})$ 的最小广义特征值对应的单个特征向量相关联。逆幂迭代[8]可以提供有效的寻求与矩阵对 $(\bar{\boldsymbol{R}},\bar{\boldsymbol{D}})$ 的最小广义特征值对应的单个特征向量的技术。这里简单叙述如下。随机产生初始值 $\boldsymbol{q}(0)$，对 $l=1,2,\cdots$，解一组线性方程，即

$$\bar{\boldsymbol{R}}\widehat{\boldsymbol{q}}(t)=\bar{\boldsymbol{D}}\boldsymbol{q}(t-1) \tag{5.83}$$

执行下列规范化，即

$$\boldsymbol{q}(t)=\widehat{\boldsymbol{q}}(t)/\|\widehat{\boldsymbol{q}}(t)\|_2 \tag{5.84}$$

由文献[28]可知，逆幂迭代全局指数收敛到矩阵对 $(\bar{\boldsymbol{R}},\bar{\boldsymbol{D}})$ 的最小广义特征值相对应的特征向量。遗憾的是，该逆幂迭代算法具有 $O(M^3)$ 计算复杂度。当然，如果 $\bar{\boldsymbol{R}}$ 通过矩阵求逆引理公式来更新，算法复杂度会变为 $O(M^2)$。矩阵求逆引理的潜在的不稳定可能导致逆乘幂迭代方法具有潜在不稳定性能。

虽然上述逆幂迭代通常是有效的和鲁棒的，但是并不适合于寻求自适应 FIR 滤波器中的 TLS 解，因为需要一个额外的规范化操作。由自适应 FIR 滤波器的无偏解公式 $\begin{bmatrix}\boldsymbol{w}_{\mathrm{TLS}}\\ -1\end{bmatrix}=-\boldsymbol{q}^{*}/q_{M+1}^{*}$，可以看出与矩阵对 $(\bar{\boldsymbol{R}},\bar{\boldsymbol{D}})$ 的最小广义特征值相对应

的非规范化特征向量应具有下列形式，即

$$\boldsymbol{q}=[\boldsymbol{w}^{\mathrm{T}},-1]^{\mathrm{T}},\quad \boldsymbol{w}\in R^{M} \tag{5.85}$$

即所需要的非规范化特征向量的最后一个元素应当等于－1。为了维持与矩阵对$(\bar{\boldsymbol{R}},\bar{\boldsymbol{D}})$的最小广义特征值相对应的非规范化特征向量具有上述形式，我们提出另一个逆乘幂迭代方法。

随机产生初始值 $w(0)$，对 $t=1,2,\cdots$，解一组线性方程，即

$$\bar{\boldsymbol{R}}\widehat{\boldsymbol{q}}(t)=\bar{\boldsymbol{D}}[\boldsymbol{w}^{\mathrm{T}}(t-1),-1]^{\mathrm{T}} \tag{5.86}$$

而且执行下列规范化，即

$$[\boldsymbol{w}^{\mathrm{T}}(t),-1]^{\mathrm{T}}=-\widehat{\boldsymbol{q}}(t)/[\widehat{\boldsymbol{q}}(t)]_{M+1,M+1} \tag{5.87}$$

对上述的迭代有如下引理。

引理 5.2　给定矩阵对$(\bar{\boldsymbol{R}},\bar{\boldsymbol{D}})$，如果最小广义特征值 $\bar{\lambda}_{M+1}=\sigma_i^2$ 不同于其他特征值，且$[\bar{\boldsymbol{V}}^{-1}]_{M+1,M+1}\breve{\boldsymbol{w}}(0)\neq 0$，则式(5.86)和式(5.87)中的 $\breve{\boldsymbol{w}}(t)=[\boldsymbol{w}^{\mathrm{T}}(t),-1]^{\mathrm{T}}$，当 $t\to\infty$时全局指数收敛到$-\bar{\boldsymbol{v}}_{M+1}/[\bar{\boldsymbol{v}}_{M+1}]_{M+1,M+1}=[\boldsymbol{h}^{\mathrm{T}},-1]^{\mathrm{T}}$。

结合式(5.86)和式(5.87)，我们给出如下等价的逆乘幂迭代方法。

随机产生初始值 $w(0)$：对 $t=1,2,\cdots$，解一组线性方程，即

$$\bar{\boldsymbol{R}}[\boldsymbol{w}^{\mathrm{T}}(t),-1]^{\mathrm{T}}=\gamma(t)\bar{\boldsymbol{D}}[\boldsymbol{w}^{\mathrm{T}}(t-1),-1]^{\mathrm{T}} \tag{5.88}$$

其中，$\gamma(t)$是一个随时间变化的标量系数。

为了方便收敛分析，结合式(5.85)，损失函数式(5.81)可以重新写为

$$\hat{J}(\boldsymbol{w})=[\boldsymbol{w}^{\mathrm{T}},-1]\bar{\boldsymbol{R}}[\boldsymbol{w}^{\mathrm{T}},-1]^{\mathrm{T}}/[\boldsymbol{w}^{\mathrm{T}},-1]\bar{\boldsymbol{D}}[\boldsymbol{w}^{\mathrm{T}},-1]^{\mathrm{T}} \tag{5.89}$$

由于 $\boldsymbol{q}$ 的最后一个元素被限制到－1，我们将上述损失函数称为约束瑞利商。

对于约束瑞利商，下列引理成立。

引理 5.3[32]　如果 $\boldsymbol{R}$ 全秩，则 $\hat{J}(\boldsymbol{w})$的平衡点 $\boldsymbol{w}=\boldsymbol{h}$ 是唯一的全局最小点，别的平衡点是鞍点或不稳定的。

该引理显示出损失函数 $\hat{J}(\boldsymbol{w})$可作为一个动态系统的能量函数。

3. 算法

这一部分提出一个有效的算法寻找自适应 FIR 滤波问题的 TLS 解。算法的基本思想是使用 Galerkin 方法实施一个近似逆乘幂迭代，将输入数据向量方向作为更新方向，得到的算法具有计算复杂度 $O(M)$。

首先，参数向量沿着噪声输入向量 $\tilde{\boldsymbol{x}}(t)$按如下公式更新，即

$$\boldsymbol{w}(t)=\boldsymbol{w}(t-1)+\beta(t)\tilde{\boldsymbol{x}}(t) \tag{5.90}$$

其中，$\beta(t)$是未知参数。

将 $\boldsymbol{w}(t)$代入式(5.88)可以得到下式，即

$$\bar{\boldsymbol{R}}[\boldsymbol{w}^{\mathrm{T}}(t-1)+\beta(t)\tilde{\boldsymbol{x}}^{\mathrm{T}}(t),-1]^{\mathrm{T}}=\gamma(t)\bar{\boldsymbol{D}}[\boldsymbol{w}^{\mathrm{T}}(t-1),-1]^{\mathrm{T}} \tag{5.91}$$

可以看出，上式是关于未知参数$\beta(t)$和$\gamma(t)$的一个超定集线性方程组，可以应用最

小二乘方法来求解。为了有效地确定这两个参数，在此应用 Galerkin 方法[54]。用 $[\tilde{\boldsymbol{x}}^{\mathrm{T}}(t),0]$ 和 $-[\boldsymbol{w}^{\mathrm{T}}(t-1),-1]$ 分别左乘式(5.91)，可得

$$[\tilde{\boldsymbol{x}}^{\mathrm{T}}(t),0](\tilde{\boldsymbol{R}}(t)\{[\boldsymbol{w}(t-1)+\beta(t)\tilde{\boldsymbol{x}}(t)]^{\mathrm{T}},-1\}^{\mathrm{T}}-\gamma(t)\bar{\boldsymbol{D}}[\boldsymbol{w}^{\mathrm{T}}(t-1),-1]^{\mathrm{T}})=0 \tag{5.92a}$$

$$-[\boldsymbol{w}^{\mathrm{T}}(t-1),-1](\tilde{\boldsymbol{R}}(t)\{[\boldsymbol{w}(t-1)+\beta(t)\tilde{\boldsymbol{x}}(t)]^{\mathrm{T}},-1\}^{\mathrm{T}}-\gamma(t)\bar{\boldsymbol{D}}[\boldsymbol{w}^{\mathrm{T}}(t-1),-1]^{\mathrm{T}})=0 \tag{5.92b}$$

注意到，$\bar{\boldsymbol{R}}(t)$ 可以由一个迭代公式计算，即

$$\bar{\boldsymbol{R}}(t)=\begin{bmatrix}\tilde{\boldsymbol{R}}(t) & \boldsymbol{b}(t)\\ \boldsymbol{b}^{\mathrm{T}}(t) & c(t)\end{bmatrix}=\mu\bar{\boldsymbol{R}}(t-1)+\bar{\boldsymbol{x}}(t)\bar{\boldsymbol{x}}^{\mathrm{T}}(t) \tag{5.93}$$

其中

$$\begin{cases}\tilde{\boldsymbol{R}}(t)=\mu\tilde{\boldsymbol{R}}(t-1)+\tilde{\boldsymbol{x}}(t)\tilde{\boldsymbol{x}}^{\mathrm{T}}(t)\\ \boldsymbol{b}(t)=\mu\boldsymbol{b}(t-1)+\tilde{\boldsymbol{x}}(t)d(t)\\ c(t)=\mu c(t-1)+d(t)d(t)\end{cases} \tag{5.94}$$

式(5.93)和式(5.94)中的参数 μ 是遗忘因子。将式(5.93)和式(5.94)代入式(5.92)，可以得到下式，即

$$[\tilde{\boldsymbol{x}}^{\mathrm{T}}(t)\tilde{\boldsymbol{R}}(t),\tilde{\boldsymbol{x}}^{\mathrm{T}}(t)\boldsymbol{b}(t)]\{[\boldsymbol{w}(t-1)+\beta(t)\tilde{\boldsymbol{x}}(t)]^{\mathrm{T}},-1\}^{\mathrm{T}}-\gamma(t)[\tilde{\boldsymbol{x}}^{\mathrm{T}}(t)\boldsymbol{w}(t-1)]=0 \tag{5.95a}$$

$$\begin{aligned}-[\boldsymbol{w}^{\mathrm{T}}(t-1),-1]\tilde{\boldsymbol{R}}(t)[\boldsymbol{w}^{\mathrm{T}}(t-1),-1]^{\mathrm{T}}-\beta(t)[\boldsymbol{w}^{\mathrm{T}}(t-1),-1]\tilde{\boldsymbol{R}}(t)[\tilde{\boldsymbol{x}}^{\mathrm{T}}(t),0]^{\mathrm{T}}\\ +\gamma(t)[\boldsymbol{w}^{\mathrm{T}}(t-1)\boldsymbol{w}(t-1)+\xi]=0\end{aligned} \tag{5.95b}$$

通过计算，上式可以进一步表示为

$$\begin{aligned}&\beta(t)[\tilde{\boldsymbol{x}}^{\mathrm{T}}(t)\tilde{\boldsymbol{R}}(t)\tilde{\boldsymbol{x}}(t)]-\gamma(t)[\tilde{\boldsymbol{x}}^{\mathrm{T}}(t)\boldsymbol{w}(t-1)]\\ &=-[\tilde{\boldsymbol{x}}^{\mathrm{T}}(t)\tilde{\boldsymbol{R}}(t)\boldsymbol{w}(t-1)]+\tilde{\boldsymbol{x}}^{\mathrm{T}}(t)\boldsymbol{b}(t)\end{aligned} \tag{5.96a}$$

$$\begin{aligned}&-\beta(t)[\boldsymbol{w}^{\mathrm{T}}(t-1)\tilde{\boldsymbol{R}}(t)\tilde{\boldsymbol{x}}(t)-\boldsymbol{b}^{\mathrm{T}}(t)\tilde{\boldsymbol{x}}(t)]+\gamma(t)[\boldsymbol{w}^{\mathrm{T}}(t-1)\boldsymbol{w}(t-1)+\xi]\\ &=[\boldsymbol{w}^{\mathrm{T}}(t-1),-1]\tilde{\boldsymbol{R}}(t)[\boldsymbol{w}^{\mathrm{T}}(t-1),-1]^{\mathrm{T}}\end{aligned} \tag{5.96b}$$

为了有效地计算式(5.96)，令

$$y(t)=\boldsymbol{w}^{\mathrm{T}}(t-1)\tilde{\boldsymbol{x}}(t) \tag{5.97}$$

$$\boldsymbol{k}(t)=\tilde{\boldsymbol{R}}(t)\tilde{\boldsymbol{x}}(t) \tag{5.98}$$

$$\begin{cases}a_1(t)=\boldsymbol{b}^{\mathrm{T}}(t)\tilde{\boldsymbol{x}}(t)\\ a_2(t)=\tilde{\boldsymbol{x}}^{\mathrm{T}}(t)\boldsymbol{k}(t)\\ a_3(t)=\boldsymbol{w}^{\mathrm{T}}(t-1)\boldsymbol{k}(t)\\ a_4(t)=\boldsymbol{w}^{\mathrm{T}}(t-1)\boldsymbol{w}(t-1)+\xi\end{cases} \tag{5.99}$$

$$\begin{cases}\zeta^0(t)=[\boldsymbol{w}^{\mathrm{T}}(t-1),-1]\bar{\boldsymbol{R}}(t)[\boldsymbol{w}^{\mathrm{T}}(t-1),-1]^{\mathrm{T}}\\ \zeta^1(t)=[\boldsymbol{w}^{\mathrm{T}}(t),-1]\bar{\boldsymbol{R}}(t)[\boldsymbol{w}^{\mathrm{T}}(t),-1]^{\mathrm{T}}\end{cases} \tag{5.100}$$

增益向量 $\boldsymbol{k}(t)$ 最早在文献[49]中定义。一步一步迭代算法则是由文献[31]给出的。

注意到依靠增益向量 $\boldsymbol{k}(t)$，两个变量 $\zeta^0(t)$ 和 $\zeta^1(t)$ 可以通过下列式子有效地计算，即

$$\begin{aligned}\zeta^0(t)&=[\boldsymbol{w}^{\mathrm{T}}(t-1),-1][\mu\widetilde{\boldsymbol{R}}(t-1)+\boldsymbol{x}(t)\tilde{\boldsymbol{x}}^{\mathrm{T}}(t)][\boldsymbol{w}^{\mathrm{T}}(t-1),-1]^{\mathrm{T}}\\&=\mu\zeta(t-1)+[y(t)-d(t)]^2\end{aligned}\tag{5.101}$$

$$\begin{aligned}\zeta(t)&=[\boldsymbol{w}^{\mathrm{T}}(t-1)+\beta(t)\tilde{\boldsymbol{x}}^{\mathrm{T}}(t),-1]\widetilde{\boldsymbol{R}}(t)\times[\boldsymbol{w}^{\mathrm{T}}(t-1)+\beta(t)\tilde{\boldsymbol{x}}^{\mathrm{T}}(t),-1]^{\mathrm{T}}\\&=\zeta^0(t)+2\beta(t)[\boldsymbol{k}^{\mathrm{T}}(t)\boldsymbol{w}(t-1)-\boldsymbol{b}^{\mathrm{T}}(t)\tilde{\boldsymbol{x}}(t)]+\beta^2(t)\boldsymbol{k}^{\mathrm{T}}(t)\tilde{\boldsymbol{x}}(t)\end{aligned}\tag{5.102}$$

通过使用式(5.97)～式(5.101)，式(5.96)可以重写为

$$\beta(t)a_2(t)-\gamma(t)y(t)=-a_3(t)+a_1(t)\tag{5.103a}$$

$$-\beta(t)[a_3(t)-a_1(t)]+a_4(t)\gamma(t)=\zeta^0(t)\tag{5.103b}$$

上面两式写成矩阵形式为

$$\begin{bmatrix}a_2(t) & -y(t)\\ -a_3(t)+a_1(t) & a_4(t)\end{bmatrix}\begin{bmatrix}\beta(t)\\ \gamma(t)\end{bmatrix}=\begin{bmatrix}-a_3(t)+a_1(t)\\ \zeta^0(t)\end{bmatrix}\tag{5.104}$$

解上式可得

$$\begin{aligned}\beta(t)&=\begin{bmatrix}-a_3(t)+a_1(t) & -y(t)\\ \zeta^0(t) & a_4(t)\end{bmatrix}\Big/\begin{bmatrix}a_2(t) & -y(t)\\ -a_3(t)+a_1(t) & a_4(t)\end{bmatrix}\\&=\{\zeta^0(t)y(t)-a_4(t)[a_3(t)-a_1(t)]\}/\{a_2(t)a_4(t)-y(t)[a_3(t)-a_1(t)]\}\end{aligned}\tag{5.105}$$

注意到对于寻找 FIR 滤波器的 TLS 解，$\gamma(t)$ 并无帮助。在上述推导的基础上，可以将提出的算法步骤归结为表 5.5，称为 AIP 算法。

表 5.5 AIP 算法步骤

初始化 $\boldsymbol{w}(0)=[0,0,\cdots,0]^{\mathrm{T}},\boldsymbol{b}(0)=0,\zeta(0)=0,\mu=0.99\sim1.0$		
对于 $t=1,2,\cdots$		MAD's
1	更新数据向量 $\tilde{\boldsymbol{x}}(t)$	
2	更新增益向量 $\boldsymbol{k}(t)$	$7M+2$
3	$y(t)=\boldsymbol{w}^{\mathrm{T}}(t-1)\tilde{\boldsymbol{x}}(t)$	M
4	$\zeta^0(t)=\mu\zeta(t-1)+[y(t)-d(t)]^2$	2
5	$\boldsymbol{b}(t)=\mu\boldsymbol{b}(t-1)+\tilde{\boldsymbol{x}}(t)d(t)$	$2M$
6	$a_1(t)=\boldsymbol{b}^{\mathrm{T}}(t)\tilde{\boldsymbol{x}}(t),a_2(t)=\tilde{\boldsymbol{x}}^{\mathrm{T}}(t)\boldsymbol{k}(t),a_3(t)=\boldsymbol{w}^{\mathrm{T}}(t-1)\boldsymbol{k}(t)$ $a_4(t)=\boldsymbol{w}^{\mathrm{T}}(t-1)\boldsymbol{w}(t-1)+\xi$	$4M$
7	$\beta(t)=\{\zeta^0(t)y(t)-a_4(t)[a_3(t)-a_1(t)]\}/\{a_2(t)a_4(t)-y(t)[a_3(t)-a_1(t)]\}$	5
8	$\boldsymbol{w}(t)=\boldsymbol{w}(t-1)+\beta(t)\tilde{\boldsymbol{x}}(t)$	M
9	$\zeta(t)=\zeta^0(t)+2\beta(t)[\boldsymbol{k}^{\mathrm{T}}(t)\boldsymbol{w}(t-1)-\boldsymbol{b}^{\mathrm{T}}(t)\tilde{\boldsymbol{x}}(t)]+\beta^2(t)\boldsymbol{k}^{\mathrm{T}}(t)\tilde{\boldsymbol{x}}(t)$	3
总的 MAD 是 $15M+12$		

值得指出的是 AIP 算法的 MAD's 是 15M＋12。由于文献[28]算法的 MAD's 是 22M＋74，文献[31]算法的 MAD's 是 16M＋20，AIP 算法的计算复杂度不仅远远低于文献[28]的算法，而且也低于文献[31]的算法。与文献[28]，[31]算法相比，AIP 算法结构要简单得多，可以更容易的实施。

4. 算法收敛性分析

为了分析算法的收敛特性，考虑 *AIP* 算法产生的随机序列 $\boldsymbol{w}(t)$。假定序列 $\boldsymbol{w}(t)$ 是一个离散动态系统，其收敛性能可通过著名的能量函数方法来证明。

引理 5.4 如果 t 足够大以便 $\bar{\boldsymbol{R}}(t)\to\bar{\boldsymbol{R}}$，则 $\hat{J}(\boldsymbol{w}(t))$ 是单调下降的，即 $\hat{J}(\boldsymbol{w}(t))\leqslant\hat{J}(\boldsymbol{w}(t-1))$。

证明[34]：将 $\boldsymbol{w}(t)=\boldsymbol{w}(t-1)+\beta(t)\tilde{\boldsymbol{x}}(t)$ 代入表达式 $\hat{J}(\boldsymbol{w}(t))-\hat{J}(\boldsymbol{w}(t-1))$ 可以得到下式，即

$$\begin{aligned}
&\hat{J}(\boldsymbol{w}(t))-\hat{J}(\boldsymbol{w}(t-1))\\
&=\frac{[\boldsymbol{w}^{\mathrm{T}}(t-1)+\beta(t)\bar{\boldsymbol{x}}^{\mathrm{T}}(t),-1]\bar{\boldsymbol{R}}[\boldsymbol{w}^{\mathrm{T}}(t-1)+\beta(t)\bar{\boldsymbol{x}}^{\mathrm{T}}(t),-1]^{\mathrm{T}}}{[\boldsymbol{w}^{\mathrm{T}}(t-1)+\beta(t)\bar{\boldsymbol{x}}^{\mathrm{T}}(t),-1]\bar{\boldsymbol{D}}[\boldsymbol{w}^{\mathrm{T}}(t-1)+\beta(t)\bar{\boldsymbol{x}}^{\mathrm{T}}(t),-1]^{\mathrm{T}}}-\frac{[\boldsymbol{w}^{\mathrm{T}}(t-1),-1]\bar{\boldsymbol{R}}[\boldsymbol{w}^{\mathrm{T}}(t-1),-1]^{\mathrm{T}}}{\boldsymbol{w}^{\mathrm{T}}(t-1)\boldsymbol{w}(t-1)+\zeta}\\
&=\frac{[\boldsymbol{w}^{\mathrm{T}}(t-1),-1]\bar{\boldsymbol{R}}[\boldsymbol{w}^{\mathrm{T}}(t-1),-1]^{\mathrm{T}}+2\beta(t)[\boldsymbol{w}^{\mathrm{T}}(t-1),-1]\bar{\boldsymbol{R}}[\bar{\boldsymbol{x}}^{\mathrm{T}}(t),0]^{\mathrm{T}}+\beta^2\bar{\boldsymbol{x}}^{\mathrm{T}}(t)\bar{\boldsymbol{R}}\bar{\boldsymbol{x}}(t)}{[\boldsymbol{w}^{\mathrm{T}}(t-1)\boldsymbol{w}(t-1)+\zeta]+2\beta(t)y(t)+\beta^2\|\bar{\boldsymbol{x}}(t)\|^2}\\
&\quad-\frac{[\boldsymbol{w}^{\mathrm{T}}(t-1),-1]\bar{\boldsymbol{R}}[\boldsymbol{w}^{\mathrm{T}}(t-1),-1]^{\mathrm{T}}}{\boldsymbol{w}^{\mathrm{T}}(t-1)\boldsymbol{w}(t-1)+\zeta}
\end{aligned}\tag{5.106}$$

通过表 5.5 和式(5.93)，式(5.97)～式(5.99)，式(5.104)和式(5.105)，则式(5.106)可以进一步写为式(5.107)，即

$$\begin{aligned}
&\hat{J}(\boldsymbol{w}(t))-\hat{J}(\boldsymbol{w}(t-1))\\
&=\frac{\zeta^0(t)+2\beta(t)[a_3(t)-a_1(t)]+\beta^2(t)a_2(t)}{a_4(t)+2\beta(t)y(t)+\beta^2(t)\|\bar{\boldsymbol{x}}(t)\|^2}-\frac{\zeta^0(t)}{a_4(t)}\\
&=\frac{a_4(t)[\zeta^0(t)+2\beta(t)[a_3(t)-a_1(t)]+\beta^2(t)a_2(t)]-\zeta^0(t)[a_4(t)+2\beta(t)y(t)+\beta^2(t)\|\bar{\boldsymbol{x}}(t)\|^2]}{a_4(t)[a_4(t)+2\beta(t)y(t)+\beta^2(t)\|\bar{\boldsymbol{x}}(t)\|^2]}\\
&=\frac{-2\beta(t)\{\zeta^0(t)y(t)-a_4(t)[a_3(t)-a_1(t)]\}+\beta^2(t)[a_2(t)a_4(t)-\zeta^0(t)\|\bar{\boldsymbol{x}}(t)\|^2]}{a_4(t)[a_4(t)+2\beta(t)y(t)+\beta^2(t)\|\bar{\boldsymbol{x}}(t)\|^2]}\\
&=\frac{-2\beta^2(t)\{a_2(t)a_4(t)+y(t)[a_3(t)-a_1(t)]\}+\beta^2(t)[a_2(t)a_4(t)-\zeta^0(t)\|\bar{\boldsymbol{x}}(t)\|^2]}{a_4(t)[a_4(t)+2\beta(t)y(t)+\beta^2(t)\|\bar{\boldsymbol{x}}(t)\|^2]}\\
&=\frac{-\beta^2(t)\{a_2(t)a_4(t)+2y(t)[a_3(t)-a_1(t)]+\zeta^0(t)\|\bar{\boldsymbol{x}}(t)\|^2\}}{a_4(t)[a_4(t)+2\beta(t)y(t)+\beta^2(t)\|\bar{\boldsymbol{x}}(t)\|^2]}
\end{aligned}\tag{5.107}$$

令 $\rho(t)=a_2(t)a_4(t)+2y(t)[a_3(t)-a_1(t)]+\zeta^0(t)\|\bar{\boldsymbol{x}}(t)\|^2$，根据式(5.107)，为了证明该引理，只要显示出 $\rho(t)$ 大于或等于零即可。由表 5.5，$\rho(t)$ 可表示为

$$\rho(t)=[\bar{\boldsymbol{x}}^{\mathrm{T}}(t),0]\bar{\boldsymbol{R}}[\bar{\boldsymbol{x}}^{\mathrm{T}}(t),0]^{\mathrm{T}}[\bar{\boldsymbol{w}}^{\mathrm{T}}(t-1),-1]\bar{\boldsymbol{D}}[\bar{\boldsymbol{w}}^{\mathrm{T}}(t-1),-1]^{\mathrm{T}}$$
$$-2[\bar{\boldsymbol{w}}^{\mathrm{T}}(t-1),-1]^{\mathrm{T}}\bar{\boldsymbol{R}}[\bar{\boldsymbol{x}}^{\mathrm{T}}(t),0]^{\mathrm{T}}[\bar{\boldsymbol{w}}^{\mathrm{T}}(t-1),-1]\bar{\boldsymbol{D}}[\bar{\boldsymbol{x}}^{\mathrm{T}}(t),0]^{\mathrm{T}}$$
$$+[\bar{\boldsymbol{w}}^{\mathrm{T}}(t-1),-1]\bar{\boldsymbol{R}}[\bar{\boldsymbol{w}}^{\mathrm{T}}(t-1),-1][\bar{\boldsymbol{x}}^{\mathrm{T}}(t),0]\bar{\boldsymbol{D}}[\bar{\boldsymbol{x}}^{\mathrm{T}}(t),0]^{\mathrm{T}} \tag{5.108}$$

引入 $\bar{\boldsymbol{D}}=\bar{\boldsymbol{R}}^{-1/2}\bar{\boldsymbol{D}}\bar{\boldsymbol{R}}^{-1/2}$，$\bar{\boldsymbol{u}}=\bar{\boldsymbol{R}}^{1/2}[\bar{\boldsymbol{x}}^{\mathrm{T}}(t),0]^{\mathrm{T}}$，$\bar{\boldsymbol{v}}=\bar{\boldsymbol{R}}^{1/2}[\bar{\boldsymbol{x}}^{\mathrm{T}}(t),0]^{\mathrm{T}}$，则式(5.108)可以变为

$$\rho(t)=\bar{\boldsymbol{u}}^{\mathrm{T}}(t)\bar{\boldsymbol{u}}(t)\bar{\boldsymbol{v}}^{\mathrm{T}}(t)\bar{\boldsymbol{D}}\bar{\boldsymbol{v}}(t)-2\bar{\boldsymbol{v}}^{\mathrm{T}}(t)\bar{\boldsymbol{u}}(t)\bar{\boldsymbol{v}}^{\mathrm{T}}(t)\bar{\boldsymbol{D}}\bar{\boldsymbol{u}}(t)+\bar{\boldsymbol{v}}^{\mathrm{T}}(t)\bar{\boldsymbol{v}}(t)\bar{\boldsymbol{u}}^{\mathrm{T}}(t)\bar{\boldsymbol{D}}\bar{\boldsymbol{u}}(t) \tag{5.109}$$

让 $\bar{\boldsymbol{D}}$ 的 EVD 表示为 $\bar{\boldsymbol{D}}=\boldsymbol{Q}\boldsymbol{\Psi}\boldsymbol{Q}^{\mathrm{T}}$，这里 $\boldsymbol{\Psi}=\mathrm{diag}[\boldsymbol{\psi}_1,\boldsymbol{\psi}_2,\cdots,\boldsymbol{\psi}_{M+1}]$代表特征值矩阵，$\boldsymbol{Q}$ 指的是由所有相应的特征向量组成的特征向量矩阵。进一步，引入 $\boldsymbol{u}=\boldsymbol{Q}^{\mathrm{T}}\bar{\boldsymbol{u}}$，$\boldsymbol{v}=\boldsymbol{Q}^{\mathrm{T}}\bar{\boldsymbol{v}}$，这里 $\boldsymbol{u}(t)=[u_1(t),\cdots,u_{M+1}(t)]^{\mathrm{T}}$，$\boldsymbol{v}(t)=[v_1(t),\cdots,v_{M+1}(t)]^{\mathrm{T}}$。利用以上这些，式(5.108)可以变为

$$\begin{aligned}\rho(t)&=\boldsymbol{u}^{\mathrm{T}}(t)\boldsymbol{u}(t)\boldsymbol{v}^{\mathrm{T}}(t)\boldsymbol{\Psi}\boldsymbol{v}(t)-2\boldsymbol{v}^{\mathrm{T}}(t)\boldsymbol{u}(t)\boldsymbol{v}^{\mathrm{T}}(t)\boldsymbol{\Psi}\boldsymbol{u}(t)+\boldsymbol{v}^{\mathrm{T}}(t)\boldsymbol{v}(t)\boldsymbol{u}^{\mathrm{T}}(t)\boldsymbol{\Psi}\boldsymbol{u}(t)\\&=\sum_{i=1}^{M+1}\sum_{j=1}^{M+1}[u_i^2(t)\psi_j v_j^2(t)-2u_i(t)v_i(t)\psi_j v_j(t)u_j(t)+v_i^2(t)\psi_j u_j^2(t)]\\&=\sum_{i=1}^{M+1}\sum_{j=1}^{M+1}\psi_j[u_i^2(t)v_j^2(t)-2u_i(t)v_i(t)v_j(t)u_j(t)+v_i^2(t)u_j^2(t)]\\&=\sum_{i=1}^{M+1}\sum_{j=1}^{M+1}\psi_j\,[u_i(t)v_j(t)-u_j(t)v_i(t)]^2\\&\geqslant 0\end{aligned} \tag{5.110}$$

最后，从式(5.107)和式(5.110)可得 $\hat{J}(\boldsymbol{w}(t))-\hat{J}(\boldsymbol{w}(t-1))\leqslant 0$，也就是说，$\hat{J}(\boldsymbol{w}(t))\leqslant\hat{J}(\boldsymbol{w}(t-1))$。引理得证。

定理 5.3　如果 t 足够大以便$\bar{\boldsymbol{R}}(t)\to\bar{\boldsymbol{R}}$，则当 $t\to\infty$时，由 AIP 算法产生的$\boldsymbol{w}(t)$以概率 1 收敛到真正的 FIR 向量 $\boldsymbol{h}$，即$\lim\limits_{t\to\infty}\boldsymbol{w}(t)=\boldsymbol{h}$。

证明：显然，随机序列 $\boldsymbol{w}(t)$是一个离散动态系统。从上述引理可得，$\hat{J}(\boldsymbol{w})$是序列 $\boldsymbol{w}(t)$的一个能量函数。显然，序列 $\boldsymbol{w}(t)$是有界的，对所有 $t>0$ 停留在 $\Re^M$ 内。使用能量函数方法，可以推断 $\boldsymbol{w}(t)$收敛到由下式定义的不变集中的一点，即

$$F=\{\boldsymbol{w}(t)\,|\,\hat{J}(\boldsymbol{w}(t))-\hat{J}(\boldsymbol{w}(t-1))=0,\forall t\} \tag{5.111}$$

下面证明 $F=\{\boldsymbol{w}\,|\,\boldsymbol{w}=\boldsymbol{h}\}$。从上述引理证明的式(5.107)，我们可以看出 $\hat{J}(\boldsymbol{w}(t))-\hat{J}(\boldsymbol{w}(t-1))=0$，意味着 $\beta(t)\equiv 0$，这导致

$$-a_4(t)(a_3(t)-a_1(t))+\zeta^0(t)y(t)\equiv 0$$

由表 5.5 和式(5.108)，有下式成立，即

$$\begin{aligned}&\frac{\zeta^0(t)}{a_4(t)}-\frac{a_3(t)-b_1(t)}{y(t)}\\&=\frac{[\boldsymbol{w}^{\mathrm{T}}(t-1),-1]\bar{\boldsymbol{R}}\,[\boldsymbol{w}^{\mathrm{T}}(t-1),-1]^{\mathrm{T}}}{[\boldsymbol{w}^{\mathrm{T}}(t-1),-1]\bar{\boldsymbol{D}}\,[\boldsymbol{w}^{\mathrm{T}}(t-1),-1]^{\mathrm{T}}}-\frac{[\boldsymbol{x}^{\mathrm{T}}(t-1),0]\bar{\boldsymbol{R}}\,[\boldsymbol{w}^{\mathrm{T}}(t-1),-1]^{\mathrm{T}}}{[\boldsymbol{x}^{\mathrm{T}}(t-1),0]\bar{\boldsymbol{D}}\,[\boldsymbol{w}^{\mathrm{T}}(t-1),-1]^{\mathrm{T}}}\end{aligned}$$

$$=\frac{[\boldsymbol{w}^{\mathrm{T}}(t-1),-1]\boldsymbol{R}^{*}[\boldsymbol{w}^{\mathrm{T}}(t-1),-1]^{\mathrm{T}}}{[\boldsymbol{w}^{\mathrm{T}}(t-1),-1]\bar{\boldsymbol{D}}[\boldsymbol{w}^{\mathrm{T}}(t-1),-1]^{\mathrm{T}}}+\sigma_i^2-\frac{[\boldsymbol{x}^{\mathrm{T}}(t-1),0]\boldsymbol{R}^{*}[\boldsymbol{w}^{\mathrm{T}}(t-1),-1]^{\mathrm{T}}}{[\boldsymbol{x}^{\mathrm{T}}(t-1),0]\bar{\boldsymbol{D}}[\boldsymbol{w}^{\mathrm{T}}(t-1),-1]^{\mathrm{T}}}-\sigma_i^2$$

$$=\left\{\frac{[\boldsymbol{w}^{\mathrm{T}}(t-1),-1]}{[\boldsymbol{w}^{\mathrm{T}}(t-1),-1]\bar{\boldsymbol{D}}[\boldsymbol{w}^{\mathrm{T}}(t-1),-1]^{\mathrm{T}}}-\frac{[\boldsymbol{x}^{\mathrm{T}}(t-1),0]}{[\boldsymbol{x}^{\mathrm{T}}(t-1),0]\bar{\boldsymbol{D}}[\boldsymbol{w}^{\mathrm{T}}(t-1),-1]^{\mathrm{T}}}\right\}$$

$$\boldsymbol{R}^{*}[\boldsymbol{w}^{\mathrm{T}}(t-1),-1]^{\mathrm{T}}$$

$$=0 \tag{5.112}$$

由于 $\boldsymbol{x}(t)$是任意向量,由式(5.112)可得 $\boldsymbol{R}^{*}[\boldsymbol{w}^{\mathrm{T}}(t-1),-1]=0$。根据引理5.2,我们有 $\boldsymbol{w}(t-1)=\boldsymbol{h}$,也就是 $F=\{\boldsymbol{w}|\boldsymbol{w}=\boldsymbol{h}\}$成立。如文献[31]显示的那样,$\hat{J}(\boldsymbol{w}(t))$有唯一的稳定点 $\boldsymbol{w}(t)=\boldsymbol{h}$。由于鞍点集是不稳定的,当 t 趋向于无穷大时,$\boldsymbol{w}(t)$依概率 1 收敛到 $\boldsymbol{h}$。定理证明完毕。

5. 仿真例子分析

这一部分给出一个仿真例子,显示提出的 AIP 算法的行为,并将它与逆幂方法、Davila RTLS 算法[28]、文献[31]算法等多个算法进行比较。在下面的仿真显示中,这四个算法分别简写为 AIP、IP、O-RTLS 和 C-RTLS。

本例是自适应辨识未知 FIR 系统,参数向量为 $\boldsymbol{h}^{*}=[-0.3,-0.9,0.8,-0.7,0.6]^{\mathrm{T}}$。为了对比和计算方便,无噪声输入 $x(t)$是一阶 AR 过程 $x(k)=-0.5x(k-1)+\eta(k)$,这里 $\eta(k)$是均值为零、方差为 1 的白高斯噪声序列。加性输入输出噪声是白高斯伪随机噪声序列,方差分别为 $\sigma_i^2=0.25$ 和 $\sigma_o^2=0.25$。这样,应当是 $\xi=1$,估计误差如文献[28]定义,脉冲相应的估计从 $t=1$ 到 $t=1500$,接着通过 30 次独立实验平均。

当系统是线性时不变时,估计结果如图 5.11 所示,表示从 AIP、IP、O-RTLS 和 C-RTLS 四个算法获得的均方误差向量模值,$\|\boldsymbol{w}(t)-\boldsymbol{h}^{*}\|^2$。可以看出,AIP 算法比 O-RTLS 和 C-RTLS 两种算法能显示出更稳定的收敛特性。

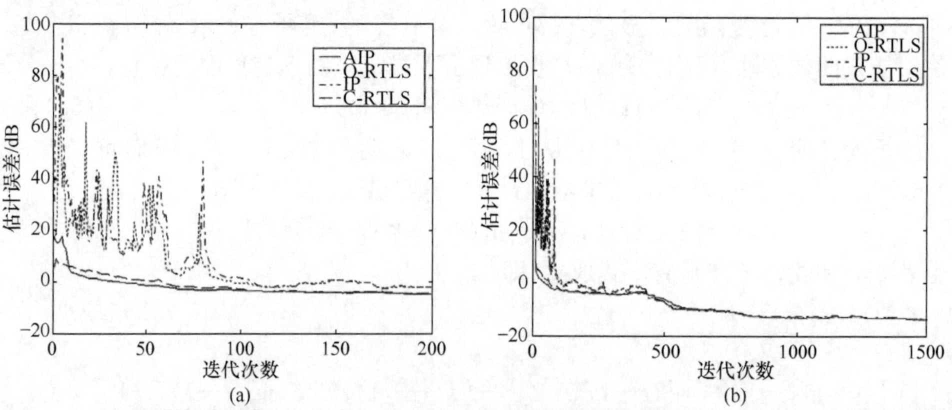

图 5.11 线性时不变系统估计结果

现考虑一情况，未知系统参数在 $t=500$ 经历一步突变。为了评价在时变环境中的跟踪能力，有关的自适应算法用一个指数遗忘因子 $u=0.995$ 来实施，而且用来进行这个时变 FIR 系统的自适应参数估计。相应的估计结果如图 5.12 所示。在这个实验中，AIP 和 O-RTLS 两个算法之间的一致性性能得到证实。

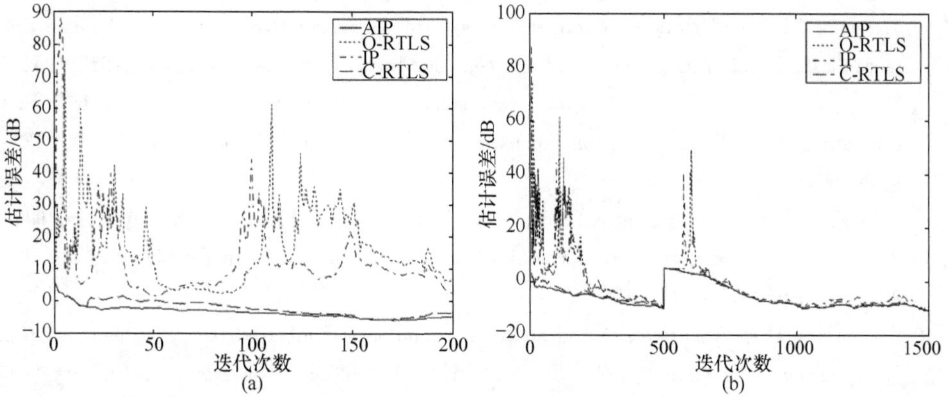

图 5.12　线性时变系统估计结果

相关自适应算法的数值稳定性也通过一个长时间实验从 $t=1$ 到 $t=2\times10^5$ 得到检验。

5.4　本章小结

本章研究和讨论了 RTLS 算法，简要介绍 Davila RTLS 算法，并分析了该算法在 FIR 和 IIR 滤波器中的应用。为了克服 Davila 算法在计算卡尔曼增益向量时可能存在的不稳定，通过使用 FGV 和自适应最小化约束瑞利商，我们提出一个用于自适应 FIR 滤波器的新 RTLS 算法。最后，介绍另一种快速计算 TLS 解的近似逆幂迭代算法。该算法利用 TLS 解的常规形式，约束滤波器参数向量的最后元素为-1，通过有效地计算 FGV，并且使用增广自相关矩阵的一阶更新，进一步减小计算复杂度；提出的算法不需要处理一个单变量二次方程的解，可以避免平方根运算，算法结构更简单、更容易实施。

参考文献

[1] Haykin S. Adaptive Filter Theory. New York：Prentice-Hall，1996.

[2] Golub G H，Van Loan C F. An analysis of the total least squares problem. SIAM Numerical Analysis，1980，17：883～893.

[3] Rahman M A，Yu K B. Total least square approach for frequency estimation using linear predic-

tion. IEEE Transactions on Acoustic, Speech, and Signal Processing, 1987, 35: 1440～1454.
[4] Bose N K, Kim H C, Valenzuela H M. Recursive total least square algorithm for image reconstruction. Multidimensional Systems and Signal Processing, 1993, 4: 253～268.
[5] Valaee S, Champagne B, Kabal P. Localization of wide-band signals using least-squares and total least-squares approaches. IEEE Transactions on Signal Processing, 1999, 47(5): 1213～1222.
[6] Larimore M G. Adaptation convergence of spectral estimation based on Pisarenko harmonic retrieval. IEEE Transactions on Acoustic, Speech, and Signal Processing, 1983, 31(8): 955～962.
[7] Hua Y B, Sarkar T K. On the total least squares linear prediction method for frequency estimation. IEEE Transactions on Acoustic, Speech, and Signal Processing, 1990, 38(12): 2186～2189.
[8] Golub G H, Van Loan C F. Matrix Computations. Baltimore: Johns Hopkins University Press, 1996.
[9] Pisarenko V F. The retrieval of harmonics from a covariance function. Geophysics Journal of Astronomy, 1973, 33: 347～366.
[10] Thompson P A. Adaptive spectral analysis technique for unbiased frequency estimation in the presence white noise//Proceedings of the 13th Asilomar Conference on Circuits, Systems and Computation, 1979.
[11] Vaccaro R. On adaptive implementations of Pisarenko's harmonic retrieval method//ICASSP, 1984.
[12] Yang J F, Kaveh M. Adaptive eigen-subspace algorithms for direction or frequency estimation and tracking. IEEE Transactions on Acoustic, Speech, and Signal Processing, 1988, 36(2): 241～251.
[13] Owsley N L. Adaptive data orthogonalization//ICASSP, 1978.
[14] Oja E. Principal components, minor components, and linear neural networks. Neural Networks, 1992, 5: 927～935.
[15] Xu L, Oja E, Suen C Y. Modified Hebbian learning for curve and surface fitting. Neural Networks, 1992, 5: 441～457.
[16] Wang L, Karhunen J. A unified neural bi-gradient algorithm for robust PCA and MCA. International Journal of Neural Systems, 1996, 7: 53～67.
[17] Luo F L, Unbehauen R, Cichocki A. A minor component analysis algorithm. Neural Networks, 1997, 10(2): 291～297.
[18] Gao K Q, Ahmad M O, Swamy M N S. A constrained anti-Hebbian learning algorithm for total least-squares estimation with applications to adaptive FIR and IIR filtering. IEEE Transactions on Circuits and Systems-II, 1994, 41(11): 718～729.
[19] Choy C S T, Siu W C. Analysis of the convergence and divergence of a constrained anti-Hebbian learning algorithm. IEEE Transactions on Circuits and Systems-II, 1998, 45(11): 1494～1502.
[20] Zhang Q, Leung Y W. Convergence of a Hebbian-type learning algorithm. IEEE Transactions on Circuits and Systems-II, 1999, 46(12): 1599～1601.

[21] Solo V, Kong X. Performance analysis of adaptive eigen-analysis algorithms. IEEE Transactions on Signal Processing, 1998, 46(3): 636～646.

[22] Feng D Z, Bao Z, Jiao L C. Total least mean squares algorithm. IEEE Transactions on Signal Processing, 1998, 46(8): 2212～2220.

[23] Ouyang S, Bao Z, Liao G. Adaptive step-size minor component extraction algorithm. Electronic Letter, 1999, 35(3): 443～444.

[24] Cirrincione G, Cirrincione M, Herault J, et al. The MCA EXIN neuron for the minor component analysis: fundamentals and comparisons. IEEE Transactions on Neural Networks, 2001, 12: 160～187.

[25] Möller R. A self-stabilizing learning rule for minor component analysis. International Journal of Neural Systems, 2004, 14: 1～8.

[26] Chen H, Sarkar T, Dianat S, et al. Adaptive spectral estimation by the conjugate gradient method. IEEE Transactions on Acoustic, Speech, and Signal Processing, 1986, 34(4): 272～284.

[27] Reddy V U, Edgardt B, Kailath T. Least squares-type algorithm for adaptive implementations of Pisarenko's harmonic retrieval method. IEEE Transactions on Acoustic, Speech, and Signal Processing, 1982, 30(6): 399～405.

[28] Davila C E. An efficient recursive total least squares algorithm for FIR adaptive filtering. IEEE Transactions on Signal Processing, 1994, 42(2): 268～280.

[29] Ljung L, Morf M, Falconer D. Fast calculation of gain matrices for recursive estimation schemes. International Journal of Control, 1978, 7(1): 1～19.

[30] Davila C E. An algorithm for efficient, unbiased, equation-error infinite impulse response adaptive filtering. IEEE Transactions on Signal Processing, 1994, 42(5): 1221～1226.

[31] Feng D Z, Zhang X D, Chang D X, et al. A fast recursive total least squares algorithm for adaptive FIR filtering. IEEE Transactions on Signal Processing, 2004, 52(10): 2729～2737.

[32] Chang D X, Feng D Z, Zheng W X. A fast recursive total least squares algorithm for adaptive IIR filtering. IEEE Transactions on Signal Processing, 2005, 53(3): 957～965.

[33] Feng D Z, Zheng W X. Fast RLS-type algorithm for unbiased equation-error adaptive IIR filtering based on approximate inverse-power iteration. IEEE Transactions on Signal Processing, 2005, 53(11): 4169～4185.

[34] Feng D Z, Zheng W X. Fast approximate inverse power iteration algorithm for adaptive total least-squares FIR filtering. IEEE Transactions on Signal Processing, 2006, 54(10): 4032～4039.

[35] Ljung S, Ljung L. Error propagation properties of recursive least squares adaptation algorithms. Automatica, 1985, 21(2): 157～167.

[36] Botto J L, Moustakides G V. Stabilization of fast Kalman algorithms. IEEE Transactions on Acoustic, Speech, and Signal Processing, 1989, 37(9): 1342～1348.

[37] Slock D T, Kailath T. Numerically stable fast transversal filters for recursive least squares

adaptive filtering. IEEE Transactions on Signal Processing,1991,39(1):92～114.

[38] Sagara S,Wada K. On-line modified least-squares parameter estimation of linear discrete dynamic systems. International Journal of Control,1977,25(3):329～343.

[39] Sakai H,Arase M. Recursive parameter estimation of an autoregressive process disturbed by white noise. International Journal of Control,1979,30(6):949～966.

[40] Levin M J. Estimation of a system pulse transfer function in the presence of noise. IEEE Transactions on Automatic Control,1964,9(7):229～235.

[41] Furuta K,Paquet J G. On the identification of timeinvariant discrete processes. IEEE Transactions on Automatic Control,1970,15(2):153～155.

[42] Klein L R. The estimation of distributed lags. Econometrica,1958,26:553～565.

[43] Lin J,Unbehauen R. Bias-remedy least mean square equation ERRW algorithm for W parameter recursive estimation. IEEE Transactions on Signal Processing, 1992, 40 (1): 62～69.

[44] Faddeev D K,Faddeeva V N. Computational Methods of Linear Algebra. San Fransisco: Freeman,1963.

[45] Cioffi J M,Kailath T. Fast,recursive least-squares,transversal filters for adaptive filtering. IEEE Transactions on Acoustic,Speech,and Signal Processing,1984,32(4):304～337.

[46] Lasalle J P. The stability of dynamical systems//Society for Industrial and Applied Mathematics,1976.

[47] Rahman M A,Yu K B. Total least square approach for frequency estimation using linear prediction. IEEE Transactions on Acoustic,Speech,and Signal Processing,1987,35(10): 1440～1454.

[48] Hua Y B,Sarkar T K. On the total least squares linear prediction method for frequency estimation. IEEE Transactions on Acoustic, Speech, and Signal Processing, 1990, 38 (12): 2186～2189.

[49] Davila C E. Line search algorithms for adaptive filtering. IEEE Transactions on Signal Processing,1994,41(7):2490～2494.

[50] Dunne B E,Williamson G A. QR-based TLS and mixed LS-TLS algorithms with applications to adaptive IIR filtering. IEEE Transactions on Signal Processing,2003,51(2):386～394.

[51] Dunne B E,Williamson G A. Analysis of gradient algorithms for TLS-based adaptive IIR filters. IEEE Transactions on Signal Processing,2004,52(12):3345～3356.

[52] Yeredor A. The extended least squares criterion:minimization algorithms and applications. IEEE Transactions on Signal Processing,2001,49(1):74～86.

[53] Rao Y N,Erdogmus D,Principe J C. Error whitening criterion for adaptive filtering:theory and algorithms. IEEE Transactions on Signal Processing,2005,53(3):1057～1069.

[54] Huebner K H,Thornton E A. The Finite Element Method for Engineers. New York:Wiley, 1982.

第 6 章 总体最小二乘迭代与随机估计

本章研究输入和输出数据均含噪声的参数估计问题——TLS 问题的解迭代与随机求取算法。首先对 TLS 问题求解的迭代方法进行概述，接着分析最小二乘问题求解的神经网络方法。对该领域典型的几种迭代求取方法进行简要介绍，重点分析作者提出的几种 TLS 迭代与随机求取算法及性能分析方法，对部分算法性能进行仿真分析。

6.1 引 言

在使用 TLS 算法估计那些随着时间、空间或者频率缓慢变化的非稳定系统参数时，通常可以得到一个先验信息。在这种情况下，缓慢变化的方程组在每一时刻必须求解，上一步解通常是下一步解的很好推测。如果这些系统的变化是小范数且全秩的，即数据矩阵的所有元素均一步一步缓慢地变化，则通过应用迭代方法求解时间可以大为缩短。此外，使用该类方法还有其他的优势[1]。

① 每一步提供一个新的更好的解估计，允许人们根据数据的扰动情况控制收敛水平。

② 算法程序很容易编写。

③ 一些迭代程序利用给定矩阵的特殊结构或稀疏性，不加改动地重复使用这些矩阵。

6.1.1 直接方法与迭代计算方法

直接计算方法是经典 TLS 方法和 PTLS 方法。这些方法的计算效率基本上由数据矩阵的维数、要求的精度、期望得到的奇异子空间的维数，以及驱动差值等决定。

迭代方法在下列情况下求解 TLS 问题时有效[1]，这些情况有：起始矩阵良好，问题一般而非特殊；期望精度低；期望得到的奇异子空间的维数 p 已知；问题的维数 d 低；数据矩阵的维数适中；驱动差值足够大。

与迭代方法相比较而言，直接方法总是收敛到期望的解。

下面简要讨论几种主要的非神经网络迭代算法[1]。

6.1.2 逆迭代方法

许多学者研究了对称或非对称特征值问题中的逆迭代方法[2,3](inverse iteration,II)。文献[4]指出,逆迭代方法是计算特征向量最强有力和最精确的方法。

取 $\boldsymbol{S}=\boldsymbol{C}^{\mathrm{T}}\boldsymbol{C}$,其中 $\boldsymbol{C}=[\boldsymbol{A};\boldsymbol{B}]$,迭代矩阵$\boldsymbol{Q}_k$ 由下式给出,即

$$\boldsymbol{Q}_k=(\boldsymbol{S}-\lambda_0\boldsymbol{I})^{-k}\boldsymbol{Q}_0 \tag{6.1}$$

其中,$\boldsymbol{Q}_0$ 是起始矩阵;λ_0 是选定的移动量。

给定 $\boldsymbol{S}$ 的 TLS 特征子空间的维数 p,取 λ_0 为零或者使比率 $|\sigma_{n-p}^2-\lambda_0|/|\sigma_{n-p+1}^2-\lambda_0|$ 足够高,矩阵$\boldsymbol{Q}_k$ 收敛到期望的微特征子空间。这种迭代破坏了矩阵 $\boldsymbol{S}$ 的结构[5]。

值得指出的是,如果驱动差值(即 σ_{n-p}^2 与 σ_{n-p+1}^2 之间的差值)较大,则收敛速度快。对许多 TLS 问题而言,这一要求可以满足。

6.1.3 Chebyshev 迭代

当驱动差值(σ_{n-p}^2 与 σ_{n-p+1}^2 之间的差值)较小时,代替全面逆幂函数方法,通过将 Chebyshev 多项式[3,6-8]应用于矩阵$\boldsymbol{C}^{\mathrm{T}}\boldsymbol{C}$(常规 Chebyshev 迭代,记为 OCI),以及矩阵$(\boldsymbol{C}^{\mathrm{T}}\boldsymbol{C})^{-1}$(逆 Chebyshev 迭代,记为 ICI),算法收敛速度可以得到加速。

Chebyshev 多项式 $T_k^{yz}(\boldsymbol{x})$ 在区间$[y,z]$关于密度函数 $1/\sqrt{1-x^2}$ 是正交的。选择尽可能小的区间$[y,z]$,使其含有矩阵 $\boldsymbol{S}$ 的所有非期望特征值,常规 Chebyshev 迭代方法将会收敛到区间$[y,z]$外的剩余特征值对应特征子空间的一个基。尤其是,在矩阵 $\boldsymbol{C}$ 的 p 个最小的奇异值相关联的奇异子空间这样的多维 TLS 问题中,$[y,z]$一定含有矩阵 $\boldsymbol{S}=\boldsymbol{C}^{\mathrm{T}}\boldsymbol{C}=[\boldsymbol{A};\boldsymbol{B}]^{\mathrm{T}}[\boldsymbol{A};\boldsymbol{B}]$的 $n-p$ 个最大特征值。逆 Chebyshev迭代应用到 $\hat{\boldsymbol{S}}=(\boldsymbol{C}^{\mathrm{T}}\boldsymbol{C})^{-1}$中,区间$[y,z]$必须选择的尽可能小,以便含有 $\hat{\boldsymbol{S}}$ 的所有非期望特征值(如$[\boldsymbol{A};\boldsymbol{B}]$奇异值的平方逆)。只有 OCI 不改变矩阵 $\boldsymbol{C}$。

对于小的驱动差值(如矩阵 $\boldsymbol{C}$ 的期望($\leqslant\sigma_{r+1}$)奇异子空间与非期望($\geqslant\sigma_r$)奇异子空间相关联的奇异值之间的差值,$\sigma_r/\sigma_{r+1}<10$),建议使用 ICI。同时已经证明,ICI 总是收敛快于 OCI[5]。一般而言,速度增益非常大。与 OCI 形成对比的是,只要非期望的奇异值谱不是太小(如 $\sigma_1/\sigma_r\geqslant 2$),ICI 的收敛率几乎不受这一谱的扩展及其下界 $\hat{z}\leqslant 1/\sigma_1^2$ 品质的影响。而且,也已证明[5]只要给定一个最优估计范围 $\hat{y}$,ICI 总是收敛快于 II。驱动差值越小,二者之间的速度增益越大。只有在奇异值谱非常稠密的特定问题中,OCI 才显示出它的有效性,对大多数 TLS 问题而言并非这种情况。然而,在求解非常大的、稀疏的、结构化的问题时,仍然建议使用 OCI,因为它不改变矩阵 $\boldsymbol{C}$。

6.1.4 Lanczos 方法

Lanczos 方法是一些迭代程序，它们直接双对角化一个任意矩阵 $\boldsymbol{C}$，或者三角化一个对称矩阵 $\boldsymbol{S}$，而没有经典的 SVD 中的正交更新。原矩阵结构没有被破坏，需要的储存空间也少。这些方法对求解非常大的、稀疏的、结构化问题工作很好。它们也用于解决驱动差值小的 TLS 问题；如果 Lanczos 程序应用于 $\boldsymbol{S}$（Lanczos 方法，记为 LZ），比起带有最优界的 OCI，它会最低限度的较快收敛。如 OCI 一样，该算法收敛速度不仅依赖驱动差值，而且依赖非期望的奇异值谱的相对扩散程度。如果 Lanczos 程序应用于$\boldsymbol{S}^{-1}$（逆 Lanczos 方法，记为 ILZ），它与带有最优界的 ICI 具有相同的收敛特性。累计误差使所有 Lanczos 方法在实际中很难使用[2]。奇异值谱与最快收敛速度之间的联系如表 6.1 所示。

表 6.1　奇异值谱与最快收敛速度之间的联系

算法	II	OCI	ICI	RQI	LZ	ILZ
驱动差值	large	small	small	small	small	small
非期望奇异值谱扩散	indep.	small	Indep.	indep.	small	Indep.
边界	no	optimal	optimal	no	no	no

注：indep. 指 independent，RQI 指 Rayleigh quotient iteration

6.1.5 瑞利商迭代

在驱动差值较小，没有合适的移动 λ_0 可被计算，且只要求收敛到期望奇异子空间的一个奇异向量时，RQI 可用于加速逆迭代过程的收敛率。RQI 是逆迭代的变种，使用一个变量移动 $\lambda_0(k)$，这是迭代向量 q_k 的瑞利商$r(q_k)$，即

$$r(\boldsymbol{q}_k)=\frac{\boldsymbol{q}_k^{\mathrm{T}}\boldsymbol{S}\boldsymbol{q}_k}{\boldsymbol{q}_k^{\mathrm{T}}\boldsymbol{q}_k},\quad \min f(\lambda)=\|(\boldsymbol{S}-\lambda\boldsymbol{I})\boldsymbol{q}_k\|_2 \tag{6.2}$$

则 RQI 为

$$(\boldsymbol{S}-\lambda_0(k)\boldsymbol{I})\boldsymbol{q}_k=\boldsymbol{q}_{k-1} \tag{6.3}$$

相对于 II，RQI 不需要估计固定的移位量 λ_0，因为在每步迭代中它自动产生最佳移位量，因此收敛较快。Parlett[9] 指出 RQI 收敛最终是立方体。然而，比起 II，RQI 在每步迭代中需要更多的计算。RQI 只适用于对称矩阵 $\boldsymbol{S}$，不可避免地需要构造 $\boldsymbol{S}=\boldsymbol{C}^{\mathrm{T}}\boldsymbol{C}$，这可能影响解的数值精度。为了使 RQI 收敛到期望的解，需要一个好的起始向量 q_0。例如，大多数时变问题都会在某些时刻出现突然的变化，这会严重影响起始向量的质量，导致 RQI 收敛到一个非期望的特征三元素[5]。如果要求收敛到期望的特征子空间的几个基向量，则必须应用 RQI 扩展，即带有 Ritz 加速的逆子空间迭代[10]。

6.2 瑞利商最小化的非神经元和神经元方法

从式(4.22)和式(4.21)可以看出,$E_{\mathrm{TLS}}(\boldsymbol{x})$相应于$[\boldsymbol{A};\boldsymbol{b}]$的瑞利商,所以 TLS 解对应于瑞利商最小化。这个最小化等价于 MCA,因为它相应于搜索$[\boldsymbol{A};\boldsymbol{b}]$的最小特征值相关的特征向量,找到特征向量后需要将其依比列缩放到 TLS 超平面上。在非神经网络方法中,第一个将这一思想应用在递归 TLS 算法中的是 Davila[11],随着一个修正向量被选为卡尔曼滤波增益向量期望的特征向量被更新,比例缩放的步长通过最小化瑞利商决定。Bose 等应用递归 TLS 算法从欠采样的低分辨率噪声多帧图像重构高分辨率图像[12]。在文献[13]中,应用变梯度方法最小化瑞利商,需要更多的运算,但是速度非常快,尤其适合大矩阵情况。

用来进行 TLS 问题求解的神经网络方法可以分为两类。一类是 MCA 神经元网络,网络权向量收敛到输入数据的自相关矩阵最小特征值对应的特征向量方向,通过对该权值进行某种规范化处理后,给出 TLS 解。另一类是只在 TLS 超平面迭代更新的神经网络,这里直接给出了 TLS 解。在第二类方法中,较早的几种算法如下。

(1) Luo 等 Hopfield 类神经网络[14,15]

这个网络是由 $3(m+n)+2$ 神经元组成(m 和 n 是数据矩阵的维数),分布在一个主网络和 4 个子网络中,主网络的输出给出 TLS 解,得到的数据矩阵和观测向量直接作为网络的互联和偏置流。该网络的主要局限是网络与数据矩阵的维数相联系,没有结构上的改变不能应用于别的 TLS 问题。初始状态不能为零,该网络是基于模拟电路结构构造,具有连续时间动力学。Luo 等将该网络用来进行 TLS 线性预测频率估计。

(2) Gao 等线性神经元方法[16,17]

这是一个具有某约束反 Hebbian 学习算法的单个线性神经元。该学习算法是从 $E_{\mathrm{TLS}}(\boldsymbol{x})$的线性化得出的,因此对足够小的增益是正确的。最重要的是网络权向量模值要远小于 1。通过学习,神经元权向量给出 TLS 解。该神经元已应用于自适应 FIR 和 IIR 参数估计问题。在自适应 FIR 参数估计问题中,学习之后,神经元输出给出自适应滤波器的误差信号;该特性非常有用,在许多自适应滤波应用中,误差信号与滤波器参数和其他信号量具有同等重要性。本书将该神经元称为 TLS GAO。

(3) Cichocki 等线性神经元方法[18,19]

Cichocki 等提出针对 OLS、TLS,以及 DLS 等不同问题的学习算法及相应的线性神经元。针对每个算法,设计要最小化的合适的损失能量函数,包含经典的最小化(如 $E_{\mathrm{TLS}}(\boldsymbol{x})$的最小化),再加上病态问题的正则化项,以及使方法鲁棒的非线性函数。描述能量函数梯度流的微分方程系统，对连续时间学习算法而言是由一个模拟网络实施的，对离散时间学习算法而言是由一个数字网络实施的。模拟网络由模拟积分器、累加器，以及乘法器组成，该网络由来自$[\boldsymbol{A};\boldsymbol{b}]$的引入数据 a_{ij}，b_i，$(i=1,2,\cdots,m;j=1,2,\cdots,n)$相乘得到的独立源信号（零均值、高频率、非相关$i,j,d$）驱动。使用一个自适应学习算法，该人工神经元既允许输入信息的并行完整处理，也允许有序处理。在数字神经元中，梯度流的差分方程是开关电容技术来实现。由于其线性化，TLS 神经元并不工作在精确的梯度流上。对一些特殊选择的独立信号，它给出了与 TLS GAO 相同的学习算法。DLS 学习算法是凭经验引入的，没有证明。

需要说明的是，由于线性化，TLS GAO 和上述 TLS 线性神经元，其学习算法不是误差函数的梯度流，这使它们不能使用基于误差函数的 Hessian 阵的加速技术和变梯度方法。

(4) TLS EXIN 线性神经元方法[20,21]

文献[1]，[20]，[21]提出一个用于系统辨识的自适应 IIR 参数估计的 TLS EXIN 神经元方法，用来解决输入输出均含有噪声的参数问题中的 TLS 问题。该神经元的显著特点是，学习算法可以采用一些强有力的加速技术。考虑 OLS、TLS 和 DLS 的需要，文献[1]提出 GeTLS EXIN 神经元，可以认为是 TLS EXIN 的推广。另一方面，GeTLS EXIN 理论包含 TLS EXIN 理论，可以将后者视为前者的特殊情况。

(5) Bruce 等 LS-TLS 神经元方法[22,23]

TLS 算法在输入和输出均含有噪声的系统辨识情况下可以得到无偏解，然而在实际中可能输入和输出数据均含有噪声，可能仅有输出数据含有噪声，也可能只有输入数据含有噪声，能否将这几种情况放在一个统一的框架中进行考虑，构造一个统一的算法框架呢？在文献[22]，[23]中，Bruce 提出并将无偏方程误差自适应 IIR 滤波器的最陡下降算法统一在 TLS 及混合 LS-TLS 框架中进行分析，该算法实施首项系数为 1 的约束，可以直接实施滤波。

6.3　TLS 神经网络方法

6.3.1　GAO's TLS 神经元方法

如前所述，TLS 解$\boldsymbol{z}_{\mathrm{tls}}$可由下式获得，即

$$\begin{pmatrix}\boldsymbol{z}_{\mathrm{tls}}\\-1\end{pmatrix}=-\frac{\boldsymbol{v}_{n+1}}{v_{n+1,n+1}}$$

其中，$\boldsymbol{v}_{n+1}$是增广数据矩阵 SVD 的最小奇异值所对应的右奇异向量；$v_{n+1,n+1}$是其

最后一个元素。

设 $\boldsymbol{\xi}(t)=[\xi_1(t),\cdots,\xi_n(t),\xi_{n+1}(t)]^{\mathrm{T}}$ 是一个简单神经元的输入向量，则神经元的输出 $\eta(t)$ 为 $\eta(t)=\boldsymbol{w}(t)^{\mathrm{T}}\boldsymbol{\xi}(t)$，这里 $\boldsymbol{w}(t)=[w_1(t),\cdots,w_n(t),w_{n+1}(t)]^{\mathrm{T}}$ 是权向量。GAO's TLS 算法的推导基于反 Hebbian 学习规则，权向量的更新采用如下规则，即

$$\widetilde{\boldsymbol{w}}(t+1)=\boldsymbol{w}(t)-\mu\eta(t)\boldsymbol{\xi}(t) \tag{6.4}$$

对权向量执行如下标量运算，即

$$\boldsymbol{w}(t+1)=-1\times\frac{\widetilde{\boldsymbol{w}}(t+1)}{\widetilde{w}_{n+1}(t+1)} \tag{6.5}$$

该运算本质上使权向量的最后一个元素 $w_{n+1}(t)$ 为 -1。结合上面两个公式，可以得到下式，即

$$\boldsymbol{w}(t+1)=\frac{\boldsymbol{w}(t)-\mu\eta(t)\boldsymbol{\xi}(t)}{1+\mu\eta(t)\xi_{n+1}(t)} \tag{6.6}$$

上式的分子表示反 Hebbian 学习运算，分母使权向量的最后一个元素保持为 -1 值。针对 μ 使上式线性化，产生一个简单算法，即

$$\boldsymbol{w}(t+1)=\boldsymbol{w}(t)-\mu\eta(t)[\boldsymbol{\xi}(t)+\boldsymbol{w}(t)\xi_{n+1}(t)] \tag{6.7}$$

这就是 GAO's TLS 算法，算法避免了除法运算很容易实施。在上面算法中，反 Hebbian 项 $-\mu\eta(t)\boldsymbol{\xi}(t)$ 使权向量较少与输入信号相关，以平行于最小特征值对应的特征向量，反馈项 $-\mu\eta(t)\boldsymbol{w}(t)\xi_{n+1}(t)$ 对学习施加一个约束。GAO's TLS 算法也可以写为

$$\boldsymbol{w}(t+1)=\boldsymbol{w}(t)-\mu[\boldsymbol{\xi}(t)\boldsymbol{\xi}^{\mathrm{T}}(t)\boldsymbol{w}(t)+\boldsymbol{w}^{\mathrm{T}}(t)\boldsymbol{\xi}(t)\xi_{n+1}(t)\boldsymbol{w}(t)] \tag{6.8}$$

对GAO's TLS算法，通过随机近似理论可得其收敛性定理，最终当 $t\to\infty$ 时，$\boldsymbol{w}(t)$ 可保证收敛到增广输入数据向量自相关矩阵的最小特征值所对应的特征向量方向。如果初始向量元素取值 $w_{n+1}(0)=-1$，则对所有时间 t，$w_{n+1}(t)=-1$。由于连接权 $w_{n+1}(t)$ 保持在常数值 -1，则神经元的传递函数为 $\eta(t)=\sum_{i=1}^{n}w_i(t)\xi_i(t)-\xi_{i+1}(t)$。学习过程只是调整前 n 个权值，算法可以写为

$$w_i(t+1)=w_i(t)-\mu\eta(t)[\xi_i(t)+w_i(t)\xi_{n+1}(t)],\quad 1\leqslant i\leqslant n \tag{6.9}$$

这样算法就降低了计算复杂度，另一方面 $\eta(t)=\sum_{i=1}^{n}w_i(t)\xi_i(t)-\xi_{i+1}(t)$ 在结构上与线性预测误差滤波器相同，则上述算法可直接应用到自适应参数估计问题。

(1) 自适应 FIR 滤波器应用

设自适应滤波器的输出为 $y(t)=\boldsymbol{w}^{\mathrm{T}}(t)\boldsymbol{x}(t)$，这里 $\boldsymbol{x}(t)=[x(t),x(t-1),\cdots,x(t-n+1)]^{\mathrm{T}}$是输入向量，$\boldsymbol{w}(t)=[w_0(t),w_1(t),\cdots,w_{n-1}(t)]^{\mathrm{T}}$ 是权向量，误差信号为 $e(t)=y(t)-d(t)$，这里 $d(t)$是滤波器的期望输出。自适应滤波器可以写为

$$\boldsymbol{w}(t+1)=\boldsymbol{w}(t)-\mu e(t)[\boldsymbol{x}(t)+d(t)\boldsymbol{w}(t)]$$

(2) 自适应 IIR 滤波器应用

具有方程误差公式的 IIR 自适应滤波器的输出为

$$y(t)=\sum_{i=1}^{N-1}a_i(t)d(t-i)+\sum_{i=0}^{M-1}b_i(t)x(t-i)$$

其中，$\{x(t)\}$和$\{d(t)\}$分别是未知系统的量测输入序列和输出序列。

自适应 IIR 滤波器的误差信号为 $e(t)=y(t)-d(t)$，则基于 GAO’s TLS 算法的 IIR 自适应滤波器算法可以写为

$$a_i(t+1)=a_i(t)-\mu e(t)[d(t-i)+d(t)a_i(t)],\quad i=1,2,\cdots,N-1$$

$$b_i(t+1)=b_i(t)-\mu e(t)[x(t-i)+d(t)b_i(t)],\quad i=1,2,\cdots,M-1$$

值得注意的是，GAO’s TLS 算法的有效性依赖其假设，如小学习因子和权向量模值小于 1，因此算法的使用受到限制。

6.3.2　TLS EXIN 神经元方法

由 TLS 解的含义可知，TLS 解 $\hat{\boldsymbol{x}}$ 最小化如下正交距离的平方的总和，即

$$E_{\mathrm{TLS}}(\boldsymbol{x})=\frac{\sum_{i=1}^{m}|\boldsymbol{a}_i^{\mathrm{T}}x-\boldsymbol{b}_i|^2}{1+\boldsymbol{x}^{\mathrm{T}}\boldsymbol{x}}\tag{6.10}$$

这是约束到 $x_{n+1}=-1$（TLS 超平面）的增广矩阵$[\boldsymbol{A};\boldsymbol{b}]^{\mathrm{T}}[\boldsymbol{A};\boldsymbol{b}]$的瑞利商。由此可得下式，即

$$E_{\mathrm{TLS}}(\boldsymbol{x})=\frac{(\boldsymbol{Ax}-\boldsymbol{b})^{\mathrm{T}}(\boldsymbol{Ax}-\boldsymbol{b})^{\mathrm{T}}}{1+\boldsymbol{x}^{\mathrm{T}}\boldsymbol{x}}=\sum_{i=1}^{m}E^{(i)}(\boldsymbol{x})\tag{6.11}$$

其中，$E^{(i)}(\boldsymbol{x})=\dfrac{(\boldsymbol{a}_i^{\mathrm{T}}\boldsymbol{x}-\boldsymbol{b}_i)^2}{1+\boldsymbol{x}^{\mathrm{T}}\boldsymbol{x}}=\dfrac{\sum_{j=1}^{n}(a_{ij}x_j-b_i)^2}{1+\boldsymbol{x}^{\mathrm{T}}\boldsymbol{x}}=\dfrac{\delta^2}{1+\boldsymbol{x}^{\mathrm{T}}\boldsymbol{x}}$；$\delta(t)=\boldsymbol{x}^{\mathrm{T}}(t)\boldsymbol{a}_i-\boldsymbol{b}_i$。

这样，有

$$\frac{\mathrm{d}E^{(i)}}{\mathrm{d}x}=\frac{\delta\boldsymbol{a}_i}{1+\boldsymbol{x}^{\mathrm{T}}\boldsymbol{x}}-\frac{\delta^2\boldsymbol{x}}{1+\boldsymbol{x}^{\mathrm{T}}\boldsymbol{x}}\tag{6.12}$$

相应的最陡下降离散时间学习算法为

$$\boldsymbol{x}(t+1)=\boldsymbol{x}(t)-\mu(t)\gamma(t)\boldsymbol{a}_i+[\mu(t)\gamma^2(t)]\boldsymbol{x}(t)\tag{6.13}$$

其中，$\mu(t)$是学习因子和 $\gamma(t)=\delta(t)/[1+\boldsymbol{x}^{\mathrm{T}}(t)\boldsymbol{x}(t)]$。

这就是 TLS EXIN 学习算法，其神经元是一个线性神经元，具有 n 个输入（向量$\boldsymbol{a}_i$），n 个权（向量 $\boldsymbol{x}$），一个输出（标量 $y_i=\boldsymbol{x}^{\mathrm{T}}\boldsymbol{a}_i$）和一个训练误差（标量 $\delta(t)$）。

值得注意的是，在所有最小化瑞利商的数值技术中，由于在最小点的瑞利商

Hessian 矩阵是奇异的，且不存在逆矩阵，因此使用变量度量和牛顿下降技术不实际，但是可以使用共轭梯度算法。在文献[20]中，已经证明 TLS 误差函数的 Hessian 矩阵在其最小点是正定的，意味着非奇异，这样可以由牛顿和类牛顿算法加速，然而该算法需要一个收敛域，也就是说它并不是对任意选择的初始条件都收敛。文献[21]研究了这一收敛域，并且证明 TLS 原点总是属于 TLS 收敛域，同时证明 TLS EXIN 神经元对于零初始条件，不像直接方法那样要求一个数值阶估计，会产生正确的解，而且不管该 TLS 问题一般与否(在这种情况它自动实施非一般约束)，是解决接近非一般 TLS 问题的唯一可能的技术。

6.3.3 Bruce's 混合 LS-TLS 算法

下面对 Bruce's TLS 及混合 LS-TLS 算法及推导过程进行简要分析，算法的性能分析不做介绍。

1. 系统辨识框架描述

考虑如图 6.1 所示的系统辨识问题，即

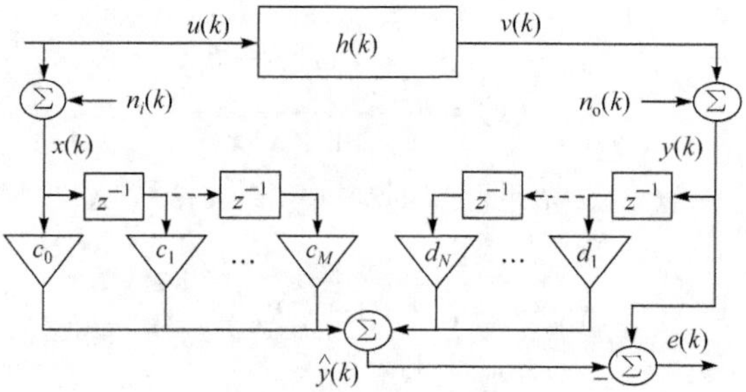

图 6.1　公式误差滤波器图

这里希望使用在方程误差情形中的一个 IIR 滤波器估计未知的随机稳定系统。设 $h(k)$的 z 变换为 $H(z)$，由下式给出，即

$$H(z)=\frac{b_0+b_1z^{-1}+\cdots+b_Mz^{-M}}{1-a_1z^{-1}-\cdots-a_Nz^{-N}}\equiv\frac{B(z)}{1-A(z)} \tag{6.14}$$

其中，寻求确定 k 时刻的参数权$\{c_i(k),d_j(k)\}$，$0\leqslant i\leqslant M,1\leqslant j\leqslant N$，使

$$C(z,k)=c_0(k)+c_1(k)z^{-1}+\cdots+c_M(k)z^{-M} \tag{6.15}$$

$$D(z,k)=d_1(k)+d_2(k)z^{-1}+\cdots+d_N(k)z^{-N} \tag{6.16}$$

分别建模 $B(z)$和 $A(z)$。这里假定上面两式阶次已经正确选择。

设回归向量由下式表示 $\boldsymbol{X}(k)=[\boldsymbol{x}(k)\quad x(k-1)\quad\cdots\quad x(k-M)]^{\mathrm{T}}$，$\boldsymbol{Y}(k)=[y(k-1)\quad\cdots\quad x(k-N)]^{\mathrm{T}}$，而相应的无噪声回归向量为 $\boldsymbol{U}(k)=[u(k)\quad u(k-1)\quad\cdots\quad u(k-M)]^{\mathrm{T}}$，$\boldsymbol{V}(k)=[v(k-1)\quad\cdots\quad v(k-N)]^{\mathrm{T}}$，以及合

成回归向量为 $\boldsymbol{\Phi}(k)=[\boldsymbol{Y}^{\mathrm{T}}(k)\quad \boldsymbol{X}^{\mathrm{T}}(k)]^{\mathrm{T}}$。将参数系数合并成向量 $\boldsymbol{\theta}(k)$，即

$$\boldsymbol{\theta}(k)=\begin{bmatrix}\boldsymbol{\theta}_1(k)\\ \boldsymbol{\theta}_2(k)\end{bmatrix}=\begin{bmatrix}[d_1(k)\quad d_2(k)\quad \cdots \quad d_N(k)]^{\mathrm{T}}\\ [c_0(k)\quad c_1(k)\quad \cdots \quad c_M(k)]^{\mathrm{T}}\end{bmatrix} \tag{6.17}$$

还可以定义如下几个扩展域回归向量，即

$$\bar{\boldsymbol{\Phi}}(k)=\begin{bmatrix}y(k)\\ \boldsymbol{\Phi}(k)\end{bmatrix},\quad \bar{\boldsymbol{Y}}(k)=\begin{bmatrix}y(k)\\ \boldsymbol{Y}(k)\end{bmatrix},\quad \bar{\boldsymbol{V}}(k)=\begin{bmatrix}v(k)\\ \boldsymbol{V}(k)\end{bmatrix}$$

进一步，定义符号变化扩展参数向量，对其实施首项系数为 1 的约束，以使得到的公式可以匹配系统的输入/输出关系，即

$$\bar{\boldsymbol{\theta}}(k)=\begin{bmatrix}1\\ -\boldsymbol{\theta}(k)\end{bmatrix}=\begin{bmatrix}1\\ -\boldsymbol{\theta}_1(k)\\ -\boldsymbol{\theta}_2(k)\end{bmatrix}=\begin{bmatrix}\bar{\boldsymbol{\theta}}_1(k)\\ -\boldsymbol{\theta}_2(k)\end{bmatrix} \tag{6.18}$$

在上述定义范围内，滤波器估计误差可以表示为 $e(k)=y(k)-\hat{y}(k)=y(k)-\boldsymbol{\theta}^{\mathrm{T}}(k)\boldsymbol{\Phi}(k)=\bar{\boldsymbol{\theta}}^{\mathrm{T}}(k)\bar{\boldsymbol{\Phi}}(k)$。

2. 基于损失函数最陡下降的自适应算法

在这部分，重点阐述 TLS、混合 LS-TLS 和 TLS 损失函数之间的关系，给出自适应算法的一般表达式和 TLS 或者混合 LS-TLS 方法相应的平衡点。接着，再将这些一般的结果应用到个别情景，给出其特定的自适应算法和特定的平衡点。

(1) 损失函数表达式

① 与 TLS 或者混合 LS-TLS 的关系。

考虑如下系统方程的解，即

$$\boldsymbol{a}(k)\boldsymbol{\theta}(k)=\boldsymbol{b}(k)$$

在方程中输入矩阵 $\boldsymbol{a}(k)$ 的所有或者部分列、输出向量 $\boldsymbol{b}(k)$ 被噪声污染。比较 LS、TLS($\boldsymbol{a}(k)$ 的所有列含有噪声)和混合 LS-TLS(仅有 $\boldsymbol{a}(k)$ 的部分列含有噪声)是获得对 $\boldsymbol{\theta}(k)$ 的改进估计的方法。方程误差滤波器可以放在 TLS 或者混合 LS-TLS 框架中。在输入和输出均含有噪声的情形，方程误差滤波器属于 TLS 仅输出含有噪声时，方程误差滤波器属于混合 LS-TLS。

设置 $\boldsymbol{a}(k)$ 和 $\boldsymbol{b}(k)$ 的第 i 行分别为 $\boldsymbol{\Phi}^{\mathrm{T}}(k-i+1)$ 和 $y(k-i+1)$，可以将方程误差滤波器等价为求解一个瞬时方程系统。计算 $\boldsymbol{\theta}(k)$ 的 TLS 解或混合 LS-TLS 解以便在一个 Frobenius 意义上瞬时最小化 $\boldsymbol{a}(k)$ 和 $\boldsymbol{b}(k)$ 的扰动以使 $\boldsymbol{a}(k)\boldsymbol{\theta}(k)=\boldsymbol{b}(k)$ 方程一致。等价地，存在一个损失函数 $J(\bar{\boldsymbol{\theta}})$ 以使最小化该损失函数，得到的 $\bar{\boldsymbol{\theta}}(k)$ 是 TLS 或混合 LS-TLS 解。可以将 TLS 或混合 LS-TLS 情形的损失函数表示为

$$J(\bar{\boldsymbol{\theta}})=\frac{E\{e^2(k)\}}{\bar{\boldsymbol{\theta}}^{\mathrm{T}}(k)\boldsymbol{\Omega}\bar{\boldsymbol{\theta}}(k)}=\frac{\bar{\boldsymbol{\theta}}^{\mathrm{T}}(k)E\{\bar{\boldsymbol{\Phi}}(k)\bar{\boldsymbol{\Phi}}^{\mathrm{T}}(k)\}\bar{\boldsymbol{\theta}}(k)}{\bar{\boldsymbol{\theta}}^{\mathrm{T}}(k)\boldsymbol{\Omega}\bar{\boldsymbol{\theta}}(k)} \tag{6.19}$$

其中，$\boldsymbol{\Omega}$ 是对角矩阵，控制着对 $\bar{\boldsymbol{\theta}}(k)$ 的约束以给出 TLS 或 LS-TLS 解。

定义$\boldsymbol{R}_{\bar{\boldsymbol{\Phi}}\bar{\boldsymbol{\Phi}}}=E\{\bar{\boldsymbol{\Phi}}(k)\bar{\boldsymbol{\Phi}}^{\mathrm{T}}(k)\}$，则上式具有瑞利商的形式(附加一个分母加权矩阵$\boldsymbol{\Omega}$)，即

$$J(\bar{\boldsymbol{\theta}})=\frac{\bar{\boldsymbol{\theta}}^{\mathrm{T}}(k)\boldsymbol{R}_{\bar{\boldsymbol{\Phi}}\bar{\boldsymbol{\Phi}}}\bar{\boldsymbol{\theta}}(k)}{\bar{\boldsymbol{\theta}}^{\mathrm{T}}(k)\boldsymbol{\Omega}\bar{\boldsymbol{\theta}}(k)} \tag{6.20}$$

② 最陡下降算法。

计算上述损失函数瑞利商的梯度，可以得到下式，即

$$\nabla_{\bar{\theta}}J(\bar{\boldsymbol{\theta}})=\frac{2\,\bar{\boldsymbol{\theta}}^{\mathrm{T}}(k)\boldsymbol{\Omega}\bar{\boldsymbol{\theta}}(k)\boldsymbol{R}_{\bar{\boldsymbol{\Phi}}\bar{\boldsymbol{\Phi}}}\bar{\boldsymbol{\theta}}(k)-2\,\bar{\boldsymbol{\theta}}^{\mathrm{T}}(k)\boldsymbol{R}_{\bar{\boldsymbol{\Phi}}\bar{\boldsymbol{\Phi}}}\bar{\boldsymbol{\theta}}(k)\boldsymbol{\Omega}\bar{\boldsymbol{\theta}}(k)}{[\bar{\boldsymbol{\theta}}^{\mathrm{T}}(k)\boldsymbol{\Omega}\bar{\boldsymbol{\theta}}(k)]^2} \tag{6.21}$$

计算损失函数的最陡下降梯度，可以得出如下自适应算法，即

$$\boldsymbol{\theta}(k+1)=\boldsymbol{\theta}(k)+\frac{\mu}{2}[\boldsymbol{0}\quad \boldsymbol{I}]\nabla_{\bar{\theta}}J\left(\begin{bmatrix}1\\-\boldsymbol{\theta}(k)\end{bmatrix}\right) \tag{6.22}$$

其中，μ 是一个小的常数步长参数；矩阵$[\boldsymbol{0}\quad \boldsymbol{I}]$是含有$(N+M+1)\times 1$个零和$(N+M+1)\times(N+M+1)$个1的矩阵。

在$\nabla_{\bar{\theta}}J(\bar{\boldsymbol{\theta}})$中计算的是针对$\bar{\boldsymbol{\theta}}(k)$的梯度，在上述式中则是针对$\boldsymbol{\theta}(k)$的自适应算法。这表明，自适应算法并不调整扩展参数向量的第一个系数，该系数被固定为1，不是自适应算法的一部分。在上式中，更新项是加法而不是大多数最陡下降算法中使用的减法，这是由于$\bar{\boldsymbol{\theta}}(k)$构造的缘故。

为了描述具有首1系数约束的自适应算法，将$\boldsymbol{R}_{\bar{\boldsymbol{\Phi}}\bar{\boldsymbol{\Phi}}}$扩展为

$$\boldsymbol{R}_{\bar{\boldsymbol{\Phi}}\bar{\boldsymbol{\Phi}}}=\begin{bmatrix}\sigma_y^2 & \rho^{\mathrm{T}}\\ \rho & \boldsymbol{R}_{\boldsymbol{\Phi}\boldsymbol{\Phi}}\end{bmatrix}$$

其中，$\boldsymbol{R}_{\boldsymbol{\Phi}\boldsymbol{\Phi}}=E\{\boldsymbol{\Phi}(k)\boldsymbol{\Phi}^{\mathrm{T}}(k)\}$；$\rho=E\{y(k)\boldsymbol{\Phi}(k)\}$；$\sigma_y^2=E\{y^2(k)\}$。

将$\nabla_{\bar{\theta}}J(\bar{\boldsymbol{\theta}})$代入并应用$\boldsymbol{R}_{\bar{\boldsymbol{\Phi}}\bar{\boldsymbol{\Phi}}}$定义，可以得到如下自适应算法，即

$$\boldsymbol{\theta}(k+1)=\boldsymbol{\theta}(k)+\mu\left\{\frac{\begin{bmatrix}1\\-\boldsymbol{\theta}(k)\end{bmatrix}^{\mathrm{T}}\boldsymbol{\Omega}\begin{bmatrix}1\\-\boldsymbol{\theta}(k)\end{bmatrix}[\rho-\boldsymbol{R}_{\boldsymbol{\Phi}\boldsymbol{\Phi}}\boldsymbol{\theta}(k)]+[\sigma_y^2-2\,\boldsymbol{\rho}^{\mathrm{T}}\boldsymbol{\theta}(k)+\boldsymbol{\theta}^{\mathrm{T}}(k)\boldsymbol{R}_{\boldsymbol{\Phi}\boldsymbol{\Phi}}\boldsymbol{\theta}(k)]\hat{\boldsymbol{\Omega}}\boldsymbol{\theta}(k)}{\left(\begin{bmatrix}1\\-\boldsymbol{\theta}(k)\end{bmatrix}^{\mathrm{T}}\boldsymbol{\Omega}\begin{bmatrix}1\\-\boldsymbol{\theta}(k)\end{bmatrix}\right)^2}\right\} \tag{6.23}$$

其中，$\hat{\boldsymbol{\Omega}}$是通过去掉$\boldsymbol{\Omega}$的第一行和第一列得到的。

③ 平衡点。

当梯度$\nabla_{\bar{\theta}}J(\bar{\boldsymbol{\theta}})$为零时，扩展域损失函数$J(\bar{\boldsymbol{\theta}})$得到极值。由于$J(\bar{\boldsymbol{\theta}})$是改进的瑞利商，这些极值必须满足广义特征方程，即$\boldsymbol{R}_{\bar{\boldsymbol{\Phi}}\bar{\boldsymbol{\Phi}}}\bar{\boldsymbol{\theta}}^{(i)}=\xi_i\boldsymbol{\Omega}\,\bar{\boldsymbol{\theta}}^{(i)}$，这里$\xi_i$是广义特征向量$\bar{\boldsymbol{\theta}}^{(i)}$对应的特征值。对于首1非零元素的特征向量$\bar{\boldsymbol{\theta}}^{(i)}$，标准化以便$\bar{\boldsymbol{\theta}}^{(i)}=[1\quad -\boldsymbol{\theta}^{(i)\mathrm{T}}]^{\mathrm{T}}$。

$\bar{\boldsymbol{\theta}}^{(i)}\bar{\boldsymbol{\theta}}(k)$等于最小特征值$\xi_1$对应的特征向量$\bar{\boldsymbol{\theta}}^{(1)}$时，损失函数$J(\bar{\boldsymbol{\theta}})$最小化，而

且$\bar{\boldsymbol{\theta}}^{(1)}$表示 TLS 或混合 LS-TLS 解。在噪声是白噪声且与输入信号不相关的精确建模情况下，分别给定 TLS 或混合 LS-TLS 情形，从$\bar{\boldsymbol{\theta}}^{(1)}$提取得到的$\boldsymbol{\theta}^{(1)}$分别是 TLS 或混合 LS-TLS 情形下的真正滤波器参数的无偏估计。

(2) 情形 1：输入和输出噪声具有相同的方差

① 加权矩阵。

输入和输出数据均含有噪声，而且噪声是白的且均具有相同的方差 σ_n^2，噪声互相独立且与输入驱动信号 $u(k)$独立。这种情况是完整 TLS 情形，合适的加权矩阵是 $\boldsymbol{\Omega}=\boldsymbol{I}$。

② 自适应算法。

将 $\boldsymbol{\Omega}=\boldsymbol{I}$ 代入一般情形下的自适应算法，可以得到下式，即

$$\boldsymbol{\theta}(k+1)=\boldsymbol{\theta}(k)+\mu\left\{\frac{[\rho-\boldsymbol{R}_{\boldsymbol{\Phi\Phi}}\boldsymbol{\theta}(k)]}{1+\boldsymbol{\theta}^{\mathrm{T}}(k)\boldsymbol{\theta}(k)}+\frac{[\sigma_y^2-2\,\boldsymbol{\rho}^{\mathrm{T}}\boldsymbol{\theta}(k)+\boldsymbol{\theta}^{\mathrm{T}}(k)\boldsymbol{R}_{\boldsymbol{\Phi\Phi}}\boldsymbol{\theta}(k)]\boldsymbol{\theta}(k)}{[1+\boldsymbol{\theta}^{\mathrm{T}}(k)\boldsymbol{\theta}(k)]^2}\right\} \tag{6.24}$$

将$\boldsymbol{R}_{\boldsymbol{\Phi\Phi}}$、$\rho$ 和 σ_y^2 等值用瞬时值代替时，可以得到如下的瞬时近似算法，即

$$\boldsymbol{\theta}(k+1)=\boldsymbol{\theta}(k)+\mu\left\{\frac{[1+\boldsymbol{\theta}^{\mathrm{T}}(k)\boldsymbol{\theta}(k)]e(k)\boldsymbol{\Phi}(k)+e^2(k)\boldsymbol{\theta}(k)}{[1+\boldsymbol{\theta}^{\mathrm{T}}(k)\boldsymbol{\theta}(k)]^2}\right\} \tag{6.25}$$

③ 平衡点。

当 $\boldsymbol{\Omega}=\boldsymbol{I}$ 时，$\boldsymbol{R}_{\bar{\boldsymbol{\Phi}}\bar{\boldsymbol{\Phi}}}$的特征向量是广义特征方程$\boldsymbol{R}_{\bar{\boldsymbol{\Phi}}\bar{\boldsymbol{\Phi}}}\bar{\boldsymbol{\theta}}^{(i)}=\xi_i\boldsymbol{\Omega}\,\bar{\boldsymbol{\theta}}^{(i)}$的解。指定$\boldsymbol{R}_{\bar{\boldsymbol{\Phi}}\bar{\boldsymbol{\Phi}}}$的第 i 个单位模比列化的特征向量为$\boldsymbol{v}_i$，以使$\boldsymbol{R}_{\bar{\boldsymbol{\Phi}}\bar{\boldsymbol{\Phi}}}$的特征向量对为$\{\lambda_i,\boldsymbol{v}_i\}$，$i=1,2,\cdots,N+M+2$。定制特征值为 $\lambda_1\leqslant\lambda_2\leqslant\cdots\leqslant\lambda_{N+M+2}$。自适应算法(6.24)的平衡点取自被比例化的非零第一元素的特征向量，即

$$\bar{\boldsymbol{\theta}}^{(i)}=\beta_i\,\boldsymbol{v}_i=\begin{bmatrix}1\\-\boldsymbol{\theta}^{(i)}\end{bmatrix},\quad i\leqslant 1,2,\cdots,N+M+1$$

其中，β_i 比例化第 i 个平衡点的第一个元素为 1。

假定 $\|\boldsymbol{v}_i\|=1$，则有$|\beta_i|>1$ 和$\bar{\boldsymbol{\theta}}^{(i)\mathrm{T}}\,\bar{\boldsymbol{\theta}}^{(i)}=\beta_i^2$。分析显示算法具有唯一稳定平衡点对应于需要的 TLS 解，在一定的初始条件向量和学习因子下，算法显示出有界的误差性能，可保证收敛，随机近似算法跟随梯度算法的性能，具有类似的特性。

(3) 情形 2：只有输出信号有噪声

① 加权矩阵。

在某些应用中，输入信号精确知道，无输入噪声，因此 $\boldsymbol{x}(k)=u(k)$和 $\boldsymbol{\Phi}(k)=[\boldsymbol{Y}^{\mathrm{T}}(k)\quad \boldsymbol{U}^{\mathrm{T}}(k)]^{\mathrm{T}}$。在方程误差滤波器中，如果不能正确地公式化，输出噪声 $n_o(k)$仍然可能使滤波器估计出现偏差。假定噪声是白的且具有方差 σ_n^2 与驱动输入信号独立。这种情形是混合 LS-TLS 情况，这时合适的加权矩阵为

$$\boldsymbol{\Omega}=\begin{bmatrix}\boldsymbol{I}&\boldsymbol{0}\\\boldsymbol{0}&\boldsymbol{0}\end{bmatrix}$$

其中，$\boldsymbol{\Omega}$ 是$(N+M+2)\times(N+M+2)$矩阵；$\boldsymbol{I}$ 是$(N+1)\times(N+1)$维。

② 自适应算法。

这种情况下的自适应算法为

$$\boldsymbol{\theta}(k+1)=\boldsymbol{\theta}(k)+\mu\left\{\frac{[\rho-\boldsymbol{R}_{\boldsymbol{\Phi\Phi}}\boldsymbol{\theta}(k)]}{1+\boldsymbol{\theta}_1^{\mathrm{T}}(k)\boldsymbol{\theta}_1(k)}+\frac{[\sigma_y^2-2\,\boldsymbol{\rho}^{\mathrm{T}}\boldsymbol{\theta}(k)+\boldsymbol{\theta}^{\mathrm{T}}(k)\boldsymbol{R}_{\boldsymbol{\Phi\Phi}}\boldsymbol{\theta}(k)]\boldsymbol{\theta}(k)}{[1+\boldsymbol{\theta}_1^{\mathrm{T}}(k)\boldsymbol{\theta}_1(k)]^2}\begin{bmatrix}\boldsymbol{\theta}_1(k)\\0\end{bmatrix}\right\} \tag{6.26}$$

瞬时近似算法为

$$\boldsymbol{\theta}(k+1)=\boldsymbol{\theta}(k)+\mu\left\{\frac{[1+\boldsymbol{\theta}_1^{\mathrm{T}}(k)\boldsymbol{\theta}_1(k)]e(k)\boldsymbol{\Phi}(k)+e^2(k)\begin{bmatrix}\boldsymbol{\theta}_1(k)\\0\end{bmatrix}}{[1+\boldsymbol{\theta}_1^{\mathrm{T}}(k)\boldsymbol{\theta}_1(k)]^2}\right\} \tag{6.27}$$

③ 平衡点。

在这种情形,解广义特征方程$\boldsymbol{R}_{\bar{\boldsymbol{\Phi}}\bar{\boldsymbol{\Phi}}}\bar{\boldsymbol{\theta}}^{(i)}=\xi_i\boldsymbol{\Omega}\,\bar{\boldsymbol{\theta}}^{(i)}$得到的特征向量可以表示为

$$\boldsymbol{R}_{\bar{\boldsymbol{\Phi}}\bar{\boldsymbol{\Phi}}}=\begin{bmatrix}\boldsymbol{R}_{\bar{y}\bar{y}} & \boldsymbol{R}_{\bar{v}u}\\ \boldsymbol{R}_{\bar{v}u}^{\mathrm{T}} & \boldsymbol{R}_{uu}\end{bmatrix}$$

其中,$\boldsymbol{R}_{\bar{y}\bar{y}}=E\{\bar{\boldsymbol{Y}}(k)\bar{\boldsymbol{Y}}^{\mathrm{T}}(k)\}$;$\boldsymbol{R}_{uu}=E\{\boldsymbol{U}(k)\boldsymbol{U}^{\mathrm{T}}(k)\}$;$\boldsymbol{R}_{\bar{v}u}=E\{\bar{\boldsymbol{V}}(k)\boldsymbol{U}^{\mathrm{T}}(k)\}$(无输入噪声,输出噪声与信号不相关)。

比例广义特征向量$\bar{\boldsymbol{\theta}}^{(i)}$有成分$\bar{\boldsymbol{\theta}}_1^{(i)}$和$\boldsymbol{\theta}_2^{(i)}$分别对应于$\bar{\boldsymbol{\theta}}(k)$表达式中分块的参数向量。可以发现,$\bar{\boldsymbol{\theta}}_1^{(i)}$是矩阵$\boldsymbol{R}_{\bar{y}/u}=\boldsymbol{R}_{\bar{y}\bar{y}}-\boldsymbol{R}_{\bar{v}u}\boldsymbol{R}_{uu}^{-1}\boldsymbol{R}_{\bar{v}u}^{\mathrm{T}}$的(比列)特征向量,这里$\boldsymbol{R}_{\bar{y}/u}$是$\boldsymbol{R}_{\bar{\boldsymbol{\Phi}}\bar{\boldsymbol{\Phi}}}$的 Schur 补矩阵。指定$\boldsymbol{R}_{\bar{y}/u}$的第 i 个单位模值比列特征向量为$\boldsymbol{\gamma}_i$,这样$\boldsymbol{R}_{\bar{y}/u}$的特征对是$\{\kappa_i,\boldsymbol{\gamma}_i\}$,$i=1,2,\cdots,N+1$。自适应算法的部分平衡点提取自具有非零第一成分的特征向量,以便下式成立,即

$$\bar{\boldsymbol{\theta}}_1^{(i)}=\eta_i\,\boldsymbol{\gamma}_i=\begin{bmatrix}1\\-\boldsymbol{\theta}_1^{(i)}\end{bmatrix},\quad i\leqslant 1,2,\cdots,N+1$$

其中,η_i 将第 i 个平衡点的第一个成分比例化为 1。

假定$\|\gamma_i\|=1$,结果$|\eta_i|>1$和$\bar{\boldsymbol{\theta}}_1^{(i)\ \mathrm{T}}\,\bar{\boldsymbol{\theta}}_1^{(i)}=\eta_i^2$。从广义特征方程可以看出,广义特征向量的第二部分满足下式,即

$$\boldsymbol{\theta}_2^{(i)}=-\boldsymbol{R}_{uu}^{-1}\boldsymbol{R}_{\bar{v}u}^{\mathrm{T}}\bar{\boldsymbol{\theta}}_1^{(i)}$$

从$\bar{\boldsymbol{\theta}}_1^{(i)}$提取出来的$\boldsymbol{\theta}_1^{(i)}$和$\boldsymbol{\theta}_2^{(i)}$一起构成该情形下自适应算法的平衡点$\boldsymbol{\theta}^{(i)}$。分析显示,需要的混合 LS-TLS 是算法的唯一稳定平衡点,混合 LS-TLS 算法显示出有界的误差性能,可以保证收敛。随机近似算法跟随梯度算法的性能,具有类似的特性。

(4) 情形 3:异类输入和输出噪声

有些滤波器情形具有明显的输入和输出噪声,但是这些噪声具有不相等的方差。考虑输入噪声 $n_i(k)$和输出噪声 $n_o(k)$均为白噪声,且分别具有方差 $\sigma_{n_i}^2$ 和 $\sigma_{n_o}^2$,将输出噪声对输入噪声的标准方差比率记为 $\alpha=\sigma_{n_o}/\sigma_{n_i}$。假定其已知或者可测量,则比列合成回归向量变为

$$\bar{\boldsymbol{\Phi}}_\alpha(k)=\boldsymbol{\Gamma}\bar{\boldsymbol{\Phi}}(k)=\begin{bmatrix}\bar{Y}(k)\\ \boldsymbol{X}_\alpha(k)\end{bmatrix},\quad \boldsymbol{\Phi}_\alpha(k)=\begin{bmatrix}\boldsymbol{Y}(k)\\ \boldsymbol{X}_\alpha(k)\end{bmatrix}$$

其中，$\boldsymbol{\Gamma}$ 是 $N+M+2$ 对角矩阵，前 $N+1$ 个元素均为 1，后 $M+1$ 元素均为值 α。

经过比列化，输入和输出噪声具有相同的方差，这样可以选择一个加权矩阵 $\boldsymbol{\Omega}=\boldsymbol{I}$。显然，经过上述改变，情形 3 变成情形 1，平衡点从$\boldsymbol{R}_{\bar{\boldsymbol{\Phi}}_\alpha\bar{\boldsymbol{\Phi}}_\alpha}=E\{\bar{\boldsymbol{\Phi}}_\alpha(k)\bar{\boldsymbol{\Phi}}_\alpha^{\mathrm{T}}(k)\}$的特征向量提取得到，自适应算法中$\boldsymbol{R}_{\bar{\boldsymbol{\Phi}}_\alpha\bar{\boldsymbol{\Phi}}_\alpha}$替代$\boldsymbol{R}_{\boldsymbol{\Phi}\boldsymbol{\Phi}}$，$\rho_\alpha=E\{y(k)\boldsymbol{\Phi}_\alpha(k)\}$替代 ρ。

(5) 情形 4：仅只有输入噪声

在有些滤波器应用中，通道均衡训练阶段，输出数据系列精确已知，即无噪声。这是情形 2 的对偶情况，输入数据是有噪声的。可以采用情形 2 中的自适应算法解决情形 4 的问题。在情形 2 中，解方程 $\boldsymbol{a}(k)\boldsymbol{\theta}(k)=\boldsymbol{b}(k)$时，$\boldsymbol{a}(k)$的右边列集和 $\boldsymbol{b}(k)$是有噪声的，而在情形 4 中，$\boldsymbol{a}(k)$的左边列集是有噪声。重新排列输入向量得到下式，即

$$\boldsymbol{\Phi}_r(k)=\begin{bmatrix}x(k-1)\\ \vdots\\ x(k-M)\\ \bar{\boldsymbol{V}}(k)\end{bmatrix}$$

将$\boldsymbol{R}_{\bar{\boldsymbol{\Phi}}\bar{\boldsymbol{\Phi}}}$由$\boldsymbol{R}_{\boldsymbol{\Phi}_r\boldsymbol{\Phi}_r}=E\{\boldsymbol{\Phi}_r(k)\boldsymbol{\Phi}_r^{\mathrm{T}}(k)\}$代替，$\rho$ 由 $\rho_r=E\{\boldsymbol{x}(k)\boldsymbol{\Phi}_r(k)\}$代替。

在每个阶段都需要一个滤波器估计，参数向量需要后处理。首先，取消上述式子的排列；然后，首项系数为 1 的标准化必须修改。值得注意的是，在比列修正前，与 $x(k)$关联的抽头系数均有值 1。遵循重新标准化处理，与扩展向量成分 $y(k)$关联的抽头系数应被调整为 1。通过这些变化，情形 4 中的自适应算法的行为匹配情形 2，因此不需要进一步分析。

有关 Bruce's TLS 及混合 LS-TLS 算法的收敛性和初始条件取值的分析比较复杂，这里不再介绍，有兴趣的读者可以参见文献[22]，[23]。下面对作者提出的一种自稳定的 TLS 新梯度算法及其性能分析进行分析。

6.4　总体最小均方算法

基于 LMS，Widrow 提出 LMS 算法，该算法已广泛应用在自适应信号处理和自适应控制中。在文献[24]中，基于总体 LMS 或者最小瑞利商，我们提出 TLMS 算法，并给出算法的统计分析，通过等价的能量函数研究算法的全局收敛性，评价算法的性能。

6.4.1　总体最小均方算法的导出

定义 $\boldsymbol{x}(k)$是系统的 n 维输入序列，$d(k)$是系统的输出序列，$\Delta\boldsymbol{x}(k)$是输入向量

序列 $\boldsymbol{x}(k)$ 的干扰，$\Delta d(k)$ 是输出序列 $d(k)$ 的干扰。

定义增广数据向量序列为 $\boldsymbol{z}(k)=[\boldsymbol{x}^{\mathrm{T}}(k)\,|\,d(k)]^{\mathrm{T}}$，定义增广噪声向量序列为 $\Delta\boldsymbol{z}(k)=[\Delta\,\boldsymbol{x}^{\mathrm{T}}(k)\,|\,\Delta d(k)]^{\mathrm{T}}$，则增广的观测向量可以表示为 $\tilde{\boldsymbol{z}}(k)=\boldsymbol{z}(k)+\Delta\boldsymbol{z}(k)=[\tilde{\boldsymbol{x}}^{\mathrm{T}}(k)\,|\,\tilde{d}(k)]^{\mathrm{T}}$，其中 $\tilde{\boldsymbol{x}}(k)=\boldsymbol{x}(k)+\Delta\boldsymbol{x}(k)$，$\tilde{d}(k)=d(k)+\Delta d(k)$。定义增广权向量序列为 $\tilde{\boldsymbol{w}}(k)=[\boldsymbol{w}^{\mathrm{T}}(k)\,|\,w_{n+1}]^{\mathrm{T}}$，其中 $\boldsymbol{w}(k)$ 可以表示为 $\boldsymbol{w}(k)=[w_1,w_2,\cdots,w_n]^{\mathrm{T}}$。

在 LMS 算法中，系统输出的估计可以表示为输入采样的线性组合，如 $y(k)=\tilde{\boldsymbol{x}}^{\mathrm{T}}(k)\boldsymbol{w}(k)$，$k$ 时刻的输出误差信号为 $\varepsilon(k)=\tilde{d}(k)-y(k)$，则有 $\varepsilon(k)=\tilde{d}(k)-y(k)=\tilde{d}(k)-\tilde{\boldsymbol{x}}^{\mathrm{T}}(k)\boldsymbol{w}(k)$。上述问题的 LS 解可以通过求解下面优化问题得到，即

$$\min E\{\varepsilon^2(k)\} \tag{6.28}$$

为简便，去掉 $\boldsymbol{w}(k)$ 中的 k，扩充 $\varepsilon^2(k)$ 以获得瞬时误差，即

$$\varepsilon^2(k)=\tilde{d}^2(k)-2\tilde{d}(k)\tilde{\boldsymbol{x}}^{\mathrm{T}}(k)\boldsymbol{w}+\boldsymbol{w}^{\mathrm{T}}\tilde{\boldsymbol{x}}(k)\tilde{\boldsymbol{x}}^{\mathrm{T}}(k)\boldsymbol{w} \tag{6.29}$$

假定这些是统计稳定的，对上式取数学期望值可得下式，即

$$E\{\varepsilon^2(k)\}=E\{\tilde{d}^2(k)\}-2E\{\tilde{d}(k)\tilde{\boldsymbol{x}}^{\mathrm{T}}(k)\}\boldsymbol{w}+\boldsymbol{w}^{\mathrm{T}}E\{\tilde{\boldsymbol{x}}(k)\tilde{\boldsymbol{x}}^{\mathrm{T}}(k)\}\boldsymbol{w} \tag{6.30}$$

定义 $\boldsymbol{R}$ 为自相关矩阵 $\boldsymbol{R}=E\{\tilde{\boldsymbol{x}}(k)\tilde{\boldsymbol{x}}^{\mathrm{T}}(k)\}$，$\boldsymbol{P}$ 为列向量 $\boldsymbol{P}=E\{\tilde{d}(k)\tilde{\boldsymbol{x}}(k)\}$，则 $E\{\varepsilon^2(k)\}$ 可以重新写为

$$E\{\varepsilon^2(k)\}=E\{\tilde{d}^2(k)\}-2\,\boldsymbol{P}^{\mathrm{T}}\boldsymbol{w}+\boldsymbol{w}^{\mathrm{T}}\boldsymbol{R}\boldsymbol{w} \tag{6.31}$$

梯度为

$$\nabla E\{\varepsilon^2(k)\}=-2\,\boldsymbol{P}^{\mathrm{T}}+2\boldsymbol{R}\boldsymbol{w}$$

则上述优化问题的一个简单的梯度搜索算法为

$$\boldsymbol{w}(k+1)=\boldsymbol{w}(k)-\mu[\boldsymbol{R}\boldsymbol{w}(k)-\boldsymbol{P}] \tag{6.32}$$

其中，k 是迭代步骤；μ 是步长或学习因子；$\boldsymbol{w}(k)$ 是目前的调整值；$\boldsymbol{w}(k+1)$ 是新值。

在 $\boldsymbol{w}=\boldsymbol{w}(k)$ 的梯度是 $\nabla=2[\boldsymbol{R}\boldsymbol{w}(k)-\boldsymbol{P}]$。参数 μ 是一个正常数，控制稳定性和收敛率，而且其值要小于 $1/2\,\lambda_{\max}$（$\lambda_{\max}$ 是相关矩阵 $\boldsymbol{R}$ 的最大特征值）。为了采用梯度搜索方法提出一个自适应算法，我们采用短时间 $\varepsilon^2(k)$ 平均值的差值估计 $E\{\varepsilon^2(k)\}$ 的梯度，这样在自适应过程的每步迭代中，有如下形式的梯度估计值，即

$$\tilde{\nabla}=-2\tilde{d}(k)\tilde{\boldsymbol{x}}(k)+2y(k)\tilde{\boldsymbol{x}}(k)=2[y(k)-\tilde{d}(k)]\tilde{\boldsymbol{x}}(k) \tag{6.33}$$

采用这个简单的梯度估计，得到的最陡下降形式的自适应算法为

$$\begin{cases} y(k)=\boldsymbol{w}^{\mathrm{T}}(k)\tilde{\boldsymbol{x}}(k) \\ \boldsymbol{w}(k+1)=\boldsymbol{w}(k)-\mu[y(k)-\tilde{d}(k)\tilde{\boldsymbol{x}}(k)] \end{cases} \tag{6.34}$$

这是 LMS 算法，μ 是增益常数，控制自适应过程的速度和稳定性。由于每步迭代中权向量的变化是基于非完美的梯度估计，可以预期这个自适应过程是有噪声的。这样，该 LMS 算法只能获得上述自适应信号处理问题的近似 LS 解。

在 TLMS 算法中，期望输出 $d(k)$ 的估计值可以表示为输入序列 $\boldsymbol{x}(k)$，即

$$\hat{d}(k)=\boldsymbol{x}^{\mathrm{T}}(k)\boldsymbol{w}(k) \tag{6.35}$$

上述信号处理问题的 TLS 解可通过求解下式获得，即

$$\min E\{\|\Delta \boldsymbol{x}^{\mathrm{T}}(k)|\Delta d(k)\|_2\}=\min E\{\|\Delta z(k)\|_2\} \tag{6.36}$$

等价于求解如下最接近的相容 LS 问题，即

$$\min E\{|\tilde{\boldsymbol{x}}^{\mathrm{T}}(k)\boldsymbol{z}_{\mathrm{TLS}}-\tilde{d}(k)|^2\} \tag{6.37}$$

该优化问题等价于如下优化问题，即

$$\begin{gathered}\min E\{|\tilde{\boldsymbol{z}}^{\mathrm{T}}(k)\tilde{\boldsymbol{w}}(k)|^2\},\quad \|\tilde{\boldsymbol{w}}\|_2=\alpha \\ \begin{pmatrix}\boldsymbol{z}_{\mathrm{TLS}}\\-1\end{pmatrix}=-\frac{\tilde{\boldsymbol{w}}}{w_{n+1}}\end{gathered} \tag{6.38}$$

其中，α 可以是任意正常数。

展开上式，我们得到下式，即

$$\min \tilde{\boldsymbol{w}}^{\mathrm{T}}\tilde{\boldsymbol{R}}\tilde{\boldsymbol{w}},\quad \|\tilde{\boldsymbol{w}}\|_2=\alpha \tag{6.39}$$

其中，$\tilde{\boldsymbol{R}}=E\{\tilde{z}(k)\tilde{z}^{\mathrm{T}}(k)\}$表示增广数据向量序列的自相关矩阵，也可以称为增广相关矩阵。

容易看出，上述最优问题的解向量是增广自相关矩阵的最小特征值对应的特征向量。

代数上迭代搜索 $\tilde{\boldsymbol{R}}$ 的这一特征向量的程序可以表示为

$$\tilde{\boldsymbol{w}}(k+1)=\tilde{\boldsymbol{w}}(k)+\mu[\tilde{\boldsymbol{w}}(k)-\|\tilde{\boldsymbol{w}}(k)\|_2^2\boldsymbol{R}\tilde{\boldsymbol{w}}(k)] \tag{6.40}$$

其中，k 是迭代步长；μ 是正常数，控制着稳定性和收敛率。

当 $\tilde{\boldsymbol{R}}$ 是一个正定矩阵时，上式中的 $-\|\tilde{\boldsymbol{w}}(k)\|_2^2\boldsymbol{R}\tilde{\boldsymbol{w}}(k)$ 是一个高阶衰减项，这样 $\|\tilde{\boldsymbol{w}}(k)\|_2$ 是有界的。

为了提出一个自适应算法，我们通过计算下式估计增广相关矩阵，即

$$\tilde{\boldsymbol{R}}=\frac{1}{K}\sum_{k=1}^{K}\tilde{z}(k)\,\tilde{z}^{\mathrm{T}}(k)$$

其中，K 是一个足够大的整数。

相反，为了提出 TLMS 算法，我们将 $\tilde{z}(k)\tilde{z}^{\mathrm{T}}(k)$本身作为 $\tilde{\boldsymbol{R}}$ 的估计。在自适应过程的每一步迭代中，我们有增广相关矩阵的估计，即

$$\tilde{\boldsymbol{R}}=\tilde{z}(k)\tilde{z}^{\mathrm{T}}(k) \tag{6.41}$$

由式(6.40)和式(6.41)，我们可以得到下式，即

$$\begin{cases}\tilde{y}(k)=\tilde{\boldsymbol{z}}^{\mathrm{T}}(k)\tilde{\boldsymbol{w}}(k)\\ \tilde{\boldsymbol{w}}(k+1)=\tilde{\boldsymbol{w}}(k)+\mu[\tilde{\boldsymbol{w}}(k)-\|\tilde{\boldsymbol{w}}(k)\|_2^2\tilde{y}(k)\tilde{\boldsymbol{z}}(k)]\end{cases} \tag{6.42}$$

这就是 TLMS 算法。如前所述，μ 是增益常数，控制着自适应过程的速度和稳定性。由于在每一步迭代中，解的变化是基于增广相关矩阵的非完美估计，可以预期这个自适应过程是有噪声的。从其公式也可以看出，TLMS 算法可以在一个实际系统中运行，而没有平均或者微分，公式简单优美且效率高。

在提出上述 TLMS 算法的过程中，采用与 LMS 算法应用类似的方法。当

TLMS 算法在一个自适应 FIR 滤波器的框架中公式化表示时，其结构、计算复杂性、数值性能等与 LMS 算法的对应性能类似。值得注意的是，LMS 算法需要 $2n$ 个乘法运算，而 TLMS 算法需要 $2n$ 个乘法运算。

在神经网络理论中，TLMS 算法中 $-\tilde{y}(k)\tilde{\boldsymbol{z}}(k)$ 被称为反 Hebb 学习规则，而 $-\|\tilde{\boldsymbol{w}}(k)\|_2^2\tilde{y}(k)\tilde{\boldsymbol{z}}(k)$ 是一个高阶衰减项。后面要证明，该算法在平均意义上是全局渐近收敛的。一旦一个稳定的 $\tilde{\boldsymbol{w}}$ 被找到，则上述自适应信号处理问题的 TLS 解为

$$\boldsymbol{z}_{\mathrm{TLS}}=-\frac{\boldsymbol{w}}{w_{n+1}}$$

6.4.2 算法的稳定性分析

如许多随机近似文献要求的那样，如果 $\tilde{z}(k)$ 的分布满足一些现实的假设，增益系数以一种合适的方式逐渐减小，式(6.42)可由如下微分方程近似，即

$$\frac{\mathrm{d}\tilde{\boldsymbol{w}}(t)}{\mathrm{d}t}=\tilde{\boldsymbol{w}}(t)-\|\tilde{\boldsymbol{w}}(t)\|_2^2\tilde{\boldsymbol{R}}\tilde{\boldsymbol{w}}(t) \tag{6.43}$$

其中，t 指时间。

下面我们将通过分析上式的稳定性，研究 TLMS 算法的收敛性。

由于式(6.43)是一个自治的确定性系统，Lasalle 不变原理[25]和 Liapunov 第一方法可用来研究它的全局渐近稳定性。设 $\tilde{\boldsymbol{w}}^*$ 表示式(6.43)的一个平衡点，$\boldsymbol{e}$ 表示与 $\tilde{\boldsymbol{R}}$ 的最小奇异值 $\lambda_{\min}$ 相关联的右奇异向量。我们的目标为

$$\lim_{t\to\infty}\tilde{\boldsymbol{w}}(t)=\pm\frac{1}{\sqrt{\lambda_{\min}}}\mathbf{e} \tag{6.44}$$

由于 $\tilde{\boldsymbol{R}}$ 是一个对称的正定矩阵，则一定有一个归一化的正交矩阵 $\boldsymbol{V}$，满足下式，即

$$\tilde{\boldsymbol{R}}=\boldsymbol{V}\boldsymbol{D}\,\boldsymbol{V}^{\mathrm{T}},\quad \boldsymbol{D}=\mathrm{diag}(\lambda_1,\lambda_2,\cdots,\lambda_{n+1})$$

其中，λ_i 指 $\tilde{\boldsymbol{R}}$ 的第 i 个奇异值；$\boldsymbol{V}=[\boldsymbol{v}_1,\boldsymbol{v}_2,\cdots,\boldsymbol{v}_{n+1}]$，$\boldsymbol{v}_i$ 是 $\tilde{\boldsymbol{R}}$ 的第 i 个特征向量。

常微分方程(6.43)的全局渐近收敛性可以由以下定理建立。在给出和证明该定理之前，我们先给一个推论。从 Lasalle 不变原理，我们很容易引入下列有关全局渐近稳定的结论。

定义 6.1[25] 假设 $\boldsymbol{G}$ 是定义在 $\Re^{n+1}$ 上的任意集，我们称 $E(\tilde{\boldsymbol{w}})$ 是 $\boldsymbol{G}$ 上的 $n+1$ 维动态系统的一个李雅谱诺夫函数，当且仅当 $E(\tilde{\boldsymbol{w}})$ 是连续的，对所有 $\tilde{\boldsymbol{w}}\in\boldsymbol{G}$ 内积 $(\nabla E(\tilde{\boldsymbol{w}}),\mathrm{d}\tilde{\boldsymbol{w}}/\mathrm{d}t)\leqslant 0$。

在 Lasalle 不变原理中，李雅谱诺夫函数并不需要是正定的或者正的，而且一个正的或者正定函数不一定是李雅谱诺夫函数。

推论 6.1　如果

① $E(\widetilde{w})$是式(6.43)的一个李雅谱诺夫函数。

② 对每个 c,$\boldsymbol{G}_c=\{\widetilde{w};E(\widetilde{w})<c\}$是有界的。

③ 在 $M\subset\{\widetilde{w};\mathrm{d}\widetilde{w}/\mathrm{d}t=0\}$上,$E(\widetilde{w})$是常数,那么 M 是全局渐近稳定的,其中 M 是式(6.43)的稳定的平衡点集或者不变集。

定理 6.1　在式(6.43)中,让 $\widetilde{\boldsymbol{R}}$ 是具有多个最小特征值的一个正定矩阵,则 $\widetilde{\boldsymbol{w}}(t)$全局渐近收敛到由式(6.44)给定的稳定平衡点。

证明:当 $t\to\infty$时,$\widetilde{\boldsymbol{w}}(t)$全局渐近收敛到式(6.43)的平衡点。下面证明两个平衡点

$$\widetilde{\boldsymbol{w}}^*=\pm\frac{1}{\sqrt{\lambda_{\min}}}\mathbf{e}$$

是唯一的两个不动点,而其他的平衡点是鞍点。

我们可以找到式(6.43)的下列李雅谱诺夫函数,即

$$E(t)=\frac{1}{2}[-\ln\|\widetilde{\boldsymbol{w}}(t)\|_2^2+\widetilde{\boldsymbol{w}}^{\mathrm{T}}(t)\widetilde{\boldsymbol{R}}\widetilde{\boldsymbol{w}}(t)]$$

由于 $\|\widetilde{\boldsymbol{w}}(t)\|\to 0$ 或$\to\infty$,$E(t)\to\infty$,可见对每一个 c,$G_c=\{\widetilde{\boldsymbol{w}};E(\widetilde{\boldsymbol{w}})<0\}$有界。沿着式(6.43)的解对 $E(t)$求导,可以得到下式,即

$$\begin{aligned}\frac{\mathrm{d}E(t)}{\mathrm{d}t}&=-\frac{1}{\|\widetilde{\boldsymbol{w}}(t)\|_2^2}\frac{\mathrm{d}\,\widetilde{\boldsymbol{w}}^{\mathrm{T}}(t)}{\mathrm{d}t}\widetilde{\boldsymbol{w}}(t)+\frac{\mathrm{d}\widetilde{\boldsymbol{w}}^{\mathrm{T}}(t)}{\mathrm{d}t}\widetilde{\boldsymbol{R}}\widetilde{\boldsymbol{w}}(t)\\&=-\frac{1}{\|\widetilde{\boldsymbol{w}}(t)\|_2^2}\frac{\mathrm{d}\widetilde{\boldsymbol{w}}^{\mathrm{T}}(t)}{\mathrm{d}t}[\widetilde{\boldsymbol{w}}(t)-\|\widetilde{\boldsymbol{w}}(t)\|_2^2\widetilde{\boldsymbol{R}}\widetilde{\boldsymbol{w}}(t)]\\&=-\frac{1}{\|\widetilde{\boldsymbol{w}}(t)\|_2^2}\left\|\frac{\mathrm{d}\widetilde{\boldsymbol{w}}(t)}{\mathrm{d}t}\right\|_2^2\end{aligned}$$

如果 $\mathrm{d}\widetilde{\boldsymbol{w}}(t)/\mathrm{d}t\neq 0$,则 $\mathrm{d}E(t)/\mathrm{d}t<0$;$\mathrm{d}\widetilde{\boldsymbol{w}}(t)/\mathrm{d}t=0$,则 $\mathrm{d}E(t)/\mathrm{d}t=0$。因此,$E(t)$全局渐近收敛到式(6.43)的一个临界点对应的极值。这显示出式(6.43)中的$\widetilde{\boldsymbol{w}}(t)$全局渐近收敛到一个平衡点。

设式(6.43)的一个平衡点处的 $\widetilde{\boldsymbol{w}}(t)$为 $\widetilde{\boldsymbol{w}}^*$,则从式(6.43),我们可以得到下式,即

$$\widetilde{\boldsymbol{w}}^*-\|\widetilde{\boldsymbol{w}}^*\|_2^2\widetilde{\boldsymbol{R}}\widetilde{\boldsymbol{w}}^*=0\tag{6.45}$$

或者

$$\widetilde{\boldsymbol{R}}\widetilde{\boldsymbol{w}}^*=\frac{\widetilde{\boldsymbol{w}}^*}{\|\widetilde{\boldsymbol{w}}^*\|_2^2}$$

式(6.45)显示出$\widetilde{\boldsymbol{w}}^*$是增广相关矩阵的一个特征向量。设 $\boldsymbol{u}(t)=\boldsymbol{V}^{\mathrm{T}}\widetilde{\boldsymbol{w}}^*$,则结合式(6.43)和式(6.44),我们有

$$\frac{\mathrm{d}\boldsymbol{u}(t)}{\mathrm{d}t}=\boldsymbol{u}(t)-\|\boldsymbol{u}(t)\|_2^2\boldsymbol{D}\boldsymbol{u}(t)\tag{6.46}$$

容易看出,有$(n+1)$个平衡点。设第i个平衡点为

$$\bar{\boldsymbol{u}}_i=\left[0,\cdots,0,\pm\frac{1}{\sqrt{\lambda_i}},0,\cdots,0\right]^{\mathrm{T}},\quad i=1,2,\cdots,n+1$$

则式(6.43)的第i个平衡点为

$$\widetilde{\boldsymbol{w}}^*=\pm\frac{1}{\sqrt{\lambda_i}}\boldsymbol{v}_i,\quad i=1,2,\cdots,n+1$$

显然,$E\{\pm(1/\sqrt{\lambda_i})\boldsymbol{v}_i\}=(1+\ln\lambda_i)/2$。在式(6.46)第$i$点附近,$\boldsymbol{u}(t)$可以表示为$\boldsymbol{u}(t)+\bar{\boldsymbol{u}}_i+\boldsymbol{\delta}(t)$,这里$\boldsymbol{\delta}(t)$是平衡点附近的扰动量。将上式代入式(6.46),我们可以获得下式,即

$$\frac{\mathrm{d}\boldsymbol{\delta}(t)}{\mathrm{d}t}=\boldsymbol{\delta}(t)-\frac{2\delta_i(t)}{\sqrt{\lambda_i}}\boldsymbol{D}\bar{\boldsymbol{u}}_i-\frac{1}{\lambda_i}\boldsymbol{D}\boldsymbol{\delta}(t)$$

其中,$\delta_i(t)$是$\boldsymbol{\delta}(t)$的第i个成分。

上述公式去掉了$\boldsymbol{\delta}(t)$的高阶项,使用了平衡点公式$\bar{\boldsymbol{u}}_i-\|\bar{\boldsymbol{u}}_i\|_2^2\boldsymbol{D}\bar{\boldsymbol{u}}_i=0$。$\boldsymbol{\delta}(t)$的成分受如下方程控制,即

$$\begin{cases}\dfrac{\mathrm{d}\delta_i(t)}{\mathrm{d}t}=-2\delta_i(t)\\[2ex]\dfrac{\mathrm{d}\delta_j(t)}{\mathrm{d}t}=\left(1-\dfrac{\lambda_j}{\lambda_i}\right)\delta_j(t),\quad j\neq i,j=1,2,\cdots,n+1\end{cases}$$

当$i<n+1,i<j$时,随着$t\to\infty$,$\delta_j(t)$指数增长;当$i<n+1,j<i$时,随着$t\to\infty$,$\delta_j(t)$指数减小。这样第i个平衡点是鞍点。当$i=n+1$时,上述公式可以变为

$$\begin{cases}\dfrac{\mathrm{d}\delta_j(t)}{\mathrm{d}t}=\left(1-\dfrac{\lambda_j}{\lambda_{n+1}}\right)\delta_j(t)\\[2ex]\dfrac{\mathrm{d}\delta_{n+1}(t)}{\mathrm{d}t}=-2\delta_{n+1}(t)\end{cases},\quad j=1,2,\cdots,n$$

显然,$\delta_j(t)(j=1,2,\cdots,n+1)$随着时间指数衰减。这显示出第$n+1$个平衡点是式(6.46)的唯一稳定点。由于实际系统肯定会受到噪声或者扰动的污染,式(6.43)在任意一个鞍点都不是稳定的。从上述推理和推论,我们可以得出结论式(6.46)的$\boldsymbol{u}(t)$全局渐近收敛到第$n+1$个稳定的平衡点,即

$$\widetilde{\boldsymbol{w}}^*=\pm\frac{1}{\sqrt{\lambda_{n+1}}}\mathbf{e}=\pm\frac{1}{\sqrt{\lambda_{\min}}}\mathbf{e}$$

定理证毕。

6.4.3 算法的性能仿真分析

在仿真中,我们讨论系统辨识应用。对一个随机线性系统,输入$x(k)$和脉冲响

应 $h(k)$ 可以表示它的输出 $d(k)$，即 $d(k)=\sum_{l=0}^{\infty}h(l)x(k-l)$。式中实际脉冲响应是未知的，需要辨识。设 $h(k)$ 的长度是 N，我们将 $d(k)=\sum_{l=0}^{N}h(l)x(k-l)$ 作为实际系统的输出。输入输出观测值为 $\widetilde{x}(k)=x(k)+\Delta x(k)$，$\widetilde{d}(k)=d(k)+\Delta d(k)$，其中 $\Delta x(k)$ 和 $\Delta d(k)$ 分别是输入和输出的扰动。总的自适应滤波基于下式，即

$$\min E\{\|[\Delta \boldsymbol{x}^{\mathrm{T}}(k)\,|\,\Delta d(k)]\|_F\}$$

其中，$\boldsymbol{x}(k)=[x(k),x(k-1),\cdots,x(k-N+1)]^{\mathrm{T}}$。

TLMS 算法可用于求解上述优化问题。设一个未知系统的脉冲响应是 $h=[-0.3,-0.9,0.8,-0.7,0.6]^{\mathrm{T}}$，其输入和扰动是一个独立零均值白噪声伪随机过程。假定输入与输出的信噪比相等，TLMS 算法可以导出表中的 TLS 解，而 h_{pp} 是 LMS 算法导出的解，其中

$$\mathrm{SNR}=20\log(E\{\|\boldsymbol{x}(k)\|^2\}/E\{\|\Delta\boldsymbol{x}(k)\|^2\})$$

$$\mathrm{error1}=20\log(\|h-h_p\|^2)$$

$$\mathrm{error2}=20\log(\|h-h_{pp}\|^2)$$

误差 1 和误差 2 的收敛曲线显示在图 6.2 和图 6.3 中。显然，对该问题而言，TLMS 算法优于 LMS 算法。

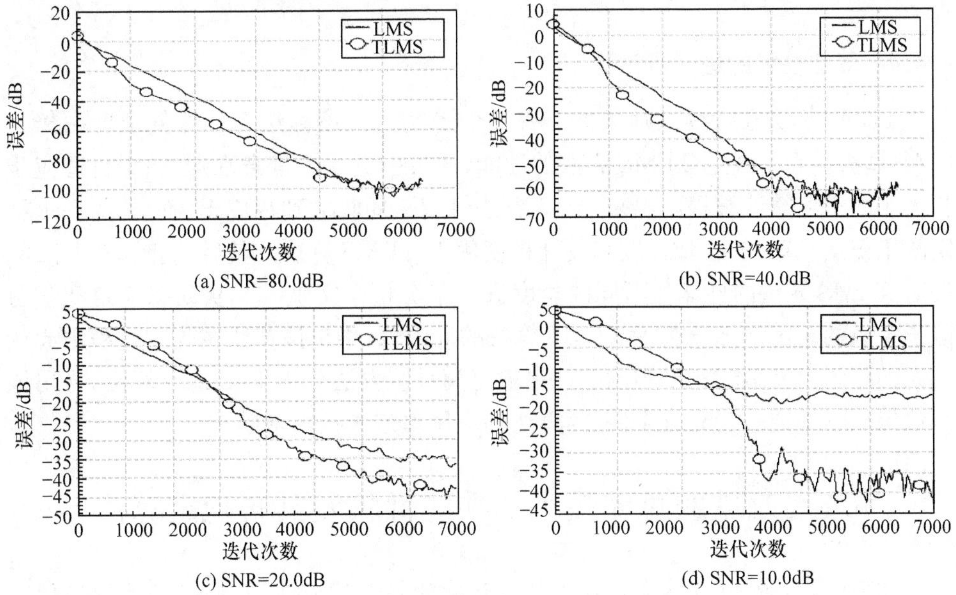

(a) SNR=80.0dB　(b) SNR=40.0dB　(c) SNR=20.0dB　(d) SNR=10.0dB

图 6.2　误差 1 的收敛曲线

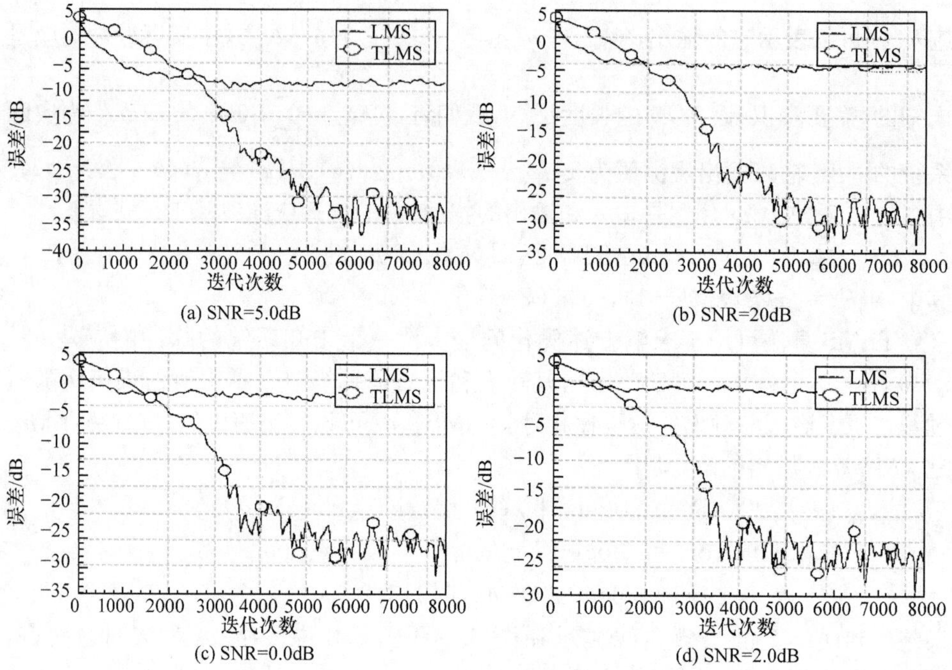

图 6.3　误差 2 的收敛曲线

6.4.4　算法性能的进一步讨论

TLMS 算法在持续激励条件下有一个平衡点。该算法的计算复杂度两倍于 LMS 算法。为了改进 TLMS 算法的性能，通过引进一个信息准则，一个自适应步长大小的学习算法被提了出来[26]，该算法可以全局收敛到相应于次成分的一个稳定的平衡点，算法的收敛速度和估计精度优于 TLMS 算法。其后，文献[27]，[28]等对 TLMS 算法的性能从不同的角度进行了分析。文献[27]从动态稳定和学习因子关系的角度详细分析了 TLMS 算法的局限性，指出该算法在收敛过程中起伏较大的原因。文献[28]采用确定性离散时间系统方法分析了 TLMS 算法，导出该算法保证收敛的一些充分条件，为算法的应用奠定了技术基础。

6.5　改进的总体最小二乘线性核及其自稳定算法

如前所述，对 TLS 神经元方法可以被认为是迭代方法，它们与其他的迭代方法相比有较低的计算复杂度，适合在线应用。解决 TLS 问题的一类神经元方法是直接作用在一个超球面上的线性神经网络，如 Luo 等提出的 Hopfield 类神经网络[14,15]。该方法的主要局限是神经网络与输入数据矩阵的规模相联系，不能应用于别的 TLS 问题。文献[16],[17]提出的 Gao TLS 线性神经元,只有在增益足够小时才是正确的,而且重要的是它要求网络权远小于 1。TLS EXIN 线性核[20]是一个新的核方法,该方法在性能上有许多优越的特性。尽管有许多神经元方法可以用来解决 TLS 问题,但是几乎没有什么算法能够同时拥有以下几个特性。

① 算法权向量的模值不发散,也不存在突然发散现象。

② 算法是自稳定的,权向量长度符号的改变不依赖输入数据向量。

③ 算法在大的学习因子或高的噪声环境中仍然有良好的性能。

考虑在线系统辨识或高噪声环境中故障诊断的需要,有必要寻找能够满足上述特性的有效的神经元方法。这部分的目的是寻找更满意的自稳定的神经元方法,用于输入和输出。在该部分中,我们提出一个解决 TLS 问题的神经网络方法,该方法基于一个线性核和一个自稳定的神经元方法,能解决用于在观察向量中不但存在噪声,而且在数据矩阵中也存在噪声的系统辨识的自适应 FIR 滤波器中的参数估计问题。该神经元算法在数学上被分析,保证算法稳定的条件被导出。计算机仿真显示出该神经网络算法是自稳定的,而且在大的学习因子被使用或高噪声环境中时算法的性能远好于同类的其他算法。

通过前面的分析,我们可以得到 TLS 解 $\boldsymbol{z}$ 是与最小奇异值$\sqrt{\lambda}$对应的右奇异向量$\boldsymbol{v}_{n+1}$。向量$\boldsymbol{v}_{n+1}$等价于输入数据自相关矩阵的最小特征值对应的特征向量。这样,自适应地抽取输入数据的自相关矩阵的最小特征值对应的特征向量的那些算法可以用来解决 TLS 问题。

在这部分,我们提出一种自适应迭代 TLS 神经元及其分析算法。

考虑输入和输出观测数据均被噪声污染的自适应滤波,将 k 时刻的输入和输出观测序列写为$\{[\tilde{x}(k),\tilde{d}(k)]|k=1,2,\cdots,N\}$,$\tilde{x}(k)=x(k)+n_i(k)$,$\tilde{d}(k)=d(k)+n_o(k)$,这里 $n_i(k)$和 $n_o(k)$是白噪声。将滤波器权向量写为 $\boldsymbol{H}(k)=[h_1,\cdots,h_n]^{\mathrm{T}}$,$k$ 时刻的输入数据向量记为 $\tilde{\boldsymbol{X}}(k)$,则 k 时刻的滤波器输出记为 $y(k)=\tilde{\boldsymbol{X}}^{\mathrm{T}}(k)\boldsymbol{H}(k)$,而输出误差为 $\varepsilon(k)=y(k)-\tilde{d}(k)$。记增广的输入向量为 $\boldsymbol{Z}(k)=[\tilde{\boldsymbol{X}}^{\mathrm{T}}(k),\tilde{d}(k)]^{\mathrm{T}}$,增广的权向量为 $\boldsymbol{W}(k)=[\boldsymbol{H}^{\mathrm{T}}(k),-1]^{\mathrm{T}}$,则输出误差可以记为 $\varepsilon(k)=\boldsymbol{Z}^{\mathrm{T}}(k)\boldsymbol{W}(k)$。

将增广的权向量 $\boldsymbol{W}(k)$的瑞利商设为 TLS 损失函数,则可以得到一个自适应迭代梯度算法,即

$$\boldsymbol{W}(k+1)=\boldsymbol{W}(k)-\alpha(k)\varepsilon(k)\frac{\boldsymbol{Z}(k)\,\|\boldsymbol{W}(k)\|_2^2-\varepsilon(k)\boldsymbol{W}(k)}{\|\boldsymbol{W}(k)\|_2^4} \tag{6.47}$$

其中,$\alpha(k)$是学习因子,控制算法的稳定性和收敛率。

式(6.47)是文献[21]提出的用于解决 TLS 问题的 TLS EXIN 算法。在文献[20],[21]中,算法(6.47)被详细地分析,而且得出结论:基于稳定性(没有有限时间发散)、速度和精度,该算法是最好的 TLS 神经核。在文献[29]中,我们提出一种修改的梯度算法,算法在较高的学习因子或高噪声中,具有最好的精度和收敛性能。然而,从该算法的分析中,上述两个神经核的权向量模可以获得下式,即

$$\|\boldsymbol{W}(k+1)\|_2^2 = \begin{cases} \|\boldsymbol{W}(k)\|_2^2 + \dfrac{\alpha^2(k)}{4\|\boldsymbol{W}(k)\|_2^2}\|\boldsymbol{Z}(k)\|_2^4 \sin^2 2\theta_{ZW}, & \text{MCA EXIN} \\ \|\boldsymbol{W}(k)\|_2^2 + \dfrac{2\alpha(k)\varepsilon^2(k)}{\|\boldsymbol{W}(k)\|_2^4}(\|\boldsymbol{W}(k)\|_2^2 - 1) + O(\alpha^2(k)), & \text{文献[29]算法} \end{cases} \tag{6.48}$$

为了避免可能的发散和尽可能保持算法的良好性能，在 MCA EXIN 算法的基础上，我们增加一个权向量模值的限制项，提出如下 TLS 算法，即

$$\boldsymbol{W}(k+1) = \boldsymbol{W}(k) - \frac{\alpha(k)}{\|\boldsymbol{W}(k)\|^2}\left[\varepsilon(k)\boldsymbol{Z}(k) - \frac{\varepsilon^2(k)+1-\|\boldsymbol{W}(k)\|^2}{\|\boldsymbol{W}(k)\|^2}\boldsymbol{W}(k)\right] \tag{6.49}$$

从式(6.49)可以得到下列平方权向量模值的瞬时微分 $D(k)$，即

$$\begin{aligned} D(k) &= \frac{1}{2}\frac{\mathrm{d}\boldsymbol{W}^{\mathrm{T}}(t)\boldsymbol{W}(t)}{\mathrm{d}t} \\ &= \boldsymbol{W}^{\mathrm{T}}(k)\Delta\boldsymbol{W}(k) \\ &= \boldsymbol{W}^{\mathrm{T}}(k)[\boldsymbol{W}(k+1) - \boldsymbol{W}(k)] \\ &= -\frac{1}{\|\boldsymbol{W}(t)\|^2}\{\varepsilon^2(k) - [\varepsilon^2(k)+1-\|\boldsymbol{W}(t)\|^2]\} \\ &= \frac{1}{\|\boldsymbol{W}(t)\|^2}[1-\|\boldsymbol{W}(t)\|^2] \\ &= \begin{cases} >0, & \|\boldsymbol{W}(t)\| < 1 \\ <0, & \|\boldsymbol{W}(t)\| > 1 \\ =0, & \|\boldsymbol{W}(t)\| = 1 \end{cases} \end{aligned} \tag{6.50}$$

显然，瞬时微分 $D(k)$ 的符号独立于 $\varepsilon(k)$，仅依赖 $1-\|\boldsymbol{W}(k)\|^2$ 的符号。这意味着算法(6.49)具有自稳定特性，这样在 $k\to\infty$ 时，增广权向量的模值可以趋向稳定点 1。这使我们的算法具有满意的趋 1 特性，其性能超过许多同类 TLS 算法。提出的 TLS 神经元是一个线性单元，具有 n 个输入、n 个权向量、一个输出和一个训练误差，提出的算法是一个改进的梯度算法，可以用于输入和输出数据均被噪声污染的神经网络权向量估计。

近来，人们提出几个自稳定的 MCA 算法[30,31]，与这几个算法相比，我们提出的 TLS 神经元算法的性能如何呢。按照文献[21]中采用的分析方法，上面提到的三种算法的权向量模值可以获得下式，即

$$\|\boldsymbol{W}(k+1)\|_2^2 = \begin{cases} \|\boldsymbol{W}(k)\|^2 + 2\alpha\varepsilon^2(k)\|\boldsymbol{W}(k)\|^2[1-\|\boldsymbol{W}(k)\|^2] + O(\alpha^2), & \text{Douglas 等[30]} \\ \|\boldsymbol{W}(k)\|^2 + 2\alpha\varepsilon^2(k)[1-\|\boldsymbol{W}(k)\|^2] + O(\alpha^2), & \text{Möller[31]} \\ \|\boldsymbol{W}(k)\|^2 + 2\alpha[1-\|\boldsymbol{W}(k)\|^2]/\|\boldsymbol{W}(k)\|^2 + O(\alpha^2), & \text{Kong[29]} \end{cases} \tag{6.51}$$

可以看到，与 Douglas 和 Möller 的算法相比较，提出的算法在增广权向量的平方模值增量的分母中有数量 $\|\boldsymbol{W}(k)\|^2$，这对增广的权向量模值的收敛是有利的。此外，从式(6.49)可以看到，提出的神经元在增广的权向量增量的分母中有数量 $\|\boldsymbol{W}(k)\|^2$，这可以看成一种迭代算法。

6.5.1 确定性连续时间系统的性能分析

1. 收敛性能分析

根据随机近似理论，可以显示出如果一些条件得到满足，算法(6.49)可以被方程(6.52)有效地表示，即渐近轨迹以很大的概率接近，最终算法(6.49)的解以概率1趋向于下列常微分方程的渐近稳定解，即

$$\frac{\mathrm{d}\boldsymbol{W}(t)}{\mathrm{d}t}=-\frac{1}{\|\boldsymbol{W}(t)\|^2}\left[\boldsymbol{RW}(t)-\frac{\boldsymbol{W}^{\mathrm{T}}(t)\boldsymbol{RW}(t)+1-\|\boldsymbol{W}(t)\|^2}{\|\boldsymbol{W}(t)\|^2}\boldsymbol{W}(t)\right] \tag{6.52}$$

就计算观点而言，最重要的条件有下列几项。

① $\boldsymbol{Z}(t)$是零均值、稳定的和以概率 1 有界。

② $\alpha(t)$是一个下降的正数序列。

③ $\sum_t \alpha(t)=\infty$。

④ $\sum_t \alpha^p(t)<\infty$ 对一些 p。

⑤ $\sum\limits_{t\to\infty}\sup[1/\alpha(t)-1/\alpha(t-1)]<\infty$。

式(6.52)的渐近特性可以由下列定理保证。

定理 6.2　设 $\boldsymbol{R}$ 是一个正的半正定矩阵，λ_n 和 $\boldsymbol{V}_n$ 分别是最小的特征值和相应规范化特征向量拥有非零的最后元素。如果初始权向量 $\boldsymbol{W}(0)$ 满足 $\boldsymbol{W}^{\mathrm{T}}(0)\boldsymbol{V}_n\neq 0$，且 λ_n 是单一的，则有 $\lim\limits_{t\to\infty}\boldsymbol{W}(t)=\pm\boldsymbol{V}_n$ 成立。

定理 6.2 的证明与文献[29]中定理 6.1 的证明相类似，详细证明过程可参考该文献，下面只给出有区别的部分。

经过一系列的推导，我们可以获得下式，即

$$\lim_{t\to\infty}\boldsymbol{W}(t)=\lim_{t\to\infty}\left[\sum_{i=1}^{n}f_i(t)\,\boldsymbol{V}_i\right]=f_n(t)\,\boldsymbol{V}_n \tag{6.53}$$

式(6.53)显示出 $\boldsymbol{W}(t)$ 收敛于与输入数据的自相关矩阵的最小特征值对应的特征向量的方向。从式(6.53)，我们可以获得下式，即

$$\lim_{t\to\infty}\|\boldsymbol{W}(t)\|=\lim_{t\to\infty}\|f_n(t)\boldsymbol{V}_n\|=\lim_{t\to\infty}\|f_n(t)\| \tag{6.54}$$

然而，由式(6.54)可以得到

$$\frac{\mathrm{d}\,\boldsymbol{W}^{\mathrm{T}}(t)\boldsymbol{W}(t)}{\mathrm{d}t}=-\frac{2}{\|\boldsymbol{W}(t)\|^4}\{\|\boldsymbol{W}(t)\|^2\,\boldsymbol{W}^{\mathrm{T}}(t)\boldsymbol{RW}(t)$$

$$
\begin{aligned}
&-[\boldsymbol{W}^{\mathrm{T}}(t)\boldsymbol{R}\boldsymbol{W}(t)+1-\|\boldsymbol{W}(t)\|^2]\|\boldsymbol{W}(t)\|^2\}\\
&=-\frac{2}{\|\boldsymbol{W}(t)\|^2}\{\boldsymbol{W}^{\mathrm{T}}(t)\boldsymbol{R}\boldsymbol{W}(t)-[\boldsymbol{W}^{\mathrm{T}}(t)\boldsymbol{R}\boldsymbol{W}(t)+1-\|\boldsymbol{W}(t)\|^2]\}\\
&=2\left(\frac{1}{\|\boldsymbol{W}(t)\|^2}-1\right)\\
&=\begin{cases}>0, & \|\boldsymbol{W}(t)\|<1\\ <0, & \|\boldsymbol{W}(t)\|>1\\ =0, & \|\boldsymbol{W}(t)\|=1\end{cases}
\end{aligned}
\tag{6.55}
$$

通常在 TLS 问题中，初始权模值大于或等于 1，因此从式(6.55)可以得到 $\lim\limits_{t\to\infty}\|\boldsymbol{W}(t)\|=1$，这样我们可以获得 $\lim\limits_{t\to\infty}f_n(t)=\pm1$，这就可以得出 $\lim\limits_{t\to\infty}\boldsymbol{W}(t)=\pm\boldsymbol{V}_n$。定理证明完毕。

2. 发散性能分析

Cirrincione[21]发现 Luo 算法等在有限迭代时间内的分散现象，也称为突然发散现象。突然发散现象对算法的实际应用是非常不利的。那么，我们提出的算法有上述突然发散现象吗？在这一部分，我们将对提出的算法针对该现象进行较为详细的研究。

在文献[21]中，推论 19 对梯度流的解给出一些简单的收敛行为分析：一个梯度流的解有一个简单的收敛行为，没有周期性的解、奇异吸引子或混沌行为。基于上述推论，Luo、OJAn、MCA EXIN 等算法权向量的动力行为被描述，而且 Luo、OJAn、MCA EXIN、OJA、OJA+等算法的 MCA 发散得到证明。按照上述的分析方法，我们对提出的算法的发散行为进行如下的分析。

在算法更新过程中，已经到达第一个临界点后($t\geqslant t_0$)，通过对权向量的行为进行平均，可以得到下式，即

$$\boldsymbol{W}(t)=\|\boldsymbol{W}(t)\|\boldsymbol{V}_n,\quad t\geqslant t_0 \tag{6.56}$$

其中，$\boldsymbol{V}_n$ 是与输入数据自相关矩阵的最小特征值对应的单位特征向量。

从式(6.55)，我们可以获得 $\mathrm{d}\|\boldsymbol{W}(t)\|^2/\mathrm{d}t=2(1/\|\boldsymbol{W}(t)\|^2-1)$。假定 MC 方向已经达到，该方程可以被近似写为

$$\frac{\mathrm{d}p}{\mathrm{d}t}=2\left(\frac{1}{p}-1\right) \tag{6.57}$$

其中，$p=\|\boldsymbol{W}(t)\|^2$。

定义 MC 方向到达的时刻为 t_0，相应的平方权模值为 p_0，则式(6.57)的解可以由下式给出，即

$$\begin{cases}p+\ln|p-1|=p_0+\ln|p_0-1|-2(t-t_0), & p_0\neq1\\ p=p_0, & p_0=1\end{cases} \tag{6.58}$$

图 6.4(a)显示不同初始 p_0 时，权向量的收敛结果；图 6.4(b)显示了文献[21]中几个算法的权向量模值的发散情况；图 6.4(c)则显示了文献[25]中的算法针对不同的初始权模值时，权向量模值的发散情况。

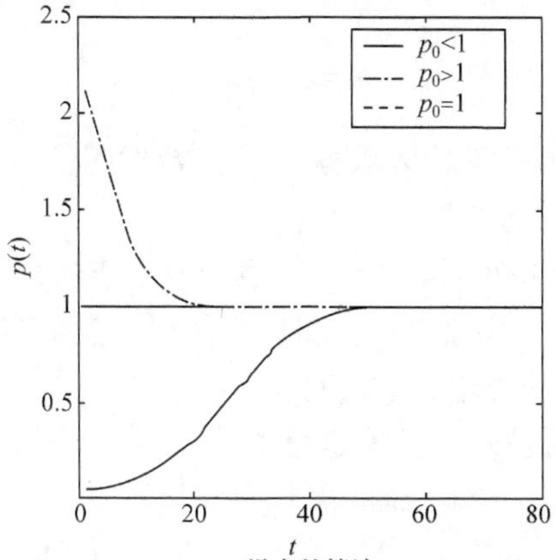

(a) 提出的算法

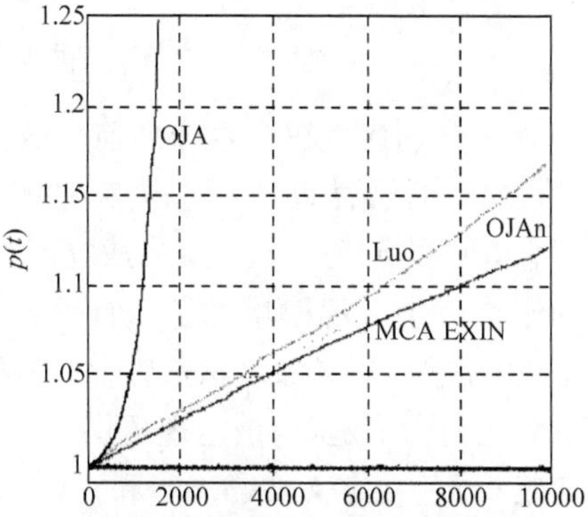

(b) EXIN、OJAn、Luo、OJA、OJA+算法

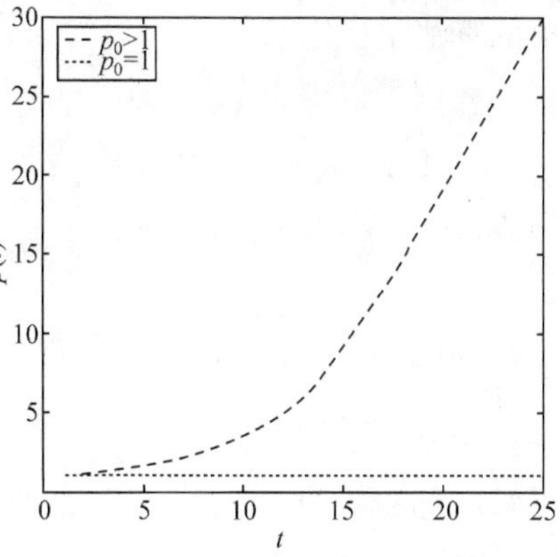

(c) 文献[25]中算法

图 6.4　对于不同初始值常微分方程的渐近行为

从这些结果可以看出，提出的算法的权向量模值趋向于 1，在有限时间内没有突然发散现象。然而，它们的权向量的模值在更新过程中是发散的。

6.5.2　随机离散时间系统的性能分析

上面的分析基于随机近似理论的基本定理，获得的结果也只能是在某种条件下的近似结果。这一部分的目的是分析提出的 TLS 神经元的瞬态行为和算法的动态稳定性与学习因子之间的关系[1,21]。

定义

$$r'(k)=\frac{|\boldsymbol{W}^{\mathrm{T}}(k+1)\boldsymbol{Z}(k)|^2}{\|\boldsymbol{W}(k+1)\|^2},\quad r(k)=\frac{|\boldsymbol{W}^{\mathrm{T}}(k)\boldsymbol{Z}(k)|^2}{\|\boldsymbol{W}(k)\|^2} \tag{6.59}$$

$$\rho(\alpha)=\frac{r'}{r}\geqslant 0,\quad p=\|\boldsymbol{W}(k)\|^2,\quad u=\varepsilon^2(k) \tag{6.60}$$

其中，r'和r分别代表权向量增加前与增加后，从输入数据$\boldsymbol{Z}(k)$到数据匹配超平面(其法线由权向量给出，且穿过原点)的平方垂直距离。

回想MC的定义，$r'\leqslant r$应当成立。如果该不等式无效，意味着由于噪声数据引起的干扰使学习规律增加了估计误差。当该扰动很大时，会使权向量$\boldsymbol{W}(k)$急剧偏离正常的学习，导致发散或振荡(意味着要增加学习时间)。

下面证明一个定理，该定理提供了所提出算法的稳定性条件。

定理 6.3 在定义式(6.59)和式(6.60)条件下，如果

$$0<\alpha(k)<\frac{2p^2}{p\|\boldsymbol{Z}(k)\|^2-2(u+1-p)}\Lambda p\|\boldsymbol{Z}(k)\|^2-2(u+1-p)>0$$

则$r'\leqslant r$，这意味着提出的算法是稳定的。

证明：通过式(6.49)，我们可以得出下式，即

$$\begin{aligned}
&\boldsymbol{W}^{\mathrm{T}}(k+1)\boldsymbol{Z}(k)\\
&=\varepsilon(k)-\frac{\alpha(k)}{\|\boldsymbol{W}(k)\|^4}\{\|\boldsymbol{W}(k)\|^2\varepsilon(k)\|\boldsymbol{Z}(k)\|^2-[\varepsilon^2(k)+1-\|\boldsymbol{W}(k)\|^2]\varepsilon(k)\}\\
&=\varepsilon(k)(1-\frac{\alpha(k)}{\|\boldsymbol{W}(k)\|^4}\{\|\boldsymbol{W}(k)\|^2\ \|\boldsymbol{Z}(k)\|^2-[\varepsilon^2(k)+1-\|\boldsymbol{W}(k)\|^2]\})
\end{aligned} \tag{6.61}$$

由式(6.49)，还可得以下关系，即

$$\begin{aligned}
\|\boldsymbol{W}(k+1)\|^2&=\boldsymbol{W}^{\mathrm{T}}(k+1)\boldsymbol{W}(k+1)\\
&=\|\boldsymbol{W}(k)\|^2-\frac{2\alpha(k)}{\|\boldsymbol{W}(k)\|^4}\{\|\boldsymbol{W}(k)\|^2\varepsilon^2(k)-[\varepsilon^2(k)+1\\
&\quad-\|\boldsymbol{W}(k)\|^2]\|\boldsymbol{W}(k)\|^2\}\\
&\quad+\frac{\alpha^2(k)}{\|\boldsymbol{W}(k)\|^8}\{\|\boldsymbol{W}(k)\|^4\varepsilon^2(k)\|\boldsymbol{Z}(k)\|^2-2\|\boldsymbol{W}(k)\|^2\varepsilon^2(k)[\varepsilon^2(k)\\
&\quad+1-\|\boldsymbol{W}(k)\|^2]+[\varepsilon^2(k)+1-\|\boldsymbol{W}(k)\|^2]^2\ \|\boldsymbol{W}(k)\|^2\}
\end{aligned} \tag{6.62}$$

因此

$$\begin{aligned}
\rho(\alpha) &= \frac{r'(k)}{r(k)} \\
&= \frac{[\boldsymbol{W}^{\mathrm{T}}(k+1)\boldsymbol{Z}(k)]^2}{\|\boldsymbol{W}(k+1)\|^2}\frac{\|\boldsymbol{W}(k)\|^2}{(\varepsilon(k))^2} \\
&= \frac{\left(1-\dfrac{\alpha(k)}{\|\boldsymbol{W}(k)\|^4}\{\|\boldsymbol{W}(k)\|^2\ \|\boldsymbol{Z}(k)\|^2-[\varepsilon^2(k)+1-\|\boldsymbol{W}(k)\|^2]\}\right)^2}{1-\dfrac{2\alpha(k)}{\|\boldsymbol{W}(k)\|^2}\left[1-\dfrac{1}{\|\boldsymbol{W}(k)\|^2}\right]+\dfrac{\alpha^2(k)}{\|\boldsymbol{W}(k)\|^2}E} \\
&= \frac{p^2[1-\alpha(k)q]^2}{p^2-2\alpha(k)(p-1)+\alpha^2(k)pE}
\end{aligned} \tag{6.63}$$

其中，$q=(1/p^2)[\|\boldsymbol{Z}(k)\|^2 p-(u+1-p)]$；$E=(1/p^3)[up\ \|\boldsymbol{Z}(k)\|^2-2u(u+1-p)+(u+1-p)^2]$。

$\rho(\alpha)<1$(动态稳定)，如果

$$p^2[1-\alpha(k)q]^2<p^2-2\alpha(k)(p-1)+\alpha^2(k)\frac{1}{p^2}[up\ \|\boldsymbol{Z}(k)\|^2-2u(u+1-p)+(u+1-p)^2] \tag{6.64}$$

注意到 $u/p=\|\boldsymbol{Z}(k)\|^2\cos^2\theta_{ZW}$，这里 θ_{ZW} 是增广的输入向量与增广的权向量之间的角度。

从式(6.64)，可以得到

$$\alpha(k)\|\boldsymbol{Z}(k)\|^2 p\sin^2\theta_{ZW}\{\alpha(k)[2u+2-2p-p\ \|\boldsymbol{Z}(k)\|^2]+2p^2\}>0 \tag{6.65}$$

则动态稳定条件为

$$0<\alpha(k)<\frac{2p^2}{p\ \|\boldsymbol{Z}(k)\|^2-2(u+1-p)}\wedge p\|\boldsymbol{Z}(k)\|^2-2(u+1-p)>0 \tag{6.66}$$

第二个条件意味着缺少负的不稳定，可以写为

$$\cos^2\theta_{ZW}\leqslant\frac{1}{2}+\frac{1}{\|\boldsymbol{Z}(k)\|^2}\frac{p-1}{p} \tag{6.67}$$

实际上，第二个条件包含在第一个条件中。考虑 $0<\alpha_b\leqslant\gamma<1$，可以得到

$$\begin{aligned}
\cos^2\theta_{ZW} &\leqslant \frac{1}{2}+\frac{1}{\|\boldsymbol{Z}(k)\|^2}\frac{p-1}{p}-\frac{p}{\gamma\ \|\boldsymbol{Z}(k)\|^2} \\
&\leqslant \frac{1}{2}+\frac{1}{\|\boldsymbol{Z}(k)\|^2}-\frac{2}{\|\boldsymbol{Z}(k)\|^2\sqrt{\gamma}} \\
&= \varUpsilon
\end{aligned} \tag{6.68}$$

该式比式(6.67)有更多的限制。图 6.5 显示了这个条件,这里 $\sigma=\arccos\sqrt{\Upsilon}$。从式(6.68)可以看出,减小 γ 将增加稳定性,而且角度 θ_{ZW} 与权向量模值的变化无关。显然,在瞬态(一般来说较低的 θ_{ZW})有较少的涨幅,这有利于算法的稳定。从式(6.68),当提出的算法收敛时,权向量 $\boldsymbol{W}(k)$ 和输入向量 $\boldsymbol{Z}(k)$ 之间的角度 θ_{ZW} 等于或小于 45 度。定理证明完毕。

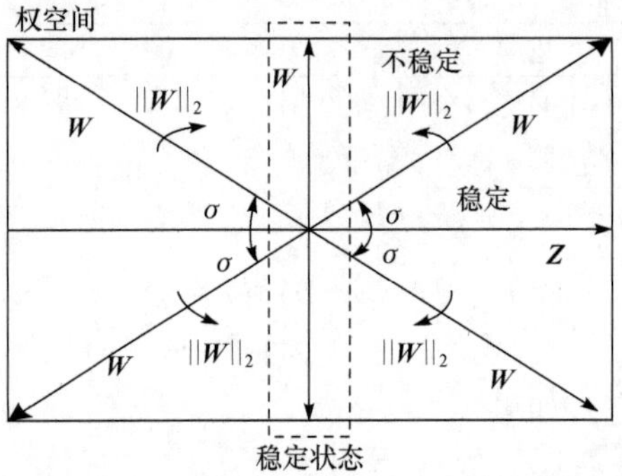

图 6.5　提出的算法针对输入向量(二维)的权向量的稳定空间

6.5.3　计算机仿真实验

在这一部分,我们提供仿真实验来显示提出的算法在 TLS 滤波中的收敛性和稳定性。由于 OJAm 算法[29]、EXIN 算法[21]比其他的 TLS 算法有较好的性能,我们在仿真实验中比较提出的算法和这两个算法的性能。

下面的所有学习曲线均是由 30 次独立实验的平均效果。假定输入信号的信噪比等于输出信号的信噪比,噪声为独立零均值白噪声。输入信号是零均值高斯偏差为 1。在仿真中,上述算法被用于线性系统辨识。线性系统由 $\boldsymbol{H}=[-0.3,-0.9,0.8,-0.7,0.6,0.2,-0.5,1.0,-0.7,0.9,-0.4]^{\mathrm{T}}$ 给出,它的标准化为 $\bar{\boldsymbol{H}}=\boldsymbol{H}/\|\boldsymbol{H}\|$。它们的收敛性能由不同程度的噪声环境和使用不同的学习因子的情况下进行比较。定义权向量的学习误差为

$$\mathrm{Error}(k)=10\log(\|\bar{\boldsymbol{H}}-\hat{\boldsymbol{H}}(k)\|^2)$$

其中,$\hat{\boldsymbol{H}}(k)$ 是估计的权向量。

图 6.6～图 6.8 分别显示出在第一个仿真中采用不同的学习因子,SNR=20dB,SNR=10dB 和 SNR=5dB 条件下算法学习曲线。

这些学习曲线表明,对于一个较大系数长度的 FIR 滤波器,提出的算法有良好的收敛性和稳态精度,而且提出算法的权向量模值收敛到 1。当使用一个较小的学习因子或 SNR 较大时,提出算法的稳态精度要低一些。从图 6.7(a)和图 6.8(a),我们可以看出当使用一个较大的学习因子或 SNR 较小时,提出算法的收敛性和稳态精度要明显好于其他两个算法。从图 6.6(b),图 6.7(b)和图 6.8(b),可以

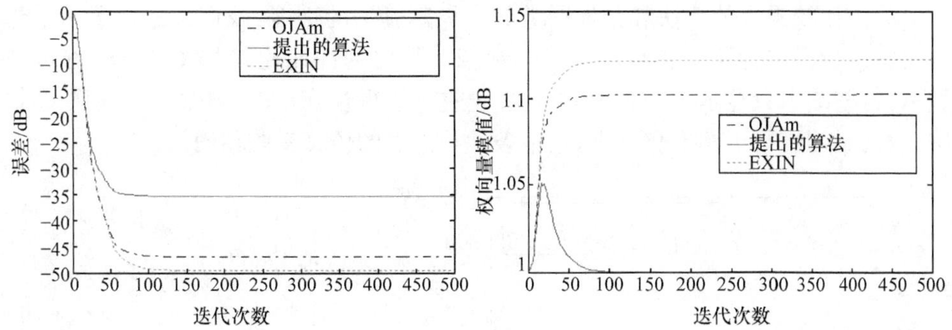

(a) 权向量误差　　(b) 权向量模值

图 6.6　在 μ=0.05,20dB 条件下算法学习曲线

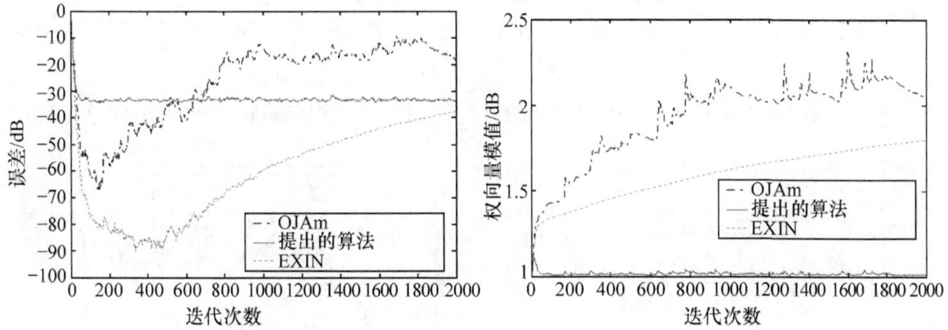

(a) 权向量误差　　(b) 权向量模值

图 6.7　在 μ=0.1,10dB 条件下算法学习曲线

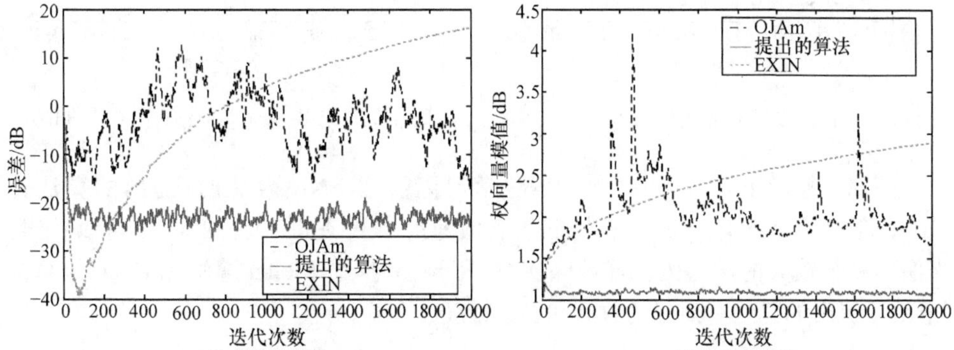

(a) 权向量误差　　(b) 权向量模值

图 6.8　在 μ=0.1,5dB 条件下算法的学习曲线

看出提出的算法的权向量模值收敛到 1,而其他算法的权向量模值是发散的。上面的几个曲线表明,我们提出的算法有利于大的学习因子和高噪声环境条件下的使用。

为了比较提出的算法和其他同类的自稳定算法的性能，我们又进行了一个仿真实验。所提出的算法和与文献[26]和[27]算法的性能比较如图 6.9～图 6.12 所示，这些图中只显示了权向量的学习误差。值得注意的是，在图 6.9～图 6.12 中，权向量均进行了标准化处理，其他条件与上面的仿真实验相同。

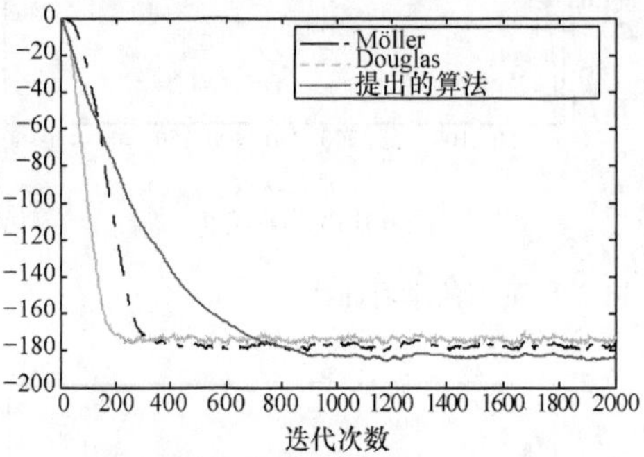

图 6.9　权向量误差曲线(μ=0.01,20dB)

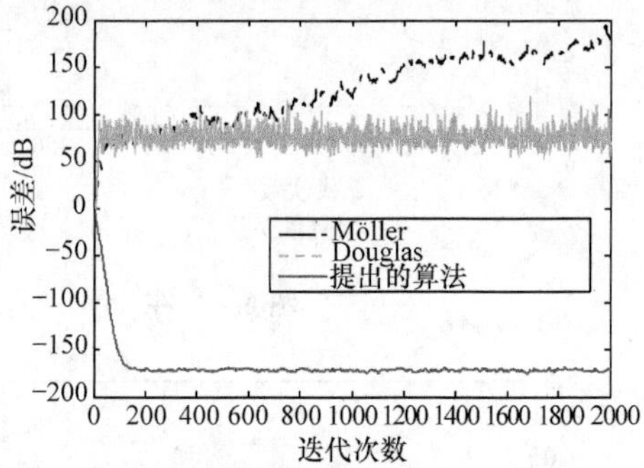

图 6.10　权向量误差曲线(μ=0.1,20dB)

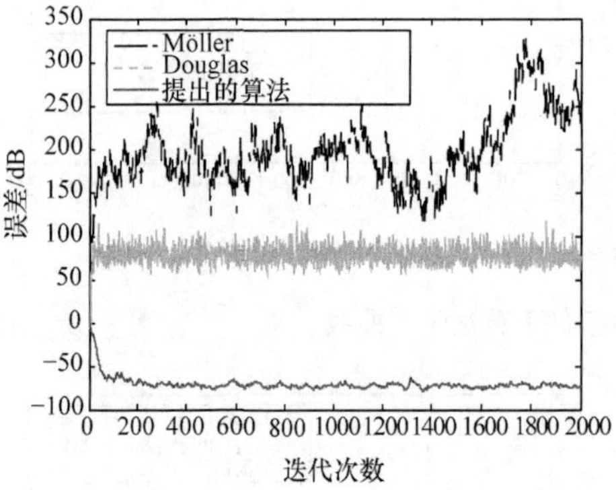

图 6.11　权向量误差曲线(μ=0.2,10dB)

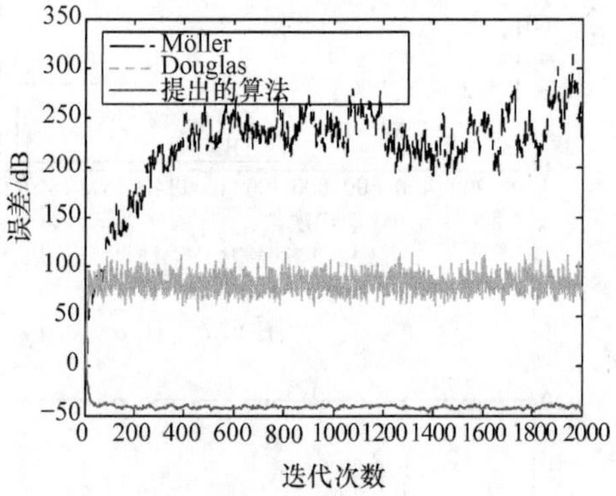

图 6.12　权向量误差曲线(μ=0.1,5dB)

图 6.9 显示了当使用一个较小的学习因子或 SNR 较大时，提出的算法比 Möller 算法和 Douglas 算法有较低的收敛速度。从图 6.10～图 6.12 可以看出，当使用一个较大的学习因子或信噪比 SNR 较小时，与 Möller 算法和 Douglas 算法相比，所提出的算法有最好的收敛和稳态精度。

6.6　本 章 小 结

本章首先对 TLS 问题求解的迭代计算方法进行了概述，接着分析概述了最小二乘问题求解的神经网络方法，对该领域典型的几种迭代求取方法进行简要介绍，重点分析作者提出的几种 TLS 迭代求取算法及性能分析方法，并对部分算法性能进行了仿真分析。

参 考 文 献

[1] Giansalvo G, Maurizio G. Neural-Based Orthogonal Data Fitting-The EXIN Neural Networks. New York: Wiley, 2010.

[2] Golub G H, Van Loan C F. Matrix Computations. Baltimore: Johns Hopkins University Press, 1989.

[3] Parlett B N. The Symmetric Eigenvalue Problem. New Jersey: Prentice-Hall, 1980.

[4] Wilkinson J H. The Algebraic Eigenvalue Problem. Oxford: Clarendon Press, 1965.

[5] Van Huffel S, Vandewalle J. The total least squares problem: computational aspects and analysis//SIAM, 1991.

[6] De Moor B, Vandewalle J. An adaptive singular value decomposition algorithm based on generalized Chebyshev recursion//Proceedings of the Conference on Mathematics in Signal Processing, 1987.

[7] Saad Y. Chebyshev acceleration techniques for solving nonsymmetric eigenvalue problems. Mathematics Computation, 1984, 42: 567～588.

[8] Wilkinson J H. The Algebraic Eigenvalue Problem. Oxford: Clarendon Press, 1965.

[9] Parlett B N. The Rayleigh quotient iteration and some generalizations for nonormal matrices. Mathematics Computation, 1974, 28: 679～693.

[10] Comon P, Golub G H. Tracking a few extreme singular values and vectors in signal processing//Proceedings of the IEEE, 1990, 78: 1327～1343.

[11] Davila C E. An efficient recursive total least squares algorithm for FIR adaptive filtering. IEEE Transactions on Signal Processing, 1994, 42: 268～280.

[12] Bose N K, Kim H C, Valenzuela H M. Recursive total least squares algorithm for image reconstruction. Multidimensional Systems and Signal Processing, 1993, 4: 253～268.

[13] Zhu W, Wang Y, Yao Y, et al. Iterative total least squares image reconstruction algorithm for optical tomography by the conjugate gradient method. Journal of the Optical Society of America A, 1997, 14(4): 799～807.

[14] Luo F, Li Y D, He C. Neural network approach to the TLS linear prediction frequency estimation problem. Neurocomputing, 1996, 11: 31～42.

[15] Luo F, Unbehauen R. Applied Neural Networks for Signal Processing. New York: Cambridge University Press, 1997.

[16] Gao K, Ahmad M O, Swamy M N. Learning algorithm for total least-squares adaptive signal processing. Electronic Letter, 1992, 28(4): 430～432.

[17] Gao K, Ahmad M O, Swamy M N. A constrained anti-Hebbian learning algorithm for total least-squares estimation with applications to adaptive FIR and IIR filtering. IEEE Transactions on Circuits and Systems-II, 1994, 41(11): 718～729.

[18] Cichocki A, Unbehauen R. Neural Networks for Optimization and Signal Processing. New

York: Wiley, 1993.

[19] Cichocki A, Unbehauen R. Simplified neural networks for solving linear least squares and total least squares problems in real time. IEEE Transactions on Neural Networks, 1994, 5(6): 910～923.

[20] Cirrincione G, Cirrincione M. Linear system identification using the TLS EXIN neuron. Neurocomputing, 1999, 28(1): 53～74.

[21] Cirrincione G. A neural approach to the structure from motion problem. Ph. D. Thesis, LIS INPG Grenoble, Grenoble, France, 1998.

[22] Dunne B E, Williamson G A. QR-based TLS and mixed LS-TLS algorithms with applications to adaptive IIR filtering. IEEE Transactions on Signal Processing, 2003, 51(2): 386～394.

[23] Dunne B E, Williamson G A. Analysis of gradient algorithms for TLS-based adaptive IIR filters. IEEE Transactions on Signal Processing, 2004, 52(12): 3345～3356.

[24] Feng D Z, Bao Z, Jiao L C. Total least mean squares algorithm. IEEE Transactions on Signal Processing, 1998, 46(8): 2122～2130.

[25] Lasalle J P. The stability of dynamical systems//Society for Industrial and Applied Mathematics, 1976.

[26] Ouyang S, Bao Z, Liao G S. Adaptive step-size minor component extraction algorithm. Electronic Letter, 1999, 35: 443～444.

[27] Cirrincione G, Cirrincione M, Herault J, et al. The MCA EXIN neuron for the minor component analysis. IEEE Transactions on Neural Networks, 2002, 13(1): 160～187.

[28] Peng D Z, Zhang Y. Convergence analysis of a deterministic discrete time system of Feng's MCA learning algorithm. IEEE Transactions on Signal Processing, 2006, 54(9): 3626～3632.

[29] Kong X Y, Hu C H, Han C Z. A self-stabilizing MSA algorithm in high-dimension data stream. Neural Networks, 2010, 23(7): 865～871.

[30] Douglas S C, Kung S Y, Amari S. A self-stabilized minor subspace rule. IEEE Signal Processing Letter, 1998, 5(12): 328～330.

[31] Möller R. A self-stabilizing learning rule for minor component analysis. International Journal of Neural Systems, 2004, 14: 1～8.

[32] Feng D Z, Zheng W X, Jia Y. Neural network learning algorithms for tracking minor subspace in high-dimensional data stream. IEEE Transactions on Neural Networks, 2005, 16(3): 513～521.

第 7 章　约束总体最小二乘和结构总体最小二乘估计

7.1 引　　言

与 TLS 方法相对应的统计模型是误差变量模型。该模型有限制性的条件，即所有测量误差是零均值，且独立同分布的。为了放松这些限制，人们研究探索了多种扩展的 TLS 问题。混合 LS-TLS 问题公式允许扩大变量误差模型中 TLS 估计器的这种一致性，其中一些变量的测量没有误差。DLS 问题[1]指的是特殊情况，如数据矩阵 $\boldsymbol{A}$ 是有噪声的，而矩阵 $\boldsymbol{B}$ 是精确的。当误差$[\widetilde{\boldsymbol{A}}\quad\widetilde{\boldsymbol{B}}]$是行向独立具有相等的行协方差矩阵时，GTLS 问题公式[2]允许扩大 TLS 估计器的一致性。

更一般的问题公式，如允许合并相等约束的 CTLS[3]，以及在损失函数中使用 ℓ_p 范式的 TLS 问题公式等也已经提出来了。后一问题，称为总体 ℓ_p 近似，也已证明在出现野值时是有用的。增加规则化处理，也可以改进 TLS 解的鲁棒性，这就是所谓的正则化总体最小二乘方法[4-8]。此外，各种类型的有界不确定性也提出来了以便改进各种噪声条件下估计器的鲁棒性[9,10]。

与经典 TLS 估计器类似，GTLS 估计器也可以使用 SVD 可靠地计算。但是，对于更一般的 WTLS 问题，其中测量大小不同而且(或者)行与行之间相关，情况就完全不同了。WTLS 估计器的一致性得到证明，而且一个计算迭代程序也提出来了[11]。

CTLS 问题也已经公式化，Arun[12]解决了归一 CTLS 问题，即 $\boldsymbol{AX}\approx\boldsymbol{B}$，服从解矩阵 $\boldsymbol{X}$ 是归一的约束，并证明该解与正交 Procrustes 问题的解相同[13]。Abatzoglou 等[14]考虑另一个 CTLS 问题，该问题将经典 TLS 问题扩展到误差$[\widetilde{\boldsymbol{A}}\quad\widetilde{\boldsymbol{B}}]$是代数相关的情况。在这种情况下，TLS 解不再是统计最优的，例如正态分布情况下的最大似然估计。

在 STLS 问题[15]中，数据矩阵$[\boldsymbol{A}\quad\boldsymbol{B}]$是结构化的。为了保持解的最大似然特性，该问题公式被施以[16]附加约束，即数据矩阵$[\boldsymbol{A}\quad\boldsymbol{B}]$的结构保持在修正矩阵$[\Delta\boldsymbol{A}\quad\Delta\boldsymbol{B}]$中。类似于 WTLS 问题，STLS 解通常没有基于 SVD 的闭合形式的表达式。一个重要的例外是循环 STLS，该问题可应用快速傅里叶变换来实现[17]。通常情况下，STLS 解可通过数值优化方法来搜索。然而，相关文献已经提出有效的算法，这些算法利用矩阵结构来提高计算效率。本章要对该研究方向进一步研究。

正则化 STLS 解方法也已经提出来了[18,19]，正则化在 STLS 方法对于图像恢复的应用中非常重要[20-29]。此外，文献[23]，[24]提出一些非线性 STLS 方法的求解方法。

7.2 约束总体最小二乘

由前面第四章，求解方程 $\boldsymbol{Ax}=\boldsymbol{b}$ 的 TLS 解可以表示为 $\boldsymbol{x}_{\mathrm{TLS}}=(\boldsymbol{A}^{\mathrm{H}}\boldsymbol{A}-\sigma_{\min}^2\boldsymbol{I})^{-1}\boldsymbol{A}^{\mathrm{H}}\boldsymbol{b}$，其中 $\sigma_{\min}^2$ 是扰动矩阵 $\boldsymbol{D}=[-\boldsymbol{e},\boldsymbol{E}]$ 各个噪声分量共同的方差。然而，在一些重要的情况下，$\boldsymbol{D}$ 的噪声分量可能是统计相关的。CTLS[14] 是在系数的噪声成分是代数相关情况下 TLS 的一种自然推广，目的是为了充分利用数据矩阵的结构特征，得到 x 更加精确的估计。这里，CTLS 减小到一组变量上的一个非约束最小化问题，推导了 CTLS 解的扰动分析，获得以闭合形式表示的 CTLS 解的平方根误差。推导了复数形式的牛顿方法，用来确定 CTLS 解。

7.2.1 约束总体最小二乘问题

从统计观点而言，TLS 运行在假设 $\boldsymbol{A}$ 和 $\boldsymbol{b}$ 的噪声成分是独立同分布且均值为零的情况下。如果在 $\boldsymbol{A}$ 或 $\boldsymbol{b}$ 的成分之间具有相关性，可以应用一个噪声白化转换，误差范式可以得到适当修改。然而，如果在这些噪声成分之间存在线性依赖，则 TLS 问题必须再重新公式化以便考虑噪声成分减小后的维数。这通常是在系统辨识、频率估计、发射装置角度定位估计等几个应用中。

在文献[30]中，Abatzoglou 等讨论了 TLS 方法的重新公式化，考虑 $\boldsymbol{A}$ 和 $\boldsymbol{b}$ 的噪声成分之间的线性代数关系，称该方法为约束最小二乘方法。CTLS 解 $\boldsymbol{x}_{\mathrm{CTLS}}$ 可以定义为

$$\min_{\boldsymbol{v},\boldsymbol{x}}\|\Delta\boldsymbol{C}\|,\quad[\boldsymbol{C}+\Delta\boldsymbol{C}]\begin{bmatrix}\boldsymbol{x}\\-1\end{bmatrix}=0$$

$$\Delta\boldsymbol{C}=[\boldsymbol{F}_1\boldsymbol{v}\quad\boldsymbol{F}_2\boldsymbol{v}\quad\cdots\quad\boldsymbol{F}_{L+1}\boldsymbol{v}]$$

$[\boldsymbol{C}+\Delta\boldsymbol{C}]\begin{bmatrix}\boldsymbol{x}\\-1\end{bmatrix}=0$ 是从 $(\boldsymbol{A}+\Delta\boldsymbol{A})\boldsymbol{x}=\boldsymbol{b}+\Delta\boldsymbol{b}$ 通过设 $\Delta\boldsymbol{C}=[\Delta\boldsymbol{A}\Delta\boldsymbol{b}]$ 获得的；$\boldsymbol{v}$ 是一个最小维数的噪声向量；$\boldsymbol{F}_i$ 是适当维数的矩阵。文献[30]显示，作为一个非约束最小化问题的解 $\boldsymbol{x}_{\mathrm{CTLS}}$ 可以获得。在文献[31]，[32]中，应用一个次优算法最小化上述函数，可以获得很好的结果。

1. 问题的引入

在下面的两个例子中，$\Delta\boldsymbol{C}$ 的噪声成分可能代数相关，也就是线性依赖，则 TLS 解可能不再是最优统计估计器。这种情况发生在试图从一个系统的输入和

输出数据估计其脉冲响应的系统辨识应用中。假设 $y(t)$是系统输出,$u(t)$是系统输入,要做的事情是从如下近似方程估计脉冲响应函数 $h(t)$,即

$$\begin{bmatrix} y(t-m) \\ y(t+1-m) \\ \vdots \\ y(t) \end{bmatrix} \approx \begin{bmatrix} u(t-m) & \cdots & u(t-n-m) \\ u(t+1-m) & \cdots & u(t+1-n-m) \\ \vdots & & \vdots \\ u(t) & \cdots & u(t-n) \end{bmatrix} \cdot \begin{bmatrix} h(0) \\ h(1) \\ \vdots \\ h(n) \end{bmatrix}$$

或者$\boldsymbol{y}=\boldsymbol{U}\boldsymbol{h}$。显然,$\boldsymbol{U}$ 的噪声成分是 Toeplitz,这一信息没有为 TLS 解所使用。

数据矩阵的噪声成分是线性依赖的另一个重要例子是通过白噪声污染的测量数据使用前向-后向线性预测器估计正弦函数频率。假设有如下测量,即

$$y_n = \sum_{k=1}^{L} S_k \mathrm{e}^{2\pi jnfk} + v_n, \quad n=1,2,\cdots,N$$

其中,$\{v_n\}$是零均值的独立同分布噪声采样。

建立如下前后向线性预测(forward backward linear prediction,FBLP)方程,即

$$\boldsymbol{C}\begin{bmatrix} \boldsymbol{x} \\ -1 \end{bmatrix} \approx 0$$

其中

$$\boldsymbol{C}=\begin{bmatrix} y_1 & y_2 & \cdots & y_{L+1} \\ y_2 & y_3 & \cdots & y_{L+2} \\ \vdots & \vdots & & \vdots \\ y_{N-L} & y_{N-L+1} & \cdots & y_N \\ \bar{y}_{L+1} & \bar{y}_L & \cdots & \bar{y}_1 \\ \vdots & \vdots & & \vdots \\ \bar{y}_N & \bar{y}_{N-1} & \cdots & \bar{y}_{N-L} \end{bmatrix}, \quad \boldsymbol{x}=\begin{bmatrix} x_1 \\ \vdots \\ x_L \end{bmatrix}$$

而且 $\bar{y}_i$ 是 y_i 的复数共扼。

注意到$\boldsymbol{C}$ 的成分具有一个块 Hankel-Toeplitz 结构。这种结构没有被 TLS 方法利用。为了得到 $\boldsymbol{x}$ 的精确估计,需要推广 TLS 方法以合并$\boldsymbol{C}$ 的噪声成分的这种代数依赖。

2. CTLS 的公式化

基于各列, $\Delta\boldsymbol{C}$ 可写为 $\Delta\boldsymbol{C}=[\Delta \boldsymbol{C}_1\cdots\Delta \boldsymbol{C}_{L+1}]$,设$\{v_1,v_2,\cdots,v_K\}$是线性独立随机变量的最小代数集,这样

$$\Delta\boldsymbol{C}_i=\boldsymbol{F}_i\,\boldsymbol{v}, \quad i=1,2,\cdots,L+1 \tag{7.1}$$

其中,$\boldsymbol{v}=(v_1,v_2,\cdots,v_K)^{\mathrm{T}}$;$\boldsymbol{F}_i$ 是一个 $M\times K$ 矩阵。

如果$\boldsymbol{v}$不是一个白的随机向量,可以通过一个合适的转换来执行白化。假设$\boldsymbol{R}=E\{\boldsymbol{v}\boldsymbol{v}^*\}=\boldsymbol{P}\boldsymbol{P}^*$,则定义$\boldsymbol{u}$为

$$\boldsymbol{u}=\boldsymbol{P}^{-1}\boldsymbol{v} \tag{7.2}$$

则$\boldsymbol{u}$是一白噪声向量。现在 $\Delta\boldsymbol{C}_i$ 可以表示为

$$\Delta\boldsymbol{C}_i=\boldsymbol{F}_i\boldsymbol{P}\,\boldsymbol{u}=\boldsymbol{G}_i\,\boldsymbol{u},\quad i=1,2,\cdots,L+1 \tag{7.3}$$

其中,$\boldsymbol{G}_i=\boldsymbol{F}_i\boldsymbol{P}\in\boldsymbol{C}^{M\times K}$。

CTLS 方法就是确定向量 $\boldsymbol{x}$ 和最小扰动$\boldsymbol{u}$,使得

$$(\boldsymbol{C}+[\boldsymbol{G}_1\,\boldsymbol{u}\cdots\boldsymbol{G}_{L+1}\boldsymbol{u}])\begin{bmatrix}\boldsymbol{x}\\-1\end{bmatrix}=0 \tag{7.4}$$

在数学上,CTLS 问题可以重新写为

$$\min_{\boldsymbol{u},\boldsymbol{x}}\|\boldsymbol{u}\|^2\quad \text{s. t.}\quad (\boldsymbol{C}+[\boldsymbol{G}_1\,\boldsymbol{u}\cdots\boldsymbol{G}_{L+1}\boldsymbol{u}])\begin{bmatrix}\boldsymbol{x}\\-1\end{bmatrix}=0 \tag{7.5}$$

这是一个二次型最小化问题,服从一个二次型约束方程。该问题闭合形式的解不存在。然而,当$\{\boldsymbol{H}_x\}$满秩且$M\leqslant K$时,该问题可以转变成一个变量 $\boldsymbol{x}$ 上的非约束问题,这一点可由下面的定理看出。

假定 C 中噪声为零,则有一致性系统$\boldsymbol{C}_0\begin{pmatrix}\boldsymbol{x}_0\\-1\end{pmatrix}=0$,使式(7.4)总有一个解。注意到$\boldsymbol{u}$的维数 K 必须小于 $\Delta\boldsymbol{C}$ 的维数 $M(L+1)$,即 $K<M(L+1)$,而且 K 越大,$\Delta\boldsymbol{C}$ 的成分满足的代数关系的数量越少。

定理 7.1 最小化如下函数,可获得 CTLS 的解 $\boldsymbol{x}$,即

$$\begin{bmatrix}\boldsymbol{x}\\-1\end{bmatrix}^*\boldsymbol{C}^*\boldsymbol{H}_x^{+*}\boldsymbol{H}_x^{+}C\begin{bmatrix}\boldsymbol{x}\\-1\end{bmatrix}$$

其中,$\boldsymbol{H}_x=\sum_{i=1}^{L}\boldsymbol{x}_i\boldsymbol{G}_i-\boldsymbol{G}_{L+1}$;$\boldsymbol{H}_x^{+}$ 是$\boldsymbol{H}_x$ 的伪逆。

证明:观察到

$$[\boldsymbol{G}_1\,\boldsymbol{u}\cdots\boldsymbol{G}_{L+1}\,\boldsymbol{u}]\begin{bmatrix}\boldsymbol{x}\\-1\end{bmatrix}=\sum_{i=1}^{L}x_i\boldsymbol{G}_i\boldsymbol{u}-\boldsymbol{G}_{L+1}\boldsymbol{u}=\left[\sum_{i=1}^{L}x_i\boldsymbol{G}_i-\boldsymbol{G}_{L+1}\right]\boldsymbol{u} \tag{7.6}$$

设

$$\boldsymbol{H}_x=\sum_{i=1}^{L}x_i\boldsymbol{G}_i-\boldsymbol{G}_{L+1} \tag{7.7}$$

则 CTLS 问题中的二次约束可以重新写为

$$\boldsymbol{C}\begin{bmatrix}\boldsymbol{x}\\-1\end{bmatrix}+\boldsymbol{H}_x\boldsymbol{u}=0 \tag{7.8}$$

现在通过最小化 $\boldsymbol{u}$ 的 2 范式,即$\min_{\boldsymbol{u},x}\|\boldsymbol{u}\|^2$,同时满足式(7.8),CTLS 的解可

以获得。对于满足(7.8)的任意 $\boldsymbol{u}$ 和 $\boldsymbol{x}$，可以有

$$\|\boldsymbol{u}\|^2\leqslant\min_{\boldsymbol{u}}\|\boldsymbol{u}\|^2=\begin{bmatrix}\boldsymbol{x}\\-1\end{bmatrix}^*\boldsymbol{C}^*\boldsymbol{H}_x^{+*}\boldsymbol{H}_x^+\boldsymbol{C}\begin{bmatrix}\boldsymbol{x}\\-1\end{bmatrix}\tag{7.9}$$

由于 $\min_{\boldsymbol{u}}\|\boldsymbol{u}\|^2$（服从式(7.8)）的解是 $\boldsymbol{u}=-\boldsymbol{H}_x^+\boldsymbol{C}\begin{bmatrix}\boldsymbol{x}\\-1\end{bmatrix}$，这样可得最小化，即

$$F(\boldsymbol{x})=\begin{bmatrix}\boldsymbol{x}\\-1\end{bmatrix}^*\boldsymbol{C}^*\boldsymbol{H}_x^{+*}\boldsymbol{H}_x^+\boldsymbol{C}\begin{bmatrix}\boldsymbol{x}\\-1\end{bmatrix}\tag{7.10}$$

可以获得 CTLS 解。这里假定 $\boldsymbol{H}_x$ 全秩。

注意到，当 $K>M$ 时，$F(\boldsymbol{x})$ 的表达式还可以进一步简化为

$$\boldsymbol{H}_x^+=\boldsymbol{H}_x^*(\boldsymbol{H}_x\boldsymbol{H}_x^*)^{-1}\tag{7.11}$$

这样

$$F(\boldsymbol{x})=\begin{bmatrix}\boldsymbol{x}\\-1\end{bmatrix}^*\boldsymbol{C}^*(\boldsymbol{H}_x\boldsymbol{H}_x^*)^{-1}\boldsymbol{H}_x\boldsymbol{H}_x^*(\boldsymbol{H}_x\boldsymbol{H}_x^*)^{-1}\boldsymbol{C}\begin{bmatrix}\boldsymbol{x}\\-1\end{bmatrix}=\begin{bmatrix}\boldsymbol{x}\\-1\end{bmatrix}^*\boldsymbol{C}^*(\boldsymbol{H}_x\boldsymbol{H}_x^*)^{-1}\boldsymbol{C}\begin{bmatrix}\boldsymbol{x}\\-1\end{bmatrix}\tag{7.12}$$

当 $M=K$，$\boldsymbol{H}_x^+=\boldsymbol{H}_x^{-1}$ 时，这样

$$F(\boldsymbol{x})=\begin{bmatrix}\boldsymbol{x}\\-1\end{bmatrix}^*\boldsymbol{C}^*(\boldsymbol{H}_x^*)^{-1}\boldsymbol{H}_x^{-1}\boldsymbol{C}\begin{bmatrix}\boldsymbol{x}\\-1\end{bmatrix}\tag{7.13}$$

当 $M>K$ 或者 $\boldsymbol{H}_x$ 是秩亏损时，要获得 CTLS 解，必须最小化 $F(\boldsymbol{x})$，还要满足针对 $\boldsymbol{x}$ 的一个等式。有关这种情况下的极小化算法可以参见文献[14]。然而，由于一般情况 $M\leqslant K\leqslant M(L+1)$ 比 $1\leqslant K<M$ 更普遍，该部分主要针对前一情况和 $\boldsymbol{H}_x$ 满秩进行讨论。

7.2.2　约束总体最小二乘算法

利用解析方法计算 $F(\boldsymbol{x})$ 的极小化非常困难，下面给出计算 CTLS 解的牛顿方法[14,33]。矩阵 $F(\boldsymbol{x})$ 可看作是 $2L$ 个实变量（即 $x_1,x_2,\cdots,x_L$ 个实部和虚部）的解析函数。为了求 $\boldsymbol{x}_{\mathrm{CTLS}}$，必须使 $F(\boldsymbol{x})$ 相对于这 $2L$ 个变量极小化。在必须计算 $F(\boldsymbol{x})$ 的一阶和二阶偏导数的情况下，为了获得 $F(\boldsymbol{x})$ 极小化的递推方法，把 $F(\boldsymbol{x})$ 看作 $2L$ 个复变量 $x_1,x_2,\cdots,x_L,x_1^*,x_2^*,\cdots,x_L^*$ 的函数更加方便，这里 x_i^* 是 x_i 的复数共轭。在计算函数 $F(\boldsymbol{x})$ 一阶和二阶偏导数的时候，可以将 x_i^* 和 x_i 视作独立变量。

对于任意函数的极小化，最陡下降法收敛可能不是最快的，因为在选择最优步长时存在不确定性。如果被极小化的函数是二次可微的，则牛顿方法是二次或者更快速收敛的。文献[14]提出一种复数形式的牛顿法，该方法利用 $F(\boldsymbol{x})$ 的一阶和二阶偏导数来递推确定极小化变量 $\boldsymbol{x}$。牛顿递推公式为

$$\boldsymbol{x}=\boldsymbol{x}_0+(\boldsymbol{A}^*\boldsymbol{B}^{-1}\boldsymbol{A}-\boldsymbol{B}^*)^{-1}(\boldsymbol{a}^*-\boldsymbol{A}^*\boldsymbol{B}^{-1}\boldsymbol{a})\tag{7.14}$$

其中，$\boldsymbol{a}=\frac{\partial F}{\partial \boldsymbol{x}}=\left[\frac{\partial F}{\partial x_1},\frac{\partial F}{\partial x_2},\cdots,\frac{\partial F}{\partial x_L}\right]^{\mathrm{T}}$是 F 的复梯度；$\boldsymbol{A}=\frac{1}{2}\left[\frac{\partial^2 F}{\partial \boldsymbol{x}^2}+\left(\frac{\partial^2 F}{\partial \boldsymbol{x}^2}\right)^{\mathrm{T}}\right]$是 F 的无共轭复 Hessian 阵；$\boldsymbol{B}=\frac{\partial^2 F}{\partial \boldsymbol{x}^* \partial x}$是 F 的共轭复 Hessian 阵。

上面式子中的二阶偏导数可以定义为

$$\frac{\partial^2 F}{\partial \boldsymbol{x}^2}=\left[\frac{\partial^2 F}{\partial x_m \partial x_n}\right]_{m,n}=\left[\frac{1}{4}\left(\frac{\partial F}{\partial x_{mR}}-j\,\frac{\partial F}{\partial x_{mI}}\right)\left(\frac{\partial F}{\partial x_{nR}}-j\,\frac{\partial F}{\partial x_{nI}}\right)\right]_{m,n} \tag{7.15}$$

$$\frac{\partial^2 F}{\partial \boldsymbol{x}^* \partial x}=\left[\frac{\partial^2 F}{\partial x_m^H \partial x_n}\right]_{m,n}=\left[\frac{1}{4}\left(\frac{\partial F}{\partial x_{mR}}+j\,\frac{\partial F}{\partial x_{mI}}\right)\left(\frac{\partial F}{\partial x_{nR}}-j\,\frac{\partial F}{\partial x_{nI}}\right)\right]_{m,n} \tag{7.16}$$

令

$$\boldsymbol{u}=(\boldsymbol{W}_x \boldsymbol{W}_x^{\mathrm{H}})^{-1}\boldsymbol{C}\begin{bmatrix}\boldsymbol{x}\\-1\end{bmatrix} \tag{7.17}$$

$$\widetilde{\boldsymbol{B}}=\boldsymbol{C}\boldsymbol{I}_{L+1,L}-[\boldsymbol{G}_1 \boldsymbol{W}_x^{\mathrm{H}}\boldsymbol{u} \quad \cdots \quad \boldsymbol{G}_L \boldsymbol{W}_x^{\mathrm{H}}\boldsymbol{u}] \tag{7.18}$$

$$\widetilde{\boldsymbol{G}}=[\boldsymbol{G}_1^{\mathrm{H}}\boldsymbol{u} \quad \cdots \quad \boldsymbol{G}_L^{\mathrm{H}}\boldsymbol{u}] \tag{7.19}$$

其中，$\boldsymbol{I}_{L+1,L}$是一个$(L+1)\times L$ 对角矩阵，其对角线元素为 1；$\boldsymbol{a}$，$\boldsymbol{A}$ 和 $\boldsymbol{B}$ 可以分别计算为

$$\boldsymbol{a}=(\boldsymbol{u}^{\mathrm{H}}\widetilde{\boldsymbol{B}})^{\mathrm{T}} \tag{7.20}$$

$$\boldsymbol{A}=-\widetilde{\boldsymbol{G}}^{\mathrm{H}}\boldsymbol{W}_x^{\mathrm{H}}(\boldsymbol{W}_x \boldsymbol{W}_x^{\mathrm{H}})^{-1}\widetilde{\boldsymbol{B}}-[\widetilde{\boldsymbol{G}}^{\mathrm{H}}\boldsymbol{W}_x^{\mathrm{H}}(\boldsymbol{W}_x \boldsymbol{W}_x^{\mathrm{H}})^{-1}\widetilde{\boldsymbol{B}}]^{\mathrm{T}} \tag{7.21}$$

$$\boldsymbol{B}=[\widetilde{\boldsymbol{B}}^{\mathrm{H}}(\boldsymbol{W}_x \boldsymbol{W}_x^{\mathrm{H}})^{-1}\widetilde{\boldsymbol{B}}]^{\mathrm{T}}+\widetilde{\boldsymbol{G}}^{\mathrm{H}}[\boldsymbol{W}_x^{\mathrm{H}}(\boldsymbol{W}_x \boldsymbol{W}_x^{\mathrm{H}})^{-1}\boldsymbol{W}_x-\boldsymbol{I}]\widetilde{\boldsymbol{G}} \tag{7.22}$$

牛顿法的一个关键问题是它的收敛区间依赖 $\boldsymbol{B}$ 的条件数。由于 $\boldsymbol{B}$ 含有噪声，牛顿法的收敛特性应当在没有噪声时研究，然后外推到有噪声情况。值得指出的是，在无噪声情况下，上述牛顿方法收敛区间的大小和形状的精确估计仍然是一个未解决的问题。

文献[14]分析了 CTLS 解与约束极大似然估计的等价性，并进行了 CTLS 解的扰动分析[14]。

总之，通过这一节的分析可知，CTLS 中的扰动矩阵扰动矩阵的约束为 $\Delta\boldsymbol{A}=[\boldsymbol{G}_1\boldsymbol{u} \quad \boldsymbol{G}_2\boldsymbol{u} \quad \cdots \quad \boldsymbol{G}_n\boldsymbol{u}]$，而扰动向量 $\Delta\boldsymbol{b}$ 约束为 $\Delta\boldsymbol{b}=\boldsymbol{G}_{n+1}\boldsymbol{u}$。因此，可以通过选择适当的矩阵$\boldsymbol{G}_i$$(i=1,2,\cdots,n+1)$使增广矩阵$[\boldsymbol{A},\boldsymbol{b}]$的结构得到保持。

7.3　结构总体最小二乘

总体最小二乘问题是通过一个静态线性模型近似建模的工具。类似地，具有块-Hankel 结构的数据矩阵 STLS 问题是通过一个线性时不变动态模型的近似建模工具。为了说明块-Hankel 结构如何产生，考虑由如下的线性时不变模型表示的一个差分方程为

$$R_0\boldsymbol{w}_t+R_1\boldsymbol{w}_{t+1}+\cdots+R_l\boldsymbol{w}_{t+l}=0$$

其中，$R_0,R_1,\cdots,R_l$ 是模型参数，整数 l 是方程的延迟。

对 $t=1,2,\cdots,T-1$，差分方程等价于块-Hankel 结构的方程系统，即

$$[R_0\quad R_1\quad\cdots\quad R_l]\underbrace{\begin{bmatrix} w_1 & w_2 & \cdots & w_{T-1}\\ w_2 & w_3 & \cdots & w_{T-l+1}\\ \vdots & \vdots & & \vdots\\ w_{l+1} & w_{l+2} & \cdots & w_T\end{bmatrix}}_{\boldsymbol{H}_l(w)}=0$$

其中，时间序列 $\boldsymbol{w}=\{w(1),\cdots,w(T)\}$ 是一个线性时不变模型轨线的这一约束意味着块-Hankel 矩阵 $\boldsymbol{H}_l(w)$ 是秩亏的。

下面给出三个典型例子显示在近似建模问题中出现的结构化方程系统。

7.3.1　结构总体最小二乘问题的例子

1. 去卷积

序列$(\cdots,a_{-1},a_0,a_1,\cdots)$和$(\cdots,x_{-1},x_0,x_1,\cdots)$的卷积是序列$(\cdots,b_{-1},b_0,b_1,\cdots)$，可由下式定义，即

$$b_i=\sum_{j=-\infty}^{\infty}x_j a_{i-j}$$

假定对所有的 $j<1$ 和所有的 $j>n$，$x_j=0$，则对 $i=1,2,\cdots,m$，卷积可以写为下列结构化的方程系统，即

$$\underbrace{\begin{bmatrix} a_0 & a_{-1} & \cdots & a_{1-n}\\ a_1 & a_0 & \cdots & a_{2-n}\\ \vdots & \vdots & & \vdots\\ a_{m-1} & a_{m+n-2} & \cdots & a_{m-n}\end{bmatrix}}_{\boldsymbol{A}}\underbrace{\begin{bmatrix} x_1\\ x_2\\ \vdots\\ x_n\end{bmatrix}}_{\boldsymbol{x}}=\underbrace{\begin{bmatrix} b_1\\ b_2\\ \vdots\\ b_m\end{bmatrix}}_{\boldsymbol{b}}\tag{7.23}$$

值得注意的是矩阵 $\boldsymbol{A}$ 是 Toeplitz 结构，而且由向量 $\boldsymbol{a}=\mathrm{col}(a_{1-n},\cdots,a_{m-1})\in\Re^{m+n-1}$ 参数化。该解卷积问题的目标是给定 $\boldsymbol{a}$ 和 $\boldsymbol{b}$，找出 $\boldsymbol{x}$。给定精确数据，这一问题可以归结为解方程系统(7.23)。通过构造，该方程有一个精确的解。当 $\boldsymbol{A}$ 是列全秩时，该解是唯一的。当 $\boldsymbol{a}$ 和 $\boldsymbol{b}$ 受干扰时，解卷积问题更实际和更有挑战性。如果假定 $m>n$，方程系统(7.23)是超定集的。由于 $\boldsymbol{a}$ 和 $\boldsymbol{b}$ 均受干扰，矩阵 $\boldsymbol{A}$ 是结构化的，解卷积问题是一个 TLS 问题，具有结构化矩阵 $\boldsymbol{C}=[\boldsymbol{A},\boldsymbol{b}]$，$\boldsymbol{A}$ 是Toeplitz结构，$\boldsymbol{b}$ 非结构化。

2. 线性预测

在许多信号处理应用中，考虑如下的阻尼指数模型的总和，即

$$\hat{y}_t = \sum_{i=1}^{l} c_i \mathrm{e}^{d_i t} \mathrm{e}^{\mathrm{i}(\omega_i t + \phi_i)} \tag{7.24}$$

给定一观测序列（$y_{d,1}$，…，$y_{d,T}$），目标是发现阻尼指数模型的参数$\{c_i,d_i,\omega_i,\phi_i\}_{i=1}^{l}$，使由式(7.24)给定的信号$\hat{y}$接近观测信号，如

$$\min \left\| \begin{bmatrix} y_{d,1} \\ \vdots \\ y_{d,T} \end{bmatrix} - \begin{bmatrix} \hat{y}_1 \\ \vdots \\ \hat{y}_T \end{bmatrix} \right\|$$

值得注意的是，阻尼指数模型的总和只是一个自治的线性时不变模型，即$\hat{y}$是一个线性时不变系统的自由响应。因此$\hat{y}$满足一个同类的线性差分方程，即

$$\hat{y}_t + \sum_{\tau=1}^{l} a_\tau \hat{y}_{t+\tau} = 0 \tag{7.25}$$

由满足式(7.25)的信号$\hat{y}$近似y_d是一个线性预测问题，因此建模y_d作为一组阻尼指数的总和等价于该线性预测问题。当然，在初始条件$\hat{y}_0,\cdots,\hat{y}_{-l+1}$与式(7.25)的参数$\{a_i\}_{i=1}^{l}$和式(7.24)的参数$\{c_i,d_i,\omega_i,\phi_i\}_{i=1}^{l}$之间存在一对一的关系。

对时间$t=1,2,\cdots,T,T>l+1$，方程可以写为如下结构化的系统，即

$$\begin{bmatrix} \hat{y}_1 & \hat{y}_2 & \cdots & \hat{y}_l \\ \hat{y}_2 & \hat{y}_3 & \cdots & \hat{y}_{l+1} \\ \vdots & \vdots & & \vdots \\ \hat{y}_m & \hat{y}_{m+1} & \cdots & \hat{y}_{T-1} \end{bmatrix} \begin{bmatrix} a_1 \\ a_2 \\ \vdots \\ a_l \end{bmatrix} = \begin{bmatrix} \hat{y}_{l+1} \\ \hat{y}_{l+2} \\ \vdots \\ \hat{y}_T \end{bmatrix}$$

其中，$m=T-1$。

因此，从$\hat{y}$构造的Hankel矩阵$\boldsymbol{H}_{l+1}(\hat{y})$是秩亏的；相反，如果$\boldsymbol{H}_{l+1}(\hat{y})$具有一维左核，则满足线性递归式(7.25)。线性预测问题是由给定的序列y_d按照某种意义(如2-范数)找到最小修正量Δy，这使由修正序列$\hat{y}=y_d-\Delta y$构成的块Hankel矩阵$\boldsymbol{H}_{l+1}(\hat{y})$秩亏。这是一个STLS问题$\boldsymbol{Ax}\approx\boldsymbol{b}$，具有Hankel结构化的数据矩阵$\boldsymbol{C}=[\boldsymbol{A} \quad \boldsymbol{b}]$。

3. 变量误差辨识

考虑由如下差分方程描述的线性时不变系统，即

$$\hat{y}_t + \sum_{\tau=1}^{l} a_\tau \hat{y}_{t+\tau} = \sum_{\tau=0}^{l} b_\tau \hat{u}_{t+\tau} \tag{7.26}$$

定义参数向量$\boldsymbol{x}=\mathrm{col}(b_0,\cdots,b_l,-a_0,\cdots,-a_{l-1})\in\Re^{2l+1}$。给定一组输入输出数据$(u_{d,1},y_{d,1}),\cdots,(u_{d,T},y_{d,T})$和一阶数$l$，这里的目标是找到一个系统的参数$\boldsymbol{x}$匹配这些数据。

对一个时间范围$t=1,2,\cdots,T$，式(7.26)可以写为结构化的系统方程，即

$$\begin{bmatrix} \hat{u}_1 & \hat{u}_2 & \cdots & \hat{u}_{l+1} & \hat{y}_1 & \hat{y}_2 & \cdots & \hat{y}_l \\ \hat{u}_2 & \hat{u}_3 & \cdots & \hat{u}_{l+2} & \hat{y}_2 & \hat{y}_3 & \cdots & \hat{y}_{l+1} \\ \vdots & \vdots & & \vdots & \vdots & \vdots & & \vdots \\ \hat{u}_m & \hat{u}_{m+1} & \cdots & \hat{u}_T & \hat{y}_m & \hat{y}_{m+1} & \cdots & \hat{y}_{T-1} \end{bmatrix} \boldsymbol{x} = \begin{bmatrix} \hat{y}_{l+1} \\ \hat{y}_{l+2} \\ \vdots \\ \hat{y}_T \end{bmatrix} \tag{7.27}$$

其中，$m=T-l$。

假定时间范围足够大以确保 $m>2l+1$。对精确的数据满足系统(7.27)，则解是参数 $\boldsymbol{x}$ 的真正值。如果输入数据满足持续激励的条件，则解是唯一的。

对于扰动数据，可以寻求一个近似解，而且系统(7.27)是结构化的，这一事实提示可使用结构最小二乘方法。在数据产生机理合适的条件下，一个 STLS 解提供了一个最大似然估计。

7.3.2　结构总体最小二乘问题的历史

STLS 问题的起源可以追溯到 Aoki 和 Yue 的工作[35]，尽管 STLS 是 23 年以后才出现在文献[15]中。Aoki 和 Yue 考虑单输入单输出系统辨识问题，这里输入输出均是受噪声污染的，而且导出一个最大似然解。假定测量误差是规范化的，最大似然估计是结构最小二乘问题的解。Aoki 和 Yue 使用经典非线性最小二乘最小化方法求解一个等价的非约束化问题。

STLS 通常出现在信号处理应用中。Cadzow[36]、Bresler 和 Macovski[37] 提出启发式方法，它们是基于 ℓ_2 优化准则的次优解[38,39]。由于其简单性，这些方法变得很普遍。例如，Cadzow 方法是一个迭代方法，它在非结构的低阶近似和结构强制之间交替，只需要 SVD 计算和矩阵元素的操作。

Tufts 和 Shah[38] 提出求 Hankel 结构化总体最小二乘近似的一个非迭代方法，该方法基于扰动分析，而且提供了高信噪比条件下的最优解。在统计情况下，当信噪比趋近于无穷大时，该方法渐近达到 Cramer-Rao 下界。Tufts 和 Kumaresan[40,41] 提出求解线性预测问题的非迭代方法，该问题等价于 Hankel 结构化总体最小二乘问题。

Abatzoglou 被人们公认是公式化 STLS 问题的第一人[14]。他称自己的方法为 CTLS，而且把该问题作为 TLS 向结构化矩阵的扩展。Abatzoglou 使用的求解方法与 Aoki 和 Yue 的方法紧密相关，而且导出一个等价优化问题，但是这一问题是使用牛顿类优化方法来数值求解的。

在 CTLS 问题的论文发表不久，De Moor[15] 指出 STLS 问题的许多应用，而且为推导分析特性和数值方法提出新框架。他的方法是基于 Lagrange 乘子，基本结果是等价为一个列曼奇异值分解问题。该问题可以认为是经典 SVD 问题的非线性扩展。作为这一新问题公式化的结果，提出基于逆幂迭代的一个迭代求解方法。

Rosen 等[42] 提出求解 STLS 问题的另一个算法(甚至在损失函数中使用 ℓ_1 和

ℓ_∞范式)称为结构化的总体最小范式。相比较 Aoki、Yue 和 Abatzoglou 等的方法,Rosen 以其新颖的公式解决该问题。在当前的迭代点周围该约束被线性化,这导致一个线性化约束最小二乘问题。在 Rosen 算法中,通过增加若干残差范式,约束被合并在损失函数中。

文献[43],[44]将 Manton 等[29]的加权低阶近似框架扩展到结构化的低阶近似问题。除了结构化的加权低阶近似框架中的公式,上面提到的所有问题公式化和求解方法都是将数据矩阵 $\boldsymbol{C}$ 的阶减小 1。Van huffel 等[45]将 Rosen 算法推广到秩大于 1 的问题。然而,这涉及 Kronecker 积,不一定增加相关矩阵的维数。

当处理一般仿射结构时,约束总体最小二乘、列曼奇异值分解、结构总体最小二乘方法在每次迭代中都有测量数的三次方计算复杂度。Mastronardi 等[46-48]针对具有数据矩阵 $\boldsymbol{C}=[\boldsymbol{A}\quad \boldsymbol{b}]$,这是 Hankel 或者是由 Hankel 块 $\boldsymbol{A}$ 和非结构化的 $\boldsymbol{b}$ 的特殊 STLS 问题提出具有线性复杂度的快速算法。他们使用 STLS 方法,但是也认识到出现在该算法的核心子问题中的矩阵具有低的置换阶。上面提到的求解方法具有下列问题。

① 结构。数据矩阵 $\boldsymbol{C}$ 的结构从一般仿射到特殊仿射,如 Hankel/Toeplitz,或者外增一非结构列的 Hankel/Toeplitz 块。

② 降秩。除文献[43]-[45],所有算法都将数据矩阵的秩降低 1。

③ 计算效率。计算效率从使用一般仿射结构的三次方到使用 Hankel/Toeplitz 结构的[46] Lemmerling 算法和 Mastronardi 算法的线性。

Markovsky 等[49-51]针对块 Hankel/Toeplitz 结构和降秩大于 1 问题提出多种有效算法。此外,文献[52]提供了一个数值可靠的、鲁棒的软件实现算法。

7.3.3 结构总体最小二乘问题和求解

对于如下问题,考虑二阶准则$[\boldsymbol{a},\boldsymbol{b},\boldsymbol{w}]_2^2=\sum_{i=1}^{m}(a_i-b_i)^2$,这里暂时不考虑权 $\boldsymbol{w}$。

1. 结构总体最小二乘问题

定理 7.2[39]　STLS 是一个非线性广义 SVD。

考虑 STLS 问题,即

$$\min_{b\in\Re^m,\, y\in\Re^q} =\sum_{i=1}^{m}(a_i-b_i)^2 \quad \text{s. t.} \quad \begin{cases}\boldsymbol{B}(\boldsymbol{b})\boldsymbol{y}=0,\\ \boldsymbol{y}^t\boldsymbol{y}=1\end{cases} \tag{7.28}$$

其中,$a_i,i=1,2,\cdots,m$ 是数据向量 $\boldsymbol{a}\in\Re^m$ 的元素;$\boldsymbol{B}(\boldsymbol{b})=\boldsymbol{B}_0+\boldsymbol{B}_1b_1+\cdots+\boldsymbol{B}_mb_m$,$\boldsymbol{B}_i,i=0,1,\cdots,m\in\Re^{p\times q}$是给定的矩阵。

解可以描述为

① 寻找满足如下条件,对应于最小值 τ 的三组元$(\boldsymbol{u},\boldsymbol{\tau},\boldsymbol{v})$,$\boldsymbol{u}\in\Re^p$,$\boldsymbol{v}\in\Re^q$,$\boldsymbol{\tau}\in\Re$,

即

$$\begin{aligned} \boldsymbol{A}\boldsymbol{v} &= \boldsymbol{D}_v \boldsymbol{u}\tau, \quad \boldsymbol{u}^t \boldsymbol{D}_v \boldsymbol{u} = 1 \\ \boldsymbol{A}^t u &= \boldsymbol{D}_u \boldsymbol{v}\tau, \quad \boldsymbol{v}^t \boldsymbol{D}_u \boldsymbol{v} = 1 \end{aligned} \tag{7.29}$$

其中，$\boldsymbol{A} = \boldsymbol{B}_0 + \sum_{i=1}^{m} a_i \boldsymbol{B}_i$；$\boldsymbol{D}_u$ 定义为

$$\sum_{i=1}^{m} \boldsymbol{B}_i^t (\boldsymbol{u}^t \boldsymbol{B}_i \boldsymbol{v}) \boldsymbol{u} = \boldsymbol{D}_u \boldsymbol{v}$$

是一个对称的正定或者非负定矩阵，其元素是 $\boldsymbol{u}$ 的成分的二次型。

类似地，$\boldsymbol{D}_v$ 定义为

$$\sum_{i=1}^{m} \boldsymbol{B}_i (\boldsymbol{u}^t \boldsymbol{B}_i \boldsymbol{v}) \boldsymbol{v} = \boldsymbol{D}_v \boldsymbol{u}$$

而且是一个对称的正定或者非负定矩阵，其元素是 $\boldsymbol{v}$ 的成分的二次型。

② 向量 $\boldsymbol{y}$ 为 $\boldsymbol{y} = \boldsymbol{v} / \| \boldsymbol{v} \|$。

③ $\boldsymbol{b}$ 的成分可由下式获得，即

$$b_k = a_k - \boldsymbol{u}^t \boldsymbol{B}_k \boldsymbol{v}\tau, \quad k = 1, 2, \cdots, m \tag{7.30}$$

证明[39]：使用拉格朗日乘子，而且分几步进行。拉格朗日乘子由下式给出，即

$$L(\boldsymbol{b}, \boldsymbol{y}, \boldsymbol{l}, \lambda) = \sum_{i=1}^{m} (a_i - b_i)^2 + \boldsymbol{l}^t (\boldsymbol{B}_0 + b_1 \boldsymbol{B}_1 + \cdots + b_m \boldsymbol{B}_m) \boldsymbol{y} + \lambda (1 - \boldsymbol{y}^t \boldsymbol{y})$$

其中，$\boldsymbol{l} \in \mathfrak{R}^p$ 是一个拉格朗日乘子向量；$\lambda \in \mathfrak{R}$ 是一标量拉格朗日乘子。

Step 1，求导。设所有的导数为零，吸收拉格朗日乘子中不相关常数给出，即

$$\begin{aligned} & a_k - b_k = \boldsymbol{l}^t \boldsymbol{B}_k \boldsymbol{y}, \quad \forall k > 0 \\ & (\boldsymbol{B}_0 + b_1 \boldsymbol{B}_1 + \cdots + b_m \boldsymbol{B}_m) \boldsymbol{y} = 0 \\ & (\boldsymbol{B}_0^t + b_1 \boldsymbol{B}_1^t + \cdots + b_m \boldsymbol{B}_m^t) \boldsymbol{l} = \boldsymbol{y}\lambda \\ & \boldsymbol{y}^t \boldsymbol{y} = 1 \end{aligned} \tag{7.31}$$

由 $\boldsymbol{l}^t \boldsymbol{B}(\boldsymbol{b}) \boldsymbol{y} = 0$，可直接得出 $\lambda = 0$。

Step 2，消除 $\boldsymbol{b}$。应用 $b_k = a_k - \boldsymbol{l}^t \boldsymbol{B}_k \boldsymbol{y}$，消除参数 $\boldsymbol{b}$，得到下式，即

$$(\boldsymbol{B}_0 + a_1 \boldsymbol{B}_1 + \cdots + a_m \boldsymbol{B}_m) \boldsymbol{y} = ((\boldsymbol{l}^t \boldsymbol{B}_1 \boldsymbol{y}) \boldsymbol{B}_1 + \cdots + (\boldsymbol{l}^t \boldsymbol{B}_m \boldsymbol{y}) \boldsymbol{B}_m) \boldsymbol{y} \tag{7.32}$$

$$(\boldsymbol{B}_0^t + a_1 \boldsymbol{B}_1^t + \cdots + a_m \boldsymbol{B}_m^t) \boldsymbol{l} = ((\boldsymbol{l}^t \boldsymbol{B}_1 \boldsymbol{y}) \boldsymbol{B}_1^t + \cdots + (\boldsymbol{l}^t \boldsymbol{B}_m \boldsymbol{y}) \boldsymbol{B}_m^t) \boldsymbol{l} \tag{7.33}$$

观察以上两式右边可见，式(7.32)右边项是 $\boldsymbol{y}$ 的成分的二次型，对 $\boldsymbol{l}$ 是线性的；式(7.33)右边项是 $\boldsymbol{l}$ 的成分的二次型，对 $\boldsymbol{y}$ 是线性的。

现在聚焦在式(7.32)中右边的某一项，不失一般性，先考虑第一项。定义 $\beta_{i,j}$ 为$\boldsymbol{B}_1$ 的第(i,j)处元素，$\bar{\boldsymbol{b}}_i^t$ 是$\boldsymbol{B}_1$ 的第 i 行向量，则有

$$\boldsymbol{B}_1 \boldsymbol{y} (\boldsymbol{l}^t \boldsymbol{B}_1 \boldsymbol{y}) \text{ 的第 } k \text{ 元素} = \sum_{j=1}^{q} \beta_{kj} y_j \sum_{r=1}^{p} \sum_{s=1}^{q} \beta_{rs} l_r y_s = \sum_{r=1}^{p} (y^t \bar{b}_k)(\bar{b}_k^t y) l_r$$

这样

$$\boldsymbol{B}_1\boldsymbol{y}(\boldsymbol{l}^t\boldsymbol{B}_1\boldsymbol{y})=\begin{bmatrix}\boldsymbol{y}^t\bar{\boldsymbol{b}}_1\\ \boldsymbol{y}^t\bar{\boldsymbol{b}}_2\\ \vdots\\ \boldsymbol{y}^t\bar{\boldsymbol{b}}_p\end{bmatrix}(\bar{\boldsymbol{b}}_1^t\boldsymbol{y}\quad \bar{\boldsymbol{b}}_2^t\boldsymbol{y}\quad\cdots\quad \bar{\boldsymbol{b}}_p^t\boldsymbol{y})\boldsymbol{l}$$

观察等式右边,$\boldsymbol{l}$ 前面的矩阵是一个秩一矩阵,是一个向量与其自身的外积,因此是非负定的。显然,可以对式(7.32)的每一项重复以上计算,这样式(7.32)的右边可以写为

$$\sum_{i=1}^{m}[\boldsymbol{B}_i(\boldsymbol{l}^t\boldsymbol{B}_i\boldsymbol{y})]\boldsymbol{y}=\boldsymbol{D}_y\boldsymbol{l}\tag{7.34}$$

其中,$\boldsymbol{D}_y$是对称矩阵,它 m 个秩 1 非负定矩阵的总和,$\boldsymbol{D}_y$ 本身也是一个非负定矩阵,元素是向量 $\boldsymbol{y}$ 的成分的二次函数。

对式(7.33)的右边可以做相似的推导,即

$$\sum_{i=1}^{m}[\boldsymbol{B}_i^t(\boldsymbol{l}^t\boldsymbol{B}_i\boldsymbol{y})]\boldsymbol{l}=\boldsymbol{D}_l\boldsymbol{y}\tag{7.35}$$

其中,$\boldsymbol{D}_l$是对称非负定或正定矩阵,其元素是向量 $\boldsymbol{l}$ 的成分的二次函数。

Step 3,归一化。定义 $\boldsymbol{x}=\boldsymbol{l}/\|\boldsymbol{l}\|$,让 $\sigma=\|\boldsymbol{l}\|$。设$\boldsymbol{D}_x$ 可以与$\boldsymbol{D}_l$ 以同样的方式定义,即将出现在$\boldsymbol{D}_l$ 中的 $\boldsymbol{l}$ 的每个成分由 $\boldsymbol{x}$ 的相应成分替代。由于$\boldsymbol{D}_l$ 中的元素是 $\boldsymbol{l}$ 的成分的二次函数,可以发现$\boldsymbol{D}_l=\boldsymbol{D}_x\sigma^2$。定义 $\boldsymbol{A}\in\Re^{p\times q}$ 为$\boldsymbol{A}=\boldsymbol{B}_0+\sum_{i=1}^{m}\boldsymbol{B}_i a_i$,则从式(7.32) ~ 式(7.35) 可得下式,即

$$\begin{aligned}\boldsymbol{A}\boldsymbol{y}&=\boldsymbol{D}_y\boldsymbol{x}\sigma,\quad \boldsymbol{x}^t\boldsymbol{x}=1\\ \boldsymbol{A}^t\boldsymbol{x}&=\boldsymbol{D}_x\boldsymbol{y}\sigma,\quad \boldsymbol{y}^t\boldsymbol{y}=1\end{aligned}\tag{7.36}$$

Step 4,计算目标函数。从式(7.36)可以直接得出下式,即

$$\boldsymbol{x}^t\boldsymbol{A}\boldsymbol{y}=\boldsymbol{y}^t\boldsymbol{A}^t\boldsymbol{x}=\boldsymbol{x}^t\boldsymbol{D}_y\boldsymbol{x}\sigma=\boldsymbol{y}^t\boldsymbol{D}_x\boldsymbol{y}\sigma\tag{7.37}$$

从式(7.31)可以观察到下式,即

$$\begin{aligned}&\sum_{i=1}^{m}(a_i-b_i)^2\\ &=\sum_{i=1}^{m}(\boldsymbol{l}^t\boldsymbol{B}_i\boldsymbol{y})^2\\ &=\sum_{i=1}^{m}(\boldsymbol{x}^t\boldsymbol{B}_i\boldsymbol{y})^2\sigma^2\\ &=\boldsymbol{x}^t\sum_{i=1}^{m}[\boldsymbol{B}_i\boldsymbol{y}(\boldsymbol{x}^t\boldsymbol{B}_i\boldsymbol{y})]\sigma^2\\ &=\boldsymbol{x}^t\boldsymbol{D}_y\boldsymbol{x}\sigma^2\\ &=\boldsymbol{x}^t\boldsymbol{A}\boldsymbol{y}\sigma\end{aligned}\tag{7.38}$$

Step 5,式(7.29)意味着式(7.36)。用三组元$(\boldsymbol{u},\tau,\boldsymbol{v})$解式(7.29),则有

$$\boldsymbol{u}^t\boldsymbol{A}\boldsymbol{v}=(\boldsymbol{u}^t\boldsymbol{D}_v\boldsymbol{u})\tau=\tau \tag{7.39}$$

通过归一化 $\boldsymbol{u}$ 和 $\boldsymbol{v}$，又 $\boldsymbol{D}_u$ 和 $\boldsymbol{D}_v$ 是 $\boldsymbol{u}$ 和 $\boldsymbol{v}$ 的成分的二次函数，可以获得下式，即

$$\boldsymbol{A}\frac{\boldsymbol{v}}{\|\boldsymbol{v}\|}=(\boldsymbol{D}_v/\|\boldsymbol{v}\|^2)\frac{\boldsymbol{u}}{\|\boldsymbol{u}\|}(\tau\|\boldsymbol{u}\|\cdot\|\boldsymbol{v}\|)$$

$$\boldsymbol{A}^t\frac{\boldsymbol{u}}{\|\boldsymbol{u}\|}=(\boldsymbol{D}_u/\|\boldsymbol{u}\|^2)\frac{\boldsymbol{v}}{\|\boldsymbol{v}\|}(\tau\|\boldsymbol{u}\|\cdot\|\boldsymbol{v}\|)$$

如果设 $\boldsymbol{x}=\boldsymbol{u}/\|\boldsymbol{u}\|$，$\boldsymbol{y}=\boldsymbol{v}/\|\boldsymbol{v}\|$，$\sigma=\tau\|\boldsymbol{u}\|\ \|\boldsymbol{v}\|$，则有式(7.29)，意味着式(7.36)。

Step 6，目标函数等于 τ^2。从式(7.38)和式(7.39)，有

$$\begin{aligned}\boldsymbol{x}^t\boldsymbol{A}\boldsymbol{y}\sigma&=\frac{\boldsymbol{u}^t}{\|\boldsymbol{u}\|}\boldsymbol{A}\frac{\boldsymbol{v}}{\|\boldsymbol{v}\|}(\tau\|\boldsymbol{u}\|\cdot\|\boldsymbol{v}\|)\\&=\frac{\boldsymbol{u}^t}{\|\boldsymbol{u}\|}\frac{\boldsymbol{D}_v}{\|\boldsymbol{v}\|^2}\frac{\boldsymbol{u}}{\|\boldsymbol{u}\|}(\tau\|\boldsymbol{u}\|\cdot\|\boldsymbol{v}\|)^2\\&=\tau^2\end{aligned} \tag{7.40}$$

这显示出需要找到最小值 τ，使用 $\boldsymbol{y}=\boldsymbol{v}/\|\boldsymbol{v}\|$ 也同样可以得到这个结果。对 $\boldsymbol{b}$ 的成分，通过式(7.31)，需要找到下式，即

$$b_k=a_k-\frac{\boldsymbol{u}^t}{\|\boldsymbol{u}\|}\boldsymbol{B}_k\frac{\boldsymbol{v}}{\|\boldsymbol{v}\|}\sigma=a_k-\boldsymbol{u}^t\boldsymbol{B}_k\boldsymbol{v}\tau$$

Step 7，式(7.36)与式(7.29)等价。这里只需显示出式(7.36)，意味着式(7.29)。让 $(\boldsymbol{x},\sigma,\boldsymbol{y})$ 满足式(7.36)。对某标量定义 α 和 β，定义 $\boldsymbol{u}$ 和 $\boldsymbol{v}$ 分别为 $\boldsymbol{u}=\boldsymbol{x}/\alpha$ 和 $\boldsymbol{v}=\boldsymbol{y}/\beta$，则从式(7.36)有

$$\boldsymbol{A}\boldsymbol{v}\beta=\boldsymbol{D}_v\beta^2\boldsymbol{u}\alpha\sigma\Leftrightarrow\boldsymbol{A}\boldsymbol{v}=\boldsymbol{D}_v\boldsymbol{u}(\sigma\alpha\beta)$$

$$\boldsymbol{A}^t\boldsymbol{u}\alpha=\boldsymbol{D}_u\alpha^2\beta\sigma\Leftrightarrow\boldsymbol{A}^t\boldsymbol{u}=\boldsymbol{D}_u\boldsymbol{v}(\sigma\alpha\beta)$$

令 $\tau=(\sigma\alpha\beta)$，回想 $\boldsymbol{x}^t\boldsymbol{x}=\boldsymbol{y}^t\boldsymbol{y}=1$，可观察到 $\boldsymbol{x}^t\boldsymbol{D}_y\boldsymbol{x}=\boldsymbol{y}^t\boldsymbol{D}_x\boldsymbol{y}$，令 $\gamma^2=\boldsymbol{x}^t\boldsymbol{D}_y\boldsymbol{x}=\boldsymbol{y}^t\boldsymbol{D}_x\boldsymbol{y}$，则可以发现 $\boldsymbol{u}^t\boldsymbol{D}_v\boldsymbol{u}=\boldsymbol{v}^t\boldsymbol{D}_u\boldsymbol{v}=\gamma^2/(\alpha^2\beta^2)$。这样，如果选择 α 和 β 使 $\gamma^2=(\alpha^2\beta^2)$，则可以从式(7.36)导出式(7.29)。证明完毕。

2. 一种逆迭代求解算法

现在讨论一种算法求解非线性方程组(7.29)。如果 $\boldsymbol{D}_u$ 和 $\boldsymbol{D}_v$ 是独立于 $\boldsymbol{u}$ 和 $\boldsymbol{v}$ 的常数矩阵，则最小特征值可以用逆迭代算法计算。对于给定的 $\boldsymbol{D}_u$ 和 $\boldsymbol{D}_v$，执行一步逆迭代，应用矩阵 $\boldsymbol{A}$ 的 QR 分解，可以获得 $\boldsymbol{u}$ 和 $\boldsymbol{v}$ 的新估计。然后，这些又用来更新 $\boldsymbol{D}_u$ 和 $\boldsymbol{D}_v$。下式，方括号中的数字表示迭代次数。$\boldsymbol{A}$ 的 QR 分解为

$$\boldsymbol{A}=\begin{bmatrix}\underbrace{\boldsymbol{Q}_1}_{p\times q} & \underbrace{\boldsymbol{Q}_2}_{p\times(p-q)}\end{bmatrix}\begin{bmatrix}\underbrace{\boldsymbol{R}}_{q\times q}\\ \boldsymbol{0}\end{bmatrix} \tag{7.41}$$

对某向量 $\boldsymbol{z}\in\Re^q$ 和 $\boldsymbol{w}\in\Re^{p-q}$，分解 $\boldsymbol{u}$ 为 $\boldsymbol{u}=\boldsymbol{Q}_1\boldsymbol{z}+\boldsymbol{Q}_2\boldsymbol{w}$。从式(7.29)，很容易发

现下式，即

$$\begin{bmatrix} \boldsymbol{R}^t & \boldsymbol{0} & \boldsymbol{0} \\ \boldsymbol{Q}_2^t\boldsymbol{D}_v\boldsymbol{Q}_1 & \boldsymbol{Q}_2^t\boldsymbol{D}_v\boldsymbol{Q}_2 & \boldsymbol{0} \\ \boldsymbol{Q}_1^t\boldsymbol{D}_v\boldsymbol{Q}_1\tau & \boldsymbol{Q}_1^t\boldsymbol{D}_v\boldsymbol{Q}_2\tau & -\boldsymbol{R} \end{bmatrix}\begin{bmatrix} \boldsymbol{z} \\ \boldsymbol{w} \\ \boldsymbol{v} \end{bmatrix}=\begin{bmatrix} \boldsymbol{D}_u\boldsymbol{v}\tau \\ \boldsymbol{0} \\ \boldsymbol{0} \end{bmatrix} \tag{7.42}$$

这是具有$(p+q)$个未知数的$(p+q)$个方程。对该算法，假定$\boldsymbol{D}_u$和$\boldsymbol{D}_v$是常数矩阵，解线性方程系统求$\boldsymbol{z}$，$\boldsymbol{w}$和$\boldsymbol{v}$。由于系统矩阵是块三角结构，求解较容易。接着，$\boldsymbol{u}$通过$\boldsymbol{u}=\boldsymbol{Q}_1\boldsymbol{z}+\boldsymbol{Q}_2\boldsymbol{w}$来计算，这又用于更新$\boldsymbol{D}_u$和$\boldsymbol{D}_v$。作为收敛性能的检验，从式(7.30)重构仿射矩阵$\boldsymbol{B}(\boldsymbol{b})$，监控$\boldsymbol{B}(\boldsymbol{b})$的状态数以迭代数函数的形式表现。让$\beta_1$和$\beta_q$是$\boldsymbol{B}(\boldsymbol{b})$的最大和最小奇异值，则数值收敛发生，当$\beta_q/\beta_1\leqslant\varepsilon_m$，其中$\varepsilon_m$是机器精度。

对于逆迭代算法，首先初始化，选择$\boldsymbol{u}^{[0]}$和$\tau^{[0]}$，构造$\boldsymbol{D}_{u[0]}$和$\boldsymbol{D}_{v[0]}$，而且归一化以便

$$(\boldsymbol{v}^{[0]})^t\boldsymbol{D}_{u^{[0]}}\boldsymbol{v}^{[0]}=(\boldsymbol{u}^{[0]})^t\boldsymbol{D}_{v^{[0]}}\boldsymbol{u}^{[0]}=1$$

对$k=1$，迭代直到收敛。

① $\boldsymbol{z}^{[k]}=\boldsymbol{R}^{-t}\boldsymbol{D}_{u^{[k-1]}}\boldsymbol{v}^{[k-1]}\tau^{[k-1]}$。

② $\boldsymbol{w}^{[k]}=-(\boldsymbol{Q}_2^t\boldsymbol{D}_{v^{[k-1]}}\boldsymbol{Q}_2)^{-1}(\boldsymbol{Q}_2^t\boldsymbol{D}_{v^{[k-1]}}\boldsymbol{Q}_1)\boldsymbol{z}^{[k]}$。

③ $\boldsymbol{u}^{[k]}=\boldsymbol{Q}_1\boldsymbol{z}^{[k]}+\boldsymbol{Q}_2\boldsymbol{w}^{[k]}$。

④ $\boldsymbol{v}^{[k]}=\boldsymbol{R}^{-1}\boldsymbol{Q}_1^t\boldsymbol{D}_{v^{[k-1]}}\boldsymbol{u}^{[k]}$。

⑤ $\boldsymbol{v}^{[k]}=\boldsymbol{v}^{[k]}/\|\boldsymbol{v}^{[k]}\|$。

⑥ $\gamma^{[k]}=[(\boldsymbol{u}^{[k]})^t\boldsymbol{D}_{v^{[k]}}\boldsymbol{u}^{[k]}]^{1/4}$。

⑦ $\boldsymbol{u}^{[k]}=\boldsymbol{u}^{[k]}/\gamma^{[k]}$，$\boldsymbol{v}^{[k]}=\boldsymbol{v}^{[k]}/\gamma^{[k]}$。

⑧ $\boldsymbol{D}_{u^{[k]}}=\boldsymbol{D}_{u^{[k]}}/(\gamma^{[k]})^2$，$\boldsymbol{D}_{v^{[k]}}=\boldsymbol{D}_{v^{[k]}}/(\gamma^{[k]})^2$。

⑨ $\tau^{[k]}=(\boldsymbol{u}^{[k]})^t\boldsymbol{A}\boldsymbol{v}^{[k]}$。

⑩ 收敛检验，使用式(7.30)计算$\boldsymbol{B}^{[k]}$及其最大和最小奇异值$\beta_1^{[k]}$和$\beta_q^{[k]}$。如果$\beta_q^{[k]}/\beta_1^{[k]}\geqslant\varepsilon_m$转第①步，否则停止。

7.4　约束与结构总体最小二乘的等价性

将 TLS、CTLS 和 STLS 进行比较，对于我们加深理解它们之间的区别与联系是非常有益的。

令$\boldsymbol{A}$是$m\times n$矩阵，且$\boldsymbol{b}$和$\boldsymbol{x}$分别为$m\times 1$和$n\times 1$向量，求解超定方程$\boldsymbol{A}\boldsymbol{x}=\boldsymbol{b}$的 TLS 方法，其本质是求解约束优化问题，即

$$\min_{\Delta\boldsymbol{A},\Delta\boldsymbol{b}}\|[\Delta\boldsymbol{A},\Delta\boldsymbol{b}]\|_F,\quad \boldsymbol{b}+\Delta\boldsymbol{b}\in\mathrm{range}(\boldsymbol{A}+\Delta\boldsymbol{A})$$

求解 TLS 问题的标准方法是对增广矩阵$[\boldsymbol{A},\boldsymbol{b}]$进行 SVD。但是，SVD 不能保持增

广矩阵$[\boldsymbol{A},\boldsymbol{b}]$的结构。因此，如果增广矩阵为结构化矩阵（如 Hankel 矩阵、Toeplitz 矩阵或者稀疏矩阵等），TLS 将得不到统计最优的参数向量 $\boldsymbol{x}$。

与 TLS 不同，CTLS 求解下列约束优化问题，即

$$\min_{\boldsymbol{u},\boldsymbol{x}} \boldsymbol{u}^{\mathrm{T}}\boldsymbol{W}\boldsymbol{u},\quad (\boldsymbol{A}+\Delta\boldsymbol{A})\boldsymbol{x}=\boldsymbol{b}+\Delta\boldsymbol{b}$$

其中，$\boldsymbol{W}$ 为对角加权矩阵；扰动矩阵 $\Delta\boldsymbol{A}$ 约束为 $\Delta\boldsymbol{A}=[\boldsymbol{G}_1\boldsymbol{u},\boldsymbol{G}_2\boldsymbol{u},\cdots,\boldsymbol{G}_n\boldsymbol{u}]$；扰动向量 $\Delta\boldsymbol{b}$ 约束为 $\Delta\boldsymbol{b}=\boldsymbol{G}_{n+1}\boldsymbol{u}$。

在这种方法里，增广矩阵$[\boldsymbol{A},\boldsymbol{b}]$的结构可以通过选择适当的矩阵$\boldsymbol{G}_i\,(i=1,2,\cdots,n+1)$得到保持。

利用 Lagrange 乘数法，可以将上述约束优化问题变为无约束优化问题，即

$$\min_{\boldsymbol{x}}\,[\boldsymbol{x}^{\mathrm{T}},-1]\boldsymbol{S}^{\mathrm{T}}\,(\boldsymbol{H}_x\boldsymbol{W}^{-1}\boldsymbol{H}_x^{\mathrm{T}})^{-1}\boldsymbol{S}\,[\boldsymbol{x}^{\mathrm{T}},-1]^{\mathrm{T}} \tag{7.43}$$

其中，$\boldsymbol{H}_x=\sum_{i=1}^{n}\boldsymbol{x}_i\boldsymbol{G}_i-\boldsymbol{G}_{n+1}$。

在 STLS 方法中，通过选择合适的固定矩阵$\boldsymbol{S}_i$，可以保持 CTLS 问题式(7.43)中的矩阵 $\boldsymbol{S}$ 的结构，即令

$$\boldsymbol{S}=\boldsymbol{S}_0+\sum_{i=1}^{k}s(i)\,\boldsymbol{S}_i$$

该方法将超定方程 $\boldsymbol{Ax}=\boldsymbol{b}$ 变成 $\boldsymbol{Ty}=\boldsymbol{0}$ 的形式，并且对矩阵 $\boldsymbol{T}$ 加结构约束，即

$$\boldsymbol{T}=\boldsymbol{S}_0+\sum_{i=1}^{k}t(i)\,\boldsymbol{S}_i$$

于是，求解 $\boldsymbol{Ty}=\boldsymbol{0}$ 的 STLS 方法便成了约束优化问题，即

$$\min_{t,y}\sum_{y=1}^{k}\boldsymbol{W}(i,i)\,[s(i)-t(i)]^2,\quad \boldsymbol{Ty}=\boldsymbol{0},\quad \boldsymbol{y}^{\mathrm{T}}\boldsymbol{y}=\boldsymbol{1} \tag{7.44}$$

其中，$t=[t(1),t(2),\cdots,t(k)]^{\mathrm{T}}$；$W(i,i)$是对角加权矩阵 $\boldsymbol{W}$ 的对角元素；矩阵 $\boldsymbol{T}$ 的结构被迫与 $\boldsymbol{S}$ 的结构相同。

下面的命题表明，CTLS 和 STLS 两种方法得到的解相同。

命题 7.1　令$\boldsymbol{x}_{\mathrm{opt}}$是约束优化问题式(7.43)的解向量，且$\boldsymbol{y}_{\mathrm{opt}}$是 STLS 方法无归一化约束$\boldsymbol{y}^{\mathrm{T}}\boldsymbol{y}=1$ 的约束优化问题式(7.44)的解向量。若$\boldsymbol{y}_{\mathrm{opt}}(n+1)\neq 0$，并且矩阵

$$\boldsymbol{D}_y\stackrel{\mathrm{def}}{=}\sum_{i=1}^{k}\frac{1}{W(i,i)}(\boldsymbol{S}_i\boldsymbol{y})\,(\boldsymbol{S}_i\boldsymbol{y})^{\mathrm{T}}$$

非奇异，则可以求出一解向量$\boldsymbol{y}_{\mathrm{opt}}$满足$\boldsymbol{x}_{\mathrm{opt}}=\boldsymbol{y}_{\mathrm{opt}}(1:n)$和 $y_{\mathrm{opt}}(n+1)=-1$，这表明 CTLS 和 STLS 方法等价。$\boldsymbol{y}_{\mathrm{opt}}(1:n)$表示由$(n+1)\times 1$ 解向量$\boldsymbol{y}_{\mathrm{opt}}$前 n 个元素组成的向量，而 $y_{\mathrm{opt}}(n+1)$表示$\boldsymbol{y}_{\mathrm{opt}}$的第$(n+1)$个元素。

证明：参见文献[34]。

7.5 一个新的总体最小二乘问题公式化表示

通过前面的分析，在一般情况下，经典 TLS 问题有唯一解，该解基于数据矩阵的 SVD 以解析形式给出。WTLS 和 STLS 问题没有这样的解析解，通常采用局部优化方法通过数值方法来求解。文献[25]解释了如何利用权矩阵和数据矩阵的特殊结构构造有效的损失函数，进行一阶微分计算，进而获得计算有效的求解方法。为此，提出一个新的 TLS 问题公式化表示，该公式是一个矩阵低秩近似问题，允许秩约束的不同表示。一旦确定一种表示，矩阵低秩近似问题就变成一个参数优化问题。当选择一个输入/输出表示时，经典 TLS 问题可以由这种新的表示形式导出；输入/输出表示一个线性系统方程 $\boldsymbol{AX}=\boldsymbol{B}$，这是解决近似问题的经典方法。然而，这种输入/输出表示并不等于可以导出非一般 TLS 问题的低秩约束。文献[25]采用这种表示分类现有的 TLS 求解方法，它们的区别在于其表示形式和所使用的优化方法。这一节对该部分内容进行较为详细的讨论。

为了方便，令 $\Re$ 和 $\Re_+$ 是实数集和非负实数集；$:=$ 和 $:\Leftrightarrow$ 是左边被右边定义；$=:$ 和 $\Leftrightarrow:$ 是右边被左边定义；vec 是一个矩阵按列向组成的向量；$\boldsymbol{C}$、$\Delta\boldsymbol{C}$ 和 $\hat{\boldsymbol{C}}$ 分别是数据矩阵、修正矩阵和近似矩阵；$\boldsymbol{C}=[\boldsymbol{A}\quad\boldsymbol{B}]$ 是数据矩阵的输入/输出划分；$c_1,\cdots,c_m$ 是观察数据，$[c_1,\cdots,c_m]=\boldsymbol{C}^{\mathrm{T}}$；$\boldsymbol{c}=\mathrm{col}(a,b)$ 是列向量 $\boldsymbol{c}=\begin{bmatrix}a\\b\end{bmatrix}$；$B\in\Re^{n+d}$ 是在 $\Re^{n+d}$ 空间的一个静态模型；φ 是线性静态模型类；$B\in\varphi_n$ 是维数最多为 n 的线性静态模型，即维数最多为 n 的 $\Re^{n+d}$ 的一个子空间。

对一个给定的正定权矩阵 $\boldsymbol{W}\in\Re^{m(n+d)\times m(n+d)}$，定义加权矩阵范式为

$$\|\boldsymbol{C}\|_{\boldsymbol{W}}:=\sqrt{\mathrm{vec}^{\mathrm{T}}(\boldsymbol{C}^{\mathrm{T}})\boldsymbol{W}\mathrm{vec}(\boldsymbol{C}^{\mathrm{T}})}$$

定义 WTLS 失配函数为

$$\boldsymbol{M}_{\mathrm{wtls}}(\boldsymbol{C},B):=\min_{\hat{\boldsymbol{C}}\in B}\|\boldsymbol{C}-\hat{\boldsymbol{C}}\|_{\boldsymbol{W}}\tag{7.45}$$

WTLS 失配函数的近似问题称为 WTLS 问题。

7.5.1 加权总体最小二乘问题

给定一数据矩阵 $\boldsymbol{C}\in\Re^{m(n+d)}$，一个正定权矩阵 $\boldsymbol{W}$，一个复杂度规范数 n，求解如下优化问题，即

$$\{\hat{B}_{\mathrm{wtls}},\hat{\boldsymbol{C}}_{\mathrm{wtls}}\}:=\arg\min_{B\in\varphi_n}\boldsymbol{M}_{\mathrm{wtls}}(\boldsymbol{C},B)\tag{7.46}$$

当测量噪声 $\widetilde{\boldsymbol{C}}=[\widetilde{\boldsymbol{A}}\quad\widetilde{\boldsymbol{B}}]$ 具有零均值和正态分布，且具有协方差矩阵 $\mathrm{Cov}(\mathrm{vec}(\widetilde{\boldsymbol{C}}^{\mathrm{T}}))=\sigma^2\boldsymbol{W}^{-1}$，也就是说，权矩阵 $\boldsymbol{W}$ 等于测量噪声协方差矩阵逆矩阵 σ^2 倍

时，WTLS 问题为变量误差模型定义了最大似然估计器。

① 元素方式 WTLS。这种特殊情况是当加权矩阵 $\boldsymbol{W}$ 是对角阵时，对应于具有非相关测量误差的问题。

② 经典 TLS 作为一个未加权的 WTLS。这种极端特殊情况是 $\boldsymbol{W}=\boldsymbol{I}$。这样，WTLS 变为经典 TLS 问题。

TLS 失配 $\boldsymbol{M}_{\text{wtls}}$ 同等地加权修正矩阵 $\Delta\boldsymbol{C}$ 的所有元素。当没有有关数据的先验知识时，这是很自然的选择。此外，未加权的情况比一般加权情况容易求解。

加权矩阵 $\boldsymbol{W}$ 的特殊结构导致特殊的 WTLS 问题。图 7.1 显示了本章考虑的分级图。

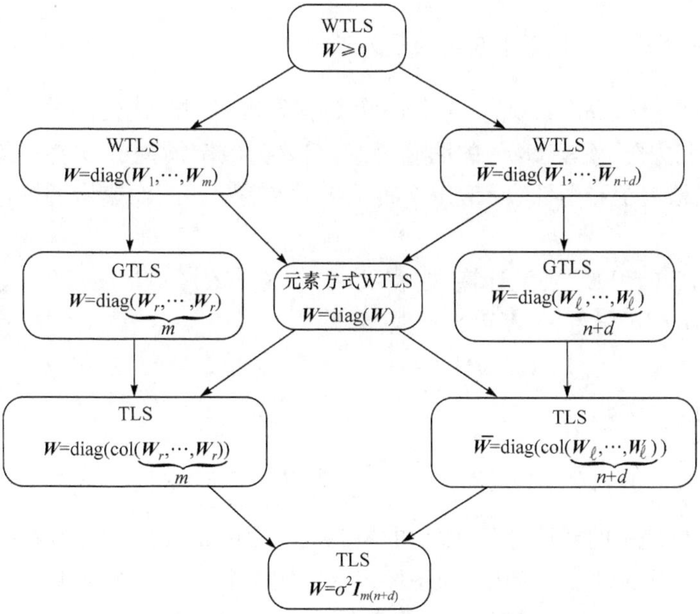

图 7.1　根据加权矩阵的结构 WTLS 分级图
（左边是具有行向不相关测量误差的 WTLS 问题，
右边是具有列向不相关测量误差的 WTLS 问题）

从上往下问题的普遍性减小：最上面是具有一般正定权矩阵的 WTLS 问题，最底部是经典 TLS 问题，中间是在各行之间、各列之间，以及在所有元素之间具有不相关误差的 WTLS 问题。行向不相关的 WTLS 问题，其中行加权矩阵相等，是具有 $\boldsymbol{W}_{\ell}=\boldsymbol{I}$ 的 GTLS 问题，而列向不相关的 WTLS 问题，其中列加权矩阵相等，是具有 $\boldsymbol{W}_{r}=\boldsymbol{I}$ 的 GTLS 问题。为了方便表示列向不相关误差情况下加权矩阵的结构，这里引入权矩阵 $\overline{\boldsymbol{W}}$：$\mathrm{Cov}(\mathrm{vec}(\widetilde{\boldsymbol{C}}))=\sigma^2\,\overline{\boldsymbol{W}}^{-1}$。

当 $\boldsymbol{W}=\boldsymbol{I}$ 时，式(7.46)就是 TLS 问题。除了特殊情况下的 GTLS，WTLS 问

题没有基于 SVD 的闭合形式的解。作为一个优化问题，这是非凸的，这样目前可以得到的解方法并不能保证收敛到一个全局最优解。下面回顾 WTLS 问题的求解方法，重点放在行向 WTLS 问题情况，即当加权矩阵 $\boldsymbol{W}$ 是块对角 $\boldsymbol{W}=\mathrm{diag}(\boldsymbol{W}_1,\cdots,\boldsymbol{W}_m)$，$\boldsymbol{W}_i\in\Re^{(n+d)\times(n+d)}$，$\boldsymbol{W}_i>0$。在变量误差环境中，这个假设意味着对所有 $i,j=1,2,\cdots,m,i\neq j$，测量误差 $\tilde{c}_i$ 和 $\tilde{c}_j$ 是不相关的，这在多数应用中是合理的假设。

类似于 TLS 和 GTLS 问题，WTLS 问题是一个双最小化问题。内层最小化是寻找在给定的模型中数据的最好近似，外层最小化是寻找该模型。首先要求解内层最小化问题——失配计算。

7.5.2 加权总体最小二乘算法

1. 在一个给定的模型中数据的最好近似

由于模型是线性的，式(7.45)是一个具有分析解的凸优化问题。为了给出最优近似 $\hat{\boldsymbol{C}}_{\mathrm{wtls}}$ 和失配 $M_{\mathrm{wtls}}(\boldsymbol{C},B)$ 的明确公式，需要为给定模型 B 选择一组特定的参数。下面以核表示和图像表示陈述结果，有关核表示和图像表示的详细内容见文献[25]。

定理 7.3 (WTLS 失配计算，核表示) 令 $\mathrm{Ker}(\boldsymbol{R})$ 是 $B\in\varphi_n$ 的一个最小核表示，则在 B 中 $\boldsymbol{C}$ 的最好的 WTLS 近似，解为

$$\hat{\boldsymbol{c}}_{\mathrm{wtls},i}=[\boldsymbol{I}-\boldsymbol{W}_i^{-1}\boldsymbol{R}^{\mathrm{T}}(\boldsymbol{R}\boldsymbol{W}_i^{-1}\boldsymbol{R}^{\mathrm{T}})^{-1}\boldsymbol{R}]\boldsymbol{c}_i,\quad i=1,2,\cdots,m$$

具有相应的失配，即

$$\boldsymbol{M}_{\mathrm{wtls}}(\boldsymbol{C},\mathrm{Ker}(\boldsymbol{R}))=\sqrt{\sum_{i=1}^{m}\boldsymbol{c}_i^{\mathrm{T}}\boldsymbol{R}^{\mathrm{T}}(\boldsymbol{R}\boldsymbol{W}_i^{-1}\boldsymbol{R}^{\mathrm{T}})^{-1}\boldsymbol{R}\boldsymbol{c}_i}\tag{7.47}$$

图像是核表示的对偶，因此模型的核表示和图像表示的失配计算是对偶问题。核表示导致一个最小范式问题，而图像表示导致一个最小二乘问题。

定理 7.4 (WTLS 失配计算，核表示) 让 $\mathrm{colspan}(\boldsymbol{P})$ 是 $B\in\varphi_n$ 的一个最小图像表示，则在 B 中 $\boldsymbol{C}$ 的最好的 WTLS 近似为

$$\hat{\boldsymbol{c}}_{\mathrm{wtls},i}=\boldsymbol{P}(\boldsymbol{P}^{\mathrm{T}}\boldsymbol{W}_i\boldsymbol{P})^{-1}\boldsymbol{P}^{\mathrm{T}}\boldsymbol{W}_i\boldsymbol{c}_i,\quad i=1,2,\cdots,m$$

具有相应的失配，即

$$\boldsymbol{M}_{\mathrm{wtls}}(\boldsymbol{C},\mathrm{colspan}(\boldsymbol{P}))=\sqrt{\sum_{i=1}^{m}\boldsymbol{c}_i^{\mathrm{T}}\boldsymbol{W}_i[\boldsymbol{I}-\boldsymbol{P}(\boldsymbol{P}^{\mathrm{T}}\boldsymbol{W}_i\boldsymbol{P})^{-1}\boldsymbol{P}^{\mathrm{T}}\boldsymbol{W}_i]\boldsymbol{c}_i}\tag{7.48}$$

2. 模型参数的最优化

剩余的问题——关于模型参数的最小化是一个非凸最优问题，一般而言没有闭合解。为了求解，需要使用数值优化方法。在文献[15]，[26]～[29]中，提出 WTLS 问题的一些特殊优化方法。文献[15]为 STLS 问题导出了列曼奇异值分

解框架，其中包括具有对角加权矩阵且 $d=1$ 作为一个特殊情况的 WTLS 问题。对更一般的 WTLS 问题施加这个限制，是由于列曼奇异值分解框架是为具有秩减 1 的矩阵近似问题导出的。De Moor 提出一个很像逆幂迭代的算法来计算这个解。然而，该算法的收敛特性还没有证明。Wentzell 等[26]的最大似然主成分分析方法是另一个最小二乘算法。该算法适用于一般的 WTLS 问题，而且是全局收敛的，具有线性收敛率。Premoli 和 Rastello[27]是求解一阶最优条件式(7.46)的启发式方法。寻找的是一个非线性方程的解，而不是原来最优问题的一个极小点。该方法是局部收敛的，具有线性收敛率。在实际中，一个极小点周围的收敛区域可能相当小。Manton 等[29]的加权低秩近似架构提出在 Grasman 多面体上的专门优化方法，提出的方法并没有使用该问题的最小二乘本质。

7.6 本章小结

这一章研究了 TLS 问题的扩展及其求解方法，主要讨论 WTLS 问题与算法、CTLS 问题与算法、STLS 问题与算法、CTLS 和 STLS 问题的等价性。

参考文献

[1] Degroat R, Dowling E. The data least squares problem and channel equalization. IEEE Transactions on Signal Processing, 1991, 41: 407～411.

[2] Van Huffel S, Vandewalle J. Analysis and properties of the generalized total least squares problem AX≈B when some or all columns in A are subject to error. SIAM Journal of Matrix Analysis and Application, 1989, 10(3): 294～315.

[3] Van Huffel S, Zha H. The restricted total least squares problem: formulation, algorithm and properties. SIAM Journal of Matrix Analysis and Application, 1991, 12(2): 292～309.

[4] Fierro R, Golub G, Hansen P, et al. Regularization by truncated total least squares. SIAM Journal of Science Computation, 1997, 18(1): 1223～1241.

[5] Golub G, Hansen P, Leary D O. Tikhonov regularization and total least squares. SIAM Journal of Matrix Analysis and Application, 1999, 21(1): 185～194.

[6] Sima D, Van Huffel S, Golub G. Regularized total least squares based on quadratic eigenvalue problem solvers. BIT Numeral Mathematics, 2004, 44: 793～812.

[7] Sima D, Van Huffel S. Appropriate cross-validation for regularized errors-in-variables linear models//Proceedings of the COMPSTAT 2004 Symposium, 2004.

[8] Beck A, Ben T A. On the solution of the Tikhonov regularization of the total least squares. SIAM Journal of Optimization, 2006, 17(1): 98～118.

[9] El Ghaoui L, Lebret H. Robust solutions to least-squares problems with uncertain data. SIAM Journal of Matrix Analysis and Application, 1997, 18: 1035～1064.

[10] Chandrasekaran S, Golub G, Gu M, et al. Parameter estimation in the presence of bounded

data uncertainties. SIAM Journal of Matrix Analysis and Application, 1998, 19: 235～252.

[11] Kukush A, Van Huffel S. Consistency of elementwise weighted total least squares estimator in a multivariate errors-in-variables model AX≈B. Metrika, 2004, 59(1): 75～97.

[12] Arun K. A unitarily constrained total least-squares problem in signal-processing. SIAM Journal of Matrix Analysis and Application, 1992, 13: 729～745.

[13] Golub G, Van Loan C. Matrix Computations. 3rd ed. Baltimore: Johns Hopkins University Press, 1996.

[14] Abatzoglou T, Mendel J, Harada G. The constrained total least squares technique and its application to harmonic super resolution. IEEE Transactions on Signal Processing, 1991, 39: 1070～1087.

[15] De Moor B. Structured total least squares and L2 approximation problems. Linear Algebra and Applications, 1993, (188/189): 163～207.

[16] Kukush A, Markovsky I, Van Huffel S. Consistency of the structured total least squares estimator in a multivariate errors-in-variables model. Journal of Statistics Planning and Inference, 2005, 133(2): 315～358.

[17] Beck A, Ben-Tal A. A global solution for the structured total least squares problem with block circulant matrices. SIAM Journal of Matrix Analysis and Application, 2006, 27(1): 238～255.

[18] Younan N, Fan X. Signal restoration via the regularized constrained total least squares. Signal Processing, 1998, 71: 85～93.

[19] Mastronardi N, Lemmerling P, Van Huffel S. Fast regularized structured total least squares algorithm for solving the basic deconvolution problem. Numerical Linear Algebra and Applications, 2005, 12(2/3): 201～209.

[20] Mesarovic V, Galatsanos N, Katsaggelos A. Regularized constrained total least squares image restoration. IEEE Transactions on Image Processing, 1995, 4(8): 1096～1108.

[21] Ng M, Plemmons R, Pimentel F. A new approach to constrained total least squares image restoration. Linear Algebra and Application, 2000, 316(1/3): 237～258.

[22] Ng M, Koo J, Bose N. Constrained total least squares computations for high resolution image reconstruction with multisensors. International Journal of Imaging Systems and Technology, 2002, 12: 35～42.

[23] Rosen J, Park H, Glick J. Structured total least norm for nonlinear problems. SIAM Journal of Matrix Analysis and Application, 1998, 20(1): 14～30.

[24] Lemmerling P, Van Huffel S, De Moor B. The structured total least-squares approach for nonlinearly structured matrices. Numerical Linear Algebra and Applications, 2002, 9(4): 321～332.

[25] Markovsky I, Van Huffel S. Overview of total least-squares methods. Signal Processing, 2007, 87: 2283～2302.

[26] Wentzell P, Andrews D, Hamilton D, et al. Maximum likelihood principle component analy-

sis. Journal of Chemometrics,1997,11:339～366.

[27] Premoli A,Rastello M L. The parametric quadratic form method for solving TLS problems with elementwise weighting//Van Huffel S,Lemmerling P. Total Least Squares Techniques and Errors-in-Variables Modeling: Analysis, Algorithms and Applications. Dordrecht: Kluwer Academic Publishers,2002,67～76.

[28] Markovsky I,Rastello M L,Premoli A,et al. The element-wise weighted total least squares problem. Computation Statistics and Data Analysis,2005,50(1):181～209.

[29] Manton J, Mahony R, Hua Y. The geometry of weighted low-rank approximations. IEEE Transactions on Signal Processing,2003,5(2):500～514.

[30] Abatzoglou T J, Mendel J M. Constrained total least squares//Proceedings of the 1987 IEEE ICASSP,1987.

[31] Abatzoglou T J,Soon V. Constrained total least squares applied to frequency estimation of sinusoids//Proceedings of the 4th IEEE ASSP Workshop Spectrum Analysis Modeling,1988.

[32] Abatzoglou T J, Harada G A, Shine M. Total least squares techniques for high resolution direction finding//1988 Military Communication Conference,1988.

[33] Zhang X D. Matric Analysis and Applications. Beijing: Tsinghua University Press,2004.

[34] Lemmerling P, De Moor B, Van Huffel S. On the equivalence of constrained total least squares and structured total least squares. IEEE Transactions on Signal Processing, 1996, 44(2):2908～2911.

[35] Aoki M,Yue P. On a priori error estimates of some identification methods. IEEE Transactions on Automatic Control,1970,15(5):541～548.

[36] Cadzow J A. Signal enhancement-a composite property mapping algorithm. IEEE Transactions on Acoustics,Speech,and Signal Processing,1988,36(1):49～62.

[37] Bresler Y, Macovski A. Exact maximum likelihood parameter estimation of superimposed exponential signals in noise. IEEE Transactions on Acoustic,Speech,and Signal Processing, 1986,34:1081～1089.

[38] Tufts D,Shah A. Estimation of a signal waveform from noisy data using low-rank approximation to a data matrix. IEEE Transactions on Signal Processing,1993,41(4):1716～1721.

[39] De Moor B. Total least squares for affinely structured matrices and the noisy realization problem. IEEE Transactions on Signal Processing,1994,42(11):3104～3113.

[40] Tufts D, Kumaresan R. Estimation of frequencies of multiple sinusoids: making linear prediction perform like maximum likelihood. Proceedings of the IEEE,1982,70(9):975～989.

[41] Kumaresan R, Tufts D. Estimating the parameters of exponentially damped sinusoids and pole-zero modeling in noise. IEEE Transactions on Acoustic,Speech,and Signal Processing, 1982,30(6):833～840.

[42] Rosen J,Park H,Glick J. Total least norm formulation and solution of structured problems. SIAM Journal of Matrix Analysis and Application,1996,17:110～126.

[43] Schuermans M,Lemmerling P,Van Huffel S. Structured weighted low rank approximation.

Numerical Linear Algebra and Applications, 2004, 11: 609～618.

[44] Schuermans M, Lemmerling P, Van Huffel S. Block-row Hankel weighted low rank approximation. Numerical Linear Algebra and Applications, 2006, 13: 293～302.

[45] Van Huffel S, Park H, Rosen J. Formulation and solution of structured total least norm problems for parameter estimation. IEEE Transactions on Signal Processing, 1996, 44(10): 2464～2474.

[46] Lemmerling P, Mastronardi N, Van Huffel S. Fast algorithm for solving the Hankel/Toeplitz structured total least squares problem. Numeral Algorithms, 2000, 23: 371～392.

[47] Mastronardi N, Lemmerling P, Van Huffel S. Fast structured total least squares algorithm for solving the basic deconvolution problem. SIAM Journal of Matrix Analysis and Application, 2000, 22: 533～553.

[48] Mastronardi N. Fast and reliable algorithms for structured total least squares and related matrix problems. Ph. D. Thesis, Leuven: ESAT/SISTA, 2001.

[49] Markovsky I, Van Huffel S, Pintelon R. Block-Toeplitz/Hankel structured total least squares. SIAM Journal of Matrix Analysis and Application, 2005, 26(4): 1083～1099.

[50] Markovsky I, Van Huffel S, Kukush A. On the computation of the structured total least squares estimator. Numerical Linear Algebra and Applications, 2004, 11: 591～608.

[51] Markovsky I, Van Huffel S. On weighted structured total least squares//Lirkov I, Margenov S, Wasniewski J. Large-Scale Scientific Computing. Berlin: Springer, 2006, 3743: 695～702.

[52] Markovsky I, Van Huffel S. High-performance numerical algorithms and software for structured total least squares. Journal of Computation and Applied Mathematics, 2005, 180(2): 311～331.

第 8 章　特征提取类总体最小二乘方法

8.1 引　　言

在第 6 章已经讨论过，TLS 神经元方法有两类：一类方法是直接作用在一个超球面上的线性神经网络，该类网络直接给出 TLS 解；另一类方法是 MCA 神经元网络，网络权向量收敛到输入数据的自相关矩阵最小特征值对应的特征向量方向，通过对该权值进行某种规范化处理，也可给出 TLS 解。MCA 神经元方法的一个重要应用就是用来进行自适应 TLS 估计。

有许多神经网络可以解决 MCA 任务，唯一的非线性网络是由 Mathew 等提出的 Hopfield 网络[1,2]，提出一个约束能量函数(包含一个处罚函数)最小化瑞利商。该神经元有 Sigmoid 激励函数，网络结构是问题依赖的(神经元的数量等于特征向量的维数)。此外，为了选择合适的处罚因子，该算法需要估计偏差矩阵的迹。

现有的其他 MCA 神经网络均由一个线性神经元构成。早在 1979 年，Thomposon[3]就提出估计与样本协方差矩阵最小特征值对应的特征向量的 LMS 型自适应方法，并结合 Pisarenko 谱估计子提供了角度/频率的自适应跟踪算法。自 20 世纪 90 年代以来，基于反馈神经网络模型进行次子空间跟踪受到神经网络界的高度关注，相继有多个次子空间神经网络跟踪算法提出来[4-21]。文献[4]～[6]提出一个基于反 Hebbian 学习规则的线性神经元，用来提取输入数据序列的次成分，该神经元权向量可以收敛到输入数据序列的自相关矩阵的最小特征值所对应的特征向量方向，应用在 TLS 意义上的曲线、曲面、超曲面匹配。使用膨胀方法，Luo 等提出一个 MCA 算法，该算法在运行过程中不需要任何规范化处理[7,8]。Douglas 等提出一个自稳定的次子空间分析算法，该算法不需要周期性的规范化处理，也没有矩阵的逆运算[9]，算法在运行过程中无论初始权向量模值的大小如何，神经元权向量的模值均可以收敛到一个固定值。其后，性能良好的多种自稳定的 MCA 算法相继提出来[16-31]。Chiang 等指出一个学习算法采用合适的初始化而不是膨胀方法，就可以并行抽取多个次成分[10]。基于一个信息准则，Ouyang 等提出一个自适应次成分跟踪器，该算法可以自动发现次子空间而不需要采用膨胀方法[11,13]。在全面分析该领域的几种典型 MCA 算法优缺点的基础上，Cirrincione 等提出一种性能良好的称为 MCA EXIN 算法，并发现存在于该类算法中一般发散、突然发散、不稳定发散，以及数值发散等多种新现象。近年来，我们也致力于 MCA 算法的自稳定特性改进和稳定性分析新方法研究，提出多种新型 MCA 算法[17,19,20]。目前,该领域新算法仍然在不断发展中。

8.2 神经网络次成分特征提取

在这一节,我们按照 MCA 神经元网络的发展过程,选择具代表性且具有重要性能进步的几个典型算法进行阐述,主要就早期的 Hopfield 网络算法、Xu-Oja 算法、MCA EXIN 算法、自稳定算法等典型算法进行讨论,重点分析 MCA EXIN 算法和作者提出的几种算法。

8.2.1 Hopfield 网络 MCA 算法

文献[1],[2]提出一个神经网络方法,该方法可同时估计一个对称正定矩阵的最小特征值所对应的所有或部分正交特征向量。通过构造一个该神经网络可以合适最小化的能量函数,特征向量求解问题被纳入该神经网络框架。该神经网络是一个反馈性类型,其神经元具有 sigmoid 激励函数。该网络的主要结论是当且仅当神经网络权 $\boldsymbol{W}$ 的各列是给定矩阵的最小特征值所对应的一个给定模值的正交特征向量时,矩阵 $\boldsymbol{W}$ 是该能量函数的最小值,而且所有的最小值是全局最小值。

设 $\boldsymbol{R}$ 是一个 $N\times N$ 对称正定矩阵,假设 $\lambda_1\geqslant\lambda_2\geqslant\cdots\geqslant\lambda_p>\lambda_{p+1}=\lambda_{p+2}=\cdots=\lambda_N$ 代表 $\boldsymbol{R}$ 的以值大小下降顺序排列的 N 个特征值,$\boldsymbol{q}_i,i=1,2,\cdots,N$ 代表相应的正交特征向量。对应于最小特征值 $\lambda_{\min}$(i. e. ,$\lambda_i,i=P+1,\cdots,N$)的特征向量称为最小特征向量。设 $\boldsymbol{S}$ 是 $\boldsymbol{R}$ 的最小特征向量空间,则这里要解决的问题是估计子空间 $\boldsymbol{S}$ 的一个正交基。针对具有加性白噪声的窄带信号情形,矩阵 $\boldsymbol{R}$ 代表渐近方差阵,$\lambda_{\min}$是噪声方差。因此,最小特征值和特征向量分别认为是噪声特征值和噪声特征向量,且 $\boldsymbol{S}$ 认为是噪声子空间。其余的特征值和特征向量分别认为是信号特征值和信号特征向量。

1. 问题的神经网络公式

设 D 是子空间 $\boldsymbol{S}$ 的维数,这里 $D=N-P$。定义一个 $N\times M(M\leqslant D)$ 矩阵 $\boldsymbol{W}$:$\boldsymbol{W}=[\boldsymbol{w}_1,\boldsymbol{w}_2,\cdots,\boldsymbol{w}_M]$,这里 $\boldsymbol{w}_k=[w_{k1},w_{k2},\cdots,w_{kN}]^{\mathrm{T}},k=1,2,\cdots,M$ 是 $N\times 1$ 向量。

这样,下列约束最小化问题为

$$\min\sum_{i=1}^{M}\boldsymbol{w}_i^{\mathrm{T}}\boldsymbol{R}\boldsymbol{w}_i \quad \text{s. t.} \quad \boldsymbol{w}_i^{\mathrm{T}}\boldsymbol{w}_j=\delta_{ij}, \quad \forall\, i,j\in\{1,2,\cdots,M\} \tag{8.1}$$

其中,δ_{ij} 是 Kronecker delta 函数,解是 $\boldsymbol{R}$ 的 M 个正交最小特征向量集。

现在如果 $\overline{\boldsymbol{w}}=[\boldsymbol{w}_1^{\mathrm{T}},\boldsymbol{w}_2^{\mathrm{T}},\cdots,\boldsymbol{w}_M^{\mathrm{T}}]^{\mathrm{T}}$,则根据 $NM\times 1$ 向量 $\overline{\boldsymbol{w}}$,上述最小化问题可以重新写为

$$\min\overline{\boldsymbol{w}}^{\mathrm{T}}\overline{\boldsymbol{R}}\overline{\boldsymbol{w}} \quad \text{s. t.} \quad \overline{\boldsymbol{w}}^{\mathrm{T}}\boldsymbol{E}_{ij}\overline{\boldsymbol{w}}=\delta_{ij}, \quad \forall\, i,j\in\{1,2,\cdots,M\} \tag{8.2}$$

其中，$\bar{\boldsymbol{R}}$ 是一个大小为 $MN\times MN$ 的块对角矩阵，定义为

$$\bar{\boldsymbol{R}}=b\cdot \text{diag}[\boldsymbol{R},\boldsymbol{R},\cdots,\boldsymbol{R}] \tag{8.3}$$

矩阵 $\boldsymbol{E}_{i,j}$ 由下式给出，即

$$\boldsymbol{E}_{i,j}=\boldsymbol{E}_i^{\mathrm{T}}\boldsymbol{E}_j,\quad i,j\in\{1,2,\cdots,M\} \tag{8.4}$$

其中，$\boldsymbol{E}_i$ 是一个 $MN\times MN$ 矩阵，对 $k=1,2,\cdots,N$ 而言，在 $(k,(i-1)N+k)$ 位置为 1，其他位置为零。

注意到 $\bar{\boldsymbol{w}}^{\mathrm{T}}\boldsymbol{E}_{ij}\bar{\boldsymbol{w}}=\boldsymbol{w}_i^{\mathrm{T}}\boldsymbol{w}_j,i,j\in\{1,2,\cdots,M\}$。

使用惩罚函数方法，可以求解下列形式的非约束问题，即

$$\min(\bar{\boldsymbol{w}}^{\mathrm{T}}\bar{\boldsymbol{R}}\,\bar{\boldsymbol{w}}+\mu P(\bar{\boldsymbol{w}})) \tag{8.5}$$

其中

$$P(\bar{\boldsymbol{w}})=\sum_{i=1}^{M}(\bar{\boldsymbol{w}}^{\mathrm{T}}\boldsymbol{E}_{ii}\bar{\boldsymbol{w}}-1)^2+\alpha'\sum_{i=1}^{M-1}\sum_{j=i+1}^{M}(\bar{\boldsymbol{w}}^{\mathrm{T}}\boldsymbol{E}_{ij}\bar{\boldsymbol{w}})^2 \tag{8.6}$$

式中，μ 和 α' 是正常数；P 是惩罚函数；$P(\bar{\boldsymbol{w}})\geqslant 0,\forall\bar{\boldsymbol{w}}$，当且仅当 $\bar{\boldsymbol{w}}$ 属于该约束空间时，$P(\bar{\boldsymbol{w}})=0$。

设 $\{\mu_k\},k=1,2,\cdots$，是一个逐渐趋向于无穷大的序列，以使 $\mu_k\geqslant 0$，且 $\mu_{k+1}\geqslant\mu_k$，而且让 $\bar{\boldsymbol{w}}$ 是 $J(\bar{\boldsymbol{w}},\mu_k)$ 的最小值，其中 $J(\bar{\boldsymbol{w}},\mu_k)=\bar{\boldsymbol{w}}^{\mathrm{T}}\bar{\boldsymbol{R}}\bar{\boldsymbol{w}}+\mu_k P(\bar{\boldsymbol{w}})$。这样，有下列定理。

定理 8.1　序列 $\{\bar{\boldsymbol{w}}_k\}$ 的有限点是式(8.2)的一个解。也就是说，如果 $\bar{\boldsymbol{w}}^*=[\boldsymbol{w}_1^{*\mathrm{T}},\boldsymbol{w}_2^{*\mathrm{T}},\cdots,\boldsymbol{w}_M^{*\mathrm{T}}]$ 是 $\{\bar{\boldsymbol{w}}_k\}$ 的有限点，则向量 $\boldsymbol{w}_i^*,i=1,2,\cdots,M$ 是 $\boldsymbol{R}$ 的正交化的最小特征向量。然而，由于损失函数(8.5)的特殊结构，对任意 $\mu>(\lambda_{\min}/2)$，$J(\bar{\boldsymbol{w}},\mu)$ 的一个极小点是 $\boldsymbol{R}$ 的正交化的最小特征向量的集合(后面证明)。$\boldsymbol{S}$ 的估计问题并不要求估计的特征向量的模值等于 1。

我们可以将式(8.5)中的损失函数重新写为

$$J(\bar{\boldsymbol{w}},\mu)=\sum_{i=1}^{M}\boldsymbol{w}_i^{\mathrm{T}}\boldsymbol{R}\boldsymbol{w}_i+\mu\sum_{i=1}^{M}(\boldsymbol{w}_i^{\mathrm{T}}\boldsymbol{w}_i-1)^2+\alpha\sum_{i=1}^{M-1}\sum_{j=i+1}^{M}(\boldsymbol{w}_i^{\mathrm{T}}\boldsymbol{w}_j)^2 \tag{8.7}$$

其中，$\alpha=\mu\alpha'$。

这里的目标是设计一个反馈神经网络，J 是该网络的能量函数。该网络必须有 MN 个神经元，每个神经元的输出 w_{ij} 表示矩阵 $\boldsymbol{W}$ 的一个元素。每个神经元的激励函数假定是 Sigmoid 非线性，即

$$w_{ij}(t)=f(u_{ij}(t))=\frac{2}{1+\exp(-u_{ij}(t))}-1,\quad i=1,2,\cdots,M;j=1,2,\cdots,N \tag{8.8}$$

其中，$u_{ij}(t)$ 和 $w_{ij}(t)$ 分别是在 t 时刻第 (i,j) 个神经元的输入和输出。

该网络动力学应当是 J 的时间导数为负。对损失函数(8.7)，该时间导数由下式给出，即

$$\frac{\mathrm{d}J}{\mathrm{d}t}=\sum_{i=1}^{M}\sum_{j=1}^{N}\frac{\partial J}{\partial w_{ij}(t)}f'(u_{ij}(t))\frac{\mathrm{d}u_{ij}(t)}{\mathrm{d}t} \tag{8.9}$$

其中，$f'(u)$是$f(u)$针对u的导数。

现在定义第(i,j)个神经元的动力学(更新规则)为

$$\begin{aligned}\frac{\mathrm{d}u_{ij}(t)}{\mathrm{d}t}&=-\frac{\partial J}{\partial w_{ij}(t)}\\&=-2\sum_{k=1}^{N}\boldsymbol{R}_{jk}w_{ik}(k)-4\mu[\boldsymbol{w}_i^{\mathrm{T}}(t)\boldsymbol{w}_i(t)-1]w_{ij}(t)\\&\quad-2\alpha\sum_{\substack{p=1\\p\neq i}}^{M}[\boldsymbol{w}_i^{\mathrm{T}}(t)\boldsymbol{w}_P(t)]w_{pj}(t)\end{aligned} \tag{8.10}$$

其中，输入与输出之间的转换关系由式(8.8)给出。

以向量形式式(8.10)可以表示为

$$\begin{aligned}\frac{\mathrm{d}\boldsymbol{u}_i(t)}{\mathrm{d}t}&=-2\boldsymbol{R}\boldsymbol{w}_i(t)-4\mu[\boldsymbol{w}_i^{\mathrm{T}}(t)\boldsymbol{w}_i(t)-1]\boldsymbol{w}_i(t)\\&\quad-2\alpha\sum_{\substack{p=1\\p\neq i}}^{M}[\boldsymbol{w}_i^{\mathrm{T}}(t)\boldsymbol{w}_p(t)]\boldsymbol{w}_p(t),\quad i=1,2,\cdots,M\end{aligned} \tag{8.11}$$

其中，$\boldsymbol{u}_i(t)=[u_{i1}(t),\cdots,u_{iN}(t)]^{\mathrm{T}}$。

将式(8.10)代入式(8.9)，并且利用$f(u)$是一个单调增函数的事实，可得

$$\frac{\mathrm{d}J}{\mathrm{d}t}<0,\quad 对至少一个\ i\ 和\ j,\frac{\mathrm{d}u_{ij}(t)}{\mathrm{d}t}\neq 0$$

而且

$$\frac{dJ}{dt}=0,\quad 当且仅当对所有\ i\ 和\ j,\frac{\mathrm{d}u_{ij}(t)}{\mathrm{d}t}=0 \tag{8.12}$$

由式(8.10)和式(8.8)定义动力学特征的这一反馈神经网络在J的局部极小处具有稳定的平衡点。相关分析显示，J的每个极小值对应于子空间$\boldsymbol{S}$的一个正交集子集，所有极小点均为全局极小点。

2. 算法分析

算法分析主要是建立J的极小点与$\boldsymbol{S}$的正交集之间的对应性。此外，也导出在系统动力学的数值求解中使用的综合时间步长大小限值。我们这里只给结论性定理，具体的证明见文献[2]。

结合式(8.5)和式(8.6)，可以得到下式，即

$$J(\overline{w},\mu)=\overline{w}^{\mathrm{T}}\overline{\boldsymbol{R}}\,\overline{w}+\mu\sum_{i=1}^{M}(\overline{w}^{\mathrm{T}}\boldsymbol{E}_{ii}\overline{w}-1)^2+\alpha\sum_{i=1}^{M-1}\sum_{j=i+1}^{M}(\overline{w}^{\mathrm{T}}\boldsymbol{E}_{ij}\overline{w})^2 \tag{8.13}$$

假定参数μ和α是选定的适合的值。针对w_k的J的梯度向量和 Hessian 矩阵分

别为

$$\boldsymbol{g}_k(\bar{\boldsymbol{w}}) = 2\boldsymbol{R}\boldsymbol{w}_k + 4\mu(\boldsymbol{w}_k^{\mathrm{T}}\boldsymbol{w}_k - 1)\boldsymbol{w}_k + 2\alpha\sum_{\substack{i=1\\i\neq k}}^{M}\boldsymbol{w}_i\boldsymbol{w}_i^{\mathrm{T}}\boldsymbol{w}_k \tag{8.14}$$

$$\boldsymbol{H}_k(\bar{\boldsymbol{w}}) = 2\boldsymbol{R} + 8\mu\boldsymbol{w}_k\boldsymbol{w}_k^{\mathrm{T}} + 4\mu(\boldsymbol{w}_k^{\mathrm{T}}\boldsymbol{w}_k - 1)\boldsymbol{I}_N + 2\alpha\sum_{\substack{i=1\\i\neq k}}^{M}\boldsymbol{w}_i\boldsymbol{w}_i^{\mathrm{T}} \tag{8.15}$$

如果 $\boldsymbol{g}(\bar{\boldsymbol{w}})$ 和 $\boldsymbol{H}(\bar{\boldsymbol{w}})$ 分别表示 J 对 $\bar{\boldsymbol{w}}$ 的梯度向量和 Hessian 矩阵，则 $\boldsymbol{g}_k(\bar{\boldsymbol{w}})$ 是 $\boldsymbol{g}(\bar{\boldsymbol{w}})$ 的第 k 个向量部分，$\boldsymbol{H}_k(\bar{\boldsymbol{w}})$ 是 $\boldsymbol{H}(\bar{\boldsymbol{w}})$ 的位于 $((k-1)N+1,(k-1)N+1)$ 处的 $N\times N$ 主子空间。

由于使用了 sigmoid 非线性，$\bar{\boldsymbol{w}}$ 所在空间是 NM 维单位超立方体，这里由 $\boldsymbol{T}$ 表示。显然，当且仅当 $\boldsymbol{g}_k(\bar{\boldsymbol{w}})$，$k=1,2,\cdots,M$ 时，$\boldsymbol{g}(\bar{\boldsymbol{w}})=0$。

定理 8.2　$\bar{\boldsymbol{w}}^* = [\boldsymbol{w}_1^{*\mathrm{T}},\boldsymbol{w}_2^{*\mathrm{T}},\cdots,\boldsymbol{w}_M^{*\mathrm{T}}]^{\mathrm{T}}$ 是 J 的一个平衡点，当且仅当 $\boldsymbol{w}_k^*$ 是矩阵 $\boldsymbol{A}=\boldsymbol{R}+\alpha\sum_{i=1}^{M}\boldsymbol{w}_i^*\boldsymbol{w}_i^{*\mathrm{T}}$ 的特征值 α_k（$\alpha_k = 2\mu(1-\beta_k^2)+\alpha\beta_k^2$，对 $k=1,2,\cdots,M$）相应的一个特征向量时，模值为 β_k。

该结论可由式(8.14)直接得到。

定理 8.3　设 $\bar{\boldsymbol{w}}^*$ 是 J 的一个平衡点，则向量 $\boldsymbol{w}_1^*,\boldsymbol{w}_2^*,\cdots,\boldsymbol{w}_M^*$ 是正交的，当且仅当 $\boldsymbol{w}_k^*$ 是 $\boldsymbol{R}$ 的，相应于特征值 $2\mu(1-\beta_k^2)\in\{\lambda_1,\lambda_2,\cdots,\lambda_N\}$（对 $k=1,2,\cdots,M$）的一个特征向量时，模值为 β_k。

这一结论也很容易用式(8.14)得到。

定理 8.2 和定理 8.3 只有在 $D<M\leqslant N$ 成立。

定理 8.4　$\bar{\boldsymbol{w}}^*$ 是 J 的一个全局极小点，当且仅当 $\boldsymbol{w}_1^*,\boldsymbol{w}_2^*,\cdots,\boldsymbol{w}_M^*$ 构成 $\boldsymbol{S}$ 的一个正交基的子集时，这时 $\beta_k^2=1-\lambda_{\min}/(2\mu)$，对 $k=1,2,\cdots,M$。

证明见文献[2]。

对定理 8.4 有如下三个推论，它们给出该定理的一些重要方面。

推论 8.1　μ 的值应当大于 $\lambda_{\min}/2$。

推论 8.2　对给定的 μ 和 α，J 的每个局部极小值也是一个全局最小值。

推论 8.3　J 的极小值是唯一的(除了符号外)，仅当 $D=1$ 时。

定理 8.2 和 8.3 刻画了 J 的所有平衡点，而定理 8.2 给出了一般的特点，定理 8.3建立了向量集正交条件。然而，重要的是定理 8.4 给出的结论，定理 8.4与推论 8.3 一起显示出，足以找到 J 的一个极小值以便得到 $\boldsymbol{S}$ 的一个正交集。由于所有极小值是全局极小值，任意简单的搜索技术，如梯度下降法足以给出正确答案。

从定理 8.4 注意到，所有被估计特征向量的模值是相同的，而且它由 μ 和 $\lambda_{\min}$ 的值决定。μ 的值越高，该模值越接近于 1。根据推论 8.1，要选择 μ，需要 $\boldsymbol{R}$ 的最

小特征值的先验知识。在实践中，$\lambda_{\min}$的先验知识不可能已知，这样建议如下的实际下界，即

$$\mu > \frac{\mathrm{Trace}(\boldsymbol{R})}{2N} \tag{8.16}$$

3. 步长限值的确定

用以描述全贝叶斯神经网络动力学的 NM 个常微分方程(非线性)，系统可由下式给出，即

$$\frac{\mathrm{d}\bar{\boldsymbol{u}}(t)}{\mathrm{d}t} = -\nabla_{\bar{w}} J(\bar{\boldsymbol{w}}(t),\mu) = -2\boldsymbol{B}(t)\bar{\boldsymbol{w}}(t) \tag{8.17}$$

其中

$$\begin{aligned}\boldsymbol{B}(t) = \bar{\boldsymbol{R}} &+ 2\mu\sum_{i=1}^{M}[\bar{\boldsymbol{w}}^{\mathrm{T}}(t)\boldsymbol{E}_{ii}\bar{\boldsymbol{w}}(t)-1]\boldsymbol{E}_{ii} \\ &+ \alpha\sum_{i=1}^{M-1}\sum_{j=i+1}^{M}[\bar{\boldsymbol{w}}^{\mathrm{T}}(t)\boldsymbol{E}_{ij}\bar{\boldsymbol{w}}(t)](\boldsymbol{E}_{ij}+\boldsymbol{E}_{ji})\end{aligned} \tag{8.18}$$

$$\bar{w}_k(t) = f(\bar{u}_k(t)) = \frac{2}{1+\exp(-\bar{u}_k(t))} - 1, \quad k=1,2,\cdots,NM \tag{8.19}$$

其中，$\bar{u}_k(t)=u_{ij}(t)$和$\bar{w}_k(t)=w_{ij}(t)$分别指$\bar{\boldsymbol{u}}(t)$和$\bar{\boldsymbol{w}}(t)$的第 k 个元素，对 $k=(i-1)N+j$ 和$\bar{\boldsymbol{u}}(t)=[\boldsymbol{u}_1^{\mathrm{T}}(t),\cdots,\boldsymbol{u}_M^{\mathrm{T}}(t)]^{\mathrm{T}}$。

为了求解这个系统，需要利用一些数值技术，而且要求选择一个合适的时间步长，即 h 保证收敛到正确的解。下面对该方程的离散系统进行近似分析以便获得 h 的界限。

对于充分小的 h，可以有下列近似，即

$$\frac{\mathrm{d}\bar{\boldsymbol{u}}(t)}{\mathrm{d}t}\Big|_{t=nh} \approx \frac{\bar{\boldsymbol{u}}(n+1)-\bar{\boldsymbol{u}}(n)}{h}$$

其中，n 是离散时间指标。

将上式代入(8.17)，有

$$\bar{\boldsymbol{u}}(n+1) \approx \bar{\boldsymbol{u}}(n) - 2h\boldsymbol{B}(n)\bar{\boldsymbol{w}}(n) \tag{8.20}$$

我们观察到式(8.20)和式(8.19)对步长 h 实施了离散时间梯度下降。由于 J 只有全局最小点，只要 h 足够小，该搜索技术将达到最小点。因此，假定实凑解$\bar{\boldsymbol{w}}(n)$非常接近于期望解，即

$$\bar{\boldsymbol{w}}^* = [\boldsymbol{w}_1^{*\mathrm{T}},\cdots,\boldsymbol{w}_M^{*\mathrm{T}}]^{\mathrm{T}}$$

对 $n>K$，这里 K 是一个足够大的正数。由于 $\boldsymbol{w}_i^{*\mathrm{T}}\boldsymbol{w}_j^* = \beta_i^2\delta_{ij}$ 对所有 $i,j\in\{1,2,\cdots,M\}$，假定向量 $\boldsymbol{w}_i(n)$，$i=1,2,\cdots,M$(构成实凑解 $\bar{\boldsymbol{w}}(n)$)是近似正交的，以及每个模值在 β_i 处(对 $n>K$)近似是常数。使用式(8.20)中的近似，可以得到下式，即

$$\bar{\boldsymbol{u}}(n+1) \approx \bar{\boldsymbol{u}}(n) - 2h\boldsymbol{B}\bar{\boldsymbol{w}}(n), \quad n>K \tag{8.21}$$

其中，$\boldsymbol{B}=\bar{\boldsymbol{R}}+2\mu\sum_{i=1}^{M}(\beta_i^2-1)\boldsymbol{E}_{ii}$。

现在 $u=0$ 周围对 $f(u)$ 写泰勒级数展开式，而且忽略 5 次项，可以获得下式，即

$$w=f(u)\approx\frac{u}{2}-\frac{u^3}{24} \tag{8.22}$$

将式(8.22)代入式(8.21)有

$$\bar{\boldsymbol{u}}(n+1)\approx\boldsymbol{C}\bar{\boldsymbol{u}}(n)+\frac{h}{12}\boldsymbol{B}\tilde{\boldsymbol{u}}(n) \tag{8.23}$$

其中，$\boldsymbol{C}=\boldsymbol{I}_{NM}-h\boldsymbol{B}$；$\tilde{\boldsymbol{u}}(n)$ 中第 k 个元素 $\tilde{u}_k(n)=u_k^3(n)$。

从 n 到 K 迭代式(8.23)，可以得到下式，即

$$\bar{\boldsymbol{u}}(n)\approx\boldsymbol{C}^{n-K}\bar{\boldsymbol{u}}(K)+\sum_{i=0}^{n-1-K}\frac{h}{12}\boldsymbol{C}^i\boldsymbol{B}\tilde{\boldsymbol{u}}(n-1-i) \tag{8.24}$$

定义两个大小为 $NM\times NM$ 的块对角矩阵 $\bar{\boldsymbol{Q}}$ 和 $\bar{\boldsymbol{\Lambda}}$，即

$$\bar{\boldsymbol{Q}}=b\text{diag}[\boldsymbol{Q},\boldsymbol{Q},\cdots,\boldsymbol{Q}],\quad \bar{\boldsymbol{\Lambda}}=b\text{diag}[\boldsymbol{\Lambda},\boldsymbol{\Lambda},\cdots,\boldsymbol{\Lambda}] \tag{8.25}$$

其中，$\boldsymbol{Q}=[\boldsymbol{q}_1,\boldsymbol{q}_2,\cdots,\boldsymbol{q}_N]$；$\boldsymbol{\Lambda}=\text{diag}[\lambda_1,\lambda_2,\cdots,\lambda_N]$。从式(8.3)和式(8.25)，$\bar{\boldsymbol{R}}$ 的 EVD 为

$$\boldsymbol{R}=\bar{\boldsymbol{Q}}\boldsymbol{\Lambda}\bar{\boldsymbol{Q}}^{\text{T}}=\sum_{k=1}^{M}\sum_{j=1}^{N}\gamma_{kj}\,\boldsymbol{a}_{kj}\,\boldsymbol{a}_{kj}^{\text{T}} \tag{8.26}$$

其中，$\gamma_{kj}=\lambda_j$；$\boldsymbol{a}_{kj}=[\boldsymbol{0}^{\text{T}},\cdots,\boldsymbol{0}^{\text{T}},\boldsymbol{q}_j^{\text{T}},\boldsymbol{0}^{\text{T}},\cdots,\boldsymbol{0}^{\text{T}}]^{\text{T}}$，$\boldsymbol{q}_j$ 在 $NM\times 1$ 向量 $\boldsymbol{a}_{kj}$ 中占据第 k 个 N 维向量段。

将式(8.26)代入式(8.24)，可以得到下式，即

$$\begin{aligned}\bar{\boldsymbol{u}}(n)\approx&\sum_{k=1}^{M}\sum_{j=1}^{N}\{1-h[\gamma_{kj}-2\mu(1-\beta_k^2)]\}^{n-K}\boldsymbol{a}_{kj}\,\boldsymbol{a}_{kj}^{\text{T}}\bar{\boldsymbol{u}}(K)\\&+\sum_{i=0}^{n-1-K}\sum_{k=1}^{M}\sum_{j=1}^{N}\frac{h}{12}\{1-h[\gamma_{kj}-2\mu(1-\beta_k^2)]\}^i[\gamma_{kj}-2\mu(1-\beta_k^2)]\\&\times\boldsymbol{a}_{kj}\,\boldsymbol{a}_{kj}^{\text{T}}\tilde{\boldsymbol{u}}(n-1-i)\end{aligned} \tag{8.27}$$

为了 $\bar{\boldsymbol{u}}(n)$ 的收敛，必须有

$$|1-h[\gamma_{kj}-2\mu(1-\beta_k^2)]|\leqslant 1,\quad k=1,2,\cdots,M;j=1,2,\cdots,N \tag{8.28}$$

从前面知道，算法收敛到的 J 的最小值是 $\boldsymbol{R}$ 的最小特征向量集，而且并没有任何有关 $\boldsymbol{R}$ 特征值的先验知识，可以精确选择 h 的值。考虑这些及特征值的顺序，可得如下 h 的条件(对每个 $k=1,2,\cdots,M$)，即

$$1-h[\gamma_{kj}-2\mu(1-\beta_k^2)]=1,\quad j=P+1,2,\cdots,N \tag{8.29}$$

$$|1-h[\gamma_{kj}-2\mu(1-\beta_k^2)]|<1,\quad j=1,2,\cdots,P \tag{8.30}$$

这导致

$$\lambda_{\min}=2\mu(1-\beta_k^2),\quad k=1,2,\cdots,M \tag{8.31}$$

$$0<h<\frac{2}{\gamma_{kj}-\lambda_{\min}},\quad k=1,2,\cdots,M;j=1,2,\cdots,P \tag{8.32}$$

为了获得一个对式(8.32)中所有 k 和 j 均满足的单一上限，用 $\lambda_{\max}(=\lambda_1)$ 代替 γ_{kj}，有

$$0<h<\frac{2}{\lambda_{\max}-\lambda_{\min}} \tag{8.33}$$

因预先不知 $\boldsymbol{R}$ 的特征值，对 h 的实际限值可由下式给出，即

$$0<h<\frac{2}{\mathrm{Trace}(\boldsymbol{R})} \tag{8.34}$$

回想得出式(8.22)结果时，泰勒级数展开式在 4 阶处截断，若包括这些高阶项将会得到式(8.22)的精确项。所有这些精确项与第二项具有相同的形式，显然这些较高项并不以任何方式影响式(8.33)的最后结果。

8.2.2 Xu-Oja MCA 算法

在 Mathew 等提出的网络算法中，神经元使用 Sigmoid 激励函数，该网络是问题依赖的，即神经元的数目等于特征向量的维数。此外，为了选择合适的惩罚函数，有必要估计相关矩阵的迹。下面讨论由线性神经元构造的特征提取网络。

在构造一个神经网络时，最简单的是使用线性神经元。人们常常认为线性神经元是无用的，因为在线性网络中仅线性函数可计算，而一个由多层线性神经元构成的网络总可以以合适的方式通过权的相乘而压缩成没有隐层的线性网络，相反线性神经元具有非常重要的优点。芬兰学者 Oja[25] 发现在一个简单的线性神经元中使用一个非监督约束 Hebbian 学习规则可以从稳定的输入数据中提取主成分。众所周知，非线性神经网络常常受到损失函数的局部极小值问题的困扰。相反，线性网络具有简单的且有意义的损失前景：通常在自联想模式中线性反馈神经网络的损失函数有一个全局最小点对应于由第一个主成分向量构成的子空间投影，而所有其他的临界点都是鞍点。

考虑一个具有下列输入和输出关系的线性神经元，即

$$y(t)=\boldsymbol{W}^{\mathrm{T}}(t)\boldsymbol{X}(t),\quad t=0,1,2,\cdots$$

其中，$y(t)$ 是神经元的输出；输入序列 $\{\boldsymbol{X}(t)\,|\,\boldsymbol{X}(t)\in\boldsymbol{R}^n(t=0,1,2,\cdots)\}$ 是一个零均值稳定的随机过程；$\boldsymbol{W}(t)\in\boldsymbol{R}^n(t=0,1,2,\cdots)$ 是神经元的权向量。

设 $\boldsymbol{R}=E[\boldsymbol{X}(t)\boldsymbol{X}^{\mathrm{T}}(t)]$ 是输入序列 $\boldsymbol{X}(t)$ 的自相关矩阵，λ_i 和 $\boldsymbol{v}_i(i=1,2,\cdots,N)$ 分别为矩阵 $\boldsymbol{R}$ 的相对应的特征值和正交特征向量，令正交特征向量 $\boldsymbol{v}_1,\boldsymbol{v}_2,\cdots,\boldsymbol{v}_N$ 相应的特征值按照非下降的顺序排列 $0<\lambda_1\leqslant\lambda_2\leqslant\cdots\leqslant\lambda_N$。

1992 年，Oja 提出一个由非监督的约束 Hebbian 规则训练的线性核可以从输入数据序列中抽取主成分[4]。同年，通过逆转学习规则中的符号，改变 Oja 主成分

分析(principal components analysis,PCA)学习算法成为一个约束反 Hebbian 规则,Xu 等提出如下算法从输入数据序列中抽取次成分[5],即

$$\boldsymbol{w}(t+1)=\boldsymbol{w}(t)-\eta(t)y(t)[\boldsymbol{x}(t)-y(t)\boldsymbol{w}(t)] \tag{8.35}$$

其中,$\eta(t)$是正的学习因子,控制算法的稳定性和收敛速度。

上述算式的明确规范化式子[5]为

$$\boldsymbol{w}(t+1)=\boldsymbol{w}(t)-\eta(t)y(t)\left[\boldsymbol{x}(t)-\frac{y(t)\boldsymbol{w}(t)}{\boldsymbol{w}^{\mathrm{T}}(t)\boldsymbol{w}(t)}\right] \tag{8.36}$$

在某些假设下,应用随机近似理论,相应的平均微分方程可以写为

$$\frac{\mathrm{d}\boldsymbol{w}(t)}{\mathrm{d}t}=-\boldsymbol{R}\boldsymbol{w}(t)+[\boldsymbol{w}^{\mathrm{T}}(t)\boldsymbol{R}\boldsymbol{w}(t)]\boldsymbol{w}(t) \tag{8.37}$$

$$\frac{\mathrm{d}\boldsymbol{w}(t)}{\mathrm{d}t}=-\boldsymbol{R}\boldsymbol{w}(t)+\frac{\boldsymbol{w}^{\mathrm{T}}(t)\boldsymbol{R}\boldsymbol{w}(t)}{\boldsymbol{w}^{\mathrm{T}}(t)\boldsymbol{w}(t)}\boldsymbol{w}(t) \tag{8.38}$$

式(8.35)和式(8.36)中 $\boldsymbol{w}(t)$的解分别趋向于式(8.37)和式(8.38)的渐近稳定的点。

下面给出相关的定理。

定理 8.5(渐近稳定性)　设 $\boldsymbol{R}$ 是半正定的,具有单个最小特征值 λ_n 和相应的单位特征向量$\boldsymbol{z}_n$。如果 $\boldsymbol{w}(0)\boldsymbol{z}_n\neq 0$,则

① 对式(8.37),$\boldsymbol{w}(t)$渐近平行于$\boldsymbol{z}_n$。

② 在特殊情况 $\lambda_n=0$,有$\lim\limits_{t\to\infty}\boldsymbol{w}(t)=\boldsymbol{w}^{\mathrm{T}}(0)\boldsymbol{z}_n\boldsymbol{z}_n$。

③ 对式(8.38),有$\lim\limits_{t\to\infty}\boldsymbol{w}(t)=\pm\boldsymbol{z}_n$ 和$\lim\limits_{t\to\infty}\boldsymbol{w}^{\mathrm{T}}(t)\boldsymbol{R}\boldsymbol{w}(t)=\lambda_n$。

除此之外,类似的算法还有 Luo 算法[7,8]、Oja+算法[4]、Chen 算法[14]等。

8.2.3　MCA EXIN 算法

1998～2002 年,意大利学者 Cirrincione 等对该领域的一些主要 MCA 算法如 Oja、OJAn、Oja+、Luo、Feng 等的动力学系统进行了深入研究[15],基于输入数据向量的自相关矩阵瑞利商的梯度流,提出 MCA EXIN 算法。输入向量 $\boldsymbol{x}$ 被假定是由各态历经的信息源产生,输入序列是一个由 $p(\boldsymbol{x})$控制的独立随机过程。根据随机学习规律,权向量 $\boldsymbol{w}$ 在随机方向改变,与输入 $\boldsymbol{x}$ 不相关。平均损失函数可以定义为

$$E[J]=r(\boldsymbol{w},\boldsymbol{R})=\frac{\boldsymbol{w}^{\mathrm{T}}\boldsymbol{R}\boldsymbol{w}}{\boldsymbol{w}^{\mathrm{T}}\boldsymbol{w}}=\frac{E[y^2]}{\|\boldsymbol{w}\|_2^2} \tag{8.39}$$

其中,$y=\boldsymbol{w}^{\mathrm{T}}\boldsymbol{x}$;$E[J]$的梯度流为

$$\begin{aligned}\frac{\mathrm{d}\boldsymbol{w}(t)}{\mathrm{d}t}&=-\frac{1}{\|\boldsymbol{w}(t)\|_2^2}\left[\boldsymbol{R}-\frac{\boldsymbol{w}^{\mathrm{T}}(t)\boldsymbol{R}\boldsymbol{w}(t)}{\|\boldsymbol{w}(t)\|_2^2}\boldsymbol{I}\right]\boldsymbol{w}(t)\\&=-\frac{1}{\|\boldsymbol{w}(t)\|_2^2}[\boldsymbol{R}-r(\boldsymbol{w},\boldsymbol{R})\boldsymbol{I}]\boldsymbol{w}\end{aligned} \tag{8.40}$$

上式是如下连续时间常微分方程的平均形式，即

$$\frac{\mathrm{d}\boldsymbol{w}(t)}{\mathrm{d}t}=-\frac{1}{\|\boldsymbol{w}(t)\|_2^2}\left[\boldsymbol{x}(t)\boldsymbol{x}^{\mathrm{T}}(t)-\frac{\boldsymbol{w}^{\mathrm{T}}(t)\boldsymbol{x}(t)\boldsymbol{x}^{\mathrm{T}}(t)\boldsymbol{w}(t)}{\|\boldsymbol{w}(t)\|_2^2}\right]\boldsymbol{w}(t) \tag{8.41}$$

离散化后，可以给出如下的 MCA EXIN 非线性随机学习规律，即

$$\boldsymbol{w}(t+1)=\boldsymbol{w}(t)-\frac{\alpha(t)y(t)}{\|\boldsymbol{w}(t)\|_2^2}\left[\boldsymbol{x}(t)-\frac{y(t)\boldsymbol{w}(t)}{\|\boldsymbol{w}(t)\|_2^2}\right] \tag{8.42}$$

其中，$\alpha(t)$是学习因子，控制算法的稳定性和收敛速度。

瞬时损失函数为

$$J=\frac{\boldsymbol{w}^{\mathrm{T}}\boldsymbol{x}\boldsymbol{x}^{\mathrm{T}}\boldsymbol{w}}{\boldsymbol{w}^{\mathrm{T}}\boldsymbol{w}}=\frac{y^2}{\|\boldsymbol{w}\|_2^2} \tag{8.43}$$

根据随机近似理论，如果一些条件满足，式(8.40)可有效地表示式(8.42)，即它们的渐近轨迹以大概率接近，最终 MCA EXIN 的解以概率 1 趋向于该方程的渐近稳定解。

下面给出相关的定理。

定理 8.6(渐近稳定性) 设$\boldsymbol{R}$是输入数据的 $n\times n$ 自相关矩阵，具有特征值$0\leqslant\lambda_n\leqslant\lambda_{n-1}\leqslant\cdots\leqslant\lambda_1$ 和相应的正交特征向量$\boldsymbol{z}_n,\boldsymbol{z}_{n-1},\cdots,\boldsymbol{z}_1$。如果 $\boldsymbol{w}(0)$满足 $\boldsymbol{w}^{\mathrm{T}}(0)\boldsymbol{z}_n\neq 0$，而且 λ_n是单一的，则在常微分方程近似的有效界限内，对 MCA EXIN 算法而言，下列关系成立，即

$$\boldsymbol{w}(t)\to\pm\|\boldsymbol{w}(0)\|_2\,\boldsymbol{z}_n,\quad \boldsymbol{w}(t)\to\infty \tag{8.44}$$

$$\|\boldsymbol{w}(t)\|_2^2\approx\|\boldsymbol{w}(0)\|_2^2,\quad t>0 \tag{8.45}$$

显然，式(8.45)仅仅是在该学习算法时间进化的起始部分近似有效，即接近次成分过程时有效[15]。该算法的时间常数反比于$(\lambda_{n-1}-\lambda_n)$，特征值分得较开时给出较快的响应。

文献[15]对 MCA EXIN 算法的性能从连续时间系统、离散时间系统、突然发散、动态发散和数值发散等角度进行了全面系统的分析，可以认为在当时该算法从稳定性(有限时间发散)、速度、精度等方面来看是最好的 MCA 核。可以明显看出，MCA EXIN 核的模值有可能收敛到无穷大，即算法不是自稳定的算法。

8.2.4 MCA 自稳定算法

文献[15]分析了现有 MCA 线性神经元网络算法，根据特征向量估计值模值随时间进化的变化规律，可以将该类算法分为两类。第一类算法，如 OJAn、Luo、EXIN 等，在平衡点权向量的长度是不确定的。在微分方程的精确解中，权向量长度不会偏离其初始值；当使用一个数值程序时，这些算法会面临权向量长度的突然发散的问题。第二类算法，如 Doug、Chen、OJA+、Feng 等，权向量的长度收敛到一个固定的值，其中有些算法权向量长度收敛到一个固定值(通常是 1)独立于输

入数据向量的值。无论输入数据向量、初始权向量长度大于 1、小于 1 或等于 1，算法网络权向量的长度逐渐收敛到 1。Doug、Möller、Chen 等算法似乎是严格自稳定的，而 OJA+、Xu 等算法在平衡点附近显示了这种特性。所有缺乏自稳定特性的算法都可能存在权向量长度的潜在的波动或发散。文献[16]在文献[15]的基础上，对 MCA 线性神经元网络算法的自稳定特性进行了深入研究，并提出 Möller 自稳定算法。文献[17]～[21]分别提出一些自稳定 MCA 算法，并采用不同的方法研究各自算法的性能。

下面讨论 Möller 算法，对该算法的收敛性、自稳定特性进行简要分析。文献[16]提出的 Möller 算法的平均微分方程形式为

$$\frac{\mathrm{d}\boldsymbol{w}}{\mathrm{d}t}=-(2\boldsymbol{w}^{\mathrm{T}}\boldsymbol{w}-1)\boldsymbol{R}\boldsymbol{w}+(\boldsymbol{w}^{\mathrm{T}}\boldsymbol{R}\boldsymbol{w})\boldsymbol{w} \tag{8.46}$$

相应算法的随机离散形式为

$$\boldsymbol{w}(t+1)=\boldsymbol{w}(t)-[2\boldsymbol{w}^{\mathrm{T}}(t)\boldsymbol{w}(t)-1]y(t)\boldsymbol{x}(t)+y^2(t)\boldsymbol{x}(t) \tag{8.47}$$

从式(8.46)可以获得该算法的平衡点，即

$$\boldsymbol{R}\bar{\boldsymbol{w}}=\bar{\lambda}\bar{\boldsymbol{w}},\text{且 }\bar{\lambda}=\frac{\bar{\boldsymbol{w}}^{\mathrm{T}}\boldsymbol{R}\bar{\boldsymbol{w}}}{2\,\bar{\boldsymbol{w}}^{\mathrm{T}}\bar{\boldsymbol{w}}-1} \tag{8.48}$$

这样 $\bar{\boldsymbol{w}}=0$ 或者 $\bar{\boldsymbol{w}}$ 是 $\boldsymbol{R}$ 的一个特征向量。结合上面两个方程式，如果 $\bar{\boldsymbol{w}}$ 是 $\boldsymbol{R}$ 的一个特征向量，可以得到 $\bar{\boldsymbol{w}}^{\mathrm{T}}\bar{\boldsymbol{w}}=1$，则式(8.46)在 $\boldsymbol{R}$ 的单位长度特征向量上有平衡点。式(8.46)的 Jacobian $\boldsymbol{J}(\boldsymbol{w})=\partial\dot{\boldsymbol{w}}/\partial\boldsymbol{w}$ 为

$$\boldsymbol{J}(\boldsymbol{w})=-4\boldsymbol{R}\boldsymbol{w}\boldsymbol{w}^{\mathrm{T}}-2\boldsymbol{w}^{\mathrm{T}}\boldsymbol{w}\boldsymbol{R}+\boldsymbol{R}+(\boldsymbol{w}^{\mathrm{T}}\boldsymbol{R}\boldsymbol{w})\boldsymbol{I}+2\boldsymbol{w}\boldsymbol{w}^{\mathrm{T}}\boldsymbol{R} \tag{8.49}$$

在所有特征向量平衡点中，可以得到下式，即

$$\boldsymbol{J}(\bar{\boldsymbol{w}})=-\boldsymbol{R}+\bar{\lambda}\boldsymbol{I}-2\bar{\lambda}\,\bar{\boldsymbol{w}}\,\bar{\boldsymbol{w}}^{\mathrm{T}} \tag{8.50}$$

$\boldsymbol{J}$ 与 $\boldsymbol{J}^*=\boldsymbol{W}^{\mathrm{T}}\boldsymbol{J}\boldsymbol{W}$ 具有相同的特征值，其中 $\boldsymbol{W}$ 是正交的 $n\times n$ 矩阵，列中含有 $\boldsymbol{R}$ 的所有特征向量。

对于 $\bar{\lambda}=\lambda_1$，可以获得下式，即

$$\boldsymbol{J}^*=-\bar{\boldsymbol{\Lambda}}+\lambda_1\boldsymbol{I}-2\lambda_1\boldsymbol{e}_1\boldsymbol{e}_1^{\mathrm{T}} \tag{8.51}$$

对角 $n\times n$ 矩阵 $\bar{\boldsymbol{\Lambda}}$ 含有 $\boldsymbol{R}$ 的所有特征值，而且 $\boldsymbol{e}_1=(1,0,\cdots,0)^{\mathrm{T}}$。$\boldsymbol{J}^*$ 的特征向量可以通过下式决定，即

$$\det(\boldsymbol{J}^*-\alpha\boldsymbol{I})=(-2\lambda_1-\alpha)\prod_{j=2}^{n}(-\lambda_j+\lambda_1-\alpha)=0 \tag{8.52}$$

这会产生一个特征值 $\alpha_1=-2\lambda_1<0$，而且一个 MCA 条件 $\alpha_j=-\lambda_j+\lambda_1<0$，即 $\lambda_1<\lambda_j,j=2,3,\cdots,n$。只有 MCA 条件得到满足的那些平衡点是吸引子，所有别的是排斥子或鞍点。对剩余的平衡点 $\bar{\boldsymbol{w}}=0$，可以获得 $\boldsymbol{J}(\bar{\boldsymbol{w}})=\boldsymbol{R}$ 和 $\boldsymbol{J}^*(\bar{\boldsymbol{w}})=\bar{\boldsymbol{\Lambda}}$。如果至少 $\boldsymbol{R}$ 的一个特征值是严格正的，这个平衡点是不稳定的。这样可以得出结论，该算法收敛到对应于最小特征值 λ_1 的最小特征向量 $\bar{\boldsymbol{w}}=\boldsymbol{w}_1$。

8.2.5 正交 MCA 算法

对于实际应用而言，通常期望 MCA 或次子空间跟踪算法具有较低的计算复杂度，用大规模集成电路技术容易实现。除此之外，还期望具有小的估计误差和子空间向量之间具有良好的正交性。我们可以根据计算复杂度分类子空间跟踪算法。估计关心子空间的直接方法是对偏差矩阵直接使用 SVD，这需要计算复杂度 $O(n^3)$；设计 p 为被提取子空间的维数，这里 p 远小于 n，则需要 $O(n^2p)$或 $O(n^2)$ 的算法称为高复杂度算法，需要 $O(np^2)$的算法称为中复杂度算法，需要 $O(np)$的算法称为低复杂度算法。从实时应用的角度来看，最后一类是最重要的。这类算法在许多文献中称为快速子空间跟踪算法。有关高和中复杂度算法的综述见文献[31]，这里重点讨论快速子空间跟踪算法。

最初，文献[4]提出一种用于进行 MCA 分析的 OJA 算法，但是该算法在次子空间跟踪方面是发散的。为了克服这种不稳定发散，规范化的正交 OJA 算法[25,26]被提出来，该算法强行在每步迭代中使估计向量正交，这虽然改进了不稳定特性，但是算法是不鲁棒的，会由于舍去误差的积累而慢慢偏离正交。为了实现子空间向量之间的正交性，可变部件模型(deformable part model，DPM)算法[28]直接使用格林-施密特正交化，这样导致算法的复杂度为 $O(np^2)$。快速基于瑞利商子空间跟踪算法[29]没有采用直接的格林-施密特正交化，而是结合 DPM 和逆平方根技术，其计算复杂度只有 $O(3np)$；然而，该算法存在数值不稳定缺陷，随着计算误差的累计很快从正交性发散开来。后来，有人利用 Householder 变换改进算法来克服其数值不稳定性[30]，具有计算复杂度 $O(4np)$，在数值稳定特性上有所改进，然而仍然存在数值不稳定风险，随着时间缓慢偏离正交性。近年来，出现多个性能良好的快速次子空间跟踪算法[31-34]，如快速正交 OJA 算法，其计算复杂度为 $O(7np)$；快速可变部件模型算法(fast DPM，FDPM)，其计算复杂度为 $O(6np)$等。

下面以 FDPM 算法为例，简要讨论该类算法的推导过程及性能。

引理 8.1 设 $\boldsymbol{R}$ 是大小为 N 的对称的非负定矩阵，定义 $\lambda_1\geqslant\cdots\geqslant\lambda_L>\lambda_{L+1}\geqslant\cdots\geqslant\lambda_N\geqslant 0$ 是它的奇异值，$\boldsymbol{u}_1,\boldsymbol{u}_2,\cdots,\boldsymbol{u}_N$ 是相应的奇异向量。考虑由下式迭代定义的维数为 $N\times L$ 的矩阵$\{\boldsymbol{U}_n\}$序列，即

$$\boldsymbol{U}_n=\mathrm{orthnorm}\{\boldsymbol{R}\boldsymbol{U}_{n-1}\},\quad n=1,2,\cdots \tag{8.53}$$

其中，orthnorm 代表使用 QR 分解或者改进的格林-施米特正交化，则

$$\lim_{n\to\infty}\boldsymbol{U}_n=[\boldsymbol{u}_1\cdots\boldsymbol{u}_L] \tag{8.54}$$

这里假设矩阵$\boldsymbol{U}_0^t=[\boldsymbol{u}_1\cdots\boldsymbol{u}_L]$是非奇异的。

需要注意以下两点。

① 为了使上述正交迭代收敛，必须 $\lambda_L>\lambda_{L+1}$。如果 L 个最大的奇异值中有一些值相等，则相应的奇异向量不唯一。在这种情况下，正交迭代收敛到相应子空间

的一个基。

② 如果不用 QR 分解或者格林-施米特正交化，使用其他正交化程序，序列 $\{\boldsymbol{U}_n\}$ 收敛到由前 L 个奇异向量张成的子空间中的一个正交基。

下面提出两个可以自适应实施的正交迭代，即

$$\boldsymbol{U}_n=\text{orthnorm}\{(\boldsymbol{I}_N+\mu\boldsymbol{R})\boldsymbol{U}_{n-1}\},\quad n=1,2,\cdots \tag{8.55}$$

$$\boldsymbol{U}_n=\text{orthnorm}\{(\boldsymbol{I}_N-\mu\boldsymbol{R})\boldsymbol{U}_{n-1}\},\quad n=1,2,\cdots \tag{8.56}$$

其中，$\mu>0$ 是一个小的步长标量参数。

上述两式只是 μ 前的符号不同。值得注意的是，$\boldsymbol{I}_N\pm\mu\boldsymbol{R}$ 与 $\boldsymbol{R}$ 具有相同的奇异向量，而奇异值是 $1\pm\mu\lambda_i$。对于"+"情形，因为 $\mu>0$，特征值与原来 λ_i 具有相同的顺序。这样式(8.55)将收敛到相应于 L 个最大奇异值的奇异向量。对于"−"情形，对足够小的 μ(使矩阵是非负定的)，特征值排列顺序与原来的 λ_i 正好相反。这样式(8.56)收敛到相应于 L 个最小的奇异值的 $\boldsymbol{R}$ 子空间。

当矩阵 $\boldsymbol{R}$ 未知时，顺序获取数据向量序列 $\{\boldsymbol{y}_n\}$，以自适应估计 $\boldsymbol{R}_n$(满足 $E[\boldsymbol{R}_n]=\boldsymbol{R}$)代替式(8.55)和式(8.56)中的 $\boldsymbol{R}$，这样可导出自适应正交迭代算法，即

$$\boldsymbol{U}_n=\text{orthnorm}\{(\boldsymbol{I}_N\pm\mu\boldsymbol{R}_n)\boldsymbol{U}_{n-1}\},\quad n=1,2,\cdots \tag{8.57}$$

其中，"−"产生次子空间估计。

选择不同的 $\boldsymbol{R}_n$，可以获得不同的子空间跟踪算法。

选用偏差矩阵的瞬时估计 $\boldsymbol{R}_n=\boldsymbol{y}_n\boldsymbol{y}_n^{\mathrm{T}}$，可以导出 DPM，即

$$\begin{cases}\boldsymbol{r}_n=\boldsymbol{U}_{n-1}^t\boldsymbol{y}_n\\ \boldsymbol{T}_n=\boldsymbol{U}_{n-1}\pm\mu\,\boldsymbol{y}_n\boldsymbol{r}_n^t\\ \boldsymbol{U}_n=\text{orthnorm}\{\boldsymbol{T}_n\}\end{cases} \tag{8.58}$$

DPM 使用格林-施米特正交化，因此其计算复杂度为 $O(nL^2)$。以上述算法为基础，采用不同的更加快速的正交化程序替代格林-施米特正交化程序可以得到多个不同的快速算法。

定义

$$\boldsymbol{Z}_n=\boldsymbol{T}_n\boldsymbol{H}_n=(\boldsymbol{I}_N\pm\mu\,\boldsymbol{y}_n\boldsymbol{y}_n^t)\boldsymbol{U}_{n-1}\boldsymbol{H}_n \tag{8.59}$$

其中，矩阵 $\boldsymbol{H}_n$ 负责执行正交化。

要求矩阵 $\boldsymbol{Z}_n$ 是直交的(orthogonal)，接着对 $\boldsymbol{Z}_n$ 的各列进行标准化处理，该操作需要 $O(NL)$ 运算，确保总的计算复杂度不大。

取内积

$$\boldsymbol{Z}_n^t\boldsymbol{Z}_n=\boldsymbol{H}_n^t(\boldsymbol{U}_{n-1}^t\boldsymbol{U}_{n-1}+\delta_n\boldsymbol{r}_n\boldsymbol{r}_n^t)\boldsymbol{H}_n \tag{8.60}$$

其中，$\delta_n=(\pm2\mu+\mu^2\ \|\boldsymbol{y}_n\|^2)$。

如果假设 $\boldsymbol{U}_{n-1}$ 是标准正交的，则式(8.60)具有如下形式，即

$$\boldsymbol{Z}_n^t\boldsymbol{Z}_n=\boldsymbol{H}_n^t(\boldsymbol{I}_L+\delta_n\boldsymbol{r}_n\boldsymbol{r}_n^t)\boldsymbol{H}_n \tag{8.61}$$

如果$\boldsymbol{H}_n$是一个正交矩阵，其第一列为向量$\boldsymbol{r}_n/\|\boldsymbol{r}_n\|$（其余的$L-1$列向量与$\boldsymbol{r}_n$是直交的），则式(8.61)变成下列对角矩阵，即

$$\boldsymbol{Z}_n^t\boldsymbol{Z}_n=\boldsymbol{I}_L+\delta_n\|\boldsymbol{r}_n\|^2\boldsymbol{e}_1\boldsymbol{e}_1^t \tag{8.62}$$

其中，$\boldsymbol{e}_1=[1,0,\cdots,0]^t$。

幸运的是，存在一个非常知名的且在数值分析中广泛使用的矩阵，满足$\boldsymbol{H}_n$的期望的特性。这里称为 Householder Reflector 矩阵，其定义为

$$\boldsymbol{a}_n=\boldsymbol{r}_n-\|\boldsymbol{r}_n\|\boldsymbol{e}_1 \tag{8.63}$$

$$\boldsymbol{H}_n=\boldsymbol{I}_L-\frac{2}{\|\boldsymbol{a}_n\|^2}\boldsymbol{a}_n\boldsymbol{a}_n^t \tag{8.64}$$

这样可以得到完整的 FDPM 自适应算法。

① 初始化。正交化矩阵$\boldsymbol{U}_0$，从前一时刻可得数据$\boldsymbol{U}_{n-1}$，新数据$\boldsymbol{y}_n$。

② 应用。

第一，计算μ从$\mu=\bar{\mu}/\|\boldsymbol{y}_n\|^2$，$\bar{\mu}$接近 1。

第二，$\boldsymbol{r}_n=\boldsymbol{U}_{n-1}^t\boldsymbol{y}_n$。

第三，$\boldsymbol{T}_n=\boldsymbol{U}_{n-1}\pm\mu\boldsymbol{y}_n\boldsymbol{r}_n^t$，“$-$”用于噪声子空间。

如果子空间阶$L>1$。

第四，$\boldsymbol{a}_n=\boldsymbol{r}_n-\|\boldsymbol{r}_n\|\boldsymbol{e}_1$。

第五，$\boldsymbol{Z}_n=\boldsymbol{T}_n-\dfrac{2}{\|\boldsymbol{a}_n\|^2}[\boldsymbol{T}_n\boldsymbol{a}_n]\boldsymbol{a}_n^t$。

第六，$\boldsymbol{U}_n=\text{normalize}\{\boldsymbol{Z}_n\}$

如果子空间阶$L=1$。

第七，$\boldsymbol{U}_n=\dfrac{\boldsymbol{T}_n}{\|\boldsymbol{T}_n\|}$。

FDPM 算法结构简单，只有一个参数如步长大小需要指定；通过改变μ前面的符号，算法可以在信号子空间和噪声子空间互换；该算法是鲁棒的，没有计算累积误差效应；算法是稳定的，即使初始为一个非正交矩阵算法最终会收敛到一个正交矩阵；算法针对正交化具有高的收敛率，在所有计算复杂度为$O(NL)$的算法中收敛是最快的；算法的缺点是计算复杂度为$O(6np)$，在同类中较高，没有达到最小的$O(3np)$。

8.3 一种自稳定的次成分分析算法

如前所述，基于神经网络的 MCA 方法是领域主流方法，自稳定特性是算法可靠运行的一个必备特性。我们深入研究了神经网络 MCA 方法及其自稳定特性，提出多种次成分提取或次子空间跟踪算法[17,19,20,35,36]，算法性能在同类自稳定算

法中最优。下面以文献[19]为例对该类算法简要介绍。

考虑一个具有下列输入输出关系的线性核 $y(t)=\boldsymbol{w}^{\mathrm{T}}(t)\boldsymbol{x}(t)$，$t=0,1,2,\cdots$，这里 $y(t)$ 是核的输出，输入序列 $\{\boldsymbol{x}(t)\mid\boldsymbol{x}(t)\in\Re^n(t=0,1,2,\cdots)\}$ 是一个零均值的随机过程，$\boldsymbol{w}(t)\in\Re^n(t=0,1,2,\cdots)$ 是核的权向量。MCA 的目标是通过自动更新权向量 $\boldsymbol{w}(t)$ 从输入数据中抽取次成分。在该部分，基于 OJA+算法，我们增加一个惩罚项 $[1-\|\boldsymbol{w}(t)\|^{2+\alpha}]\boldsymbol{R}\boldsymbol{w}$ 对 OJA+算法，提出如下 MCA 算法，即

$$\dot{\boldsymbol{w}}=-\|\boldsymbol{w}\|^{2+\alpha}\boldsymbol{R}\boldsymbol{w}+(\boldsymbol{w}^{\mathrm{T}}\boldsymbol{R}\boldsymbol{w}+1-\boldsymbol{w}^{\mathrm{T}}\boldsymbol{w})\boldsymbol{w}$$

其中，$\boldsymbol{R}=E[\boldsymbol{x}(t)\boldsymbol{x}^{\mathrm{T}}(t)]$ 是输入数据的相关矩阵；$0\leqslant\alpha\leqslant2$，$\alpha$ 可以是实数，为了理论分析和实际计算的简单性，选择一个 α 作为整数更为方便。

考虑定理证明的需要，α 被限定在 2 范围之内。值得注意的是，算法在 $\alpha=0$ 时与文献[14]中的 Chen's 算法相吻合。当 $\alpha>0$ 时，这些算法非常相似于 Chen's 算法，可以认为是 Chen's 算法的一个改进版本。因此，为了分析的简单性，仍然将上述这类算法称为 Chen's 算法。

式(8.64)的随机离散时间(stochastic discrete time，SDT)系统可以写为

$$\boldsymbol{w}(t+1)=\boldsymbol{w}(t)-\eta\{\|\boldsymbol{w}(t)\|^{2+\alpha}y(t)\boldsymbol{x}(t)-[y^2(t)+1-\|\boldsymbol{w}(t)\|^2]\boldsymbol{w}(t)\} \tag{8.65}$$

其中，$\eta(0<\eta<1)$ 是学习因子。

从式(8.65)，可以得到

$$\begin{aligned}&\|\boldsymbol{w}(t+1)\|^2-\|\boldsymbol{w}(t)\|^2\\&=-2\eta\|\boldsymbol{w}(t)\|^2\{y^2(t)[\|\boldsymbol{w}(t)\|^{\alpha}-1]+[\|\boldsymbol{w}(t)\|^2-1]\}+O(\eta^2)\\&\quad-2\eta\|\boldsymbol{w}(t)\|^2[\|\boldsymbol{w}(t)\|-1]Q(y^2(t),\|\boldsymbol{w}(t)\|)\end{aligned} \tag{8.66}$$

其中，$Q(y^2(t),\|\boldsymbol{w}(t)\|)=y^2(t)[\|\boldsymbol{w}(t)\|^{\alpha-1}+\|\boldsymbol{w}(t)\|^{\alpha-2}+,\cdots,\|\boldsymbol{w}(t)\|+1]+[\|\boldsymbol{w}(t)\|+1]$ 是一个正系数。

对一个相对小的常数学习因子，第二项是一个非常小的值，通常可以忽略，因此我们可以认为式(8.65)有自稳定特性。

定理 8.7 假定 $\eta\lambda_1<0.125$ 和 $\eta<0.25$，如果 $\boldsymbol{w}^{\mathrm{T}}(0)\boldsymbol{v}_n\neq0$ 和 $\|\boldsymbol{w}(0)\|<1$，则 $\lim\limits_{k\to\infty}z_n(k)=\pm1$。

这里 λ_1 和 $\boldsymbol{v}_1$ 分别是最大特征值和相应的标准化的特征向量，λ_n 和 $\boldsymbol{v}_n$ 分别是最小特征值和相应的标准化的特征向量，则 $\lim\limits_{t\to\infty}\boldsymbol{w}(t)=\pm\boldsymbol{v}_n$，即当 $t\to\infty$ 时 $\boldsymbol{w}(t)$ 渐近收敛到 $\pm\boldsymbol{v}_n$。

定理的证明采用的确定性的离散时间系统方法，详细证明见第 10 章和文献[19]。

8.4 一种自稳定神经网络次成分特征提取

8.4.1 一种自稳定的 MCA 算法

以 MCA EXIN 算法为基础，为了既保持该算法的良好性能，又克服该算法模值发散的缺点，我们提出如下修改算法，即

$$\boldsymbol{w}(t+1)=\boldsymbol{w}(t)-\alpha(t)[\boldsymbol{w}^{\mathrm{T}}(t)\boldsymbol{w}(t)]^{-1}\{y(t)\boldsymbol{x}(t)-[y^2(t)+1 - \|\boldsymbol{w}(t)\|^4][\boldsymbol{w}^{\mathrm{T}}(t)\boldsymbol{w}(t)]^{-1}\boldsymbol{w}(t)\} \tag{8.67}$$

上述算法与 MCA EXIN 算法的区别仅在公式右边，参考 OJA＋算法增加了一项 $[1-\|\boldsymbol{w}(t)\|^4]\boldsymbol{w}(t)$。然而，这一修改使我们的算法具有满意的趋一特性，其性能超越了现有的其他同类算法。

8.4.2 算法的收敛性能

通常 MCA 学习算法都由 SDT 系统来描述，很难直接研究该类算法的收敛性。大多数 MCA 学习算法的动力学特性都可以通过相应确定性的连续时间系统来间接证明。这种方法简单，在渐近理论的有效范围内是一种非常有效的方法。

根据随机近似理论[22,23]，如果一些条件满足，则离散学习算法(8.67)的渐近收敛特性可以通过相应的连续时间可微方程来解决，即

$$\frac{\mathrm{d}\boldsymbol{w}(t)}{\mathrm{d}t}=-[\boldsymbol{w}^{\mathrm{T}}(t)\boldsymbol{w}(t)]^{-1}\{y(t)\boldsymbol{x}(t)-[y^2(t)+1-\|\boldsymbol{w}(t)\|^4][\boldsymbol{w}^{\mathrm{T}}(t)\boldsymbol{w}(t)]^{-1}\boldsymbol{w}(t)\} \tag{8.68}$$

假定 $\boldsymbol{x}(t)$ 是稳定的，输入 $\boldsymbol{x}(t)$ 与权向量 $\boldsymbol{w}(t)$ 不相关，对两边取数学期望，则式(8.68)可以通过下面的常微分方程来近似，即

$$\frac{\mathrm{d}\boldsymbol{w}(t)}{\mathrm{d}t}=-[\boldsymbol{w}^{\mathrm{T}}(t)\boldsymbol{w}(t)]^{-1}\{\boldsymbol{R}\boldsymbol{w}(t)-[\boldsymbol{w}^{\mathrm{T}}(t)\boldsymbol{R}\boldsymbol{w}(t)+1-\|\boldsymbol{w}(t)\|^4][\boldsymbol{w}^{\mathrm{T}}(t)\boldsymbol{w}(t)]^{-1}\boldsymbol{w}(t)\} \tag{8.69}$$

式(8.69)的渐近特性可以近似式(8.68)的特性，式(8.69)的渐近特性可以通过下列定理来证明。

定理 8.8 设 $\boldsymbol{R}$ 是一个半正定的矩阵，λ_1 和 $\boldsymbol{v}_1$ 分别是最小特征值和相应的首一元素非零的标准化的特征向量。如果初始权向量 $\boldsymbol{w}(0)$ 满足 $\boldsymbol{w}^{\mathrm{T}}(0)\boldsymbol{v}_1\neq 0$，则 $\lim\limits_{t\to\infty}\boldsymbol{w}(t)=\pm\boldsymbol{v}_1$，即当 $t\to\infty$ 时，$\boldsymbol{w}(t)$ 渐近收敛到 $\pm\boldsymbol{v}_1$。

证明见文献[20]，该类证明方法在第 10 章将详细叙述。

MCA 常微分方程的渐近行为只能在这个渐近理论的有效范围内成立，所以上述定理的结论只能是近似有效的在 MCA 学习算法的时间进化的初试阶段，是

即将收敛到次成分的阶段。

8.4.3 算法的发散性能

这一部分分析算法的瞬态行为，不但使用常微分方程近似方法，而且使用随机离散规律方法。按照文献[15]方法，在第一个临界点已经达到后($t\geqslant t_0$)平均权向量的行为，可以得到下式，即

$$\boldsymbol{w}(t)=\|\boldsymbol{w}(t)\|\boldsymbol{v}_1,\quad t\geqslant t_0 \tag{8.70}$$

其中，$\boldsymbol{v}_1$ 是与输入数据自相关矩阵 $\boldsymbol{R}$ 的最小特征值相对应的单位特征向量。

从式(8.67)，可以得出

$$\|\boldsymbol{w}(t+1)\|^2=\|\boldsymbol{w}(t)\|^2+\|\Delta\boldsymbol{w}(t)\|^2+2\boldsymbol{w}^{\mathrm{T}}(t)\Delta\boldsymbol{w}(t)$$

忽略 $\alpha(t)$的二阶项，则上述方程可以认为是下列常微分方程的离散化，即

$$\begin{aligned}\frac{\mathrm{d}\|\boldsymbol{w}(t)\|^2}{\mathrm{d}t}&=E\{2\boldsymbol{w}^{\mathrm{T}}(t)\Delta\boldsymbol{w}(t)\}\\&=E\{2\boldsymbol{w}^{\mathrm{T}}(t)(-[\boldsymbol{w}^{\mathrm{T}}(t)\boldsymbol{w}(t)]^{-1}\{y(t)\boldsymbol{x}(t)-[y^2(t)+1\\&\quad-\|\boldsymbol{w}(t)\|^4][\boldsymbol{w}^{\mathrm{T}}(t)\boldsymbol{w}(t)]^{-1}\boldsymbol{w}(t)\})\}\\&=-2[\boldsymbol{w}^{\mathrm{T}}(t)\boldsymbol{w}(t)]^{-2}\{\|\boldsymbol{w}(t)\|^2\boldsymbol{w}^{\mathrm{T}}(t)\boldsymbol{R}\boldsymbol{w}(t)-[\boldsymbol{w}^{\mathrm{T}}(t)\boldsymbol{R}\boldsymbol{w}(t)\\&\quad+1-\|\boldsymbol{w}(t)\|^4]\|\boldsymbol{w}(t)\|^2\}\\&=2[\boldsymbol{w}^{\mathrm{T}}(t)\boldsymbol{w}(t)]^{-1}[1-\|\boldsymbol{w}(t)\|^4]\end{aligned} \tag{8.71}$$

上述方程可以近似为

$$\frac{\mathrm{d}p}{\mathrm{d}t}=\frac{2}{p}(1-p^2) \tag{8.72}$$

其中，$p=\|\boldsymbol{w}(t)\|^2$。

定义 MC 方向已经达到的时刻为 t_0，相应的平方权向量模值为 p_0。式(8.72)的解为

$$\begin{cases}|1-p^2|=|1-p_0^2|\mathrm{e}^{-4(t-t_0)}, & p_0\neq 1\\ p=p_0, & p_0=1\end{cases} \tag{8.73}$$

图 8.1 给出了不同初始条件下常微分方程的渐近行为。

从上面的结果可以看到，根据初始权向量模值取值的不同，权向量模值增加或减少到 1，但是在有限时间范围内突然发散现象没有发生。从式(8.73)，权向量模值的增加或减少率仅依赖初始权向量模值取值，与输入数据的自相关矩阵的特征值没有关系。

8.4.4 算法自稳定特性

这一部分分析 MCA 算法的瞬态行为，以及动态稳定性和学习因子的关系，采取的方法主要是 SDT 系统方法[15]。

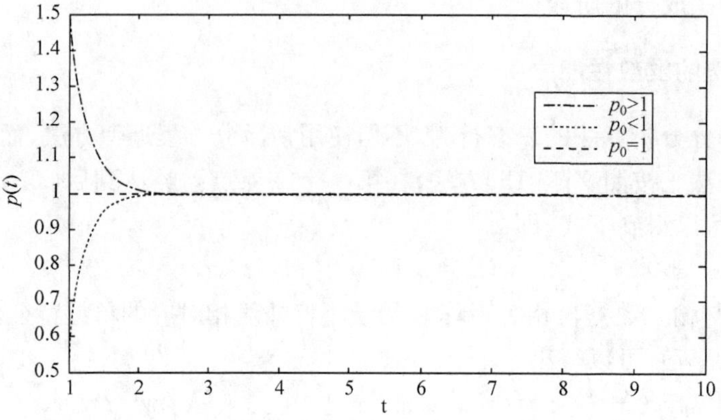

图 8.1　不同初始条件下常微分方程的渐近行为

从式(8.67),可以得到下式,即

$$\begin{aligned}\|\boldsymbol{w}(t+1)\|^2 &= \boldsymbol{w}^{\mathrm{T}}(t+1)\boldsymbol{w}(t+1)\\ &= \|\boldsymbol{w}(t)\|^2 - 2\alpha(t)[\boldsymbol{w}^{\mathrm{T}}(t)\boldsymbol{w}(t)]^{-2}\{\|\boldsymbol{w}(t)\|^2 y^2(t)\\ &\quad -[y^2(t)+1-\|\boldsymbol{w}(t)\|^4]\|\boldsymbol{w}(t)\|^2\}\\ &\quad +\alpha^2(t)[\boldsymbol{w}^{\mathrm{T}}(t)\boldsymbol{w}(t)]^{-4}\{\|\boldsymbol{w}(t)\|^4 y^2(t)\|\boldsymbol{x}(t)\|^2\\ &\quad -2\|\boldsymbol{w}(t)\|^2 y^2(t)[y^2(t)+1-\|\boldsymbol{w}(t)\|^4]\\ &\quad +[y^2(t)+1-\|\boldsymbol{w}(t)\|^4]^2\|\boldsymbol{w}(t)\|^2\}\\ &= \|\boldsymbol{w}(t)\|^2 + 2\alpha(t)[\boldsymbol{w}^{\mathrm{T}}(t)\boldsymbol{w}(t)]^{-1}[1-\|\boldsymbol{w}(t)\|^4]+O(\alpha^2(t))\\ &\approx \|\boldsymbol{w}(t)\|^2 + 2\alpha(t)[\boldsymbol{w}^{\mathrm{T}}(t)\boldsymbol{w}(t)]^{-1}[1-\|\boldsymbol{w}(t)\|^4]\end{aligned}\tag{8.74}$$

如果学习因子足够小,而且输入数据有界,我们可以通过忽略 $\alpha(t)$ 的二阶项作如下分析,即

$$\begin{aligned}\frac{\|\boldsymbol{w}(t+1)\|^2}{\|\boldsymbol{w}(t)\|^2} &\approx 1+2\alpha(t)[\boldsymbol{w}^{\mathrm{T}}(t)\boldsymbol{w}(t)]^{-2}[1-\|\boldsymbol{w}(t)\|^4]\\ &= \begin{cases} >1, & \|\boldsymbol{w}(0)\|<1\\ <1, & \|\boldsymbol{w}(0)\|>1\\ =1, & \|\boldsymbol{w}(0)\|=1\end{cases}\end{aligned}\tag{8.75}$$

通过式(8.73),我们可以看到无论 $\|\boldsymbol{w}(t)\|$ 是否等于 1,$\|\boldsymbol{w}(t+1)\|^2$ 都趋向 1,这一特性叫做趋 1 特性,即在收敛时权向量模值维持常数。趋 1 特性表明,模值 1 应该被选择为提出算法的初始权向量模值,这样可以避免一些实际使用中由于不恰当的选择初始值和较大的学习因子而导致的局限性。

8.4.5　次子空间跟踪算法

前面给出的 MCA 学习算法只能抽取单个次成分,我们可以将这一算法扩展到跟踪或抽取多个次成分或次成分子空间。我们知道与输入数据向量自相关矩阵的 r 个最小的特征值对应的特征向量被称为次成分集，r 称为次成分的数量。与输入数据向量自相关矩阵的最小特征值对应的特征向量称为次成分，而由次成分张成的子空间被称为次子空间。指定 $\boldsymbol{U}=[\boldsymbol{u}_1,\boldsymbol{u}_2,\cdots,\boldsymbol{u}_r]\in\boldsymbol{R}^{N\times r}$ 代表权矩阵，这里 $\boldsymbol{u}_i\in\boldsymbol{R}^{N\times 1}$ 代表权矩阵 $\boldsymbol{U}$ 的第 i 个列向量，也表示多输入多输出线性神经网络的第 i 个神经元的权向量。多输入多输出线性神经网络的输入-输出关系可以描述为 $\boldsymbol{y}(t)=\boldsymbol{U}^{\mathrm{T}}(t)\boldsymbol{x}(t)$，训练权矩阵的推广的学习算法可以表示为

$$\begin{aligned}\boldsymbol{U}(t+1)=\boldsymbol{U}(t)-\mu(t)(x(t)\boldsymbol{y}^{\mathrm{T}}(t)-\boldsymbol{U}(t)[\boldsymbol{U}^{\mathrm{T}}(t)\boldsymbol{U}(t)]^{-1}\{\boldsymbol{y}(t)\boldsymbol{y}^{\mathrm{T}}(t)\\+\boldsymbol{I}-[\boldsymbol{U}^{\mathrm{T}}(t)\boldsymbol{U}(t)]^{2}\})[\boldsymbol{U}^{\mathrm{T}}(t)\boldsymbol{U}(t)]^{-1}\end{aligned} \tag{8.76}$$

值得注意的是，式(8.76)并不是式(8.67)的一般扩展，虽然式(8.67)有许多扩展形式，但它们很难找到相应的 Lyapunov 函数形式以便分析算法的稳定性。

1. 多维算法的收敛性能分析

在一些假设条件下[15]，应用随机近似理论的技术[22,23]，我们可以推出相应的平均可微方程，即

$$\begin{aligned}\frac{\mathrm{d}\boldsymbol{U}(t)}{\mathrm{d}t}=-(\boldsymbol{R}\boldsymbol{U}(t)-\boldsymbol{U}(t)[\boldsymbol{U}^{\mathrm{T}}(t)\boldsymbol{U}(t)]^{-1}\{\boldsymbol{U}^{\mathrm{T}}(t)\boldsymbol{R}\boldsymbol{U}(t)\\+I-[\boldsymbol{U}^{\mathrm{T}}(t)\boldsymbol{U}(t)]^{2}\})[\boldsymbol{U}^{\mathrm{T}}(t)\boldsymbol{U}(t)]^{-1}\end{aligned} \tag{8.77}$$

我们可以给出与式(8.77)相关联的能量函数，即

$$E(\boldsymbol{U})=\frac{1}{2}\mathrm{tr}\{(\boldsymbol{U}^{\mathrm{T}}\boldsymbol{R}\boldsymbol{U})(\boldsymbol{U}^{\mathrm{T}}\boldsymbol{U})^{-1}\}+\frac{1}{2}\mathrm{tr}\{\boldsymbol{U}^{\mathrm{T}}\boldsymbol{U}+(\boldsymbol{U}^{\mathrm{T}}\boldsymbol{U})^{-1}\} \tag{8.78}$$

$E(\boldsymbol{U})$ 基于 $\boldsymbol{U}$ 的梯度可以表示为

$$\begin{aligned}\nabla E(\boldsymbol{U})&=\boldsymbol{R}\boldsymbol{U}(\boldsymbol{U}^{\mathrm{T}}\boldsymbol{U})^{-1}-\boldsymbol{U}^{\mathrm{T}}\boldsymbol{R}\boldsymbol{U}\boldsymbol{U}(\boldsymbol{U}^{\mathrm{T}}\boldsymbol{U})^{-2}+\boldsymbol{U}[\boldsymbol{I}-(\boldsymbol{U}^{\mathrm{T}}\boldsymbol{U})^{-2}]\\&=\{\boldsymbol{R}\boldsymbol{U}\boldsymbol{U}^{\mathrm{T}}\boldsymbol{U}-\boldsymbol{U}[\boldsymbol{U}^{\mathrm{T}}\boldsymbol{R}\boldsymbol{U}+\boldsymbol{I}-(\boldsymbol{U}^{\mathrm{T}}\boldsymbol{U})^{2}]\}(\boldsymbol{U}^{\mathrm{T}}\boldsymbol{U})^{-2}\\&=\{\boldsymbol{R}\boldsymbol{U}-\boldsymbol{U}(\boldsymbol{U}^{\mathrm{T}}\boldsymbol{U})^{-1}[\boldsymbol{U}^{\mathrm{T}}\boldsymbol{R}\boldsymbol{U}+\boldsymbol{I}-(\boldsymbol{U}^{\mathrm{T}}U)^{2}]\}(\boldsymbol{U}^{\mathrm{T}}\boldsymbol{U})^{-1}\end{aligned} \tag{8.79}$$

显然，式(8.77)等价于下列方程，即

$$\frac{\mathrm{d}\boldsymbol{U}}{\mathrm{d}t}=-\nabla E(\boldsymbol{U}) \tag{8.80}$$

沿着式(8.77)的解微分 $E(\boldsymbol{U})$ 产生，即

$$\frac{\mathrm{d}E(\boldsymbol{U})}{\mathrm{d}t}=\frac{\mathrm{d}\,\boldsymbol{U}^{\mathrm{T}}}{\mathrm{d}t}\nabla E(\boldsymbol{U})=-\frac{\mathrm{d}\,\boldsymbol{U}^{\mathrm{T}}}{\mathrm{d}t}\frac{\mathrm{d}\boldsymbol{U}}{\mathrm{d}t} \tag{8.81}$$

由于扩展形式的算法具有 Lyapunov 函数 $E(\boldsymbol{U})$ 仅有下界[24]，则相应的平均可微方程从任意初始权向量值 $\boldsymbol{U}(0)$ 均收敛到共同的不变集 $P=\{\boldsymbol{U}\mid\nabla E(\boldsymbol{U})=0\}$。

2. 多维算法的模值发散分析

定理 8.9　如果学习因子 $\mu(t)$ 足够小且输入向量有界，则提出的跟踪次子空

间的算法式(8.77)的状态流是有界的[20]。

3. 非二阶标准的前景和全局收敛性分析

在域 $\Omega=\{U\mid 0<U^{T}RU<\infty, U^{T}U\neq 0\}$ 中给定矩阵 $U\in R^{N\times r}$，我们分析下列跟踪次子空间的非二阶标准，即

$$\min_{U} E(U)=\frac{1}{2}\mathrm{tr}\{(U^{T}RU)(U^{T}U)^{-1}\}+\frac{1}{2}\mathrm{tr}\{U^{T}U+(U^{T}U)^{-1}\} \tag{8.82}$$

$E(U)$的前景可以由下面的定理描述。

定理 8.10 在域 Ω 中，当且仅当 $U=L_rQ$ 时，U 是 $E(U)$的平稳点，这里 $L_r\in R^{N\times r}$ 是由 R 的 r 个特征向量组成，Q 是 $r\times r$ 正交矩阵。

定理 8.11 在域 Ω 中，$E(U)$ 可以达到全局最小值，当且仅当 $U=L_{(n)}Q$，这里 $L_{(n)}=[v_1, v_2, \cdots, v_r]$。在全局最小值点，$E(U)=\frac{1}{2}\sum_{i=1}^{r}\lambda_i+r$。所有其他平稳点 $U=L_rQ(L_r\neq L_{(n)})$ 是 $E(U)$ 的鞍(不稳定的)点。

定理 8.10 与定理 8.11 的证明可以参考文献[17]，它们在大部分是相似的。从前面的定理，很显然 $E(U)$的最小化自动正交化 U 的列，而且在 $E(U)$的最小点，U 只能产生次子空间的任意正交基，而不是多个次成分。

式(8.77)的全局渐近收敛性可以由系列定理证明。

定理 8.12 给定常微分方程(8.77)和初始值 $U(0)\in\Omega$，则当 $t\to\infty$时，$U(t)$全局渐近收敛到集合 $U=L_{(n)}Q$ 中的一点，这里 $L_{(n)}=[v_1, v_2, \cdots, v_r]$和 Q 指的是一个 $r\times r$ 的归一正交矩阵。

OJAn、Luo、MCA EXIN 等算法也可以扩展成跟踪次子空间，仿真已经在文献[17]中得到运行，可以得出算法中的状态矩阵并不收敛到次子空间的正交集，而 OJAm 算法则可以。从前面的分析可知，式(8.65)可以被扩展到跟踪次子空间，而且可以收敛到次子空间的正交集。

4. 对 MCA 算法的仿真实验

在这一部分，我们提供一些仿真实验来显示提出的 MCA 算法的收敛性和稳定性。由于 OJAm 算法[17]和 Douglas 算法[9]是自稳定的，而且比其他算法有更好的性能，因此我们比较它们与提出的 MCA 算法的性能。在仿真中，我们使用上述三个算法从输入数据序列中去抽取次成分，该序列由下式产生，即

$$x(t)=Cy(t)$$

其中，$C=\mathrm{randn}(5,5)/5$；$y(t)\in R^{5\times 1}$ 是高斯的和随机产生的。

为了测量学习算法的收敛速度，我们可以计算 $W(t)$的模值和在第 i 步更新的方向余弦，即

$$\text{Direction Cosine}(t)=\frac{|\boldsymbol{w}^{\mathrm{T}}(t)\boldsymbol{v}_1|}{\|\boldsymbol{w}(t)\|\cdot\|\boldsymbol{v}_1\|}$$

其中，$\boldsymbol{v}_1$ 是与输入数据向量自相关矩阵 $\boldsymbol{R}$ 的最小特征值对应的单位特征向量。

如果方向余弦收敛到 1，则权向量 $\boldsymbol{w}(t)$ 一定收敛到次成分 $\boldsymbol{v}_1$ 的方向。图 8.2 和图 8.3 显示了有关 $\boldsymbol{W}(t)$ 的模值和方向余弦各自的仿真曲线。在仿真中，OJAm 算法和提出的算法使用的学习因子取为 0.3，而 Douglas 算法使用的学习因子取为 0.1。所有算法都是从相同的初始权值开始，该初始权值被随机产生且规范为模值 1。

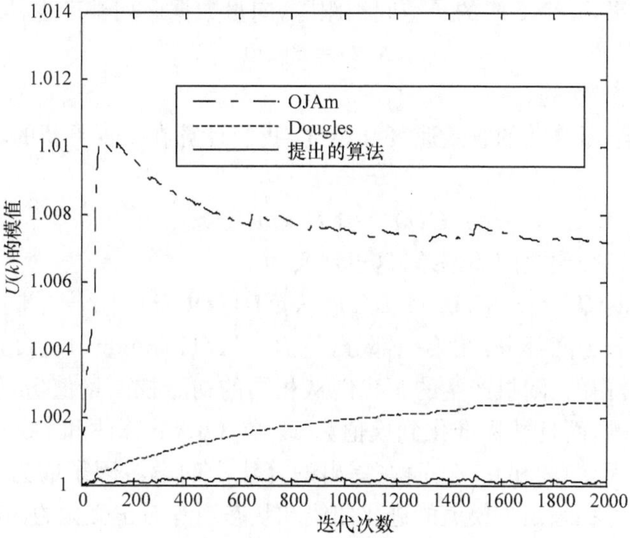

图 8.2　权向量模值的收敛行为

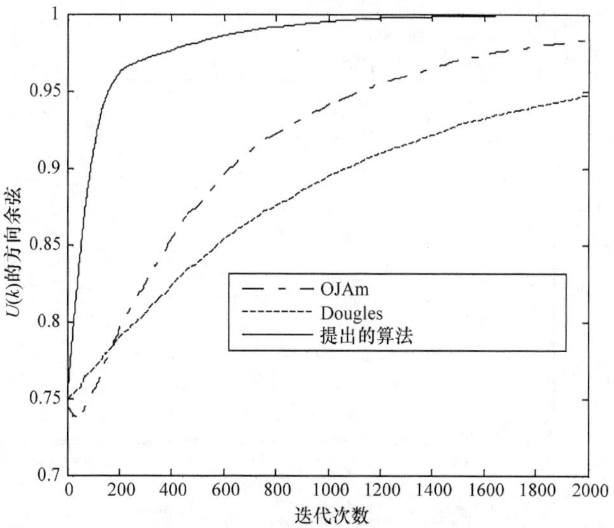

图 8.3　方向余弦的收敛行为

从仿真结果可以发现，当 OJAm 算法[17]、Douglas 算法[9]和提出的算法的权向量模值和方向余弦均收敛时，提出的算法的收敛精度最好。

5. 对次子空间跟踪算法的仿真实验

在该部分，我们提供了一些仿真结果显示提出的次子空间跟踪算法的收敛性和稳定性。与前面一样，自稳定的 Douglas 算法[9]被扩展跟踪次子空间。由于 OJAm 算法[17]有较好的性能，因此该部分我们比较 OJAm 算法、Douglas 算法和提出的算法性能。这里，一个 5 维的子空间被跟踪，向量数据序列被产生，即

$$\boldsymbol{X}(t)=\boldsymbol{B}\boldsymbol{y}(t)$$

其中，$\boldsymbol{B}$ 是随机产生的。

为了测量学习算法的收敛速度和精度，我们计算在 i 步更新的状态矩阵的模值，即

$$\rho(\boldsymbol{U}(t))=\|\boldsymbol{U}^{\mathrm{T}}(t)\boldsymbol{U}(t)\|_2$$

和状态矩阵与正交化之间的偏差，这里定义为

$$\operatorname{dist}(\boldsymbol{U}(t))=\|\boldsymbol{U}^{\mathrm{T}}(t)\boldsymbol{U}(t)[\operatorname{diag}(\boldsymbol{U}^{\mathrm{T}}(t)\boldsymbol{U}(t))]^{-1}-\boldsymbol{I}_r\|_F$$

仿真可以分为两部分：在第一部分，让 $\boldsymbol{B}=(1/11)\operatorname{randn}(11,11)$，$\boldsymbol{y}(t)\in\boldsymbol{R}^{11\times1}$ 是高斯的、瞬时白的、随机产生的。我们从相同的初始权向量值仿真，该初始权向量是随机产生的，而且被标准化到模值为 1。在 OJAm 算法和 Douglas 算法中取学习因子分别为 0.02 和 0.01，而在提出的算法中的学习因子取为 0.01。图 8.4 和图 8.5 显示了状态矩阵模值的进化曲线和状态矩阵对正交化的偏离。在第二个

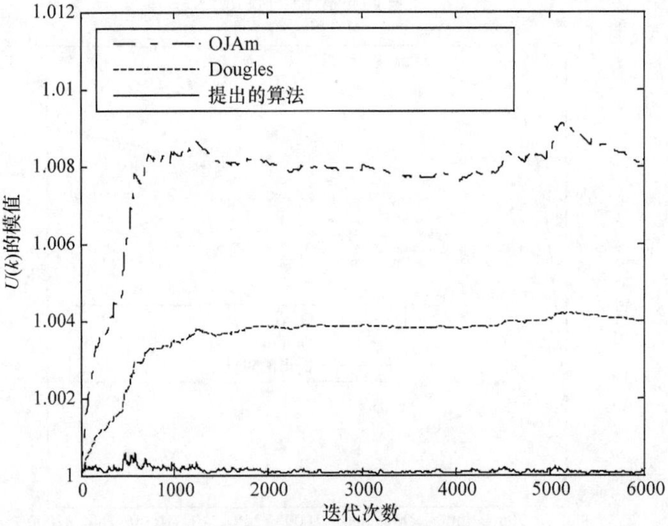

图 8.4　状态矩阵模值的进化曲线

仿真实验中，令 $\boldsymbol{B}=(1/31)\text{randn}(31,31)$ 和 $\boldsymbol{y}(t)\in\mathbf{R}^{31\times 1}$ 是高斯的、瞬时白的、随机产生的。在 OJAm 算法和 Douglas 算法中，取学习因子分别为 0.04 和 0.02，而在提出的算法中的学习因子取为 0.02，其他条件与第一个实验相同。仿真结果如图 8.6和图 8.7 所示。

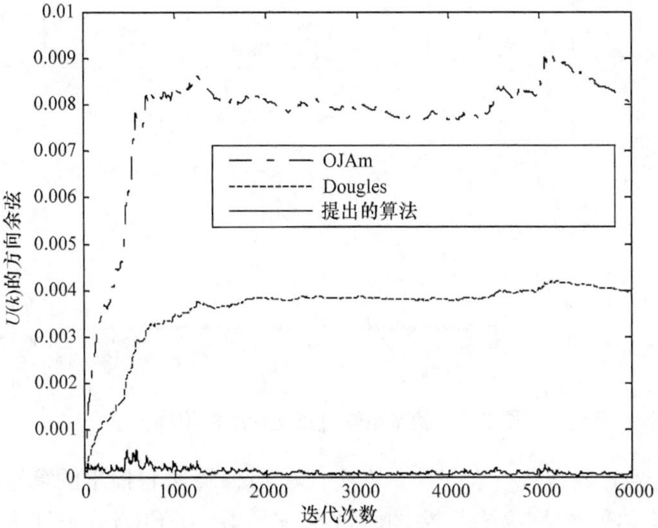

图 8.5　状态矩阵对正交状态的偏离

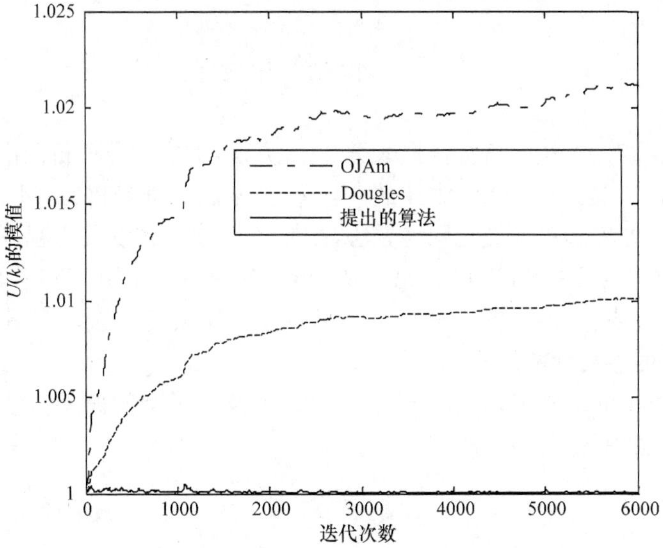

图 8.6　状态矩阵模值的进化曲线

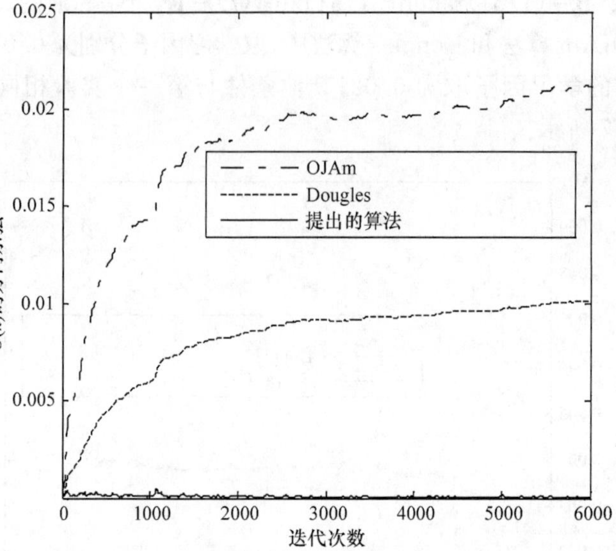

图 8.7　状态矩阵对正交状态的偏离

从仿真结果容易发现，当 OJAm 算法、Douglas 算法和提出的算法的权向量模值和方向余弦均收敛时，提出算法的收敛精度最好，在 OJAm 算法和 Douglas 算法中存在状态矩阵的剩余偏差。

8.5　本章小结

本章主要讨论神经网络特征提取类 TLS 方法，即次成分分析及次子空间跟踪方法。该类方法是进行 TLS 估计的一类重要方法。神经网络 MCA 主要包括 Hopfield 网络方法和单神经元网络方法，按照该类算法的发展历程和主要典型特征分别讨论了早期的 Hopfield 网络算法、Xu-Oja 算法、MCA EXIN 算法、自稳定算法，以及正交快速算法，重点分析了各类方法的主要特点及典型算法的推导过程，给出算法的主要性能结论。

在上述讨论的基础上，对多个自稳定 MCA 及次子空间跟踪方法进行了简要介绍，并对算法进行了仿真分析。

参考文献

[1] Mathew G, Reddy V. Development and analysis of a neural network approach to Pisarenko's harmonic retrieval method. IEEE Transactions on Signal Processing, 1994, 42: 663～667.

[2] Mathew G, Reddy V. Orthogonal eigensubspace estimation using neural networks. IEEE Transactions on Signal Processing, 1994, 42: 1803～1811.

[3] Thomposon P A. An adaptive spectral analysis technique for unbiased frequency estimation in the presence of white noise//Proceedings of the 13th Asilomar Conference on Circuits Systems and Computers, 1979.

[4] Oja E. Principal components, minor components, and linear neural networks. Neural Networks, 1992, 15: 927~935.

[5] Xu L, Oja E, Suen C. Modified Hebbian learning for curve and surface fitting. Neural Networks, 1992, 5: 441~457.

[6] Xu L, Kryzak A, Oja E. Neural-net method for dual surface pattern recognition//Proceedings of the International Joint Conference on Neural Networks, 1992.

[7] Luo F L, Unbehauen R. A minor subspace analysis algorithm. IEEE Transactions on Neural Networks, 1998, 8(5): 1149~1155.

[8] Luo F L, Unbehauen R, Cichocki A. A minor component analysis algorithm. Neural Networks, 1997, 10(2): 291~297.

[9] Douglas S C, Kung S Y, Amari S. A self-stabilized minor subspace rule. IEEE Signal Processing Letter, 1998, 5(12): 328~330.

[10] Chiang C T, Chen Y H. On the inflation method in adaptive noise-subspace estimator. IEEE Transactions on Signal Processing, 1999, 47, 1125~1129.

[11] Ouyang S, Bao Z, Liao G S. Adaptive step-size minor component extraction algorithm neurons. IEEE Transactions on Neural Networks, 1999, 10(1): 207~210.

[12] Taleb A, Cirrincione G. Against the convergence of the minor component analysis. Electronics Letters, 1999, 35(6): 443~444.

[13] Ouyang S, Bao Z, Liao G S, et al. Adaptive minor component extraction with modular structure. IEEE Transactions on Signal Processing, 2001, 49(9): 2127~2137.

[14] Chen T, Amari S. Unified stabilization approach to principal and minor components extraction. Neural Networks, 2001, 14: 1377~1387.

[15] Cirrincione G, Cirrincione M, Herault J, et al. The MCA EXIN neuron for the minor component analysis. IEEE Transactions on Neural Networks, 2002, 13(1): 160~187.

[16] Möller R. A self-stabilizing learning rule for minor component analysis. International Journal of Neural Systems, 2004, 14: 1~8.

[17] Feng D Z, Zheng W X, Jia Y. Neural network learning algorithms for tracking minor subspace in high dimensional data stream. IEEE Transactions on Neural Networks, 2005, 16(3): 513~521.

[18] Ye M, Fan X Q, Li X. A class of self-stabilizing MCA learning algorithms. IEEE Transactions on Neural Networks, 2006, 17(5): 1634~1638.

[19] Kong X Y, Hu C H, Han C Z. On the discrete time dynamics of a class of self-stabilizing MCA learning algorithms. IEEE Transactions on Neural Networks, 2010, 21(1): 175~181.

[20] Kong X Y, Hu C H, Han C Z. A self-stabilizing MSA algorithm in high-dimension data stream. Neural Networks, 2010, 23(7): 865~871.

[21] Peng D Z, Zhang Y. On the discrete time dynamics of a self-stabilizing MCA learning algorithm. Mathematical and Computer Modeling , 2008, 147: 903～916.

[22] Kushner H J, Clark D S. Stochastic Approximation Methods for Constrained and Unconstrained Systems. New York: Springer, 1976.

[23] Ljung L. Analysis of recursive stochastic algorithms. IEEE Transactions on Automatic Control, 1977, 22(4): 551～575.

[24] Lasalle J P. The stability of dynamical systems. Society for Industrial and Applied Mathematics, 1976.

[25] Oja E. A simplified neuron model as a principal component analyzer. Journal of Mathematics Biologics, 1982, 16: 267～273.

[26] Abed-Meraim K, Attallah S, Chkeif A, et al. Orthogonal Oja algorithm. IEEE Signal Processing Letter, 2000, 7(5): 116～119.

[27] Attallah S, Abed-Meraim K. Fast algorithms for subspace tracking. IEEE Signal Processing Letter, 2001, 8(7): 203～206.

[28] Yang J, Kaveh M. Adaptive eigensubspace algorithms for direction or frequency estimation and tracking. IEEE Transactions on Acoustic, Speech, and Signal Processing, 1988, 36(2): 241～251.

[29] Attallah S, Abed-Meraim K. Low-cost adaptive algorithm for noise subspace estimation. Electronic Letter, 2002, 38(12): 609～611.

[30] Attallah S. The generalized Rayleigh's quotient adaptive noise subspace algorithm: a householder transformation-based implementation. IEEE Transactions on Circuits and Systems-II, 2006, 53(1): 3～7.

[31] Bartelmaos S, Abed-Meraim K. Principal and minor subspace tracking: algorithms & stability analysis//Proceedings of the IEEE International Conference on Acoustic, Speech, and Signal Processing, 2006, 3: 560～563.

[32] Doukopoulos X G, Moustakides G V. Fast and stable subspace tracking. IEEE Transactions on Signal Processing, 2008, 56(4): 1452～1465.

[33] Yang L, Attallah S. Adaptive noise subspace estimation algorithm suitable for VLSI implementation. IEEE Signal Processing Letter, 2009, 16(12): 1075～1078.

[34] Rong W, Minli Y, Daoming Z, et al. A novel orthonormalization matrix based fastand stable DPM algorithm for principal and minor subspace tracking. IEEE Transactions on Signal Processing, 2012, 60(1): 466～472.

[35] Kong X Y, Hu C H, Han C Z. A dual purpose principal and minor subspace gradient flow. IEEE Transactions on Signal Processing, 2012, 60(1): 197～210.

[36] Kong X Y, Hu C H, Han C Z, et al. A unified self-stabilizing algorithm for principal and minor component extraction. IEEE Transactions on Neural Networks and Learning Systems, 2012, 23(2): 185～198.

第 9 章　广义特征信息提取方法

上一章介绍了随机系统的特征提取类 TLS 方法。该类方法的关键是采用一类神经网络方法提取信号的次成分向量，这里的次成分是随机系统信号自相关矩阵最小特征值对应的特征向量方向，而特征值和特征向量构成了随机系统信号自相关矩阵的特征对。本章将上述随机系统信号单个自相关矩阵的特征对提取问题进行扩展，研究随机系统信号矩阵束的广义特征提取方法。

近 30 年来，基于神经网络算法进行广义特征值提取，是目前神经网络算法的研究热点。基于神经网络的广义特征信息提取算法作为一种在线算法，可以实时跟踪信号的特征方向，而不需要采用传统 GEVD 提前计算信号的特征信息，特别适合处理高维信号和非平稳信号。正是基于上述优点，广义特征信息提取算法得到了越来越广泛的应用，如模式识别[1,2]、无线通信中的阵列天线信号处理[3-5]、盲源分离[6,7]、故障诊断[8]等。

常见的广义特征信息提取算法，从所提取成分的性质出发，可分为广义主成分分析(generalized PCA，GPCA)和广义次成分分析(generalized MCA，GMCA)算法；从提取单个、多个、子空间的角度，可以分为单元广义主/次成分分析算法、多元主/次广义成分分析算法和广义主/次子空间跟踪算法，而多元主/次广义成分分析算法按照提取顺序，又可分为序贯提取和并行提取算法；从提取广义特征向量时是否同时提取广义特征值信息出发，可以分为成对提取算法和非成对提取算法；从推出算法的机理出发，可以分为幂法算法(power method)[9]、梯度算法(gradient-based method)[10,11]、牛顿(Newton method)[12,13]与拟牛顿(quasi-Newton method)[14-17]算法、递归最小二乘法[18-20]、误差校正算法(error-correction)[21]等。本章首先对广义特征值问题进行简要介绍，接着对几种典型的算法进行介绍，最后重点介绍我们提出的一种成对广义特征值提取方法。

9.1　广义 Hermitian 特征值问题

关于 GEVD 的具体定义及解释，可以参考文献[22]。广义特征信息提取可以归结为广义 Hermitian 特征值问题(generalized Hermitian eigenvalue problem，GHEP)。GHEP 的关键在于寻找一个非零向量 $w \in C^N \setminus \{0\}$ 和一个标量 $\lambda \in \Re$ 满足下式，即

$$\boldsymbol{R}_y\boldsymbol{w}=\lambda\boldsymbol{R}_x\boldsymbol{w} \tag{9.1}$$

其中，$\boldsymbol{R}_y,\boldsymbol{R}_x\in C^{N\times N}$是正定 Hermite 矩阵；标量$\lambda$和相应的$\boldsymbol{w}$分别称为矩阵束($\boldsymbol{R}_y$，$\boldsymbol{R}_x$)的广义特征值和广义特征向量；$(\boldsymbol{w},\lambda)\in(C^N\backslash\{0\})\times\Re$又被统称为矩阵束($\boldsymbol{R}_y$，$\boldsymbol{R}_x$)的广义特征对。

在实际信号处理中，$\boldsymbol{R}_x$和$\boldsymbol{R}_y$通常是零均值平稳随机信号$\boldsymbol{x},\boldsymbol{y}\in\boldsymbol{R}^N$的协方差矩阵，并且是对称正定的。该矩阵束具有$N$个正的广义特征值$(0<)\lambda_1\leqslant\lambda_2\leqslant\cdots\leqslant\lambda_N$和相应的$\boldsymbol{R}_x$-正交的广义特征向量$\boldsymbol{v}_i(i=1,2,\cdots,N)$[23]，并满足下式，即

$$\boldsymbol{R}_y\boldsymbol{v}_i=\lambda_i\boldsymbol{R}_x\boldsymbol{v}_i \tag{9.2}$$

$$\boldsymbol{v}_i^{\mathrm{H}}\boldsymbol{R}_x\boldsymbol{v}_j=\delta_{ij},\quad i,j=1,2,\cdots,N \tag{9.3}$$

其中，$(\cdot)^{\mathrm{H}}$代表对向量或矩阵的共轭转置；δ_{ij}是 Kronecker δ 函数，满足下式，即

$$\delta_{ij}=\begin{cases}1, & i=j\\ 0, & i\neq j\end{cases} \tag{9.4}$$

或者可以写成矩阵形式，即

$$\boldsymbol{W}^{\mathrm{H}}\boldsymbol{R}_y\boldsymbol{W}=\boldsymbol{\Lambda},\quad \boldsymbol{W}^{\mathrm{H}}\boldsymbol{R}_x\boldsymbol{W}=\boldsymbol{I} \tag{9.5}$$

其中，$\boldsymbol{W}=[\boldsymbol{v}_1,\boldsymbol{v}_2,\cdots,\boldsymbol{v}_N]$；$\boldsymbol{\Lambda}=\mathrm{diag}(\lambda_1,\lambda_2,\cdots,\lambda_N)$。

已证明，矩阵束($\boldsymbol{R}_y$，$\boldsymbol{R}_x$)的任意广义特征向量$\boldsymbol{v}_i$均是准则函数的平衡点[24]，即

$$E_{\mathrm{GEVD}}(\boldsymbol{w})=\frac{\boldsymbol{w}^{\mathrm{H}}\boldsymbol{R}_y\boldsymbol{w}}{\boldsymbol{w}^{\mathrm{H}}\boldsymbol{R}_x\boldsymbol{w}} \tag{9.6}$$

不难发现，该式也是矩阵束($\boldsymbol{R}_y$，$\boldsymbol{R}_x$)对应的广义瑞利商[25]，许多算法也正是基于最大/最小化广义瑞利商来得到的。

另外，不难推出

$$\boldsymbol{R}_x\boldsymbol{w}=\lambda^{-1}\boldsymbol{R}_y\boldsymbol{w} \tag{9.7}$$

和

$$\boldsymbol{R}_x^{-1/2}\boldsymbol{R}_y\boldsymbol{R}_x^{-\mathrm{H}/2}\boldsymbol{w}=\lambda\boldsymbol{w} \tag{9.8}$$

其中，$\boldsymbol{R}_x^{1/2}$为矩阵$\boldsymbol{R}_x$的矩阵平方根，满足$\boldsymbol{R}_x=\boldsymbol{R}_x^{1/2}\boldsymbol{R}_x^{\mathrm{H}/2}$。

式(9.6)说明矩阵束($\boldsymbol{R}_y$，$\boldsymbol{R}_x$)的第i个主广义特征向量$\boldsymbol{v}_i$同时也是矩阵束($\boldsymbol{R}_x$，$\boldsymbol{R}_y$)的第i个次广义特征向量，且他们对应的广义特征值互为倒数。因此，提取矩阵束($\boldsymbol{R}_y$，$\boldsymbol{R}_x$)主广义特征信息的算法也可以用来提取矩阵束($\boldsymbol{R}_x$，$\boldsymbol{R}_y$)的次广义特征信息，反之亦然。式(9.7)说明，求矩阵束($\boldsymbol{R}_y$，$\boldsymbol{R}_x$)的广义特征值可以转化为求矩阵$\boldsymbol{R}_x^{1/2}\boldsymbol{R}_y\boldsymbol{R}_x^{\mathrm{H}/2}$的特征值问题。特别地，当$\boldsymbol{R}_x=\boldsymbol{I}_N$时，上述问题便退化为一般的 Hermitian 特征值问题，而对应的算法也退化为一般的主成分或次成分分析算法。

此外,通过嵌套的正交补结构,提取 $p(\leqslant N)$ 维主(次)广义特征子空间 $\{\boldsymbol{v}_i\}_{i=1}^{p}$ 的问题,可以简化为通过提取某一特定矩阵束 $(\boldsymbol{R}_y^{(i)},\boldsymbol{R}_x^{(i)})\in\Re^{(N-i+1)\times(N-i+1)}\times\Re^{(N-i+1)\times(N-i+1)}$ $(i=1,2,\cdots,p)$ 的最大(小)广义特征值 $\lambda_1^{(i)}\in\Re$ 对应的广义特征对 $(\boldsymbol{v}_1^{(i)},\lambda_1^{(i)})\in(\Re^{N-i+1}\backslash\{0\})\times\Re$ 来实现。简单地说,就是可以通过顺序提取多个主(次)广义特征向量实现主(次)广义特征子空间的提取。因此,许多文章都通过研究仅提取最大(小)广义特征值对应的广义特征向量来研究 GHEP,并且这种单个特征信息提取的特殊算法也得到了广泛应用,如自适应波束形成[5]、信号增强[11]和蜂窝移动通信[26,27]等。

近年来,GHEP 受到越来越多的重视,并成为神经网络算法的重要组成之一。越来越多的学者投入 GHEP 研究,关于 GHEP 的文章也开始大量出现,其中 Yang 等[4,12,13,16-18]、Rao 等[19,20]、Tanaka[9,28]在该领域做了许多重要工作,大大推进了 GHEP 的研究进程。目前已经有许多关于 GHEP 方法研究的文章。然而,许多方法尚不能有效地处理非平稳信号,因为他们都属于信息处理分支中的计算密集型算法。在实际信号处理应用中,特别是在非平稳信号环境下,通常需要一种自适应的在线算法。文献[10],[11]等基于梯度法分别提出解决 GHEP 的在线算法,然而许多梯度算法都只致力于寻找第一个主广义特征向量。为了提取多个向量,Chatterjee 等提出一种针对线性判别分析(linear discriminant analysis,LDA)的在线广义特征压缩算法[29]。该方法通过构造一个双层线性异联想网络来提取第一个主广义特征向量,然后运用收缩技术来扩展自适应算法,并通过递减顺序提取剩下的主广义特征向量。然而,梯度算法在实际应用中普遍存在收敛速度慢和难以选择合适的步长的问题:如果步长选择过小会导致算法收敛过慢,选择过大又会引起超调或者不稳定。为了克服这一困难,Rao 等提出一种基于不动点理论的算法来解决广义特征压缩问题[19],由此产生的 RLS 类算法已经证明在计算机上是可行的,并且比绝大多数梯度算法收敛快。文献[18]指出,Rao 算法只是 RLS “类”算法,而非真正的 RLS 算法,并通过运用 RLS 技术,提出一种快速自适应 RLS 算法。除了 RLS 技术,牛顿法和拟牛顿法也是一种在优化领域众所周知的强大的方法。通过构造一个基于惩罚函数法的损失函数,Mathew 和 Reddy 提出拟牛顿自适应算法估计次广义特征值[14]。然而,该方法存在选择惩罚因子困难的问题,因为这需要提前知道关于协方差矩阵的信息,但这在实际应用中不可能提前预知。在 Mathew 和 Reddy 工作的基础上,Yang 提出一种有效的自适应修正牛顿算法自动跟踪主广义特征向量[12]。该算法不论是有限还是无限精度实现都是数值鲁棒的,并被用于解决多载体 DS-CMDA 系统中的自适应信号接收问题。

上述算法在广义特征向量更新公式中都没有考虑广义特征值的估计，这类算法可以称为非成对算法。Möller 等[30]指出，由于特征向量运动依赖信号协方差矩阵的特征值，这些非成对算法普遍存在“速度-稳定性”问题。Nguyen 通过修改 Möller 信息准则[31]，将其推广到 GHEP 问题[32]，基于拟牛顿法成功推导出一个成对 GPCA 算法，并给出基于确定离散时间(deterministic discrete time，DDT)系统的算法收敛性分析，指出其收敛因子应当选择的范围。在 Möller 和 Nguyen 工作的基础上，我们提出一种自稳定的成对广义主/次成分分析算法[33]，克服了 Nguyen 的算法的诸多缺点，并用仿真实验和实际应用数据验证了算法的有效性。

9.2　广义特征信息提取神经网络算法

9.2.1　基于牛顿和拟牛顿法的广义特征向量提取算法

为了处理多载体直接序列码分多址系统中的自适应信号接收问题，Yang 等[12]提出一种基于牛顿法的鲁棒自适应算法，提取最大广义特征值对应的特征向量，即

$$\begin{cases}\boldsymbol{P}(k+1)=\dfrac{1}{\mu}\boldsymbol{P}(k)\left[\boldsymbol{I}-\dfrac{\boldsymbol{x}(k+1)\boldsymbol{x}^{\mathrm{H}}(k+1)\boldsymbol{P}(k)}{\mu+\boldsymbol{x}^{\mathrm{H}}(k+1)\boldsymbol{P}(k)\boldsymbol{x}(k+1)}\right]\\ \boldsymbol{c}(k+1)=\boldsymbol{w}^{\mathrm{H}}(k)\boldsymbol{y}(k+1)\\ \boldsymbol{r}(k+1)=\beta\boldsymbol{r}(k+1)+(1-\beta)\boldsymbol{y}(k+1)c^{*}(k+1)\\ \boldsymbol{d}(k+1)=\beta\boldsymbol{d}(k+1)+(1-\beta)\boldsymbol{c}(k+1)c^{*}(k+1)\\ \widehat{\boldsymbol{w}}(k+1)=\dfrac{\boldsymbol{r}(k+1)}{d(k+1)}\\ \boldsymbol{w}(k+1)=\dfrac{2\boldsymbol{P}(k+1)\widehat{\boldsymbol{w}}(k+1)}{1+\widehat{\boldsymbol{w}}^{\mathrm{H}}(k+1)\boldsymbol{P}(k+1)\widehat{\boldsymbol{w}}(k+1)}\end{cases}\tag{9.9}$$

该算法初始条件可以简单设定为 $\boldsymbol{P}(0)=\eta_1\boldsymbol{I}$、$\boldsymbol{w}(0)=\boldsymbol{r}(0)=\eta_2[1,0,\cdots,0]^{\mathrm{T}}$ 和 $d(0)=\eta_3$，其中 $\eta_i(i=1,2,3)$为某一适当正数。由于该算法对 $\boldsymbol{P}(k)$的更新时存在减法运算，因此 $\boldsymbol{P}(k)$有可能在计算过程中会失去正定性。解决该问题的一种有效方法是在每一步迭代时都运用 QR 分解法求 $\boldsymbol{P}(k)$的根矩阵 $\boldsymbol{P}^{1/2}(k)$，然后通过 $\boldsymbol{P}(k)=\boldsymbol{P}^{1/2}(k)\boldsymbol{P}^{\mathrm{H}/2}(k)$求 $\boldsymbol{P}(k)$来保持 $\boldsymbol{P}(k)$的正定性。

上述算法只能提取主广义特征向量，后来 Yang 等[16]又提出一个类似算法来并行提取多个主广义特征向量，即

$$
\begin{cases}
\boldsymbol{P}(k)=\dfrac{1}{\alpha}\left[\boldsymbol{P}(k-1)-\dfrac{\boldsymbol{P}(k-1)\boldsymbol{z}(k)\boldsymbol{z}^{\mathrm{T}}(k)\boldsymbol{P}(k-1)}{\alpha+\boldsymbol{z}^{\mathrm{T}}(k)\boldsymbol{P}(k-1)\boldsymbol{z}(k)}\right] \\
\boldsymbol{c}(k)=\boldsymbol{W}^{\mathrm{T}}(k-1)\boldsymbol{x}(k) \\
\boldsymbol{g}(k)=\dfrac{\boldsymbol{Q}(k-1)\boldsymbol{c}(k-1)}{\beta+\boldsymbol{c}^{\mathrm{T}}(k)\boldsymbol{Q}(k-1)\boldsymbol{c}(k)} \\
\boldsymbol{Q}(k)=\dfrac{1}{\beta}\left[\boldsymbol{Q}(k-1)-\boldsymbol{g}(k)\boldsymbol{c}^{\mathrm{T}}(k)\boldsymbol{Q}(k-1)\right] \\
\hat{\boldsymbol{d}}(k)=\boldsymbol{Q}(k)\boldsymbol{c}(k) \\
\hat{\boldsymbol{c}}(k)=\boldsymbol{W}^{\mathrm{T}}(k-1)\boldsymbol{c}(k) \\
\boldsymbol{W}(k)=\boldsymbol{W}(k-1)+\boldsymbol{P}(k)\boldsymbol{x}(k)\hat{\boldsymbol{d}}^{\mathrm{T}}(k)-\hat{\boldsymbol{c}}(k)\boldsymbol{g}^{\mathrm{T}}(k)
\end{cases}
\tag{9.10}
$$

相应变量初始化条件为 $\boldsymbol{P}(0)=\delta_1\boldsymbol{I}_m$、$\boldsymbol{Q}(0)=\delta_2\boldsymbol{I}_n$ 和 $\boldsymbol{W}(0)=\delta_3[\boldsymbol{e}_1,\cdots,\boldsymbol{e}_n]$，其中 $\delta_i(i=1,2,3)$ 为某一适当正数，$\boldsymbol{e}_i$ 为第 i 个列向量，且第 i 个元素为 1，其余为 0。

9.2.2　基于幂法的快速广义特征向量提取算法

幂法是一种计算矩阵主特征值及对应特征向量的经典迭代方法，特别适合大型稀疏矩阵。Tanaka[9] 基于幂法提出一种优化的主子空间跟踪算法。如果直接运用幂法处理广义特征值问题，则需要计算矩阵平方根的逆矩阵，而 Tanaka 提出的改进方法不需要进行任何特征分解、矩阵求逆或者求矩阵平方根的运算。该算法基本思路为

$$
\begin{cases}
\boldsymbol{R}_y(k)=\alpha\boldsymbol{R}_y(k-1)+\boldsymbol{y}(k)\boldsymbol{y}^{\mathrm{H}}(k) \\
\boldsymbol{R}_x(k)=\beta\boldsymbol{R}_x(k-1)+\boldsymbol{x}(k)\boldsymbol{x}^{\mathrm{H}}(k) \\
\boldsymbol{K}(k)=\boldsymbol{R}_x^{-1/2}(k) \\
\boldsymbol{C}(k)=\boldsymbol{K}(k)\boldsymbol{R}_y(k)\boldsymbol{K}^{\mathrm{H}}(k) \\
\widetilde{\boldsymbol{W}}(k)=\boldsymbol{C}(k)\overline{\boldsymbol{W}}(k-1) \\
\widetilde{\boldsymbol{W}}(k)=\boldsymbol{Q}(k)\boldsymbol{R}(k),\quad \overline{\boldsymbol{W}}(k)=\boldsymbol{Q}(k)\text{的 } r \text{ 行} \\
\boldsymbol{W}(k)=\boldsymbol{K}^{\mathrm{H}}(k)\overline{\boldsymbol{W}}(k)
\end{cases}
\tag{9.11}
$$

其中，第 1 和第 2 式用于更新 $\boldsymbol{R}_y$ 和 $\boldsymbol{R}_x$；第 3 和第 4 式用于获得 $\boldsymbol{R}_x^{-1/2}(k)\boldsymbol{R}_y(k)\boldsymbol{R}_x^{-\mathrm{H}/2}(k)$。

余下的步骤是标准的幂法计算步骤，其中第 5 式为 QR 分解，用于获得前 r 个广义主特征向量，这一步也可由 Gran-Schmidt 正交化或者 Householder 变换代替。由此可以看出，该算法的基本思路为，通过提取矩阵 $\boldsymbol{R}_x^{-1/2}\boldsymbol{R}_y\boldsymbol{R}_x^{-\mathrm{H}/2}$ 的主特征向量来提取矩阵束 $(\boldsymbol{R}_y,\boldsymbol{R}_x)$ 的主广义特征向量。

为了避免求复矩阵根和矩阵求逆，该算法中 $\boldsymbol{K}(k)=\boldsymbol{R}_x^{-1/2}(k)$ 由下式计算获得，即

$$\boldsymbol{K}(k)=\frac{1}{\sqrt{\beta}}[\boldsymbol{I}+r(k)\tilde{\boldsymbol{x}}(k)\tilde{\boldsymbol{x}}^{\mathrm{H}}(k)]\boldsymbol{K}(k-1) \tag{9.12}$$

其中

$$\tilde{\boldsymbol{x}}(k)=\frac{1}{\sqrt{\beta}}\boldsymbol{K}(k-1)\boldsymbol{x}(k) \tag{9.13}$$

$$r(k)=\frac{1}{\|\tilde{\boldsymbol{x}}(k)\|^2}\left[\frac{1}{\sqrt{1+\|\tilde{\boldsymbol{x}}(k)\|^2}}-1\right] \tag{9.14}$$

于是，第 4 式中 $\boldsymbol{C}(k)$ 的计算公式为

$$\begin{aligned}\boldsymbol{C}(k)&=\boldsymbol{K}(k)\boldsymbol{R}_y(k)\boldsymbol{K}^{\mathrm{H}}(k)\\&=\boldsymbol{K}(k)[\alpha\boldsymbol{R}_y(k-1)+\boldsymbol{y}(k)\boldsymbol{y}^{\mathrm{H}}(k)]\boldsymbol{K}^{\mathrm{H}}(k)\\&=\frac{1}{\beta}\{\alpha\boldsymbol{C}(k-1)+\tilde{\boldsymbol{y}}(k)\tilde{\boldsymbol{y}}^{\mathrm{H}}(k)+\delta(k)\tilde{\boldsymbol{x}}(k)\tilde{\boldsymbol{x}}^{\mathrm{H}}(k)\\&\quad+\gamma(k)\tilde{\boldsymbol{x}}(k)\boldsymbol{h}^{\mathrm{H}}(k)+[\gamma(k)\tilde{\boldsymbol{x}}(k)\boldsymbol{h}^{\mathrm{H}}(k)]^{\mathrm{H}}\}\end{aligned} \tag{9.15}$$

于是，该算法具体形式为

$$\begin{cases}\tilde{\boldsymbol{y}}(k)=\boldsymbol{K}(k-1)\boldsymbol{y}(k)\\ \tilde{\boldsymbol{x}}(k)=(1/\sqrt{\beta})\boldsymbol{K}(k-1)\boldsymbol{x}(k)\\ \bar{\boldsymbol{x}}(k)=(1/\sqrt{\beta})\boldsymbol{K}^{\mathrm{H}}(k-1)\tilde{\boldsymbol{x}}(k)\\ \boldsymbol{z}(k)=\boldsymbol{C}(k-1)\tilde{\boldsymbol{y}}(k)\\ r(k)=[1/\|\tilde{\boldsymbol{n}}(k)\|^2]\left(1/\sqrt{1+\|\tilde{\boldsymbol{n}}(k)\|^2}-1\right)\\ e(k)=\tilde{\boldsymbol{y}}^{\mathrm{H}}(k)\tilde{\boldsymbol{x}}(k)\\ \delta(k)=|r(k)|^2[\alpha\tilde{\boldsymbol{x}}^{\mathrm{H}}(k)\boldsymbol{z}(k)+|e(k)|^2]\\ \boldsymbol{h}(k)=\alpha z(k)+e(k)\tilde{\boldsymbol{y}}(k)\\ \boldsymbol{C}(k)=(1/\beta)\{\alpha\boldsymbol{C}(k-1)+\tilde{\boldsymbol{y}}(k)\tilde{\boldsymbol{y}}^{\mathrm{H}}(k)+\delta(k)\tilde{\boldsymbol{x}}(k)\tilde{\boldsymbol{x}}^{\mathrm{H}}(k)\\ \qquad+\gamma(k)\tilde{\boldsymbol{x}}(k)\boldsymbol{h}^{\mathrm{H}}(k)+[\gamma(k)\tilde{\boldsymbol{x}}(k)\boldsymbol{h}^{\mathrm{H}}(k)]^{\mathrm{H}}\}\\ \widetilde{\boldsymbol{W}}(k)=\boldsymbol{C}(k)\overline{\boldsymbol{W}}(k-1)\\ \widetilde{\boldsymbol{W}}(k)=\boldsymbol{Q}(k)\boldsymbol{R}(k),\quad \overline{\boldsymbol{W}}(k)=\text{First } r \text{ columns } of\ \boldsymbol{Q}(k)\\ \boldsymbol{K}(k)=(1/\beta)\boldsymbol{K}(k-1)+r(k)\tilde{\boldsymbol{x}}(k)\tilde{\boldsymbol{x}}^{\mathrm{H}}(k)\\ \boldsymbol{W}(k)=\boldsymbol{K}^{\mathrm{H}}(k)\overline{\boldsymbol{W}}(k)\end{cases} \tag{9.16}$$

该算法在形式上稍显复杂，但其收敛速度还是相当可观的。

9.2.3 基于递归最小二乘法的广义特征向量提取算法

文献[18]提出一种基于 RLS 的自适应算法。鉴于 RLS 类算法的快速收敛与跟踪特性，可以通过 RLS 估计特征子空间的广义特征向量或者基。最终导出两种

算法：一种用于并列提取广义特征子空间的基，一种用于序贯提取广义特征向量。另外，通过修改算法还可以实现前 r 个主广义特征向量的并列提取。算法通过最小化如下信息准则或者该信息准则的改进得到，即

$$J(\boldsymbol{W})=E\ \|\boldsymbol{R}_x^{-1}\boldsymbol{y}-\boldsymbol{W}\boldsymbol{W}^{\mathrm{H}}\boldsymbol{y}\|_{\boldsymbol{R}_x}^2 \tag{9.17}$$

并行提取算法为

$$\begin{cases}\boldsymbol{z}(k)=\boldsymbol{W}^{\mathrm{H}}(k-1)\boldsymbol{y}(k)\\ \boldsymbol{h}(k)=\boldsymbol{P}(k-1)\boldsymbol{z}(k)\\ \boldsymbol{g}(k)=\dfrac{\boldsymbol{h}(k)}{\beta+\boldsymbol{z}^{\mathrm{H}}(k)\boldsymbol{h}(k)}\\ \boldsymbol{P}(k)=\mathrm{Tri}\left(\dfrac{1}{\beta}\left[\boldsymbol{P}(k-1)-\boldsymbol{g}(k)\boldsymbol{h}^{\mathrm{H}}(k)\right]\right)\\ \boldsymbol{e}(k)=\boldsymbol{R}_x^{-1}\boldsymbol{y}(k)-\boldsymbol{W}(k-1)\boldsymbol{z}(k)\\ \boldsymbol{W}(k)=\boldsymbol{W}(k-1)+\boldsymbol{e}(k)\boldsymbol{g}^{\mathrm{H}}(k)\end{cases} \tag{9.18}$$

其中，函数 Tri(·)表示取矩阵的上三角的元素并复制到其下三角，使矩阵$\boldsymbol{P}(k)$变为对称阵。

顺序提取算法为

$$\begin{cases}\boldsymbol{y}_1(k)=\boldsymbol{y}(k),\quad i=1,2,\cdots,r\\ z_i(k)=\boldsymbol{w}_i^{\mathrm{H}}(k-1)\boldsymbol{y}_i(k)\\ d_i(k)=\beta d_{i-1}(k)+|z_i(k)|^2\\ \boldsymbol{e}_i(k)=\boldsymbol{R}_x^{-1}\boldsymbol{y}_i(k)-\boldsymbol{w}_i(k-1)z_i(k)\\ \boldsymbol{w}_i(k)=\boldsymbol{w}_i(k-1)+\boldsymbol{e}_i(k)\left[z_i^{\mathrm{H}}(k)/d_i(k)\right]\\ \boldsymbol{y}_{i+1}(k)=\boldsymbol{y}_i(k)-\boldsymbol{R}_x\boldsymbol{w}_i(k)z_i(k)\end{cases} \tag{9.19}$$

在以上两种算法中，$\boldsymbol{R}_x$和$\boldsymbol{R}_x{}^{-1}$可以通过以下方式计算，即

$$\boldsymbol{R}_x(k)=\mu\boldsymbol{R}_x(k-1)+\boldsymbol{x}(k)\boldsymbol{x}^{\mathrm{H}}(k) \tag{9.20}$$

$$\boldsymbol{Q}_x(k)=\frac{1}{\mu}\left[\boldsymbol{I}-\frac{\boldsymbol{Q}_x(k-1)\boldsymbol{x}(k)\boldsymbol{x}^{\mathrm{H}}(k)}{\mu+\boldsymbol{x}^{\mathrm{H}}(k)\boldsymbol{Q}_x(k-1)\boldsymbol{x}(k)}\right]\boldsymbol{Q}_x(k-1) \tag{9.21}$$

其中，$\boldsymbol{Q}_x=\boldsymbol{R}_x{}^{-1}$。

在式(9.19)中，不适宜分别通过式(9.20)和式(9.21)来计算 $\boldsymbol{R}_x$ 和 $\boldsymbol{Q}_x$，因为使用两个相对独立的公式来计算本来互为逆矩阵的 $\boldsymbol{R}_x$ 和 $\boldsymbol{Q}_x$ 会增加计算误差，从而不能保证 $\boldsymbol{R}_x(k)$ 和 $\boldsymbol{Q}_x(k)=\boldsymbol{I}$ 在每一步都成立。因此，需避免直接计算 $\boldsymbol{R}_x$。令 $\boldsymbol{c}_i(k)=\boldsymbol{R}_x(k)\boldsymbol{w}_i(k)$和 $\boldsymbol{s}_i(k)=\boldsymbol{R}_x(k)\boldsymbol{e}_i(k)$。通过递归计算 $\boldsymbol{c}_i(k)$，然后通过 $\boldsymbol{w}_i(k)=\boldsymbol{Q}_x(k)\boldsymbol{c}_i(k)$来间接计算 $\boldsymbol{w}_i(k)$。于是该算法被修改为

$$
\begin{cases}
\boldsymbol{y}_1(k)=\boldsymbol{y}(k) \\
\boldsymbol{Q}_x(k)=\mathrm{Tri}\left(\dfrac{1}{\mu}\left[\boldsymbol{I}-\dfrac{\boldsymbol{Q}_x(k-1)\boldsymbol{x}(k)\boldsymbol{x}^{\mathrm{H}}(k)}{\mu+\boldsymbol{x}^{\mathrm{H}}(k)\boldsymbol{Q}_x(k-1)\boldsymbol{x}(k)}\right]\boldsymbol{Q}_x(k-1)\right), \quad i=1,2,\cdots,r \\
z_i(k)=\boldsymbol{c}_i^{\mathrm{H}}(k-1)\boldsymbol{Q}(k)\boldsymbol{y}_i(k) \\
d_i(k)=\beta d_{i-1}(k)+|z_i(k)|^2 \\
\boldsymbol{s}_i(k)=\boldsymbol{y}_i(k)-\boldsymbol{c}_i(k-1)z_i(k) \\
\boldsymbol{c}_i(k)=\boldsymbol{c}_i(k-1)+\boldsymbol{s}_i(k)\dfrac{z_i^{\mathrm{H}}(k)}{d_i(k)} \\
\boldsymbol{w}_i(k)=\boldsymbol{Q}(k)\boldsymbol{c}_i(k) \\
\boldsymbol{y}_{i+1}(k)=\boldsymbol{y}_i(k)-\boldsymbol{c}_i(k)z_i(k)
\end{cases}
\tag{9.22}
$$

上述并行提取算法提取的是广义特征子空间的一组基，而非前 r 个主广义特征向量。顺序提取算法虽然可以提取前 r 个主广义特征向量，但由于顺序提取带来的计算误差的积累，后续提取的特征向量其收敛速度和精度都会降低。为了克服上述缺点，提出一种并行提取前 r 个主广义特征向量的算法，即

$$
\begin{cases}
\boldsymbol{z}(k)=\boldsymbol{W}^{\mathrm{H}}(k-1)\boldsymbol{y}(k) \\
\boldsymbol{h}(k)=\boldsymbol{P}(k-1)\boldsymbol{z}(k) \\
\boldsymbol{g}(k)=\dfrac{\boldsymbol{h}(k)}{\beta+\boldsymbol{z}^{\mathrm{H}}(k)\boldsymbol{h}(k)} \\
\boldsymbol{P}(k)=\mathrm{Tri}\left(\dfrac{1}{\beta}[\boldsymbol{P}(k-1)-\boldsymbol{g}(k)\boldsymbol{h}^{\mathrm{H}}(k)]\right) \\
\boldsymbol{Q}_x(k)=\mathrm{Tri}\left(\dfrac{1}{\mu}\left[\boldsymbol{I}-\dfrac{\boldsymbol{Q}_x(k-1)\boldsymbol{x}(k)\boldsymbol{x}^{\mathrm{H}}(k)}{\mu+\boldsymbol{x}^{\mathrm{H}}(k)\boldsymbol{Q}_x(k-1)\boldsymbol{x}(k)}\right]\boldsymbol{Q}_x(k-1)\right) \\
\boldsymbol{e}(k)=\boldsymbol{Q}(k)\boldsymbol{y}(k)-\boldsymbol{W}(k-1)\boldsymbol{z}(k) \\
\boldsymbol{W}(k)=\boldsymbol{W}(k-1)+\boldsymbol{e}(k)\boldsymbol{g}^{\mathrm{H}}(k) \\
\boldsymbol{R}_y(k)=\eta\boldsymbol{R}_y(k-1)+\boldsymbol{y}(k)\boldsymbol{y}^{\mathrm{H}}(k) \\
\boldsymbol{W}(k)=\boldsymbol{R}\boldsymbol{y}
\end{cases}
\tag{9.23}
$$

其中，对 $\boldsymbol{W}(k)$ 的 $\boldsymbol{R}_y$ 正交化过程为

$$
\boldsymbol{a}_1=\boldsymbol{w}_1 \tag{9.24}
$$

$$
\boldsymbol{a}_j=\boldsymbol{w}_j-\sum_{i=1}^{j-1}\frac{\boldsymbol{a}_i^{\mathrm{H}}\boldsymbol{R}_y\boldsymbol{w}_j}{\boldsymbol{a}_i^{\mathrm{H}}\boldsymbol{R}_y\boldsymbol{a}_i}\boldsymbol{a}_i \tag{9.25}
$$

其中，$\boldsymbol{w}_j$ 是 $\boldsymbol{W}$ 的第 j 列；如果 $\boldsymbol{R}_y=\boldsymbol{I}$，$\boldsymbol{R}_y$ 正交化便等同于 Gram-Schmidt 正交化。

与并行提取算法相比，该算法可以很好的并行提取前 r 个主广义特征向量，但代价是算法计算复杂度的增加。

9.2.4 成对广义特征向量提取算法

前面介绍的算法，在广义特征向量更新公式中都没有考虑广义特征值的估计，这类算法被归结为非成对算法。Möller 等[30]指出，由于特征向量运动依赖信号协方差矩阵的特征值，这些非成对算法普遍存在“速度-稳定性”问题。“速度-稳定性”问题被描述为，神经网络算法的收敛速度依赖其 Jacobian 矩阵的特征值，在非成对的 PCA 算法中，特征向量运动依赖协方差矩阵的主特征值，而在非成对 MCA 算法中，则依赖协方差矩阵的所有特征值。下面举例说明“速度-稳定性”问题。

在文献[31]中，Nguyen 提出一个 GPCA 算法，其微分形式为

$$\dot{\boldsymbol{w}}=\boldsymbol{R}_x^{-1}\boldsymbol{R}_y\boldsymbol{w}-\boldsymbol{w}^{\mathrm{H}}\boldsymbol{R}_y\boldsymbol{w}\boldsymbol{w} \tag{9.26}$$

设 $\boldsymbol{W}=[\boldsymbol{w}_1,\boldsymbol{w}_2,\cdots,\boldsymbol{w}_N]$，$\boldsymbol{w}_1,\boldsymbol{w}_2,\cdots,\boldsymbol{w}_N$ 为矩阵束$(\boldsymbol{R}_y,\boldsymbol{R}_x)$的广义特征向量。Jacobian 矩阵在平衡点 $\boldsymbol{w}=\boldsymbol{w}_1$ 处的形式为

$$\boldsymbol{J}(\boldsymbol{w}_1)=\frac{\partial\dot{\boldsymbol{w}}}{\partial\boldsymbol{w}^{\mathrm{T}}}\Big|_{\boldsymbol{w}=\boldsymbol{w}_1}=\boldsymbol{R}_x^{-1}\boldsymbol{R}_y-\lambda_1\boldsymbol{I}-2\lambda_1\boldsymbol{w}_1\boldsymbol{w}_1^{\mathrm{H}}\boldsymbol{R}_x \tag{9.27}$$

求 $\boldsymbol{J}$ 的特征值可以简化为求其相似对角矩阵 $\boldsymbol{J}^*=\boldsymbol{P}^{-1}\boldsymbol{J}\boldsymbol{P}$ 的特征值，因为 $\boldsymbol{J}^*$ 和 $\boldsymbol{J}$ 具有相同的特征向量和特征值，而对角阵 $\boldsymbol{J}^*$ 的特征值更易于求取。鉴于 $\boldsymbol{W}^{\mathrm{H}}\boldsymbol{R}_x\boldsymbol{W}=\boldsymbol{I}$，这里不妨选取 $\boldsymbol{P}=\boldsymbol{W}$，则 $\boldsymbol{P}^{-1}=\boldsymbol{W}^{\mathrm{H}}\boldsymbol{R}_x$，于是

$$\begin{aligned}\boldsymbol{J}^*(\boldsymbol{w}_1)&=\boldsymbol{W}^{\mathrm{H}}\boldsymbol{R}_x(\boldsymbol{R}_x^{-1}\boldsymbol{R}_y-\lambda_1 I-2\lambda_1\boldsymbol{w}_1\boldsymbol{w}_1^{\mathrm{H}}\boldsymbol{R}_x)\boldsymbol{W}\\&=\boldsymbol{\Lambda}-\lambda_1\boldsymbol{I}-2\lambda_1\boldsymbol{W}^{\mathrm{H}}\boldsymbol{R}_x\boldsymbol{w}_1(\boldsymbol{W}^{\mathrm{H}}\boldsymbol{R}_x\boldsymbol{w}_1)^{\mathrm{H}}\end{aligned} \tag{9.28}$$

因为 $\boldsymbol{W}^{\mathrm{H}}\boldsymbol{R}_x\boldsymbol{w}_1=\boldsymbol{e}_1=[1,0,\cdots,0]^{\mathrm{T}}$，上式化简为

$$\boldsymbol{J}^*(\boldsymbol{w}_1)=\boldsymbol{\Lambda}-\lambda_1\boldsymbol{I}-2\lambda_1\boldsymbol{e}_1\boldsymbol{e}_1^{\mathrm{H}} \tag{9.29}$$

其特征值 α 定义为

$$\det(\boldsymbol{J}^*-\alpha\boldsymbol{I})=0 \tag{9.30}$$

不难求得

$$\alpha_1=-2\lambda_1,\quad \alpha_j=\lambda_j-\lambda_1,\quad j=2,3,\cdots,N \tag{9.31}$$

由 Jacobian 矩阵性质知，如果算法稳定，则需要满足 $\alpha<0$，因此要求 $\lambda_1>\lambda_j$，即只有当 λ_1 为最大特征值才能满足要求，这也验证了该算法是 GPCA 算法。在实际信号处理中，往往有 $\lambda_1\gg\lambda_j$，于是 $\alpha_j\approx-\lambda_1$。正如前面所说，在非成对 PCA 算法中，特征向量运动依赖协方差矩阵的主特征值(用类似方法可以证明，在非成对 MCA 算法中，特征向量运动依赖协方差矩阵的所有特征值)。也就是说，该算法存在“速度-稳定性”问题。

Möller 在指出“速度-稳定性”问题的同时，还基于一个新颖的信息准则推导出一系列的成对 PCA 算法，并且证明成对算法不存在该问题。后来，Nguyen 通过修改 Möller 的信息准则，将其推广到 GHEP 上来[32]，并基于拟牛顿法成功推导出一个成对 GPCA 算法，即

$$\begin{cases}\widetilde{w}(k)=w(k-1)+\dfrac{\eta_1}{\lambda(k-1)}[Q_x(k)R_y(k)w(k-1)\\ \qquad -w^{\mathrm{H}}(k-1)R_y(k)w(k-1)w(k-1)]\\ w(k)=\dfrac{\widetilde{w}(k)}{\|\widetilde{w}(k)\|_{R_x(k)}}\\ \lambda(k)=(1-\gamma_1)\lambda(k-1)+\gamma_1 w^{\mathrm{H}}(k)R_y(k)w(k)\end{cases} \tag{9.32}$$

和一个成对 GMCA 算法，即

$$\begin{cases}\widetilde{w}(k)=w(k-1)+\eta_2[Q_y(k)R_x(k)w(k-1)\lambda(k-1)\\ \qquad +w^{\mathrm{H}}(k-1)R_y(k)w(k-1)w(k-1)\lambda^{-1}(k-1)-2w(k-1)]\\ w(k)=\dfrac{\widetilde{w}(k)}{\|\widetilde{w}(k)\|_{R_x(k)}}\\ \lambda(k)=(1-\gamma_2)\lambda(k-1)+\gamma_2 w^{\mathrm{H}}(k)R_y(k)w(k)\end{cases} \tag{9.33}$$

其中，$Q_x=R_x^{-1}$；$Q_y=R_y^{-1}$；$\|u\|_{R_x}=\sqrt{u^{\mathrm{H}}R_x u}$定义为向量 u 的 R_x范数。

关于 R_y和 R_x的更新方法见前面公式，Q_x和 Q_y的更新公式为

$$Q_x(k)=\frac{1}{\alpha}\left[Q_x(k-1)-\frac{Q_x(k-1)x(k)x^{\mathrm{T}}(k)Q_x(k-1)}{\alpha+x^{\mathrm{T}}(k)Q_x(k-1)x(k)}\right] \tag{9.34}$$

$$Q_y(k)=\frac{1}{\beta}\left[Q_y(k-1)-\frac{Q_y(k-1)y(k)y^{\mathrm{H}}(k)Q_y(k-1)}{\beta+y^{\mathrm{H}}(k)Q_y(k-1)y(k)}\right] \tag{9.35}$$

令 $Q_y(0)=I$，$Q_x(0)=I$，该方法可避免矩阵求逆运算。

不同于 Möller，Nguyen 没有通过求 Jacobian 矩阵特征值来分析算法的收敛性，而是给出了基于 DDT 方法的收敛性分析，这是首次基于 DDT 的针对成对算法的收敛性分析。同时，Nguyen 还指出其收敛因子应当选择的范围。这里以成对GPCA算法为例，通过求其 Jacobian 矩阵来分析算法收敛性，并指出成对算法不存在“速度-稳定性”问题。

忽略模值归一化步骤，将成对 GPCA 算法写成微分方程形式，即

$$\dot{w}=\lambda^{-1}(R_x^{-1}R_y w-w^{\mathrm{H}}R_y w w) \tag{9.36}$$

$$\dot{\lambda}=w^{\mathrm{H}}R_y w-\lambda \tag{9.37}$$

其 Jacobian 矩阵在平衡点(w_1,λ_1)的形式为

$$J(w_1,\lambda_1)=\begin{bmatrix}\dfrac{\partial\dot{w}}{\partial w^{\mathrm{T}}} & \dfrac{\partial\dot{w}}{\partial\lambda}\\ \dfrac{\partial\dot{\lambda}}{\partial w^{\mathrm{T}}} & \dfrac{\partial\dot{\lambda}}{\partial\lambda}\end{bmatrix}\Bigg|_{(w_1,\lambda_1)}=\begin{bmatrix}\lambda_1^{-1}R_x^{-1}R_y-I-2w_1w_1^{\mathrm{H}}R_x & 0\\ 2\lambda_1 w_1^{\mathrm{H}}R_x & -I\end{bmatrix} \tag{9.38}$$

令

$$P=\begin{bmatrix} W & 0 \\ 0^{T} & I \end{bmatrix} \tag{9.39}$$

则不难得出

$$P^{-1}=\begin{bmatrix} W^{H}R_{x} & 0 \\ 0^{T} & I \end{bmatrix} \tag{9.40}$$

于是求 J 的特征值可以简化为求其相似对角矩阵 $J^{*}=P^{-1}JP$ 的特征值，从而有

$$J^{*}(w_1,\lambda_1)=\begin{bmatrix} \lambda_1^{-1}\Lambda-I-2e_1e_1^{H} & 0 \\ 2\lambda_1 e_1^{H} & -I \end{bmatrix} \tag{9.41}$$

不难求得其特征值 $\alpha=\det(J^{*}-\alpha I)=0$ 为

$$\alpha_1=-2,\quad \alpha_{N+1}=-1,\quad \alpha_j=\frac{\lambda_j}{\lambda_1}-1,\quad j=2,3,\cdots,N \tag{9.42}$$

不难得出这样的结论：当 $\lambda_1>\lambda_j$ 时，$\alpha<0$，算法稳定，即只有最大广义特征值满足要求。如果进一步假设 $\lambda_1\gg\lambda_j$，于是 $\alpha_j\approx-1$，此时算法在各个方向的收敛速度相当，并且与原信号协方差矩阵的广义特征值无关。也就是说，成对算法中不存在“速度-稳定性”问题。

值得一提的是，该成对算法不具有自稳定特性，因此广义特征向量的模值归一化步骤是必需的，否则算法会发散。同时，由于其公式中含有 $\lambda^{-1}(k)$ 项，当被提取的次广义特征值 $\lambda_1\ll1$ 时其数值稳定性会低于成对 GPCA 算法。此外，GPCA 算法要求收敛因子满足 $\eta_1,\eta_2\in(0,2\lambda_1[\lambda_N-\lambda_1]^{-1})$ 和 $\gamma_1,\gamma_2\in(0,1]$，而 λ_1 和 λ_N 是不可预知的，因此在实际应用中选择合适的收敛因子 η_1 和 η_2 存在一定困难。

9.3　一种快速和自适应的耦合广义特征对提取分析算法

为了解决速度—稳定性问题，Möller[30] 提出 HEP 问题特征提取的一类耦合主成分分析算法。在更早时期，Chen 等[34] 提出一个有趣的算法，在该算法中学习因子受特征值估计值控制，这样特征向量和特征值同时更新。就我们所知，这是最早的耦合算法。以 Möller 算法为基础，Nguyen 等[32] 导出两种提取广义特征对的性能良好的类牛顿算法，其实这一算法是 Möller 耦合学习算法的推广。应用 DDT 方法，Nguyen 分析了其算法的收敛性，确定了保证算法收敛到需要的特征对时初始特征对的选择范围。然而，Nguyen 提出的算法也存在缺点，如矩阵束的最小特征对远小于 1 时，算法可能失去鲁棒性。

受耦合学习算法有效性的启发，我们提出一种新颖的耦合算法估计广义特征对信息。基于一个新颖的广义特征信息准则，我们导出一个自适应 GMCA 算法及通过修改 GMCA 算法得到一个自适应 GPCA 算法。值得注意的是，这里获得

该算法的过程要比现有的算法容易，因为在推导新算法时我们不需要计算 Hessian 矩阵的逆。可以发现提出的算法在公式中不含有特征值估计的倒数值，这样当被估计的矩阵束的最小特征值远小于 1 时，算法在数值上比 Nguyen 算法更具鲁棒性，而且提出算法的计算复杂度也小于 Nguyen 算法。与 Nguyen 算法相比，我们提出的算法容易选择在线实施过程中的学习步长，提出的算法收敛速度与 Nguyen 算法一样快，与同类算法相比，提出的算法收敛更快、更鲁棒。

9.3.1 GMCA 和 GPCA 算法的耦合广义系统

1. 广义信息准则和耦合的广义系统

一般而言，基于神经网络模型的算法通常都是通过优化某个函数或信息准则来导出的[30]。有文献指出，任意一个准则如果其最大或最小值(可能在某个约束下)对应于需要的主要或次要方向或子空间，那么这样的准则可用来推导算法[35]。在文献[30]中，Möller 指出如果使用牛顿方法的话，选择一个准则的自由度会大些。在这种情况下，只需要找到一个准则，其稳定点就对应所需要的解。Möller 等提出一个特殊准则，它含有特征向量和特征值的估计[30]。以 Möller 的工作为基础，通过找到一个广义信息准则的稳定点(该准则实际上是 Möller 准则的推广)，Nguyen 等提出并导出新颖的广义特征对提取算法。

在这一部分，给定矩阵束($\boldsymbol{R}_y,\boldsymbol{R}_x$)，以文献[30]，[32]的信息准则为基础，我们提出一个广义的信息准则，即

$$p(\boldsymbol{w},\lambda)=\boldsymbol{w}^{\mathrm{H}}\boldsymbol{R}_y\boldsymbol{w}-\lambda\boldsymbol{w}^{\mathrm{H}}\boldsymbol{R}_x\boldsymbol{w}+\lambda \tag{9.43}$$

由该准则，很容易得到下式，即

$$\begin{bmatrix}\dfrac{\partial p}{\partial \boldsymbol{w}}\\[2mm] \dfrac{\partial p}{\partial \lambda}\end{bmatrix}=\begin{bmatrix}2\boldsymbol{R}_y\boldsymbol{w}-2\lambda\boldsymbol{R}_x\boldsymbol{w}\\ -\boldsymbol{w}^{\mathrm{H}}\boldsymbol{R}_x\boldsymbol{w}+1\end{bmatrix} \tag{9.44}$$

这样稳定点($\bar{\boldsymbol{w}},\bar{\lambda}$)可由下式定义，即

$$\begin{cases}\boldsymbol{R}_y\bar{\boldsymbol{w}}=\bar{\lambda}\boldsymbol{R}_x\bar{\boldsymbol{w}}\\ \bar{\boldsymbol{w}}^{\mathrm{H}}\boldsymbol{R}_x\bar{\boldsymbol{w}}=1\end{cases} \tag{9.45}$$

由上式可得$\bar{\boldsymbol{w}}^{\mathrm{H}}\boldsymbol{R}_y\bar{\boldsymbol{w}}=\bar{\lambda}\,\bar{\boldsymbol{w}}^{\mathrm{H}}\boldsymbol{R}_x\bar{\boldsymbol{w}}=\bar{\lambda}$。这意味着式(9.43)的一个稳定点($\bar{\boldsymbol{w}},\bar{\lambda}$)是矩阵束($\boldsymbol{R}_y,\boldsymbol{R}_x$)的一个广义特征对。该准则的 Hessian 矩阵为

$$\boldsymbol{H}(\boldsymbol{w},\lambda)=\begin{bmatrix}\dfrac{\partial^2 p}{\partial \boldsymbol{w}^2} & \dfrac{\partial^2 p}{\partial \boldsymbol{w}\partial\lambda}\\[2mm] \dfrac{\partial^2 p}{\partial\lambda\partial \boldsymbol{w}} & \dfrac{\partial^2 p}{\partial\lambda^2}\end{bmatrix}=2\begin{bmatrix}\boldsymbol{R}_y-\lambda\boldsymbol{R}_x & -\boldsymbol{R}_x\boldsymbol{w}\\ -\boldsymbol{w}^{\mathrm{H}}\boldsymbol{R}_x & 0\end{bmatrix} \tag{9.46}$$

使用牛顿方法时，用于获得动态系统的方程可写为

$$\begin{bmatrix}\dot{w}\\ \dot{\lambda}\end{bmatrix}=-H^{-1}(w,\lambda)\begin{bmatrix}\dfrac{\partial p}{\partial w}\\ \dfrac{\partial p}{\partial \lambda}\end{bmatrix}\tag{9.47}$$

其中，$\dot{w}$ 和 $\dot{\lambda}$ 是 w 和 λ 基于时间的导数。

以上面的公式为基础，通过求出 Hessian 矩阵的逆矩阵，Nguyen 等[32]得到了其算法。这里，我们通过以下方式推导我们的算法。用 $\boldsymbol{H}(w,\lambda)$ 来左乘式(9.47)方程的两边，我们可以得到下式，即

$$\boldsymbol{H}(w,\lambda)\begin{bmatrix}\dot{w}\\ \dot{\lambda}\end{bmatrix}=-\begin{bmatrix}\dfrac{\partial p}{\partial w}\\ \dfrac{\partial p}{\partial \lambda}\end{bmatrix}\tag{9.48}$$

在该部分，后面我们所有的算法均建立在式(9.48)的基础上。将式(9.44)和式(9.46)代入式(9.48)，可以得到下式，即

$$2\begin{bmatrix}\boldsymbol{R}_y-\lambda\boldsymbol{R}_x & -\boldsymbol{R}_x\boldsymbol{w}\\ -\boldsymbol{w}^H\boldsymbol{R}_x & 0\end{bmatrix}\begin{bmatrix}\dot{w}\\ \dot{\lambda}\end{bmatrix}=-\begin{bmatrix}2\boldsymbol{R}_y\boldsymbol{w}-2\lambda\boldsymbol{R}_x\boldsymbol{w}\\ -\boldsymbol{w}^H\boldsymbol{R}_x\boldsymbol{w}+1\end{bmatrix}\tag{9.49}$$

经过一系列计算后，可以得到一个耦合的广义系统，即

$$\dot{\boldsymbol{w}}=\frac{(\boldsymbol{R}_y-\lambda\boldsymbol{R}_x)^{-1}\boldsymbol{R}_x\boldsymbol{w}}{\boldsymbol{w}^{\mathrm{H}}\boldsymbol{R}_x(\boldsymbol{R}_y-\lambda\boldsymbol{R}_x)^{-1}\boldsymbol{R}_x\boldsymbol{w}}-\boldsymbol{w}\tag{9.50}$$

$$\dot{\lambda}=\frac{1}{\boldsymbol{w}^{\mathrm{H}}\boldsymbol{R}_x(\boldsymbol{R}_y-\lambda\boldsymbol{R}_x)^{-1}\boldsymbol{R}_x\boldsymbol{w}}\tag{9.51}$$

2. GMCA 和 GPCA 的耦合广义系统

设 $\boldsymbol{\Lambda}$ 是一对角矩阵，含有矩阵束$(\boldsymbol{R}_y,\boldsymbol{R}_x)$的所有广义特征值，即 $\boldsymbol{\Lambda}=\mathrm{diag}\{\lambda_1,\lambda_2,\cdots,\lambda_N\}$。设 $\boldsymbol{V}=[\boldsymbol{v}_1,\boldsymbol{v}_2,\cdots,\boldsymbol{v}_N]$，这里 $\boldsymbol{v}_1,\boldsymbol{v}_2,\cdots,\boldsymbol{v}_N$ 是对应于广义特征值 $\lambda_1,\lambda_2,\cdots,\lambda_N$ 的广义特征向量，从而有 $\boldsymbol{V}^{\mathrm{H}}\boldsymbol{R}_x\boldsymbol{V}=\boldsymbol{I}$，$\boldsymbol{V}^{\mathrm{H}}\boldsymbol{R}_y\boldsymbol{V}=\boldsymbol{\Lambda}$。这样，$\boldsymbol{R}_x=(\boldsymbol{V}^{\mathrm{H}})^{-1}\boldsymbol{V}^{-1}$ 和 $\boldsymbol{R}_y=(\boldsymbol{V}^{\mathrm{H}})^{-1}\boldsymbol{\Lambda}\boldsymbol{V}^{-1}$，而且

$$(\boldsymbol{R}_y-\lambda\boldsymbol{R}_x)^{-1}=\boldsymbol{V}(\boldsymbol{\Lambda}-\lambda I)^{-1}\boldsymbol{V}^{\mathrm{H}}\tag{9.52}$$

在稳定点$(\boldsymbol{w}_1,\lambda_1)$附近，我们可以考虑 $\boldsymbol{w}\approx\boldsymbol{v}_1$ 和 $\lambda\approx\lambda_1\ll\lambda_j\,(2\leqslant j\leqslant N)$，则有 $\lambda_j-\lambda\approx\lambda_j$。在这种情况下，有 $\boldsymbol{V}^H\boldsymbol{R}_x\boldsymbol{w}\approx\boldsymbol{e}_1=[1,0,\cdots,0]^H$ 和

$$\begin{aligned}\boldsymbol{\Lambda}-\lambda\boldsymbol{I}&=\mathrm{diag}\{\lambda_1-\lambda,\lambda_2,\cdots,\lambda_N-\lambda\}\\&\approx\mathrm{diag}\{\lambda_1-\lambda,\lambda_2,\cdots,\lambda_N\}\\&=\boldsymbol{\Lambda}-\lambda\,\boldsymbol{e}_1\,\boldsymbol{e}_1^H\end{aligned}\tag{9.53}$$

这里 $\mathrm{diag}\{\cdot\}$是对角函数。将式(9.53)代入式(9.52)，并且应用 Sherman-Morrison 公式，可得下式，即

$$
\begin{aligned}
(\boldsymbol{R}_y-\lambda\boldsymbol{R}_x)^{-1}&=\boldsymbol{V}(\boldsymbol{\Lambda}-\lambda\boldsymbol{I})^{-1}\boldsymbol{V}^{\mathrm{H}}\\
&\approx\boldsymbol{V}(\boldsymbol{\Lambda}-\lambda\boldsymbol{e}_1\boldsymbol{e}_1^{\mathrm{H}})^{-1}\boldsymbol{V}^{\mathrm{H}}\\
&=[(\boldsymbol{V}^{\mathrm{H}})^{-1}(\boldsymbol{\Lambda}-\lambda\boldsymbol{e}_1\boldsymbol{e}_1^{\mathrm{H}})\boldsymbol{V}^{-1}]^{-1}\\
&=[\boldsymbol{R}_y-\lambda(\boldsymbol{V}^{\mathrm{H}})^{-1}\boldsymbol{e}_1\boldsymbol{e}_1^{\mathrm{H}}\boldsymbol{V}^{-1}]^{-1}\\
&\approx[\boldsymbol{R}_y-\lambda(\boldsymbol{V}^{\mathrm{H}})^{-1}(\boldsymbol{V}^{\mathrm{H}}\boldsymbol{R}_x\boldsymbol{w})(\boldsymbol{V}^{\mathrm{H}}\boldsymbol{R}_x\boldsymbol{w})^{\mathrm{H}}\boldsymbol{V}^{-1}]^{-1}\\
&=[\boldsymbol{R}_y-\lambda(\boldsymbol{R}_x\boldsymbol{w})(\boldsymbol{R}_x\boldsymbol{w})^{\mathrm{H}}]^{-1}
\end{aligned}
\tag{9.54}
$$

可以发现，在点$(\boldsymbol{v}_1,\lambda_1)$附近，即当$\boldsymbol{R}_y\boldsymbol{v}_1=\lambda_1\boldsymbol{R}_x\boldsymbol{v}_1$ 和$\boldsymbol{v}_1^{\mathrm{H}}\boldsymbol{R}_x\boldsymbol{v}_1=1$时，有

$$
[\boldsymbol{R}_y-\lambda_1(\boldsymbol{R}_x\boldsymbol{v}_1)(\boldsymbol{R}_x\boldsymbol{v}_1)^{\mathrm{H}}]\boldsymbol{v}_1=\boldsymbol{R}_y\boldsymbol{v}_1-(\lambda_1\boldsymbol{R}_x\boldsymbol{v}_1)(\boldsymbol{v}_1^{\mathrm{H}}\boldsymbol{R}_x\boldsymbol{v}_1)=0 \tag{9.55}
$$

这意味着，矩阵$\boldsymbol{R}_y-\lambda(\boldsymbol{R}_x\boldsymbol{w})(\boldsymbol{R}_x\boldsymbol{w})^{\mathrm{H}}$有一个零特征值，对应于特征向量$\boldsymbol{v}_1$。也就是说，如果$(\boldsymbol{w},\lambda)=(\boldsymbol{v}_1,\lambda_1)$，那么矩阵$\boldsymbol{R}_y-\lambda(\boldsymbol{R}_x\boldsymbol{w})(\boldsymbol{R}_x\boldsymbol{w})^{\mathrm{H}}$是秩亏缺的、不可逆的。这样，我们在(9.54)式中增加一个惩罚因子$\varepsilon\approx1$，即

$$
(\boldsymbol{R}_y-\lambda\boldsymbol{R}_x)^{-1}\approx[\boldsymbol{R}_y-\varepsilon\lambda(\boldsymbol{R}_x\boldsymbol{w})(\boldsymbol{R}_x\boldsymbol{w})^{\mathrm{H}}]^{-1}=R_y^{-1}+\frac{\varepsilon\lambda R_y^{-1}\boldsymbol{R}_x\boldsymbol{w}\boldsymbol{w}^{\mathrm{H}}\boldsymbol{R}_xR_y^{-1}}{1-\varepsilon\lambda\boldsymbol{w}^{\mathrm{H}}\boldsymbol{R}_xR_y^{-1}\boldsymbol{R}_x\boldsymbol{w}} \tag{9.56}
$$

将式(9.54)代入式(9.50)和式(9.51)，可以得到 GMCA 情况下的耦合系统，即

$$
\dot{\boldsymbol{w}}=\frac{\boldsymbol{R}_y^{-1}\boldsymbol{R}_x\boldsymbol{w}}{\boldsymbol{w}^{\mathrm{H}}\boldsymbol{R}_x\boldsymbol{R}_y^{-1}\boldsymbol{R}_x\boldsymbol{w}}-\boldsymbol{w} \tag{9.57}
$$

$$
\dot{\lambda}=\frac{1}{\boldsymbol{w}^{\mathrm{H}}\boldsymbol{R}_x\boldsymbol{R}_y^{-1}\boldsymbol{R}_x\boldsymbol{w}}-\lambda \tag{9.58}
$$

我们知道，矩阵束$(\boldsymbol{R}_y,\boldsymbol{R}_x)$的第$i$个广义主特征向量$\boldsymbol{v}_i$也是矩阵束$(\boldsymbol{R}_x,\boldsymbol{R}_y)$第$i$个广义次特征向量。这样，提取可逆矩阵束$(\boldsymbol{R}_y,\boldsymbol{R}_x)$广义主特征子空间的问题等价于提取矩阵束$(\boldsymbol{R}_x,\boldsymbol{R}_y)$的广义次子空间，反之亦然[32]。所以，通过在式(9.57)和式(9.58)中交换$\boldsymbol{R}_x$与$\boldsymbol{R}_y$以及$\boldsymbol{R}_x^{-1}$和$\boldsymbol{R}_y^{-1}$，可以获得一个修改的系统，即

$$
\dot{\boldsymbol{w}}=\frac{\boldsymbol{R}_x^{-1}\boldsymbol{R}_y\boldsymbol{w}}{\boldsymbol{w}^{\mathrm{H}}\boldsymbol{R}_y\boldsymbol{R}_x^{-1}\boldsymbol{R}_y\boldsymbol{w}}-\boldsymbol{w} \tag{9.59}
$$

$$
\dot{\lambda}=\boldsymbol{w}^{\mathrm{H}}\boldsymbol{R}_y\boldsymbol{R}_x^{-1}\boldsymbol{R}_y\boldsymbol{w}-\lambda \tag{9.60}
$$

由此可以提取矩阵束$(\boldsymbol{R}_x,\boldsymbol{R}_y)$的次特征对，以及矩阵束$(\boldsymbol{R}_y,\boldsymbol{R}_x)$的主特征对。

正如文献[32]所指出的，通过应用广义特征子空间嵌套的正交补结构，估计$p(\leqslant N)$维次/主广义子空间的问题可以简化为估计一些矩阵束的最小/最大广义特征值对应的广义特征对的多个 GHEP 问题。下面公式显示如何估计剩余的$p-1$个次/主特征对。

在 GMCA 情况下，考虑下列公式，即

$$
\boldsymbol{R}_j=\boldsymbol{R}_{j-1}+\beta\boldsymbol{R}_x\boldsymbol{w}_{j-1}\boldsymbol{w}_{j-1}^{\mathrm{T}}\boldsymbol{R}_y \tag{9.61}
$$

$$
\boldsymbol{R}_j^{-1}=\boldsymbol{R}_{j-1}^{-1}-\frac{\beta\boldsymbol{R}_{j-1}^{-1}\boldsymbol{R}_x\boldsymbol{w}_{j-1}\boldsymbol{w}_{j-1}^{\mathrm{T}}\boldsymbol{R}_y\boldsymbol{R}_{j-1}^{-1}}{1+\beta\boldsymbol{w}_{j-1}^{\mathrm{T}}\boldsymbol{R}_y\boldsymbol{R}_{j-1}^{-1}\boldsymbol{R}_x\boldsymbol{w}_{j-1}} \tag{9.62}
$$

其中 $j=2,\cdots,p$；$\beta\geqslant\lambda_N/\lambda_1$；$\boldsymbol{R}_1=\boldsymbol{R}_y$；$\boldsymbol{w}_{j-1}=\boldsymbol{v}_{j-1}$是第 $j-1$ 个要提取的广义次特征向量。

我们有如下公式，即

$$\begin{aligned}\boldsymbol{R}_j\boldsymbol{v}_q&=\left(\boldsymbol{R}_y+\beta\sum_{i=1}^{j-1}\boldsymbol{R}_x\boldsymbol{v}_i\boldsymbol{v}_i^{\mathrm{T}}\boldsymbol{R}_y\right)\boldsymbol{v}_q\\&=\boldsymbol{R}_y\boldsymbol{v}_q+\beta\sum_{i=1}^{j-1}\boldsymbol{R}_x\boldsymbol{v}_i\boldsymbol{v}_i^{\mathrm{T}}\boldsymbol{R}_y\boldsymbol{v}_q\\&=\lambda_q\boldsymbol{R}_x\boldsymbol{v}_q+\beta\lambda_q\sum_{i=1}^{j-1}\boldsymbol{R}_x\boldsymbol{v}_i\boldsymbol{v}_i^{\mathrm{T}}\boldsymbol{R}_y\boldsymbol{v}_q\\&=\begin{cases}(1+\beta)\lambda_q\boldsymbol{R}_x\boldsymbol{v}_q, & q=1,2,\cdots,j-1\\\lambda_q\boldsymbol{R}_x\boldsymbol{v}_q, & q=j,\cdots,N\end{cases}\end{aligned}\tag{9.63}$$

这样，矩阵束$(\boldsymbol{R}_j,\boldsymbol{R}_x)$有特征值 $\lambda_j\leqslant\cdots\leqslant\lambda_N\leqslant(1+\beta)\lambda_1\leqslant\cdots\leqslant(1+\beta)\lambda_{j-1}$对应于特征向量$\boldsymbol{v}_j,\cdots,\boldsymbol{v}_N,\boldsymbol{v}_1,\cdots,\boldsymbol{v}_{j-1}$。在式(9.57)和式(9.58)中，通过用 $\boldsymbol{R}_j^{-1}$ 代替 $\boldsymbol{R}_y^{-1}$，可用于估计第 j 个广义次特征向量对$(\boldsymbol{v}_j,\lambda_j)$。

在 GPCA 情况下，考虑下面的公式，即

$$\boldsymbol{R}_j=\boldsymbol{R}_{j-1}-\boldsymbol{R}_x\boldsymbol{w}_{j-1}\boldsymbol{w}_{j-1}^{\mathrm{T}}\boldsymbol{R}_y\tag{9.64}$$

其中，$\boldsymbol{R}_1=\boldsymbol{R}_y$；$\boldsymbol{w}_{j-1}=\boldsymbol{v}_{N-j+1}$是要提取的第$(j-1)$个广义主特征向量。

在式(9.59)和式(9.60)中，通过用 $\boldsymbol{R}_j$ 替 $\boldsymbol{R}_y$，它可用于估计第 j 个广义主特征向量对$(\boldsymbol{v}_{N-j+1},\lambda_{N-j+1})$。

9.3.2　耦合广义系统的自适应实现

在工程实际中，矩阵 $\boldsymbol{R}_y$ 和$\boldsymbol{R}_x$分别是随机输入序列$\{y(k)\}_{k\in\mathbf{Z}}$和$\{x(k)\}_{k\in\mathbf{Z}}$的方差矩阵。因此，矩阵束$(\boldsymbol{R}_y,\boldsymbol{R}_x)$常常是未知的，如果信号不稳定，它们甚至随着时间缓慢变化。在这种情况，$\boldsymbol{R}_y$ 和 $\boldsymbol{R}_x$ 是变量，需要用在线方法估计。在这里，我们提出用如下公式更新 $\boldsymbol{R}_y$ 和 $\boldsymbol{R}_x$，即

$$\hat{\boldsymbol{R}}_y(k+1)=\beta\hat{\boldsymbol{R}}_y(k)+\boldsymbol{y}(k+1)\boldsymbol{y}^{\mathrm{H}}(k+1)\tag{9.65}$$

$$\hat{\boldsymbol{R}}_x(k+1)=\alpha\hat{\boldsymbol{R}}_x(k)+\boldsymbol{x}(k+1)\boldsymbol{x}^{\mathrm{H}}(k+1)\tag{9.66}$$

其中，$\alpha,\beta\in(0,1)$被称作遗忘因子。通过使用 SM-引理，$\boldsymbol{Q}_y(k)=\hat{\boldsymbol{R}}_y^{-1}(k)$和$\boldsymbol{Q}_x(k)=\hat{\boldsymbol{R}}_x^{-1}(k)$可以采用如下更新，即

$$\boldsymbol{Q}_y(k+1)=\frac{1}{\beta}\left[\boldsymbol{Q}_y(k)-\frac{\boldsymbol{Q}_y(k)y(k+1)\boldsymbol{y}^{\mathrm{H}}(k+1)\boldsymbol{Q}_y(k)}{\beta+\boldsymbol{y}^{\mathrm{H}}(k+1)\boldsymbol{Q}_y(k)\boldsymbol{y}(k+1)}\right]\tag{9.67}$$

$$\boldsymbol{Q}_x(k+1)=\frac{1}{\alpha}\left[\boldsymbol{Q}_x(k)-\frac{\boldsymbol{Q}_x(k)\boldsymbol{x}(k+1)\boldsymbol{x}^{\mathrm{H}}(k+1)\boldsymbol{Q}_x(k)}{\alpha+\boldsymbol{x}^{\mathrm{H}}(k+1)\boldsymbol{Q}_x(k)\boldsymbol{x}(k+1)}\right]\tag{9.68}$$

显然，当取 $\alpha=\beta=1$ 时，有

$$\lim_{k\to\infty}\frac{1}{k}\hat{\boldsymbol{R}}_y(k)=\boldsymbol{R}_y\tag{9.69}$$

$$\lim_{k\to\infty}\frac{1}{k}\hat{\boldsymbol{R}}_x(k)=\boldsymbol{R}_x \tag{9.70}$$

通过用$\hat{\boldsymbol{R}}_y(k)$，$\hat{\boldsymbol{R}}_x(k)$，$\boldsymbol{Q}_y(k)$和$\boldsymbol{Q}_x(k)$代替式(9.57)～式(9.60)中的$\boldsymbol{R}_y$，$\boldsymbol{R}_x$，$\boldsymbol{R}_y^{-1}$和$\boldsymbol{R}_x^{-1}$，我们可以得到如下具有归一化步骤的在线 GMCA 算法，即

$$\widetilde{\boldsymbol{w}}(k+1)=\eta_1\frac{\boldsymbol{Q}_y(k+1)\hat{\boldsymbol{R}}_x(k+1)\boldsymbol{w}(k)}{\boldsymbol{w}^{\mathrm{H}}(k)\hat{\boldsymbol{R}}_x(k+1)\boldsymbol{Q}_y(k+1)\hat{\boldsymbol{R}}_x(k+1)\boldsymbol{w}(k)}+(1-\eta_1)\boldsymbol{w}(k) \tag{9.71}$$

$$\boldsymbol{w}(k+1)=\frac{\widetilde{\boldsymbol{w}}(k+1)}{\|\widetilde{\boldsymbol{w}}(k+1)\|_{\hat{\boldsymbol{R}}_x(k+1)}} \tag{9.72}$$

$$\lambda(k+1)=\gamma_1\frac{1}{\boldsymbol{w}^{\mathrm{H}}(k)\hat{\boldsymbol{R}}_x(k+1)\boldsymbol{Q}_y(k+1)\hat{\boldsymbol{R}}_x(k+1)\boldsymbol{w}(k)}+(1-\gamma_1)\lambda(k) \tag{9.73}$$

和具有归一化步骤的在线 GPCA 算法，即

$$\widetilde{\boldsymbol{w}}(k+1)=\eta_2\frac{\boldsymbol{Q}_x(k+1)\hat{\boldsymbol{R}}_y(k+1)\boldsymbol{w}(k)}{\boldsymbol{w}^{\mathrm{H}}(k)\hat{\boldsymbol{R}}_y(k+1)\boldsymbol{Q}_x(k+1)\hat{\boldsymbol{R}}_y(k+1)\boldsymbol{w}(k)}+(1-\eta_2)\boldsymbol{w}(k) \tag{9.74}$$

$$\boldsymbol{w}(k+1)=\frac{\widetilde{\boldsymbol{w}}(k+1)}{\|\widetilde{\boldsymbol{w}}(k+1)\|_{\hat{\boldsymbol{R}}_y(k+1)}} \tag{9.75}$$

$$\lambda(k+1)=\gamma_2\boldsymbol{w}^{\mathrm{H}}(k)\hat{\boldsymbol{R}}_y(k+1)\boldsymbol{Q}_x(k+1)\hat{\boldsymbol{R}}_y(k+1)\boldsymbol{w}(k)+(1-\gamma_2)\lambda(k) \tag{9.76}$$

其中，$\eta_1,\eta_2,\gamma_1,\gamma_2\in(0,1]$是步长因子。

为了方便起见，我们将文献[32]中提出的 GPCA 和 GMCA 算法分别简记为 nGPCA 和 nGMCA。类似地，我们将式(9.71)～式(9.73)中的算法记为算法 1 (fGPCA)，式(9.74)～式(9.76)中的算法记为算法 2(fGMCA)。

在该部分的末尾，我们讨论所提出算法的计算复杂度。以 fGMCA 为例，$\hat{\boldsymbol{R}}_x(k)$和$\boldsymbol{Q}_y(k)$的计算需要 $5N^2+O(N)$乘，而且通过式(9.66)，我们有

$$\begin{aligned}\hat{\boldsymbol{R}}_x(k+1)\boldsymbol{w}(k)&=\left[\frac{k}{k+1}\hat{\boldsymbol{R}}_x(k)+\frac{1}{k+1}\boldsymbol{x}(k+1)\boldsymbol{x}^{\mathrm{H}}(k+1)\right]\boldsymbol{w}(k)\\&=\frac{k}{k+1}\hat{\boldsymbol{R}}_x(k)\boldsymbol{w}(k)+\frac{1}{k+1}\boldsymbol{x}(k+1)[\boldsymbol{x}^{\mathrm{H}}(k+1)\boldsymbol{w}(k)]\end{aligned} \tag{9.77}$$

其中

$$\hat{\boldsymbol{R}}_x(k)\boldsymbol{w}(k)=\frac{\hat{\boldsymbol{R}}_x(k)\widetilde{\boldsymbol{w}}(k)}{\sqrt{\widetilde{\boldsymbol{w}}(k)^{\mathrm{H}}\hat{\boldsymbol{R}}_x(k)\widetilde{\boldsymbol{w}}(k)}} \tag{9.78}$$

由于在计算 $\boldsymbol{w}(k)$的归一化时，$\hat{\boldsymbol{R}}_x(k)\widetilde{\boldsymbol{w}}(k)$在前面的步骤中已经算出，$\hat{\boldsymbol{R}}_x(k+1)\boldsymbol{w}(k)$的

更新需要 $O(N)$。这样，在 fGMCA 中，$\boldsymbol{w}(k)$ 和 $\lambda(k)$ 的更新需要 $2N^2+O(N)$ 乘。这样，在每次迭代更新中，fGMCA 需要总共 $7N^2+O(N)$ 乘。用类似方法，我们也可发现 fGPCA 的每次迭代计算需要总共 $7N^2+O(N)$ 乘。因此，fGMCA 和 fGPCA 的计算复杂度均小于 nGMCA 和 nGPCA($10N^2+O(N)$)。

9.3.3　收敛性能分析

神经网络学习算法收敛性的直接研究和分析是一个很难的话题。从应用的角度而言，比起传统的方法，通过 DDT 方法研究算法的收敛性更合理。通过使用 DDT 方法，Nguyen 等第一个研究了耦合的广义特征对提取算法的收敛性[32]。在该部分，我们以文献[32]的 DDT 方法为基础，系统地分析提出算法的收敛性。

fGMCA 的 DDT 系统可以写为

$$\tilde{\boldsymbol{w}}(k+1)=\boldsymbol{w}(k)+\eta_1\left[\frac{\boldsymbol{R}_y^{-1}\boldsymbol{R}_x\boldsymbol{w}(k)}{\boldsymbol{w}^{\mathrm{H}}(k)\boldsymbol{R}_x\boldsymbol{R}_y^{-1}\boldsymbol{R}_x\boldsymbol{w}(k)}-\boldsymbol{w}(k)\right] \tag{9.79}$$

$$\boldsymbol{w}(k+1)=\frac{\tilde{\boldsymbol{w}}(k+1)}{\|\tilde{\boldsymbol{w}}(k+1)\|_{\boldsymbol{R}_x}} \tag{9.80}$$

$$\lambda(k+1)=\lambda(k)+\gamma_1\left[\frac{1}{\boldsymbol{w}^{\mathrm{H}}(k)\boldsymbol{R}_x\boldsymbol{R}_y^{-1}\boldsymbol{R}_x\boldsymbol{w}(k)}-\lambda(k)\right] \tag{9.81}$$

这里我们将该 DDT 系统简记为 DDT 系统 1。

fGPCA 的 DDT 系统可以写为

$$\tilde{\boldsymbol{w}}(k+1)=\boldsymbol{w}(k)+\eta_2\left[\frac{\boldsymbol{R}_x^{-1}\boldsymbol{R}_y\boldsymbol{w}(k)}{\boldsymbol{w}^{\mathrm{H}}(k)\boldsymbol{R}_y\boldsymbol{R}_x^{-1}\boldsymbol{R}_y\boldsymbol{w}(k)}-\boldsymbol{w}(k)\right] \tag{9.82}$$

$$\boldsymbol{w}(k+1)=\frac{\tilde{\boldsymbol{w}}(k+1)}{\|\tilde{\boldsymbol{w}}(k+1)\|_{\boldsymbol{R}_y}} \tag{9.83}$$

$$\lambda(k+1)=\lambda(k)+\gamma_2[\boldsymbol{w}^{\mathrm{H}}(k)\boldsymbol{R}_y\boldsymbol{R}_x^{-1}\boldsymbol{R}_y\boldsymbol{w}(k)-\lambda(k)] \tag{9.84}$$

这里我们将该 DDT 系统简记为 DDT 系统 2。

参考文献[32]，我们记 $\|\boldsymbol{u}\|_{\boldsymbol{R}}=\sqrt{\boldsymbol{u}^{\mathrm{H}}\boldsymbol{R}\boldsymbol{u}}$ 为一个向量 $\boldsymbol{u}$ 的 $\boldsymbol{R}$ 归一化，这里 $\boldsymbol{R}\in\mathbf{C}^{N\times N}$ 和 $\boldsymbol{u}\in\mathbf{C}^N$；记 $\boldsymbol{P}_{\boldsymbol{V}}^{\boldsymbol{R}}(\boldsymbol{u})\in\boldsymbol{V}$ 为向量 $\boldsymbol{u}$ 到一个子空间 $\boldsymbol{V}\in\mathbf{C}^N$ 的 $\boldsymbol{R}$ 正交投影，如 $\boldsymbol{P}_{\boldsymbol{V}}^{\boldsymbol{R}}(\boldsymbol{u})$ 是满足 $\|\boldsymbol{u}-\boldsymbol{P}_{\boldsymbol{V}}^{\boldsymbol{R}}(\boldsymbol{u})\|_{\boldsymbol{R}}=\min_{\boldsymbol{v}\in\boldsymbol{V}}\|\boldsymbol{u}-\boldsymbol{v}\|_{\boldsymbol{R}}$ 的唯一向量；记 $\boldsymbol{V}_{\lambda_i}$ 为对应于第 i 个最小广义特征值 λ_i 的广义特征子空间，如 $\boldsymbol{V}_{\lambda_i}=\{\boldsymbol{v}\in\mathbf{C}^N\,|\,\boldsymbol{R}_y\boldsymbol{v}=\lambda_i\boldsymbol{R}_x\boldsymbol{v}\}(i=1,2,\cdots,N)$（对于某个 $i\neq j$，如果 $\lambda_i=\lambda_j$，则有 $\boldsymbol{V}_{\lambda_i}=\boldsymbol{V}_{\lambda_j}$）；记 $\boldsymbol{V}_{<\boldsymbol{R}>}^{\perp}$ 为对任意子空间 $\boldsymbol{V}\subset\mathbf{C}^N$ 而言，$\boldsymbol{V}$ 的 $\boldsymbol{R}$ 正交补子空间，如 $\boldsymbol{V}_{<\boldsymbol{R}>}^{\perp}=\{\boldsymbol{u}\in\mathbf{C}^N\,|\,<\boldsymbol{u},\boldsymbol{v}>_{\boldsymbol{R}}=\boldsymbol{v}^{\mathrm{H}}\boldsymbol{R}\boldsymbol{u}=0,\forall\boldsymbol{v}\in\boldsymbol{V}\}$。

现在，我们提出两个定理来说明所提出算法的收敛性。在下面的定理中，考虑两种情况：情况 1，$\lambda_1=\lambda_2=\cdots=\lambda_N$；情况 2，$\lambda_1<\lambda_N$。

定理 9.1(fGMCA 的收敛性能分析)　假设 $[\boldsymbol{w}(k),\lambda(k)]_{k=0}^{\infty}$ 是由 DDT 系统 1 得到的序列，其中 $\eta_1,\gamma_1\in(0,1]$，$\lambda(0)>0$，初始权向量 $\boldsymbol{w}(0)$ 是 $\boldsymbol{R}_y$ 正交的，且 $\boldsymbol{w}(0)\notin$

$(\boldsymbol{V}_{\lambda_N})^{\perp}_{\langle \boldsymbol{R}_y\rangle}$，那么对于情况 1，对所有 $k\geqslant 0$，满足 $\boldsymbol{w}(k)=\boldsymbol{w}(0)$，这也是矩阵束$(\boldsymbol{R}_y,\boldsymbol{R}_x)$的广义特征值 λ_1 对应的一个广义特征向量，且$\lim\limits_{k\to\infty}\lambda(k)=\lambda_1$。对于情况 2，满足

$$\lim_{k\to\infty}\boldsymbol{w}(k)=\frac{\boldsymbol{P}^{\boldsymbol{R}_x}_{\boldsymbol{V}_{\lambda_1}}[\boldsymbol{w}(0)]}{\|\boldsymbol{P}^{\boldsymbol{R}_x}_{\boldsymbol{V}_{\lambda_1}}[\boldsymbol{w}(0)]\|_{\boldsymbol{R}_x}} \tag{9.85}$$

$$\lim_{k\to\infty}\lambda(k)=\lambda_1 \tag{9.86}$$

定理 9.2(fGPCA 的收敛性能分析) 假设$[\boldsymbol{w}(k),\lambda(k)]_{k=0}^{\infty}$是由 DDT 系统 2 得到的序列，其中 $\eta_2,\gamma_2\in(0,1]$，$\lambda(0)>0$，初始权向量 $\boldsymbol{w}(0)$ 是 $\boldsymbol{R}_y$-正交的，且 $\boldsymbol{w}(0)\notin(\boldsymbol{V}_{\lambda_N})^{\perp}_{\langle \boldsymbol{R}_y\rangle}$。对于情况 1，对所有 $k\geqslant 0$，满足 $\boldsymbol{w}(k)=\boldsymbol{w}(0)$，这也是矩阵束$(\boldsymbol{R}_y,\boldsymbol{R}_x)$的广义特征值 λ_N 对应的一个广义特征向量，且$\lim\limits_{k\to\infty}\lambda(k)=\lambda_N$。对于情况 2，满足

$$\lim_{k\to\infty}\boldsymbol{w}(k)=\frac{\boldsymbol{P}^{\boldsymbol{R}_y}_{\boldsymbol{V}_{\lambda_N}}[\boldsymbol{w}(0)]}{\|\boldsymbol{P}^{\boldsymbol{R}_y}_{\boldsymbol{V}_{\lambda_N}}[\boldsymbol{w}(0)]\|_{\boldsymbol{R}_y}} \tag{9.87}$$

$$\lim_{k\to\infty}\lambda(k)=\lambda_N \tag{9.88}$$

特殊情况下，如果 λ_1 和 λ_2 有区别，如 $\lambda_1<\lambda_2\leqslant\cdots\leqslant\lambda_N$，我们有$\boldsymbol{V}_{\lambda_1}=\mathrm{span}\{\boldsymbol{V}_1\}$，$\boldsymbol{P}^{\boldsymbol{R}_x}_{\boldsymbol{V}_{\lambda_1}}[\boldsymbol{w}(0)]=\langle\boldsymbol{w}(0),\boldsymbol{V}_1\rangle_{\boldsymbol{R}_x}\boldsymbol{V}_1$ 和 $\|\boldsymbol{P}^{\boldsymbol{R}_x}_{\boldsymbol{V}_{\lambda_1}}[\boldsymbol{w}(0)]\|_{\boldsymbol{R}_x}=|\langle\boldsymbol{w}(0),\boldsymbol{V}_1\rangle_{\boldsymbol{R}_x}|$。如果 λ_{N-1} 和 λ_N 有区别，如 $\lambda_1\leqslant\cdots\leqslant\lambda_{N-1}<\lambda_N$，我们有 $\boldsymbol{V}_{\lambda_N}=\mathrm{span}\{\boldsymbol{V}_N\}$，$\boldsymbol{P}^{\boldsymbol{R}_y}_{\boldsymbol{V}_{\lambda_N}}[\boldsymbol{w}(0)]=\langle\boldsymbol{w}(0),\boldsymbol{V}_N\rangle_{\boldsymbol{R}_y}\boldsymbol{V}_N$ 和 $\|\boldsymbol{P}^{\boldsymbol{R}_y}_{\boldsymbol{V}_{\lambda_N}}[\boldsymbol{w}(0)]\|_{\boldsymbol{R}_y}=|\langle\boldsymbol{w}(0),\boldsymbol{V}_N\rangle_{\boldsymbol{R}_y}|$。这样，下列推论成立。

推论 9.1 假定 $\lambda_1<\lambda_2\leqslant\cdots\leqslant\lambda_N$，则在条件 $\eta_1,\gamma_1\in(0,1]$，$\lambda(0)>0$，初始权向量 $\boldsymbol{w}(0)$ 是 $\boldsymbol{R}_y$ 正交的，且 $\boldsymbol{w}(0)\notin(\boldsymbol{V}_{\lambda_N})^{\perp}_{\langle \boldsymbol{R}_y\rangle}$，由 DDT 系统 1 产生的序列$[\boldsymbol{w}(k),\lambda(k)]_{k=0}^{\infty}$，满足下式，即

$$\lim_{k\to\infty}\boldsymbol{w}(k)=\frac{\langle\boldsymbol{w}(0),\boldsymbol{V}_1\rangle_{\boldsymbol{R}_x}\boldsymbol{V}_1}{|\langle\boldsymbol{w}(0),\boldsymbol{V}_1\rangle_{\boldsymbol{R}_x}|} \tag{9.89}$$

$$\lim_{k\to\infty}\lambda(k)=\lambda_1 \tag{9.90}$$

推论 9.2 假定 $\lambda_1\leqslant\cdots\leqslant\lambda_{N-1}<\lambda_N$，则在 $\eta_2,\gamma_2\in(0,1]$，$\lambda(0)>0$，初始权向量 $\boldsymbol{w}(0)$ 是 $\boldsymbol{R}_y$ 正交的，且 $\boldsymbol{w}(0)\notin(\boldsymbol{V}_{\lambda_N})^{\perp}_{\langle \boldsymbol{R}_y\rangle}$，由 DDT 系统 2 产生的序列$[\boldsymbol{w}(k),\lambda(k)]_{k=0}^{\infty}$，满足下式，即

$$\lim_{k\to\infty}\boldsymbol{w}(k)=\frac{\langle\boldsymbol{w}(0),\boldsymbol{V}_N\rangle_{\boldsymbol{R}_y}\boldsymbol{V}_N}{|\langle\boldsymbol{w}(0),\boldsymbol{V}_N\rangle_{\boldsymbol{R}_y}|} \tag{9.91}$$

$$\lim_{k\to\infty}\lambda(k)=\lambda_N \tag{9.92}$$

9.3.4　数值仿真例子

在该部分，我们提供两个数值例子来评价 fGMCA 和 fGPCA 的性能。一个是从两个随机向量过程估计主次广义特征向量，这两个随机过程由具有加性噪声的两个正弦信号产生。另一个是显示提出的算法对于盲信号分离（blind source separation，BSS）问题的性能。除了 nGMCA 和 nGPCA 算法，我们使用下列算法作比较。

① Gradient-base 算法：文献[32]的自适应算法，对 GPCA 采用负步长，对 GMCA 采用正步长。

② Power-like 算法：给予幂方法的快速特征向量跟踪算法[9]。

③ R-GEVE 算法：降秩广义特征向量提取算法[36]。

④ YANG 算法：文献[17]中提出的自适应提取算法。

1. 实验 1

在该实验中，输入样本由下列式子产生，即

$$y(n)=\sqrt{2}\sin(0.62\pi n+\theta_1)+\zeta_1(n) \tag{9.93}$$

$$x(n)=\sqrt{2}\sin(0.46\pi n+\theta_2)+\sqrt{2}\sin(0.74\pi n+\theta_3)+\zeta_2(n) \tag{9.94}$$

其中，$\theta_i(i=1,2,3)$是初始相位，它们在$[0,2\pi]$服从平均概率分布；$\zeta_1(n)$ 和 $\zeta_2(n)$ 是零均值白噪声，具有方差 $\sigma_1^2=\sigma_2^2=0.1$。

输入向量$\{\boldsymbol{y}(k)\}$和$\{\boldsymbol{x}(k)\}$以大小 $N=8$ 的块形式排列，如 $\boldsymbol{y}(k)=[y(k),\cdots,y(k-N+1)]^{\mathrm{T}}$和 $\boldsymbol{x}(k)=[x(k),\cdots,x(k-N+1)]^{\mathrm{T}}$，$k\geqslant N$。定义 $N\times N$ 矩阵束$(\bar{\boldsymbol{R}}_y,\bar{\boldsymbol{R}}_x)$，$\bar{\boldsymbol{R}}_y$和$\bar{\boldsymbol{R}}_x$的$(p,q)$元素$(p,q=1,2,\cdots,N)$由下式给定，即

$$[\bar{\boldsymbol{R}}_y]_{pq}=\cos[0.62\pi(p-q)]+\delta_{pq}\sigma_1^2 \tag{9.95}$$

$$[\bar{\boldsymbol{R}}_x]_{pq}=\cos[0.46\pi(p-q)]+\cos[0.74\pi(p-q)]+\delta_{pq}\sigma_2^2 \tag{9.96}$$

为了比较，定义方向余弦 DC(k)为

$$\mathrm{DC}(k)=\frac{|\boldsymbol{w}^{\mathrm{H}}(k)\boldsymbol{v}|}{\|\boldsymbol{w}(k)\|\cdot\|\boldsymbol{v}\|} \tag{9.97}$$

对于 GMCA 算法 $\boldsymbol{v}=\boldsymbol{v}_1$，GPCA 算法 $\boldsymbol{v}=\boldsymbol{v}_N$，方向余弦用于测量方向精度。显然，如果 DC$(k)$收敛到 1，则我们可以得出结论认为估计得到的特征向量与真正的特征向量一致。

在实验中，式(9.97)通过 $L=100$ 个独立实验平均得到。我们也通过方向余弦的样本标准偏差来度量所有算法的数值稳定性，即

$$\mathrm{SSD}(k)=\sqrt{\frac{1}{L-1}\sum_{j=1}^{L}\left[\mathrm{DC}_j(k)-\overline{\mathrm{DC}}(k)\right]^2} \tag{9.98}$$

其中，$\mathrm{DC}_j(k)$是第 j 个独立实验（$j=1,2,\cdots,L$）的方向余弦；$\overline{\mathrm{DC}}(k)$是 $L=100$ 个独立实验的平均值。

在这个例子中，我们执行两个仿真。在第一个仿真中，我们使用 fGPCA、nGPCA，以及其他的算法提取矩阵束（$\boldsymbol{R}_y,\boldsymbol{R}_x$）的主广义特征向量。在基于梯度的算法中，使用一个负的步长因子。在第二个仿真中，使用 fGMCA、nGMCA，以及其他算法提取矩阵束（$\boldsymbol{R}_y,\boldsymbol{R}_x$）次广义特征向量。在基于梯度的算法中，使用一个正的步长因子，其他算法用来估计矩阵束（$\boldsymbol{R}_x,\boldsymbol{R}_y$）的广义主特征向量，它们也是（$\boldsymbol{R}_y$，$\boldsymbol{R}_x$）的次广义特征向量。在这两个仿真中，对 nGPCA 和 nGMCA，设 $\alpha=\beta=0.998$；对基于梯度的算法，设 $\alpha=\beta=0.998$；对幂算法，设 $\alpha=\beta=0.998$；对 R-GEVE，设 $\beta=0.998$。通过这些设置，所有算法均使用遗忘因子估计偏差矩阵。在该例中，矩阵束（$\bar{\boldsymbol{R}}_y,\bar{\boldsymbol{R}}_x$）的最小和最大广义特征值被计算为 $\bar{\lambda}_1=0.0198$ 和 $\bar{\lambda}_N=16.0680$。对 fGPCA、fGMCA、nGPCA 和 nGMCA 算法，$\boldsymbol{w}(k)$ 的步长设定为 $0.001<2\bar{\lambda}_1/(\bar{\lambda}_N-\bar{\lambda}_1)$，$\lambda(k)$的步长设定为 0.5；对基于梯度的算法，第一个仿真步长设定为 $-0.0001\in(2/(\bar{\lambda}_1-\bar{\lambda}_N),0)$，第二个仿真步长设定为 $0.1<2/(\bar{\lambda}_N-\bar{\lambda}_1)$。对 fGMCA 和 nGMCA 算法，设 $\lambda(0)=0.1$，对 fGPCA 和 nGPCA，设$\lambda(0)=10$。所有算法均初始化为$\hat{\boldsymbol{R}}_x(0)=\hat{\boldsymbol{R}}_y(0)=\boldsymbol{Q}_x(0)=\boldsymbol{Q}_y(0)=\boldsymbol{I}$，$\boldsymbol{w}(0)=\boldsymbol{e}_1$，$\boldsymbol{e}_1$代表 N 维单位矩阵的第一列。

实验结果如表 9.1 及图 9.1～图 9.3 所示。

表 9.1　算法计算复杂度

算法	Algs. 1 and 2	nGM(P)CA	Gradient-based
计算复杂度	$7N^2+O(N)$	$10N^2+O(N)$	$10N^2+O(N)$
算法	Power-like	R-GEVE	YANG
计算复杂度	$13N^2+O(N)$	$6N^2+O(N)$	$4N^2+O(N)$

图 9.1 和图 9.2 分别描绘了广义特征向量估计的方向余弦和样本标准偏差。fGPCA 和 nGPCA 的主广义特征值估计显示在图 9.3(a)中，fGMCA 和 nGMCA 的次广义特征值估计显示在图 9.3(b)中。

从图 9.1(a)可以看到，所有算法均具有差不多相同的总体收敛速度，Power-like 和 YANG 算法在起始阶段的收敛速度要快一些；R-GEVE 算法具有最高的估计精度，而 fGPCA、nGPCA 和 Gradient-based 算法的估计精度稍高于其他算法。从图 9.1(b)可以发现，Power-like、R-GEVE 和 YANG 算法在起始阶段收敛要快于其他算法；fGMCA、R-GEVE 和 nGMCA 算法提取的次广义特征向量精度要高

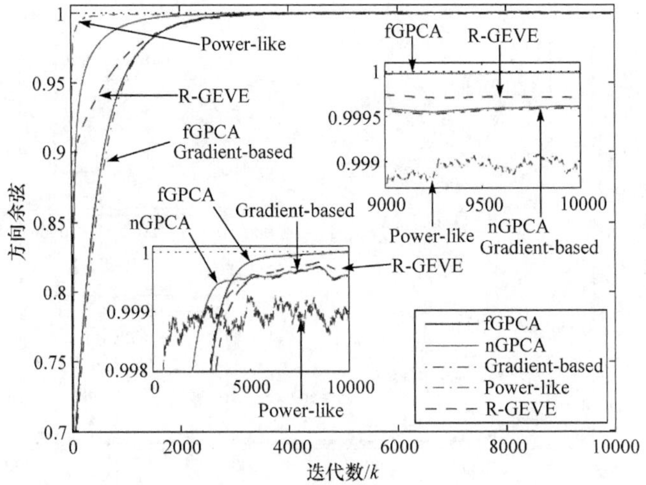

(a) 仿真1

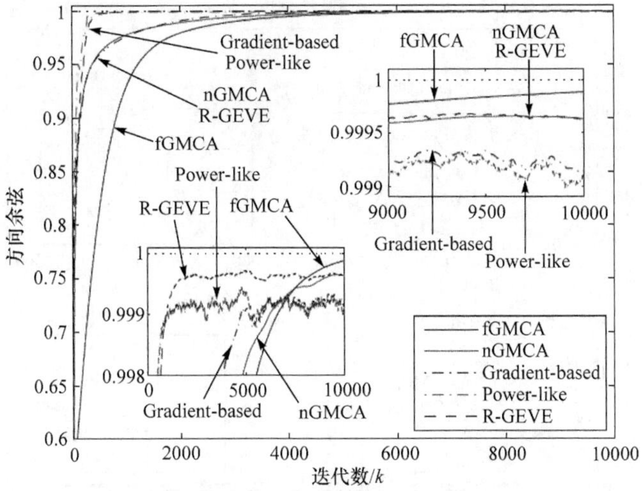

(b) 仿真2

图 9.1　实验 1:广义特征向量的方向余弦

于其他算法。从图 9.2(a)可以看到,R-GEVE 算法的稳定性最好,而 fGPCA、nGPCA 和 Gradient-based 算法的数值稳定性稍次于 R-GEVE 算法,但远高于其他算法。从图 9.2(b)可以看到,fGMCA、nGMCA 和 R-GEVE 算法比其他算法的数值稳定性好。图 9.3 显示出,算法 fGPCA 和 nGPCA(fGMCA 和 nGMCA)均可以有效地提取主(次)广义特征值。

表 9.1 列出了这些算法的计算复杂度,可以发现,YANG 算法具有最低的计算复杂度,但是它的估计精度也是最差的。在这些算法中,Power-like 算法的计算

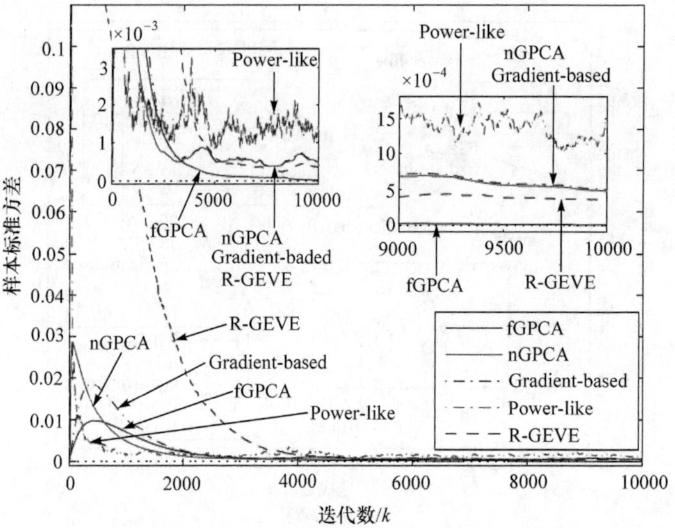

(a) 仿真1

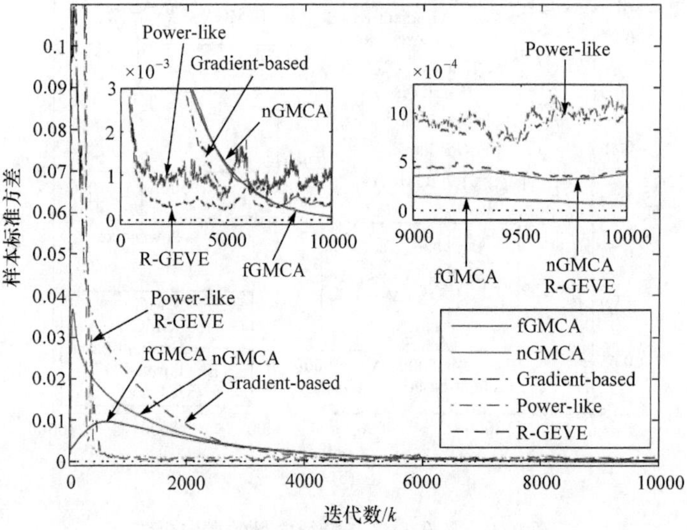

(b) 仿真2

图 9.2　实验 1:方向余弦的样本标准方差

复杂度最高。nGM(P)CA 算法的计算复杂度与 Gradient-based 算法相同,并且也是比较高的。我们的算法和 R-GEVE 算法的复杂度相似,并且除了 YANG 算法,这两种算法在所有算法中的复杂度最低。

2. 实验 2

我们通过这个实验来验证所提算法解决 BSS 问题的能力。考虑一个线性

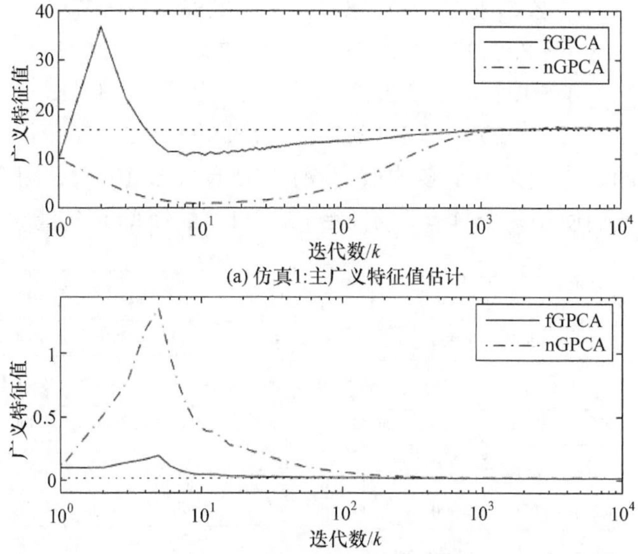

(a) 仿真1:主广义特征值估计

(b) 仿真2:次广义特征值估计

图 9.3　实验 1:广义特征值估计

BSS 模型[37],即

$$\boldsymbol{x}(n)=\boldsymbol{A}\boldsymbol{s}(n)+\boldsymbol{e}(n) \tag{9.99}$$

其中,$\boldsymbol{x}(n)$是 k 时刻被观测信号的一个 r 维向量;$\boldsymbol{s}(n)$是未知源信号的一个 l 维向量;$\boldsymbol{A}\in\mathbf{R}^{l\times r}$ 指未知的混合矩阵;$\boldsymbol{e}(n)$是一个未知噪声向量。

一般而言,BSS 问题就是寻找一个分离矩阵 $\boldsymbol{B}$,以便 r 维输出信号向量 $\boldsymbol{y}=\boldsymbol{B}^{\mathrm{T}}\boldsymbol{x}$ 包含尽可能独立的成分。在该实验中,我们比较提出的算法与 nGMCA 和 nGPCA 算法,以及块处理 GEVD 分解方法(MATLAB 软件中的 EVD 方法)。我们使用文献[7][17]提出的方法,通过应用 FIR 滤波器表示矩阵束。滤波器的输出 $\boldsymbol{z}(n)$由下式给出,即

$$\boldsymbol{z}(n)=\sum_{t=0}^{m}\tau(t)\boldsymbol{x}(n-t) \tag{9.100}$$

其中,$\tau(t)$是 FIR 滤波器的系数。

让 $\boldsymbol{R}_x=E[\boldsymbol{x}(k)\boldsymbol{x}^{\mathrm{T}}(k)]$和 $\boldsymbol{R}_z=E[\boldsymbol{z}(k)\boldsymbol{z}^{\mathrm{T}}(k)]$。文献[7]显示,通过提取矩阵束$(\boldsymbol{R}_z,\boldsymbol{R}_x)$的广义特征向量,分离矩阵 $\boldsymbol{B}$ 可以找到。这样,BSS 问题可以公式化为寻找相应于两个样本序列 $\boldsymbol{x}(k)$和 $\boldsymbol{z}(k)$的广义特征向量。因此,我们可以直接应用提出的算法解决 BSS 问题。

在这个仿真中,需要从文献[38]中 ICALAB 提供的文件 ABio7. mat 中提取 4 个基准信号,4 个源信号显示在图 9.4 中。我们使用混合矩阵,即

$$A=\begin{bmatrix} 2.5725 & -2.5691 & -1.3568 & -0.3695 \\ -2.2497 & 0.8762 & 1.0230 & -4.7711 \\ -1.2103 & -2.2853 & -1.7894 & 2.4376 \\ 0.0208 & 1.6267 & 3.8599 & 2.3761 \end{bmatrix} \quad (9.101)$$

这是随机产生的。$e[n]$是一个零均值白噪声,具有方差 $10^{-5}\boldsymbol{I}$。图 9.5 显示被混合后的信号。我们使用一个具有系数 $\tau=[1,-1]^{\mathrm{T}}$的简单 FIR 滤波器。

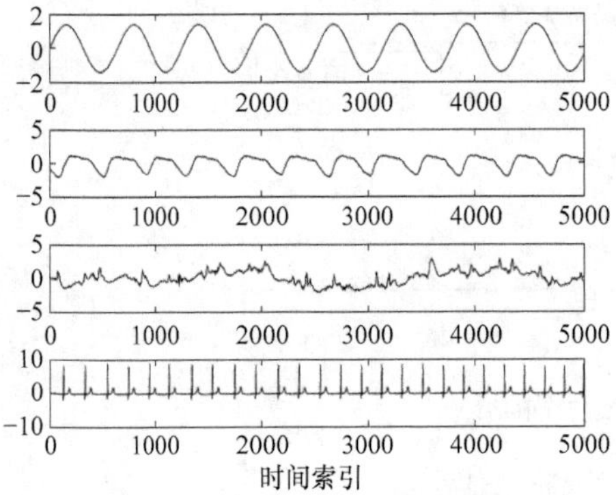

图 9.4　4 个源信号

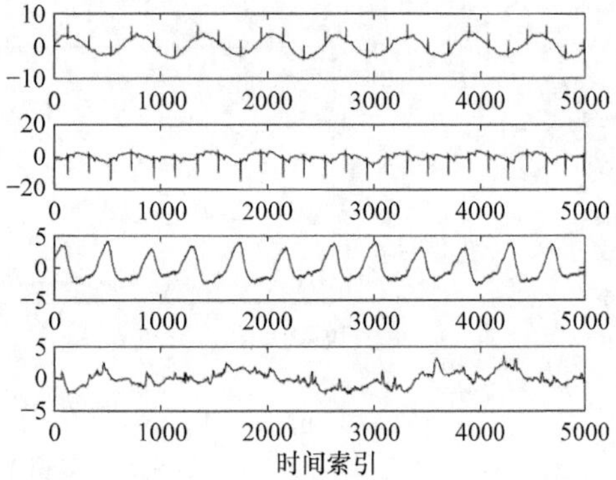

图 9.5　混合后的信号

假定矩阵束$(\boldsymbol{R}_z,\boldsymbol{R}_x)$有 4 个对应于特征值 $\sigma_1<\sigma_2<\sigma_3<\sigma_4$ 的特征向量 $\boldsymbol{w}_1,\boldsymbol{w}_2,\boldsymbol{w}_3,\boldsymbol{w}_4$,这样 $\boldsymbol{B}=[\boldsymbol{w}_1,\boldsymbol{w}_2,\boldsymbol{w}_3,\boldsymbol{w}_4]$。我们使用 fGPCA、nGPCA 算法,以及别的算法提取两个主广义特征向量($\boldsymbol{w}_3$和 $\boldsymbol{w}_4$)。为了提取两个次广义特征向量($\boldsymbol{w}_1$和 $\boldsymbol{w}_2$),我们使用 fGMCA、nGMCA,以及基于梯度的算法来求矩阵束$(\boldsymbol{R}_z,\boldsymbol{R}_x)$的次广义特征向量,用其他算法来提取矩阵束$(\boldsymbol{R}_x,\boldsymbol{R}_z)$的主广义特征向量。所有参数和初始值设置与实验 1 相同。

类似于实验 1,该例计算了总数 $L=100$ 的独立运行,分离矩阵 $\boldsymbol{B}$ 通过 $\boldsymbol{B}=(1/L)\sum_{j=1}^{L}\boldsymbol{B}_j$ 计算,这里 $\boldsymbol{B}_j$ 是从第 j 个独立运行($j=1,2,\cdots,L$)中提取的分离矩阵。

图 9.6 和图 9.7 分别显示了由 EVD 和提出的算法分离的信号。由其他算法分离的信号与图 9.6 和图 9.7 是类似的,这里没有显示在图中。表 9.2 显示原信号与分离信号相关系数。仿真结果显示所有方法均可以有效地解决 BSS 问题,而我们提出的算法和文献[32]提出的算法比其他算法更精确。基于神经网络算法相对于 EVD 算法在处理 BSS 问题方面的优势是,它们是迭代算法,并且可以在线实施。

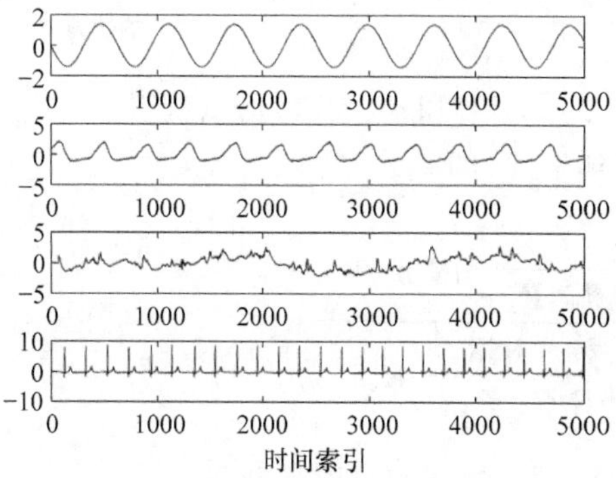

图 9.6　EVD方法分离的信号

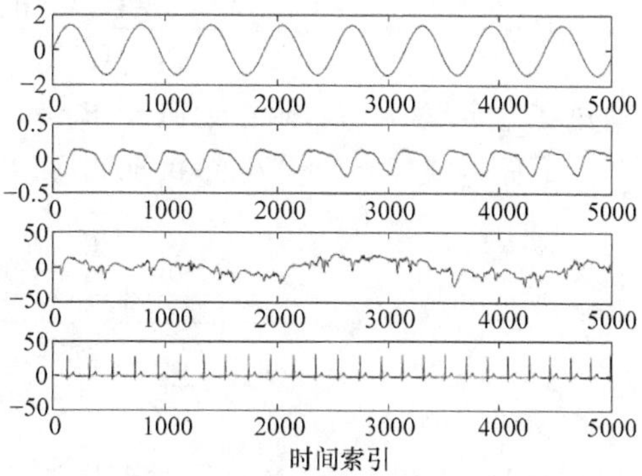

图 9.7　提出的算法分离的信号

表 9.2　原信号与分离信号相关系数

方法	源 1	源 2	源 3	源 4
EVD	1.0000	0.9998	0.9996	0.9988
提出的方法	1.0000	0.9997	0.9992	0.9987
Nguyen	1.0000	0.9996	0.9994	0.9987
Gradient-based	0.9983	0.9811	0.9989	0.9983
Power-like	0.9998	0.9995	0.9991	0.9980
R-GEVE	0.9999	0.9995	0.9993	0.9988
YANG	0.9997	0.9967	0.9975	0.9986

9.3.5　结论

1. 耦合系统的导出

从式(9.49)，我们可以得到

$$(\boldsymbol{R}_y-\lambda\boldsymbol{R}_x)\dot{\boldsymbol{w}}-\boldsymbol{R}_x\boldsymbol{w}\dot{\lambda}=-(\boldsymbol{R}_y-\lambda\boldsymbol{R}_x)\boldsymbol{w} \tag{9.102}$$

$$-2\boldsymbol{w}^{\mathrm{H}}\boldsymbol{R}_x\dot{\boldsymbol{w}}=\boldsymbol{w}^{\mathrm{H}}\boldsymbol{R}_x\boldsymbol{w}-1 \tag{9.103}$$

由$(\boldsymbol{R}_y-\lambda\boldsymbol{R}_x)^{-1}$左乘式(9.102)的两边，可得下式，即

$$\dot{\boldsymbol{w}}=(\boldsymbol{R}_y-\lambda\boldsymbol{R}_x)^{-1}\boldsymbol{R}_x\boldsymbol{w}\dot{\lambda}-\boldsymbol{w} \tag{9.104}$$

将(9.104)代入(9.103)，则有

$$-2\boldsymbol{w}^{\mathrm{H}}\boldsymbol{R}_x[(\boldsymbol{R}_y-\lambda\boldsymbol{R}_x)^{-1}\boldsymbol{R}_x\boldsymbol{w}\dot{\lambda}-\boldsymbol{w}]=\boldsymbol{w}^{\mathrm{H}}\boldsymbol{R}_x\boldsymbol{w}-1 \tag{9.105}$$

而且有

$$\dot{\lambda}=\frac{\boldsymbol{w}^{\mathrm{H}}\boldsymbol{R}_x\boldsymbol{w}+1}{2\boldsymbol{w}^{\mathrm{H}}\boldsymbol{R}_x(\boldsymbol{R}_y-\lambda\boldsymbol{R}_x)^{-1}\boldsymbol{R}_x\boldsymbol{w}} \tag{9.106}$$

将式(9.106)代入式(9.104)，则有

$$\dot{w}=\frac{(R_y-\lambda R_x)^{-1}R_x w(w^{\mathrm H} R_x w+1)}{2w^{\mathrm H} R_x(R_y-\lambda R_x)^{-1}R_x w}-w \tag{9.107}$$

通过在稳定点(w_1,λ_1)附近近似 $w^{\mathrm H}R_x w=1$，式(9.50)和式(9.51)可以获得。

下面将式(9.54)代入式(9.50)，可以得到下式，即

$$\dot{w}=\frac{\left(R_y^{-1}+\dfrac{\alpha\lambda R_y^{-1}R_x ww^{\mathrm H} R_x R_y^{-1}}{1-\alpha\lambda w^{\mathrm H} R_x R_y^{-1}R_x w}\right)R_x w}{w^{\mathrm H} R_x\left(R_y^{-1}+\dfrac{\alpha\lambda R_y^{-1}R_x ww^{\mathrm H} R_x R_y^{-1}}{1-\alpha\lambda w^{\mathrm H} R_x R_y^{-1}R_x w}\right)R_x w}-w \tag{9.108}$$

由 $1-\alpha\lambda w^{\mathrm H} R_x R_y^{-1}R_x w$ 同时乘式(9.108)分子与分母，可以得到下式，即

$$\dot{w}=\frac{R_y^{-1}R_x w}{w^{\mathrm H} R_x R_y{}^{-1}R_x w}-w \tag{9.109}$$

类似地，将式(9.54)代入式(9.51)，可以得到下式，即

$$\dot{\lambda}=\frac{1}{w^{\mathrm H} R_x R_y^{-1}R_x w}-\alpha\lambda \tag{9.110}$$

可以发现，这些方程中的惩罚因子 α 不一定是需要的，或者说，在未来的方程中我们可以近似 $\alpha=1$。这样可以得到下式，即

$$\dot{\lambda}=\frac{1}{w^{\mathrm H} R_x R_y^{-1}R_x w}-\lambda \tag{9.111}$$

2. 定理 9.1 的证明

(1) 情况 1

由于 $\lambda_1=\lambda_2=\cdots=\lambda_N$确保$V_{\lambda_1}=\mathbf{C}^N$，我们可以证实对所有 $k\geqslant 0, w(k)=w(0)\neq\mathbf{0}$，这也是矩阵束$(R_y,R_y)$的广义特征值 λ_1 对应的一个广义特征向量。从式(9.73)可得，对所有 $k\geqslant 0$，我们有 $\lambda(k+1)=(1-\gamma_1)\lambda(k)+\gamma_1\lambda_1$。这样，有

$$\begin{aligned}\lambda(k+1)&=(1-\gamma_1)\lambda(k)+\gamma_1\lambda_1\\&=\cdots=(1-\gamma_1)^{k+1}\lambda(0)+\gamma_1\lambda_1[1+(1-\gamma_1)+\cdots+(1-\gamma_1)^k]\\&=(1-\gamma_1)^{k+1}\lambda(0)+\lambda_1[1-(1-\gamma_1)^{k+1}]\\&=\lambda_1+(1-\gamma_1)^{k+1}[\lambda(0)-\lambda_1]\end{aligned} \tag{9.112}$$

由于 $\gamma_1\in(0,1]$，可以证实$\lim\limits_{k\to\infty}\lambda(k)=\lambda_1$。

(2) 情况 2

假定矩阵束(R_y,R_x)的广义特征值排列为

$$\lambda_1=\cdots=\lambda_r<\lambda_{r+1}\leqslant\cdots\leqslant\lambda_N,\quad 1\leqslant r\leqslant N$$

由于$\{v_1,v_2,\cdots,v_N\}$是$\mathbf{C}^N$的$\boldsymbol{R}_x$正交基，DDT 系统 1 中的$\boldsymbol{w}(k)$可以唯一地表示为

$$\boldsymbol{w}(k)=\sum_{i=1}^{N}z_i(k)\,\boldsymbol{v}_i,\quad k=0,1,\cdots \tag{9.113}$$

其中，$z_i(k)=\langle \boldsymbol{w}(k),\boldsymbol{v}_i\rangle_{\boldsymbol{R}_x}=\boldsymbol{v}_i^{\mathrm{H}}\boldsymbol{R}_x\boldsymbol{w}(k),i=1,2,\cdots,N$。

首先，我们通过数学归纳法证明，对所有$k>0$，$\boldsymbol{w}(k)$是有界的，$\boldsymbol{R}_x$归一化的，如

$$\boldsymbol{w}(k)^{\mathrm{H}}\boldsymbol{R}_x\boldsymbol{w}(k)=\sum_{i=1}^{N}|z_i(k)|^2=1 \tag{9.114}$$

而且$\boldsymbol{w}(k)\notin(\boldsymbol{V}_{\lambda_1})^{\perp}_{\langle\boldsymbol{R}_x\rangle}$，也就是$[z_1(k),z_2(k),\cdots,z_r(k)]\neq 0$。注意，$\boldsymbol{w}(0)\notin(\boldsymbol{V}_{\lambda_1})^{\perp}_{\langle\boldsymbol{R}_x\rangle}$是$\boldsymbol{R}_x$归一化的。假定对某个$k>0$，$\boldsymbol{w}(k)$是有界的，$\boldsymbol{R}_x$归一化的，而且$\boldsymbol{w}(k)\notin(\boldsymbol{V}_{\lambda_1})^{\perp}_{\langle\boldsymbol{R}_x\rangle}$。

设$\widetilde{\boldsymbol{w}}(k+1)=\sum_{i=1}^{N}\widetilde{z}_i(k+1)\,\boldsymbol{v}_i$，从式(9.79)和式(9.113)，我们有

$$\widetilde{z}_i(k+1)=z_i(k)\left\{1+\eta_1\left[\frac{1}{\lambda_i\boldsymbol{w}^{\mathrm{H}}(k)\boldsymbol{R}_x\boldsymbol{R}_y^{-1}\boldsymbol{R}_x\boldsymbol{w}(k)}-1\right]\right\} \tag{9.115}$$

由于矩阵束$(\boldsymbol{R}_x,\boldsymbol{R}_x\boldsymbol{R}_y^{-1}\boldsymbol{R}_x)$与矩阵束$(\boldsymbol{R}_y,\boldsymbol{R}_x)$有相同的特征对，而且$\boldsymbol{w}(k)$是$\boldsymbol{R}_x$归一化的，则有

$$\lambda_1\leqslant\frac{\boldsymbol{w}^{\mathrm{H}}(k)\boldsymbol{R}_x\boldsymbol{w}(k)}{\boldsymbol{w}^{\mathrm{H}}(k)\boldsymbol{R}_x\boldsymbol{R}_y^{-1}\boldsymbol{R}_x\boldsymbol{w}(k)}=\frac{1}{\boldsymbol{w}^{\mathrm{H}}(k)\boldsymbol{R}_x\boldsymbol{R}_y^{-1}\boldsymbol{R}_x\boldsymbol{w}(k)}\leqslant\lambda_N \tag{9.116}$$

这是 Rayleigh-Ritz 比[25]的一个推广。对$i=1,2,\cdots,r$，式(9.116)和式(9.115)保证了下式，即

$$1+\eta_1\left[\frac{1}{\lambda_i\boldsymbol{w}^{\mathrm{H}}(k)\boldsymbol{R}_x\boldsymbol{R}_y^{-1}\boldsymbol{R}_x\boldsymbol{w}(k)}-1\right]=1+\eta_1\left[\frac{1}{\lambda_1}\frac{1}{\boldsymbol{w}^{\mathrm{H}}(k)\boldsymbol{R}_x\boldsymbol{R}_y^{-1}\boldsymbol{R}_x\boldsymbol{w}(k)}-1\right]\geqslant 1 \tag{9.117}$$

而且，$[z_1(k+1),z_2(k+1),\cdots,z_r(k+1)]\neq\mathbf{0}$。这意味着，$\widetilde{\boldsymbol{w}}(k+1)\neq 0$，且$\boldsymbol{w}(k+1)=\sum_{i=1}^{N}z_i(k+1)\boldsymbol{v}_i$有界，$\boldsymbol{R}_x$归一化，而且$\boldsymbol{w}(k+1)\notin(\boldsymbol{V}_{\lambda_1})^{\perp}_{\langle\boldsymbol{R}_x\rangle}$，这里

$$z_i(k+1)=\frac{\widetilde{z}_i(k+1)}{\|\widetilde{\boldsymbol{w}}(k+1)\|_{\boldsymbol{R}_x}} \tag{9.118}$$

所以，$\boldsymbol{w}(k)$有界，$\boldsymbol{R}_x$归一化，且对所有$k\geqslant 0$ $\boldsymbol{w}(k)\notin(\boldsymbol{V}_{\lambda_1})^{\perp}_{\langle\boldsymbol{R}_x\rangle}$。

其次，我们证明式(9.70)。注意，$\boldsymbol{w}(0)\notin(\boldsymbol{V}_{\lambda_1})^{\perp}_{\langle\boldsymbol{R}_x\rangle}$意味着存在$m\in\{1,2,\cdots,r\}$满足$z_m(0)\neq 0$，这里$\lambda_1=\cdots=\lambda_m=\cdots=\lambda_r$。从式(9.115)和式(9.118)，我们有对所有$k\geqslant 0$，$z_m(k+1)/z_m(0)>0$。通过使用式(9.115)和式(9.118)，我们可以看到对$i=1,2,\cdots,r$，如下关系成立，即

$$\begin{aligned}\frac{z_i(k+1)}{z_m(k+1)}&=\frac{\tilde{z}_i(k+1)}{\|\hat{\boldsymbol{w}}(k+1)\|_{\boldsymbol{R}_x}}\frac{\|\hat{\boldsymbol{w}}(k+1)\|_{\boldsymbol{R}_x}}{\tilde{z}_m(k+1)}\\&=\frac{z_i(k)}{z_m(k)}\cdot\frac{1+\eta_1\left[\dfrac{1}{\lambda_i\boldsymbol{w}^{\mathrm{H}}(k)\boldsymbol{R}_x\boldsymbol{R}_y^{-1}\boldsymbol{R}_x\boldsymbol{w}(k)}-1\right]}{1+\eta_1\left[\dfrac{1}{\lambda_m\boldsymbol{w}^{\mathrm{H}}(k)\boldsymbol{R}_x\boldsymbol{R}_y^{-1}\boldsymbol{R}_x\boldsymbol{w}(k)}-1\right]}\\&=\frac{z_i(k)}{z_m(k)}\\&=\cdots\\&=\frac{z_i(0)}{z_m(0)}\end{aligned}\tag{9.119}$$

另一方面，通过使用式(9.115)和式(9.118)，对所有 $k\geqslant0$ 和 $i=r+1,\cdots,N$，我们有下式，即

$$\begin{aligned}\frac{|z_i(k+1)|^2}{|z_m(k+1)|^2}&=\frac{\tilde{z}_i(k+1)}{\|\hat{\boldsymbol{w}}(k+1)\|_{\boldsymbol{R}_x}}\frac{\|\hat{\boldsymbol{w}}(k+1)\|_{\boldsymbol{R}_x}}{\tilde{z}_m(k+1)}\\&=\left\{\frac{1+\eta_1\left[\dfrac{1}{\lambda_i\boldsymbol{w}^{\mathrm{H}}(k)\boldsymbol{R}_x\boldsymbol{R}_y^{-1}\boldsymbol{R}_x\boldsymbol{w}(k)}-1\right]}{1+\eta_1\left[\dfrac{1}{\lambda_m\boldsymbol{w}^{\mathrm{H}}(k)\boldsymbol{R}_x\boldsymbol{R}_y^{-1}\boldsymbol{R}_x\boldsymbol{w}(k)}-1\right]}\right\}^2\cdot\frac{|z_i(k)|^2}{|z_m(k)|^2}\\&=\left\{1-\frac{\dfrac{1}{\lambda_1}-\dfrac{1}{\lambda_i}}{\left(\dfrac{1}{\eta_1}-1\right)\boldsymbol{w}^{\mathrm{H}}(k)\boldsymbol{R}_x\boldsymbol{R}_y^{-1}\boldsymbol{R}_x\boldsymbol{w}(k)+\dfrac{1}{\lambda_1}}\right\}^2\cdot\frac{|z_i(k)|^2}{|z_m(k)|^2}\\&=\boldsymbol{\psi}(k)\frac{|z_i(k)|^2}{|z_m(k)|^2}\end{aligned}\tag{9.120}$$

其中

$$\boldsymbol{\psi}(k)=\left[1-\frac{\dfrac{1}{\lambda_1}-\dfrac{1}{\lambda_i}}{\left(\dfrac{1}{\eta_1}-1\right)\boldsymbol{w}^{\mathrm{H}}(k)\boldsymbol{R}_x\boldsymbol{R}_y^{-1}\boldsymbol{R}_x\boldsymbol{w}(k)+\dfrac{1}{\lambda_1}}\right]^2\tag{9.121}$$

对所有 $i=r+1,\cdots,N$，加上 $\eta_1\in(0,1]$ 和 $1/\lambda_1-1/\lambda_i>0$，式(9.116)保证了

$$1-\frac{\dfrac{1}{\lambda_1}-\dfrac{1}{\lambda_i}}{\left(\dfrac{1}{\eta_1}-1\right)\boldsymbol{w}^{\mathrm{H}}(k)\boldsymbol{R}_x\boldsymbol{R}_y^{-1}\boldsymbol{R}_x\boldsymbol{w}(k)+\dfrac{1}{\lambda_1}}<1\tag{9.122}$$

和

$$1-\frac{\dfrac{1}{\lambda_1}-\dfrac{1}{\lambda_i}}{\left(\dfrac{1}{\eta_1}-1\right)\boldsymbol{w}^{\mathrm{H}}(k)\boldsymbol{R}_x\boldsymbol{R}_y^{-1}\boldsymbol{R}_x\boldsymbol{w}(k)+\dfrac{1}{\lambda_1}}\geqslant 1-\frac{\dfrac{1}{\lambda_1}-\dfrac{1}{\lambda_N}}{\left(\dfrac{1}{\eta_1}-1\right)\boldsymbol{w}^{\mathrm{H}}(k)\boldsymbol{R}_x\boldsymbol{R}_y^{-1}\boldsymbol{R}_x\boldsymbol{w}(k)+\dfrac{1}{\lambda_1}}$$

$$\geqslant 1-\frac{\dfrac{1}{\lambda_1}-\dfrac{1}{\lambda_N}}{\left(\dfrac{1}{\eta_1}-1\right)\dfrac{1}{\lambda_N}+\dfrac{1}{\lambda_1}}$$

$$=1-\frac{\dfrac{1}{\lambda_1}-\dfrac{1}{\lambda_N}}{\dfrac{1}{\eta_1}\dfrac{1}{\lambda_N}+\left(\dfrac{1}{\lambda_1}-\dfrac{1}{\lambda_N}\right)}>0 \tag{9.123}$$

从式(9.122)和式(9.123)，我们可以证实，对所有 $k\geqslant 0$，有

$$0<\boldsymbol{\psi}(k)<1,\quad i=r+1,\cdots,N \tag{9.124}$$

定义 $\boldsymbol{\psi}_{\max}=\max\{\boldsymbol{\psi}(k)\mid k\geqslant 0\}$，很显然 $0<\boldsymbol{\psi}_{\max}<1$。从式(9.120)，我们有下式，即

$$\frac{|z_i(k+1)|^2}{|z_m(k+1)|^2}\leqslant\boldsymbol{\psi}_{\max}\frac{|z_i(k)|^2}{|z_m(k)|^2}\leqslant\cdots\leqslant\boldsymbol{\psi}_{\max}^{k+1}\frac{|z_i(0)|^2}{|z_m(0)|^2} \tag{9.125}$$

由于 $\boldsymbol{w}(k)$是 $\boldsymbol{R}_x$ 归一化的，对所有 $k\geqslant 0$，有 $|z_m(k)|^2\leqslant 1$，则由式(9.125)可得下式，即

$$\sum_{i=r+1}^{N}|z_i(k)|^2\leqslant\sum_{i=r+1}^{N}\frac{|z_i(k)|^2}{|z_m(k)|^2}\leqslant\cdots$$
$$\leqslant\boldsymbol{\psi}_{\max}^{k}\sum_{i=r+1}^{N}\frac{|z_i(0)|^2}{|z_m(0)|^2}\to 0,\quad k\to\infty \tag{9.126}$$

这与式(9.114)意味着

$$\lim_{k\to\infty}\sum_{i=1}^{r}|z_i(k)|^2=1 \tag{9.127}$$

对所有 $k\geqslant 0$，$z_m(k)/z_m(0)>0$，则从式(9.119)和式(9.127)，我们有

$$\lim_{k\to\infty}z_i(k)=\frac{z_i(0)}{\sqrt{\sum\limits_{j=1}^{r}|z_j(0)|^2}},\quad i=1,2,\cdots,r \tag{9.128}$$

以式(9.126)和式(9.128)为基础，则由式(9.85)可得下式，即

$$\lim_{k\to\infty}\boldsymbol{w}(k)=\sum_{i=1}^{r}\frac{z_i(0)}{\sqrt{\sum\limits_{j=1}^{r}|z_j(0)|^2}}\boldsymbol{v}_i=\frac{\boldsymbol{P}_{\boldsymbol{V}_{\lambda_1}}^{\boldsymbol{R}_x}[\boldsymbol{w}(0)]}{\|\boldsymbol{P}_{\boldsymbol{V}_{\lambda_1}}^{\boldsymbol{R}_x}[\boldsymbol{w}(0)]\|_{\boldsymbol{R}_x}} \tag{9.129}$$

最后，我们证明式(9.86)。从式(9.129)我们可以得出下式，即

$$\lim_{k\to\infty}\frac{1}{\boldsymbol{w}^{\mathrm{H}}(k)\boldsymbol{R}_x\boldsymbol{R}_y^{-1}\boldsymbol{R}_x\boldsymbol{w}(k)}=\lambda_1 \tag{9.130}$$

也就是说，对任意小的正数 δ，存在 $K>0$，对所有 $k>K$，满足下式，即

$$\lambda_1-\delta<\frac{1}{\boldsymbol{w}^{\mathrm{H}}(k)\boldsymbol{R}_x\boldsymbol{R}_y^{-1}\boldsymbol{R}_x\boldsymbol{w}(k)}<\lambda_1+\delta \tag{7.131}$$

由式(9.73)，对所有 $k>K$，可以得到下式，即

$$\begin{aligned}\lambda(k)&>(1-\gamma_1)\lambda(k-1)+\gamma_1(\lambda_1-\delta)\\&>\cdots\\&>(1-\gamma_1)^{k-K}\lambda(K)+\gamma_1(\lambda_1-\delta)\\&\quad\times[1+(1-\gamma_1)+\cdots+(1-\gamma_1)^{k-K}]\\&=(1-\gamma_1)^{k-K}\lambda(K)+\gamma_1(\lambda_1-\delta)\\&\quad\times[1-(1-\gamma_1)^{k-K}]\\&=(\lambda_1-\delta)+(1-\gamma_1)^{k-K}[\lambda(K)-\lambda_1+\delta]\end{aligned} \tag{9.132}$$

和

$$\begin{aligned}\lambda(k)&<(1-\gamma_1)\lambda(k-1)+\gamma_1(\lambda_1+\delta)\\&<\cdots\\&<(1-\gamma_1)^{k-K}\lambda(K)+\gamma_1(\lambda_1+\delta)[1+(1-\gamma_1)+\cdots+(1-\gamma_1)^{k-K-1}]\\&=(1-\gamma_1)^{k-K}\lambda(K)+(\lambda_1+\delta)[1-(1-\gamma_1)^{k-K}]\\&=(\lambda_1+\delta)+(1-\gamma_1)^{k-K}[\lambda(K)-\lambda_1-\delta]\end{aligned} \tag{9.133}$$

由于 $\gamma_1\in(0,1]$，从式(9.132)和式(9.133)很容易证明 $\lim\limits_{k\to\infty}\lambda(k)=\lambda_1$。

3. 定理 9.2 的证明

与定理 9.1 的证明类似。一个小的区别是在每一步计算 $\boldsymbol{w}(k)$ 的 $\boldsymbol{R}_y$ 模值。另一个小的区别是在式(9.116)中，矩阵束$(\boldsymbol{R}_y\boldsymbol{R}_x^{-1}\boldsymbol{R}_y,\boldsymbol{R}_y)$与$(\boldsymbol{R}_y,\boldsymbol{R}_x)$有相同的特征对。对所有 $k\geqslant0$，$\boldsymbol{w}(k)$是有界的，$\boldsymbol{R}_x$归一化，$\boldsymbol{w}(k)\notin(\boldsymbol{V}_{\lambda_N})^{\perp}_{\langle\boldsymbol{R}_y\rangle}$，因此

$$\lambda_1\leqslant\frac{\boldsymbol{w}^{\mathrm{H}}(k)\boldsymbol{R}_y\boldsymbol{R}_x^{-1}\boldsymbol{R}_y\boldsymbol{w}(k)}{\boldsymbol{w}^{\mathrm{H}}(k)\boldsymbol{R}_y\boldsymbol{w}(k)}=\boldsymbol{w}^{\mathrm{H}}(k)\boldsymbol{R}_y\boldsymbol{R}_x^{-1}\boldsymbol{R}_y\boldsymbol{w}(k)\leqslant\lambda_N \tag{9.134}$$

假定矩阵束$(\boldsymbol{R}_y,\boldsymbol{R}_x)$有特征对$[\boldsymbol{w},\lambda]$，如

$$\boldsymbol{R}_y\boldsymbol{w}=\lambda\boldsymbol{R}_x\boldsymbol{w} \tag{9.135}$$

则有

$$\boldsymbol{w}=\lambda\boldsymbol{R}_y^{-1}\boldsymbol{R}_x\boldsymbol{w} \tag{9.136}$$

$$\boldsymbol{R}_x^{-1}\boldsymbol{R}_y\boldsymbol{w}=\lambda\boldsymbol{w} \tag{9.137}$$

这样有

$$\boldsymbol{R}_x\boldsymbol{w}=\lambda\boldsymbol{R}_x\boldsymbol{R}_y^{-1}\boldsymbol{R}_x\boldsymbol{w} \tag{9.138}$$

$$R_y R_x^{-1} R_y w = \lambda R_y w \tag{9.139}$$

这表明矩阵束(R_x, $R_x R_y^{-1} R_x$)和($R_y R_x^{-1} R_y$, R_y),与矩阵束(R_y, R_x)有相同的特征对。

9.4 本章小结

我们回顾了随机系统广义特征信息提取问题和算法,讨论了大多数非耦合学习算法遇到的速度-稳定问题,指出耦合学习算法是解决速度-稳定问题的一种方法,简要回顾了 Möller 耦合 PCA 算法、Nguyen 耦合广义特征对提取算法。最后,我们提出一种快速自适应耦合广义特征对提取算法,详细分析了算法的导出过程,并用 DDT 分析了算法的收敛性能,对提出的算法与同类算法进行仿真实验,验证了算法的优良性能。

参考文献

[1] Fukunaga K. Introduction to Statistical Pattern Recognition. New York: Academic Press, 1990.

[2] Hiraoka K, Hamahira M, Hidai K I, et al. Fast algorithm for online linear discriminant analysis. IEICE Transactions on Fundamentals of Electronics, Communications and Computer Sciences, 2001, 84(6): 1431～1441.

[3] Wong T F, Lok T M, Lehnert J S, et al. A linear receiver for direct-sequence spread-spectrum multiple-access systems with antenna arrays and blind adaptation. IEEE Transactions on Information Theory, 1998, 44(2): 659～676.

[4] Yang J, Xi H, Yang F, et al. Fast adaptive blind beamforming algorithm for antenna array in CDMA systems. IEEE Transactions on Vehicular Technology, 2006, 55(2): 549～558.

[5] Choi S J, Kwon T H, Im H, et al. A novel adaptive beamforming algorithm for antenna array CDMA systems with strong interferes. IEEE Transactions on Vehicular Technology, 2002, 51(5): 808～816.

[6] Chang C, Ding Z, Yau S F, et al. A matrix-pencil approach to blind separation of colored nonstationary signals. IEEE Transactions on Signal Processing, 2000, 48(3): 900～907.

[7] Tom A M. The generalized eigendecomposition approach to the blind source separation problem. Digital Signal Processing, 2006, 16(3): 288～302.

[8] Chen H, Jiang G, Yoshihira K. Failure detection in large-scale internet services by principal subspace mapping. IEEE Transactions on Knowledge and Data Engineering, 2007, 19(10): 1308～1320.

[9] Tanaka T. Fast generalized eigenvector tracking based on the power method. IEEE Signal Processing Letters, 2009, 16(11): 969～972.

[10] Xu D, Principe J C, Wu H C. Generalized eigendecomposition with an on-line local algorithm. IEEE Signal Processing Letters, 1998, 5(11): 298～301.

[11] Morgan D R. Adaptive algorithms for solving generalized eigenvalue signal enhancement problems. Signal Processing, 2004, 84(6): 957～968.

[12] Yang J, Yang F, Xi H S, et al. Robust adaptive modified Newton algorithm for generalized eigendecomposition and its application. EURASIP Journal on Advances in Signal Processing, 2007, (2): 1～10.

[13] Yang J, Chen X. Fast adaptive algorithm to extract multiple principal generalized eigenvectors//Proceedings of the Natural Computation, 2011 Seventh International Conference on, 2011.

[14] Mathew G, Reddy V U. A quasi-Newton adaptive algorithm for generalized symmetric eigenvalue problem. IEEE Transactions on Signal Processing, 1996, 44(10): 2413～2422.

[15] Ouyang S, Ching P, Lee T. Robust adaptive quasi-Newton algorithms for eigensubspace estimation. IEE Proceedings-Vision, Image and Signal Processing, 2003, 150(5): 321～330.

[16] Yang J, Zhao Y, Xi H. Weighted rule based adaptive algorithm for simultaneously extracting generalized eigenvectors. IEEE Transactions on Neural Networks, 2011, 22(5): 800～806.

[17] Yang J, Chen X, Xi H. Fast adaptive extraction algorithm for multiple principal generalized eigenvectors. International Journal of Intelligent Systems, 2013, 28(3): 289～306.

[18] Yang J, Xi H, Yang F, et al. RLS-based adaptive algorithms for generalized eigen-decomposition. IEEE Transactions on Signal Processing, 2006, 54(4): 1177～1188.

[19] Rao Y N, Principe J C, Wong T F. Fast RLS-like algorithm for generalized eigendecomposition and its applications. Journal of VLSI Signal Processing Systems for Signal, Image and Video Technology, 2004, 37(2/3): 333～344.

[20] Rao Y N, Principe J C. An RLS type algorithm for generalized eigendecomposition//Proceedings of the Neural Networks for Signal Processing, 2001.

[21] Demir G K, Ozmehmet K. Online local learning algorithms for linear discriminant analysis. Pattern Recognition Letters, 2005, 26(4): 421～431.

[22] 张贤达. 矩阵分析与应用. 北京：清华大学出版社，2004.

[23] Parlett B N. The symmetric eigenvalue problem. SIAM Review, 1983, 25(2): 286～287.

[24] Du K L, Swamy M. Neural Networks and Statistical Learning. New York: Springer, 2014.

[25] Horn R A, Johnson C R. Matrix Analysis. New York: Cambridge University Press, 2012.

[26] Morgan D R. Downlink adaptive array algorithms for cellular mobile communications. IEEE Transactions on Communications, 2003, 51(3): 476～488.

[27] Kolodziej J E, Tobias O J, Seara R, et al. On the constrained stochastic gradient algorithm: model, performance, and improved version. IEEE Transactions on Signal Processing, 2009, 57(4): 1304～1315.

[28] Tanaka T. Generalized weighted rules for principal components tracking. IEEE Transactions on Signal Processing, 2005, 53(4): 1243～1253.

[29] Chatterjee C, Roychowdhury V P, Ramos J, et al. Self-organizing algorithms for generalized eigen-decomposition. IEEE Transactions on Neural Networks, 1997, 8(6): 1518～1530.

[30] Möller R, Konies A. Coupled principal component analysis. IEEE Transactions on Neural Networks, 2004, 15(1): 214～222.

[31] Nguyen T D, Takahashi N, Yamada I. An adaptive extraction of generalized eigensubspace by using exact nested orthogonal complement structure. Multidimensional Systems and Signal Processing, 2013, 24(3): 457～483.

[32] Nguyen T D, Yamada I. Adaptive normalized quasi-Newton algorithms for extraction of generalized eigen-pairs and their convergence analysis. IEEE Transactions on Signal Processing, 2013, 61(6): 1404～1418.

[33] Feng X W, Kong X Y, Ma H G, et al. Self-stabilizing algorithms for extraction of generalized eigen-pairs. IEEE Transactions on Signal Processing, 2015, 63(10): 2976～2989.

[34] Chen L H, Chang S. An adaptive learning algorithm for principal component analysis. IEEE Transactions on Neural Networks, 1995, 6(5): 1255～1263.

[35] Higham D J, Higham N J. MATLAB Guide. New York: SIAM, 2005.

[36] Attallah S, Abed-Meraim K. A fast adaptive algorithm for the generalized symmetric eigenvalue problem. IEEE Signal Processing Letters, 2008, 15: 797～800.

[37] Hyv R A, Karhunen J, Oja E. Independent Component Analysis. New York: Wiley, 2004.

[38] Möller R. A self-stabilizing learning rule for minor component analysis. International Journal of Neural Systems, 2004, 14(1): 1～8.

第 10 章　参数估计算法的性能分析

前面各章讨论和研究了随机系统参数估计的各种算法，在介绍这些算法的过程中，我们将重点放在算法的来源和推导过程上，对这些算法的性能分析没有给予更多的关注。本章重点讨论和研究有关算法的性能分析。

10.1 引　　言

随机系统参数估计算法的性能主要指稳定性、收敛性和鲁棒性等，我们比较不同算法的优劣时就是比较这几种性能指标。所谓稳定性是指在算法运行过程中，系统的状态、输入、输出和参数等变量在干扰的影响下总是有界的，这是对系统的基本要求。收敛性是指在给定的条件下，算法能够渐近地达到预期目标，并在运行过程中保持系统的所有变量有界。鲁棒性是指存在扰动时，系统能够保持稳定性和一定动态性能的能力。

对随机系统参数估计算法的收敛性和稳定性等性能的分析，几十年来一直是该领域的研究热点。对算法性能进行分析的方法有多种，主要有李雅谱诺夫函数法、确定性连续时间(deterministic continuous time，DCT)系统方法、随机性离散时间系统法、确定性离散时间系统法、不动点法等。对迭代算法的收敛性与稳定性的直接研究和分析是一个非常难的课题，传统上这些算法收敛性是通过某种 DCT 系统来间接分析的[1-3]。由随机系统描述的参数估计迭代算法可以由相应确定性的连续时间系统来表示。这种表示需要许多假设性的条件，其中之一是要求学习因子收敛到零，这在很多实际应用是一个强加的不合理的要求。通过 DCT 系统证明已经收敛的算法，是否存在发散或不稳定的可能？2002 年意大利学者 Cirrincione 等对一些 MCA 或 TLS 神经元学习算法进行了深入透彻的研究，首次根据黎曼度量分类 MCA 线性核，并通过误差损失退化的分析证明了在接近收敛的时候算法的不同行为，同时对算法进行了直接的 SDT 系统分析，发现三种可能的发散，即突然发散、动态发散和数值发散[4]。然而，DCT 和 SDT 虽然可以分析得出算法是否收敛与稳定，却不能求出具体收敛与稳定的充分条件或边界条件。2002 年西班牙学者 Zufiria 提出一种确定性的离散时间(deterministic discrete time，DDT)系统[5]来间接解释由 SDT 系统描述的神经网络学习算法的动力学系统。DDT 刻画的是核节点的平均进化行为，保持了原网络的离散时间形式，要求学习因子保持常数，得到的是该类学习算法更真实的动态行为。在文献[5]的基础上，近年来我国学者 Zhang 等研究团队对 DDT 方法进行了深入研究和推广，研究了多种 PCA/MCA 神经网络学习算法，推导了一系列算法各自收敛和稳定的成分条件和边界条件，大大推进了 MCA 神经网络学习算法性能的研究[6,7]。在应用随机近似理论分析性能时，随机迭代算法由相应的常微分方程近似，如果要求的几个假设性条件不满足时，这种分析方法会存在风险，文献[8]提出一种不动点分析方法来分析神经网络迭代算法的收敛性，可以克服上述缺点。此外，绝大多数估计算法的稳定性分析仍然采用李雅谱诺夫函数方法，尤其是对多变量、非线性等复杂算法系统，该方法仍然是算法构造和性能分析的重要工具。下面，我们就随机系统参数估计算法的性能分析方法分别进行介绍。

10.2　确定性连续时间系统方法

随机系统参数估计的递推方程是一个时变的离散时间非线性随机方程，直接分析其收敛性比较困难。Ljung 采用随机逼近理论和常微分方程的稳定性理论分析各类递推算法的收敛性。

10.2.1　随机近似逼近理论条件

为了使用随机近似基本理论建立离散时间差分方程和连续时间微分方程之间的关系，一些限制性的假设必须被满足。这些重要的条件有下列几项。

① 输入 $x(t)$ 是零均值、稳定的和依概率 1 有界。

② 学习因子 $\alpha(t)$ 是一个下降的正数序列。

③ $\sum_{t}\alpha(t)=\infty$。

④ $\sum_{t}t\alpha^{p}(t)<\infty$ 对一些 p。

⑤ $\sum_{t\to\infty}\sup[1/\alpha(t)-1/\alpha(t-1)]<\infty$。

在实际应用中，这些条件很难满足。在算法更新过程中，学习因子必须趋向于零。由于计算字长效应限制和跟踪要求，在实际中通常需要一个小而非零的常数学习因子。

10.2.2　确定性连续时间方法

文献[4]提出的 MCA EXIN 算法，其渐近稳定性有如下定理。

定理 10.1(渐近稳定性)　设 $\boldsymbol{R}$ 是输入数据的 $n\times n$ 自相关矩阵，具有特征值 $0\leqslant\lambda_n\leqslant\lambda_{n-1}\leqslant\cdots\leqslant\lambda_1$ 和相应的正交特征向量$(z_n,z_{n-1},\cdots,z_1)$。如果 $\boldsymbol{w}(0)$满足 $\boldsymbol{w}^{\mathrm{T}}(0)z_n\neq0$，而且 λ_n 是单一的，则在常微分方程近似的有效界限内，对 MCA EXIN

算法而言,下列关系成立,即

$$w(t)\to\pm\|w(0)\|_2 z_n,\quad w(t)\to\infty \tag{10.1}$$

$$\|w(t)\|_2^2\approx\|w(0)\|_2^2,\quad t>0 \tag{10.2}$$

这里采用 DCT 方法对该定理进行如下证明。

对随机离散学习 MCA EXIN 算法应用随机近似理论,得其相应的常微分方程为

$$\frac{\mathrm{d}w(t)}{\mathrm{d}t}=-\frac{1}{\|w(t)\|_2^2}\left[\boldsymbol{R}-\frac{w^{\mathrm{T}}(t)\boldsymbol{R}w(t)}{\|w(t)\|_2^2}\boldsymbol{I}\right]w(t) \tag{10.3}$$

应用$w^{\mathrm{T}}(t)$左乘式(10.3)可得下式,即

$$\frac{\mathrm{d}\|w(t)\|_2^2}{\mathrm{d}t}=\frac{2}{\|w(t)\|_2^4}\{-\|w(t)\|_2^2\,w^{\mathrm{T}}(t)\boldsymbol{R}w(t)+[w^{\mathrm{T}}(t)\boldsymbol{R}w(t)]\|w(t)\|_2^2\}=0 \tag{10.4}$$

则有

$$\|w(t)\|_2^2=\|w(0)\|_2^2,\quad t>0 \tag{10.5}$$

同样的推理可以应用于 OJAn 和 Luo 算法。

文献[4]指出,OJAn、Luo 和 MCA EXIN 算法是瑞利商采用不同的黎曼尺度的梯度流,而梯度流总是收敛到一个最小的直线。事实上,对这三个核,RQ 都可以作为它们的李雅谱诺夫函数。将 RQ 限制到一个中心在原点的球面,可以证明它作为一个李雅谱诺夫函数 $V(w)$,因为它是正定的,而且(除非是一个常数)有

$$\begin{aligned}
\frac{\mathrm{d}V(w(t))}{\mathrm{d}t}&=\left[\frac{\mathrm{d}w(t)}{\mathrm{d}t}\right]^{\mathrm{T}}\left(\frac{\mathrm{d}V(w)}{\mathrm{d}w}\right)_{\Re^n-\{0\}}\\
&=\left[\frac{\mathrm{d}w(t)}{\mathrm{d}t}\right]^{\mathrm{T}}\|w(t)\|_2^{-2}[\nabla V(w)]_{S^{n-1}}\\
&=\left[\frac{\mathrm{d}w(t)}{\mathrm{d}t}\right]^{\mathrm{T}}\|w(t)\|_2^{-2}Q[w(t)]\mathrm{grad}V(w)\\
&=-\left[\frac{\mathrm{d}w(t)}{\mathbf{d}t}\right]^{\mathrm{T}}\|w(t)\|_2^{-2}Q[w(t)]\frac{\mathrm{d}V(w)}{\mathrm{d}w}\\
&=-Q[w(t)]\|w(t)\|_2^{-2}\left\|\frac{\mathrm{d}w(t)}{\mathrm{d}t}\right\|_2^2\\
&=\begin{cases}-\|w(t)\|_2^{-4}\left\|\dfrac{\mathrm{d}w(t)}{\mathrm{d}t}\right\|_2^2\leqslant 0, & \text{Luo}\\ -\|w(t)\|_2^{-2}\left\|\dfrac{\mathrm{d}w(t)}{\mathrm{d}t}\right\|_2^2\leqslant 0, & \text{OJAn}\\ -\left\|\dfrac{\mathrm{d}w(t)}{\mathrm{d}t}\right\|_2^2\leqslant 0, & \text{MCA EXIN}\end{cases}
\end{aligned} \tag{10.6}$$

对所有三个核，当 $\mathrm{d}\boldsymbol{w}(t)/\mathrm{d}t=0$ 时，$\mathrm{d}V(t)/\mathrm{d}t=0$，也就是说，$\mathrm{d}V(t)/\mathrm{d}t$ 是半负定的，这个李雅谱诺夫函数较弱。根据随机近似理论，这些方程也有点$\{\infty\}$作为平衡点。对这三个核而言，在稳定状态 $\boldsymbol{w}(t_{st})$有下式，即

$$\frac{\mathrm{d}\boldsymbol{w}(t_{st})}{\mathrm{d}t}=0\Rightarrow\boldsymbol{w}^{\mathrm{T}}(t_{st})\boldsymbol{w}(t_{st})\boldsymbol{R}\boldsymbol{w}(t_{st})=\boldsymbol{w}^{\mathrm{T}}(t_{st})\boldsymbol{R}\boldsymbol{w}(t_{st})\boldsymbol{w}(t_{st})\boldsymbol{w}(t_{st})$$

则

$$\boldsymbol{R}\boldsymbol{w}(t_{st})=\frac{\boldsymbol{w}^{\mathrm{T}}(t_{st})\boldsymbol{R}\boldsymbol{w}(t_{st})\boldsymbol{w}(t_{st})}{\boldsymbol{w}^{\mathrm{T}}(t_{st})\boldsymbol{w}(t_{st})}\boldsymbol{w}(t_{st}) \tag{10.7}$$

也就是说，$\boldsymbol{w}(t_{st})$是 $\boldsymbol{R}$ 的一个特征向量，而且相应的特征值 $\lambda(t_{st})$是 $\boldsymbol{R}$ 的 RQ。仍然要证明 $\lambda(t_{st})=\lambda_n$。权向量 $\boldsymbol{w}(t)$可以表示为正交向量的一个函数，即

$$\boldsymbol{w}(t)=\sum_{i=1}^{n}f_i(t)\,z_i \tag{10.8}$$

代入式(10.3)，联合特征向量的正交性，则有

$$\frac{\mathrm{d}f_i(t)}{\mathrm{d}t}=\|\boldsymbol{w}(t)\|_2^{-4}[\boldsymbol{w}^{\mathrm{T}}(t)\boldsymbol{R}\boldsymbol{w}(t)f_i(t)-\boldsymbol{w}^{\mathrm{T}}(t)\boldsymbol{w}(t)\lambda_i f_i(t)],\quad i=1,2,\cdots,n \tag{10.9}$$

定义

$$\varphi_i(t)=\frac{f_i(t)}{f_n(t)},\quad i=1,2,\cdots,n-1 \tag{10.10}$$

则有

$$\frac{\mathrm{d}\varphi_i(t)}{\mathrm{d}t}=\frac{f_n(t)\dfrac{\mathrm{d}f_i(t)}{\mathrm{d}t}-f_i(t)\dfrac{\mathrm{d}f_n(t)}{\mathrm{d}t}}{(f_n(t))^2}=\|\boldsymbol{w}(t)\|_2^{-2}(\lambda_n-\lambda_i)\varphi_i(t) \tag{10.11}$$

该方程在$[0,\infty)$的解为

$$\varphi_i(t)=\exp\left((\lambda_n-\lambda_i)\int_0^t\frac{\mathrm{d}\nu}{\|\boldsymbol{w}(\nu)\|_2^2}\right),\quad 1,2,\cdots,n-1 \tag{10.12}$$

如果 λ_n 单个，则有 $\varphi_i(t)\xrightarrow{t\to\infty}0,i=1,2,\cdots,n-1$，而且有$\lim\limits_{t\to\infty}f_i(t)=0,i=1,2,\cdots,n-1$。这时会产生$\lim\limits_{t\to\infty}\boldsymbol{w}(t)=\boldsymbol{w}(t_{st})=\lim\limits_{t\to\infty}f_n(t)z_n$。

考虑初始近似阶段权向量模值的不变性，有$\lim\limits_{t\to\infty}f_n(t)=\pm\|\boldsymbol{w}(0)\|_2$

则可得到下式，即

$$\begin{aligned}\lim_{t\to\infty}\boldsymbol{w}(t)&=\boldsymbol{w}(t_{st})\\&=\begin{cases}+\|\boldsymbol{w}(0)\|_2\,z_n, & \boldsymbol{w}/\boldsymbol{w}^{\mathrm{T}}\,z_n>0\\-\|\boldsymbol{w}(0)\|_2\,z_n, & \boldsymbol{w}/\boldsymbol{w}^{\mathrm{T}}\,z_n<0\end{cases}\end{aligned} \tag{10.13}$$

定理证明结束。

10.2.3 李雅谱诺夫函数方法

李雅谱诺夫稳定性理论采用状态向量描述，是确定系统稳定性的一种方法。该方法不仅适用于单变量、线性、定常系统，也适用于多变量、非线性、时变系统，尤其是对于一些复杂的非线性系统的稳定性分析。李雅谱诺夫稳定性理论建立在一系列关于稳定性概念的基础上，分间接法和直接法两大类，间接法需要利用线性系统微分方程的解来判断系统稳定性，而直接法通过构造李雅谱诺夫函数，利用李雅谱诺夫函数直接判断系统稳定性。由于间接法需要解线性系统微分方程，而求解线性系统微分方程并不是一件容易的事情，因此其应用受到很大限制。直接法不需要求解系统微分方程，给稳定性分析带来很大方便，获得广泛应用。间接法就是我们通常所说的李雅谱诺夫函数分析方法。

TLMS 算法的收敛性的证明就是使用了李雅谱诺夫函数分析方法[9]，此处不再介绍。

10.3 随机性离散时间系统

意大利学者 Cirrincione 等[4]系统研究了 MCA 神经网络学习算法性能，在此基础上提出 MCA EXIN 算法。他们利用随机性离散时间系统方法对现有 MCA 学习算法的所有阶段的动力行为进行了详细分析，发现三种可能的发散，即突然发散、动态发散和数值发散。该部分分析了 MCA 神经元的瞬态行为，采用的方法不仅应用常微分方程近似方法，更重要的是应用随机离散规律。因为只使用常微分方程近似方法不能揭示该类算法的一些最重要的性能。例如，通过常微分方程近似方法，人们曾经认为 OJAn、Luo、MCA EXIN 等算法的权向量模值保持不变，然而通过该部分的分析。显然，该特性不再有效，所谓模值保持不变也只是在权向量接近次成分过程中的一个最初的近似。下面对 SDT 系统方法进行较为系统详细的讨论[4]。

10.3.1 普通发散现象

通过对 OJAn、Luo 和 MCA EXIN 等算法分析可以看出，这三种算法具有相似的结构，可以写为

$$\begin{aligned}\boldsymbol{w}(k+1)&=\boldsymbol{w}(k)+\delta\boldsymbol{w}(k)\\&=\boldsymbol{w}(k)-\eta(k)S_{\text{neuron}}(\boldsymbol{w}(k),\boldsymbol{x}(k))\\&=\boldsymbol{w}(k)-\eta(k)s(p)\left[y(k)\boldsymbol{x}(k)-\frac{y^2(k)}{p}\boldsymbol{w}(k)\right]\end{aligned}\tag{10.14}$$

其中

$$s(p)=\begin{cases}p, & \text{Luo}\\ 1, & \text{OJAn}\\ 1/p, & \text{MCA EXIN}\end{cases} \tag{10.15}$$

式中，$p=\|\boldsymbol{w}(k)\|_2^2$。

这三种算法有下列共同的特性，即

$$\boldsymbol{w}^{\mathrm{T}}(k)\left[y(k)\boldsymbol{x}(k)-\frac{y^2(k)}{\|\boldsymbol{w}(k)\|_2^2}\boldsymbol{w}(k)\right]=0 \tag{10.16}$$

也就是，在每次迭代中的权向量增量正交于权向量方向。$k+1$ 步权向量的平方模值可由下式给出，即

$$\|\boldsymbol{w}(k+1)\|_2^2=\begin{cases}\|\boldsymbol{w}(k)\|_2^2+\dfrac{\eta^2(k)}{4}\|\boldsymbol{w}(k)\|_2^2\|\boldsymbol{x}(k)\|_2^4\sin^2 2\vartheta_{xw}, & \text{OJAn}\\ \|\boldsymbol{w}(k)\|_2^2+\dfrac{\eta^2(k)}{4}\|\boldsymbol{w}(k)\|_2^6\|\boldsymbol{x}(k)\|_2^4\sin^2 2\vartheta_{xw}, & \text{Luo}\\ \|\boldsymbol{w}(k)\|_2^2+\dfrac{\eta^2(k)}{4}\|\boldsymbol{w}(k)\|_2^{-2}\|\boldsymbol{x}(k)\|_2^4\sin^2 2\vartheta_{xw}, & \text{MCA EXIN}\end{cases} \tag{10.17}$$

其中，ϑ_{xw} 是输入向量 $\boldsymbol{x}(k)$ 和 $\boldsymbol{w}(k)$ 之间的夹角。

可以看出，权向量平方模对学习因子的平方是依赖的。因此，对低的学习因子（接近收敛时），权向量平方模的增加不显著。定义比率 G 为

$$G=\frac{\|\boldsymbol{w}(k+1)\|_2^2}{\|\boldsymbol{w}(k)\|_2^2}=1+gh\sin^2 2\vartheta_{xw}=G(g[\eta(k)],\|\boldsymbol{w}(k)\|_2,h,\vartheta_{xw}) \tag{10.18}$$

其中，$h=\|ix(k)\|_2^4$。

$$g=\begin{cases}+\dfrac{\eta^2(k)}{4}\|\boldsymbol{w}(k)\|_2^4, & \text{Luo}\\ +\dfrac{\eta^2(k)}{4}\|\boldsymbol{w}(k)\|_2, & \text{OJAn}\\ +\dfrac{\eta^2(k)}{4}\|\boldsymbol{w}(k)\|_2^{-4}, & \text{MAC EXIN}\end{cases} \tag{10.19}$$

图 10.1 显示了 G（大于 1）随 $h,\vartheta_{xw}=k\in(-\pi,\pi]$，$g$ 之间的函数关系变化图[4]。

通过上面的分析可得如下结论。

① 除非在特殊情况下，权向量模值总是增加的，即 $\|\boldsymbol{w}(k+1)\|_2^2>\|\boldsymbol{w}(k)\|_2^2$。有些特殊情况如所有数据都精确在特定的方向上，在一个有噪声的环境中，几乎不能找到。

② 如果参数 g 为零，权向量模值不增加。实际上，这种情况只有 $\eta(k)=0$。

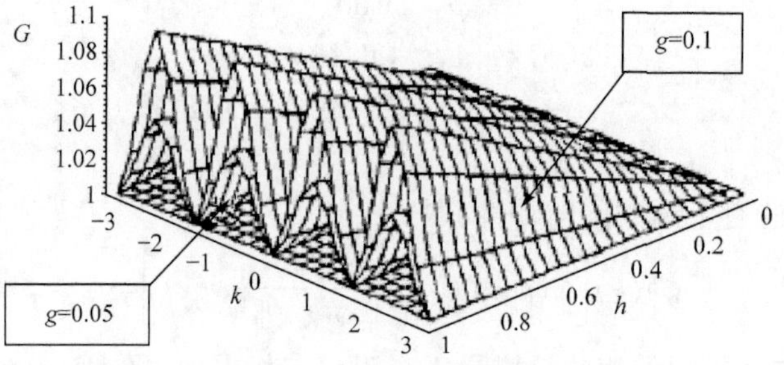

图 10.1　函数关系变化图

③ 参数 g 给出了权向量模值增加的大小。如果 $g\to 0$，则 $G\to 1$，而且 g 与权向量模值的关系是一种幂指数关系。

④ 在区间$(-\pi,\pi]$，$\sin^2 2\vartheta_{xw}$ 是一个有四个峰值的函数，这也是权向量模值振荡行为可能的原因之一。

⑤ h 和 k 仅依赖输入噪声信号及数据与权向量之间的位置，它们是不可控制的。

对于这三种神经元，权向量模值为常量的结论是不正确的，权向量模值一直增加，即存在发散现象。这种发散现象称为普通发散。

对于 OJA、OJA＋和 TLMS 算法，我们进行与上面同样的分析，可以得出下式，即

$$\|\boldsymbol{w}(k+1)\|_2^2=\|\boldsymbol{w}(k)\|_2^2+2\eta(k)\Xi+O(\eta^2(k)) \tag{10.20}$$

其中

$$\Xi=\begin{cases} y^2(k)[\|\boldsymbol{w}(k)\|_2^2-1], & \text{OJA} \\ [y^2(k)-\|\boldsymbol{w}(k)\|_2^2][\|\boldsymbol{w}(k)\|_2^2-1], & \text{OJA+} \\ \|\boldsymbol{w}(k)\|_2^2[1-y^2(k)], & \text{TLMS} \end{cases} \tag{10.21}$$

对这些神经元而言，每次迭代中的权向量模增量正交于权向量方向的特性不再有效。显然，权向量模增量要大于 OJAn、Luo 和 EXIN 三种算法。在 OJA 算法中，Ξ 的符号仅依赖平方权向量模值的大小。这样，根据初始条件，平方权向量模值一直增大或者一直减少。这种情况不适用于 OJA＋和 TLMS 算法。对这两种算法而言，y^2 合适的值就可以改变 Ξ 的符号。

对 OJA 算法而言，在初始权向量模值大于 1 时，权向量模值一直增加，即存在普通发散现象。对 OJA＋和 TLMS 算法而言，只要 $\Xi>1$ 就存在普通发散现象。

在三维情况下，OJAn、Luo、EXIN 和 OJA 等算法的动态行为如图 10.2 所示[4]。

普通发散现象的神经元算法的动态行为可以进行如下简单描述。

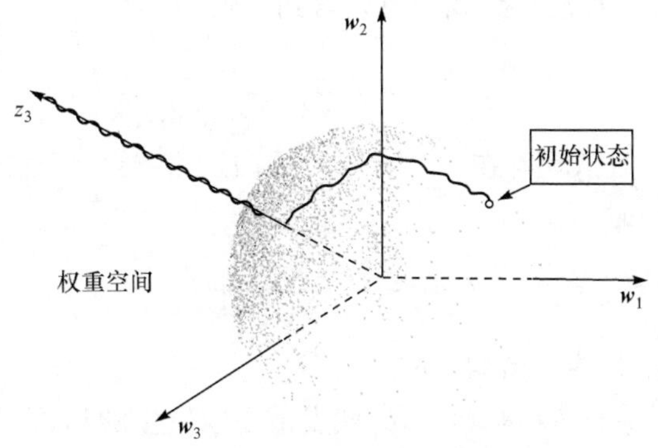

图 10.2　三维情况下 OJAn、Luo、EXIN 和 OJA 等算法的动态行为

① 初试瞬态。

② 在常数模值的轨迹附近振荡，而且有日益增加的趋势。这种振荡是学习因子的函数。

③ 达到目的特征方向。

④ 振荡。通过增加权向量模值大小，将权向量推向另一个临界点，直到无穷。

10.3.2　突然发散现象

在第一个临界点已经达到以后($t\geqslant t_0$)，平均权向量的行为可以得到下式，即

$$\boldsymbol{w}(t)=\|\boldsymbol{w}(t)\|_2 z_n,\quad t\geqslant t_0 \tag{10.22}$$

其中，z_n 是与自相关矩阵的最小特征值对应的特征向量。

通过算法的权向量迭代更新公式，很容易推导出权向量模值更新的离散化规律。这一离散化规律可以认为是下列常微分方程的离散化，即

$$\frac{\mathrm{d}\,\boldsymbol{w}^{\mathrm{T}}\boldsymbol{w}}{\mathrm{d}t}=s^2(\boldsymbol{w}^{\mathrm{T}}\boldsymbol{w})E\left[\left\|y\boldsymbol{x}-\frac{y^2}{\boldsymbol{w}^{\mathrm{T}}\boldsymbol{w}}\right\|_2^2\right] \tag{10.23}$$

不失一般性，输入数据被认为是高斯的。在一些几何运算以后，以下公式可以导出，即

$$\frac{\mathrm{d}p}{\mathrm{d}t}=s^2(p)[-\lambda_n^2+\lambda_n\mathrm{tr}(\boldsymbol{R})]p \tag{10.24}$$

其中，λ_n 是输入数据自相关矩阵 $\boldsymbol{R}$ 的最小特征值。

为简单起见，我们取初始状态 $p(0)=1$，对 $s(p)=1$(OJAn 算法)解上述微分方程有

$$p(t)=\mathrm{e}^{[-\lambda_n^2+\lambda_n\mathrm{tr}(\boldsymbol{R})]t} \tag{10.25}$$

考虑括号中的数值不可能为负，而是以指数方式当 $t\to\infty$时，$p(t)\to\infty$。因此，$\boldsymbol{w}(t)$的模值发散很快。

当 $s(p)=p$(Luo 算法)时,我们可以得到下式,即

$$p(t)=\frac{1}{\sqrt{1-2[-\lambda_n^2+\lambda_n \operatorname{tr}(\boldsymbol{R})]t}} \tag{10.26}$$

在这种情况下,发散现象在一个有限时间内发生,这种发散称为突然发散,即 $p(t)\to\infty$。当 $t\to\infty$时,有

$$t_\infty=\frac{1}{2[-\lambda_n^2+\lambda_n \operatorname{tr}(\boldsymbol{R})]} \tag{10.27}$$

其中,t_∞的大小依赖 $\boldsymbol{R}$ 特征谱的扩散。

如果 $\boldsymbol{R}$ 的各个特征值相对集中,突然发散现象发生的迟,而且 t_∞ 与 λ_n 的逆成正比(高的 λ_n 意味着噪声数据)。

对 $s(p)=1/p$(MCA EXIN),我们可以得到下式,即

$$p(t)=\sqrt{1+2[-\lambda_n^2+\lambda_n \operatorname{tr}(\boldsymbol{R})]t} \tag{10.28}$$

它仍然是发散的,不过是以一个较慢的速度。

OJA 算法的情况可以采用的上面方法进行分析。这时,可以得到下式,即

$$\frac{\mathrm{d}\|\boldsymbol{w}(t)\|_2^2}{\mathrm{d}t}=2[\boldsymbol{w}^{\mathrm{T}}(t)\boldsymbol{R}\boldsymbol{w}(t)](\|\boldsymbol{w}(t)\|_2^2-1) \tag{10.29}$$

假定次成分方向已经达到,上面方程可以近似为

$$\frac{\mathrm{d}p}{\mathrm{d}t}=2\lambda_n p(p-1) \tag{10.30}$$

其中,$p=\|\boldsymbol{w}(t)\|_2^2$。

在式(10.30)中,$(p-1)$的符号特别重要,决定着权向量模值的增大或减小。定义次成分方向到达的时刻为 t_0,相应的权向量模值平方为 p_0。上式的解可以由下式给出,即

$$p=\frac{p_0}{p_0+(1-p_0)\mathrm{e}^{2\lambda_n(t-t_0)}},\quad p_0\neq 1 \tag{10.31}$$

$$p=p_0,\quad p_0=1 \tag{10.32}$$

图 10.3 显示了权向量模值的变化情况[4]。

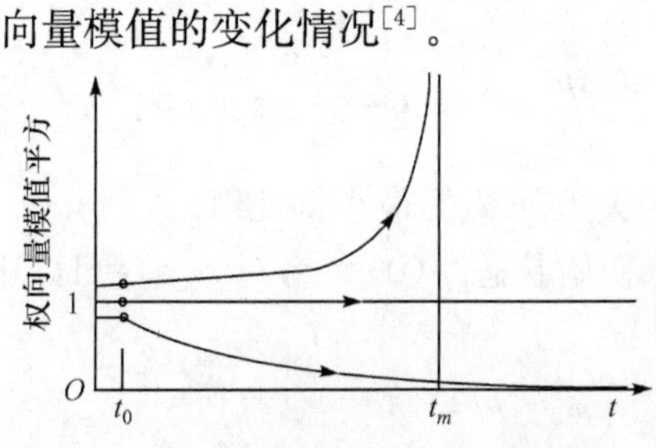

图 10.3 权向量模值的变化情况

如果 $p_0>1$，OJA 算法在有限时间发散（突然发散），有限时间值 t_∞ 可由下式给出，即

$$t_\infty=t_0+\frac{1}{2\lambda_n}\ln\frac{p_0}{p_0-1} \tag{10.33}$$

该表达式说明，为了使突然发散现象尽可能迟，$p_0\to1^+$ 是强制性的。遗憾的是，在缓慢变化的实时在线系统中，并非总能选择到这样的初始条件。输入数据的自相关矩阵 $\boldsymbol{R}$ 有较高的 λ_n 时（数据中的噪声），会恶化突然发散问题。如果 $p_0<1$，p 下降的速度随着 λ_n（噪声数据）增加，随着 p_0 减少。

对 OJA+算法，重复上面对 OJA 算法的同样的过程，可以得到下列结果，即

$$\frac{\mathrm{d}p}{\mathrm{d}t}=2(\lambda_n-1)p(p-1) \tag{10.34}$$

其解为

$$p=\frac{p_0}{p_0+(1-p_0)\mathrm{e}^{2(\lambda_n-1)(t-t_0)}},\quad p_0\neq1 \tag{10.35}$$

如果 $\lambda_n>1$，OJA+算法与 OJA 算法行为一样。如果 $\lambda_n=1$，$p=p_0$；如果 $\lambda_n<1$，$p\to1$。不同初始状态条件下权向量模值的变化情况如图 10.4 所示[4]。

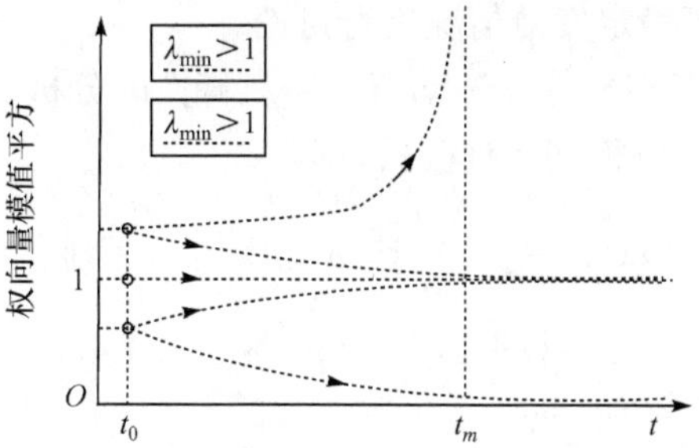

图 10.4　不同初始状态条件下权向量模值的变化情况

如果要 OJA+算法不发散且不遭受突然发散，则需要一个假设条件，即输入数据自相关矩阵的最小特征值要小于 1。如果该条件不能预先假定（如噪声数据），OJA+算法可能遭受突然发散。

下面对 OJAn、Luo、EXIN、OJA、OJA+等这几种算法的性能总结如下：Luo 和 OJA 在有限时间发散，即有突然发散现象；对噪声输入数据，OJA+与 OJA 一样；OJAn 和 EXIN 在无限时间发散，而且前者发散速率较快，即这两种算法有普通发散现象。

10.3.3　不稳定发散现象

通常学习因子 $\alpha(t)$ 必须小，以避免学习算法的不稳定和发散现象。这意味着

如下一些问题。

① 一个小的学习因子给出一个低的学习速度。

② 很难找到一个好的学习因子来避免学习算法发散。

③ 学习算法的瞬态行为和稳态解的精度都会受学习因子选择的影响。

这样 MCA 神经元的随机离散学习规律的研究就变成动力学的分析。

定义

$$r'=\frac{|\boldsymbol{w}^{\mathrm{T}}(t+1)\boldsymbol{x}(t)|^2}{\|\boldsymbol{w}(t+1)\|_2^2},\quad r=\frac{|\boldsymbol{w}^{\mathrm{T}}(t)\boldsymbol{x}(t)|^2}{\|\boldsymbol{w}(t)\|_2^2} \tag{10.36}$$

$$\rho(\alpha)=\frac{r'}{r}\geqslant 0,\quad p=\|\boldsymbol{w}(t)\|_2^2,\quad u=y^2(t) \tag{10.37}$$

其中,r'和 r 分别表示在权向量增加后和增加前输入数据 $\boldsymbol{x}(t)$到数据匹配超平面的平方垂直距离。

根据次成分的定义,应该 $r'<r$。如果该不等式不成立,则意味着学习算法增加了由于噪声数据引起的干扰而导致的估计误差。如果这一误差太大,会导致权向量 $\boldsymbol{w}(t)$大大偏离正常的学习,可能引起发散或者振荡(这样需要较长的学习时间)。这一问题称为动态不稳定,可能的发散称为(动态)不稳定发散。下面就几个著名的 MCA 算法的不稳定发散情况进行讨论。

对 OJAn、Luo 和 EXIN 等算法动态不稳定特性的分析。

应用式(10.14),可以得到下列公式,即

$$\boldsymbol{w}^{\mathrm{T}}(t+1)\boldsymbol{x}(t)=y(t)\left\{1-\alpha s(p)\left[\|\boldsymbol{x}(t)\|_2^2-\frac{u}{p}\right]\right\} \tag{10.38}$$

$$\|\boldsymbol{w}(t+1)\|_2^2=p+\alpha^2 s^2(p)uq \tag{10.39}$$

其中

$$q=\left\|\boldsymbol{x}(t)-\frac{y(t)\boldsymbol{w}(t)}{p}\right\|_2^2 \tag{10.40}$$

$$q=\left[\|\boldsymbol{x}(t)\|_2^2-\frac{u}{p}\right]=\|\boldsymbol{x}(t)\|_2^2\sin^2\vartheta_{xw} \tag{10.41}$$

式中,ϑ_{xw}是输入向量 $x(k)$和 $w(k)$之间的夹角。

这样,式(10.38)可以重新写为

$$\boldsymbol{w}^{\mathrm{T}}(t+1)\boldsymbol{x}(t)=y(t)[1-\alpha s(p)q] \tag{10.42}$$

由此,可得下式,即

$$\rho(\alpha)=\frac{p[1-\alpha s(p)q]^2}{p+\alpha^2 s^2(p)uq} \tag{10.43}$$

可以推出下式,即

$$\rho(\alpha)>1\Leftrightarrow p[1-\alpha s(p)q]^2>p+\alpha^2 s^2(p)uq \tag{10.44}$$

产生下式，即

$$\alpha(\alpha-\alpha_b)>0 \tag{10.45}$$

其中

$$\alpha_{b\text{EXIN}}=p\alpha_{b\text{OJAN}}=p^2\alpha_{b\text{LUO}} \tag{10.46}$$

$$\rho(\alpha)>1 \Leftrightarrow \begin{cases} \alpha>\alpha_b(\boldsymbol{x}(t),\boldsymbol{w}(t)), & \alpha_b>0 \\ \alpha>0, & \alpha_b<0 \end{cases} \tag{10.47}$$

如果 $\alpha_b<0$，总有 $\alpha\geqslant0$，则 r' 一直大于 r 独立于学习因子 α 的取值。在这里，该现象称为负的不稳定。下列情况可能产生不稳定(振荡或者发散)。

① $\alpha_b<0$(负的不稳定)。

这种情况等价于下式，即

$$pq-u=A(q,p,u)<0 \tag{10.48}$$

这样存在负的不稳定，当

$$q=\|\boldsymbol{x}(t)\|_2^2\sin^2\vartheta_{xw}<\frac{u}{p}=\|\boldsymbol{x}(t)\|_2^2\cos^2\vartheta_{xw} \tag{10.49}$$

也就是

$$\tan^2\vartheta_{xw}<1 \tag{10.50}$$

这意味着，存在负的不稳定在区域 $-(\pi/4)<\vartheta_{xw}<\pi/4$ 和 $-(3\pi/4)<\vartheta_{xw}<3\pi/4$。这一结果显示在图 10.5 中[4]，权向量空间相对于 $\boldsymbol{x}(t)$ 的不稳定区域。在稳定状态 $\vartheta_{xw}\to\pm(\pi/2)$，负的不稳定对瞬态和有外在扰动时通常是有效的。这一研究对 OJAn、Luo、EXIN 等三种神经元算法均有效。

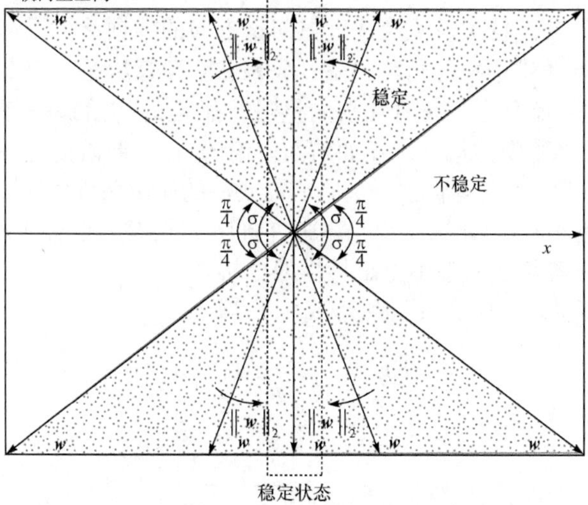

图 10.5　权向量空间相对于输入向量的稳定子空间

负稳定边界对 OJAn、Luo 和 EXIN 等三种神经元算法均有效

② $0<\alpha_b\leqslant\gamma<1$。

在 $\alpha>\alpha_b$ 情况，也会产生不稳定。这意味着，一个太小的 γ 必定需要一个更小的学习因子 α 避免这一问题。因此，γ 可被考虑作为学习因子的上限。这一情况等价于 $A(q,p,u)>0$ 和 $B(q,p,u)>0$，这里

$$B(q,p,u)=(\gamma p)q-\left[\gamma u+\frac{2p}{s(p)}\right] \tag{10.51}$$

这样没有振荡或者不稳定。

当

$$0\leqslant\frac{u}{p}<q<\frac{u}{p}+\frac{1}{\gamma}\frac{2}{s(p)} \tag{10.52}$$

有

$$1<\tan^2\vartheta_{xw}<1+\frac{1}{\gamma}\frac{2}{s(p)}\frac{1}{\|\boldsymbol{x}(t)\|_2^2\cos^2\vartheta_{xw}}=1+\Delta_{st} \tag{10.53}$$

正量 Δ_{st} 表示没有振荡(或者动态不稳定)区域，依赖下列几个量值。

第一，γ。在接近收敛时，由于 Robbins-monro 条件的限制，学习因子 α 很小，这样 γ 可以取非常小的值，这一选择改进了动态稳定性。

第二，$s(p)$。针对不同的学习算法，这一数量有不同的表达式。前面已经讨论过，初始权向量必须选择较小的值；在若干步迭代以后，权向量发散；接近收敛时，对 Luo 算法而言 Δ_{st} 减少，所以其动态稳定性恶化。与此相反，权向量发散对 MCA EXIN 算法的动态稳定性有正面的影响。

第三，$x(t)$。具有较大模值及接近权向量方向的数据 $x(t)$ 恶化动态稳定性。

从方差/偏差两难选择的角度出发，MCA EXIN 算法是一个高方差/低偏差的算法。选择小的初始状态意味着在权向量进化过程的初始瞬态部分有高的方差，然而这并非以最终精度为代价。正如前面讨论的，在发散阶段这种振荡减小到零。OJAn 和 Luo 算法并没有这样的特性，它们需要低的初试条件(意味着高方差)，而且有低的偏差，但是相较于 MCA EXIN 算法，它们在最终解附近有高的振荡。

OJA、OJA+等算法动态不稳定特性的分析如下。

对 OJA 算法而言，有动态不稳定($\rho>1$)，当

$$\cos^2\vartheta_{xw}<\frac{1}{2p}\wedge\alpha>\alpha_b \tag{10.54}$$

其中

$$\alpha_b=\frac{2}{\|\boldsymbol{x}(t)\|_2^2(1-2p\cos^2\vartheta_{xw})} \tag{10.55}$$

第一个条件意味着没有负的不稳定(如 $\alpha_b>0$)。实际上，第一个条件包含在第二个条件中。考虑 $0<\alpha_b\leqslant\gamma<1$，存在下式，即

$$\cos^2\vartheta_{xw}\leqslant\frac{1}{2p}-\frac{1}{\gamma p\|\boldsymbol{x}(t)\|_2^2}=\Upsilon \tag{10.56}$$

比(10.54)更具有限制性。图 10.6 显示了权向量空间相对于输入向量的稳定子空间[4]，这里 $\sigma=\arccos\sqrt{\Upsilon}$。不稳定区域与前面分析过的三个神经元刚好相反。角度 σ 正比于 $\sqrt{2p}$，一个日益增加的权模值(对大于 1 的初始权向量模而言，接近于 MC 方向)增加稳定性，而且 γ 的减小有相似的正效应。从图 10.6 可见，显然在瞬态(一般较低的 ϑ_{xw})，OJA 权向量有较少的振荡比 OJAn、Luo 和 EXIN 等几个算法。与 MCA EXIN 算法相比，OJA 有较低的方差和较大的偏差。

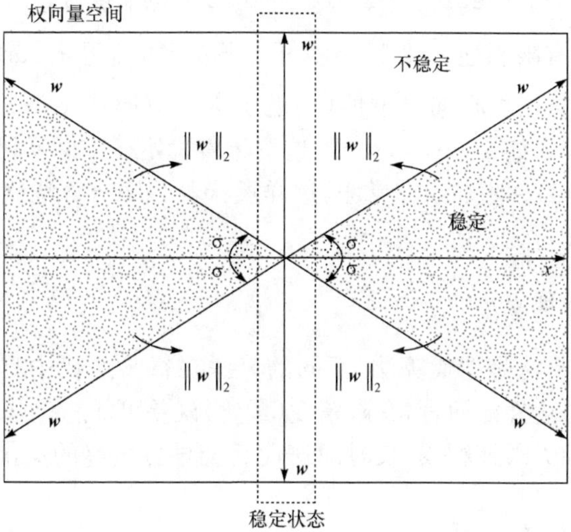

图 10.6　权向量空间相对于输入向量的稳定子空间

对于 OJA+算法的分析与上面相似，有下式成立，即

$$\rho(\alpha)=\frac{p\,(1-\alpha q)^2}{p-2\alpha(1-p)(u-p)+\alpha^2 H} \tag{10.57}$$

其中

$$q=\|\boldsymbol{x}(t)\|_2^2-u-1+p \tag{10.58}$$

$$H=u(q+p)+p^3+(1+u)[(1-p)(p-u)-p^2] \tag{10.59}$$

这样，$\rho(\alpha)>1$(动态不稳定)，当且仅当

$$\alpha(\alpha-\alpha_b)p\|\boldsymbol{x}(t)\|_2^2\sin^2\vartheta_{xw}[2q-\|\boldsymbol{x}(t)\|_2^2]>0 \tag{10.60}$$

式中

$$\alpha_b=\frac{2}{2q-\|\boldsymbol{x}(t)\|_2^2} \tag{10.61}$$

接着，动态不稳定条件是

$$\alpha > \frac{2}{2q - \| \boldsymbol{x}(t) \|_2^2} \wedge 2q - \| \boldsymbol{x}(t) \|_2^2 > 0 \tag{10.62}$$

第二个条件意味着没有负的不稳定(如 $\alpha_b > 0$),可以写为

$$\cos^2 \vartheta_{xw} \leqslant \frac{1}{2p} + \frac{1}{\| \boldsymbol{x}(t) \|_2^2} \frac{p-1}{p} \tag{10.63}$$

实际上,与 OJA 算法一样,第二个条件包含在第一个条件中。考虑 $0 < \alpha_b \leqslant \gamma < 1$,存在下式,即

$$\cos^2 \vartheta_{xw} \leqslant \left[\frac{1}{2p} + \frac{1}{\| \boldsymbol{x}(t) \|_2^2} \frac{p-1}{p} \right] - \frac{1}{\gamma p \| \boldsymbol{x}(t) \|_2^2} = \Pi \tag{10.64}$$

比式(10.63)更具有限制性。图 10.6 显示了该条件,这里 $\sigma = \arccos \sqrt{\Pi}$。这一角度正比于 $\sqrt{2p}$,而且增大权向量模值(接近于 MC 方向对 $\lambda_n > 1$)会更好。减小 γ 有相似的正面效应。如果 $\lambda_n < 1$,$p \to 1$,这意味着稳定子空间不可能超过负稳定子空间边界($\vartheta_{xw} = \pi/4$)。除非 γ 非常小,这样意味着 OJA+算法比 OJA 具有在稳态解附近更大的振荡行为。

10.3.4　数值发散现象

MCA 神经元算法是迭代算法,不同的算法在每步迭代中具有不同的计算耗费。就无限精度可达性能而言,有限精度(量化)误差可能恶化基于梯度算法的解。这些误差随着时间无限地积累,长时间迭代后会导致最终的溢出。这里将这种发散称为数值发散。

有两类量化误差。

① 用来获得随机时间序列输入的模数转换。对一个一致量化特性,量化是零均值的。

② 用于储存所有内部计算结果的有限字长。这一误差不是零均值的,该均值是使用乘法运算的结果,它们或截断或圆整乘积以适应给定的固定字长。

解的性能降低正比于输入数据的条件数,即输入自相关矩阵特征谱的扩展。因此,这一问题对接近奇异的矩阵非常重要,如 MCA 应用在计算机视觉转换的计算时。在无穷精度算法中,减小学习因子可以改进性能,然而这种减小增大了对无穷精度性能的偏离。增大学习因子可能放大数值误差,所以在学习因子的数值影响方面有一个折中权衡。沿着输入数据自相关矩阵的最小次成分方向具有非零能量容量的任意量化误差,在数值上都可能因最小特征值的逆而增加。小的特征值进一步要求使用小的学习因子实现无限精度稳定。为了防止溢出,一种称为漏的技术被提出来,代价是在计算方面有一些增加以及性能方面有一些小的下降[4]。

10.4　确定性离散时间系统

本节提出一种新的自稳定的 MCA 学习算法，并采用确定性离散时间系统分析其收敛性、稳定性和边界条件[10]。

10.4.1　新的自稳定 MCA 学习算法的提出

考虑一个具有下列输入输出关系的线性核 $y(k)=\boldsymbol{w}^{\mathrm{T}}(k)x(k)$，$k=0,1,2,\cdots$，这里 $y(k)$ 是核的输出，输入序列 $\{\boldsymbol{x}(k)\mid \boldsymbol{x}(k)\in R^n(k=0,1,2,\cdots)\}$ 是一个零均值的随机过程，$\boldsymbol{w}(k)\in\Re^n(k=0,1,2,\cdots)$ 是核的权向量。MCA 的目标是通过自动更新权向量 $\boldsymbol{w}(k)$ 从输入数据中抽取次成分。基于 OJA＋算法，我们增加一个惩罚项 $(1-\|\boldsymbol{w}(t)\|^{2+\alpha})\boldsymbol{R}\boldsymbol{w}$，提出一类如下的 MCA 算法，即

$$\dot{\boldsymbol{w}}=-\|\boldsymbol{w}\|^{2+\alpha}\boldsymbol{R}\boldsymbol{w}+(\boldsymbol{w}^{\mathrm{T}}\boldsymbol{R}\boldsymbol{w}+1-\boldsymbol{w}^{\mathrm{T}}\boldsymbol{w})\boldsymbol{w} \tag{10.65}$$

其中，$\boldsymbol{R}=E[\boldsymbol{x}(k)\boldsymbol{x}^{\mathrm{T}}(k)]$ 是输入数据的相关矩阵；整数 $0\leqslant\alpha\leqslant2$。

为了理论分析和实际计算的简单性，选择一个 α 作为整数更为方便。考虑后面定理证明的需要，α 被限定在 2 范围之内。值得注意的是，式(10.65)在 $\alpha=0$ 时与文献[11]中的 Chen's 算法相吻合；当 $\alpha>0$ 时，这些算法非常相似于 Chen's 算法，可以认为是它的改进版本。因此，为了分析的简单，我们仍然将上述算法称为 Chen's 算法。

式(10.65)的 SDT 系统可以写为

$$\boldsymbol{w}(k+1)=\boldsymbol{w}(k)-\eta\{\|\boldsymbol{w}(k)\|^{2+\alpha}y(k)\boldsymbol{x}(k)-[y^2(k)+1-\|\boldsymbol{w}(k)\|^2]\boldsymbol{w}(k)\} \tag{10.66}$$

其中，$\eta(0<\eta<1)$ 是学习因子。

从式(10.66)，可以得到下式，即

$$\begin{aligned}&\|\boldsymbol{w}(k+1)\|^2-\|\boldsymbol{w}(k)\|^2\\&=-2\eta\|\boldsymbol{w}(k)\|^2\{y^2(k)[\|\boldsymbol{w}(k)\|^{\alpha}-1]+[\|\boldsymbol{w}(k)\|^2-1]\}+O(\eta^2)\\&\quad-2\eta\|\boldsymbol{w}(k)\|^2[\|\boldsymbol{w}(k)\|-1]Q(y^2(k),\|\boldsymbol{w}(k)\|)\end{aligned} \tag{10.67}$$

其中，$Q(y^2(k),\|\boldsymbol{w}(k)\|)=y^2(k)[\|\boldsymbol{w}(k)\|^{\alpha-1}+\|\boldsymbol{w}(k)\|^{\alpha-2}+,\cdots,\|\boldsymbol{w}(k)\|+1]+[\|\boldsymbol{w}(k)\|+1]$ 是一个正系数。

对一个相对小的常数学习因子，第二项是一个非常小的值，通常可以忽略，因此我们可以认为式(10.66)有自稳定特性。

10.4.2　确定性 DDT 系统的收敛性能分析

由于 $y(k)=\boldsymbol{x}^{\mathrm{T}}(k)\boldsymbol{w}(k)=\boldsymbol{w}^{\mathrm{T}}(k)\boldsymbol{x}(k)$，对式(10.66)施加条件期望因子 $E\{\boldsymbol{w}(k+1)/\boldsymbol{w}(0),\boldsymbol{x}(i),i<k\}$，将辨识的条件期望值作为下一次迭代值，则可得 DDT 系

统,即

$$\boldsymbol{w}(k+1)=\boldsymbol{w}(k)-\eta\{\|\boldsymbol{w}(k)\|^{2+\alpha}\boldsymbol{R}\boldsymbol{w}(k)-[\boldsymbol{w}^{\mathrm{T}}(k)\boldsymbol{R}\boldsymbol{w}(k)+1-\|\boldsymbol{w}(k)\|^{2}]\boldsymbol{w}(k)\} \tag{10.68}$$

其中,$\boldsymbol{R}=E[\boldsymbol{x}(k)\boldsymbol{x}^{\mathrm{T}}(k)]$是输入数据的相关矩阵。

下面,我们在 η 为小的常数的情况下分析式(10.68)的动力性能,以便间接解释式(10.66)的收敛性。

为了分析方便,我们先给出一些预备知识。由于 $\boldsymbol{R}$ 是对称的正定矩阵,存在由 $\boldsymbol{R}$ 的特征向量构成的$\boldsymbol{R}^n$ 的正交基。显然,自相关矩阵 $\boldsymbol{R}$ 的特征值是非负的。假定 $\lambda_1,\lambda_2,\cdots,\lambda_n$ 是 $\boldsymbol{R}$ 的所有特征值,大小排列为 $\lambda_1\geqslant\lambda_2\geqslant\cdots\geqslant\lambda_{n-1}>\lambda_n>0$。假定$\{V_i\,|\,i=1,2,\cdots,n\}$是$\boldsymbol{R}^n$ 的一个正交基,则 $\boldsymbol{V}_i$是与特征值λ_i 相对应的 $\boldsymbol{R}$ 的特征向量。这样,对每一个 $k\geqslant0$,$\boldsymbol{w}(k)$可以表示为

$$\boldsymbol{w}(k)=\sum_{i=1}^{n}z_i(k)\,\boldsymbol{v}_i \tag{10.69}$$

其中,$z_i(k)(i=1,2,\cdots,n)$是一些常数。

从式(10.68)和式(10.69),对所有 $k\geqslant 0,i=1,2,\cdots,n$,可以得出下式,即

$$z_i(k+1)=\{1-\eta\lambda_i\|\boldsymbol{w}(k)\|^{2+\alpha}+\eta[\boldsymbol{w}^{\mathrm{T}}(k)\boldsymbol{R}\boldsymbol{w}(k)+1-\|\boldsymbol{w}(k)\|^{2}]\}z_i(k) \tag{10.70}$$

根据瑞利商的相关特性,显然有

$$\lambda_n\boldsymbol{w}^{\mathrm{T}}(k)\boldsymbol{w}(k)\leqslant\boldsymbol{w}^{\mathrm{T}}(k)\boldsymbol{R}\boldsymbol{w}(k)\leqslant\lambda_1\boldsymbol{w}^{\mathrm{T}}(k)\boldsymbol{w}(k) \tag{10.71}$$

其中,$\boldsymbol{w}(k)\neq0;k\geqslant0$。

下面对式(10.68)通过定理 10.2～定理 10.6 进行 DDT 系统收敛分析。

定理 10.2 假定 $\eta\lambda_1<0.125$ 和 $\eta<0.25$,如果$\boldsymbol{w}^{\mathrm{T}}(0)\boldsymbol{v}_n\neq0$ 和 $\|\boldsymbol{w}(0)\|\leqslant1$,则对所有 $k\geqslant0$,有 $\|\boldsymbol{w}(k)\|<(1+\eta\lambda_1)$。

证明:从式(10.68)和式(10.69),可以得到下式,即

$$\begin{aligned}\|\boldsymbol{w}(k+1)\|^2&=\sum_{i=1}^{n}z_i^2(k+1)\\&=\sum_{i=1}^{n}\{1-\eta\lambda_i\|\boldsymbol{w}(k)\|^{2+\alpha}+\eta[\boldsymbol{w}^{\mathrm{T}}(k)\boldsymbol{R}\boldsymbol{w}(k)+1-\|\boldsymbol{w}(k)\|^{2}]\}^2z_i^2(k)\\&\leqslant\{1-\eta[\lambda_n\|\boldsymbol{w}(k)\|^{2+\alpha}-\lambda_1\|\boldsymbol{w}(k)\|^{2}+\|\boldsymbol{w}(k)\|^{2}-1]\}^2\sum_{i=1}^{n}z_i^2(k)\\&\leqslant\{1-\eta[\lambda_n\|\boldsymbol{w}(k)\|^{2+\alpha}-\lambda_1\|\boldsymbol{w}(k)\|^{2}+\|\boldsymbol{w}(k)\|^{2}-1]\}^2\|\boldsymbol{w}(k)\|^{2}\end{aligned}$$

这样,我们可以得到下式,即

$$\|\boldsymbol{w}(k+1)\|^2\leqslant\{1+\eta[\lambda_1\|\boldsymbol{w}(k)\|^{2}+1-\|\boldsymbol{w}(k)\|^{2}]\}^2\|\boldsymbol{w}(k)\|^{2} \tag{10.72}$$

在区间[0,1]上，定义可微分方程为

$$f(s)=[1+\eta(\lambda_1 s+1-s)]^2 s \tag{10.73}$$

则从式(10.73)可以得到对所有的 $0<s<1$，有

$$\dot f(s)=[1+\eta-\eta s(1-\lambda_1)][1+\eta-3\eta s(1-\lambda_1)]$$

显然

$$\dot f(s)=0,\quad s=(1+\eta)/[3\eta(1-\lambda_1)]\text{或 } s=(1+\eta)/\eta(1-\lambda_1)$$

定义

$$\theta=(1+\eta)/[3\eta(1-\lambda_1)]$$

则

$$\dot f(s)\begin{cases}>0, & 0<s<\theta\\ =0, & s=\theta\\ <0, & s>\theta\end{cases} \tag{10.74}$$

由 $\eta\lambda_1<0.125$ 和 $\eta<0.25$，有

$$\theta=(1+\eta)/[3\eta(1-\lambda_1)]=(1/\eta+1)/[3(1-\lambda_1)]>1 \tag{10.75}$$

从式(10.74)和式(10.75)，对所有 $0<s<1$，有

$$\dot f(s)>0$$

这意味着，在区间[0,1]，$f(s)$是单调增加的。这样，对所有 $0<s<1$，有

$$f(s)\leqslant f(1)<(1+\eta\lambda_1)^2$$

因此，我们有 $\|\boldsymbol{W}(k)\|<(1+\eta\lambda_1)$。定理证毕。

定理 10.3　假定 $\eta\lambda_1<0.125$ 和 $\eta<0.25$，如果$\boldsymbol{w}^{\mathrm{T}}(0)v_n\neq0$ 和 $\|\boldsymbol{w}(0)\|\leqslant1$，则对所有 $k\geqslant0$，有 $\|\boldsymbol{w}(k)\|>c$，其中 $c=\min\{(1-\eta\lambda_1)\|\boldsymbol{w}(0)\|,\{1-\eta\lambda_1(1+\eta\lambda_1)^4+\eta[1-(1+\eta\lambda_1)^2]\}\}$。

证明：由定理 10.2 可得，在定理 10.3 的条件下，对 $k\geqslant0$，我们有 $\|\boldsymbol{w}(k)\|<(1+\eta\lambda_1)$。因此，为了完成该定理的证明，我们需要考虑下面两种情况。

情况 1：$0<\|\boldsymbol{w}(k)\|\leqslant1$。

从式(10.68)和式(10.69)，可以得到下式，即

$$\begin{aligned}\|\boldsymbol{w}(k+1)\|^2&=\sum_{i=1}^{n}\{1-\eta\lambda_i\|\boldsymbol{w}(k)\|^{2+\alpha}+\eta[\boldsymbol{w}^{\mathrm{T}}(k)\boldsymbol{R}\boldsymbol{w}(k)+1]-\|\boldsymbol{w}(k)\|^2\}^2 z_i^2(k)\\&\geqslant\{1-\eta[\lambda_1\|\boldsymbol{w}(k)\|^{2+\alpha}-\lambda_n\|\boldsymbol{w}(k)\|^2]+\eta[1-\|\boldsymbol{w}(k)\|^2]\}^2\sum_{i=1}^{n}z_i^2(k)\\&\geqslant\{1-\eta[\lambda_1\|\boldsymbol{w}(k)\|^{2+\alpha}-\lambda_n\|\boldsymbol{w}(k)\|^2]\}^2\|\boldsymbol{w}(k)\|^2\\&\geqslant[1-\eta\lambda_1\|\boldsymbol{w}(k)\|^{2+\alpha}]^2\|\boldsymbol{w}(k)\|^2\\&\geqslant(1-\eta\lambda_1)^2\|\boldsymbol{w}(k)\|^2\end{aligned}$$

情况 2：$1<\|\boldsymbol{w}(k)\|<(1+\eta\lambda_1)$。

由式(10.68)和式(10.69)，可以得到下式，即

$$\begin{aligned}\|w(k+1)\|^2 &\geqslant \{1-\eta[\lambda_1\|w(k)\|^{2+\alpha}-\lambda_n\|w(k)\|^2]+\eta[1-\|w(k)\|^2]\}^2\sum_{i=1}^{n}z_i^2(k)\\ &\geqslant \{1-\eta\lambda_1\|w(k)\|^{2+\alpha}+\eta[1-\|w(k)\|^2]\}^2\|w(k)\|^2\\ &\geqslant \{1-\eta\lambda_1\|w(k)\|^{2+\alpha}+\eta[1-\|w(k)\|^2]\}^2\\ &\geqslant \{1-\eta\lambda_1(1+\eta\lambda_1)4+\eta[1-(1+\eta\lambda_1)^2]\}^2\end{aligned}$$

由情况 1 和情况 2，显然有

$$\|w(k)\|>c=\min\{(1-\eta\lambda_1)\|w(0)\|,1-\eta\lambda_1(1+\eta\lambda_1)^4+\eta[1-(1+\eta\lambda_1)^2]\}$$

对所有 $k\geqslant 0$。由定理 10.3 的条件，很显然有 $c>0$。定理证毕。

到此，DDT 系统(10.68)的边界性证明完毕。下面证明在一些温和的条件下，$\lim\limits_{k\to+\infty}w(k)=\pm v_n$，这里 v_n 是次成分。为了分析 DDT 系统(10.68)的收敛性，我们需要证明下面的结论。

引理 10.1 假定 $\eta\lambda_1<0.125$ 和 $\eta<0.25$，如果 $w^{\mathrm T}(0)v_n\neq 0$ 和 $\|w(0)\|\leqslant 1$，则有

$$1-\eta\lambda_i\|w(k)\|^{2+\alpha}+\eta[w^{\mathrm T}(k)\boldsymbol{R}w(k)+1-\|w(k)\|^2]>0$$

情况 1：$0<\|w(k)\|\leqslant 1$。

从式(10.70)和式(10.71)，对每个 $i(1\leqslant i\leqslant n)$，$k\geqslant 0$，有

$$\begin{aligned}&1-\eta\lambda_i\|w(k)\|^{2+\alpha}+\eta[w^{\mathrm T}(k)\boldsymbol{R}w(k)+1-\|w(k)\|^2]\\ &>1-\eta\lambda_1\|w(k)\|^{2+\alpha}+\eta\lambda_n\|w(k)\|^2\\ &>1-\eta\lambda_1\|w(k)\|^{2+\alpha}\\ &>1-\eta\lambda_1\\ &>0\end{aligned}$$

情况 2：$1<\|w(k)\|<1+\eta\lambda_1$。

从式(10.70)和式(10.71)，对每个 $i(1\leqslant i\leqslant n)$，我们有

$$\begin{aligned}&1-\eta\lambda_i\|w(k)\|^{2+\alpha}+\eta[w^{\mathrm T}(k)\boldsymbol{R}w(k)+1-\|w(k)\|^2]\\ &>1-\eta\lambda_1\|w(k)\|^{2+\alpha}+\eta\lambda_n\|w(k)\|^2-\eta(2\eta\lambda_1+\eta^2\lambda_1^2)\\ &>1-\eta\lambda_1\|w(k)\|^{2+\alpha}-0.25(2\eta\lambda_1+\eta^2\lambda_1^2)\\ &>1-\eta\lambda_1\|w(k)\|^{2+\alpha}-[0.5\eta\lambda_1+0.25(\eta\lambda_1)^2]\\ &>1-\eta\lambda_1[(1+\eta\lambda_1)4+0.5+0.25\eta\lambda_1]\\ &>0\end{aligned}$$

引理证毕。

引理 10.1 意味着权向量 $w(k)$ 在特征向量 $v_i(i=1,2,\cdots,n)$ 上的投影。该投影表示为 $z_i(k)=w^{\mathrm T}(k)v_i(i=1,2,\cdots,n)$。式(10.69)不改变符号。从式(10.69)，我们可以得到 $z_i(k)=w^{\mathrm T}(k)v_i$。由于 $w^{\mathrm T}(0)v_n\neq 0$，则 $z_n(0)\neq 0$。由式(10.69)和引理 10.1，如果 $z_n(0)>0$，则对所有 $k>0$，有 $z_n(k)>0$；如果 $z_n(0)<0$，则对所有 $k>0$，有 $z_n(k)<0$。不失一般性，假定 $z_n(0)>0$，则对所有 $k>0$，有 $z_n(k)>0$。

从式(10.69)，对每个 $k\geqslant 0$，$w(k)$ 可以表示为

$$\boldsymbol{w}(k)=\sum_{i=1}^{n-1} z_i(k)\,\boldsymbol{v}_i+z_n(k)\,\boldsymbol{v}_n \tag{10.76}$$

很清楚，$\boldsymbol{w}(k)$的收敛性可以由 $z_i(k)(i=1,2,\cdots,n)$的收敛性决定。定理 10.4 和定理 10.5 将提供 $z_i(k)(i=1,2,\cdots,n)$的收敛性。

定理 10.4　假定 $\eta\lambda_1<0.125$ 和 $\eta<0.25$，如果$\boldsymbol{w}^{\mathrm{T}}(0)\boldsymbol{v}_n\neq 0$ 和 $\|\boldsymbol{w}(0)\|<1$，则 $\lim\limits_{k\to\infty} z_i(k)=0,i=1,2,\cdots,n-1$。

证明：由引理 4.1，对所有 $k\geqslant 0$，有

$$1-\eta\lambda_i\|\boldsymbol{w}(k)\|^{2+\alpha}+\eta[\boldsymbol{w}^{\mathrm{T}}(k)\boldsymbol{R}\boldsymbol{w}(k)+1-\|\boldsymbol{w}(k)\|^2]>0,\quad i=1,2,\cdots,n \tag{10.77}$$

运用定理 10.2 和定理 10.3，对所有 $k\geqslant 0$，有 $\|\boldsymbol{w}(k)\|>c$ 和 $\|\boldsymbol{w}(k)\|<(1+\eta\lambda_1)$。这样，对所有 $k\geqslant 0$，有

$$\begin{aligned}
&\left\{\frac{1-\eta\lambda_i\|\boldsymbol{w}(k)\|^{2+\alpha}+\eta[\boldsymbol{w}^{\mathrm{T}}(k)\boldsymbol{R}\boldsymbol{w}(k)+1-\|\boldsymbol{w}(k)\|^2]}{1-\eta\lambda_n\|\boldsymbol{w}(k)\|^{2+\alpha}+\eta[\boldsymbol{w}^{\mathrm{T}}(k)\boldsymbol{R}\boldsymbol{w}(k)+1-\|\boldsymbol{w}(k)\|^2]}\right\}^2\\
&=\left\{1-\frac{\eta(\lambda_i-\lambda_n)\|\boldsymbol{w}(k)\|^{2+\alpha}}{1-\eta\lambda_n\|\boldsymbol{w}(k)\|^{2+\alpha}+\eta[\boldsymbol{w}^{\mathrm{T}}(k)\boldsymbol{R}\boldsymbol{w}(k)+1-\|\boldsymbol{w}(k)\|^2]}\right\}^2\\
&\leqslant\left\{1-\frac{\eta(\lambda_i-\lambda_n)\|\boldsymbol{w}(k)\|^{2+\alpha}}{1-\eta\lambda_n\|\boldsymbol{w}(k)\|^{2+\alpha}+\eta[\lambda_1\|\boldsymbol{w}(k)\|^2+1-\|\boldsymbol{w}(k)\|^2]}\right\}^2\\
&=\left\{1-\frac{\eta(\lambda_i-\lambda_n)}{1/\|\boldsymbol{w}(k)\|^{2+\alpha}-\eta\lambda_n+\eta[\lambda_1\|\boldsymbol{w}(k)\|^{-\alpha}+1/\|\boldsymbol{w}(k)\|^{2+\alpha}-\|\boldsymbol{w}(k)\|^{-\alpha}]}\right\}^2\\
&<\left\{1-\frac{\eta(\lambda_{n-1}-\lambda_n)}{1/c^{(2+\alpha)}-\eta\lambda_n+\eta[\lambda_1c^{-\alpha}+1/c^{(2+\alpha)}-(1+\eta\lambda_1)^{-\alpha}]}\right\}^2,\quad i=1,2,\cdots,n-1
\end{aligned} \tag{10.78}$$

假定

$$\theta=\left\{1-\frac{\eta(\lambda_{n-1}-\lambda_n)}{1/c^{(2+\alpha)}-\eta\lambda_n+\eta[\lambda_1c^{-\alpha}+1/c^{(2+\alpha)}-(1+\eta\lambda_1)^{-\alpha}]}\right\}^2$$

很显然，θ是一个常数，且 $0<\theta<1$。通过$\boldsymbol{w}^{\mathrm{T}}(0)v_n\neq 0$，很清楚，$z_n(0)\neq 0$，则 $z_n(k)\neq 0(k>0)$。

由式(10.70)，式(10.77)和式(10.78)，对所有 $k\geqslant 0$，可以得到下式，即

$$\begin{aligned}
\left[\frac{z_i(k+1)}{z_n(k+1)}\right]^2&=\left\{\frac{1-\eta\lambda_i\|\boldsymbol{w}(k)\|^{2+\alpha}+\eta[\boldsymbol{w}^{\mathrm{T}}(k)\boldsymbol{R}\boldsymbol{w}(k)+1-\|\boldsymbol{w}(k)\|^2]}{1-\eta\lambda_n\|\boldsymbol{w}(k)\|^{2+\alpha}+\eta[\boldsymbol{w}^{\mathrm{T}}(k)\boldsymbol{R}\boldsymbol{w}(k)+1-\|\boldsymbol{w}(k)\|^2]}\right\}^2\left[\frac{z_i(k)}{z_n(k)}\right]^2\\
&\leqslant\theta\left[\frac{z_i(k)}{z_n(k)}\right]^2\\
&\leqslant\theta^{k+1}\left[\frac{z_i(0)}{z_n(0)}\right]^2,\quad i=1,2,\cdots,n-1
\end{aligned} \tag{10.79}$$

这样，由 $0<\theta<1(i=1,2,\cdots,n-1)$，我们可以得到$\lim\limits_{k\to\infty}\dfrac{z_i(k)}{z_n(k)}=0$。

由定理 10.2 和定理 10.3，$z_n(k)$ 必须是有界的，则 $\lim_{k\to\infty} z_i(k)=0$，$(i=1,2,\cdots,n-1)$。定理证明完毕。

定理 10.5 假定 $\eta\lambda_1<0.125$ 和 $\eta<0.25$，如果 $\boldsymbol{w}^{\mathrm{T}}(0)\boldsymbol{v}_n\neq 0$ 和 $\|\boldsymbol{w}(0)\|<1$，则 $\lim_{k\to\infty} z_n(k)=\pm 1$。

证明：应用定理 10.4，在 $k\to\infty$ 时，$\boldsymbol{w}(k)$ 将收敛到次成分 $\boldsymbol{v}_n$ 的方向。假定在时间 k_0，$\boldsymbol{w}(k)$ 已收敛到 $\boldsymbol{v}_n$，如 $\boldsymbol{w}(k_0)=z_n(k_0)\boldsymbol{v}_n$。

由式(10.70)可以得到下式，即

$$
\begin{aligned}
&z_n(k+1)\\
&=z_n(k)\{1-\eta\lambda_n z_n^{(2+\alpha)}(k)+\eta[\lambda_n z_n^2(k)+1-z_n^2(k)]\}\\
&=z_n(k)(1+\eta\{\lambda_n z_n^2(k)[1-z_n^{(\alpha)}(k)]+1-z_n^2(k)\})\\
&=z_n(k)(1+\eta[1-z_n(k)]\{\lambda_n z_n^2(k)[z_n^{(\alpha-1)}(k)+z_n^{(\alpha-2)}(k)+\cdots+1]+[1+z_n(k)]\})\\
&=z_n(k)(1+\eta[1-z_n(k)]\{\lambda_n[z_n^{(\alpha+1)}(k)+z_n^{(\alpha)}(k)+\cdots+z_n^2(k)]+[1+z_n(k)]\})\\
&=z_n(k)\{1+\eta[1-z_n(k)]Q(\lambda_n,z_n(k))\}
\end{aligned}
$$

对所有 $k\geqslant k_0$，$Q(\lambda_n,z_n(k))=\lambda_n[z_n^{(\alpha+1)}(k)+z_n^{(\alpha)}(k)+\cdots+z_n^2(k)]+[1+z_n(k)]$ 是一个正常数。

从式(10.79)，对 $k>k_0$，可以得到下式，即

$$
\begin{aligned}
z_n(k+1)-1&=z_n(k)\{1+\eta[1-z_n(k)]Q(\lambda_n,z_n(k))\}-1\\
&=[1-\eta z_n(k)Q(\lambda_n,z_n(k))][z_n(k)-1]
\end{aligned}
\tag{10.80}
$$

由于 $z_n(k)<\|\boldsymbol{W}(k)\|\leqslant(1+\eta\lambda_1)$，对所有 $k\geqslant k_0$，我们有

$$
\begin{aligned}
&1-\eta z_n(k)Q(\lambda_n,z_n(k))\\
&=1-\eta z_n(k)\{\lambda_n[z_n^{(\alpha+1)}(k)+z_n^{(\alpha)}(k)+\cdots+z_n^2(k)]+[1+z_n(k)]\}\\
&>1-\eta(1+\eta\lambda_1)\{\lambda_n[(1+\eta\lambda_1)^{(\alpha+1)}+(1+\eta\lambda_1)^{(\alpha)}+\cdots+(1+\eta\lambda_1)^{(2)}]\\
&\quad+[1+(1+\eta\lambda_1)]\}\\
&>1-(1+\eta\lambda_1)\{\eta\lambda_1[(1+\eta\lambda_1)^{(\alpha+1)}+(1+\eta\lambda_1)^{(\alpha)}+\cdots+(1+\eta\lambda_1)^{(2)}]\\
&\quad+\eta[1+(1+\eta\lambda_1)]\}\\
&>1-(1+\eta\lambda_1)\{\eta\lambda_1[(1+\eta\lambda_1)^3+(1+\eta\lambda_1)^2]+\eta[1+(1+\eta\lambda_1)]\}\\
&>1-0.9980\\
&>0
\end{aligned}
\tag{10.81}
$$

定义 $\delta=1-\eta z_n(k)Q(\lambda_n,z_n(k))$，很显然 $0<\delta<1$。

由式(10.80)和式(10.81)，对所有 $k>k_0$，可以得到下式，即

$$
|z_n(k+1)-1|\leqslant\delta|z_n(k)-1|
$$

对 $k>k_0$，有 $|z_n(k+1)-1|\leqslant\delta^{k+1}|z_n(0)-1|\leqslant(k+1)\Pi\mathrm{e}^{-\theta(k+1)}$，这里 $\theta=-\ln\delta$，$\Pi=|(1+\eta\lambda_1)-1|$。

给定任意 $\varepsilon>0$，存在 $K\geqslant 1$，以便 $\dfrac{\Pi_2 K\mathrm{e}^{-\theta K}}{(1-\mathrm{e}^{-\theta})^2}\leqslant\varepsilon$。对任意 $k_1>k_2>K$，由式

(10.70)可以得到下式,即

$$
\begin{aligned}
&|z_n(k_1)-z_n(k_2)|\\
&=\left|\sum_{r=k_2}^{k_1-1}[z_n(r+1)-z_n(r)]\right|\\
&\leqslant\left|\sum_{r=k_2}^{k_1-1}\eta z_n(r)[1-z_n(r)]Q(\lambda_n,z_n(r))\right|\\
&\leqslant\sum_{r=k_2}^{k_1-1}|\eta z_n(r)[1-z_n(r)]Q(\lambda_n,z_n(r))|\\
&\leqslant\sum_{r=k_2}^{k_1-1}|\eta z_n(r)Q(\lambda_n,1+\eta\lambda_1)[z_n(r)-1]|\\
&\leqslant\eta(1+\eta\lambda_1)Q(\lambda_n,1+\eta\lambda_1)\sum_{r=k_2}^{k_1-1}|z_n(r)-1|\\
&\leqslant\Pi_2\sum_{r=k_2}^{k_1-1}r\mathrm{e}^{-\theta r}\\
&\leqslant\Pi_2\sum_{r=K}^{+\infty}r\mathrm{e}^{-\theta r}\\
&\leqslant\Pi_2K\mathrm{e}^{-\theta K}\sum_{r=0}^{+\infty}r(\mathrm{e}^{-\theta})^{r-1}\\
&\leqslant\frac{\Pi_2K\mathrm{e}^{-\theta K}}{(1-\mathrm{e}^{-\theta})^2}\\
&\leqslant\varepsilon
\end{aligned}
$$

其中,$\Pi_2=\eta(1+\eta\lambda_1)Q(\lambda_n,1+\eta\lambda_1)[z_n(0)-1]$。

这显示出序列$\{z_n(k)\}$是一个 Cauchy 序列。通过 Cauchy 收敛原理,存在一个常数 z^*,使$\lim\limits_{x\to\infty}z_n(k)=z^*$。

从式(10.76),我们可以得到$\lim\limits_{k\to+\infty}\boldsymbol{w}(k)=z_n^*\ \boldsymbol{v}_n$。由于式(10.66)有自稳定特性,我们有$\lim\limits_{x\to\infty}\boldsymbol{w}(k+1)/\boldsymbol{w}(k)=1$。从式(10.70),我们有 $1=1-\eta\{\lambda_n\ (z_n^*)^{2+\alpha}-[\lambda_n\ (z_n^*)^2+1-(z_n^*)^2]\}$,这给出 $z_n^*=\pm1$。定理证明完毕。

从式(10.76),定理 10.4 和定理 10.5,我们可以得出下列结论。

定理 10.6　假定 $\eta\lambda_1<0.125$ 和 $\eta<0.25$,如果$\boldsymbol{w}^{\mathrm{T}}(0)\boldsymbol{v}_n\neq0$ 和 $\|\boldsymbol{w}(0)\|<1$,可得出$\lim\limits_{k\to\infty}\boldsymbol{w}(k)=\pm\boldsymbol{v}_n$。

到此,我们已经完成了 DDT 系统(10.68)收敛性的证明。下面证明其稳定性。

10.4.3　确定性 DDT 系统的稳定性能分析

定理 10.7　假定 $\eta\lambda_1<0.125$ 和 $\eta<0.25$,则平衡点 v_n 和$-v_n$是局部渐近稳定

的，而别的平衡点是不稳定的。

证明：式(10.70)的所有平衡点集是$\{\boldsymbol{v}_1,\cdots,\boldsymbol{v}_n\}\cup\{-\boldsymbol{v}_1,\cdots,-\boldsymbol{v}_n\}\cup\{0\}$。

定义

$$\begin{aligned}\boldsymbol{G}(\boldsymbol{W})&=\boldsymbol{w}(k+1)\\&=\boldsymbol{w}(k)-\eta\{\|\boldsymbol{w}(k)\|^{2+\alpha}\boldsymbol{R}\boldsymbol{w}(k)-[\boldsymbol{w}^{\mathrm{T}}(k)\boldsymbol{R}\boldsymbol{w}(k)+1-\|\boldsymbol{w}(k)\|^2]\boldsymbol{w}(k)\}\end{aligned}\tag{10.82}$$

因此，我们有

$$\begin{aligned}\frac{\partial \boldsymbol{G}}{\partial \boldsymbol{W}}=&\boldsymbol{I}+\eta\{[\boldsymbol{w}^{\mathrm{T}}(k)\boldsymbol{R}\boldsymbol{w}(k)+1-\|\boldsymbol{w}(k)\|^2]\boldsymbol{I}-\|\boldsymbol{w}(k)\|^{2+\alpha}\boldsymbol{R}\\&+2\boldsymbol{R}\boldsymbol{w}(k)\boldsymbol{w}^{\mathrm{T}}(k)-2\boldsymbol{w}(k)\boldsymbol{w}^{\mathrm{T}}(k)-(2+\alpha)\|\boldsymbol{w}(k)\|^{\alpha}\boldsymbol{R}\boldsymbol{w}(k)\boldsymbol{w}^{\mathrm{T}}(k)\}\end{aligned}\tag{10.83}$$

对平衡点 0，可以得到下式，即

$$\frac{\partial \boldsymbol{G}}{\partial \boldsymbol{w}}\Big|_0=\boldsymbol{I}+\eta\boldsymbol{I}=\boldsymbol{J}_0$$

其中，$\boldsymbol{J}_0$ 的特征值是 $\alpha_0^{(i)}=1+\eta>1$。

这样，该平衡点是不稳定的。对平衡点$\pm\boldsymbol{V}_j(j=1,2,\cdots,n)$，可以从式(10.83)得出下式，即

$$\frac{\partial \boldsymbol{G}}{\partial \boldsymbol{w}}\Big|_{\mathrm{V}_j}=\boldsymbol{I}+\eta(\lambda_j\boldsymbol{I}-\boldsymbol{R}-2\,\boldsymbol{v}_j\,\boldsymbol{v}_j^{\mathrm{T}}-\alpha\lambda_j\,\boldsymbol{v}_j\,\boldsymbol{v}_j^{\mathrm{T}})=J_j\tag{10.84}$$

通过一些简单的计算，$\boldsymbol{J}_j$ 的特征值为

$$\begin{cases}\alpha_j^{(i)}=1+\eta(\lambda_j-\lambda_i), & i\neq j\\\alpha_j^{(i)}=1-\eta(2+\alpha\lambda_j), & i=j\end{cases}$$

对任意 $j\neq n$，可以得到 $\alpha_j^{(n)}=1+\eta(\lambda_j-\lambda_n)>1$。显然，平衡点$\pm\boldsymbol{v}_j(j\neq n)$是不稳定的。对平衡点$\pm\boldsymbol{v}_n$，由 $\eta\lambda_n<\eta\lambda_1<0.125$ 和 $\eta<0.25$，可以得到下式，即

$$\begin{cases}\alpha_n^{(i)}=1+\eta(\lambda_n-\lambda_i)<1, & i\neq n\\\alpha_n^{(i)}=1-\eta(2+\alpha\lambda_n)<1, & i=n\end{cases}\tag{10.85}$$

这样，$\pm\boldsymbol{v}_n$ 是渐近稳定的。定理证明完毕。

从式(10.85)，容易发现满足 MCA 条件的唯一平衡点是吸引子，而别的平衡点是排斥子或鞍点。我们可以得出结论，提出的新 MCA 算法能够收敛到相应于最小特征值的次特征向量$\pm\boldsymbol{v}_n$。

下面对影响算法收敛性和稳定性的学习因子和参数进行分析，讨论如何选择这些参数。一般而言，对 MCA 算法的收敛性，一个大的学习因子将导致快的收敛，但是算法可能振荡或发散。一个非常小的学习因子将导致慢的收敛速度，减低算法的性能。从条件 $\eta\lambda_1<0.125$ 和 $\eta<0.25$，我们很容易发现学习因子的选择依赖最大特征值 λ_1。最大特征值越大，越小的学习因子被选择以便保证算法的收敛性和稳定性，这将导致一个较慢的收敛速度。在许多实际应用中，最大的特征值 λ_1 是未知的，上限 σ 可以根据问题的具体知识估计出来。这样，可以选择 $\eta<$

$0.125/\sigma < 0.125/\lambda_1$ 满足实际应用。

对定理 10.4 的证明,我们可以讨论参数 α 如何影响收敛性。从定理 10.2 和定理 10.3,可以得出对所有 $k \geqslant 0$,存在 $c \leqslant \| \boldsymbol{w}(k) \| \leqslant 1+\eta\lambda_1$。在时刻 k,如果 $c < \| \boldsymbol{w}(k) \| \leqslant 1$,以及别的参数满足收敛条件,$\alpha$ 越大,提出的算法收敛越慢。另一方面,当 $1 \leqslant \| \boldsymbol{w}(k) \| \leqslant 1+\eta\lambda_1$ 时,α 越大,提出的算法收敛越快。从式(10.85)中的 $\alpha_n^{(i)} = 1-\eta(2+\alpha\lambda_n)$,我们很容易发现一个大的 α 是有利于稳定的。这些现象为选择一个合适的参数 α 提供了一个基础。

10.4.4 计算机仿真实验

在这部分,我们提供仿真实验结果以显示在一个随机情况下的 MCA 算法的收敛性和稳定性。由于 OJAm 算法、Möller 算法和 Peng 算法是自稳定算法,而且比一些存在的 MCA 算法有较好的收敛性能,我们将比较提出的算法与这几个算法的性能。为了测量这些算法的收敛速度和精度,我们将计算在 k 步更新中的权向量 $\boldsymbol{w}(k)$ 的模值和方向余弦,即

$$\text{Direction Cosine}(k) = | \boldsymbol{w}^{\mathrm{T}}(k) \boldsymbol{v}_n | / | \boldsymbol{w}(k) | \cdot | \boldsymbol{v}_n |$$

其中,$\boldsymbol{v}_n$ 是与相关矩阵的 $\boldsymbol{R}$ 的最小特征值对应的特征向量。

在仿真中,输入数据序列由下式产生,即

$$\boldsymbol{x}(k) = Ch(k)$$

其中,$C = \text{randn}(5,5)/5$ 和 $h(k) \in \mathbf{R}^{5\times 1}$ 是随机的和高斯的,拥有 0 均值和标准偏差 1。

上面提到的四种算法被用于从输入数据序列中抽取次成分。下列学习曲线显示了在不相同的初始权模值和常数学习因子情况下的权向量 $\boldsymbol{w}(k)$ 模值和方向余弦的收敛特性。所有学习曲线都是 30 次独立实验的平均结果,如图 10.7～图 10.10 所示。

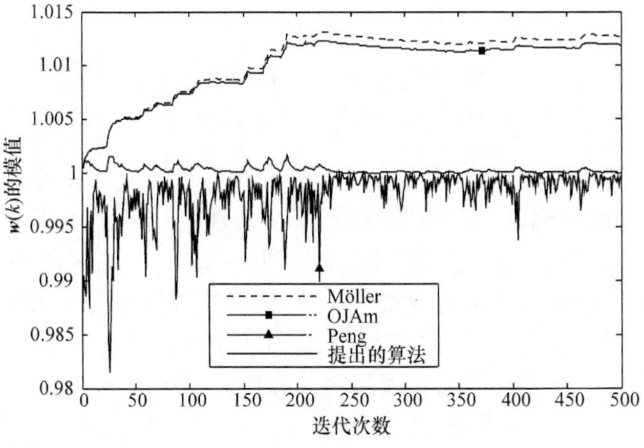

图 10.7　权向量 $\boldsymbol{w}(k)$ 的模值($\eta=0.1$, $\| \boldsymbol{w}(0) \| = 1.0$, $\alpha=2$)

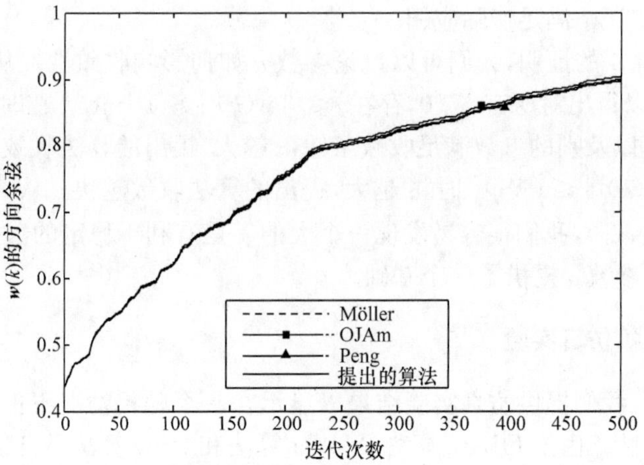

图 10.8 权向量 $w(k)$ 的方向余弦（$\eta=0.1$，$\| w(0) \|=1.0$，$\alpha=2$）

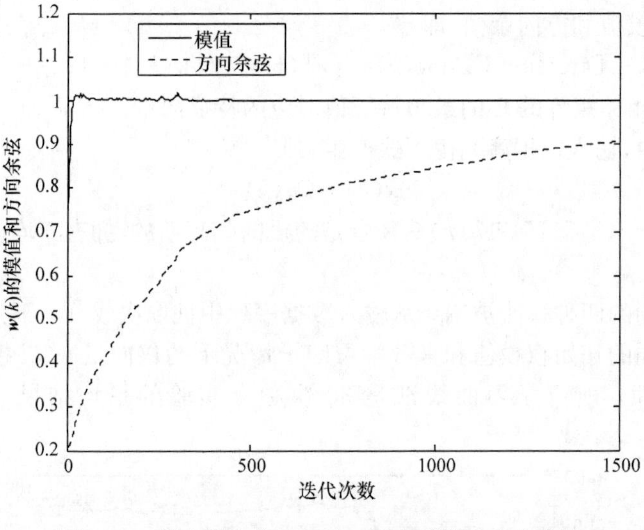

图 10.9 提出算法的权向量 $w(k)$ 的模值和方向余弦（$\eta=0.1$，$\| w(0) \|=0.6$，$\lambda_1=1.1077$，$\alpha=2$，$D=12$）

从图 10.7 可以看到，在这些算法中，方向余弦可以以大致相同的速度收敛到 1。从图 10.8 可以看到，Möller 算法和 OJAm 算法的权向量模值差不多以相同的收敛速度收敛，而且似乎存在针对模值 1 的剩余偏差；Peng 算法的权模值有较大的振荡，提出的算法的权模值有较快的收敛、较好的数值稳定性和较高的精度。从图 10.9 和图 10.10 可以看到，即使在高维数据情况，只要满足定理 10.2～定理 10.10 的条件，提出的算法也能从输入数据流中抽取次成分。

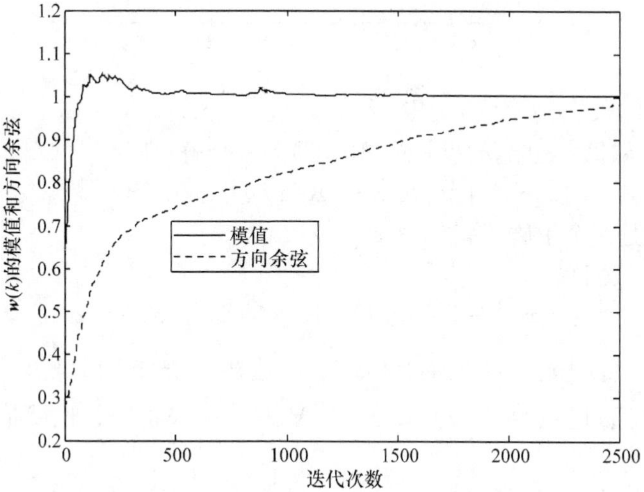

图 10.10　提出算法的权向量 $w(k)$ 的模值和方向余弦
($\eta=0.01$，$\|w(0)\|=0.6$，$\lambda_1=12.1227$，$\alpha=2$，$D=12$)

10.5　不动点分析方法

10.5.1　收缩映射理论

1. 不动点和收缩映射理论[8]

当数值求解 $F:\Re\rightarrow\Re$ 为其零点时，也就是说，求一个 x^* 使 $F(x^*)=0$ 时，一个简单的方法是重新安排 $F(x)=0$，使 $x=K(x)$，选定 x_0，进行如下迭代，即

$$x_{i+1}=K(x_i) \tag{10.86}$$

如果式(10.86)收敛到 x^*，则有

$$x^*=\lim_{i\rightarrow\infty}K(x_i)=K(x^*) \tag{10.87}$$

其中，x^* 是 K 的一个不动点，也是 F 的一个零点。

定理 10.8(R 中的收缩映射理论[8])　如果

① $x\in[a,b]\Rightarrow K(x)\in[a,b]$。

② $\exists\gamma<1$，使 $|K(x)-K(y)|\leqslant\gamma|x-y|$，$\forall x,y\in[a,b]$。

则方程 $x=K(x)$ 有唯一的解 $x^*\in[a,b]$，而且迭代

$$x_{i+1}=K(x_i) \tag{10.88}$$

对任意 $x_0\in[a,b]$ 收敛到 x^*。

证明：存在性。从①，我们可以有 $a-K(a)\leqslant 0$ 和 $b-K(b)\geqslant 0$，这在图 10.11 中显示出存在 $x^*\in[a,b]$，使 $x^*=K(x^*)$。

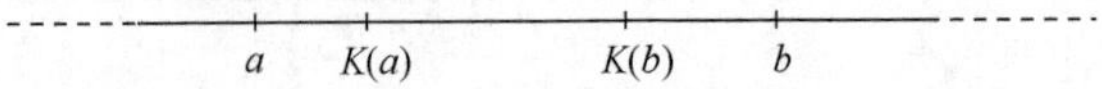

图 10.11　收缩匹配

唯一性。如果 $\bar{x}\in[a,b]$也是式(10.88)的一个解,则

$$|\bar{x}-x^*|=|K(\bar{x})-K(x^*)|\leqslant\gamma|\bar{x}-x^*| \tag{10.89}$$

由于 $\gamma<1$,这是一个矛盾,除非 $\bar{x}\equiv x^*$。

收敛性。我们有

$$|x_i-x^*|=|K(x_{i-1})-K(x^*)|\leqslant\gamma|x_{i-1}-x^*| \tag{10.90}$$

这样 $|x_i-x^*|\leqslant\gamma^i|x_0-x^*|$,而且 $\lim\limits_{i\to\infty}\gamma^i=0$,这样 $\{x_i\}\xrightarrow{i}x^*$。

条件②可通过显示 $|K'(x)|\leqslant\gamma<1$, $\forall x(a,b)$来检查。也就是说,存在 $\xi\in(a,b)$,使

$$\begin{aligned}&|K(x)-K(y)|\\=&|K'(\xi)(x-y)|\\=&|K'(\xi)||x-y|\leqslant\gamma|x-y|,\quad x,y\in[a,b],\quad \xi\in(a,b)\end{aligned} \tag{10.91}$$

定理 10.9($\Re^N$ 中的收缩映射理论[8])　令 M 是 $\Re^N$ 一个闭合子集,以使

① $K:M\to M$。

② $\exists\gamma<1$,使 $\|K(x)-K(y)\|\leqslant\gamma\|x-y\|$, $\forall x,y\in M$。

则方程 $x=K(x)$具有唯一解 $x^*\in M$,而且迭代

$$x_{i+1}=K(x_i) \tag{10.92}$$

对任意开始值 $x_0\in M$ 收敛到 x^*。

2. Lipschitz 连续性和收缩映射

首先给出一个 Lipschitz 连续函数的定义。

设 X 是一个完整尺度空间,尺度为 d 时包含一个闭合非空子集 Ω,而且让 $g:\Omega\to\Omega$。函数 g 被称为具有 Lipschitz 常数 $\gamma\in\Re$ 的 Lipschitz 连续,如果对任意 $x,y\in\Omega$, $d[g(x),g(x)]\leqslant\gamma d(x,y)$。

从上述定义,我们可以区分下列情况。

① 对 $0\leqslant\gamma<1$, g 是 Ω 上的一个收缩映射,γ 限定收敛率。

② 对 $\gamma=1$, g 是一个不放大映射。

③ 对 $\gamma>1$, g 是一个 Ω 上的一个 Lipschitz 连续映射。

下列中值定理应用给了不动点存在的一个重要准则。

引理 10.2(布朗不动点定理)　设 $\Omega=[a,b]^N$ 是 $\Re^N$ 一个闭集,而且 $f:\Omega\to\Omega$ 是一个连续向量值函数,则在 Ω 上 f 至少有一个不动点。

在不动点附近状态轨迹的行为定义了不动点的特性。对函数 F 的一个渐近稳定的(吸引)不动点 x^*，存在 x^* 的一个邻域 $O(x^*)$ 使对所有 $x_k \in O(x^*)$，$\lim\limits_{k\to\infty} F(x_k)=x^*$。在这种情况下，$x^*$ 点处 F 的 Jacobian 的每个特征值小于 1。大于 1 的 F 的 Jacobian 的特征值会导致放大，而小于 1 的特征值提供一个收缩。在 F 的前一种情况，一个放大的 x^* 是排斥点或排斥子。如果 F 的 Jacobian 的某些特征值大于 1，另一些小于 1，则 x^* 称为一个鞍点。

10.5.2　循环神经网络体系结构中的稳定性

该部分的重点是对非线性自回归滑动平均(nonlinear ARMA，NARMA)循环神经网络(recurrent neural network，RNN)的稳定性和收敛性分析。不同于其他的通用方法，它们大多利用李雅谱诺夫稳定性理论，这一部分分析使用的主要数学工具是收缩映射理论，以及不动点迭代技术。这样可推导神经网络系统的渐近稳定性和全局渐近稳定性(global asymptotic stability，GAS)。

1. 引言和基础

稳定性和收敛性是动态自适应系统分析中的关键问题，因为一个自适应系统的动力学的分析可归结为发现一个吸引子(一个稳定的平衡点)或者一些其他类型的不动点。例如，在神经联想存储器中，局部稳定的平衡状态(吸引子)存储信息且形成神经存储。这种情况的神经动力学可从两个方面来考虑：状态变量、数量和位置的收敛性；平衡状态的局部稳定性和吸引域。通常，Lasalle 不变原理用来分析状态收敛性，而平衡状态的稳定性则通过某种线性化来分析。此外，对大多数类型的神经网络而言，其学习算法的动力学和收敛性可以通过使用不动点理论来解释和分析。

这里首先简要引入一些基本定义。考虑下列线性的、有限维的、N 阶自治系统，即

$$y(k)=\sum_{i=1}^{N} a_i(k)y(k-i)=a^{\mathrm{T}}(k)y(k-1) \tag{10.93}$$

定义 10.1　系统(10.93)称为渐近稳定的，在 $\Omega\subseteq\Re^N$，如果对任意 $y(0)$，对 $a(k)\in\Omega$，$\lim\limits_{k\to\infty} y(k)=0$。

定义 10.2　系统(10.93)称为全局渐近稳定的，如果对任意初始状态和任意序列 $a(k)$，响应 $y(k)$ 逐渐趋近于零。

对通过神经网络实现的 NARMA 系统，有

$$y(k+1)=\boldsymbol{\Phi}(y(k),w(k)) \tag{10.94}$$

设 $\boldsymbol{\Phi}(k,k_0,\boldsymbol{Y}_0)$ 是对所有 $k\geqslant k_0$，式(10.94)状态变化的轨迹，这里 $\boldsymbol{\Phi}(k_0,k_0,\boldsymbol{Y}_0)=\boldsymbol{Y}_0$。如果对所有 $k\geqslant 0$，$\boldsymbol{\Phi}(k,k_0,\boldsymbol{Y}^*)=\boldsymbol{Y}^*$，则 $\boldsymbol{Y}^*$ 称为一个平衡点。这一条件满足的最大集合 $D(\boldsymbol{Y}^*)$ 称为平衡点 $\boldsymbol{Y}^*$ 的吸引域；如果 $D(\boldsymbol{Y}^*)=\Re^N$，且 $\boldsymbol{Y}^*$ 是渐近稳定的，则 $\boldsymbol{Y}^*$ 称为全局渐近稳定的。

重要的是要澄清渐近稳定和绝对稳定之间的区别。渐近稳定可能依赖输入(初始状态)，而全局渐近稳定不依赖初始状态。因此，对一个绝对稳定的神经网络，系统状态将收敛到渐近稳定的平衡点之一，而无论何种初始状态和输入信号。平衡点包括孤立的极小点、极大点和鞍点。极大点和鞍点是不稳定的平衡点。对上述系统的鲁棒稳定性仍然是正在研究的课题。

对常规的非线性系统，系统称为全局渐近稳定的，如果它有一个唯一的平衡点，该平衡点在李雅谱诺夫意义上是全局渐近稳定的。在这种情况下，对任意初始状态 $x(0)\in\Re^N$，状态轨迹 $\phi(k,\boldsymbol{x}(0),\boldsymbol{s})$ 将收敛到唯一的平衡点 x^*，即

$$x^*=\lim_{k\to\infty}\phi[k,\boldsymbol{x}(0),\boldsymbol{s}] \tag{10.95}$$

这种情况中的稳定性有人已经按照李雅谱诺夫稳定性和 M 矩阵得到分析。要将李雅谱诺夫方法应用于一个动态系统，一个神经网络系统必须被映射到一个新系统，在该新系统中原点是在一个平衡点。如果该网络是稳定的，随着系统进化且达到平衡状态，其能量函数将减小到一个极小点。如果可以找到一个函数将目标函数映射到一个能量函数，则该网络可以保证收敛到其平衡状态。神经网络系统的李雅谱诺夫稳定性已经得到人们的系统研究。

下面讨论不动点的概念。点 x^* 称为函数 K 的一个不动点，如果满足 $K(x^*)=x^*$，也就是说，在函数 K 的应用下值 x^* 不改变。例如，函数 $F(x)=x^2-2x-3$ 的根可以找到，通过重新安排 $x_{k+1}=K(x_k)=\sqrt{2x_k+3}$ 经由不动点迭代(fixed point iteration,FPI)。上面方程的根是 -1 和 3。从 $x_0=4$ 开始，该 FPI 在第 9 步即可收敛到 10^{-5} 精度内，如图 10.12 所示。

神经网络的优点之一是其处理能力，这种能力依赖它们能够收敛到状态空间的一个不动点集。稳定性分析对于确保收敛到这些不动点状态的推导是基本的。对于有效处理而言，稳定性虽然是必要的，但并不充分。因为在实际应用中，常常要求一个神经网络只收敛到预先选择的一组不动点。下面研究平衡点的两个不同方面，即静态方面(平衡状态的存在性和唯一性)和动态方面(全局稳定性和收敛率)。在分析 GAS 时，可首先方便地研究平衡点的存在性和唯一性等静态问题，这也是 GAS 的必要条件。

对一个固定的输入和权而言，假如激励函数满足一个收缩映射需要的条件，则重复应用非线性差分方程(它限定了网络输出)证明是一个松弛。这种松弛展示出

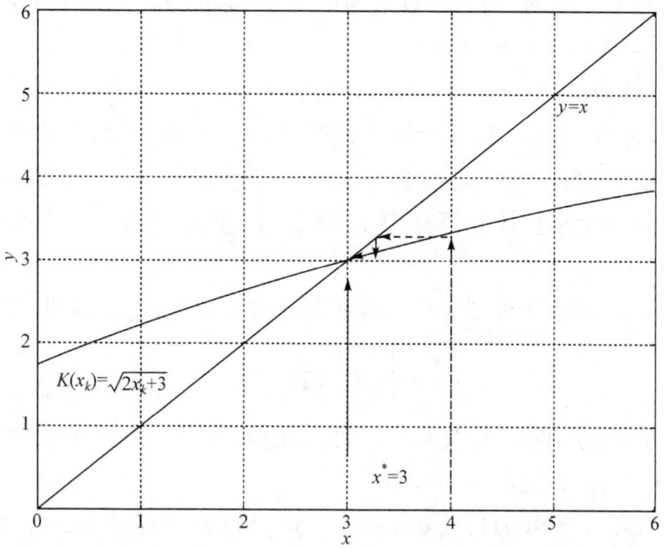

图 10.12　$F(x)=x^2-2x-3$ 的 FPI 解

线性渐近收敛性。模块化的 RNN 的嵌套也显示出是以空间形式的不动点迭代。

2. Sigmoid 非线性网络中收敛的不动点解释

为解决优化、神经网络控制和信号处理等领域的很多问题，动态神经网络需要设计成具有唯一的平衡点。该平衡点应当是全局稳定的，可以避免虚假响应或者局部极小值问题。在线性和非线性系统理论中，GAS 已经得到广泛研究。对非线性系统而言，期望 GAS 意义上的收敛不仅依赖参数向量的值，而且依赖涉及的非线性函数的参数。由于饱和类型的 sigmoid 非线性，当基于 sigmoid 函数的系统展示出有界输入有界输出意义上稳定性时，需要研究非线性激励函数的特点以便对一般的基于 RNN 的非线性系统获得 GAS。在这种情况下，无论是系统的外部输入向量，还是参数向量都假定是不动点迭代中系统的时不变部分。

(1) 一些 Logistic 函数的特性

为了推导一个核的非线性激励函数应该满足什么条件以使实时学习算法收敛，这里在收缩映射和不动点迭代框架中分析和研究核的激励函数。

观察 10.1　Logistic 函数 $\boldsymbol{\Phi}(x)=\dfrac{1}{1+\mathrm{e}^{-\beta x}}$，对于 $0<\beta<4$ 而言，是一个在 $[a,b]\in\Re$ 上的收缩，而且迭代 $x_{i+1}=\boldsymbol{\Phi}(x_i)$ 从任意 $x_0\in[a,b]\in\Re$ 出发收敛到一个唯一解 x^*。

证明：通过收缩映射定理，函数 K 是一个在 $[a,b]\in\Re$ 上的收缩，如果

① $x\in[a,b]\Rightarrow K(x)\in[a,b]$。

② $\exists\gamma<1\in\Re^{+}$，使 $|K(x)-K(y)\leqslant\gamma|x-y\|$，$\forall x,y\in[a,b]$。

条件①显示在图 10.11。Logistic 函数 $\boldsymbol{\Phi}(x)$ 由于其一级导数严格大于 1，因此是严格单调增函数。为了证明 $\boldsymbol{\Phi}(x)$ 是一个在 $[a,b]\in\Re$ 上的收缩，只要证明它缩短了间隔 $[a,b]$ 的上限和下限就足够了，这里依次给出 $a-\boldsymbol{\Phi}(a)\leqslant 0$，$b-\boldsymbol{\Phi}(b)\geqslant 0$。

如果函数 $\boldsymbol{\Phi}(x)$ 小于曲线 $y=x$，这些条件将会满足，也就是说，如果

$$|x|>\left|\frac{1}{1+\mathrm{e}^{-\beta x}}\right|,\quad \beta>0 \tag{10.96}$$

条件②可以使用均值定理证明。也就是说，由于 Logistic 函数 $\boldsymbol{\Phi}(x)$ 是可微的，对 $\forall x,y\in[a,b]$，$\exists\xi\in(a,b)$，使

$$|\boldsymbol{\Phi}(x)-\boldsymbol{\Phi}(y)|=|\boldsymbol{\Phi}'(\xi)(x-y)|=|\boldsymbol{\Phi}'(\xi)|\cdot|(x-y)| \tag{10.97}$$

Logistic 函数 $\boldsymbol{\Phi}(x)$ 的一阶微分为

$$\boldsymbol{\Phi}'(x)=\left(\frac{1}{1+\mathrm{e}^{-\beta x}}\right)'=\frac{\beta\mathrm{e}^{-\beta x}}{(1+\mathrm{e}^{-\beta x})^{2}} \tag{10.98}$$

这是严格正的，而且其最大值是 $\boldsymbol{\Phi}'(0)=\beta/4$。对于 $\beta\leqslant 4$，一阶导数 $\boldsymbol{\Phi}'\leqslant 1$。最后，对 $\gamma<1\Leftrightarrow\beta<4$，函数 $\boldsymbol{\Phi}$ 是在 $[a,b]\in\Re$ 的一个收缩。

如果 x^{*} 是 $x-\boldsymbol{\Phi}(x)=0$ 的一个零点，或者换句话说，是函数 $\boldsymbol{\Phi}$ 的不动点，则对 $\gamma<1(\beta<4)$，有

$$|x_i-x^{*}|=|\boldsymbol{\Phi}(x_{i-1})-\boldsymbol{\Phi}(x^{*})|\leqslant\gamma|x_{i-1}-x^{*}| \tag{10.99}$$

这样，由于对 $\gamma<1\Rightarrow\{\gamma\}^{i}\xrightarrow{i}0$，即

$$|x_i-x^{*}|\leqslant\gamma^{i}|x_0-x^{*}|\Rightarrow\lim_{i\to\infty}x_i=x^{*} \tag{10.100}$$

而且迭代 $x_{i+1}=\boldsymbol{\Phi}(x_i)$ 收敛到某个 $x^{*}\in[a,b]$。

显然，FPI 的收敛和发散依赖 $\boldsymbol{\Phi}$ 中倾斜度 β 的大小。考虑一般的非线性系统方程(10.94)，对迭代过程的一个固定输入向量和网络的固定的权，一个 FPI 解依赖非线性激励函数的倾斜度(一阶导数)和权向量的某尺度。如果解存在，那是这样一个松弛算法收敛到唯一值。图 10.13 显示的是 $\beta=1$ 时 Logistic 非线性函数及其一阶导数。进一步描述定理 10.1，使用一个中心化的 Logistic 函数($\boldsymbol{\Phi}-\mathrm{mean}(\boldsymbol{\Phi})$)，如图 10.14(a)所示。对于 $\boldsymbol{\Phi}$ 这样一个收缩，收缩映射定理的条件①必须满足。如果 $\boldsymbol{\Phi}$ 的值小于相应的函数 $y=x$ 就是这种情况。如图 10.14 所示，对斜率为 $0<\beta<4$ 的 Logistic 函数的一个范围，该条件可以满足。例如，对 $\beta=8$，Logistic 函数与函数 $y=x$ 相交，这意味着对 $\beta>4$，在 $\boldsymbol{\Phi}$ 中有一些区域(这时 $a-\boldsymbol{\Phi}$

$(a)>0)$，它们不满足收缩映射定理的条件①和定理 10.1。

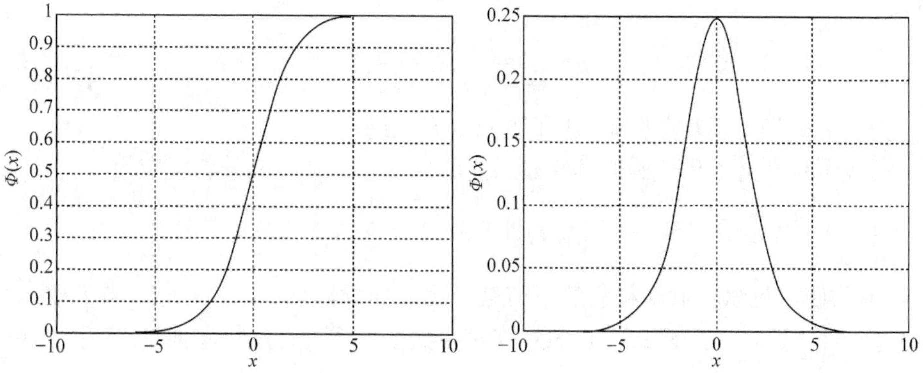

(a) 非线性函数　(b) 一阶导数

图 10.13　Logistic 非线性函数及其一阶导数

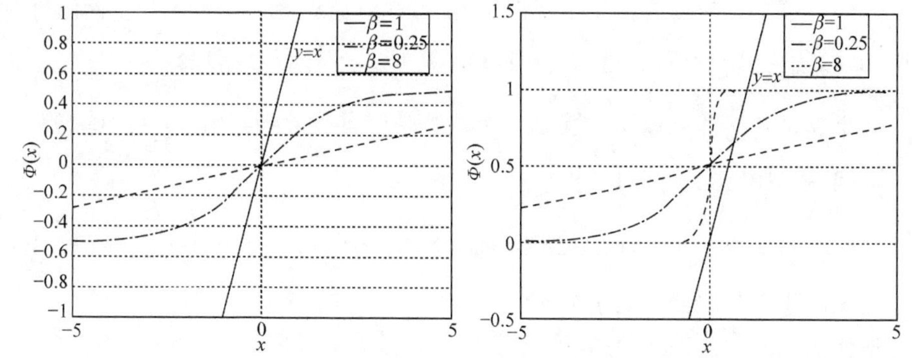

(a) 中心化函数　(b) 一阶导数

图 10.14　各种 Logistic 非线性函数及其一阶导数

(2) Logistic 函数收敛率和不动点定理

一个不动点迭代的收敛率可以由 x_{k+1} 与 x^* 的接近程度相对于 x_k 与 x^* 接近程度的比值来判断。

定义 10.3　一个序列 $\{x_k\}$ 可以称为依阶 r 收敛于它的不动点 x^*，如果

$$0\leqslant\lim_{k\to\infty}\frac{\|x_{k+1}-x^*\|}{\|x_k-x^*\|^r}<\infty \tag{10.101}$$

其中，$r\in N$ 是使上述不等式成立的最大数。

由于人们对出现在上面界限中的 r 的值感兴趣，r 有时也被称为渐近收敛率。如果 $r=1$，该序列被称为是显示了线性收敛；如果 $r=2$，该序列被称为是显示了二阶收敛。

定义 10.4 对于具有收敛阶为 r 的一个序列 $\{x_k\}$，不动点迭代的渐近误差常数是值 $\gamma \in \Re^+$，它满足

$$\gamma=\lim_{k\to\infty}\frac{\| x_{k+1}-x^* \|}{\| x_k-x^* \|^r} \tag{10.102}$$

当 $r=1$，即对线性收敛时，为了收敛 γ 必须严格小于 1。

文献[8]给出了几个例子具体显示前面几个定理和定义的相关应用。

3. 通过一个循环感知器实现的非线性松弛方程的收敛

下面使用收缩映射和相应的不动点迭代来分析基于一个循环感知器的朝向一个平衡点的收敛。方程(10.94)的外部输入数据不需要是一个零向量，而是只保持常数。

命题 10.1 一个由下式给出的循环感知器组成的全局渐近收敛 GAS 松弛方程为

$$y(k+1)=\boldsymbol{\Phi}(\boldsymbol{u}(k)^{\mathrm{T}}\boldsymbol{w}(k)) \tag{10.103}$$

其中，$\boldsymbol{u}(k)^{\mathrm{T}}=[y(k-1),\cdots,y(k-N),1,x(k-1),\cdots,x(k-M)]$。

如果满足 $\beta\sum_{j=1}^{N}|w_j(k)|<4$ 是一个收缩映射且收敛到某值 $y^*\in(0,1)$。

证明：式(10.103)可以写为

$$y(k+1)=\boldsymbol{\Phi}\Big(\sum_{j=1}^{N+M+1}w_j z_j(k)\Big) \tag{10.104}$$

其中，$z_j(k)$是输入 $\boldsymbol{u}(k)$的第 j 个元素。

迭代式(10.104)是有偏的，可以写为

$$y(k+1)=\boldsymbol{\Phi}(y(k),\cdots,y(k-N+1),\mathrm{const}) \tag{10.105}$$

式(10.103)的存在性、唯一性和收敛特性是从 Logistic 函数的特性得出的。对一个收缩 $\boldsymbol{\Phi}$，迭代式(10.103)收敛到一个不动点 $y^*=\boldsymbol{\Phi}(y^*+\mathrm{const})$，其中该常数由下式给出，即

$$\mathrm{const}=\sum_{j=N+1}^{N+M+1}w_j z_j(k)$$

假定权不是时变的，由于 Logistic 函数收敛到一个不动点的条件是 $0<\beta<4$，因此 Logistic 函数的斜率 β 和权向量 $\boldsymbol{w}$ 中的权 $w_1,\cdots,w_N$ 不是独立的，而且 Logistic 函数的有效斜率现在变成积 $\beta\sum_{j=1}^{N}\boldsymbol{w}_j$。因此，有

$$\left|\beta\sum_{j=1}^{N}w_j\right|\leqslant\beta\sum_{j=1}^{N}|w_j|<4\Leftrightarrow\|w\|_1<\frac{4}{\beta} \tag{10.106}$$

是通过一个循环 NARMA 实现的式(10.94)全局收敛的条件。证明完毕。

非线性 GAS 结果与线性类似结果的对比显示出二者都是基于相应的系数向量的 $\|\cdot\|_1$ 范式。然而，在非线性情况，非线性的尺度也包括在其中。

推论 10.1　在由一个 NARMA 循环感知器实现的方程(10.94)情况，在 FPI 意义上收敛到一点并不依赖外部输入信号的数量，也不依赖它们的质量，只要它们是限定的。

收敛率是当前的和前一步的不动点迭代与不动点 y^* 之间的距离的比值，也就是说$[y(k)-y^*]/[y(k-1)-y^*]$。这可以显示出一个不动点迭代过程有多少快收敛到一个点。

观察 10.2　通过一个循环感知器实现的一个迭代过程(10.94)，收敛到一个不动点 y^*，显示出线性收敛，其收敛率为 $\boldsymbol{\Phi}'(y^*)$。

4. 通过一个循环感知器 RNN 实现的非线性系统中的松弛

让$\boldsymbol{Y}_i=[y_1^i, y_2^i, \cdots, y_N^i]^{\mathrm{T}}$ 是一个向量，包含不动点迭代在第 i 步迭代中的一个普通 RNN 的输出。一个网络的输入向量是 $\boldsymbol{u}_i=[y_1^i, \cdots, y_N^i, 1, x_{N+1}, \cdots, x_{N+M+1}]^{\mathrm{T}}$。权矩阵 $\boldsymbol{W}$ 是由 N 行和 $N+M+1$ 列组成，那么通过 $\mathfrak{R}^N$ 上的一个收缩映射定理 CMT，应用在这个一般 RNN 上的该迭代过程收敛，如果 $\boldsymbol{M}=[a,b]^N$ 是 $\mathfrak{R}^N$ 上的一个闭合子集，以使

① $\boldsymbol{\Phi}:\boldsymbol{M}\to\boldsymbol{M}$。

② 如果对某范式 $\|\cdot\|$，$\exists\gamma<1$ 使 $\|\boldsymbol{\Phi}(x)-\boldsymbol{\Phi}(\boldsymbol{y})\|\leqslant\gamma\|\boldsymbol{x}-\boldsymbol{y}\|$，$\forall\boldsymbol{x},\boldsymbol{y}\in\boldsymbol{M}$，方程 $\boldsymbol{x}=\boldsymbol{\Phi}(\boldsymbol{x})$有唯一解$\boldsymbol{x}^*\in\boldsymbol{M}$，而且迭代$\boldsymbol{x}_{i+1}=\boldsymbol{\Phi}(\boldsymbol{x}_i)$收敛到$\boldsymbol{x}^*$ 对任意起始值 $\boldsymbol{x}_0\in\boldsymbol{M}$。

事实上，由于函数 $\boldsymbol{\Phi}$ 是一个多值函数，$\boldsymbol{\Phi}=[\varphi_1, \varphi_2, \cdots, \varphi_N]^{\mathrm{T}}$，其中 N 是 RNN 的核数量，这里有一组映射，即

$$\begin{cases} y_1^i=\varphi_1(\boldsymbol{u}_{i-1}^{\mathrm{T}}\boldsymbol{W}_1) \\ \quad\vdots \\ y_N^i=\varphi_N(\boldsymbol{u}_{i-1}^{\mathrm{T}}\boldsymbol{W}_N) \end{cases} \tag{10.107}$$

其中，$\{\boldsymbol{W}_i\}$是 $\boldsymbol{W}$ 中合适的列。

一个明显的问题是这种收敛是范式依赖的，因此那个条件应当由某个基于 $\boldsymbol{\Phi}$ 的特征的条件代替。

用 $\boldsymbol{J}$ 表示 $\boldsymbol{\Phi}$ 的 Jacobian，如果 $M\in\mathfrak{R}^N$ 是一个凸集，$\boldsymbol{\Phi}$ 在 $M=[a,b]^N\subset\mathfrak{R}^N$ 是连续可微的，满足收缩映射理论的条件，则

$$\max_{z\in M}\|\boldsymbol{J}(z)\|\leqslant\gamma \tag{10.108}$$

为了收敛，每个神经元上的不动点迭代应当是收敛的。下面的分析给出 RNN 的权矩阵 $\boldsymbol{W}$ 的元素关于 $\boldsymbol{\Phi}=[\boldsymbol{\varphi}_1, \boldsymbol{\varphi}_2, \cdots, \boldsymbol{\varphi}_N]$的元素导数的界限，GAS 的条件为

$$\sum_{j=1}^{N}|w_j|<\frac{4}{\beta}\Leftrightarrow\|w\|_1<\frac{4}{\beta}=\frac{1}{\boldsymbol{\Phi}'_{\max}}$$

然而,对一个 N 神经元网络,即使一些神经元不满足上面的条件,也可能有一个收敛的不动点迭代。当网络是单调收敛时,重要的是在每个神经元的过程一致收敛。这一点可直接显示出,因为对任意由一个神经网络处理的 $x,y\in\Re^N$,这里有

$$\begin{aligned}|\boldsymbol{\Phi}(x)-\boldsymbol{\Phi}(y)|&=\sum_{i=1}^{N}\left|\sum_{j=1}^{N}w_{i,j}\,\boldsymbol{\varphi}_j(x_j)-\sum_{j=1}^{N}w_{i,j}\,\boldsymbol{\varphi}_j(y_j)\right|\\&\leqslant\sum_{i=1}^{N}\sum_{j=1}^{N}|w_{i,j}\|\boldsymbol{\varphi}_j(x_j)-\boldsymbol{\varphi}_j(y_j)|\\&\leqslant\sum_{j=1}^{N}|\boldsymbol{\Phi}'_{\max}\|x_j-y_j|\sum_{i=1}^{N}|w_{i,j}|\end{aligned}\tag{10.109}$$

为了每个特定神经元可以一致收敛,权矩阵的对角权与斜率 β_i 一起对不动点迭代意义上的收敛有影响。正如循环 NARMA 感知器的情况一样,除了在网络中剩余神经元的状态反馈,一般 RNN 的反馈可以由其输出的 n 个延时组成。在这种情况,网络的反馈输入的数目变成 $N+n-1$,GAS 的条件变为

$$\max_{1\leqslant k\leqslant N}\{|w_{k,k}|,|w_{k,N+1}|,\cdots,|w_{k,N+n-1}|\}<\frac{4}{(N+n-1)\max\limits_{1\leqslant i\leqslant N}\beta_i}\tag{10.110}$$

观察 10.3 RNN 松弛系统的收敛率不依赖抽头延迟输入线的长度。

显然,在不动点迭代中,与基本 NARMA 过程的 MA 部分相关的所有变量形成一个常数,而在每次迭代中反馈变量被更新。这样,不管有多少外部输入信号,它们对不动点松弛的贡献被包含(具体化)在一个常数中。因此,迭代$\boldsymbol{Y}_{i+1}=\boldsymbol{\Phi}(\boldsymbol{Y}_i,\boldsymbol{X},\boldsymbol{W})$不依赖外部输入样本的数量。

例 10.1 对由三个神经元,六个输入信号和一个 Logistic 激励函数组成的一个普通 RNN 的迭代过程进行收敛性分析。

解:选择初始值$\boldsymbol{X}_0=\text{rand}(10,1)*1$,$\boldsymbol{W}=\text{rand}(10,3)*2-1$,开始迭代过程(图 10.15)。对每个神经元,该迭代过程收敛,或者以向量形式该 RNN 的输出向量收敛到该迭代的一个不动点向量。

5. 迭代方法和嵌套

在集合理论上,嵌套对应于减小区间大小的程序。在信号处理中,嵌套本质上是一个非线性空间结构,相应于线性信号处理中的层叠结构。基于 RNN 的嵌套 Sigmoid 方法可以写为

$$\boldsymbol{F}(\boldsymbol{W},\boldsymbol{X})=\boldsymbol{\Phi}\Big(\sum_{n}\boldsymbol{w}_n\boldsymbol{\varphi}\Big(\sum_{i}v_i\boldsymbol{\varphi}\Big(\cdots\boldsymbol{\varphi}\Big(\sum_{j}u_jX_j\Big)\cdots\Big)\Big)\Big)\tag{10.111}$$

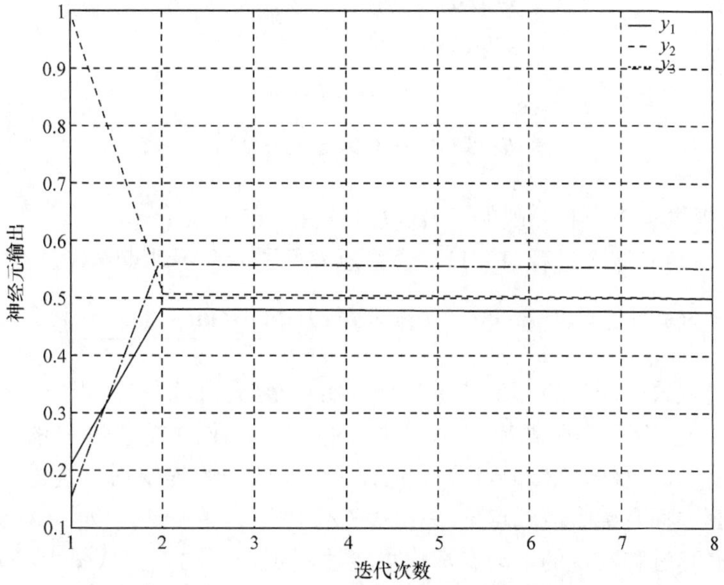

图 10.15　一般 RNN 的不动点迭代

其中，$\boldsymbol{\Phi}$ 是一个 Sigmoid 函数，对应于一个多层单元网络，该网络用权 $\boldsymbol{W}=\{w_n, v_i, \cdots, u_j, \cdots\}$ 综合了它们的输入，然后对这种综合执行了一个 Sigmoid 变换。

这里的目的是要显示嵌套可以展示收缩映射，而且重复应用嵌套可能导致不动点迭代意义上的收敛。因此，并非有一个空间的、嵌套的、流水线结构，嵌套可以通过一个时间的、迭代的、松弛的结构来获得，如图 10.16 所示。

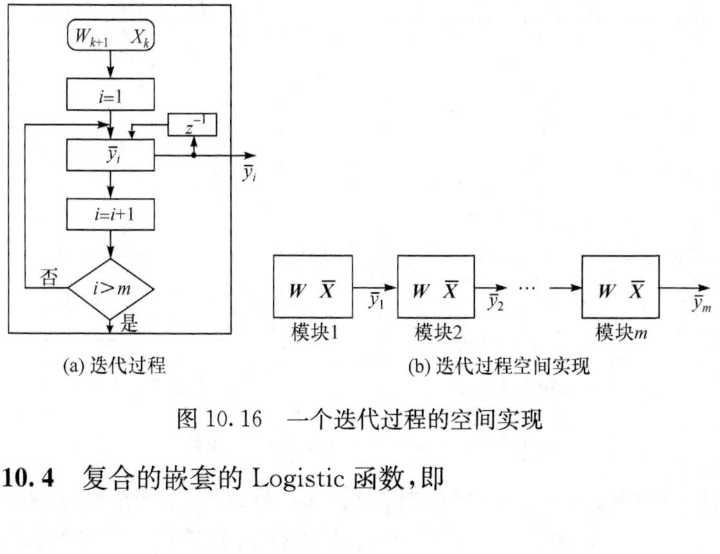

图 10.16　一个迭代过程的空间实现

观察 10.4　复合的嵌套的 Logistic 函数，即

$$
\begin{aligned}
\hat{x} &= \boldsymbol{\Phi}(x_N) \\
&= \boldsymbol{\Phi}(\boldsymbol{\Phi}(x_{N-1})) \\
&\ \vdots \\
&= \boldsymbol{\Phi}\Big(\underbrace{\boldsymbol{\Phi}(\boldsymbol{\Phi}(\cdots(\boldsymbol{\Phi}(x_1))\cdots))}_{N}\Big)
\end{aligned} \tag{10.112}
$$

对于 $\beta<4$ 提供了一个收缩映射，而且收敛到一个点 $x^*\in[a,b]$。

证明：注意到嵌套过程(10.112)含蓄地表示了一个不动点迭代过程，即

$$
x_{i+1}=\boldsymbol{\Phi}(x_i)\Leftrightarrow x_{i+1}=\boldsymbol{\Phi}(\boldsymbol{\Phi}(x_{i-1}))=\boldsymbol{\Phi}\Big(\underbrace{\boldsymbol{\Phi}(\boldsymbol{\Phi}(\cdots(\boldsymbol{\Phi}(x_1))\cdots))}_{N}\Big) \tag{10.113}
$$

这样嵌套过程式(10.112)和不动点迭代 $x_{i+1}=\boldsymbol{\Phi}(x_i)$ 是同一过程的一个实现，已经被考虑。这里只显示斜率 $\beta=1$ 时 Logistic 函数的嵌套过程的效果图，如图 10.17 所示。显然，式(10.112)提供了一个参数的收缩映射。这样，具有 N 个进程的嵌套过程有望收敛到点 $x^*\in[|\boldsymbol{\Phi}'(x^*)|^N a, |\boldsymbol{\Phi}'(x^*)|^N b]$。对于小的 N，通过一个嵌套过程实现的不动点迭代可能达不到其不动点。从图 10.17 可见，甚至对于 $N=4$，误差 $|x_4-x^*|<0.01$，这对实际应用已经足够。

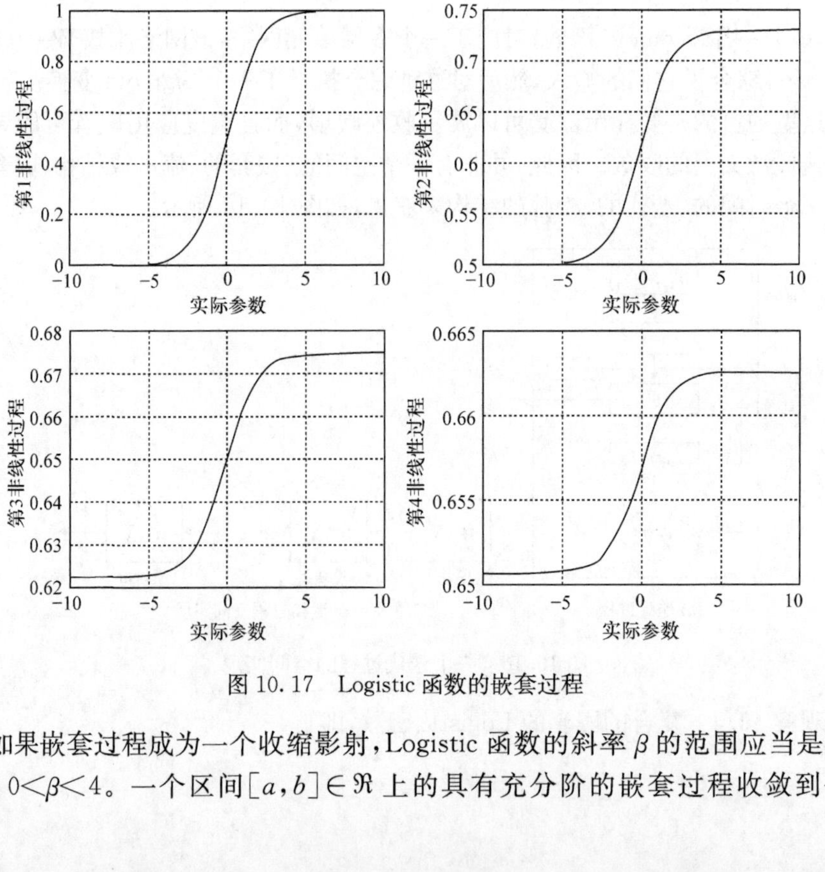

图 10.17 Logistic 函数的嵌套过程

如果嵌套过程成为一个收缩影射，Logistic 函数的斜率 β 的范围应当是有界的，如 $0<\beta<4$。一个区间 $[a,b]\in\mathfrak{R}$ 上的具有充分阶的嵌套过程收敛到一点

$x^* \in [a,b]$，这是不动点迭代 $x_{i+1}=\boldsymbol{\Phi}(x_i)$ 的一个不动点。嵌套过程(10.112)显示了一个线性渐近收敛，其收敛率是 $|\boldsymbol{\Phi}'(x^*)|$，这里 x^* 是映射 $\boldsymbol{\Phi}$ 的不动点。

嵌套过程式(10.112)在空间上提供了迭代，而不是时间上。这样一个策略称为流水线且被广泛应用在高级计算机体系上，使用流水线策略，任务被划分成子任务，每个子任务可由一个模块表示。流水线相应于将有限的迭代过程呈现为一个与前面的迭代数量相同长度的空间结构。从式(10.111)来看，流水线结构的确表示了一个本质上时间迭代过程的空间实现，而且在与嵌套过程(10.112)相同的条件下收敛。嵌套过程(10.112)的一个实现就是所谓的流水线循环神经网络，如图 10.18 所示。它提供了迭代过程(10.111)的一个空间形式。因此，在一个循环感知器上如果没有一个时间不动点迭代，对一个有限长度的不动点迭代，考虑一个空间流水线循环神经网络结构也是足够的。

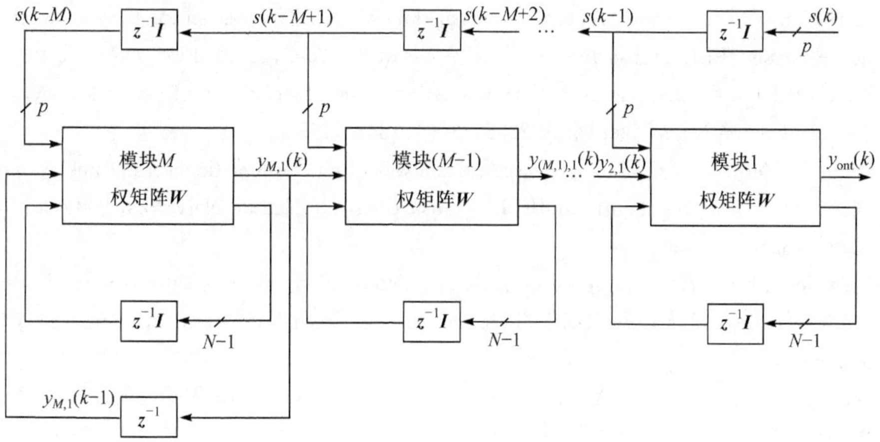

图 10.18　流水线循环神经网络

本节提供了 RNN 中神经元数、激励函数 β 的斜率和权矩阵 $\boldsymbol{W}$ 的度量之间的关系，保证了由相互充分连接的 RNN 实现的一个松弛系统的收敛。基于不动点迭代，可以显示出这些条件完全依赖激励函数 β 的斜率和循环感知器的权向量 $\|\cdot\|_1$ 范式的尺度。该部分建立了嵌套和不动点迭代之间的联系，是 GAS 收敛的基础，而且流水线循环神经网络显示了该过程的一个空间实现。尤其是，当循环神经网络被用为计算模型时，获得的结果可用来作为优化模型。对一些类型的非线性控制系统，这些结果可以用作稳定分析工具。

10.6　本章小结

本章从分析随机系统参数估计算法的收敛性和稳定性等出发，讨论了李雅谱诺夫函数法、DCT 系统方法、随机性离散时间系统法、确定性离散时间系统法、不动点迭代法等方法。在介绍这些方法时，结合 MCA 神经网络的一些著名算法的性能分析进行。在不动点迭代法介绍中，重点介绍了收缩映射定理和 RNN 体系结构的稳定性分析。

参考文献

[1] Kushner H J, Clark D S. Stochastic Approximation Methods for Constrained and Unconstrained Systems. New York: Springer, 1976.

[2] Ljung L. Analysis of recursive stochastic algorithms. IEEE Transactions on Automatic Control, 1977, 22(4): 551～575.

[3] Lasalle J P. The stability of dynamical systems. Society for Industrial and Applied Mathematics, 1976.

[4] Cirrincione G, Cirrincione M, Herault J, et al. The MCA EXIN neuron for the minor component analysis. IEEE Transactions on Neural Networks, 2002, 13(1): 160～187.

[5] Zufiria P J. On the discrete-time dynamics of the basic Hebbian neural network node. IEEE Transactions on Neural Networks, 2002, 13(6): 1342～1352.

[6] Zhang Y, Ye M, Lv J C, et al. Convergence analysis of a deterministic discrete time system of Oja's PCA learning algorithm. IEEE Transactions on Neural Networks, 2005, 16(6): 1318～1328.

[7] Peng D Z, Zhang Y. Convergence analysis of a deterministic discrete time system of Feng's MCA learning algorithm. IEEE Transactions on Signal Processing, 2006, 54(9): 3626～3632.

[8] Danilo P M, Jonathon A C. Recurrent Neural Networks for Prediction. New York: Wiley, 2001.

[9] Feng D Z, Bao Z, Jiao L C. Total least mean squares algorithm. IEEE Transactions on Signal Processing, 1998, 46(8): 2122～2130.

[10] Kong X Y, Hu C H, Han C Z. On the discrete time dynamics of a class of self-stabilizing MCA learning algorithms. IEEE Transactions on Neural Networks, 2010, 21(1): 175～181.

[11] Chen T, Amari S. Unified stabilization approach to principal and minor components extraction. Neural Networks, 2001, 14: 1377～1387.

第 11 章　总体最小二乘参数估计方法的应用

11.1　引　言

但凡需要求解线性方程 $\boldsymbol{AX}=\boldsymbol{b}$ 的工程问题，由于矩阵 $\boldsymbol{A}$ 和向量 $\boldsymbol{b}$ 的元素都是实测数据，因此不可避免地会存在误差。TLS 在这些场合都可以使用。事实上，TLS 方法在工程问题中已经获得了广泛的应用，如计算机视觉[1]、图像重构[2-4]、声音和音频处理[5,6]、模态和频率分析[7,8]、系统辨识[9-12]，以及天文学[13]等。在系统辨识和信号处理中的许多共性问题都可以归纳为特殊形式的块-Hankel 和块-Toeplitz STLS 问题。在信号处理领域，尤其是在磁共振分光镜、音频编码等中，通过使用 TLS 方法，导出了新的基于状态空间的方法，用来进行频谱估计和多通道数据量化[14,15]。TLS 应用已经出现在信息检索[16]、快速成型[17]、计算机代数学[18,19]等其他领域。

11.2　经典总体最小二乘方法应用

11.2.1　在曲线与曲面拟合中的应用

在科学与工程问题的数值分析中，经常需要对给定的一些数据点拟合一条曲线或者曲面。由于这些数据点是观测得到的，不可避免地会含有误差或者被噪声污染，TLS 方法有望给出比一般最小二乘方法更好的拟合结果。

在许多工程问题（特别是计算机视觉）中，经常会遇到用一个直线（曲线）、平面（曲面）或超平面（超曲面）来拟合一组给定数据的问题，常用的方法是最小二乘法。例如，给定一组数据点 $D_x=\{(x_1^{(i)},x_2^{(i)}),i=1,2,\cdots,N\}$，用一个直线模型 $x_2=kx_1+d$ 在通常的意义下拟合 D_x 的问题，就是找到一对估计 $\hat{k},\hat{d}$，使

$$E_2(\hat{k},\hat{d})=\min_{k,d}\{E_2(k,d)\} \tag{11.1}$$

其中

$$E_2(k,d)=\sum_{i=1}^{N}e_i^2,\quad e_i=x_2^{(i)}-kx_1^{(i)}-d$$

式中，e_i 是点 $P_i=(x_1^{(i)},x_2^{(i)})$ 到拟合直线的纵向线段的长度。

式(11.1)的意义是使所有这种纵向线段的平方长度之和最小。这隐含了这样一个假设，即只有因变量 $x_2^{(i)}$ 有误差，而自变量 $x_1^{(i)}$ 是准确的。在许多问题中，如

图像处理和计算机视觉，所有测量结果都包含一定程度的误差。这样按照式(11.1)确定的通常最小二乘意义下的直线 $x_2=\hat{k}x_1+\hat{d}$ 不再是最优的。最优的直线应该使“与估计的直线相垂直的所有线段的平方长度之和”最小，即

$$E'_2(\hat{k},\hat{d})=\min_{k,d}\{E'_2(k,d)\} \tag{11.2}$$

其中

$$E'_2(k,d)=\sum_{i=1}^{N}r_i^2,\quad r_i=\frac{|x_2^{(i)}-kx_1^{(i)}-d|}{\sqrt{1+k^2}}$$

这就是 TLS 法的思想。在直线或超平面拟合时，可将直线或超平面分别表示为

$$\begin{cases}a_1x_1+a_2x_2+b_0=0\\a_1x_1+a_2x_2+\cdots+a_Nx_N+b_0=0\end{cases} \tag{11.3}$$

可以说明，此时 TLS 意义上的最优拟合问题可以采用具有一个神经元的网络来解。从式(11.3)可见，TLS 法使下式中的 E 最小，即

$$E=\sum_{i=1}^{N}r_i^2,\quad r_i=\frac{|a_1x_1^{(i)}+a_2x_2^{(i)}+b_0|}{\sqrt{a_1^2+a_2^2}}$$

令 $\boldsymbol{a}=[a_1\quad a_2]^{\mathrm{T}}$，$\boldsymbol{x}_i=[x_1^{(i)}\quad x_2^{(i)}]^{\mathrm{T}}$，则上式可写为

$$E=\sum_{i=1}^{N}\frac{\boldsymbol{a}^{\mathrm{T}}\boldsymbol{x}_i+b_0}{\boldsymbol{a}^{\mathrm{T}}\boldsymbol{a}}=N\frac{\boldsymbol{a}^{\mathrm{T}}\boldsymbol{R}\boldsymbol{a}+2b_0\,\boldsymbol{a}^{\mathrm{T}}\boldsymbol{e}+b_0}{\boldsymbol{a}^{\mathrm{T}}\boldsymbol{a}}$$

其中

$$\boldsymbol{R}=\frac{1}{N}\sum_{i=1}^{N}\boldsymbol{x}_i\boldsymbol{x}_i^{\mathrm{T}},\quad e=\frac{1}{N}\sum_{i=1}^{N}\boldsymbol{x}_i$$

式中，$\boldsymbol{e}$ 和 $\boldsymbol{R}$ 分别是数据 D_x 的均值矢量和自相关阵。

由 $\mathrm{d}E/\mathrm{d}\boldsymbol{a}=\boldsymbol{0}$，可得 E 的临界点应满足下式，即

$$\boldsymbol{R}\boldsymbol{a}+b_0\boldsymbol{e}-\lambda\boldsymbol{a}=\boldsymbol{0},\quad \lambda=\frac{\boldsymbol{a}^{\mathrm{T}}\boldsymbol{R}\boldsymbol{a}+2b_0\,\boldsymbol{a}^{\mathrm{T}}\boldsymbol{e}+b_0}{\boldsymbol{a}^{\mathrm{T}}\boldsymbol{a}} \tag{11.4}$$

式(11.4)是一个非线性矩阵方程。对式(11.3)两边取期望，得到 $b_0=\boldsymbol{a}^{\mathrm{T}}\boldsymbol{e}$，代入式(11.4)并将其简化，可以得到下式，即

$$\boldsymbol{C}\boldsymbol{a}-\lambda\boldsymbol{a}=\boldsymbol{0},\quad \lambda=\frac{\boldsymbol{a}^{\mathrm{T}}\boldsymbol{C}\boldsymbol{a}}{\boldsymbol{a}^{\mathrm{T}}\boldsymbol{a}} \tag{11.5}$$

其中，$\boldsymbol{C}=\boldsymbol{R}-\boldsymbol{e}\boldsymbol{e}^{\mathrm{T}}$ 为 $\boldsymbol{D}_x$ 的协方差阵。

可见，上述 TLS 问题变成寻找矩阵 $\boldsymbol{C}$ 的最小特征值和相应的归一化特征向量的问题，即求 $\boldsymbol{D}_x$ 的第一次成分问题。

对于平面和超平面的情况，若令 $\boldsymbol{a}=[a_1,a_2,\cdots,a_n]^{\mathrm{T}}$，$\boldsymbol{x}_i=[x_1^i,x_2^i,\cdots,x_n^i]^{\mathrm{T}}$，则式(11.4)仍然成立。一般说来，对于表示为

$$a_1f_1(\boldsymbol{x})+a_2f_2(\boldsymbol{x})+\cdots+a_mf_m(\boldsymbol{x})+b_0=0$$

的曲面和超曲面问题，也可以利用上述方法。$f_i(\boldsymbol{x})$是 $\boldsymbol{x}$ 的一个函数(如二次曲面)，而

$\boldsymbol{x}=[x_1,x_2,\cdots,x_n]^{\mathrm{T}}$。如果先把各$\boldsymbol{x}_i$ 变换成 $\boldsymbol{f}_i=[f_1(\boldsymbol{x}_i),f_2(\boldsymbol{x}_i),\cdots,f_m(\boldsymbol{x}_i)]^{\mathrm{T}}$，则式(11.4)仍成立。

对于高维数据拟合情况，可采用如下方法。令 n 个数据向量$\boldsymbol{x}_i=[x_{1i},x_{2i},\cdots,x_{mi}]^{\mathrm{T}},i=1,2,\cdots,n$ 分别为 m 维数据，并且有

$$\bar{\boldsymbol{x}}=\frac{1}{n}\sum_{i=1}^{n}\boldsymbol{x}_i=[\bar{x}_1,\bar{x}_2,\cdots,\bar{x}_m]^{\mathrm{T}} \tag{11.6}$$

为均值(即中心)向量，式中 $\bar{x}_j=\sum_{i=1}^{n}x_{ji}$。现在考虑使用 m 维法向量 $\boldsymbol{r}=[r_1,r_2,\cdots,r_m]^{\mathrm{T}}$ 对已知的数据向量，拟合超平面 $\boldsymbol{x}$，即

$$\langle\boldsymbol{x}-\bar{\boldsymbol{x}},\boldsymbol{r}\rangle=0 \tag{11.7}$$

构造 $n\times m$ 矩阵，即

$$\boldsymbol{M}=\begin{bmatrix}\boldsymbol{x}_1-\boldsymbol{x}\\ \boldsymbol{x}_2-\boldsymbol{x}\\ \vdots\\ \boldsymbol{x}_n-\boldsymbol{x}\end{bmatrix}=\begin{bmatrix}x_{11}-\bar{x}_1 & x_{12}-\bar{x}_2 & \cdots & x_{1m}-\bar{x}_m\\ x_{21}-\bar{x}_1 & x_{22}-\bar{x}_2 & \cdots & x_{2m}-\bar{x}_m\\ \vdots & \vdots & & \vdots\\ x_{n1}-\bar{x}_1 & x_{n2}-\bar{x}_2 & \cdots & x_{nm}-\bar{x}_m\end{bmatrix} \tag{11.8}$$

由此可以得到如下 m 维超平面拟合的 TLS 算法[20,21]。

已知 n 个数据向量$\boldsymbol{x}_1,\boldsymbol{x}_2,\cdots,\boldsymbol{x}_n$。

Step 1，计算均值向量 $\bar{\boldsymbol{x}}=\frac{1}{n}\sum_{i=1}^{n}\boldsymbol{x}_i$。

Step 2，利用式(11.8)构造 $n\times m$ 矩阵$\boldsymbol{M}$。

Step 3，计算 $m\times m$ 矩阵$\boldsymbol{M}^{\mathrm{T}}\boldsymbol{M}$ 的最小特征值及其对应的特征向量 $\boldsymbol{u}$，并令 $\boldsymbol{r}=\boldsymbol{u}$。

结果：由法方程$\langle\boldsymbol{x}-\bar{\boldsymbol{x}},\boldsymbol{r}\rangle=0$ 确定的超平面可以使距离平方和 $D(\boldsymbol{r},\bar{\boldsymbol{x}})$最小。

距离平方和 $D(\boldsymbol{r},\bar{\boldsymbol{x}})$实际上代表各个已知数据向量(点)到达超平面的距离平方和。因此，距离平方和意味着拟合误差平方和最小。

需要注意的是，如果矩阵$\boldsymbol{M}^{\mathrm{T}}\boldsymbol{M}$ 的最小特征值(或者 $\boldsymbol{M}$ 的最小奇异值)具有多重度，则与之对应的特征向量也有多个，从而导致拟合超平面存在多个解。这种情况的发生也许显示线性数据拟合模型可能不合适，应该尝试其他的非线性拟合模型。

11.2.2　在自适应滤波中的应用

考虑输入向量噪声在自适应滤波应用(冲激响应估计)中发生的可能性。在冲激响应估计中，自适应滤波器试图根据系统的输入与输出估计未知系统的冲激响应，冲激响应估计结构如图 11.1 所示。

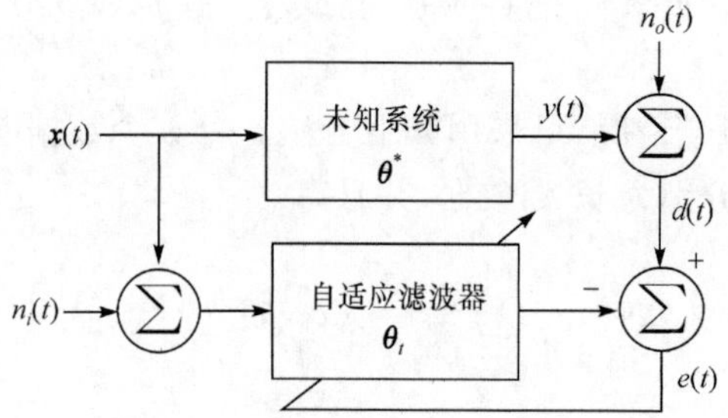

图 11.1 输入向量存在噪声 $n_i(t)$ 的冲激响应估计结构

未知的系统冲激响应假定为 $M\times 1$ 向量 $\boldsymbol{\theta}^*=[b_0^*,b_1^*,\cdots,b_{M-1}^*]^{\mathrm{T}}$，这些数量可以是时变的，这里假设响应是时不变的。期望信号由下式给出，即

$$d(t)=\boldsymbol{\varphi}_t^{\mathrm{T}}\boldsymbol{\theta}^*+n_o(t) \tag{11.9}$$

其中，观测噪声 $n_o(t)$ 为零均值、方差为 σ_o^2 的白噪声过程，与输入向量独立；输入向量 $\boldsymbol{\varphi}_t=[x(t),x(t-1),\cdots,x(t-M+1)]^{\mathrm{T}}$，自适应滤波器的输入通常也取 $\boldsymbol{\varphi}_t$。

由于未知系统的输入必须与期望信号一起采样和量化，因此会产生宽带的量化噪声，它将污染自适应滤波器输入。这表明，在自适应滤波中，输入向量通常存在噪声。

对于图 11.1，递推时间 t 的正则方程为

$$\boldsymbol{R}_t\boldsymbol{\theta}_t=\boldsymbol{p}_t \tag{11.10}$$

其中

$$\boldsymbol{R}_t=\frac{1}{t}\sum_{j=1}^{\mathrm{T}}\boldsymbol{\gamma}_j\boldsymbol{\gamma}_j^{\mathrm{T}},\quad \boldsymbol{p}_t=\frac{1}{t}\sum_{j=1}^{T}d(j)\boldsymbol{\gamma}_j \tag{11.11}$$

式中，$\boldsymbol{\gamma}_j$ 表示自适应滤波器在 j 时刻的含噪声输入向量，即

$$\boldsymbol{\gamma}_j=[x(j)+n_i(j),x(j-1)+n_i(j-1),\cdots,x(j-M+1)+n_i(j-M+1)]^{\mathrm{T}}$$

$d(j)$是在时刻 j 的期望响应，即

$$d(j)=\boldsymbol{\varphi}_j^{\mathrm{T}}\boldsymbol{\theta}^*+n_o(j) \tag{11.12}$$

未知 FIR 系统冲激响应 $\boldsymbol{\theta}^*=[b_0^*,b_1^*,\cdots,b_{M-1}^*]^{\mathrm{T}}$，时刻 j 的未知系统（无噪声）输入向量 $\boldsymbol{\varphi}_j=[x(j),x(j-1),\cdots,x(j-M+1)]^{\mathrm{T}}$。

假定 t 足够大，以便可以用如下期望值分别代替前面的 $\boldsymbol{R}_t$ 和 $\boldsymbol{P}_t$，即

$$E[\boldsymbol{\gamma}_t\boldsymbol{\gamma}_t^{\mathrm{T}}]=\boldsymbol{R}_\phi+\sigma_i^2\boldsymbol{I}_{M\times M} \tag{11.13}$$

$$E[d(t)\boldsymbol{\gamma}_t]=\boldsymbol{p} \tag{11.14}$$

正则方程(11.10)可以写为

$$(\boldsymbol{R}_\phi+\sigma_i^2\boldsymbol{I}_{M\times M})\boldsymbol{\theta}_t=\boldsymbol{R}_\phi\boldsymbol{\theta}^* \tag{11.15}$$

其中，$\boldsymbol{R}_\phi=E[\boldsymbol{\varphi}\boldsymbol{\varphi}_t^{\mathrm{T}}]$，即 $n_i(t)$ 和 $n_o(t)$ 是独立的，在所有时刻均独立于 $\boldsymbol{\varphi}_t$。

如果没有输入向量噪声，即 $\sigma_i^2=0$，则式(11.15)的最小二乘解为 $\boldsymbol{\theta}_t=\boldsymbol{\theta}^*$，即它

是无偏的。一般情况下，式(11.15)的最小二乘解由下式给出，即

$$\boldsymbol{\theta}_t=(\boldsymbol{R}_\phi+\sigma_i^2\boldsymbol{I}_{M\times M})^{-1}\boldsymbol{R}_\phi\boldsymbol{\theta}^* \tag{11.16}$$

其中，$\boldsymbol{\theta}_t$ 可以用递推最小二乘算法自适应估计。

假设 $\boldsymbol{x}(t)$ 是一个阶数至少为 M 的持续激励随机过程，则自相关矩阵 $\boldsymbol{R}_\phi$ 是正定的。对 $\boldsymbol{R}_\phi+\sigma_i^2\boldsymbol{I}_{M\times M}$ 应用矩阵求逆引理，则有

$$[\boldsymbol{R}_\phi+\sigma_i^2\boldsymbol{I}_{M\times M}]^{-1}=\boldsymbol{R}_\phi^{-1}-\boldsymbol{R}_\phi^{-1}(\boldsymbol{R}_\phi^{-1}+\sigma_i^{-2}\boldsymbol{I}_{M\times M})^{-1}\boldsymbol{R}_\phi^{-1} \tag{11.17}$$

将式(11.17)代入式(11.16)，可得下式，即

$$\boldsymbol{\theta}_t=\boldsymbol{\theta}^*+\boldsymbol{R}_\phi^{-1}(\boldsymbol{R}_\phi^{-1}+\sigma_i^{-2}\boldsymbol{I}_{M\times M})^{-1}\boldsymbol{\theta}^* \tag{11.18}$$

这种递推最小二乘导致的偏差项为

$$\boldsymbol{\theta}_{\text{bias}}=\boldsymbol{R}_\phi^{-1}(\boldsymbol{R}_\phi^{-1}+\sigma_i^{-2}\boldsymbol{I}_{M\times M})^{-1}\boldsymbol{\theta}^* \tag{11.19}$$

令 $\bar{\boldsymbol{D}}$ 为一对称矩阵，且 $\bar{\boldsymbol{\theta}}_\perp=[1,-\boldsymbol{\theta}^{\mathrm{T}}]^{\mathrm{T}}$，其中 $\boldsymbol{\theta}=[b_0,b_1,\cdots,b_{M-1}]^{\mathrm{T}}$。考虑下面的极小化问题，即

$$\min_\theta\frac{1}{t}\sum_{j=1}^{t}\frac{\bar{\boldsymbol{\theta}}_\perp^{\mathrm{T}}\bar{\boldsymbol{\gamma}}_j\bar{\boldsymbol{\gamma}}_j^{\mathrm{T}}\bar{\boldsymbol{\theta}}_\perp}{\bar{\boldsymbol{\theta}}_\perp^{\mathrm{T}}\bar{\boldsymbol{D}}\bar{\boldsymbol{\theta}}_\perp} \tag{11.20}$$

容易验证，如果令 $(M+1)\times(M+1)$ 矩阵 $\bar{\boldsymbol{D}}=\begin{bmatrix}1&\boldsymbol{0}\\\boldsymbol{0}&\boldsymbol{0}\end{bmatrix}$，则上述极小化问题为最小二乘问题；如果令 $\bar{\boldsymbol{D}}=\begin{bmatrix}1&\boldsymbol{0}\\\boldsymbol{0}&\boldsymbol{I}\end{bmatrix}$，则上述极小化问题为 TLS 问题。如果令

$$\bar{\boldsymbol{D}}=\begin{bmatrix}\beta&\boldsymbol{0}\\\boldsymbol{0}&\boldsymbol{I}\end{bmatrix} \tag{11.21}$$

其中

$$\beta=\sigma_o^2/\sigma_i^2 \tag{11.22}$$

则上述极小化问题为考虑输入与输出噪声方差为不同情况下的 TLS 问题。

Davila 证明了如下定理[22,23]。

定理 11.1　当滤波器输入含有零均值的加性白噪声时，由式(11.20)～式(11.22)给出的 TLS 解 $\boldsymbol{\theta}_t^*$ 将给出渐近无偏和一致 FIR 参数估计，并且与 TLS 对应的总体均方误差为 $\lambda_{\min}^*(t)=\sigma_i^2$。

具体算法可参见文献[22]，[23]。

11.2.3　在频率估计中的应用

谐波过程在很多信号处理应用中会经常遇到，并且需要确定这些谐波的频率和功率，合称为谐波恢复，其关键任务是谐波个数和频率的估计。这里介绍谐波频率估计的 Pisarenko 谐波分解法[21]。

在 Pisarenko 谐波分解法中，考虑由 p 个实正弦波组成的过程，即

$$x(n) = \sum_{i=1}^{p} A_i \sin(2\pi f_i n + \theta_i) \tag{11.23}$$

当相位 θ_i 为常数时，上述谐波过程是一确定性过程，它是非平稳的。为了保证谐波过程的平稳性，通常假定相位 θ_i 是在$[-\pi,\pi]$均匀分布的随机数，此时谐波过程是一随机过程。

谐波过程可以用差分方程描述。考虑单个正弦波的情况，令 $x(n)=\sin(2\pi fn+\theta)$。由三角函数等式，有

$$\sin(2\pi fn)+\sin[2\pi f(n-2)+\theta]=2\cos(2\pi f)\sin[2\pi f(n-1)+\theta]$$

将 $x(n)=\sin(2\pi fn+\theta)$代入上式，可得二阶差分方程，即

$$x(n)-2\cos(2\pi f)x(n-1)+x(n-2)=0 \tag{11.24}$$

对上式作 z 变换，得$[1-2\cos(2\pi f)z^{-1}+z^{-2}]X(z)=0$，于是得到特征多项，即 $1-2\cos(2\pi f)z^{-1}+z^{-2}$，它有一对共轭复数根，即 $z=\cos(2\pi f)\pm \mathrm{j}\sin(2\pi f)=\mathrm{e}^{\pm \mathrm{j}2\pi f}$。注意，共轭根的模为 1，即$|z_1|=|z_2|=1$，由它们可决定正弦波的频率，即

$$f_i=\arctan[\mathrm{Im}(z_i)/\mathrm{Re}(z_i)]/2\pi \tag{11.25}$$

通常只取正的频率。显然，如果 p 个实的正弦波信号没有重复频率的话，则这 p 个频率应该由多项式

$$\prod_{i=1}^{p}(z-z_i)(z-z_i^*) = \sum_{i=0}^{2p} a_i z^{2p-1} = 0 \tag{11.26}$$

或者

$$1+a_1z^{-1}+\cdots+a_{2p-1}z^{-(2p-1)}+z^{-2p}=0 \tag{11.27}$$

的根决定。这些根的模全部等于 1。由于所有根都是以共轭对的形式出现，因此上述特征多项式的系数存在对称性，即 $a_i=a_{2p-i}$，$i=0,1,\cdots,p$。与上述特征多项式对应的差分方程为

$$x(n)+\sum_{i=1}^{2p} a_i x(n-i) = 0 \tag{11.28}$$

它是一种无激励的 AR 过程。正弦波过程一般是在加性噪声中被观测的，设加性噪声为 $w(n)$，观测过程为

$$y(n) = x(n)+w(n) = \sum_{i=1}^{p} A_i \sin(2\pi f_i n+\theta_i)+w(n) \tag{11.29}$$

式中，$w(n)\in N(0,\sigma_\omega^2)$为高斯噪声，它与正弦波信号 $x(n)$统计独立。

将 $x(n)=y(n)-w(n)$代入式(11.28)，可以得到白噪声中的正弦波过程满足的差分方程，即

$$y(n)+\sum_{i=1}^{2p} a_i y(n-i) = w(n)+\sum_{i=1}^{2p} a_i w(n-i) \tag{11.30}$$

这是一个特殊的 ARMA 过程，不但 AR 阶数与 MA 阶数相等，而且 AR 参数与 MA 参数完全相同。

现在推导这一特殊 ARMA 过程的 AR 参数满足的法方程。为此，定义向量为

$$\begin{cases} \boldsymbol{y}=[y(n),y(n-1),\cdots,y(n-2p)]^{\mathrm{T}} \\ \boldsymbol{a}=[1,a_1,\cdots,a_{2p}]^{\mathrm{T}} \\ \boldsymbol{w}=[w(n),w(n-1),\cdots,w(n-2p)]^{\mathrm{T}} \end{cases} \tag{11.31}$$

则正弦波过程满足的差分方程可写为

$$\boldsymbol{y}^{\mathrm{T}}\boldsymbol{a}=\boldsymbol{w}^{\mathrm{T}}\boldsymbol{a} \tag{11.32}$$

用向量 $\boldsymbol{y}$ 左乘上式，并取数学期望，可得下式，即

$$E\{\boldsymbol{y}\,\boldsymbol{y}^{\mathrm{T}}\}\boldsymbol{a}=E\{\boldsymbol{y}\,\boldsymbol{w}^{\mathrm{T}}\}\boldsymbol{a} \tag{11.33}$$

令 $R_y(k)=E\{y(n+k)y(n)\}$，则

$$E\{\boldsymbol{y}\,\boldsymbol{y}^{\mathrm{H}}\}=\begin{bmatrix} R_y(0) & R_y(-1) & \cdots & R_y(-2p) \\ R_y(1) & R_y(0) & \cdots & R_y(-2p+1) \\ \vdots & \vdots & & \vdots \\ R_y(2p) & R_y(2p-1) & \cdots & R_y(0) \end{bmatrix}$$

$$E\{\boldsymbol{y}\,\boldsymbol{w}^{\mathrm{H}}\}=E\{(\boldsymbol{x}+\boldsymbol{w})\boldsymbol{w}^{\mathrm{T}}\}=E\{\boldsymbol{w}\boldsymbol{w}^{\mathrm{T}}\}=\sigma^2\boldsymbol{I}$$

将以上两个关系式代入式(11.33)，可以得到一个重要的法方程，即

$$\boldsymbol{R}_y\boldsymbol{a}=\sigma_w^2\boldsymbol{a} \tag{11.34}$$

这表明，σ_w^2 是观测过程$\{y(n)\}$的自相关矩阵$\boldsymbol{R}_y$ 的特征值，而特征多项式的系数向量 $\boldsymbol{a}$ 是对应于该特征值的特征向量。这就是 Pisarenko 谐波分解方法的理论基础，它启示人们谐波恢复问题可以转化为自相关矩阵$\boldsymbol{R}_y$ 的 EVD 来求解[21]。

下面介绍一种非常有效的谐波恢复算法[21]。

在无激励的 AR 模型差分方程式(11.28)两边同乘 $x(n-k)$，并取数学期望，则有

$$\boldsymbol{R}_x(k)+\sum_{i=1}^{2p}a_i\boldsymbol{R}_x(k-i)=0 \tag{11.35}$$

谐波过程 $x(n)$与加性白噪声 $w(n)$统计独立，所以 $\boldsymbol{R}_y(k)=\boldsymbol{R}_x(k)+\boldsymbol{R}_v(k)=\boldsymbol{R}_x(k)+\sigma_w^2\delta(k)$。将这一关系式代入上式，即

$$\boldsymbol{R}_y(k)+\sum_{i=1}^{2p}a_i\boldsymbol{R}_y(k-i)=\sigma_w^2\sum_{i=0}^{2p}a_i\delta(k-i) \tag{11.36}$$

显然，当 $k>2p$ 时上式右边求和项中的冲击函数 $\delta(\cdot)$恒等于零，则上式可以简化为

$$\boldsymbol{R}_y(k)+\sum_{i=1}^{2p}a_i\boldsymbol{R}_y(k-i)=0,\quad k>2p \tag{11.37}$$

这就是特殊 ARMA 过程服从的法方程。上述方程可构造成超定的方程组，使用如下 SVD-TLS 算法求解。

谐波恢复的 ARMA 算法步骤如下。

Step 1，利用观测数据样本的自相关函数$\hat{\boldsymbol{R}}_y(k)$构造法方程(11.37)的扩展阶自相关矩阵，即

$$\boldsymbol{R}_e=\begin{bmatrix}\hat{R}_y(p_e+1) & \hat{R}_y(p_e) & \cdots & \hat{R}_y(1)\\ \hat{R}_y(p_e+2) & \hat{R}_y(p_e+1) & \cdots & \hat{R}_y(2)\\ \vdots & \vdots & & \vdots\\ \hat{R}_y(p_e+M) & \hat{R}_y(p_e+M-1) & \cdots & \hat{R}_y(M)\end{bmatrix}$$

其中，$p_e>2p;M\gg p$。

Step 2，将矩阵$\boldsymbol{R}_e$当作增广矩阵$\boldsymbol{B}$，并利用 TLS 神经网络算法确定 AR 阶数 $2p$ 和系数向量$\boldsymbol{a}$ 的 TLS 估计。

Step 3，计算特征多项式的共轭根对(z_i,z_i^*)，即

$$A(z)=1+\sum_{i=1}^{2p}a_iz^{-i},\quad i=1,2,\cdots,p \tag{11.38}$$

Step 4，利用 $f_i=\arctan[\mathrm{Im}(z_i)/\mathrm{Re}(z_i)]/2\pi$ 计算各谐波的频率。

上述算法由于使用 SVD 和 TLS 方法，整个计算具有非常好的数值稳定性，而且 AR 阶数和参数的估计也都具有非常高的精度，是谐波恢复的一种有效算法[21]。

11.2.4 在系统参数估计中的应用

文献[24]采用 TLS EXIN 神经元方法在线估计某感应电动机参数，显示出很好的鲁棒性。针对高噪声数据，通过应用一个约束优化算法，该算法显式地考虑 K 个参数之间的关系，进一步精确了 TLS 估计。

由定子参考框架中的感应电动机的空间向量方程[25]，有如下矩阵方程，即

$$\begin{bmatrix}\dfrac{\mathrm{d}\boldsymbol{i}_s}{\mathrm{d}t} & \boldsymbol{i}_s & -\mathrm{j}\omega_r\boldsymbol{i}_s & -\dfrac{\mathrm{d}\boldsymbol{u}_s}{\mathrm{d}t}+\mathrm{j}\omega_s\boldsymbol{u}_s & -\boldsymbol{u}_s\end{bmatrix}\begin{bmatrix}K_1\\K_2\\K_3\\K_4\\K_5\end{bmatrix}=\begin{bmatrix}-\dfrac{\mathrm{d}^2\boldsymbol{i}_s}{\mathrm{d}t^2} & -\mathrm{j}\omega_r\dfrac{\mathrm{d}\boldsymbol{i}_s}{\mathrm{d}t} & -\mathrm{j}\dfrac{\mathrm{d}\omega_r}{\mathrm{d}t} & \beta\psi'_r\end{bmatrix} \tag{11.39}$$

下列参数称为 K 参数，即

$$K_1=\frac{1}{\sigma T_s}+\frac{\beta_0}{\sigma}[s^{-1}],\quad K_2=\frac{\beta_0}{\sigma T_s}[s^{-2}],\quad K_3=\frac{1}{\sigma T_s}[s^{-1}],$$

$$K_4=\frac{1}{\sigma L_s}[H^{-1}],\quad K_5=\frac{\beta_0}{\sigma L_s}[s^{-1}H^{-1}]$$

其中，$\beta_0=R_r/L_r$ 是转子时间常数 T_r 的逆。

在这五个 K 参数之间，有如下二次关系存在，即

$$K_2K_4=K_3K_5 \tag{11.40}$$

假定 $\mathrm{d}\omega_r/\mathrm{d}t\approx 0$，即考虑转子在停止、较慢的瞬态或正弦稳态，上述矩阵方程可以被分成如下标量方程(这里约束消失)，即

$$\begin{bmatrix} \dfrac{\mathrm{d}i_{sD}}{\mathrm{d}t} & i_{sD} & \omega_r i_{sQ} & -\left(\dfrac{\mathrm{d}v_{sD}}{\mathrm{d}t}+\omega_r v_{sQ}\right) & -v_{sD} \\ \dfrac{\mathrm{d}i_{sQ}}{\mathrm{d}t} & i_{sQ} & -\omega_r i_{sD} & -\left(\dfrac{\mathrm{d}v_{sQ}}{\mathrm{d}t}-\omega_r v_{sD}\right) & -v_{sQ} \end{bmatrix} \begin{bmatrix} K_1 \\ K_2 \\ K_3 \\ K_4 \\ K_5 \end{bmatrix} = \begin{bmatrix} -\dfrac{\mathrm{d}^2 i_{sD}}{\mathrm{d}t^2}-\omega_r \dfrac{\mathrm{d}i_{sQ}}{\mathrm{d}t} \\ -\dfrac{\mathrm{d}^2 i_{sQ}}{\mathrm{d}t^2}+\omega_r \dfrac{\mathrm{d}i_{sD}}{\mathrm{d}t} \end{bmatrix} \tag{11.41}$$

上述矩阵方程可以写成如下形式，即

$$\boldsymbol{A}\boldsymbol{x}\approx\boldsymbol{b}$$

其中，$\boldsymbol{A}$ 是数据矩阵；$\boldsymbol{b}$ 是观测向量；$\boldsymbol{x}$ 是未知 K 参数的列向量。

使用任何最小二乘算法解式(11.41)可以求解稳态和实时瞬态两种情况下的 K 参数。从 $\mathrm{d}\omega_r/\mathrm{d}t\approx 0$ 的假设，可以得出结论在任何情况下，最小二乘解都是有偏的，因为它们忽略了建模误差，即含有 $\boldsymbol{\psi}'_r$ 的项。

从 K 参数并非所有五个参数(R_s, R_r, L_s, L_r, L_m)都可得到，因为没有转子可以得到。事实上，K 参数只能按照下列方式决定四个独立的参数，即

$$T_r=\frac{K_4}{K_5},\quad R_s=\frac{K_2}{K_5}=\frac{K_{31}}{K_4},\quad L_s=\frac{K_1-K_{31}}{K_5},\quad \sigma=\frac{K_5}{K_4(K_1-K_{31})}$$

使用最小二乘辨识通常是通过误差向量 2 范数的一个无约束最小化得到的一个简单梯度下降算法来求解。该方法在这里无法求解 K_2，因为矩阵 $\boldsymbol{A}$ 的特殊结构意味着矩阵 $\boldsymbol{R}=\boldsymbol{A}^{\mathrm{T}}\boldsymbol{A}$ 的第二列的值非常小。这意味着，该问题是一个病态条件检测问题，即沿着 K_2 方向误差表面平坦。为了解决这一问题，人们也提出了许多办法。

基于方程 $\boldsymbol{A}\boldsymbol{x}\approx\boldsymbol{b}$，通过最小化下列误差函数可以得到 TLS 解，即

$$E_{\mathrm{TLS}}(\boldsymbol{x})=\frac{(\boldsymbol{A}\boldsymbol{x}-\boldsymbol{b})^{\mathrm{T}}(\boldsymbol{A}\boldsymbol{x}-\boldsymbol{b})}{1+\boldsymbol{x}^{\mathrm{T}}\boldsymbol{x}}=\frac{\|[\boldsymbol{A};\boldsymbol{b}][\boldsymbol{x}^{\mathrm{T}};-1]^{\mathrm{T}}\|_2^2}{\|[\boldsymbol{x}^{\mathrm{T}};-1]^{\mathrm{T}}\|_2^2} \tag{11.42}$$

这是约束到 TLS 超平面，由 $\boldsymbol{x}_{n+1}=-1$ 限定的$[\boldsymbol{A}\boldsymbol{x}-\boldsymbol{b}]^{\mathrm{T}}[\boldsymbol{A}\boldsymbol{x}-\boldsymbol{b}]$的瑞理商。这样，TLS 解平行于$[\boldsymbol{A}\boldsymbol{x}-\boldsymbol{b}]$的最小奇异值对应的奇异向量，这是它的次成分向量。该 TLS 解被称为一般解。上述误差函数有 $n+1$ 个临界点，即一个最小(一般 TLS 解)、一个最大和 $n-1$ 个鞍点。如果次成分向量平行于 TLS 超平面，则该 TLS 解不能被计算，而且 TLS 问题被称为非一般。这样的问题发生在当 $\boldsymbol{A}$ 是秩亏或者当方程组是高度冲突时，如存在较高的建模误差情况。虽然精确的非一般 TLS 问题很少发生，但是接近非一般 TLS 问题的情况并非不常见。在后一种情况中，一般 TLS 解通常趋于无穷大。已有文献证明，非一般 TLS 解可以通过最小误差的鞍点给出，而且这个解可以通过对 TLS 误差最小化增加一个约束得到(该解被约束到垂直于该最小化的方向)，这里称为非一般约束。在接近非一般 TLS 问题中，其

解通常位于在误差函数的最小值和这个鞍点之间。

由上面的误差函数可得下式，即

$$E_{\mathrm{TLS}}(\boldsymbol{x}) = \sum_{i=1}^{m} E^{(i)}(\boldsymbol{x}) \tag{11.43}$$

其中

$$E^{(i)}(\boldsymbol{x}) = \frac{(\boldsymbol{a}_x^{\mathrm{T}} - \boldsymbol{b}_i)^2}{1+\boldsymbol{x}^{\mathrm{T}}\boldsymbol{x}} = \frac{\left(\sum_{j=1}^{n} a_{ij}x_j - b_i\right)^2}{1+\boldsymbol{x}^{\mathrm{T}}\boldsymbol{x}} = \frac{\delta^2}{1+\boldsymbol{x}^{\mathrm{T}}\boldsymbol{x}} \tag{11.44}$$

这样，有

$$\frac{\mathrm{d}E^{(i)}}{\mathrm{d}\boldsymbol{x}} = \frac{\delta \boldsymbol{a}_i}{1+\boldsymbol{x}^{\mathrm{T}}\boldsymbol{x}} - \frac{\delta^2 \boldsymbol{x}}{1+\boldsymbol{x}^{\mathrm{T}}\boldsymbol{x}} \tag{11.45}$$

相应的最陡下降离散时间学习算法为

$$\boldsymbol{x}(t+1) = \boldsymbol{x}(t) - \alpha(t)\gamma(t)\boldsymbol{a}_i + [\alpha(t)\gamma^2(t)]\boldsymbol{x}(t) \tag{11.46}$$

其中，$\alpha(t)$是学习因子；$\gamma(t)=\delta(t)/[1+\boldsymbol{x}^{\mathrm{T}}(t)\boldsymbol{x}(t)]$。

这就是 TLS EXIN 学习算法，该 TLS EXIN 神经元是一个线性神经元，具有 n 个输入（向量$\boldsymbol{a}_i$）、n 个权（向量 $\boldsymbol{x}$）、一个输出（标量 $y_i=\boldsymbol{x}^{\mathrm{T}} a_i$）和一个训练误差（标量 $\delta(t)$）。这种学习可以认为是有监督学习，$\boldsymbol{b}_i$ 是目标。

下面给出采用 TLS EXIN 算法和 OLS 算法对感应电动机参数估计波形和真实的参数值。图 11.2 给出了采用两种算法进行仿真得到的参数估计值。图 11.3 给出了采用两种算法进行实验得到的参数估计值。表 9.1 给出了采用上述两种算法在估计过程结束时，仿真和实际实验中的参数估计误差的百分比值，表中给出了各个参数的误差百分比和总的误差百分比。

从图 11.2、图 11.3 和表 11.1 可见，在输入和输出数据均含有噪声的环境中进行系统辨识和参数估计时，采用 TLS 算法估计精度的提高是十分明显的，而且算法也非常简单，计算复杂度小，非常适合在线参数估计。

表 11.1　*K* 参数的估计相对误差实验结果

参数	仿真结果					
	TLS	OLS	Const.	TLS	OLS	Const.
eK_1/%	0.53	49.20	0	17.46	14.3	12.2
eK_2/%	8.14	69.23	5.40	241.9	1394	0.32
eK_3/%	0	62.99	0.80	24.41	27.6	17.32
eK_4/%	0	43.75	0	34.38	3.10	28.12
eK_5/%	1.65	8.60	6.20	8.23	37.0	7.41
E. TLS	0.07			2.28		
E. OLS	0.66			13.13		
E. const.	0.05			0.04		

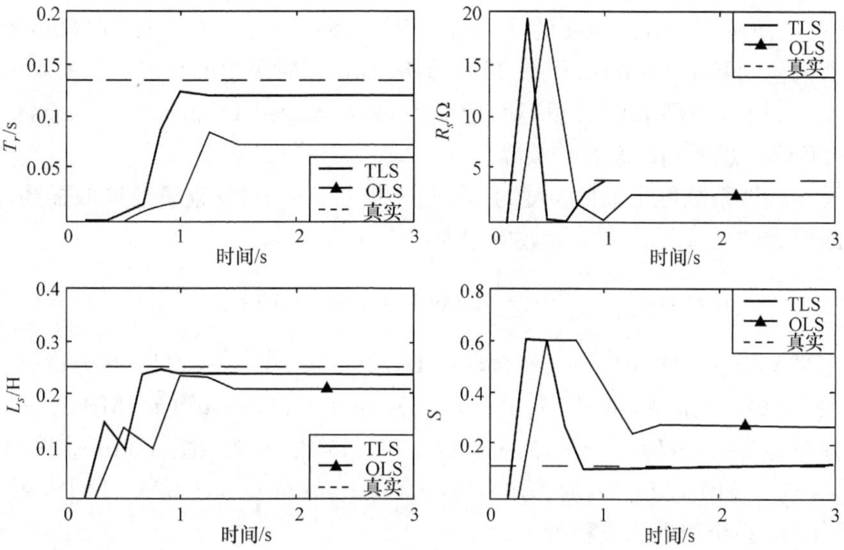

图 11.2　带有噪声的马达的真实参数和估计参数(仿真结果)

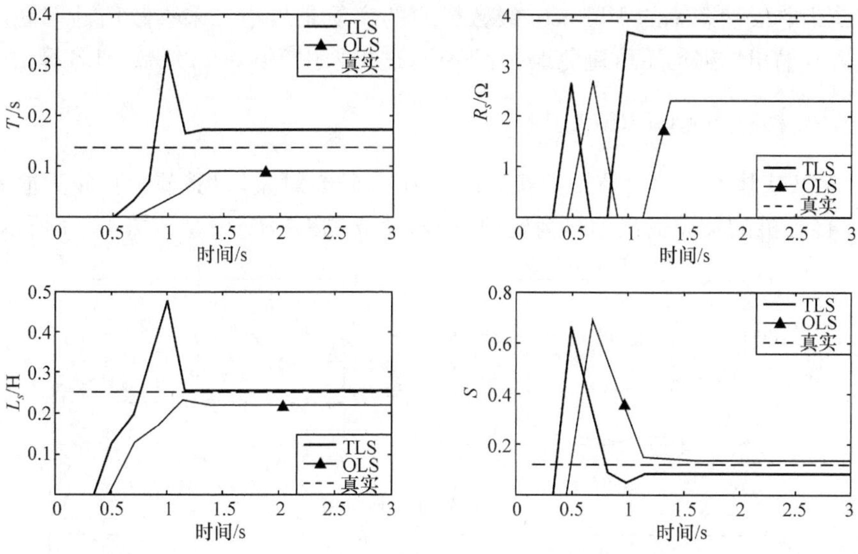

图 11.3　带有噪声的马达的真实参数和估计参数(实验结果)

11.2.5　在系统故障诊断中的应用

TLS 算法是解决输入和输出观测数据含有噪声的信号处理问题的一种有效方法。在某脉冲雷达引信机的数据采集过程中，噪声不可避免，又由于该系统由大量的模拟电路组成,其系统发生故障有可能表现为系统传递特性非线性成分的变化,因此应使用 Volterra 系统的 TLS 算法对该系统进行系统辨识与故障诊断。

我们使用基于 Volterra 级数 TLS 算法,利用同时采集的系统的输入输出采样数据,获取被辨识部分广义频率响应函数(generalized frequency response function,GFRF),进而判断系统的故障。

设非线性系统可用记忆长度为 M 的 N 阶 Volterra 级数模型近似描述,其离散截断形式的时域 Volterra 级数模型为

$$y(k)=\sum_{n=1}^{N}\sum_{m_1=0}^{M-1}\cdots\sum_{m_n=0}^{M-1}h_n(m_1,m_2,\cdots,m_n)\prod_{i=1}^{n}u(k-m_i)$$

定义 Volterra 输入观测矩阵为$\boldsymbol{U}=[\boldsymbol{U}(k),\boldsymbol{U}(k+1),\cdots,\boldsymbol{U}(k+N-1)]^{\mathrm{T}}$,其中$\boldsymbol{U}(k)=[u(k),\cdots,u(k-M+1),u^2(k),u(k),u(k-1),\cdots,u^N(k-M+1)]^{\mathrm{T}}$;输出观测向量为$\boldsymbol{Y}=[y(k),y(k+1),\cdots,y(k+N-1)]^{\mathrm{T}}$;定义系统 Volterra 核向量为$\boldsymbol{H}=[h_1(0),\cdots,h_1(M-1),h_2(0,0),h_2(0,1),\cdots,h_N(M-1,\cdots,M-1)]^{\mathrm{T}}$,则可建立 Volterra 系统的观测方程为

$$\boldsymbol{Y}=\boldsymbol{U}\boldsymbol{H}+\boldsymbol{e}$$

求解上述方程,可得 Volterra 核的最小二乘解。可见,利用系统的输入输出观测数据辨识非线性系统的 Volterra 级数模型的实质是最小二乘参数估计问题。考虑输入与输出数据均不可避免地含有噪声,这里采用 Volterra 级数 TLS 算法。

1. A 机的分块 GFRF 模型

① 以某脉冲雷达引信正常状态的 A 机为研究对象,以其预调脉冲为输入信号,以接收机的检波输出信号为输出信号,建立的 GFRF 模型如图 11.4 所示。

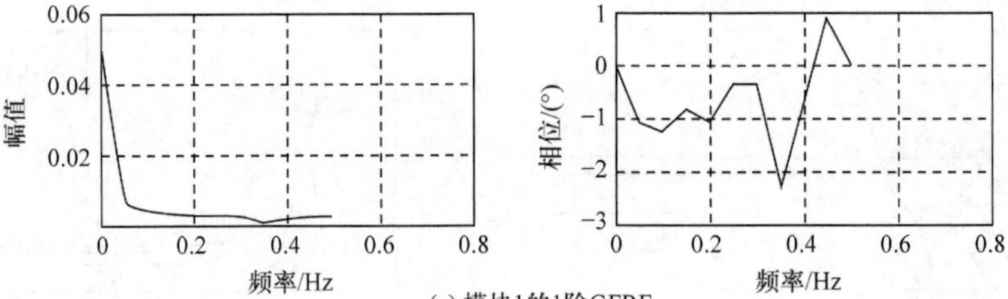

(a) 模块1的1阶GFRF

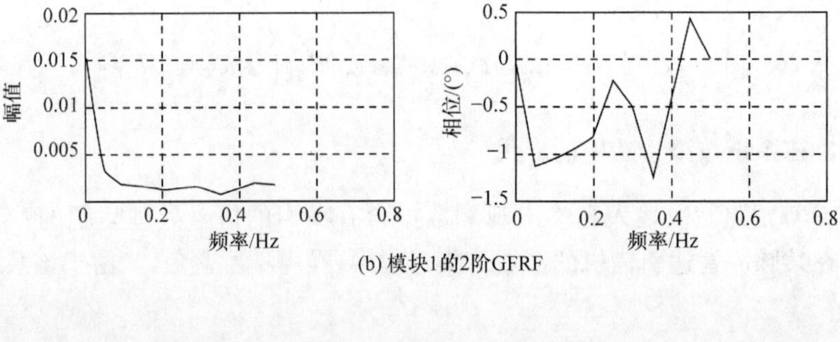

(b) 模块1的2阶GFRF

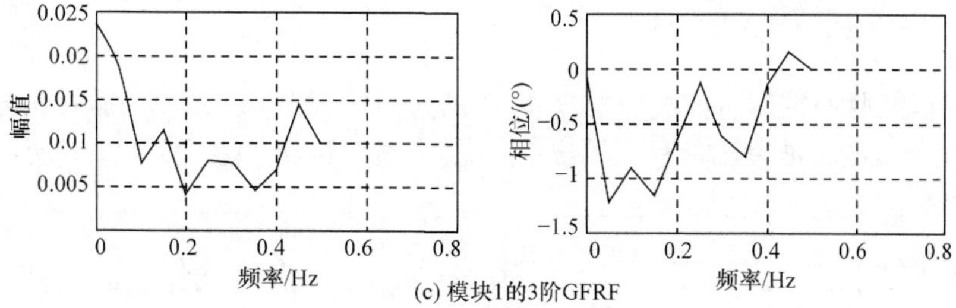

(c) 模块1的3阶GFRF

图 11.4 GFRF 模型

② 以某脉冲雷达引信正常状态的 A 机为研究对象，以其接收机检波输出信号为输入信号，以其视放倒相输出为输出信号，建立终端视放级的 GFRF 模型如图 11.5 所示。

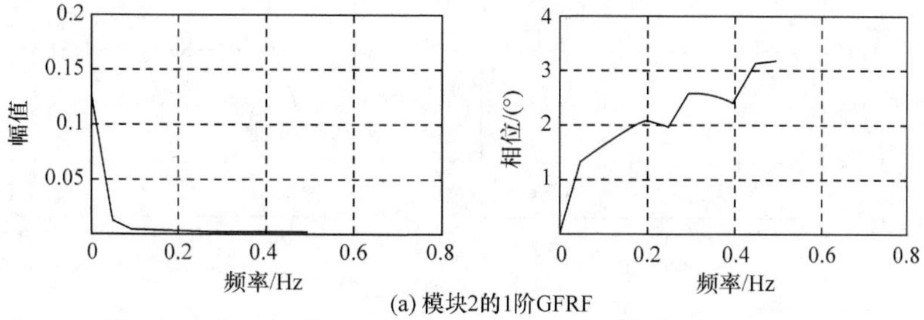

(a) 模块2的1阶GFRF

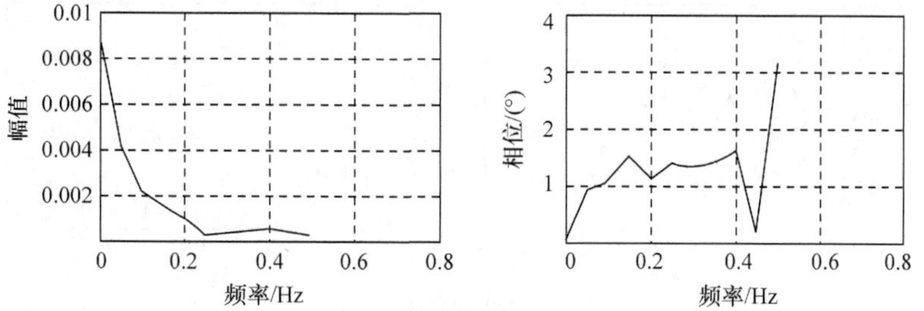

(b) 模块2的2阶GFRF

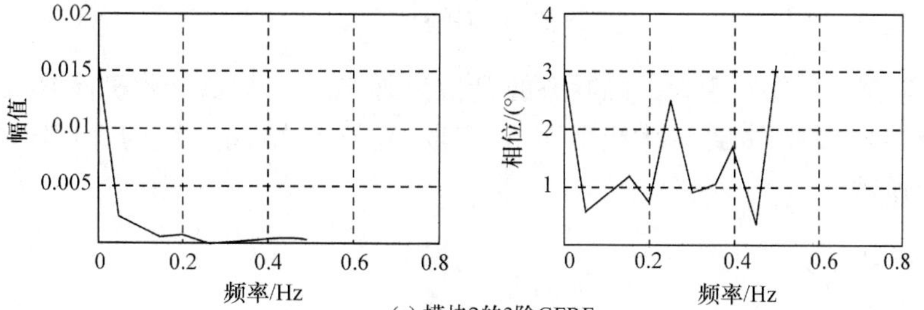

(c) 模块2的3阶GFRF

图 11.5 终端视放级 GFRF 模型

2. B 机的分块 GFRF 模型

① 以某脉冲雷达引信故障状态的 B 机为研究对象，以其预调脉冲为输入信号，以接收机的检波输出信号为输出信号，建立的 GFRF 模型如图 11.6 所示。

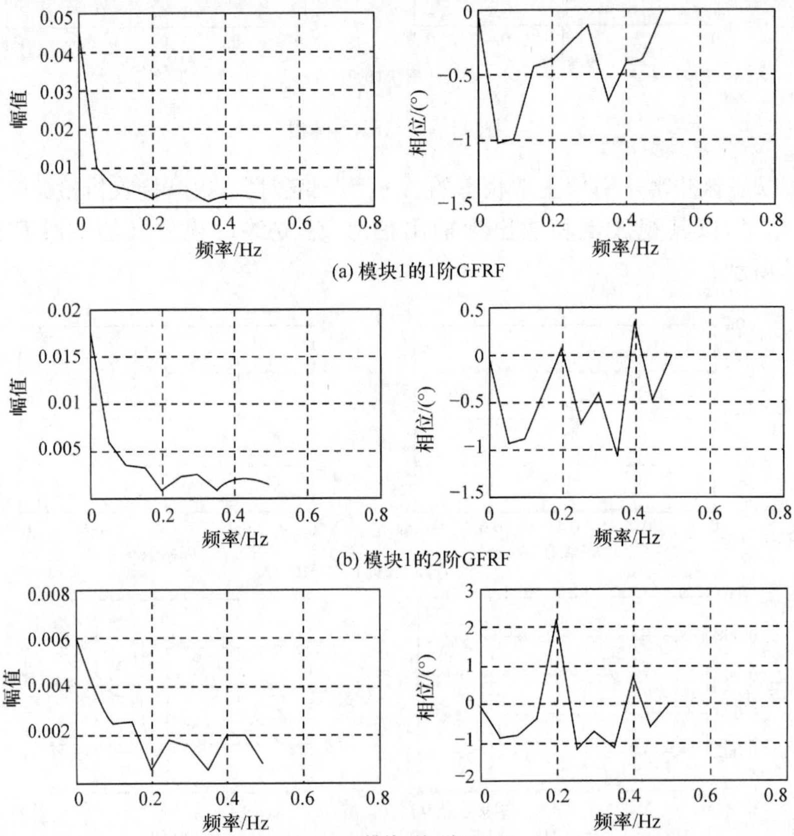

(a) 模块1的1阶GFRF

(b) 模块1的2阶GFRF

(c) 模块1的3阶GFRF

图 11.6　GFRF 模型

② 以某脉冲雷达引信故障状态的 B 机为研究对象，以其接收机检波输出信号为输入信号，以视放倒相输出为输出信号，建立终端视放级的 GFRF 模型如图 11.7 所示。

3. 结果分析

从图 11.4 与图 11.6 的一阶、二阶及三阶 GFRF 的对比分析可以得出中频模块的具体变化数据，如表 11.2 所示。

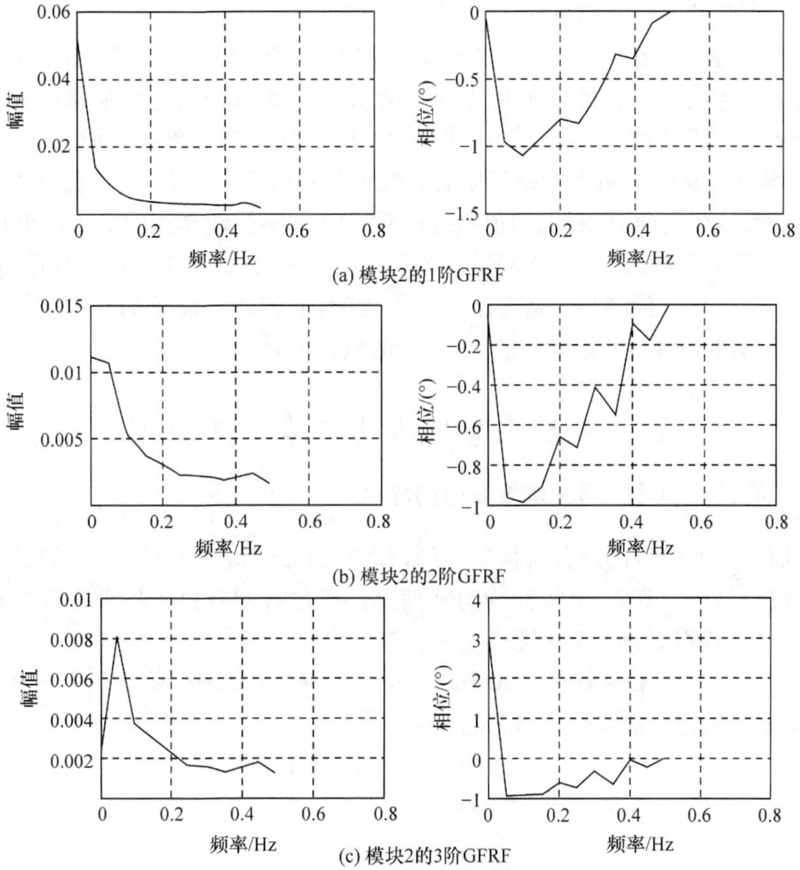

(a) 模块2的1阶GFRF

(b) 模块2的2阶GFRF

(c) 模块2的3阶GFRF

图 11.7　终端视放级 GFRF 模型

表 11.2　中频模块 GFRF 具体变化数据

状态	一阶 GFRF			二阶 GFRF			三阶 GFRF		
	min	max	aver	min	max	aver	min	max	aver
A(正常)	0.001	0.051	0.007	0.000	0.016	0.003	0.000	0.002	0.001
B(故障)	0.001	0.047	0.008	0.001	0.018	0.004	0.000	0.006	0.002

从图 11.5 与图 11.7 的一阶、二阶及三阶 GFRF 的对比分析可以得出视频模块的具体变化数据,如表 11.3 所示。

表 11.3　视频模块 GFRF 具体变化数据

状态	一阶 GFRF			二阶 GFRF			三阶 GFRF		
	min	max	aver	min	max	aver	min	max	aver
A(正常)	0.000	0.130	0.014	0.000	0.009	0.002	0.000	0.016	0.002
B(故障)	0.001	0.054	0.009	0.001	0.011	0.004	0.001	0.008	0.003

以上实验结果说明如下几点。

① 应用基于 Volterra 系统 TLS 算法可以有效地对某脉冲雷达引信机的关键部件模块 1 与模块 2 进行系统辨识，采用该算法对某脉冲雷达引信机的处于正常与故障状态的两机(或两种工况)所建立的 GFRF 频谱有显著的区别。

② 脉冲雷达引信机发生故障以后表现为其 GFRF 的变化，即表征其本质特征的传递函数发生变化，而我们知道系统的 GFRF 并不依赖具体的输入输出数据。

③ 求得被诊断对象的 GFRF 后，按照一定的规则抽取其各阶谱特性，通过设定适当的阈值便可预测系统是否已经发生故障，或者通过简单的神经网络及基于多重预设 GFRF 模型的诊断方法，可以判断故障的种类。

11.3 约束总体最小二乘方法应用

11.3.1 在谐波信号的超分辨恢复中的应用

下面以谐波信号的超分辨恢复为例，介绍 CTLS 算法的应用[26]。假定有 L 个窄带波前信号照射到 N 个线性均匀阵列上。通过将所有接收器采样值连接成一个向量，可以获得时刻 t_k 阵列数据快拍，定义为

$$\boldsymbol{y}_k=\boldsymbol{y}(t_k)=\boldsymbol{A}\boldsymbol{s}(t_k)+\boldsymbol{v}(t_k),\quad k=1,2,\cdots,M \tag{11.47}$$

其中，$\boldsymbol{A}$ 是阵列相位操纵矩阵，定义为

$$\boldsymbol{A}=\begin{bmatrix} 1 & \cdots & 1 \\ \mathrm{e}^{\mathrm{j}\phi_1} & \cdots & \mathrm{e}^{\mathrm{j}\phi_L} \\ \vdots & & \vdots \\ \mathrm{e}^{\mathrm{j}(N-1)\phi_1} & \cdots & \mathrm{e}^{\mathrm{j}(N-1)\phi_L} \end{bmatrix} \tag{11.48}$$

其中，$\boldsymbol{\phi}_n=2\pi d\sin(\theta_n/\lambda)$是第 n 个波前信号的相对波数；$\boldsymbol{s}_k=\boldsymbol{s}(t_k)$是由 L 个波前信号振幅组成的复值振幅向量；$\boldsymbol{v}_k=\boldsymbol{v}(t_k)$是零均值复数白噪声向量。

通常，假设$\boldsymbol{s}_n$ 和$\boldsymbol{v}_m$ 是零均值和独立高斯分布，具有自相关，即 $E\{\boldsymbol{s}_n\boldsymbol{s}_n^*\}=\boldsymbol{R}_s$ 和 $E\{\boldsymbol{v}_m\boldsymbol{v}_m^*\}=\sigma^2\boldsymbol{I}$。当$\boldsymbol{v}_k=0$ 时，阵列信号快拍满足下列 FBLP 方程[27]，即

$$\boldsymbol{C}_k\begin{bmatrix}\boldsymbol{x}\\ -1\end{bmatrix}=\boldsymbol{0},\quad k=1,2,\cdots,M \tag{11.49}$$

其中

$$\boldsymbol{C}_k=\begin{bmatrix} y_k(1) & y_k(2) & \cdots & y_k(L+1) \\ \vdots & \vdots & & \vdots \\ y_k(N-L) & y_k(N-L+1) & \cdots & y_k(N) \\ y_k(L+1) & y_k(L) & \cdots & y_k(1) \\ \vdots & \vdots & & \vdots \\ y_k(N) & y_k(N-1) & \cdots & y_k(N-L) \end{bmatrix} \tag{11.50}$$

式中，$y_k(i)$是 $y(t_k)$的第 i 个成分；矩阵$\boldsymbol{C}_k$ 称为第 $\boldsymbol{k}$ 个快拍的数据矩阵。

当噪声出现在第 k 个快拍中时，噪声源向量可以表示为

$$\tilde{v}_k=[v_k(1),\cdots,v_k(N),\bar{v}_k(1),\cdots,\bar{v}_k(N)]^{\mathrm{T}} \tag{11.51}$$

由于假设它们是复数高斯随机变量，$\tilde{\boldsymbol{v}}_k$ 的成分是统计独立的，也可以将 $\bar{v}_k(n)$看成代数依赖 $\boldsymbol{v}_k(n)$，可将所有的数据矩阵$\boldsymbol{C}_k$ 合成一个数据矩阵 $\boldsymbol{C}$，即

$$\boldsymbol{C}=\begin{bmatrix}\boldsymbol{C}_1\\ \boldsymbol{C}_2\\ \vdots\\ \boldsymbol{C}_M\end{bmatrix} \tag{11.52}$$

于是，超分辨谐波恢复问题可归结为利用 CTLS 求解矩阵方程，即

$$\boldsymbol{C}\begin{bmatrix}\boldsymbol{x}\\ -1\end{bmatrix}=\boldsymbol{0} \tag{11.53}$$

这要利用$\boldsymbol{C}_k$ 中噪声成分的块-Hankel-Toeplitz 结构。

$\boldsymbol{C}$ 的所有噪声成分包含在$\tilde{\boldsymbol{v}}=[\tilde{\boldsymbol{v}}_1^{\mathrm{T}},\cdots,\tilde{\boldsymbol{v}}_M^{\mathrm{T}}]^{\mathrm{T}}$ 中。应用 CTLS 公式$\Delta\boldsymbol{C}_i=\boldsymbol{F}_i\boldsymbol{P}\,\boldsymbol{u}=\boldsymbol{G}_i\boldsymbol{u}$，相应的$\boldsymbol{G}_n$ 矩阵($n=1,2,\cdots,L+1$)是 $2(N-L)M\times 2NM$ 块对角矩阵，其中每个块是 $2(N-L)\times 2N$ 矩阵，即

$$\begin{bmatrix}\boldsymbol{G}_{nf} & 0\\ 0 & \boldsymbol{J}\,\boldsymbol{G}_{nf}\boldsymbol{J}\end{bmatrix} \tag{11.54}$$

其中，$\boldsymbol{G}_{nf}$是一个$(N-L)\times N$ 矩阵，在第 n 个对角线位置为 1，其余为零；$\boldsymbol{J}$ 是一个合适大小的放射矩阵，即该矩阵除了在交叉对角线位置上为 1，其余元素为零。

设$\boldsymbol{H}_x$是一个 $2(N-L)M\times 2NM$ 块对角矩阵，其 $2(N-L)\times 2N$ 个块为

$$\hat{\boldsymbol{H}}_x=\begin{bmatrix}
x_1 & x_2 & \cdots & & x_L & -1 & & & & & & \\
0 & \ddots & \ddots & & & \ddots & \ddots & 0 & & 0 & & \\
 & & x_1 & x_2 & & & x_L & -1 & & & & \\
 & & & & & & & & -1 & x_L & \cdots & x_1 & \\
 & & & 0 & & & & & & \ddots & \ddots & & \ddots & 0\\
 & & & & & & & & & -1 & x_L & \cdots & x_1
\end{bmatrix} \tag{11.55}$$

对所有 $x_1,\cdots,x_L$ 的值，$\hat{\boldsymbol{H}}_x$的秩等于 $2(N-L)$。容易得出下式，即

$$\begin{aligned}F(x)&=\begin{bmatrix}\boldsymbol{x}\\ -1\end{bmatrix}^*\boldsymbol{C}^*(\boldsymbol{H}_x\boldsymbol{H}_x^*)^{-1}\boldsymbol{C}\begin{bmatrix}\boldsymbol{x}\\ -1\end{bmatrix}\\ &=\begin{bmatrix}\boldsymbol{x}\\ -1\end{bmatrix}^*\sum_{m=1}^{M}\boldsymbol{C}_m^*\,(\hat{\boldsymbol{H}}_x\hat{\boldsymbol{H}}_x^*)^{-1}\boldsymbol{C}_m\begin{bmatrix}\boldsymbol{x}\\ -1\end{bmatrix}\end{aligned} \tag{11.56}$$

要估计相关的波数 ϕ_i，CTLS 方法可分为三步，即利用牛顿方法通过最小化

$F(\boldsymbol{x})$,求解 $\boldsymbol{x}$。然后,计算如下线性预测系数多项式的根 z_i,即

$$\sum_{k=1}^{L} x_k z^{k-1} - z^L = 0 \tag{11.57}$$

估计对应的角度 ϕ_i,即

$$\phi_i = \arg(z_i), \quad i=1,2,\cdots,L \tag{11.58}$$

11.3.2 约束总体最小二乘图像恢复应用

图像恢复能够从观测到的退化图像数据恢复丢失的信息,其目的是在已记录数据和某些先验知识的情况下,求原始图像的最优解。

令 $N\times 1$ 点扩展函数为

$$\boldsymbol{h}=\bar{\boldsymbol{h}}+\Delta\boldsymbol{h} \tag{11.59}$$

其中,$\bar{\boldsymbol{h}}$ 和 $\Delta\boldsymbol{h}\in\Re^N$ 分别是点扩展函数的已知部分和误差部分。

设误差分量 $\Delta\boldsymbol{h}=[\Delta h(0),\Delta h(1),\cdots,\Delta h(N-1)]^{\mathrm{T}}$ 为独立同分布噪声,均值为零,方差为 σ_h。观测到的退化图像用向量 $\boldsymbol{g}$ 表示,成像方程可用矩阵-向量形式表示为

$$\boldsymbol{g}=\boldsymbol{H}\boldsymbol{f}+\Delta\boldsymbol{g} \tag{11.60}$$

其中,$\boldsymbol{f}$ 和 $\Delta\boldsymbol{g}\in\Re^N$ 分别表示原始图像和观测图像的加性噪声;加性噪声 $\Delta\boldsymbol{g}=[\Delta g(0),\Delta g(1),\cdots,\Delta g(N-1)]^{\mathrm{T}}$ 也独立同分布噪声,而且与点扩展函数的误差分量 $\Delta\boldsymbol{h}$ 统计不相关。

矩阵 $\boldsymbol{H}\in\Re^{N\times N}$ 表示点扩展矩阵,由已知部分 $\bar{\boldsymbol{H}}$ 和误差部分组成,即

$$\boldsymbol{H}=\bar{\boldsymbol{H}}+\Delta\boldsymbol{H} \tag{11.61}$$

式(11.60)的 TLS 解为

$$\boldsymbol{f}=\arg\min_{[\hat{\boldsymbol{H}},\hat{\boldsymbol{g}}]\in\Re^{N\times(N+1)}} \|[\boldsymbol{H},\boldsymbol{g}],[\hat{\boldsymbol{H}},\hat{\boldsymbol{g}}]\|_F^2 \tag{11.62}$$

其中,$\boldsymbol{g}$ 服从约束条件 $\boldsymbol{g}\in\mathrm{Rang}(\hat{\boldsymbol{H}})$。

通过定义未知的归一化噪声向量 $\boldsymbol{u}\in\Re^{2N}$(由 $\Delta\boldsymbol{h}$ 和 $\Delta\boldsymbol{g}$ 组成),即

$$\boldsymbol{u}=\left[\frac{\Delta h(0)}{\sigma_h},\cdots,\frac{\Delta h(N-1)}{\sigma_h},\frac{\Delta g(0)}{\sigma_g},\cdots,\frac{\Delta g(N-1)}{\sigma_g}\right]^{\mathrm{T}} \tag{11.63}$$

文献[28]提出基于 CTLS 的图像恢复算法,即

$$\boldsymbol{f}=\arg\min_f\{\|\boldsymbol{u}\|_2^2\} \tag{11.64}$$

约束条件为

$$\bar{\boldsymbol{H}}\boldsymbol{f}-\boldsymbol{g}+\boldsymbol{L}\boldsymbol{u}=\boldsymbol{0} \tag{11.65}$$

其中,$\boldsymbol{L}$ 是一个 $N\times 2N$ 矩阵,即

$$\boldsymbol{L}=\begin{bmatrix} \sigma_n f(0) & \sigma_n f(N-1) & \cdots & \sigma_n f(1) & \sigma_g & 0 & \cdots & 0 \\ \sigma_n f(1) & \sigma_n f(0) & \cdots & \sigma_n f(2) & 0 & \sigma_g & \cdots & 0 \\ \vdots & \vdots & & \vdots & \vdots & \vdots & & \vdots \\ \sigma_n f(N-1) & \sigma_n f(N-2) & \cdots & \sigma_n f(0) & 0 & 0 & \cdots & \sigma_g \end{bmatrix} \tag{11.66}$$

给定数据向量 $\boldsymbol{g}$ 和点扩展矩阵已知部分 $\hat{\boldsymbol{H}}$，式(11.60)的原始图像 $\boldsymbol{f}$ 的求解是一个典型的逆问题。因此，图像恢复问题的求解在数学上对应式(11.60)逆变换的存在性和唯一性。如果逆变换不存在，则称图像恢复这一逆问题是奇异的。此外，虽然逆变换存在，但是其解可能不唯一，而是有一组解。对于一个实际物理问题，这种非唯一解是不可接受的。甚至，逆变换存在且唯一，它也可能是病态的。这意味着，观测数据向量 $\boldsymbol{g}$ 中的一个小扰动有可能导致恢复图像 $\boldsymbol{g}$ 中的大扰动。

克服图像恢复问题病态问题的有效方法之一是使用正则化方法，得到正则化约束总体最小二乘(regularized CTLS，RCTLS)算法[29]。RCTLS 图像恢复算法的基本思想是引入正则化算子 $\boldsymbol{Q}$ 和正则化参数 $\lambda>0$，将最小化的目标函数替换为两个互补函数之和，这样式(11.64)变为

$$\boldsymbol{f}=\arg\min_{\boldsymbol{f}}\left[\|\boldsymbol{u}\|_2^2+\lambda\|\boldsymbol{Q}\boldsymbol{f}\|_2^2\right] \tag{11.67}$$

服从约束条件(11.65)。该算法称为 RCTLS 图像恢复算法[28]。正则化算子 $\boldsymbol{Q}$ 能够将有关 $\boldsymbol{f}$ 的先验知识体现在图像恢复过程中，而且 $\boldsymbol{Q}$ 的选择通常以 $\boldsymbol{f}$ 的平滑为基础。正则化参数的选择需要兼顾观测数据的保真度和解的平滑性。

为了进一步改善 RCTLS 图像恢复算法的性能，Chen 等提出自适应选择正则化参数 λ 的方法，称为自适应正则化约束总体最小二乘(adaptively RCTLS，ARCTLS)图像恢复算法[30]。该算法的解为

$$\boldsymbol{f}=\arg\min_{\boldsymbol{f}}\left[\|\boldsymbol{u}\|_2^2+\lambda(\boldsymbol{f})\|\boldsymbol{Q}\boldsymbol{f}\|_2^2\right] \tag{11.68}$$

服从约束条件(11.65)。

下面对 RCTLS 算法[28]和 ARCTLS 图像恢复算法[30]进行简要介绍。

式(11.67)表示一个二次最小化问题，服从一个非线性约束。该式不存在闭合形式的解。但是，式(11.67)和式(11.65)中的 RCTLS 问题还可以进一步简化，将其转变成一个非约束优化问题。式(11.65)可以写为

$$\boldsymbol{L}\boldsymbol{u}=-(\bar{\boldsymbol{H}}\boldsymbol{f}-\boldsymbol{g}) \tag{11.69}$$

则有

$$\boldsymbol{u}=-\boldsymbol{L}^{\dagger}(\bar{\boldsymbol{H}}\boldsymbol{f}-\boldsymbol{g}) \tag{11.70}$$

其中，$\boldsymbol{L}^{\dagger}$ 是 $\boldsymbol{L}$ 的伪逆。

从式(11.66)可以看出，矩阵 $\boldsymbol{L}$ 秩为 N，因此 $\boldsymbol{L}^{\dagger}$ 可由下式给出，即

$$\boldsymbol{L}^{\dagger}=\boldsymbol{L}^{\mathrm{T}}(\boldsymbol{L}\boldsymbol{L}^{\mathrm{T}})^{-1} \tag{11.71}$$

将式(11.70)代入式(11.67)，式(11.67)和式(11.65)中的 RCTLS 等价于最小化一个关于 $\boldsymbol{f}$ 的非线性函数 $P(\boldsymbol{f})$，这里 $P(\boldsymbol{f})$ 定义为

$$P(\boldsymbol{f})=(\bar{\boldsymbol{H}}\boldsymbol{f}-\boldsymbol{g})^{\mathrm{T}}(\boldsymbol{L}^{\dagger})^{\mathrm{T}}(\boldsymbol{L}^{\dagger})(\bar{\boldsymbol{H}}\boldsymbol{f}-\boldsymbol{g})+\lambda(\boldsymbol{f}^{\mathrm{T}}\boldsymbol{Q}^{\mathrm{T}}\boldsymbol{Q}\boldsymbol{f}) \tag{11.72}$$

注意到 $(\boldsymbol{L}^{\dagger})^{\mathrm{T}}(\boldsymbol{L}^{\dagger})=(\boldsymbol{L}\boldsymbol{L}^{\mathrm{T}})^{-1}$，上述公式可以进一步简化为

$$P(\boldsymbol{f})=(\bar{\boldsymbol{H}}\boldsymbol{f}-\boldsymbol{g})^{\mathrm{T}}(\boldsymbol{L}\boldsymbol{L}^{\mathrm{T}})^{-1}(\bar{\boldsymbol{H}}\boldsymbol{f}-\boldsymbol{g})+\lambda(\boldsymbol{f}^{\mathrm{T}}\boldsymbol{Q}^{\mathrm{T}}\boldsymbol{Q}\boldsymbol{f}) \tag{11.73}$$

这表示式(11.67)和式(11.65)中的 RCTLS 问题已转变为一个非约束优化问题。这样通过关于 $\boldsymbol{f}$ 最小化 $P(\boldsymbol{f})$，可以获得式(11.67)和式(11.65)中的 RCTLS 解。由于$(\boldsymbol{L}\boldsymbol{L}^T)^{-1}$中存在非线性，因此不可能找到式(11.73)中闭合形式的最小化。然而，通过使用迭代优化算法可以获得数值解。

对一般大小的图像而言，要最小化式(11.73)的 $P(\boldsymbol{f})$ 所需要的计算量是相当大的。例如，要处理一个 256×256 灰度图像，式(11.73)中的矩阵将是 65 536×65 536，用现有计算机技术来处理是不现实的，而且 $P(\boldsymbol{f})$ 是一个非凸函数，使优化很难处理。

式(11.73)在离散傅里叶变换域中还可以进一步简化，等价于下式，即

$$\min_{\boldsymbol{F}(i)}\{P(\boldsymbol{F}(i))\},\quad i=0,1,\cdots,N-1 \tag{11.74}$$

其中，$P(\boldsymbol{F}(i))$为

$$P(\boldsymbol{F}(i))=\frac{|\bar{\boldsymbol{H}}(i)\boldsymbol{F}(i)-\boldsymbol{G}(i)|^2}{\sigma_h^2|\boldsymbol{F}(i)|^2+\sigma_g^2}+\lambda|\boldsymbol{Q}(i)|^2|\boldsymbol{F}(i)|^2 \tag{11.75}$$

该公式的具体推导及各参数的意义参见文献[28]。这样导出的计算复杂度的简化是非常明显的。式(11.73)被解耦成 N 个方程，每个方程关于 $\boldsymbol{f}$ 的一个离散傅里叶变换系数独立地最小化。每个方程仍然需要求解一个向量最小化问题。

至此，我们可以简单总结如下，对于图像恢复问题(11.60)，当 $\Delta\boldsymbol{g}=\boldsymbol{0}$，$\boldsymbol{H}$ 精确建模受污染时，TLS 技术可以很好地求解受污染方程组；当 $\boldsymbol{H}$ 和 $\boldsymbol{g}$ 中的噪声成分线性相关，而且方差相等时，CTLS 是最有效的；当 $\boldsymbol{H}$ 和 $\boldsymbol{g}$ 服从相同的误差时，RCTLS 是最有效的方法。

在 RCTLS 图像恢复算法中，正则化参数需要兼顾观测数据的保真度和解的平滑性，其选择是一个很困难的事情。虽然 RCTLS 技术功能强大，如果正则化参数 λ 选择不当，图像恢复的质量不高。对一个不合适的 λ，大多数优化算法只能产生一个局部极小点而非全局最小点。文献[30]在迭代过程中引入 ARCTLS 函数，克服了 RCTLS 图像恢复算法执行中遇到的困难。

首先，在空间域图像恢复可以简单地公式化为

$$\min_{f} L(\boldsymbol{f}) \tag{11.76}$$

其中

$$L(\boldsymbol{f})=\|\boldsymbol{H}\boldsymbol{f}-\boldsymbol{g}\|^2+\lambda(\boldsymbol{f})\|\boldsymbol{Q}\boldsymbol{f}\|^2 \tag{11.77}$$

这样，可以得到下式，即

$$\frac{\mathrm{d}L(\boldsymbol{f})}{\mathrm{d}\boldsymbol{f}}=2\boldsymbol{H}^{\mathrm{T}}(\boldsymbol{H}\boldsymbol{f}-\boldsymbol{g})+\lambda'(\boldsymbol{f})\|\boldsymbol{Q}\boldsymbol{f}\|^2=0$$

为了方便，这里假定 $\mathrm{d}(\|\boldsymbol{Q}\boldsymbol{f}\|^2)=0$。在迭代过程中，根据当前的 $\boldsymbol{f}$ 值，即 $\hat{\boldsymbol{f}}$，自适应地修改 $\lambda(\boldsymbol{f})$，这样上述方程还可以进一步简化为

$$\lambda'(\boldsymbol{f})+\frac{2}{\|\boldsymbol{Q}\hat{\boldsymbol{f}}\|^2}\boldsymbol{H}^{\mathrm{T}}(\boldsymbol{H}\hat{\boldsymbol{f}}-\boldsymbol{g})=0 \tag{11.78}$$

而且存在一个约束条件 $\lambda(\boldsymbol{f})|_{\boldsymbol{H}\hat{\boldsymbol{f}}=\boldsymbol{g}}=0$，这样方程的解为

$$\lambda(\boldsymbol{f})=-\frac{2\boldsymbol{f}^{\mathrm{T}}}{\|\boldsymbol{Q}\hat{\boldsymbol{f}}\|^2}\boldsymbol{H}^{\mathrm{T}}(\boldsymbol{H}\hat{\boldsymbol{f}}-\boldsymbol{g})+C \tag{11.79}$$

方程(11.79)的右边第一项满足约束条件，因此有 $C=0$。为了使 $\lambda(\boldsymbol{f})$ 严格为正，而且确保 $\hat{\boldsymbol{f}}$ 在迭代过程中数值稳定，假定下式，即

$$\lambda(\boldsymbol{f})=\alpha\frac{(\bar{\boldsymbol{H}}\boldsymbol{f}-\boldsymbol{g})^{\mathrm{T}}(\bar{\boldsymbol{H}}\boldsymbol{f}-\boldsymbol{g})}{\boldsymbol{g}^{\mathrm{T}}\boldsymbol{g}} \tag{11.80}$$

其中，$\alpha(>1)$ 是 $\lambda(\boldsymbol{f})$ 的步长可调因子；$\lambda(\boldsymbol{f})$ 是 $\boldsymbol{f}$ 的二次函数。

随着迭代过程的进行，误差能量将变得越来越小，正则化参数 $\lambda(\boldsymbol{f})$ 变得越来越好。当然，修正因子 α 也非常重要。α 越小，$\lambda(\boldsymbol{f})$ 的变化越小，即 $\lambda(\boldsymbol{f})$ 可以被调整到非常接近于最优，这种情况下恢复的图像具有高质量；相反，α 越大，$\lambda(\boldsymbol{f})$ 的变化越快，这种情况下，$\lambda(\boldsymbol{f})$ 可能只调整到次优值，图像恢复的质量低。

因此，ARCTLS 的函数 $\lambda(\boldsymbol{f})$ 是基于最小化误差能量的原理而建立的。对任何一幅要恢复的图像，最优正则化参数 λ 不但存在，而且会加速迭代过程的收敛。

ARCTLS 图像恢复[30]执行如下最小化，即

$$\min_{\boldsymbol{f},\boldsymbol{u}}\left[\|\boldsymbol{u}\|_2^2+\lambda(\boldsymbol{f})\|\boldsymbol{Q}\boldsymbol{f}\|_2^2\right] \tag{11.81}$$

服从约束条件(11.65)。上述两个方程可以进一步简化，将其转变为一个无约束优化问题。同式(11.69)～式(11.71)一样，由式(11.65)可以得到 $\boldsymbol{L}\boldsymbol{u}=-(\bar{\boldsymbol{H}}\boldsymbol{f}-\boldsymbol{g})$。进而有，$\boldsymbol{u}=-\boldsymbol{L}^{\dagger}(\bar{\boldsymbol{H}}\boldsymbol{f}-\boldsymbol{g})$，其中 $\boldsymbol{L}^{\dagger}=\boldsymbol{L}^{\mathrm{T}}(\boldsymbol{L}\boldsymbol{L}^{\mathrm{T}})^{-1}$。将这两式代入式(11.81)，由 $\|\boldsymbol{A}\|^2=\boldsymbol{A}^{\mathrm{T}}\boldsymbol{A}$，则容易看到式(11.81)和式(11.65)的最小化等价于由下式定义的一个非线性函数的最小化，即

$$P(\boldsymbol{f})=(\bar{\boldsymbol{H}}\boldsymbol{f}-\boldsymbol{g})^{\mathrm{T}}(\boldsymbol{L}^{\dagger})^{\mathrm{T}}(\boldsymbol{L}^{\dagger})(\bar{\boldsymbol{H}}\boldsymbol{f}-\boldsymbol{g})+\lambda(\boldsymbol{f})(\boldsymbol{f}^{\mathrm{T}}\boldsymbol{Q}^{\mathrm{T}}\boldsymbol{Q}\boldsymbol{f}) \tag{11.82}$$

注意到 $(\boldsymbol{L}^{\dagger})^{\mathrm{T}}(\boldsymbol{L}^{\dagger})=(\boldsymbol{L}\boldsymbol{L}^{\mathrm{T}})^{-1}$，则有

$$P(\boldsymbol{f})=(\bar{\boldsymbol{H}}\boldsymbol{f}-\boldsymbol{g})^{\mathrm{T}}(\boldsymbol{L}\boldsymbol{L}^{\mathrm{T}})^{-1}(\bar{\boldsymbol{H}}\boldsymbol{f}-\boldsymbol{g})+\lambda(\boldsymbol{f})(\boldsymbol{f}^{\mathrm{T}}\boldsymbol{Q}^{\mathrm{T}}\boldsymbol{Q}\boldsymbol{f}) \tag{11.83}$$

问题变为如何寻找 $\boldsymbol{f}$，以便最小化 $P(\boldsymbol{f})$，使被恢复的图像质量最优。

采用正常方法几乎不能最小化非约束方程(11.83)，主要困难有两点。

① $(\boldsymbol{L}\boldsymbol{L}^{\mathrm{T}})^{-1}$ 中的非线性元素和二阶函数 $\lambda(\boldsymbol{f})$ 使 $P(\boldsymbol{f})$ 成了高阶非线性函数，其一阶导数仍然是高阶非线性函数。通常的优化算法不能保证式(11.83)的数值解是一个全局最优函数。

② $P(\boldsymbol{f})$ 构造的瞬时方程系统太大不能在计算机上执行。

在文献[28]中，具有常数正则化参数的 $P(\boldsymbol{f})$ 通过使用循环矩阵的离散傅里叶变换的对角化特性被进一步简化。这种简化是非常有用的，可以使用一些正常的优化算法直接获得离散傅里叶变换域中每个点 i 上的解。空间域中 $P(\boldsymbol{f})$ 的最

小化问题被转变成一个离散傅里叶变换域中的最小化问题，得到的如下离散傅里叶变换域方程，即

$$\min_{\boldsymbol{F}_i}\{P(\boldsymbol{F}_i)\},\quad i=0,1,\cdots,N-1 \tag{11.84}$$

其中，$P(\boldsymbol{F}_i)$局部线性化为

$$P(\boldsymbol{F}_i^{k+1})=\frac{|\bar{\boldsymbol{H}}_i\boldsymbol{F}_i^{k+1}-\boldsymbol{G}_i|^2}{\sigma_h^2|\boldsymbol{F}_i^k|^2+\sigma_g^2}+\lambda(\boldsymbol{F}^k)|\boldsymbol{Q}_i|^2|\boldsymbol{F}_i^{k+1}|^2 \tag{11.85}$$

而且有

$$\lambda(\boldsymbol{F}^k)=\lambda(F_0^k,F_1^k,\cdots,F_i^k,\cdots,F_{N-1}^k) \tag{11.86}$$

在式(11.85)和式(11.86)中，k 指的是第 k 步迭代；$|\cdot|$指的是复数模值；未知 $\boldsymbol{F}_i$ 和已知$\boldsymbol{G}_i$ 分别是在点 i 处 $\boldsymbol{f}$ 和 $\boldsymbol{g}$ 的离散傅里叶变换系数；$\bar{\boldsymbol{H}}_i$ 和$\boldsymbol{Q}_i$ 是循环矩阵 $\bar{\boldsymbol{H}}$ 和 $\boldsymbol{Q}$ 的特征值，这些值很易采用离散傅里叶变换获得。式(11.86)显示出，在离散傅里叶变换域中正则化参数 $\lambda(\boldsymbol{F})$是所有$\boldsymbol{F}_i$，$i=0,1,\cdots,N-1$ 的函数，也就是说，在每次迭代中整个 DFT 域λ是唯一的。尤其是通过局部线性化处理，在每次迭代中式(11.85)变成一个二次凸函数。让这个二次凸函数的一阶导数等于零，可以直接获得局部线性化条件下的全局最优解。

在式(11.85)和式(11.86)中，$\boldsymbol{F}_i$，$\bar{\boldsymbol{H}}_i$，$\boldsymbol{Q}_i$ 和$\boldsymbol{G}_i$ 均为复值。求式(11.85)中 $P(\boldsymbol{F}_i^{k+1})$针对$\boldsymbol{F}_i^{k+1}$ 的导数，并令其为零，可以得到下式，即

$$\frac{\partial P(\boldsymbol{F}_i^{k+1})}{\partial(\boldsymbol{F}_i^{k+1})}=0 \tag{11.87}$$

进而得到下式，即

$$\boldsymbol{F}_i^{k+1}=\frac{\bar{\boldsymbol{H}}_i^*\boldsymbol{G}_i}{|\bar{\boldsymbol{H}}_i|^2+\lambda(\boldsymbol{F}^k)\Omega(\boldsymbol{F}_i^k)|\boldsymbol{Q}_i|^2},\quad i=0,1,\cdots,N-1 \tag{11.88}$$

其中，$\bar{\boldsymbol{H}}_i^*$ 是$\bar{\boldsymbol{H}}_i$ 的共轭。

$$\Omega(\boldsymbol{F}_i^k)=\sigma_h^2|\boldsymbol{F}_i^k|^2+\sigma_g^2 \tag{11.89}$$

$$\lambda(\boldsymbol{F}^k)=\frac{\alpha}{E}\sum_{i=0}^{N-1}|\bar{\boldsymbol{H}}_i\boldsymbol{F}_i^k-\boldsymbol{G}_i|^2,\quad E=\sum_{i=0}^{N-1}|\boldsymbol{G}_i|^2 \tag{11.90}$$

在式(11.88)中，随着 k 的进行，分子是常数，因为无论是点扩散函数的循环矩阵，还是观测图像均是已知的，然而分母是可变的。在式(11.90)中，E 是观测图像的总能量。在迭代过程中，E 和 α 均为常数。图像恢复的质量实际上依赖式(11.89)中的 Ω和式(11.90)中的 λ。

基于上述分析，ARCTLS 图像恢复算法可以归纳为如下步骤。

① 当 $k=0$ 时，设$\boldsymbol{F}_i^0=\boldsymbol{G}_i$，$i=0,1,\cdots,N-1$，作为初始迭代值，而且 $\alpha(>1)$随意给定。

② $\lambda(\boldsymbol{F}^0)$由式(11.90)计算，或者任意给定$(0<\lambda<1)$。

③ 由式(11.88)，计算$\boldsymbol{F}_i^{k+1}$，$i=0,1,\cdots,N-1$。

④ 由式(11.90)，计算 $\lambda(\boldsymbol{F}^{k+1})$，而且计算收敛准则通过下式，即

$$\left|\sum_{i=0}^{N-1}(\boldsymbol{F}_i^{k+1}-\boldsymbol{F}_i^k)\right|\Big/\left|\sum_{i=0}^{N-1}\boldsymbol{F}_i^k\right|<\varepsilon \tag{11.91}$$

这一小的正数 ε 可认为给定，如果式(11.91)不满足则返回步骤③；否则，终止迭代过程。有关 ARCTLS 的误差估计可参见文献[30]。

11.4　结构总体最小二乘方法应用

第 7 章讨论 STLS 结果可应用于一般的仿射结构矩阵，本节聚焦 Hankel 矩阵情况。

首先描述基于秩亏 Hankel 矩阵的噪声实现问题。对这种特殊结构，用拉格朗日乘子重做一般证明，建立加权矩阵$\boldsymbol{D}_u$和$\boldsymbol{D}_v$的结构。引入附加权时，必须修改$\boldsymbol{D}_u$和$\boldsymbol{D}_v$的结构。最后，显示出当这种近似模型是一阶时，如何求解这种近似问题。

1. 噪声实现问题

考虑如下问题，由 $\boldsymbol{b}\in\Re^{p+q-1}$ 近似一个给定的数据序列，使 $\boldsymbol{a}\in\Re^{p+q-1}$ 最小化，即

$$\sum_{i=1}^{p+q-1}(a_i-b_i)^2 \quad \text{s. t.} \quad \begin{cases}\boldsymbol{By}=0\\ \boldsymbol{y}^t\boldsymbol{y}=1\end{cases} \tag{11.92}$$

其中，$\boldsymbol{B}$ 是一个由 $\boldsymbol{b}$ 的成分构造而成的 $p\times q$ Hankel 矩阵。

Hankel 矩阵 $\boldsymbol{B}$ 的秩亏确保了 b 是一个最多 $q-1$ 阶的有限维线性系统的脉冲响应。这样，$\boldsymbol{B}$ 的列数 q(其可由用户选择)将决定该近似系统的阶数，最多是 $q-1$ 阶。建模近似序列 b 的特征多项式为 $y(z)=y_qz^{q-1}+\cdots+y_2z+y_1$，其根是该近似系统的极点。这意味着，对于阶数小于 q 的一个多项式 $t(z)$，序列 b 的 z 变换将具有如下形式，即

$$b(z)=t(z)/y(z) \tag{11.93}$$

如果序列 a 本身是一个高维系统的脉冲响应，这里的问题对应于模型减小。如果序列 a 是一个给定的数据序列(不是一个脉冲序列，例如是一个受噪声污染的序列)，可以将该问题作为一个噪声实现问题。

该问题的拉格朗日函数是 $L(\boldsymbol{b},\boldsymbol{y},\boldsymbol{l})=\sum_{i=1}^{p+q-1}(a_i-b_i)^2+\boldsymbol{l}^t\boldsymbol{By}+\lambda(\boldsymbol{y}^t\boldsymbol{y}-1)$。设所有导数为零导致方程组为 $a-b=\boldsymbol{ly}$，这意味着

$$
\begin{aligned}
&a_1-b_1=l_1y_1\\
&a_2-b_2=l_1y_2+l_2y_1\\
&a_3-b_3=l_1y_3+l_2y_2+l_3y_3\\
&\cdots\\
&a_{p+q-1}-b_{p+q-1}=l_py_q
\end{aligned}
$$

此外,有

$$\boldsymbol{B}^t\boldsymbol{l}=\boldsymbol{y}\lambda,\quad \boldsymbol{y}^t\boldsymbol{y}=1,\boldsymbol{B}\boldsymbol{y}=0$$

注意到有 $2p+2q$ 未知数(包括 $\boldsymbol{b},\boldsymbol{l},\boldsymbol{y},\lambda$ 的成分),正好有 $2p+2q$ 个方程。第一个方程是卷积,表示 $p+q-1$ 个方程。由于 $\boldsymbol{l}^t\boldsymbol{B}\boldsymbol{y}=\lambda=0$,可以直接得出 $\lambda=0$。设 $\boldsymbol{B}$ 是 $p\times q$ Hankel 矩阵,由 $\boldsymbol{b}$ 的元素构成,则

$$
\boldsymbol{A}-\boldsymbol{B}=\begin{bmatrix}
l_1 & l_2 & \cdots & \cdots & \cdots & l_p & 0 & \cdots & 0 & 0 & 0\\
l_2 & l_3 & \cdots & \cdots & l_p & 0 & 0 & \cdots & 0 & 0 & l_1\\
l_3 & l_4 & \cdots & l_p & 0 & 0 & 0 & \cdots & 0 & l_1 & l_2\\
\vdots & \vdots & & \vdots & \vdots & \vdots & \vdots & & \vdots & \vdots & \vdots\\
l_p & 0 & \cdots & 0 & 0 & l_1 & l_2 & \cdots & \cdots & l_{p-2} & l_{p-1}
\end{bmatrix}\times\begin{bmatrix}
y_1 & y_2 & \cdots & y_q\\
0 & y_1 & \cdots & y_{q-1}\\
0 & 0 & \cdots & y_{q-2}\\
\vdots & \vdots & & \vdots\\
0 & 0 & \cdots & y_1\\
\vdots & \vdots & & \vdots\\
y_q & 0 & \cdots & 0\\
y_{q-1} & y_q & \cdots & 0\\
\vdots & \vdots & & \vdots\\
y_2 & y_3 & \cdots & 0
\end{bmatrix}
\tag{11.94}
$$

这意味着 $\boldsymbol{A}-\boldsymbol{B}$ 是一个 Hankel 矩阵和一个 Toeplitz 矩阵的乘积。当其被一个向量 $\boldsymbol{z}$ 后乘时,因数分解在 $p=4,q=3$ 时显示为

$$
\begin{bmatrix}
l_1 & l_2 & l_3 & l_4 & 0 & 0\\
l_2 & l_3 & l_4 & 0 & 0 & l_1\\
l_3 & l_4 & 0 & 0 & l_1 & l_2\\
l_4 & 0 & 0 & l_1 & l_2 & l_3
\end{bmatrix}
\begin{bmatrix}
y_1 & y_2 & y_3\\
0 & y_1 & y_2\\
0 & 0 & y_1\\
0 & 0 & 0\\
y_3 & 0 & 0\\
y_2 & y_3 & 0
\end{bmatrix}
\begin{bmatrix}
z_1\\ z_2\\ z_3
\end{bmatrix}
$$

$$\begin{bmatrix} z_1 & z_2 & z_3 & 0 & 0 & 0 \\ 0 & z_1 & z_2 & z_3 & 0 & 0 \\ 0 & 0 & z_1 & z_2 & z_3 & 0 \\ 0 & 0 & 0 & z_1 & z_2 & z_3 \end{bmatrix} \begin{bmatrix} y_1 & 0 & 0 & 0 \\ y_2 & y_1 & 0 & 0 \\ y_3 & y_2 & y_1 & 0 \\ 0 & y_3 & y_2 & y_1 \\ 0 & 0 & y_3 & y_2 \\ 0 & 0 & 0 & y_3 \end{bmatrix} \begin{bmatrix} l_1 \\ l_2 \\ l_3 \\ l_4 \end{bmatrix} = \boldsymbol{T}_z \boldsymbol{T}_y^t \boldsymbol{l} \tag{11.95}$$

其中，$\boldsymbol{T}_z$和$\boldsymbol{T}_y$是具有 $\boldsymbol{z}$ 和 $\boldsymbol{y}$ 的成分的带状 Toeplitz 矩阵。

可见，Hankel-Toeplitz 向量积转变成一个 Toeplitz-Toeplitz 向量积。现在使用这个特性估计矩阵 $\boldsymbol{B}$。用 $\boldsymbol{y}$ 后乘 $\boldsymbol{A}-\boldsymbol{B}$ 得 $\boldsymbol{B}\boldsymbol{y}=\boldsymbol{D}_y\boldsymbol{l}$，其中$\boldsymbol{D}_y$是 $p\times p$ 带状对称正定 Toeplitz 矩阵，形式为$\boldsymbol{D}_y=\boldsymbol{T}_y\boldsymbol{T}_y^{\mathrm{T}}$，其中元素是 $\boldsymbol{y}$ 的成分的二次函数。类似地，用 $\boldsymbol{l}$ 右乘$\boldsymbol{A}^{\mathrm{T}}-\boldsymbol{B}^{\mathrm{T}}$ 得$\boldsymbol{A}^{\mathrm{T}}\boldsymbol{l}=\boldsymbol{D}_l\boldsymbol{y}$，$\boldsymbol{D}_l$是一个 $q\times q$ 的对称正定 Toeplitz 矩阵，形式为$\boldsymbol{D}_l=\boldsymbol{T}_l\boldsymbol{T}_l^{\mathrm{T}}$。如果规范化 $\boldsymbol{l}$ 使 $\boldsymbol{l}/\|\boldsymbol{l}\|=x$，$\|\boldsymbol{l}\|=\sigma$，则得到式(7.36)中的方程组。下面可以重新规范化 $\boldsymbol{x}$ 和 $\boldsymbol{y}$，最终获得式(7.29)中的方程组。

2. 加权秩亏 Hankel 近似

考虑最小化一个加权误差准则，即

$$\sum_{i=1}^{p+q-1}(a_i-b_i)^2 w_i \quad \text{s. t.} \quad \begin{cases} \boldsymbol{B}\boldsymbol{y}=0 \\ \boldsymbol{y}^{\mathrm{T}}\boldsymbol{y}=1 \end{cases} \tag{11.96}$$

其中，$\boldsymbol{B}$ 是 Hankel 矩阵，并且 $w_i\in\Re_0^+$ 是正数权。

设$\boldsymbol{W}=\mathrm{diag}(w_i)$，则其解可以通过广义 SVD 产生，其中$\boldsymbol{D}_u=\boldsymbol{T}_u\boldsymbol{W}^{-1}\boldsymbol{T}_u^{\mathrm{T}}$，$\boldsymbol{D}_v=\boldsymbol{T}_v\boldsymbol{W}^{-1}\boldsymbol{T}_v^{\mathrm{T}}$。现在正交特性变成$(\boldsymbol{a}-\boldsymbol{b})^{\mathrm{T}}\boldsymbol{W}\boldsymbol{b}=0$。当时间轴趋向于无穷大($p\to\infty$)以及当 $w_i=i$，$i=1,2,\cdots$时，可以获得所谓的 Hilbert-Schmidt-Hankel 范式(HSH-norm)[31]。

3. 特殊情况：由一阶系统近似

有一个特殊情况，这时式(11.96)的全局最优可以明确找到。这种情况就是当人们想用一阶线性时不变系统脉冲响应(可以参数化为 $b_k=\alpha\beta^{k-1}$)，近似一个给定的数据序列 a。这时可以获得一个最小化问题($q=2$)，即

$$\min_{\alpha\in\Re,\beta\in\Re}\sum_{k=1}^{p+1}(a_k-\alpha\beta^{k-1})^2 w_k \tag{11.97}$$

设针对 α 和 β 的导数为零，有

$$\frac{\partial}{\partial\alpha}=0\Rightarrow\sum_{k=1}^{p+1}(a_k-\alpha\beta^{k-1})w_k(-\beta^{k-1})=0$$

$$\frac{\partial}{\partial\beta}=0\Rightarrow\sum_{k=2}^{p+1}(a_k-\alpha\beta^{k-1})w_k[-(k-1)\beta^{k-2}]=0$$

这两个方程中的第一个方程具有正交特性，第二个方程说明序列$\{(k-1)\beta^{k-2}\}$正交于加权残差向量。从第一个方程消除α，将其代入第二个方程，可以得到如下包含β多项式，即

$$\left[\sum_{k=2}^{p+1}(k-1)a_k w_k\beta^{k-2}\right]\left(\sum_{k=1}^{p+1}\beta^{2k-2}w_k\right)-\left(\sum_{k=1}^{p+1}a_k\beta^{k-1}w_k\right)\left[\sum_{k=2}^{p+1}(k-1)w_k\beta^{2k-3}\right]=0 \tag{11.98}$$

这是一个β的$3(p+1)-5$次的多项式，需要选择给出式(11.97)最小值的根。

11.5 本章小结

本章研究和讨论了随机系统参数估计问题在工程实际中的应用。重点讨论了经典 TLS 在曲线与曲面拟合、频率估计、自适应滤波、故障诊断等的典型应用，同时对 CTLS 和 STLS 等特殊应用也进行了简单介绍。

参考文献

[1] Muhlich M, Mester R. The role of total least squares in motion analysis//Proceedings of the Fifth European Conference on Computer Vision, 1998.

[2] Pruessner A, Leary D O. Blind deconvolution using a regularized structured total least norm algorithm. SIAM Journal of Matrix Analysis and Applications, 2003, 24(4): 1018～1037.

[3] Mastronardi N, Lemmerling P, Kalsi A, et al. Implementation of the regularized structured total least squares algorithms for blind image deblurring. Linear Algebra and Applications, 2004, 391: 203～221.

[4] Fu H, Barlow J. A regularized structured total least squares algorithm for high-resolution image reconstruction. Linear Algebra and Application, 2004, 391(1): 75～98.

[5] Lemmerling P, Mastronardi N, Van Huffel S. Efficient implementation of a structured total least squares based speech compression method. Linear Algebra and Applications, 2003, 366: 295～315.

[6] Hermus K, Verhelst W, Lemmerling P, et al. Perceptual audio modeling with exponentially damped sinusoids. Signal Processing, 2005, 85: 163～176.

[7] Verboven P, Guillaume P, Cauberghe B, et al. Frequency-domain generalized total least squares identification for modal analysis. Journal of Sound Vibrations, 2004, 278 (1/2): 21～38.

[8] Yeredor A. Multiple delays estimation for chirp signals using structured total least squares. Linear Algebra and Applications, 2004, 391: 261～286.

[9] Roorda B, Heij C. Global total least squares modeling of multivariate time series. IEEE Transactions on Automatic Control, 1995, 40(1): 50～63.

[10] Lemmerling P, De Moor B. Misfit versus latency. Automatics, 2001, 37: 2057～2067.

[11] Pintelon R, Guillaume P, Vandersteen G, et al. Analyses, development and applications of TLS algorithms in frequency domain system identification. SIAM Journal of Matrix Analysis and Applications, 1998, 19(4): 983～1004.

[12] Markovsky I, Willems J C, Van Huffel S, et al. Application of structured total least squares for system identification and model reduction. IEEE Transactions on Automatic Control, 2005, 50(10): 1490～1500.

[13] Branham R. Multivariate orthogonal regression in astronomy. Celestial Mechanics Dynamitic Astronomic, 1995, 61(3): 239～251.

[14] Laudadio T, Mastronardi N, Vanhamme L, et al. Improved Lanczos algorithms for blackbox MRS data quantitation. Journal of Magnetic Resonance, 2002, 157: 292～297.

[15] Laudadio T, Selen Y, Vanhamme L, et al. Subspace-based MRS data quantitation of multiplets using prior knowledge. Journal of Magnetic Resonance, 2004, 168: 53～65.

[16] Fierro R D, Jiang E P. Lanczos and the Riemannian SVD in information retrieval applications. Numerical Linear Algebra and Applications, 2005, 12(4): 355～372.

[17] Schuermans M, Lemmerling P, De Lathauwer L, et al. The use of total least squares data fitting in the shape from moments problem. Signal Processing, 2006, 86: 1109～1115.

[18] Zhi L H, Yang Z F. Computing approximate GCD of univariate polynomials by structure total least norm. Beijing: AMSS, 2004.

[19] Markovsky I, Van Huffel S. An algorithm for approximate common divisor computation// Proceedings of the 17th Symposium on Mathematical Theory of Networks and Systems, 2006.

[20] Nievergelt Y. Total least squares: state-of-the-art regression in numerical analysis. SIAM Review, 1994, 36(2): 258～264.

[21] Zhang X D. Matrix Analysis and Applications. Beijing: Tsinghua University Press, 2004.

[22] Davila C E. An efficient recursive total least squares algorithm for FIR adaptive filtering. IEEE Transactions on Signal Processing, 1994, 42(2): 268～280.

[23] Davila C E. An algorithm for efficient, unbiased, equation-error infinite impulse response adaptive filtering. IEEE Transactions on Signal Processing, 1994, 42(5): 1221～1226.

[24] Cirrincione M, Pucci M, Cirrincione G, et al. A new experimental application of least-squares techniques for the estimation of the induction motor parameters. IEEE Transaction on Industry Applications, 2003, 39(5): 1247～1256.

[25] Pucci M. Novel numerical techniques for the identification of induction motors for the control of AC drives: simulations and experimental implementations. PhD Thesis, Palermo: University of Palermo, 2001.

[26] Abatzoglou T, Mendel J, Harada G. The constrained total least squares technique and its application to harmonic superresolution. IEEE Transactions on Signal Processing, 1991, 39: 1070～1087.

[27] Kumaresan R, Tufts D W. Estimating the angle of arrival of multiple plane waves. IEEE Transactions on Aerospace and Electronic Systems, 1983, 19: 134～139.

[28] Mesarovic V Z, Galatsanos N P, Katsaggelos K. Regularized constrained total least squares image restoration. IEEE Transactions on Image Processing, 1995, 4(8): 1096~1108.

[29] Demoment G. Image reconstruction and restoration: overview of common estimation problem. IEEE Transactions on Acoustic, Speech, and Signal Processing, 1989, 37(12): 2024~2036.

[30] Chen W F, Chen M, Zhou J. Adaptively regularized constrained total least-squares image restoration. IEEE Transactions on Image Processing, 2000, 9(4): 588~596.

[31] Hanzon B. The area enclosed by the oriented Nyquist diagram and the Hilbert-Schmidt-Hankel norm of a linear system. IEEE Transactions on Automatic Control, 1992, 37: 835~839.